大数据

算法设计与分析

李建中 著

清华大学出版社

北京

内 容 简 介

本书以大数据为背景,以求解大数据计算问题的计算方法(即亚线性时间计算方法、压缩计算方法、抽样计算方法、增量式计算方法、分布式并行计算方法)为主线,系统地介绍大数据计算问题求解算法的设计与分析的理论与方法,主要包括:大数据计算问题的复杂性分类、大数据计算问题的亚线性时间求解算法的设计与分析方法、基于抽样的大数据计算问题的求解算法的设计与分析方法、基于数据压缩的大数据计算问题的求解算法的设计与分析方法、大数据计算问题的增量式求解算法的设计与分析方法、大数据计算问题的分布式并行求解算法的设计与分析方法。本书以作者在大数据计算方面的研究成果为主,也覆盖了大数据算法研究领域的部分新研究成果。

本书可以作为高等学校数据科学与大数据技术专业和计算机科学与技术专业高年级本科生或研究生的大数据算法课程的教材,也可以作为大数据研究人员的参考书。

图书在版编目(CIP)数据

大数据算法设计与分析/李建中著. —北京:清华大学出版社,2022.4
ISBN 978-7-302-60240-8

Ⅰ.①大… Ⅱ.①李… Ⅲ.①数据处理—算法分析 Ⅳ.①TP274

中国版本图书馆 CIP 数据核字(2022)第 035946 号

责任编辑:张瑞庆　战晓雷
封面设计:常雪影
责任校对:韩天竹
责任印制:杨　艳

出版发行:清华大学出版社
    网　　　址:http://www.tup.com.cn,http://www.wqbook.com
    地　　　址:北京清华大学学研大厦 A 座　　　　　邮　　编:100084
    社 总 机:010-83470000　　　　　　　　　　　邮　　购:010-62786544
    投稿与读者服务:010-62776969,c-service@tup.tsinghua.edu.cn
    质量反馈:010-62772015,zhiliang@tup.tsinghua.edu.cn
    课件下载:http://www.tup.com.cn,010-83470236
印 装 者:三河市铭诚印务有限公司
经　　销:全国新华书店
开　　本:185mm×260mm　　　　　印　张:24　　　　　字　数:571 千字
版　　次:2022 年 6 月第 1 版　　　　　　　　　　　印　次:2022 年 6 月第 1 次印刷
定　　价:69.90 元

产品编号:090967-01

前言

　　信息技术的快速发展引发了数据规模的爆炸式增长,大数据已经几乎无处不在,引起了国内外学术界、工业界和政府部门的高度重视,被认为是一种新的非物质生产要素,蕴含着重大价值,并将导致科学研究的深刻变革,对国家的经济发展、社会发展、社会安全稳定、科学进展具有战略性、全局性和长远性的意义。

　　大数据的重大价值需要通过求解各种各样的以大数据为输入的计算问题(以下简称大数据计算问题)来发掘利用。大数据计算问题的求解算法(以下简称大数据算法或大数据计算方法)的设计与分析是大数据价值发掘利用的关键。正如算法是计算机科学技术的核心一样,大数据算法是大数据科学技术的核心,也是大数据的实际应用的重要基础。

　　虽然算法已经具有悠久的研究历史,研究成果层出不穷,促进了计算机的普遍应用,但是,由于目前计算资源的受限性和大数据的巨大规模,大数据问题的求解十分困难,多项式时间已经不再是大数据计算问题易解性的标准,多项式时间算法也不再是大数据计算问题的有效求解算法。传统计算复杂性理论和多项式时间算法面临着大数据计算问题的严峻挑战。大数据算法已经成为大数据应用的瓶颈。因此,大数据算法的设计与分析已经成为计算机科学技术的重要研究领域,吸引了大量的科技工作者。

　　从20世纪80年代开始,越来越多的计算机科技工作者开始从事大数据算法设计与分析的研究工作,也有一些计算机科学工作者开始从事大数据计算的复杂性理论研究。最近几年,随着大数据的迅速增长和大数据应用的风起云涌,人们对大数据算法设计与分析的研究兴趣有增无减,大有方兴未艾之势。目前,人们在大数据算法设计与分析方面已经取得了很多研究成果,为大数据应用奠定了初步基础,促进了大数据应用的进展。

　　遗憾的是,系统介绍大数据算法设计与分析的理论与技术的学术著作目前在国内外还很少见。为了满足国内外大数据计算理论研究者、大数据管理系统研制者、大数据应用系统开发者的需要,我撰写了这本书,试图为从事大数据研究与开发的科技工作者提供尽量系统全面的大数据算法设计与分析的知识,希望能够为大数据的基础研究、系统研制和应用开发尽绵薄之力。

在多年大数据算法研究过程中,我对大数据计算方法进行了长期探索,提出和验证了一些适用于大数据问题求解的计算方法,如亚线性时间计算方法、基于抽样的计算方法、基于压缩的计算方法、增量式计算方法、分布式并行计算方法等。本书以这些方法为主线,分为7章,系统地介绍5种主要大数据计算方法,包括大数据的亚线性时间计算方法、大数据的抽样计算方法、大数据的压缩计算方法、大数据的增量式计算方法和大数据的分布式并行计算方法。本书的结构如图1所示。第1章揭示了本书的撰写动机。第2章讨论大数据计算复杂性的几个基本理论问题和大数据计算问题的分类,为后面5章奠定理论基础。第3章描述了大数据计算的核心方法,与后面4章紧密相关。第4章、第5章、第6章和第7章则相互独立,介绍了其他4种重要的大数据计算方法。

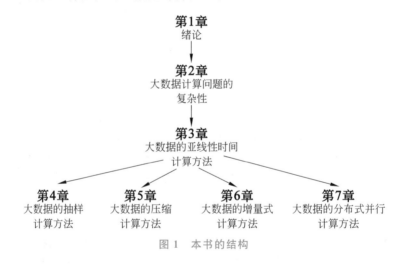

图 1   本书的结构

下面简要地介绍各章的基本内容。

第1章讨论大数据、大数据算法和大数据计算的基本概念,介绍大数据计算面临的挑战和研究问题,综述大数据计算复杂性理论和高效算法两方面的研究进展,探讨大数据计算复杂性理论和高效大数据算法的研究问题。

第2章以随机存取图灵机(RATM)为大数据计算模型,介绍大数据计算复杂性的几个基本理论问题,包括RATM的定义和性能分析、基于RATM的大数据计算的易解性标准、基于RATM的大数据计算问题分类(如单纯易解类问题、伪易解类问题、可近似易解类问题等)以及类之间的关系、归约和大数据计算问题的完全性。第2章是其他各章的理论基础。

第3章介绍大数据的亚线性时间计算方法。这一章首先以两个单纯易解性大数据计算问题为例,讨论单纯易解性大数据计算问题的亚线性时间求解算法的设计与分析的原理和方法;然后以两个伪易解性大数据计算问题为例,讨论通过多项式时间预处理,实现伪易解性大数据计算问题的亚线性时间求解算法的设计与分析的原理和方法;最后以3个难解性大数据问题为例,讨论非易解性大数据计算问题的亚线性时间近似算法的设计与分析的原理和方法。

　　第 4 章介绍大数据的基于随机抽样的近似计算方法,包括(ϵ,δ)-近似计算方法。这一章首先介绍抽样计算方法的基本思想和需要解决的关键问题;然后以多个不同的难解性大数据计算问题为例,讨论基于随机抽样的高效大数据算法的设计与分析的主要方法和基本原理。

　　第 5 章介绍大数据的压缩计算方法。这一章介绍的大数据计算方法是精确计算方法。这一章首先介绍压缩计算方法的基本思想、适用范围、需要解决的问题;然后介绍支持压缩计算的数据压缩方法;最后以不同的大数据计算问题为例,介绍基于压缩计算方法的大数据算法的设计与分析的主要方法和基本原理。

　　第 6 章介绍大数据的增量式计算方法。这一章首先介绍大数据增量式计算方法的基本概念和思想;然后以不同的大数据计算问题为例,介绍基于增量式计算方法的大数据算法的设计与分析的主要方法和基本原理,包括增量式流数据查询与挖掘算法。

　　第 7 章讨论如何在计算机机群或云计算环境下设计与分析求解大数据计算问题的分布式并行计算方法。这一章首先介绍并行计算系统和并行算法设计与分析的基本概念;然后介绍有效支持大数据分布式并行计算的大数据的分布式存储方法;最后以集合代数操作和关系代数操作为例,介绍求解大数据计算问题的分布式并行算法的设计与分析的主要方法和基本原理,特别是充分利用大数据分布式存储方法特点的分布式并行大数据算法的设计与分析的主要方法和基本原理。

　　本书不仅凝结着作者的心血,也凝结着所有对本书撰写给予鼓励、支持、关心和帮助的同志们的心血。

　　在本书问世之际,我特别感谢已经毕业并留在我身边工作的博士高宏教授、王宏志教授、邹兆年教授、程思瑶教授、张岩副教授、石胜飞副教授、张炜副教授、骆吉洲副教授、刘显敏副教授、韩希先副教授、苗东菁副教授、张开旗讲师,也特别感谢刚刚毕业和在读博士研究生石拓、朱同鑫、马恒钊、高翔宇、肖星星、李逸飞、巢泽敏、高天鹏、吕伯涵、韩帅、张楚涵等同学。这些已经毕业和在读的同学从 20 世纪 90 年代末开始陆续加入我的团队,每个人都陪伴我开展大数据科学技术研究至少 5 年,本书的主要内容都来自我们共同发表的学术论文,凝结着他们的心血。在本书的撰写过程中,很多同学也从多方面给予了我大力的支持和帮助。

　　我由衷地感谢国家自然科学基金委员会和国家科技部的支持。我的研究工作多次得到国家自然科学基金重点项目和面上项目的资助,也多次得到国家科技部 863 计划项目和 973 计划项目的资助,特别是本书得到了国家自然科学基金重点项目“大数据分析的计算理论与高效算法(项目批准号: 61832003)”和重大项目“基于超算的大数据分析处理基础算法与编程支撑环境(项目批准号: U1811461)”的直接资助。

　　我真诚地感谢我的妻子石敏教授。没有她的鼓励、支持、耐心和长期操劳,本书是难以完成的。我也要感谢我的女婿蔡志鹏教授和女儿李英姝教授的鼓励和鞭策,他们的鞭策对本书的尽快完成起到了重要作用。

　　由于作者水平有限,书中难免存在错误和不当之处,恳切希望同行和广大读者批评指正。

作　者

2022 年 1 月

第 1 章 绪 论

信息技术的突飞猛进和人类获取数据技术的迅速发展,催生了大数据时代的到来。近年来,包括我国在内的世界很多国家都在能源、制造业、运输业、信息产业、服务业、科教文化、医疗卫生等领域积累了 PB($1\text{PB} \approx 10^{15}\text{B}$)级以上规模的大数据。这些大数据已成为国家战略资源,引起了世界各国政府、学术界和工业界的高度重视。大数据具有如下重大价值。

(1)带动经济发展。Mckinsey 全球研究所预测,仅医疗行业,大数据将带来每年 3000 亿美元的经济价值。我国的阿里巴巴和百度等企业通过大数据的分析与挖掘,已经获得很大经济效益。

(2)促进社会进步。大数据对社会进步具有重要作用。例如,利用财政金融等大数据,可以提高政府的管理决策水平和反腐成效;利用能源、交通、环境、地理等大数据,可以提高城镇管理水平,促进能源节约、交通智能化、环境改善等,实现智慧城市;利用医疗卫生大数据,可以监测医疗体制运行状况和民众健康变化趋势,提高全社会医疗水平和民众健康水平,降低医疗卫生成本;利用教育大数据,可以提高全社会教育水平和教育效率。

(3)加强社会安全和稳定。通过对网络大数据的分析挖掘,能够及时发现社会动态与情绪,分析舆情,预警敏感、突发和重大事件,提高政府的应对能力,维护社会安全和稳定。大数据将提供大量就业机会,对社会稳定也具有重要作用。Mckinsey 全球研究所预测,仅美国大数据产业就需 14 万至 19 万工作人员和 150 万数据管理人员。

(4)变革科学研究模式。大数据正在加速科学研究模式的变革。科学研究将从过去的假设驱动型向数据驱动型转化。通过对大数据的分析挖掘,科学工作者可以发现新的自然现象和规律。例如,Sloan Digital Sky Survey 数据库已成为天文学研究的核心资源。天文学家已从这个数据库中发现了大量天文学现象和规律。利用生物大数据进行生物学研究已经被广泛接受。

虽然大数据价值重大,但是仅仅拥有大数据并不能发掘和利用其价值。为了发掘和利用大数据的重大价值,需要求解以大数据为输入的各种各样的大数据计算问题,如大数据查询、大数据分析与大数据挖掘。我们把求解大数据计算问题的过程称为大数据计算。多年来,大数据计算的研究已经取得了很多成果。本章将介绍大数据计算的挑战和研究问题,介绍大数据计算的复杂性理论和算法设计与分析的研究进展,探索大数据的研究方向。

1.1 大数据、大数据算法与大数据计算

大数据是指用现有计算机硬件系统和软件系统(如数据库管理系统)难以有效处理的大型而复杂的数据集合。大数据一般具有如下 4 个特点(一般用 4V 表示)。

(1) 规模大(volume)。大数据的数据量在 PB 级以上。规模大的特点是大数据难以被现有计算机软硬件系统有效处理的根本原因。

(2) 种类多(variety)。大数据的数据种类繁多,例如结构化数据(如关系数据、多维数据、时间序列)、复杂结构数据(如图、矩阵、向量)、非结构化数据(如视频数据、音频数据)、多模态数据、流数据等。

(3) 速度快(velocity)。大数据增长速度快,流数据的流动速度快。

(4) 价值大(value)。大数据中蕴含着巨大价值,已成为国家战略资源,但价值密度较低。

大数据几乎存在于社会的各个领域。下面给出几个大数据的实例。

例 1.1.1 美国国防部高级研究计划局(DARPA)建立的实时地面监测系统每年产生 19ZB(1ZB$\approx10^{21}$B)的检测数据。

例 1.1.2 欧洲原子能研究机构(CERN)于 2008 年在位于法国与瑞士边界的日内瓦近郊建成了大型强子对撞机(Large Hadron Collider,LHC)。LHC 每年产生 10ZB 实验数据。

例 1.1.3 中国航空公司拥有的波音 737 飞机远超 160 架。如果每架飞机每天飞行 10h,每年产生的发动机监测数据就可以超过 283.5EB(1EB$\approx10^{18}$B)。

例 1.1.4 北京市市区配置的电子眼超过 40 万个,每天工作 24h,每年产生大于 1.4EB 的监测数据。

例 1.1.5 北京市的出租汽车超过 67 000 辆,每年这些出租汽车产生大于 48PB 的 GPS 数据。

例 1.1.6 全国铁路 5T 系统每天采集 90.3TB(1TB$\approx10^{12}$B)的图片、2.1TB 的温度数据、15.6TB 的音频数据、3.8TB 的运行状态数据,每年产生总计 40.8PB 的数据。

例 1.1.7 中国电信用户上网日志数据和通话记录数据每年大于 29.2PB。

前面讲过,大数据的价值必须通过求解各种大数据计算问题来实现。下面定义大数据计算问题和大数据计算。

定义 1.1.1(大数据计算问题) 大数据计算问题定义如下:

输入:大数据集合 S,问题 P。

输出:问题 P 的解 $P(S)$。

大数据计算问题普遍存在于大数据的获取、传输、管理、应用等各阶段。显然,大数据计算问题与大数据是不同的。拥有大数据不一定有大数据计算问题。例如,一个企业可能拥有 10PB 的大数据,这个大数据由 10^6 个 100GB(1GB$\approx10^9$B)的数据集合组成,而这个企业

的每个计算问题的输入仅包括几个 100GB 的数据集合,并非 10PB 数据。于是,这个企业虽然拥有大数据,但是它没有大数据计算问题。

大数据计算问题空间很大,包括两类问题。第一类是共性大数据计算问题,包括大数据查询、大数据挖掘、大数据分析、基于大数据的代数计算、基于大数据的组合优化、基于大数据的机器学习等问题;第二类是面向应用的大数据计算问题,包括工业大数据计算问题、医疗大数据计算问题、环境大数据计算问题、科学大数据计算问题、交通大数据计算问题、电信大数据计算问题、商业大数据计算问题、金融大数据计算问题等。下面给出几个大数据计算问题的实例。

例 1.1.8 计算两个大数据集合交的问题:

输入:大数据集合 S_1 和 S_2。

输出:$S_1 \cap S_2$。

例 1.1.9 从大数据发现相关规则的问题:

输入:大数据集合 S。

输出:S 蕴含的相关规则集合。

例 1.1.10 计算大数据的均值与方差的问题:

输入:大数据集合 S。

输出:S 的均值与方差。

例 1.1.11 从卫星遥感大数据发现空间漂浮物特征的问题:

输入:卫星遥感大数据集合 S。

输出:S 蕴含的空间漂浮物的特征。

例 1.1.12 从人脑 MRI 大数据发现大脑行为时空模式的问题:

输入:人脑 MRI 大数据集合 S。

输出:S 蕴含的大脑行为模式。

最后,给出大数据算法和大数据计算的定义。大数据算法是求解大数据计算问题的算法。大数据计算是大数据计算问题的求解过程。

1.2 大数据计算的挑战和研究问题

虽然大数据计算的研究已经开展了多年,但是大数据计算仍然面临着很多挑战,尚有大量问题需要解决,路漫漫其修远兮。

1.2.1 大数据计算的挑战

首先介绍求解大数据计算问题的过程,如图 1.2.1 所示。

给定一个大数据计算问题,需要考虑的第一个问题是:具有求解给定问题的高可用大数据吗? 要回答这个问题,需要具备大数据可用性理论及其相关算法方面的知识。为此,需要建立大数据可用性的理论,并设计求解各种大数据可用性问题的高效算法。

如果给定问题所需要的高可用数据存在,需要考虑的第二个问题是:这个大数据计算问题是可计算的吗? 要回答这个问题,需要大数据计算问题的可计算理论。现有的可计算

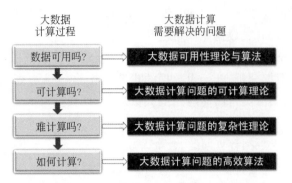

图 1.2.1　大数据计算过程与需要解决的问题

理论足以解决大数据计算问题的可计算性问题。

如果给定问题是可计算的,需要考虑的第三个问题是:给定的问题难计算吗?这个问题需要判定是否能在期望的时间内求解给定的问题。要回答这个问题,需要具备大数据计算复杂性理论的知识。由于大数据的规模巨大,传统的计算复杂性理论已经不适用于大数据计算。需要建立系统的大数据计算复杂性理论。

如果给定的问题在期望的时间内是可计算的,需要考虑的最后一个问题是:如何求解给定问题?这个问题的关键是如何设计求解给定问题的算法。要回答这个问题,需要大数据算法设计与分析的知识。由于大数据的规模巨大,传统的多项式时间算法已经无法在人们容忍的时间内求解大数据计算问题。需要探索新的大数据算法设计与分析的理论和方法,研究求解大数据计算问题的新算法,特别是亚线性时间算法。本书的目的就在于此。

从上述求解大数据计算问题的过程,可以看到大数据计算面临着如下 4 个挑战。

挑战一:大数据计算和应用亟须建立大数据可用性的理论和相关算法。无论具有多么大的数据,无论大数据计算的理论和技术多么完美,如果不能确保大数据的可用性,大数据计算就可能产生错误结果,甚至灾难性结果。大数据的可用性具有 5 个度量维度。第一个维度是数据一致性,即不存在相互矛盾。例如,数据记录(公司=先导,国码=86,地区号=10,城市=上海)存在一致性错误,因为 10 是北京的地区号,而非上海的地区号。第二个维度是数据精确性,即能够准确表述现实中的实体及其联系。例如,某城市人口数量为 4 130 465,数据库中记载为 400 万,宏观来看合理,但不精确。第三个维度是数据完整性,即具有足够的数据支持应用需求。例如,如果医疗数据库中缺少某些患者的病史资料或病史资料中的某些信息,则这个数据库存在完整性错误。第四个维度是数据时效性,即与时俱进、不过时。例如,一个用户的地址在 2019 年是哈尔滨,该用户于 2020 年入住北京,可数据库中仍然记录其住址为哈尔滨,则这个数据库存在时效性错误。第五个维度是实体同一性,即同一个实体的描述数据在各个数据集合中皆相同。例如,一个企业的市场、销售和服务部门维护各自的数据库,如果各个数据库中同一客户的描述数据不相同,则这些数据库存在实体同一性错误。一个数据集合的可用性定义为上述 5 个度量维度在信息系统中被满足的程度。虽然近年来数据可用性的研究已经取得了一些成果,但是大数据可用性的研究成果还不多。大数据计算和应用亟须建立完整的大数据可用性的理论和相关算法。

挑战二:传统计算复杂性理论不适于大数据计算。传统计算复杂性理论假设"易解问题是可由确定图灵机在多项式时间内求解的问题",并在此基础上建立了完整的计算复杂性理论。遗憾的是,由于目前计算资源的受限性,特别是 I/O 带宽、通信带宽、内存带宽的瓶颈问题,当数据量超过 PB 级时,多项式时间算法已经不能在可容忍的时间内求解大数据计算问题。例如,现有商品化磁盘的带宽很少超过 1GB/s,现有商品化的固态盘的带宽很少超过 5GB/s。使用这样的磁盘或固态盘读取大数据的时间是令人难以容忍的。表 1.2.1 给出了使用磁盘和固态盘读取各种规模的大数据一遍所需的时间。通常,精确地求解一个大数据计算问题,需要至少读取输入大数据一遍。显然,表 1.2.1 给出的时间是求解一个大数据计算问题的时间下界。虽然表 1.2.1 给出的时间是输入大小的线性时间,但是在实际应用中是无法容忍的。于是,表 1.2.1 表明,"可由确定图灵机在多项式时间内计算的问题是易解问题"的假设对大数据计算不再成立,传统的计算复杂性理论的根基被动摇,传统计算复杂性理论不适于大数据计算。我们认为,大数据计算问题的易解性标准应该是亚线性时间,即 $o(n)$ 时间,n 是问题输入的大小,而不再是多项式时间。以亚线性时间为易解性标准的大数据计算的复杂性理论需要重新建立。

表 1.2.1 读取大数据一遍所需的时间

数据集合规模	磁盘 1GB/s	固态盘 5GB/s
1PB	11.5 天	2.3 天
500PB	15.8 年	3.2 年
1EB	31.6 年	6.3 年
1ZB	30000 年	6000 年

首先,计算模型是大数据计算复杂性理论的基础。虽然目前存在很多计算模型,如图灵机、PRAM 等,但是这些计算模型不能准确刻画大数据计算。实际上,传统图灵机模型不能描述亚线性时间的计算。多数常用的传统计算模型基本上都不能描述大数据计算的 I/O 复杂性和通信复杂性。建立能够精准描述大数据计算的新计算模型是大数据计算理论急需解决的问题。

其次,大量大数据计算问题的计算复杂性悬而未决。虽然大数据计算问题求解已经进入人们的视野,但是大数据计算问题的计算复杂性却很少有人关注。很多疑问困扰着我们:如何判定一个大数据计算问题是易解或难解的?如何判定一个难解的大数据计算问题是可近似求解的?如何判定一个大数据计算问题是可并行求解的?大数据计算问题如何按照复杂性分类?大数据计算问题空间的计算复杂性结构如何?这些问题不解决,大数据计算研究将成为空中楼阁。

挑战三:传统的多项式时间算法不适于求解大数据计算问题。表 1.2.1 也表明:由于大数据的规模巨大,多项式时间算法已经不能在人们容忍的时间内求解大数据计算问题,从而不适于求解大数据计算问题。多数现有的数据密集型计算问题(如数据查询、挖掘、分析等)的求解算法,都具有多项式时间或更高的计算复杂性,难以求解大数据计算问题。求解大数据计算问题的算法设计与分析的理论和方法,特别是亚线性时间算法的设计与分析的理论和方法,已经成为迫在眉睫的需求。

挑战四:传统计算技术难以满足大数据计算需求。目前的高性能计算机系统都是针对

计算密集型计算需求设计的,其数据存储与计算隔离的特征使得大数据计算十分困难,其
I/O 带宽、通信带宽、内存带宽等瓶颈问题使大数据计算性能受到极大限制。于是,目前的
高性能计算机系统难以有效地支持大数据计算。云计算系统的通信瓶颈问题严重地影响大
数据计算的效率。目前的软件系统、编程模型和软件开发环境也难以满足大数据计算的需
求。面向大数据计算的计算机硬件和软件系统的研究也是大数据计算研究的迫切任务。

本书关心的是挑战二和挑战三,重点在挑战三。我们另有著作专门讨论挑战一。挑战
四将由计算机系统结构方面的专家和科技工作者解决。

1.2.2 大数据计算的研究问题

上述 4 个挑战向研究者提出了诸多新的研究问题。下面介绍 10 个关键的大数据计算
的科学技术问题。

问题 1:建立能够准确描述大数据计算的计算模型。首先,建立新的大数据计算的计算
模型,能够表达亚线性时间计算,并且同时支持时间、空间、I/O 和通信复杂性的分析,最终
实现大数据计算的精准表达;然后,分析新计算模型的计算能力和效率,并与传统计算模型
进行比较分析。

问题 2:分析大数据计算问题空间的计算复杂性结构。首先,以亚线性时间为易解性标
准,从时间复杂性、空间复杂性、I/O 复杂性等维度,建立大数据计算问题的复杂性分类,探
索各复杂性类的性质;然后,建立新的归约理论,识别各类中的难计算或完全问题;最后,确
定新复杂性类之间的关系、新复杂性类与传统复杂性类之间的关系,确定大数据计算问题空
间的计算复杂性结构。同时,还需要建立大数据近似计算的复杂性理论和大数据并行计算
的复杂性理论。

问题 3:确定大数据计算问题的固有复杂性。首先,分析大数据计算问题的固有计算复
杂性,即问题的最坏、平均和参数化的时间复杂性、空间复杂性、I/O 复杂性和通信复杂性下
界,确定问题的最坏、平均和参数化的亚线性时间易解性,判定问题所属的复杂性类及其完
全性;然后,分析大数据计算问题的并行计算复杂性,即问题的最坏、平均、参数化的并行时
间复杂性、空间复杂性、I/O 复杂性和通信复杂性下界,并判定问题的可并行性、并行可扩展
性;最后,分析难解性大数据计算问题的近似计算复杂性,判定问题的亚线性时间可近似性,
确定问题的亚线性时间近似计算的误差界限。

问题 4:探索求解大数据计算问题的算法设计方法学。以亚线性时间为复杂性约束条
件,针对大数据计算问题的精确算法、近似算法、随机算法和并行算法的设计,探索算法设计
和分析的新方法。

问题 5:设计与分析求解大数据计算问题的高效算法。针对计算资源受限性,以亚线性
时间为约束条件,设计求解大数据计算问题的高效算法,分析算法的时间复杂性、空间复杂
性、通信复杂性和 I/O 复杂性,并针对问题的固有复杂性或近似计算的误差界限,设计最优
化的精确或近似算法。

问题 6:探索面向应用的大数据计算的理论与方法。与社会学、生物学、医学等领域的
专家合作,凝集多学科交叉的大数据计算问题,研究这些问题的计算复杂性,设计求解这些
问题的高效算法。

问题 7：探索大数据获取的理论与技术。大数据主要来源于互联网(产生网络大数据)、物联网和传感网(产生感知大数据)、科学实验(产生科学大数据)等多种数据源。需要针对这些数据源及其所产生的各类大数据的特点,研究数据获取的理论与方法,特别要解决无价值数据最小化和有价值数据最大化问题。

问题 8：探索大数据存储的理论与方法。针对网络通信瓶颈问题,研究存储与计算融合的大数据存储方法、存储系统的可靠性和安全性、最小化存储系统能耗等方面的理论与方法,解决存储与计算分离所带来的计算效率低下问题。

问题 9：探索大数据可用性的理论和方法。研究大数据可用性的表达机理、大数据可用性评估理论和方法、大数据错误自动发现和修复的理论和方法、弱可用大数据上的近似计算的理论和算法等问题。

问题 10：研究支持大数据计算的计算机软硬件系统。针对大数据计算资源的受限性问题,研究新的可扩展并行计算系统、实时高效的内存计算技术、高效的存储与计算耦合技术、高效的分布式并行计算技术以及相应的软件系统和软件开发环境。

本书关心的是前 6 个大数据计算的科学技术问题,即大数据计算的复杂性理论和算法设计与分析方面的问题,重点在大数据计算问题求解算法的设计与分析。在 1.3 节介绍大数据计算的复杂性理论和算法的研究进展。

1.3　大数据计算复杂性理论和算法的研究进展

大数据研究可以追溯到 20 世纪 80 年代的大规模科学与统计数据库研究[1-3]。Conference on Scientific and Statistical Database Management 是当时具有代表性的国际会议,至今已经持续举办了近 40 年。然而,"大数据"一词则起源于 2008 年 9 月名为 Big Data 的 Nature 专刊。2011 年 2 月 Science 也推出专刊 Dealing with Data,讨论大数据面临的问题和挑战。至此,大数据的价值得到了国内外学术界、产业界和政府的高度重视,大数据研究风起云涌。尽管如此,大数据的基础研究结果远未满足实际需要,大量的关键科学技术问题尚未解决,完整的基础理论亟待建立。下面以大数据计算的复杂性理论、大数据计算的算法设计方法、大数据计算问题的求解算法为核心,讨论国内外大数据基础理论研究的现状和发展趋势。

1.3.1　大数据计算复杂性理论的研究进展

大数据计算的复杂性理论是大数据计算的基础。从 1.2 节介绍的挑战二中可以看到,"可由确定图灵机在多项式时间内求解的问题是易解问题"的假设对于大数据计算不再成立,传统计算复杂性理论的根基被动摇。显然,建立大数据计算的复杂性理论已经成为大数据研究的重要任务。遗憾的是,相关研究工作刚刚起步,研究结果非常少,主要包括如下几方面。

1. 大数据计算问题易解性判定标准

近年来,本书作者的课题组针对大数据计算问题的易解性判定标准问题开展了一系列实验研究。通过实验分析发现,当数据规模达到 PB 级以上时,多项式时间已经不再是人们可容忍的时间,从而具有多项式时间复杂性的大数据计算问题已经不再是易解问题。下面是两组实验结果[4]。

1) 实验 1

实验环境:64 个计算节点的机群,每个节点包含两个 4 核 CPU、32GB 内存和 1TB 硬盘,计算节点间通信带宽峰值为 1GB/s。

计算问题:输入为 10TB 数据集合 T 和 S。

输出为使用 Hash 连接算法计算的 T 和 S 的连接结果。

计算时间:68.484h。

1PB 数据的连接时间:由于 Hash 连接的时间大于 $3n$(n 是输入数据集合的大小),可以从两个 10TB 数据集合的连接时间为 68.484h 推导出两个 1PB 数据集合的连接时间大于 $68.484 \times [(3 \times 10^{15})/(3 \times 10 \times 10^{12})]h \approx 285.35d$。

2) 实验 2

实验环境:浪潮-33 节点机群,每个节点包含两个 6 核 Intel Xeon 处理器、32GB DDR4 内存、480GB SSD 以及 8T SAS RAID5 硬盘。连接网络为具有星状连接方式的交换机,包含 4 个万兆网口和 48 个千兆网口,各节点的千兆网口连接到一个万兆网口。

计算问题:输入为 1TB 数据集合 S。

输出为使用 Samplesort 算法对 S 进行排序的结果。

计算时间:2536s。

1PB 数据排序时间:由于排序时间是 $n \log n$(n 是输入数据集合的大小),可以从 1TB 数据集合的排序时间为 2536s 推导出 1PB 数据排序时间大于 $2536 \times [(10^{15} \log 10^{15})/(10^{12} \log 10^{12})]s \approx 36.6d$。

这两个实验说明,多项式时间不再是大数据计算问题易解性的标准。于是,本书作者提出亚线性时间是大数据计算问题易解性的判定标准[4]。亚线性时间通常表示为 $o(n)$,n 是问题输入大小。

2. 大数据计算模型

计算模型是可计算性理论和计算复杂性理论的基础。计算模型已经有 80 年的研究历史。20 世纪 30—40 年代,针对可计算性理论,Turing 提出了图灵机计算模型[5],Kleene 提出了递归函数计算模型[6],Post 提出了 Post 系统[7],Church 提出了 λ-演算模型[8]。Church 和 Turing 证明了这四种计算模型的等价性,提出了著名的 Church-Turing 命题[9-12]。由于图灵机模型更接近现代计算机系统,至今仍被广泛使用。随着现代计算机系统的出现,人们又提出了更接近实际计算机系统的计算模型,如随机存取机器模型 RAM[13]。

针对并行计算机系统,很多并行计算模型在 20 世纪 60—70 年代被提出,其中布尔网络[14-15]和 PRAM[16]是具有代表性的并行计算模型。在这两个模型的基础上,人们还提出了一些更实际的并行计算模型,如 APRAM、BSP、LogP、C3 等并行计算模型[17]。上述计算模型都不能刻画大数据计算的计算资源受限的特点。同时,这些计算模型也不支持大数据计算问题的 I/O 复杂性的分析,也很少支持通信复杂性的分析。

目前已经出现了很多试图支持大数据计算的系统,如 Hadoop、Spark、Storm 等系统。但是,目前针对大数据计算模型的研究还很少。2010 年,Karloff 等人对 Hadoop 和 Spark

大数据计算系统采用的 Map-Reduce 计算模式进行了抽象,提出了 Map-Reduce 计算模型[18]。Karloff 等在文献[18]中定义了问题类 DMRC = $\{p \mid p$ 可由 Map-Reduce 经 $O(\log^k n)$ 次迭代求解$\}$,并证明了:①DMRC$\subseteq P$;②如果 $P\subseteq$NC 则 DMRC$\subseteq$NC。Karloff 等人分析比较了 Map-Reduce 计算模型和 PRAM 模型的计算能力,证明了任意一个使用 $O(n^{2-2\epsilon})$ 空间和 $O(n^{2-2\epsilon})$ 个处理器的 $T(n)$ 时间 CREW PRAM 程序都可以由一个迭代次数为 $O(T(n))$ 的 Map-Reduce 程序模拟,其中 n 是输入数据集合的大小[18]。从这个结果可知,若 Map-Reduce 的每次迭代需要 $O(f(n))$ 时间,则 Map-Reduce 模拟一个 $T(n)$ 时间 PRAM 程序的时间为 $O(f(n)T(n))$。于是,Map-Reduce 的计算效率低于 PRAM。如果 $f(n)$ 的阶为多项式或更高,则 Map-Reduce 难以实现亚线性时间计算。同时,Map-Reduce 仅支持迭代编程模式,很难有效支持不适于迭代计算的大数据计算问题的求解。此外,Map-Reduce 不支持大数据计算的 I/O 复杂性和通信复杂性分析。

本书作者带领学生针对传统图灵机模型无法描述亚线性时间计算的问题,对随机存取图灵机模型(RATM)进行了深入研究[19]。RATM 是确定图灵机(DTM)的扩展,能够精确描述亚线性时间计算,适于大数据计算。本书作者及学生在文献[19]中证明了 RATM 与 DTM 是多项式时间等价的,也证明了:①如果 f 可由 DTM 在 $T(n)$ 时间内计算,则 f 也可由 RATM 在 $T(n)$ 时间内计算;②如果 f 可由 RATM 在 $T(n)$ 时间内计算,则 f 可由 DTM 在 $nT(n)\log(T(n))$ 时间内计算。本书作者及学生还定义了通用随机存取图灵机(URATM),证明了 URATM 的存在性[19]:存在一个 URATM U 可以模拟任意 RATM M,而且如果 M 在输入 x 上的执行时间为 T,则 U 在输入 $(x, c(M))$ 上的执行时间为 $O(cT \log T)$,$c(M)$ 是 M 的编码,c 是与 M 相关的常数。RATM 仍然不支持大数据计算的 I/O 复杂性和通信复杂性分析。

3. 大数据计算的复杂性理论

自从 Map-Reduce 模型[18]建立以来,出现了一些基于该模型的计算复杂性理论的研究。Afrati 等人研究了 Map-Reduce 模型的通信复杂性问题[20],提出了确定大数据计算问题在 Map-Reduce 模型下通信复杂性下界的模型,给出了解决并行性和通信复杂性之间的均衡问题的方法。Tao 等人提出了同时最小化 Map-Reduce 的内存空间、CPU 时间和通信时间的 Minimal 算法的概念,证明了很多数据库基础问题存在 Minimal 求解算法[21]。文献[22-24] 分析了 Join 查询、Datalog 查询和传递闭包在 Map-Reduce 模型下的计算复杂性,特别是通信复杂性。文献[25]分析了子图查询在 Map-Reduce 模型下的计算复杂性。文献[26]分析了 Fuzzy Joins 问题在 Map-Reduce 模型下的计算复杂性。文献[27]分析了 Skyline 查询在 Map-Reduce 模型下的计算复杂性。文献[28]分析了关系查询在 Map-Reduce 模型下的通信复杂性。文献[20]确定了基于海明距离的近邻查询、图数据三角形模式查询、大矩阵乘法这 3 个大数据计算问题在 Map-Reduce 模型下的通信复杂性下界和上界。

Fan 等人研究了大数据查询的计算复杂性问题[29]。首先,他们定义了基于对数多项式时间的大数据查询的 DB-易解性,提出了 DB-易解的大数据查询类 $\Pi T_0 = \{Q \mid$ 查询 Q 的预处理时间为多项式时间,查询处理时间为对数多项式时间$\}$,并证明了关系数据库上的 Selection 查询等多种查询都是 DB-易解的。其次,他们定义了对数多项式时间归约,简称 NC-归约,并在此基础上定义了另一个大数据查询类 $\Pi T = \{Q \mid$ 查询 Q 能用 NC-归约转化为

DB-易解的查询}。再次,他们基于 NC-归约定义了大数据查询的 ΠT_0-完全性和 ΠT-完全性,并证明了 ΠT_0-完全问题和 ΠT-完全问题的存在性。最后,他们证明了:①$P \subseteq \Pi T$;②PTIME 查询类$\subseteq \Pi T$;③无 NP-完全问题属于 ΠT 除非 $P = NP$;④存在查询 $Q \in P, Q \notin \Pi T$ 除非 $P = NC$。

本书作者带领学生使用随机存取图灵机模型研究了大数据计算的复杂性理论[30]。他们以亚线性时间为大数据计算问题易解性标准,首先把大数据计算问题分为亚线性时间易解问题类 SL 和亚线性时间难解问题类 NSL。然后,他们把 NSL 类进一步划分为亚线性时间可近似问题类 Appr-NSL 和亚线性时间不可近似问题类 IAppr-NSL,把 SL 类划分为单纯亚线性时间易解类 PSL 和伪亚线性时间易解类 PsSL,其中,PSL 包含所有不需要任何预处理即可在亚线性时间内求解的大数据计算问题,PsSL 包含所有经过多项式时间预处理以后方可在亚线性时间内求解的大数据计算问题。PsSL 中包含两个重要的问题类,即通过多项式时间缩减数据规模的预处理后可在亚线性时间内求解的问题类 PsR-SL 和通过多项式时间的扩大或不改变数据规模的预处理后方可在亚线性时间内求解的问题类 PsE-SL。例如,经过数据压缩预处理后可以亚线性时间内求解的问题属于 PsR-SL,而经过加索引或排序预处理以后可以在亚线性时间内求解的问题则属于 PsE-SL。PSL 类可以分为两个重要问题类,即对数多项式时间可求解问题类 $PL = \bigcup_{c \geq 0} O(\log^c n)$ 和纯小数幂时间可计算问题类 $PDP = \bigcup_{d > 1} O(n^{\frac{1}{d}})$。其次,他们证明了 $O(\log^i n) \subset O(\log^{i+1} n)$($i$ 是整数且 $i \geq 0$)、$PL \subset SL$、$PsSL \subseteq P$ 等一系列重要结论,确定了大数据计算问题空间的计算复杂性结构。最后,他们研究了 DLOGTIME- 归约,证明了 PL 和 SL 对 DLOGTIME- 归约的封闭性,定义了在 DLOGTIME- 归约下完全问题的定义。

1.3.2 大数据算法设计方法的研究进展

多年来,人们在求解大规模数据计算问题的过程中总结出了一些大数据计算的算法设计方法。本节介绍几个主要的方法。

1. Map-Reduce 计算方法

Dean 等人针对大规模计算机机群系统,提出了支持大数据计算的 Map-Reduce 计算模式[31]。Map-Reduce 计算模式在 Hadoop 和 Spark 等系统中得以实现,已经成为大数据计算的重要工具,并被广泛应用[21,25-26,32-46]。然而,这种计算模式具有效率低和编程模式单一的缺点。

2. 压缩计算方法

大数据计算问题的难解性源于数据规模巨大。传统的计算方法单纯追求降低算法的时间复杂性,对复杂性下界较高的大数据计算问题的计算效率提高甚微。如果把大数据计算问题转换为小数据计算问题,则计算效率会显著提高。为此,本书作者突破传统思维,通过缩减数据规模来降低计算开销,在 20 世纪 80 年代就提出了大规模数据的压缩计算方法,即首先以预处理的方式压缩数据集合,然后直接在压缩数据上无解压地完成计算[47-48],实现了使用小数据实现大数据计算的方法。

首先,针对传统数据压缩方法不能支持压缩计算的问题,本书作者研究了支持无解压精确计算的新数据压缩方法,发现并验证了面向多维数据和关系数据的压缩方法能够支持无解压精确计算的充分条件——映射完全性,还发现了映射的时间复杂性对压缩计算的效率具有重要影响,并以降低映射时间复杂性为目标,提出了一系列支持压缩计算的数据压缩方法[48-50]。

然后,基于上述数据压缩方法,本书作者针对转置、聚集、Cube 等大规模数据分析问题,提出了一系列大数据压缩计算的算法[47,51-53],揭示了大数据压缩计算的原理。近年来,Fan和本书作者等人还开展了大规模图数据的压缩计算研究,取得了一些研究成果[54-55]。这些算法的理论分析和实验结果表明,压缩计算方法极大地提高了大规模数据计算的效率。当大数据不可压缩或压缩比较低时,大数据的压缩计算方法将失效。

3. 抽样近似计算方法

基于随机抽样的计算是一种常用的近似计算方法。随着大数据的出现,抽样近似方法引起了人们更大的重视,提出了很多基于随机抽样的大数据计算方法[56-64]。值得注意的是,最近几年人们开始关注(ε, δ)-近似计算方法。(ε, δ)-近似计算方法是一类特殊的基于随机抽样的方法,实现了大数据计算向小数据计算的转换。

本书作者以大规模数据聚集问题为切入点,探索了(ε, δ)-近似计算方法:首先在大数据上随机抽取一个小数据集合,然后在小数据集合上求解计算问题,使得计算结果误差大于ε的概率小于δ。本书作者的论文[65-67]揭示了(ε, δ)-近似计算方法的原理,解决了这种方法的 4 个关键问题,即抽样方法选择问题、样本最小化问题、对于给定问题的(ε, δ)-数学求解器的构造问题和样本动态维护问题。由于采用了随机抽样方法,个体数据被抽取到的概率很低,从而(ε, δ)-近似计算方法仅适用于宏观分析,不适用于个体数据的微观查询。

4. 基于支配数据集的计算方法

大数据虽然量大,但是与每个计算问题相关的数据量却不一定很大。将大数据中与一个计算问题密切相关的数据集定义为求解这个问题的支配数据集。本书作者提出了基于支配数据集的大数据计算方法,给出了另一种将大数据计算问题转换为小数据计算问题的新方法[68-69]。

给定一个大数据计算问题,基于支配数据集的计算方法如下:首先在大数据集合中抽取支配数据集,然后在支配数据集上完成计算。这里的关键问题是支配数据集的抽取。文献[68-69]提出了支配数据集抽取方法。基于支配数据集的计算方法是一个有前途的方法,但是目前研究刚刚开始,大量工作有待于深入开展。

5. 增量式计算方法

增量式计算方法是一个传统的方法。这种方法可以用于动态大数据的计算,把大数据计算问题转化为一系列小数据计算问题。这种方法首先在给定的数据集合 D 上初始地计算出问题 P 的结果 $P(D)$。当 D 发生改变(ΔD)时,这种方法在 ΔD 上计算 $P(D)$ 的增量 ΔP,使得 $P(D \bigcup \Delta D) = P(D) \oplus \Delta P$,其中$\oplus$表示以 $P(D)$ 和 ΔP 为输入产生 $P(D \bigcup \Delta D)$。增量式计算方法的核心思想是利用已知的 $P(D)$ 和 ΔD 来计算 $P(D \bigcup \Delta D)$,而不是在 $D \bigcup \Delta D$ 上重新计算 $P(D \bigcup \Delta D)$,避免了大量的重复计算,试图使得计算的时间复杂性是 $P(D)$ 和 ΔD 的多项式函数。

本书作者较早地应用增量式计算方法求解数据流挖掘聚集问题和大数据聚集查询问题[70-71]。最近几年，Fan 和本书作者等人应用增量式计算方法求解大图匹配问题和大规模数据错误发现问题，取得了很好效果[72-73]。然而，这种方法要求计算问题必须满足可加性，即存在一个操作 $\oplus$ 使得 $P(X \bigcup Y) = P(X) \oplus P(Y)$。

6. I/O 高效计算方法

目前的大数据计算平台多数都建立在内存—磁盘两级存储结构的基础之上。在这种系统结构中，I/O 是大数据计算的严重瓶颈。为此，大数据计算需要 I/O 高效的算法，其目标是设计可以在内存—磁盘两级存储结构上高效运行的算法。长期以来，I/O 高效算法一直是数据库领域关心的问题，所有数据库操作算法的设计都以 I/O 高效为主要目标。表 1.2.1 表明，当面对大数据的时候，I/O 瓶颈问题更加突出，I/O 高效算法的设计更加重要。

文献[74]以 B-树索引为例，提出了一种 I/O 高效索引的方法。文献[75]以最短路径为例，提出了一种图数据上的 I/O 高效算法的设计方法。文献[76]提出了一种求解平面点集合的 Range Skyline 问题的 I/O 高效算法的设计方法。值得注意的是，目前的大数据算法的研究对算法的 I/O 效率关心不多。

7. 亚线性时间计算方法

1.2 节表明，由于计算资源受限，为了在人们能够容忍的时间内求解输入数据集合为 PB 级以上的大数据计算问题，亚线性时间算法引起了人们的注意。亚线性时间算法的研究起源于理论计算机科学界。初看起来，构造亚线性时间精确算法似乎是不可能的，因为亚线性时间算法可能只允许使用输入数据集合的一个很小的真子集合来完成问题的求解。然而，近年来人们确实在很多领域，如图论、计算几何、代数、计算机图形学等，设计了很多求解不同问题的亚线性时间算法[56-64]。大数据的风起云涌，使得亚线性时间算法成为十分重要的研究领域。

1.3.3　大数据计算问题求解算法的研究进展

本节主要介绍大数据查询、挖掘、分析的主要求解算法，这些算法具有代表性。

1. 大数据查询处理算法

大数据查询是观察、了解大数据所描述的物理世界的基本方法。大数据查询处理算法则是大数据计算的最基本算法和大数据应用的重要基础，引起了人们的密切关注，取得了一些研究成果。

1）基于 Map-Reduce 的大数据查询处理算法

文献[26,33-36]研究了在大数据背景下如何利用 Map-Reduce 处理经典的关系查询。关系查询的基础是关系代数操作。关系查询处理研究主要集中在连接操作算法设计方面，其他操作的研究不多。文献[33]应用 Map-Reduce 方法处理连接操作，提出了基于连接条件分解的计算方法。文献[36]进一步考虑了多路 Theta-连接操作的实现算法，提出了基于任务调度的处理算法。文献[26]在单轮 Map-Reduce 计算模式下考虑模糊连接操作的计算问题，提出了 Mapper、Reducer 和通信 3 类代价模型，通过比较、分析现有的模糊连接算法，发现没有一个算法能在通信代价和 Reducer 代价上同时优于其他算法。文献[34-35]分别提出了处理 Top-k 和 k-近邻查询的 Map-Reduce 算法。文献[22]定义了 Map-Reduce 环境下的最优化算法,即具有单机空间代价为 $O(n/c)$、单轮迭代单机通信代价为 $O(n/c)$、常数迭代次数、单机时间代价为 $O(T_{seq}/c)$ 的算法,其中 n 是问题的大小,c 是机器数目,T_{seq} 是单机计算大小为 n 的问题的时间代价,并提出了求解排序和聚集等问题的接近最优化的算法。文献[77]研究了分布式环境下树结构数据的查询处理问题,算法迭代次数是数据大小的线性函数。文献[78]研究了大数据上的相似连接问题,提出了 Map-Reduce 环境下的高效算法。索引是数据库管理系统中加速查询处理的重要技术。文献[32,37]将索引技术移植到 Map-Reduce 平台,提出了云计算系统中的数据索引技术。

2)基于 Cluster 的非 Map-Reduce 大数据查询处理算法

文献[79]研究了基于 Cluster 的基数排序问题。文献[80]研究了基于 Cluster 的大数据连接操作的分布式计算与并行计算方法,提出了时间复杂性达到问题复杂性下界的优化算法。文献[81]研究了大数据的抗偏斜连接查询处理问题,提出了连接查询处理的分布式优化计算框架:首先选择具体的查询算法,然后利用代价模型选择计算节点并分配计算任务。文献[82]研究了分布式计算环境下的连接查询的优化处理问题,优化目标是通信代价。文献[83]研究了并行计算环境下复杂分析查询的优化问题,对复杂查询中的公共查询子表达式进行了优化。与上述工作不同,文献[84-85]关注查询问题本身的难度,研究了集中式环境下如何利用剪枝策略提高大数据查询的处理效率,提出了基于剪枝策略的查询处理算法。文献[86]研究了非等值连接操作算法,利用编码技术以及 Bloom Filter 等过滤方法快速获得查询结果。Fan 等人研究了大数据计算问题的并行可扩展性[87-88]。文献[87]提出了大数据计算的并行可扩展性概念,证明了不存在求解图 Simulation 问题的并行可扩展算法。文献[88]提出了一个并行可扩展的图相关规则查询算法。

3)基于小数据的大数据查询处理算法和并行可扩展算法

现有计算资源相对于大数据查询来说十分受限,使大数据查询处理陷入困境。如何在资源受限的条件下处理大数据查询是十分困难的问题。如前所述,本书作者在 20 世纪 80 年代以来一直开展应用小数据实现大数据查询处理算法的研究[47,48,65-67]。近年来,Fan 等人也开展了应用小数据处理大数据查询问题的研究[89-90]。文献[89]利用小数据回答大数据查询。文献[90]提出了 Scale-Independent 的概念:查询 Q 在数据 D 上相对 M 是 Scale-Independent 的当且仅当 $Q(D)$ 可以基于 D 中至多为 M 个数据的子集合来求解。

4)大图数据的查询处理算法

文献[91-92]研究了大图数据模式查询和可达性查询的处理问题,识别出一类可以由小数据求解的大图数据查询,提出了给定查询是否可由小数据求解的判定方法,并研究了查询问题的计算复杂性,提出了精确和近似的查询处理算法。文献[93-94]研究了云计算系统中在 RDF 图数据上处理 SPARQL 查询的问题,提出了高效处理算法。文献[95-96]提出了利用索引技术提高图数据查询效率的算法。文献[97]定义了图上的 SRJ 查询,并提出了基于数据分解的查询处理算法。文献[98-99]针对图数据访问的特点,研究了大图数据存储问题,提出了高效的图数据管理系统。文献[100]提出了流模型上的概要数据获取方法,通过缩减数据支持图查询的优化。文献[101]研究了大图数据上的子图枚举问题,利用基于迭代计算的方法避免了直接处理连接操作。文献[102]研究了图数据集上的图匹配搜索问题,利用保持距离和结构不变的映射把图分组,降低了图匹配操作的数目。文献[103]研究了分布

式动态图数据上的连续最短路径查询问题,解决了连续最短路径查询的中间结果维护问题。文献[104]研究了大图数据上的最短路径问题,主要思想是利用预处理技术获得一个空间代价较小的数据结构,然后利用小数据快速地近似求解最短路径查询。文献[105]研究了基于Map-Reduce的大图查询问题,提出了迭代次数为$O(\log n)$、每次迭代通信代价为$O(n+m)$的连通分量查询和最小生成森林查询的处理算法,其中n是图的顶点数,m是图的边数。文献[106-108]分别研究了基于抽样的大图数据总量查询处理问题、动态大图数据上的可达性查询处理问题、应用关系数据管理技术解决大图数据的管理问题。文献[109]研究了在不使用索引的情况下,如何利用并行计算处理具有10亿个顶点的大图数据匹配问题。文献[110]针对现有可达性查询索引无法处理大数据的问题,提出了新的可达性查询框架,改进了可达性查询索引,提高了可达性查询的处理速度。文献[111-113]分别提出了求解大图数据链路预测问题的有效算法、求解最大团问题的可扩展算法、基于外存求解所有强连通分量的算法。文献[114]研究了大图数据上的三角形计数和枚举问题,在多核计算环境下设计了精确和近似算法,其时间复杂性为$O(|V|\log|V|+|E|)$,其中,V是图的顶点集合,E是边的集合。文献[115]提出了分布式环境下的连通分量计算方法,解决了Map-Reduce框架下迭代次数与迭代间通信代价的权衡问题,其迭代次数为$O(\log n)$,每次迭代的通信代价为$O(|V|+|E|)$,其中n是最大连通分量的大小。文献[28]在Map-Reduce计算环境下,利用将模式图转化为多路连接操作的思想,提出了子图枚举的高效算法。文献[112]在Map-Reduce计算环境下,利用数据划分策略和分支界限方法,提出了最大团求解算法。

2. 大数据挖掘算法

大数据挖掘是认知大数据所描述的物理世界并发现其内在规律的主要方法。大数据挖掘算法是大数据计算和大数据应用的关键之一。虽然数据挖掘的研究已经有很长的历史了,但是大数据挖掘算法的研究工作还不多,研究成果很少。下面讨论大数据挖掘算法的主要研究结果。

1)基于Map-Reduce的大数据挖掘算法

文献[38]基于Map-Reduce,提出了频繁序列挖掘算法,利用gap constraints策略把算法的输出限制在一个较小的子集上,解决了数十亿条记录的频繁模式挖掘问题。文献[116]基于同样的思想,在数据存在层次关系的情况下,提出了求解频繁模式挖掘问题的有效算法。文献[39]基于Map-Reduce,设计了SystemML系统,允许用户以高级语言的方式描述机器学习算法,并支持自动地将用户编写的脚本程序转换为Map-Reduce计算任务流,从而实现了复杂的机器学习算法。文献[117]研究了大数据上的频繁模式挖掘问题,利用Map-Reduce,在整个搜索空间的不同部分进行并行搜索,提升了挖掘算法的性能。文献[40]研究了数据流聚簇问题,提出了流数据聚簇方法。这种方法能够根据任务需要,动态地将数据分配到各个计算节点,实现了各计算节点的工作负载平衡。

2)基于随机抽样的大数据挖掘算法

文献[118]研究了大数据采样问题,提出了一个基于数据划分的高效采样算法,支持基于抽样的大数据挖掘。文献[119]提出了在Map-Reduce计算环境下基于随机抽样的大数据频繁项集挖掘的近似算法。文献[120]使用渐进采样思想,提出了基于随机抽样的大数据频繁项集挖掘的近似算法。文献[121]在图的拓扑结构未知的情况下,对边进行随机抽样,实现了社交网络中主题信息的挖掘。文献[122]提出了基于随机抽样的主成分分析算法,把低维空间表示和抽样技术相结合,减少了算法的通信量。文献[123]利用最优抽样技术,提出了累加随机坐标下降算法,加快了收敛速度,解决了复合型极值数据挖掘和机器学习中的共性问题,支持数据挖掘和机器学习。文献[124]提出了分布式 SGLD(Stochastic Gradient Langevin Dynamics,随机梯度朗之万动态)方法,采用分治抽样方法,设计了基于抽样的大文本数据的主题发现算法。

3) 大图数据的挖掘算法

大图数据挖掘算法的研究主要针对不同的应用背景开展,工作比较分散。文献[125]基于 Hadoop 平台,利用推理方式,设计了 HA-LFP 系统,支持从十亿节点级的大图数据中挖掘有用的知识。文献[126]使用 Map-Reduce,设计了两种算法,求解社交网络中的匹配问题。文献[127]基于 Map-Reduce,设计了求解个性 PageRank 问题的蒙特卡洛近似算法。文献[35]介绍了 GraphLab 系统,支持异步、动态、数据并行等计算方式,提供了支持机器学习算法的图数据处理框架。文献[128]研究了大图数据上 Dominant 聚簇问题,提出了时间代价为 $O(mn)$ 和空间代价为 $O(m^2)$ 的算法,其中 m 是最大簇的大小,n 是图的大小。文献[129]提出了 Map-Reduce 环境下的频繁子图挖掘算法。文献[88]提出了并行可扩展的大图相关规则挖掘算法。

3. 大数据分析算法

数据分析不同于数据挖掘。数据分析首先假设该数据可能满足的数学规律,然后验证这个规律是否成立,如果成立则辨识出数学规律中的各种参数;数据挖掘则是在没有任何假设的前提下发现未曾发现的规律。大数据分析也是认知大数据所描述的物理世界内在规律的主要方法。人们在大数据分析算法方面取得了一些研究成果。

1) 基于 Map-Reduce 的大数据分析算法

文献[42]基于 Map-Reduce,提出了从大数据中抽取满足给定谓词条件的样本数据的算法。文献[43]提出了基于 Map-Reduce 的大数据的小波采样算法。文献[45]基于 Map-Reduce,借鉴物化和内存替换策略等经典优化方法,解决了无法装入内存的 Factor 图上的 Gibbs 采样问题。文献[25]基于 Map-Reduce,提出了从大图数据中抽取与给定模式图匹配的所有子图的算法。文献[46]基于 Map-Reduce,研究了核密度估计(kernel density estimate)这个数据分析的基础问题,提出了随机和确定的两类求解算法,性能优于已有算法多个数量级。文献[41]基于 Map-Reduce,提出了大数据在线聚集算法。文献[130]基于 Map-Reduce,研究了流数据的分析问题,提出了基于数据划分、冗余存储和计算负载平衡的高性能并行算法。文献[44]基于 Map-Reduce,研究了大型矩阵分析问题,建立了基于 Hadoop/HDFS 的矩阵分析系统。文献[131]基于 Map-Reduce 建立了 OLAP 分析系统。

2) 大数据分析的压缩计算方法

大数据分析的压缩计算方法是指:首先对大数据进行压缩预处理,然后直接在压缩数据上进行无须解压缩的分析计算。文献[48]提出了一种支持大数据压缩计算的高效数据压缩方法。文献[132]提出了支持联机分析压缩计算的数据压缩方法。文献[47]提出了 4 种求解多维数据转置问题的压缩计算方法。文献[51,53]在数据仓上给出了求解聚集分析问题的压缩计算算法。文献[47,133]提出了压缩数据上数据分析查询的优化技术。文献

[134]基于计算机机群系统,研究了统计聚集函数分布式计算问题,提出了基于压缩感知的求解算法,把通信代价降低到 $O(s\log n)$,其中 n 是数据的大小,s 是与数据稀疏程度相关的变量。

3) 基于抽样的大数据分析算法

文献[65-67]基于随机抽样技术,提出了聚集分析的 (ε,δ)-近似计算方法。如前所述,(ε,δ)-近似计算方法是指在大数据中随机抽取计算所需的样本数据,使得在该样本上计算结果的误差大于 ε 的概率小于 δ。文献[65]提出了基于均匀抽样的聚集操作的 (ε,δ)-近似计算方法,其时间复杂性为 $O(\varepsilon^{-2}\ln(\delta^{-1}))$。文献[66-67]提出了 4 种基于伯努利抽样的聚集操作的 (ε,δ)-近似计算方法,其时间复杂性为 $O(\ln(1/\delta)/\varepsilon^2)$。

4) 大图数据的分析算法

文献[135]研究了大图数据上的 k-边连通分量的计算问题,利用图分解的思想提出了一个计算框架,将已有算法的时间复杂性 $O(|V|2|E|+3|V|\log|V|)$ 降低到 $O(hl|E|)$,其中 E 是图的边集合,V 是图的顶点集合,h 是算法使用的分解树的高度,l 是远小于 $|V|$ 的常数。文献[136]提出了图数据流上的事件匹配算法,可以在常数时间内处理边的更新。文献[137]研究了大图聚簇问题,提出了时间代价为 $O((2-c)|E|/(2a-c))$ 和空间代价为 $O(|E|+|V|+l)$ 的算法,其中 $a=|V|/|E|$,c 是与簇结构相关的数,l 是算法在局部监测阶段发现的所有局部聚簇大小之和。文献[138]研究了大图的最大独立集问题,在内存能够容纳所有顶点但容纳不下所有边的条件下,提出了解决该问题的贪心算法。文献[139]提出了冰山立方体的概念,利用随机游走而非传统聚集函数实现大图分析。文献[140]把冰山立方体概念扩展到大图数据上,提出了新计算框架并且设计了基于随机游走的算法。文献[141]研究了大图数据上的社区发现问题,利用局部搜索而不是全局搜索的方法求解该问题。文献[142]提出了动态大图数据上 k-truss 社区发现问题的求解算法。

5) 大矩阵计算方法

矩阵计算是数据分析的基础,大矩阵计算是与大数据分析密切相关的重要问题。文献[143]在分布式计算环境下,研究了矩阵主成分分析算法,分析了基于不同原理的主成分分析算法的时间代价和通信代价。设问题的输入是 $N\times M$ 矩阵,输出是具有 d 行的主成分,则基于特征分解的求解算法的时间代价为 $O(NM\min(N,M))$,通信代价为 $O(M^2)$;基于奇异值分解的求解算法的时间代价为 $O(NM^2+M^3)$,通信代价为 $O(\max\{(N+M)d,M^2\})$;基于随机奇异值分解的求解算法的时间代价为 $O(NMd)$,通信代价为 $O(\max(Nd,d^2))$;基于概率奇异值分解的求解算法的时间代价为 $O(NMd)$,通信代价为 $O(Md)$。作者还在 Hadoop 和 Spark 系统中实现了部分算法。文献[144]研究了分布式计算环境下求解矩阵运算的优化问题,通过分析矩阵之间的依赖关系,设计了分布式环境下矩阵运算的代价模型,提出了为基本操作选择最小化通信代价的计算计划生成算法、为矩阵计算选择优化计算计划的算法以及优化计划的分布式下发算法。文献[46]研究了基于矩阵计算的大数据分析的平台搭建问题,设计了基于 Hadoop/HDFSd 的计算平台。文献[145]研究了分布式矩阵计算问题,通过维护一个非常小的矩阵,有效地计算整个矩阵的范数,通信代价为 $O((m/\varepsilon)\log(bN))$,其中 N 是数据流当前的大小,ε 是给定的误差界限,b 是矩阵任意行的范数的上界。

6) 流数据分析

文献[146]研究了分布式数据流上 Skyline 的动态求解问题,提出了高效的 Skyline 结果动态求解算法,并给出了一系列优化技术。文献[147]针对常用的基于距离定义的离群点检测问题,提出了一种通用的计算框架。文献[148]研究了感知大数据上的异常检测问题,利用压缩的数据结构存储数据流上的历史信息,快速判定异常。文献[149]研究了并行环境下流数据上的事件匹配问题。

7) 其他大数据分析算法

文献[150]研究了如何使用大规模计算机机群系统处理复杂分析问题,设计并实现了一个类似于 Map-Reduce 的计算框架,并提供了容错的复杂分析处理技术。文献[151]研究了社交大数据中的观点分析问题,提出了一个多粒度的观点分析系统,利用在线的增量式方法,维护求解该问题所需要的关键数据结构。文献[135]提出了大数据上的 Gibbs 采样算法。文献[45]研究了大数据上的核密度估计问题,提出了 $O(n\log n)$ 算法,并给出了集中式和基于 Map-Reduce 的实现方法。文献[102]研究了大数据上的 SimRank 计算问题,提出了在线和离线两种分布式蒙特卡洛算法,离线和在线算法的时间复杂性分别为线性时间和常数时间。文献[152]研究了社交大数据上的信念传播问题,提出了一种线性信念传播算法。文献[153]研究了 Skyline 和 Reverse Skyline 操作在 Map-Reduce 环境下的求解问题,提出了高效的分布式并行算法。

1.4 本章参考文献

1.4.1 本章参考文献注释

本章内容主要来自本书作者发表的论文[4]。这篇论文详细地讨论了大数据、大数据算法和大数据计算的基本概念,总结了大数据计算面临的挑战,探讨了需要解决的科学技术问题,系统地综述了大数据计算复杂性理论和高效算法的研究进展,同时也对主要文献作了系统的分类介绍,探讨了大数据计算复杂性理论和高效算法研究的方向。本章的参考文献都在正文中作了系统的综述。

1.4.2 本章参考文献列表

[1] Shoshani A. Statistical Databases:Characteristics,Problems,and some Solutions[C]. Proceedings of the 8th International Conference on Very Large Databases,1982.

[2] Shoshani A,Olken F,Wong H K T. Characteristics of Scientific Databases[C]. Proceedings of the 10th International Conference on Very Large Data Bases,1984.

[3] Shoshani A,Wong H K T. Statistical and Scientific Database Issues[J]. IEEE Trans actions on Software Engineering,1985,11:1040-1047.

[4] 李建中,李英姝. 大数据计算的复杂性理论与算法研究进展[J]. 中国科学:信息科学,2016,46(9):1255-1275.

[5] Turing A M. On Computable Numbers,with an Application to the Entscheidungs Problem[J]. Proc London Math Soc,1936,2:230-265.

[6] Kleene S C. General Recursive Functions of Natural Numbers[J]. MATH ANN,1936,112:727-742.

[7] Post E L. Finite Combinatory Processes—Formulation 1[J]. J Symb Log，1936，1：103-105.

[8] Church A. The Calculi of Lambda-Conversion[M]. Princeton：Princeton University Press，1951.

[9] Kleene S C. Introduction to Metamathematics[M]. Tokyo：Ishi Press，1952.

[10] Hermes H. Enumerability，Decidability，Computability[M]. Berlin：Springer，1965.

[11] Minsky M L. Computation：Finite and Infinite Machines[M]. Upper Saddle River：Prentice-Hall Inc.，1967.

[12] Davis M. Computability and Unsolvability[M]. New York：McGraw-Hill，1958.

[13] Cook S A，Reckhow R A. Time-bounded Random Access Machines[C]. Proceedings of the 4th Annual ACM Symposium on Theory of Computing，1972.

[14] Harrison M A. Introduction to Switching and Automata Theory[M]. New York：MacGraw-Hill，1965.

[15] Savage J E. The Complexity of Computing[M]. New York：Wiley，1976.

[16] Steven F，James W. Parallelism in Random Access Machines[C]. Proceedings of the 10th Annual ACM Symposium on Theory of Computing，1978.

[17] Van L J. Handbook of Theoretical Computer Science：Vol A—Algorithms and Complexity[M]. Cambridge：MIT Press，1991.

[18] Karloff H，Suri S，Vassilvitskii S. A Model of Computation for Mapreduce[C]. Proceedings of the 21st Annual ACM-SIAM Symposium on Discrete Algorithms，2010.

[19] Gao X Y，Li J Z，Miao D J. Recognizing the Tractability in Big Data Computing[J]. Theoretical Computer Science，2020，838：195-207.

[20] Sarma A D，Afrati F N，Salihoqlu S，et al. Upper and Lower Bounds on the Cost of a Map-Reduce Computation[C]. Proc VLDB，2013.

[21] Tao Y F，Lin W Q，Xiao X K. Minimal Map-Reduce Algorithms[C]. Proceedings of ACM SIGMOD International Conference on Management of Data，2013.

[22] Afrati F N，Borkar V，Carey M，et al. Map-Reduce Extensions and Recursive Queries[C]. Proceedings of the 14th International Conference on Extending Database Technology，2011.

[23] Afrati F N，Ullman J D. Optimizing Joins in a Map-Reduce Environment[C]. Proceedings of the 13th International Conference on Extending Database Technology，2010.

[24] Afrati F N，Ullman J D. Transitive Closure and Recursive Datalog Implemented on Clusters[C]. Proceedings of the 15th International Conference on Extending Database Technology，2012.

[25] Afrati F N，Fotakis D，Ullman J D. Enumerating Subgraph Instances Using Map-Reduce[C]. Proceedings of IEEE 29th International Conference on Data Engineering (ICDE)，2013.

[26] Afrati F N，Sarma A D，Menestrina D，et al. Fuzzy Joins Using Map-Reduce[C]. Proceedings of IEEE 28th International Conference on Data Engineering (ICDE)，2012.

[27] Afrati F N，Koutris P，Suciu D，et al. Parallel Skyline Queries[J]. Theory of Computer Systems，2015，57：1008-1037.

[28] Beame P，Koutris P，Suciu D. Communication Steps for Parallel Query Processing[C]. Proceedings of the 32nd ACM Symposium on Principles of Database Systems，2013.

[29] Fan W F，Geerts F，Neven F. Making Queries Tractable on Big Data with Preprocessing[J]. Proc VLDB Endowment，2013，6：685-696.

[30] Gao X Y，Li J Z，Miao D J. Recognizing the Tractability in Big Data Computing[C]. COCOA，2019.

[31] Dean J，Ghemawat S. Map-Reduce：Simplified Data Processing on Large Clusters[J]. Commun

ACM，2008，51：107-113.

[32] Wang J B，Wu S，Gao H，et al. Indexing Multi-Dimensional Data in a Cloud System[C]. Proceedings of ACM SIGMOD International Conference on Management of Data，2010.

[33] Alper O，Mirek R. Processing Theta-Joins Using Map-Reduce[C]. Proceedings of the 2011 ACM SIGMOD International Conference on Management of Data，2011.

[34] Kim Y，Shim K. Parallel Top-k Similarity Join Algorithms Using Map-Reduce[C]. Proceedings of IEEE 28th International Conference on Data Engineering (ICDE)，2012.

[35] Lu W，Shen Y Y，Chen S，et al. Efficient Processing of k Nearest Neighbor Joins Using Map-Reduce [J]. Proc VLDB Endowment，2012，5：1016-1027.

[36] Zhang X F，Chen L，Wang M. Efficient Multi-Way Theta-Join Processing Using Map-Reduce[J]. Proc VLDB Endowment，2012，5：1184-1195.

[37] Chen G，Vo H T，Wu S，et al. A Framework for Supporting DBMS-like Indexes in the Cloud[J]. Proc VLDB Endowment，2011，4：702-713.

[38] Miliaraki I，Berberich K，Gemulla R，et al. Mind the Gap：Large-Scale Frequent Sequence Mining [C]. Proceedings of ACM SIGMOD International Conference on Management of Data，2013.

[39] Amol G，Rajasekar K，Edwin P D P，et al. SystemML：Declarative Machine Learning on Map-Reduce[C]. Proceedings of IEEE 27th International Conference on Data Engineering (ICDE)，2011.

[40] Zhang Z J，Shu H，Chong Z H，et al. C-Cube：Elastic Continuous Clustering in the Cloud[C]. Proceedings of IEEE 29th International Conference on Data Engineering (ICDE)，2013.

[41] Pansare N，Borkar V R，Jermaine C，et al. Online Aggregation for Large Map-Reduce Jobs[J]. Proc VLDB Endowment，2011，4：1135-1145

[42] Grover R，Carey M J. Extending Map-Reduce for Efficient Predicate-based Sampling[C]. Proceedings of IEEE 28th International Conference on Data Engineering (ICDE)，2012.

[43] Jestes J，Yi K，Li F F. Building Wavelet Histograms on Large Data in Map-Reduce[J]. Proc VLDB Endowment，2011，5：109-120.

[44] Huang B T，Babu S，Yang J. Cumulonimbus：Optimizing Statistical Data Analysis in the Cloud[C]. Proceedings of ACM SIGMOD International Conference on Management of Data，2013.

[45] Zhang C，Ré C. Towards High-Throughput Gibbs Sampling at Scale：a Study across Storage Managers [C]. Proceedings of ACM SIGMOD International Conference on Management of Data，2013.

[46] Zheng Y，Jestes J，Phillips J M，et al. Quality and Efficiency for Kernel Density Estimates in Large Data[C]. Proceedings of ACM SIGMOD International Conference on Management of Data，2013.

[47] Wong H K T，Li J Z. Transposition Algorithms on Very Large Compressed Databases [C]. Proceedings of the 12th International Conference on Very Large Data Bases，1986.

[48] Li J Z，Rotem D，Wong H K T. A New Compression Method with Fast Searching on Large Databases[C]. Proceedings of the 13th International Conference on Very Large Data Bases，1987.

[49] Wong H K T，Li J Z，Olken F，et al. Bit Transposition for Very Large Scientific and Statistical Databases[J]. Algorithmica，1986，1：289-309.

[50] Li J Z，Harry K T W，Doron R. Batched Interpolation Searching on Databases[C]. Proceedings of the IEEE 3rd International Conference on Data Engineering (ICDE)，1987.

[51] Li J Z，Rotem D，Srivastava J. Aggregation Algorithms for Very Large Compressed Data Warehouses[C]. Proceedings of the 25th International Conference on Very Large Data Bases，1999.

[52] Wu W L, Gao H, Li J Z. New Algorithm for Computing Cube on Very Large Compressed Data Sets [J]. IEEE Transactions on Knowledge and Data Engineering, 2006, 18: 1667-1680.

[53] Li J Z, Srivastava J. Efficient Aggregation Algorithms for Compressed Data Warehouses[J]. IEEE Transactions on Knowledge and Data Engineering, 2002, 14(3): 515-529.

[54] Fan W F, Li J Z, Wang X, et al. Query Preserving Graph Compression[C]. Proceedings of ACM SIGMOD International Conference on Management of Data, 2012.

[55] Zhang S, Li J Z, Gao H, et al. A Novel Approach for Efficient Supergraph Query Processing on Graph Databases [C]. Proceedings of the 12th International Conference on Extending Database Technology, 2009.

[56] Chazelle B, Liu D, Magen A. Sublinear Geometric Algorithms[J]. SIAM Journal on Computing, 2006, 35(3): 627-646.

[57] Feige U. On Sums of Independent Random Variables with Unbounded Variance and Estimating the Average Degree in a Graph[J]. SIAM Journal on Computing, 2006: 35(4): 964-984.

[58] GoldreichO, Ron D. Approximating Average Parameters of Graphs[J]. Random Structures and Algorithms, 2008: 32(4): 473-493.

[59] Chazelle B, Rubinfeld R, Trevisan L. Approximating the Minimum Spanning Tree Weight in Sublinear Time[J]. SIAM Journal on Computing, 2005: 34(6): 1370-1379.

[60] Czumaj A, Sohler C. Estimating the Weight of Metric Minimum Spanning Trees in Sublinear-Time [J]. SIAM Journal on Computing, 2009, 39(3): 904-922.

[61] Czumaj A, Sohler C. Sublinear-Time Approximation for Clustering via Random Sampling[J]. Random Structures and Algorithms, 2007, 30(1-2): 226-256.

[62] Mishra N, Oblinger D, Pitt L. Sublinear Time Approximate Clustering[C]. Proceedings of the 12th Annual ACM-SIAM Symposium on Discrete Algorithms (SODA), 2001.

[63] Nguyen H, Onak K. Constant-Time Approximation Algorithms via Local Improvements [C]. Proceedings of the 49th IEEE Symposium on Foundations of Computer Science (FOCS), 2008.

[64] Yoshida Y, Yamamoto M, Ito H. Improved Constant-Time Approximation Algorithms for Maximum Independent Sets and Maximum Matchings[C]. Proceedings of the 41st Annual ACM Symposium on Theory of Computing (STOC), 2009.

[65] Cheng S Y, Li J Z. Sampling based (epsilon, delta)-Approximate Aggregation Algorithm in Sensor Networks[C]. Proceedings of the 29th IEEE International Conference on Distributed Computing Systems (ICDCS), 2009.

[66] Li J Z, Cheng S Y. (ε, δ)-Approximate Aggregation Algorithms in Dynamic Sensor Networks[J]. IEEE Transactions on Parallel and Distributed Systems, 2012, 23: 385-396.

[67] Cheng S Y, Li J Z. Bernoulli Sampling based (ε, δ)-Approximate Aggregation in Large-Scale Sensor Networks[C]. Proceedings of IEEE Conference on Computer Communications (INFOCOM), 2010.

[68] Cheng S Y, Cai Z P, Li J Z, et al. Drawing Dominant Dataset from Big Sensory Data in Wireless Sensor Networks [C]. Proceedings of the IEEE Conference on Computer Communications (INFOCOM), 2015.

[69] Cheng S Y, Cai Z P, Li J Z, et al. Extracting Kernel Dataset from Big Sensory Data in Wireless Sensor Networks [J]. IEEE Transactions on Knowledge and Data Engineering, 2017, 29 (4): 813-827.

[70] Liu Y, Li J Z, Gao H, et al. Enabling ε-Approximate Querying in Sensor Networks[J]. Proc VLDB

Endowment，2009，2：169-180.

[71] Gao J，Li J Z，Zhang Z G，et al. An Incremental Data Stream Clustering Algorithm based on Dense Units Detection［C］. Proceedings of the 9th Pacific-Asia Conference on Advances in Knowledge Discovery and Data Mining (PAKDD)，2005.

[72] Fan W F，Li J Z，Luo J Z，et al. Incremental Graph Pattern Matching［C］. Proceedings of ACM SIGMOD International Conference on Management of Data，2011.

[73] Fan W F，Li J Z，Tang N，et al. Incremental Detection of Inconsistencies in Distributed Data［C］. Proceedings of IEEE 28th International Conference on Data Engineering (ICDE)，2012.

[74] Brodal G S，Tsakalidis K，Sioutas S，et al. Fully Persistent B-Trees［C］. Proceedings of the 23rd Annual ACM-SIAM Symposium on Discrete Algorithms，2012.

[75] Ulrich M，Norbert Z. I/O-Efficient Shortest Path Algorithms for Undirected Graphs with Random or Bounded Edge Lengths［J］. ACM Trans Algorithms，2012,8(3)：22-28.

[76] Rasmussen C K，Tao Y F，Tsakalidis K，et al. I/O-Efficient Planar Range Skyline and Attrition Priority Queues［C］. Proceedings of the 32nd ACM Symposium on Principles of Database Systems，2013.

[77] Huang J W，Venkatraman K，Abadi D J. Query Optimization of Distributed Pattern Matching［C］. Proceedings of IEEE 30th International Conference on Data Engineering (ICDE)，2014.

[78] Deng D，Li G L，Hao S，et al. Massjoin：a Mapreduce-based Method for Scalable String Similarity Joins［C］. Proceedings of IEEE 30th International Conference on Data Engineering (ICDE)，2014.

[79] Minsik C，Daniel B，Rajesh B，et al. Paradis：an Efficient Parallel Algorithm for in-Place Radix Sort ［J］. Proc VLDB Endowment，2015，8：1518-1529.

[80] Shumo C，Magdalena B，Dan S. From Theory to Practice：Efficient Join Query Evaluation in a Parallel Database System ［C］. Proceedings of ACM SIGMOD International Conference on Management of Data，2015.

[81] Jennie D，Olga P，Leilani B，et al. Skew-aware Join Optimization for Array Databases［C］. Proceedings of ACM SIGMOD International Conference on Management of Data，2015.

[82] Orestis P，Rajkumar S，Kenneth A R. Track Join：Distributed Joins with Minimal Network Traffic ［C］. Proceedings of ACM SIGMOD International Conference on Management of Data，2014.

[83] Amr E，Venkatesh R，Mohamed A S，et al. Optimization of Common Table Expressions in MPP Database Systems［J］. Proc VLDB Endowment，2015，8：1704-1715.

[84] Han X X，Li J Z，Wang J B，et al. Tjje：an Efficient Algorithm for Top-k Join on Massive Data［J］. Inf Sci，2013，222：362-383.

[85] Han X X，Li J Z，Yang D H，et al. Efficient skyline Computation on Big Data［J］. IEEE Transactions on Knowledge and Data Engineering，2013，25：2521-2535.

[86] Khayyat Z，Lucia W，Singh M，et al. Lightning Fast and Space Efficient Inequality Joins［J］. Proc VLDB Endowment，2015，8：2074-2085.

[87] Fan W F，Wang X，Wu Y H，et al. Distributed Graph Simulation：Impossibility and Possibility［J］. Proc VLDB Endowment，2014，7：1083-1094.

[88] Fan W F，Wang X，Wu Y H，et al. Association Rules with Graph Patterns［J］. Proc VLDB Endowment，2015，8：1502-1513.

[89] Fan W F，Geerts F，Cao Y，et al. Querying Big Data by Accessing Small Data［C］. Proceedings of the 34th ACM Symposium on Principles of Database Systems，2015.

［90］　Fan W F, Geerts F, Libkin L. On Scale Independence for Querying Big Data［C］. Proceedings of the 33rd ACM Symposium on Principles of Database Systems, 2014.

［91］　Fan W F, Wang X, Wu Y H. Querying big Graphs within Bounded Resources［C］. Proceedings of ACM SIGMOD International Conference on Management of Data, 2014.

［92］　Cao Y, Fan W F, Huai J P, et al. Making Pattern Queries Bounded in Big Graphs［C］. Proceedings of the IEEE 31st International Conference on Data Engineering (ICDE), 2015.

［93］　Huang J W, Abadi D J, Ren K. Scalable SPARQL Querying of Large RDF Graphs［J］. Proc VLDB Endowment, 2011, 4: 1123-1134.

［94］　Zhang X F, Chen L, Tong Y X, et al. Eagre: towards Scalable I/O Efficient SPARQL Query Evaluation on the Cloud［C］. Proceedings of IEEE 29th International Conference on Data Engineering (ICDE), 2013.

［95］　Zeng K, Yang J C, Wang H X, et al. A Distributed Graph Engine for Web Scale RDF Data［J］. Proc VLDB Endowment, 2013, 6: 265-276.

［96］　Yuan P P, Liu P, Wu B W, et al. Triplebit: a Fast and Compact System for Large Scale RDF Data ［J］. Proc VLDB Endowment, 2013, 6: 517-528.

［97］　Zheng W G, Zou L, Feng Y S, et al. Efficient Simrank-based Similarity Join over Large Graphs［J］. Proc VLDB Endowment, 2013, 6: 493-504.

［98］　Mondal J, Deshpande A. Managing Large Dynamic Graphs Efficiently［C］. Proceedings of ACM SIGMOD International Conference on Management of Data, 2012.

［99］　Yang S Q, Yan X F, Zong B, et al. Towards Effective Partition Management for Large Graphs［C］. Proceedings of ACM SIGMOD International Conference on Management of Data, 2012.

［100］　Zhao P X, Aggarwal C C, Wang M. Gsketch: on Query Estimation in Graph Streams［J］. Proc VLDB Endowment, 2011, 5: 193-202.

［101］　Shao Y X, Cui B, Chen L, et al. Parallel Subgraph Listing in a Large-Scale Graph［C］. Proceedings of ACM SIGMOD International Conference on Management of Data, 2014.

［102］　Li Z G, Fang Y X, Liu Q, et al. Walking in the Cloud: Parallel Simrank at Scale［J］. Proc VLDB Endowment, 2015, 9: 24-35.

［103］　Zhu Y Y, Yu J X, Qin L. Leveraging Graph Dimensions in Online Graph Search［J］. Proc VLDB Endowment, 2014, 8: 85-96.

［104］　Qi Z C, Xiao Y H, Shao B, et al. Toward a Distance Oracle for Billion-Node Graphs［J］. Proc VLDB Endowment, 2013, 7: 61-72.

［105］　Qin L, Yu J X, Chang L J, et al. Scalable Big Graph Processing in Map-Reduce［C］. Proceedings of ACM SIGMOD International Conference on Management of Data, 2014.

［106］　Levin R, Kanza Y. Stratified-Sampling over Social Networks Using Map-Reduce［C］. Proceedings of ACM SIGMOD International Conference on Management of Data, 2014.

［107］　Zhu A D, Lin W Q, Wang S B, et al. Reachability Queries on Large Dynamic Graphs［C］. Proceedings of ACM SIGMOD International Conference on Management of Data, 2014.

［108］　Gao J, Jin R M, Zhou J S, et al. Relational Approach for Shortest Path Discovery over Large Graphs［J］. Proc VLDB Endowment, 2011, 5: 358-369.

［109］　Sun Z, Wang H Z, Wang H X, et al. Efficient Subgraph Matching on Billion Node Graphs［J］. Proc VLDB Endowment, 2012, 5: 788-799.

［110］　Jin R M, Ruan N, Dey S, et al. Scarab: Scaling Reachability Computation on Large Graphs［C］.

Proceedings of ACM SIGMOD International Conference on Management of Data，2012.

[111] Chen H Q，Ku W，Wang H X，et al. Linkprobe：Probabilistic Inference on Large-Scale Social Networks［C］. Proceedings of IEEE 29th International Conference on Data Engineering (ICDE)，2013.

[112] Xiang J，Guo C，Aboulnaga A. Scalable Maximum Clique Computation Using Map-Reduce［C］. Proceedings of IEEE 29th International Conference on Data Engineering (ICDE)，2013.

[113] Zhang Z W，Yu J X，Qin L，et al. I/O Efficient：Computing SCCS in Massive Graphs［J］. VLDB J，2015，24：245-270.

[114] Shun J，Tangwongsan K. Multicore Triangle Computations without Tuning［C］. Proceedings of IEEE 31st International Conference on Data Engineering (ICDE)，2015.

[115] Chitnis L，Das S A，Machanavajjhala A，et al. Finding Connected Components in Map-Reduce in Logarithmic Rounds［C］. Proceedings of IEEE 29th International Conference on Data Engineering (ICDE)，2013.

[116] Beedkar K，Gemulla R. Lash：Large-Scale Sequence Mining with Hierarchies［C］. Proceedings of ACM SIGMOD International Conference on Management of Data，2015.

[117] Buehrer G，De O R L，Fuhry D，et al. Towards a Parameter-free and Parallel Itemset Mining Algorithm in Linearithmic Time［C］. Proceedings of IEEE 31st International Conference on Data Engineering (ICDE)，2015.

[118] Schelter S，Soto J，Markl V，et al. Efficient Sample Generation for Scalable Meta Learning［C］. Proceedings of IEEE 31st International Conference on Data Engineering (ICDE)，2015.

[119] Riondato M，Debrabant J A，Fonseca R，et al. Parma：a Parallel Randomized Algorithm for Approximate Association Rules Mining in Map-Reduce［C］. Proceedings of the 21st ACM International Conference on Information and Knowledge Management (CIKM)，2012.

[120] Riondato M，Upfal E. Mining Frequent Itemsets Through Progressive Sampling with Rademacher Averages［C］. Proceedings of the 21st ACM SIGKDD International Conference on Knowledge Discovery and Data Mining，2015.

[121] Wang P H，Lui J C S，Towsley D. Minfer：Inferring Motif Statistics from Sampled Edges［C］. Proceedings of IEEE 32nd International Conference on Data Engineering (ICDE)，2016.

[122] Liang Y Y，Xie B，Woodruff D，et al. Communication Efficient Distributed Kernel Principal Component Analysis［C］. Proceedings of the 22nd ACM SIGKDD International Conference on Knowledge Discovery and Data Mining，2016.

[123] Zhang A，Gu Q Q. Accelerated Stochastic Block Coordinate Descent with Optimal Sampling［C］. Proceedings of the 22nd ACM SIGKDD International Conference on Knowledge Discovery and Data Mining，2016.

[124] Yang Y，Chen J F，Zhu J. Distributing the Stochastic Gradient Sampler for Large-Scale LDA［C］. Proceedings of the 22nd ACM SIGKDD International Conference on Knowledge Discovery and Data Mining，2016.

[125] Kang U，Chau D H，Faloutsos C. Mining Large Graphs：Algorithms，Inference，and Discoveries ［C］. Proceedings of IEEE 27th International Conference on Data Engineering (ICDE)，2011.

[126] Morales G D F，Gionis A，Sozio M. Social Content Matching in Map-Reduce［J］. Proc VLDB Endowment，2011，4：460-469.

[127] Bahman B，Kaushik C，Dong X. Fast Personalized PageRank on Map-Reduce［C］. Proceedings of

ACM SIGMOD International Conference on Management of Data，2011.

[128] Chu L Y，Wang S H，Liu S Y，et al. Alid：Scalable Dominant Cluster Detection[J]. Proc VLDB Endowment，2015，8：826-837.

[129] Lin W Q，Xiao X K，Ghinita G. Large-Scale Frequent Subgraph Mining in Map-Reduce[C]. Proceedings of IEEE 30th International Conference on Data Engineering（ICDE），2014.

[130] Alvanaki F，Michel S. Tracking Set Correlations at Large Scale[C]. Proceedings of ACM SIGMOD International Conference on Management of Data，2014.

[131] Li F，Ozsu M T，Chen G，et al. R-Store：a Scalable Distributed System for Supporting Real-Time Analytics ［C］. Proceedings of IEEE 30th International Conference on Data Engineering （ICDE），2014.

[132] Scholer F，Williams H E，Yiannis J，et al. Compression of Inverted Indexes for Fast Query Evaluation[C]. Proceedings of ACM SIGIR International Conference on Research and Development in Information Retrieval，2002.

[133] Sihem A，Theodore J. Optimizing Queries on Compressed Bitmaps[C]. Proceedings of the 26th International Conference on Very Large Databases，2010.

[134] Yan Y，Zhang J X，Huang B J，et al. Distributed Outlier Detection Using Compressive Sensing[C]. Proceedings of ACM SIGMOD International Conference on Management of Data，2015.

[135] Chang L J，Yu J X，Qin L，et al. Efficiently Computing k-Edge Connected Components via Graph Decomposition［C］. Proceedings of ACM SIGMOD International Conference on Management of Data，2013.

[136] Song C Y，Ge T J，Chen C，et al. Event Pattern Matching over Graph Streams[J]. Proc VLDB Endowment，2014，8：413-424.

[137] Shiokawa H，Fujiwara Y，Onizuka M. Scan＋＋：Efficient Algorithm for Finding Clusters，Hubs and Outliers on Large-Scale Graphs[J]. Proc VLDB Endowment，2015，8：1178-1189.

[138] Liu Y，Lu J H，Yang H，et al. Towards Maximum Independent Sets on Massive Graphs[J]. Proc VLDB Endowment，2015，8：2122-2133.

[139] Min F，Narayanan S，Hector G M，et al. Computing Iceberg Queries Efficiently[C]. Proceedings of the 24th International Conference on Very Large Data Bases，1998.

[140] Li N，Guan Z Y，Ren L J，et al. Giceberg：towards Iceberg Analysis in Large Graphs［C］. Proceedings of IEEE 29th International Conference on Data Engineering （ICDE），2013.

[141] Cui W Y，Xiao Y H，Wang H X，et al. Local Search of Communities in Large Graphs［C］. Proceedings of ACM SIGMOD International Conference on Management of Data，2014.

[142] Huang X，Cheng H，Qin L，et al. Querying k-Truss Community in Large and Dynamic Graphs[C]. Proceedings of ACM SIGMOD International Conference on Management of Data，2014.

[143] Elgamal T，Yabandeh M，Aboulnaga A，et al. Spca：Scalable Principal Component Analysis for Big Data on Distributed Platforms［C］. Proceedings of ACM SIGMOD International Conference on Management of Data，2015.

[144] Yu L L，Shao Y X，Cui B. Exploiting Matrix Dependency for Efficient Distributed Matrix Computation［C］. Proceedings of ACM SIGMOD International Conference on Management of Data，2015.

[145] Ghashami M，Phillips J M，Li F F. Continuous Matrix Approximation on Distributed Data[J]. Proc VLDB Endowment，2014，7：809-820.

[146] Papapetrou O, Garofalakis M. Continuous Fragmented Skylines over Distributed Streams[C]. Proceedings of IEEE 30th International Conference on Data Engineering (ICDE), 2014.

[147] Cao L, Yang D, Wang Q Y, et al. Scalable Distance-based Outlier Detection over High-Volume Data Streams [C]. Proceedings of IEEE 30th International Conference on Data Engineering (ICDE), 2014.

[148] Aggarwal C C, Yu P S. On Historical Diagnosis of Sensor Streams[C]. Proceedings of IEEE 31st International Conference on Data Engineering (ICDE), 2015.

[149] Sadoghi M, Jacobsen H. Adaptive Parallel Compressed Event Matching[C]. Proceedings of IEEE 30th International Conference on Data Engineering (ICDE), 2014.

[150] Reynold S X, Josh R, Matei Z, et al. Shark: SQL and Rich Analytics at Scale[C]. Proceedings of ACM SIGMOD International Conference on Management of Data, 2013.

[151] Tsytsarau M, Amer-Yahia S, Palpanas T. Efficient Sentiment Correlation for Large-Scale Demographics[C]. Proceedings of ACM SIGMOD International Conference on Management of Data, 2013.

[152] Gatterbauer W, Nnemann S, Koutra D, et al. Linearized and Single-Pass Belief Propagation[J]. Proc VLDB Endowment, 2014, 8: 581-592.

[153] Park Y, Min J K, Shim K. Parallel Computation of Skyline and Reverse Skyline Queries Using Map-Reduce[J]. Proc VLDB Endowment, 2013, 6: 2002-2013.

大数据计算问题的复杂性

大数据计算问题的计算复杂性是大数据计算问题求解算法设计的重要基础,也是大数据算法优化性判定的依据。本章以亚线性时间为大数据计算问题易解性标准,介绍大数据计算复杂性的基础理论,包括随机存取图灵机、基于随机存取图灵机的大数据计算问题的复杂性及其分类、复杂性类之间的关系以及归约与大数据计算问题的完全性。

2.1 随机存取图灵机

亚线性时间算法不能使用传统的确定图灵机描述。例如,设 S 是一个有序集合,S 上计算时间为 $O(\log n)$ 的二分查找算法就无法在传统的确定图灵机上实现。为此,本书采用随机存取图灵机作为研究大数据计算复杂性的计算模型。本节给出随机存取图灵机的形式化定义,证明随机存取图灵机与传统的确定图灵机之间的等价性,并介绍通用随机存取图灵机。

2.1.1 确定随机存取图灵机

下面仅讨论确定随机存取图灵机。不确定的随机存取图灵机的讨论与之类似,留给读者作为练习。

随机存取图灵机(Random Access Turing Machine)简记为 RATM。一个 k-带 RATM 具有 $2k$ 条带。前 k 条带与传统 k-带图灵机的带相同,一条是只读输入带,$k-1$ 条是工作带。后 k 条带是二进制只写带,称为索引带。索引带 1 与输入带相关。对于 $2 \leqslant i \leqslant k$,索引带 i 与工作带 i 相关。RATM 具有一个特殊状态 q_a,称为随机存取转态。当 RATM 进入状态 q_a 时,它的输入带和 $k-1$ 条工作带的读写头在单位时间内自动移动到相关索引带指示的位置。图 2.1.1 是 RATM

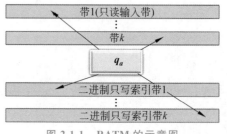

图 2.1.1　RATM 的示意图

的示意图。

定义 2.1.1 给出了 RATM 的形式化定义。

定义 2.1.1　一个 k-带 RATM 是一个系统 $M=(Q,\Sigma,\Gamma,\delta,q_0,B,q_f,q_a)$，其中：

Q 是有限状态集合。

Σ 是有限输入字母表。

$\Gamma\supseteq\Sigma$ 是有限带符号集合。

$\delta:Q\times\Gamma^k\rightarrow Q\times\Gamma^{k-1}\times\{0,1,B\}^k\times\{L,S,R\}^{2k}$ 是转换函数，$k\geqslant2$，L 表示左移，R 表示右移，S 表示不移动。

$q_0\in Q$ 是起始状态。

$B\in\Gamma-\Sigma$ 是空白符。

$q_f\in Q$ 是接受状态。

$q_a\in Q$ 是随机存取状态。

请注意，当 RATM M 进入随机存取状态 q_a 时，M 的输入带和 $k-1$ 条工作带的读写头在单位时间内自动移动到相应索引带指示的位置，并左移、右移或不移动索引带的读写头。

设 M 是一个 RATM。在以后的讨论中，设 M 的输入带编号为 1，$k-1$ 条工作带编号为 2 到 k，M 的 k 条索引带编号为 1 到 k。如果 M 的状态是 $q\in Q$，非索引带的读写头所指符号是 $(a_1,a_2,\cdots,a_k)$，相关转换函数是 $\delta(q,(a_1,a_2,\cdots,a_k))=(p,(c_2,c_3,\cdots,c_k),(b_1,b_2,\cdots,b_k),(m_1,m_2,\cdots,m_{2k}))$，则 M 将用符号 c_i 替换第 i 条工作带上的符号 a_i（$2\leqslant i\leqslant k$），用符号 $b_j=0,1$ 或 B 替换索引带 j 上的当前符号（$1\leqslant j\leqslant k$），按照 $(m_1,m_2,\cdots,m_{2k})$ 左移、右移或不移动 $2k$ 个带的读写头，并进入状态 p。如果 $q=q_a$，M 将自动移动输入带和工作带的读写头到 k 条索引带指示的位置。如果 $q=q_f$，则 M 停止运行，此时称 M 接受输入符号串而结束运行；如果 $q\neq q_f$ 且不存在以 q 为第一变量的转换函数 $\delta(q,(a_1,a_2,\cdots,a_k))$，则 M 停止运行，此时称 M 拒绝接受输入符号串而结束运行。请注意，RATM 可能在一个输入符号串上无限地运行下去。

定义 2.1.2　设 M 是一个 k-带 RATM。M 在输入 w 上的计算所需时间 $\text{Time}_M(w)$ 是从计算开始到计算终止的移动次数或执行的转换函数的个数。

定义 2.1.3　设 M 是一个 k-带 RATM。M 在输入 w 上的计算过程中，$k-1$ 条工作带被读写过的存储单元数分别为 n_1、n_2、$\cdots$、n_{k-1}。M 对于输入 w 的计算所需空间为 $\text{Space}_M(w)=\max\{n_1,n_2,\cdots,n_{k-1}\}$。

显然，$\text{Space}_M(w)\leqslant\text{Time}_M(w)$。

定义 2.1.4　RATM M 的时间复杂性定义为 $T_M(n)=\max\{\text{Time}_M(w)\mid w$ 是 M 的输入且 $|w|=n\}$。

设 $\mathbf{N}$ 是正整数集合。对于任意非递减函数 $T:\mathbf{N}\rightarrow\mathbf{N}$，如果存在一个 n_0，当 $n>n_0$ 时，RATM M 的时间复杂性 $T_M(n)\leqslant T(n)$，则称 M 是具有时间复杂性 $T(n)$ 的 RATM。

定义 2.1.5　RATM M 的空间复杂性定义为 $S_M(n)=\max\{\text{Space}_M(w)\mid w$ 是 M 的输入且 $|w|=n\}$。

对于任意非递减函数 $S:\mathbf{N}\rightarrow\mathbf{N}$，如果存在一个 n_0，当 $n>n_0$ 时，RATM M 的空间复杂性 $S_M(n)\leqslant S(n)$，则称 M 是具有空间复杂性 $S(n)$ 的 RATM。

以下,分别简称具有时间复杂性 $T(n)$ 或空间复杂性 $S(n)$ 的 RATM 为 $T(n)$ 时间 RATM 或 $S(n)$ 空间 RATM,称任何带的读写头所指的带符号为该带的当前符号。定理 2.1.1 证明了 RATM 与 DTM 的等价性。

定理 2.1.1 设 f 是输入大小为 n 的函数,则

(1) 如果 f 可由 $T(n)$ 时间 DTM 计算,则 f 可由 $T(n)$ 时间 RATM 计算。

(2) 如果 f 可由 $T(n)$ 时间 RATM 计算,则若 $n > T(n)$,f 可由 $O(T(n)n \log n)$ 时间 DTM 计算,否则 f 可由 $O(T(n)^2 \log T(n))$ 时间 DTM 计算。

证明:结论(1)很容易证明。对于任意 DTM,DTM 的每一步移动都可以由 RATM 的一步移动模拟,且无须利用 RATM 的随机存取功能。于是,结论(1)成立。

现在证明结论(2)。设 $M = (Q, \Sigma, \Gamma, \delta, q_0, B, q_f, q_a)$ 是一个 k-带 RATM,M 在 $T(n)$ 时间内计算 f。构造一个模拟 M 的 $2k$-带 DTM $N = (Q, \Sigma, \Gamma \cup \{*, \sharp, 0, 1, \hat{0}, \hat{1}, \hat{B}\}, \delta, q_0, B, q_f)$,其中 $*$ 和 $\sharp$ 不属于 Γ。N 的前 k 条带模拟 M 的 k 条非索引带,后 k 条带模拟 M 的 k 条索引带。N 如下模拟 M:

1. 若 M 的输入带内容是 $c_1 c_2 \cdots c_n$,则 N 的输入带内容是 $*1\sharp c_1 * 2 \sharp c_2 \cdots * n \sharp c_n$,其中每对 $*$ 和 $\sharp$ 中的数字 j 是二进制数,标记 c_j 在带上的位置。

2. 初始地,N 的输入读写头移动到第 1 个符号 c_1,并同时在其他非索引带上写 $*1\sharp$,并将这些非索引带的读写头移动到 $\sharp$ 后面的空白符 B。

3. 对于 M 的每个 $\delta(q, (x_1, x_2, \cdots, x_k)) = (p, (y_2, y_3, \cdots, y_k), (b_1, b_2, \cdots, b_k), (m_1, m_2, \cdots, m_{2k}))$,$N$ 工作如下:

   3.1. 对于 $2 \leqslant i \leqslant k$,$N$ 用 y_i 替换第 i 带上的当前符号 x_i;对于 $k+1 \leqslant j \leqslant 2k$,用 b_j 替换第 j 索引带的当前符号。

   3.2. 如果 $q \neq q_a$,对于 $1 \leqslant i \leqslant k$,若 $m_i = S$,第 i 带的读写头不动;若 $m_i = L$,第 i 带的读写头向左移动直至第 2 次遇到 $\sharp$,然后右移 1 步,如果在遇到第二个 $\sharp$ 之前遇到了 B,则左移 3 步写 $*1\sharp$,并向右移动读写头,把所有 $*j$ 改为 $*j+1\sharp$,再向左移动读写头,直至指向第一个 $\sharp$ 右边的 B;若 $m_i = R$,第 i 带的读写头向右移动 1 步,若遇空白符 B,则从 B 的位置开始写 $*j+1\sharp$ 并且带头指向 $\sharp$ 后面的 B,j 是 a_j 的地址,否则向右移动直至第 1 次遇到 $\sharp$,再右移 1 步。

   3.3. 如果 $q = q_a$,N 完成如下步骤:

   3.3.1. 使用 $\hat{0}$、$\hat{1}$ 或 $\hat{B}$ 记录所有索引读写头位置,向左移动所有非索引带的读写头,直至遇到带上的第一个 $*$ 或空白符 B。

   3.3.2. 对于 $1 \leqslant i \leqslant k$,按照如下方式移动第 i 带读写头到第 $i+k$ 索引带指定的位置:同时向右移动第 i 带读写头和第 $i+k$ 带读写头,寻找第 i 带上的符号串 $*j\sharp$,使得 j 与第 $i+k$ 带上的二进制数相等,然后把第 i 读写头移动到 $*j\sharp$ 右边的位置;如果第 i 索引带上的 j 大于第 i 非索引带的当前存储的 M 的符号数 m_i,在第 i 非索引带末尾写 $*m_i+1\sharp B$,$*m_i+2\sharp B, \cdots, *m_i+(j-m_i)\sharp B$。

   3.3.3. 所有索引读写头回到 $\hat{0}$、$\hat{1}$ 或 $\hat{B}$ 标记的原始位置,并把 $\hat{0}$、$\hat{1}$ 或 $\hat{B}$ 修改为 0、1

或 B。

3.4. 对于 $k+1 \leqslant j \leqslant 2k$，若 $m_j = S$，第 j 带读写头不动；若 $m_j = L$，第 j 带读写头向左移动 1 步；若 $m_j = R$，第 i 带读写头向右移动 1 步。

3.5. N 进入 p 状态。

N 的输入带内容的长度是 $\sum_{l=1}^{n}(3+\log l) \leqslant 3n + n \log n = O(n \log n)$。由于 M 在 $T(n)$ 步内停止，M 的每条带的内容至多包括 $T(n)$ 个符号，所以 N 的每条非索引带长度至多是 $\sum_{l=1}^{T(n)}(3+\log l) = O(\log(T(n)!)) = O(T(n) \log T(n))$，每条索引带的长度至多为 $O(\log(T(n) \log T(n)))$。

上述过程是 N 模拟 M 的一步计算的过程，所需时间如下：步骤 3.2 至多需要 $O(\max\{n \log n, T(n) \log T(n)\})$ 次移动（因为这一步最多需要扫描每条非索引带常数遍），步骤 3.3 需要 $O(\max\{O(\log(T(n) \log T(n))), n \log n, T(n) \log T(n)\}) = O(\max\{n \log n, T(n) \log T(n)\})$（因为这一步最多需要扫描每条非索引带和索引带常数遍），其他步骤仅需要常数次移动。于是，如果 $n > T(n)$，N 模拟 M 的一步计算需要 $O(n \log n)$ 次移动，否则 N 模拟 M 的一步计算需要 $O(T(n) \log T(n))$ 次移动。由于 M 计算 f 的时间是 $T(n)$，所以，若 $n > T(n)$，N 计算 f 需要 $O(T(n)n \log n)$，否则 N 计算 f 需要 $O(T(n)^2 \log T(n))$ 时间。证毕。

2.1.2 通用随机存取图灵机

类似于传统的通用图灵机，也可以定义通用随机存取图灵机（Universal RATM），简记为 URATM。与传统图灵机的编码相同，也可以对 RATM 进行编码。这里用 code(M) 表示 RATM M 的二进制编码。读者可以在任何一本计算复杂性的著作中找到传统图灵机的编码方法，本书不再重复介绍。

为了定义和分析 URATM，首先证明两个引理。

引理 2.1.1 如果带符号表为 Γ 的 RATM 可以在时间 $T(n)$ 内计算函数 f，则 f 可以由一个带符号表为 $\{0, 1, B\}$ 的 RATM 在时间 $cT(n)$ 内计算，c 是一个与 Γ 大小相关的常数。

证明：设 $M = (Q_M, \Sigma, \Gamma, \delta_M, q_0, B, q_f, q_a)$ 是在 $T(n)$ 时间内计算函数 f 的 k-带 RATM。定义一个 $2k$-带 RATM $N = (Q_N, \{0,1\}, \{0,1,B\}, \delta, p_0, B, p_f, p_a)$，使之在 $cT(n)$ 时间内计算 f，c 是一个与 Γ 大小相关的常数。

M 的非索引带和索引带均从 1 到 k 编号。N 的非索引带和索引带均从 1 到 $2k$ 编号。设 b 是满足 $2^{b-1} \leqslant \log|\Gamma| \leqslant 2^b$ 的最小值。使用 2^b 位二进制符号串编码 Γ 中的符号。

N 使用前 k 条非索引带模拟 M 的 k 条非索引带，即对于 $1 \leqslant i \leqslant k$，$N$ 的第 i 非索引带使用 2^b 位二进制编码模拟 M 的第 i 非索引带。于是，M 的第 i 非索引带上的一个符号对应于 N 的第 i 非索引带上的 2^b 个符号。

N 使用前 k 条索引带和后 k 条非索引带来模拟 M 的 k 条索引带。对于 $1 \leqslant i \leqslant k$，$N$ 的第 $k+i$ 非索引带用来执行 M 的第 i 索引带上的内容的计算。对于 $1 \leqslant i \leqslant k$，$N$ 的第 i 索引带的内容和带头移动与第 $i+k$ 非索引带始终保持相同。由于 M 的非索引带的一个符号对应于 N 非索引带的 2^b 个带符号，所以，若 M 的第 i 索引带上的二进制地址值为 V_i，则 N 的

第 i 索引带和第 $i+k$ 非索引带上的二进制地址值必为 $V_i \times 2^b$，表示为二进制串 $V_i 0^b$。这里，$V_i 0^b$ 表示 V_i 后面跟 b 个 0。

定义 $Q_N = Q \times \{0, 1, B\}^{k \times 2^b}$，$p_0 = (q_0, B^{k \times 2^b})$，$p_f = (q_f, B^{k \times 2^b})$，$p_a = (q_a, B^{k \times 2^b})$，使得 N 的每个状态具有一个大小为 $k \times 2^b$ 的存储器。N 如下模拟 M：

1. 若 M 的输入带内容为 $a_1 a_2 \cdots a_n$，则 N 的输入带为 $\text{code}(a_1)\text{code}(a_2)\cdots\text{code}(a_n)$，其中 $\text{code}(a_i)$ 是 a_i 的 2^b 位二进制编码，初始转态为 p_0；

2. 在 N 的后 k 条非索引带和前 k 条索引带上写 b 个 0，即 0^b，读写头指向第一个 0。

3. 对于 M 的每个转换函数

$$\delta(q, (x_1, x_2, \cdots, x_k)) = (p, (y_2, y_3, \cdots, y_k), (a_1, a_2, \cdots, a_k), (m_1, m_2, \cdots, m_{2k}))$$

N 工作如下：

3.1. 对于 $2 \leqslant i \leqslant k$，右移第 i 非索引带读写头 2^b 步，同时在第 i 非索引带上写 y_i 的二进制编码 $\text{code}(y_i)$，以代替 x_i 的二进制编码 $\text{code}(x_i)$，读写头左移 2^b 步，指向 $\text{code}(y_i)$ 的第一个符号。

3.2. 对于 $1 \leqslant i \leqslant k$，设 M 的第 i 索引带当前内容是 V_i，则 N 的第 $i+k$ 非索引带和第 i 索引带的内容必为 $V_i \times 2^b$。设 a_i 替换 V_i 中读写头所指符号以后的内容为 V'_i，N 第 $i+k$ 非索引带和第 i 索引带上的 $V_i \times 2^b$ 修改为 $V'_i \times 2^b$，具体过程如下：

3.2.1. 如果 $a_i \in \{0, 1\}$，N 右移第 $i+k$ 非索引带的读写头和第 i 索引带的带头 b 步，记录从第 $i+k$ 非索引带读取的后 b 个符号的串 S。

若 $S = 0^{b-1}B$，即 M 欲在 V_i 尾部加 a_i，N 用 0 替换 B，同时左移第 $i+k$ 非索引和第 i 索引带的读写头 b 步，两条带分别用 a_i 替换 0^b 串的第一个 0。

若 $S \neq 0^{b-1}B$，即 M 欲用 a_i 替换 V_i 中的符号，N 左移第 $i+k$ 非索引和第 i 索引带的读写头 b 步，在两条带上写 a_i。

3.2.2. 若 $a_i = B$，右移第 $i+k$ 非索引带的带头和第 i 索引带的带头 $b+1$ 步，记录从第 $i+k$ 非索引读写头读取的后 $b+1$ 个符号的串 S。

若 $S = 0^b B$，即 M 欲用 a_i 替换 V_i 的最末符号，N 左移第 $i+k$ 非索引带和第 i 索引带的带头 1 步，用 B 替换 0^b 串最右的 0，再左移第 $i+k$ 非索引带和第 i 索引带的带头 b 步，写 0。

若 $S \neq 0^b B$，即 M 欲用 B 替换 V_i 内的符号，左移第 $i+k$ 非索引带和第 i 索引带的带头 $b+1$ 步，写 B。注意，此时 M 和 N 都产生了一个无效地址值。

3.3. 对于 $1 \leqslant i \leqslant k$，若 $m_i = S$，第 i 非索引带的带头不动；若 $m_i = L$，N 左移第 i 非索引带的带头 2^b 步；若 $m_i = R$，N 右移第 i 非索引带的带头 2^b 步。

3.4. 对于 $1 \leqslant i \leqslant k$，若 $m_{i+k} = S$，第 i 索引带的带头和第 $i+k$ 非索引带的带头不移动；若 $m_{i+k} = L$，N 左移第 i 索引带的带头和第 $i+k$ 非索引带的带头 1 步；若 $m_{i+k} = R$，N 右移第 i 索引带的带头和第 $i+k$ 非索引带的带头 1 步。

3.5. N 进入 $(p, B^{k \times 2^b})$。

步骤 2 需要 $2b$ 次移动。步骤 3.1 至步骤 3.5 模拟了 M 的一步计算。于是，N 模拟 M

的一步计算需要的移动次数小于 $3 \times 2^b + 3(b+1)$。令 $c = 3 \times 2^b + 3(b+1) + 2b$。由于 M 计算 f 的时间为 $T(n)$，所以 N 计算 f 的时间小于 $cT(n)$。证毕。

引理 2.1.2 如果函数 f 可以由一个 k 带 RATM 在 $T(n)$ 时间内计算，则 f 可以由一个 4-带 RATM 在 $cT(n) \log T(n)$ 时间内计算，c 是与 k 相关的常数。

证明： 设 $M = (Q_M, \Sigma, \Gamma, \delta_M, q_0, B, q_f, q_a)$ 是在 $T(n)$ 时间内计算函数 f 的 k-带 RATM。构造一个 4-带 RATM $N = (Q_N, \Sigma_N, \Gamma_N, \delta_N, p_0, B_N, p_f, p_a)$，使之在 $cT(n) \log T(n)$ 时间内计算 f。

N 的输入带和第 1 索引带模拟 M 的输入带和第 1 索引带。N 的第 1 工作带模拟 M 的 $k-1$ 条工作带，称为主工作带。N 的第 2 工作带模拟 M 的 $k-1$ 条工作带的索引带，称为主索引带。N 的第 3 工作带用于存储 M 的 $k-1$ 条工作带的读写头位置，称为读写头位置带。N 的 3 条工作带均具有 k 道。对于 $1 \leqslant i \leqslant k-1$，$N$ 的主工作带的第 i 道、主索引带的第 i 道和读写头位置带的第 i 道用来模拟 M 的第 i 工作带。

Γ 是 M 的输入带的符号集合。Γ^{k-1} 是 N 的主工作带的符号集合。$\{0, 1, B\}^{k-1}$ 是读写头位置带的符号集合，$\{0, 1, B, \hat{0}, \hat{1}, \hat{B}\}^{k-1}$ 是 N 的主索引带符号，$\hat{0}$、$\hat{1}$ 和 $\hat{B}$ 用来标记主索引带上读写头所指符号。令 $Q_N = Q_M \times \Gamma^k$，即 N 的状态是 M 的状态加一个具有 k 存储单元的存储器，$\Gamma_N = \Gamma \bigcup \Gamma^{k-1} \bigcup \{0, 1, B, \hat{0}, \hat{1}, \hat{B}\}^{k-1}$，$p_0 = (q_0, B^k)$，$p_f = (q_f, B^k)$，$p_a = (q_a, B^k)$，$B_N = \{B, B^{k-1}\}$。

N 如下模拟 M：

1. 初始地，N 的输入带存储 M 的输入，状态为 p_0。

2. 写 0^{k-1} 到 N 的读写头位置带，表示所有工作带读写头都处于初始位置。

3. 从输入带读写头读入当前符号 x_1，记录到状态的存储器中。

4. 按照读写头位置带存储的读写头位置，从主工作带读 M 的 $k-1$ 条工作带上读写头指向的 $k-1$ 个符号 $x_2, x_3, \cdots, x_k$，与 x_1 一起记录到状态的存储器，具体模拟过程如下，对于 $1 \leqslant i \leqslant k-1$，$N$ 执行：

    4.1. 从读写头位置带的第 i 道读入读写头位置，存储到主工作带的索引带。

    4.2. 进入随机存取状态 p_a，读主工作带上对应的 x_i。

5. 设 N 进入状态 $(q, (x_1, x_2, \cdots, x_k))$，如果 $\delta(q, (x_1, x_2, \cdots, x_k))$ 无定义，N 停机，否则设 M 的相关转换函数为 $\delta(q, (x_1, x_2, \cdots, x_k)) = (p, (y_2, y_3, \cdots, y_k), (a_1, a_2, \cdots, a_k), (m_1, m_2, \cdots, m_{2k}))$，则 N 工作如下：

    5.1. 完成输入带的移动和输入带的索引带的更新：按照 m_1 移动输入带的读写头；用 a_1 替换第 1 索引带头所指符号，按照 m_{k+1} 移动第 1 索引带的带头。

    5.2. 对于 $1 \leqslant i \leqslant k-1$，更新主工作带和读写头位置带如下：

        5.2.1. 将读写头位置带第 i 道的读写头位置 P 存储到主工作带的索引带上。

        5.2.2. 进入随机存取状态 p_a，并在位置 P 写 y_{i+1}。

        5.2.3. 如果 $m_{i+1} = L$，读写头位置带第 i 道的地址值减 1；如果 $m_{i+1} = R$，读写头位置带第 i 道的地址值加 1；如果 $m_{i+1} = S$，读写头位置带第 i 道的地址值不变。

    5.3. 对于 $1 \leqslant i \leqslant k-1$，用 a_{i+1} 更新主索引带的第 i 道的读写头所指符号并修改读写

头位置,具体过程如下:

    5.3.1. 从左至右扫描主索引带第 i 道,找读写头位置 P,在 P 处写 a_{i+1}。

    5.3.2. 若 $m_{k+i+1}=L$,用 $\hat{a}$ 替换位置 $P-1$ 的符号 a;如果 $m_{k+i+1}=R$,用 $\hat{a}$ 替换位置 $P+1$ 的符号 a;如果 $m_{k+i+1}=S$,用 $\hat{a}$ 替换 P 位置的符号 a。

  5.4. 进入状态 (p,B^k),转步骤 3 继续模拟。

步骤 2 需要 1 次移动,可以忽略不计。步骤 3 到步骤 5 是 N 模拟 M 的一步计算的过程。下面分析这个过程需要的移动次数。由于 M 在 $T(n)$ 时间内计算 f,M 的所有工作带上的符号数不超过 $T(n)$。于是,M 的所有索引带上的地址值的长度不超过 $\log T(n)$。因此,N 的主工作带上每道的符号数不超过 $T(n)$,而 N 的主索引带和读写头位置带上的地址值长度不超过 $\log T(n)$。从 N 模拟 M 的过程可以看到,步骤 3 需要 1 次移动,步骤 4 至多需要 $(k-1)\times(1+\log T(n))$ 次移动,步骤 5 至多需要 $3(k-1)\times(1+\log T(n))+1$ 次移动。于是,N 模拟 M 的一步计算至多需要 $2+4(k-1)\times(1+\log T(n))\leqslant c\log T(n)$,$c=2+4(k-1)$。由于 M 在 $T(n)$ 时间内计算 f,所以 N 可以在 $cT(n)\log T(n)$ 时间内计算 f。证毕。

定理 2.1.2 存在一个 URATM U,其输入是 $(x,c(M))$,输出是 $M(x)$,其中 M 是任意一个 RATM,x 是 M 的输入,$c(M)$ 是 M 的编码,$M(x)$ 是 M 在 x 上的输出。如果 M 在 x 上的计算时间为 $T(n)$,则 U 在 $(x,c(M))$ 上的计算时间为 $\alpha T(n)\log T(n)$,α 是与 M 相关的常数。

证明: 对于任意 k-带 RATM M,先应用引理 2.1.2 把 M 转换为 4-带 RATM,然后再应用引理 2.1.1 将其转换为一个字母表为 $\{0,1,B\}$ 的 8-带 RATM。因此,只需构造一个 URATM U 模拟任意符号表为 $\{0,1,B\}$ 的 8-带 RATM。为此,定义 10-带 URTM U 如下:

$$U=(Q,\{0,1\},\{0,1,B\},\delta,q_0,B,q_f,q_a)$$

U 的输入是 $(x,c(M))$。下面说明,当输入为 $(x,c(M))$ 时,U 如何模拟 M,产生输出 $M(x)$。

U 的输入带和前 7 条工作带与 M 的输入带和前 7 条工作带相同。M 的转换函数存储在 U 的第 9 工作带上。M 的当前状态和 M 读的符号存储在 U 的第 10 工作带上。

U 如下模拟 M 在输入 x 上的一个计算步:

1. 把 M 的转换函数存储在第 9 工作带上;

2. 把 M 的当前状态以及输入带和前 7 条工作带的读写头所指向的符号,即 $(q,(x_1,x_2,\cdots,x_8))$,存储到第 10 工作带上。

3. 使用 $(q,(x_1,x_2,\cdots,x_8))$ 在第 9 工作带上查找 M 的转换函数,设为

$$\delta(q,(x_1,x_2,\cdots,x_8))=(p,(y_2,y_3,\cdots,y_8),(a_1,a_2,\cdots,a_8),(m_1,m_2,\cdots,m_{16}))$$

4. 用 $(y_2,y_3,\cdots,y_8)$ 替换前 7 个工作带的当前符号。

5. 如果 $q\neq q_a$,则 U 按照 $(m_1,m_2,\cdots,m_8)$ 移动前 8 条非索引带的读写头,否则把 U 的前 8 条非索引带的读写头移动到相应索引带指示的位置。

6. 用 $(a_1,a_2,\cdots,a_8)$ 替代 U 的前 8 条索引带的当前符号,按照 $(m_9,m_{10},\cdots,m_{16})$ 移动前 8 条索引带的读写头。

7. 进入状态 p,转步骤 2 继续模拟。

步骤 2 到步骤 7 是 U 模拟 M 的一个计算步的过程。如果 M 的所有转换函数编码后的

长度为 c_1，步骤 1 需要 c_1 次移动。步骤 3 需要 c_1 次移动，其他步骤需要 c_2 次移动数。于是，U 可以在 c_1+c_2 步内模拟 M 的一步计算。由于 M 在输入 x 上需要 T 步计算，所以 U 可以在 $(c_1+c_2)T(n)$ 步内模拟 M 的全部计算，c_1 是与 M 相关的常数。

从引理 2.1.1 和引理 2.1.2 可知，任何时间为 $T(n)$ 的 k-带 RATM 都可以由一个符号表为 $\{0,1,B\}$ 的 8-带 RATM 在时间 $c_3 T(n) \log T(n)$ 内模拟，c_3 与 M 相关。令 $\alpha = c_3(c_1+c_2)$，则对于任意 k-带 RATM M，U 可在时间 $\alpha T(n) \log T(n)$ 内模拟 M，α 是与 M 相关的常数。证毕。

2.2 大数据计算问题的复杂性与分类

第 1 章已经定义了大数据计算问题，并且论述了大数据计算问题的易解性标准是亚线性时间。本节使用 RATM 模型定义大数据计算问题的易解性，对大数据计算问题空间进行复杂性分类，研究类之间的关系，确定大数据计算问题空间的复杂性结构。

2.2.1 大数据计算问题的复杂性

首先使用 RATM 模型定义大数据计算问题的计算复杂性、易解性和大数据计算问题的简单分类。以下，用 $\mathcal{P}$ 表示一个大数据计算问题，用 n 表示问题 $\mathcal{P}$ 的输入的大小。

定义 2.2.1　大数据计算问题 $\mathcal{P}$ 的时间复杂性 $T(n)=\min\{T \mid T$ 是求解输入大小为 n 的问题 $\mathcal{P}$ 的任一 RATM 的时间复杂性$\}$。

定义 2.2.2　大数据计算问题 $\mathcal{P}$ 的空间复杂性 $S(n)=\min\{S \mid S$ 是求解输入大小为 n 的问题 $\mathcal{P}$ 的任一 RATM 的空间复杂性$\}$。

目前的计算系统一般都具有内存和外存两级存储器，内存与外存之间传输数据的通道一般称为 I/O 通道。I/O 通道的带宽是大数据计算的重要瓶颈。内存与外存之间传输的数据量称为 I/O 数据量。

定义 2.2.3　大数据计算问题 $\mathcal{P}$ 的 I/O 复杂性 $\mathrm{IO}(n)=\min\{$ IO $\mid$ IO 是求解输入大小为 n 的问题 $\mathcal{P}$ 的任一算法需要的 I/O 数据量$\}$。

显然，传统的图灵机和 RATM 都没有两级存储器结构，不能支持大数据计算问题的 I/O 复杂性分析，定义 2.2.3 是独立于传统的图灵机和 RATM 的。

分布式并行计算系统是目前大数据计算的重要环境，如机群并行计算系统或云计算系统。分布式并行计算系统的计算节点间的通信带宽是大数据计算的另一个瓶颈。下面给出大数据计算问题的通信复杂性的定义。

定义 2.2.4　大数据计算问题 $\mathcal{P}$ 的通信复杂性 $\mathrm{Comm}(n)=\{C \mid C$ 是求解输入大小为 n 的问题 $\mathcal{P}$ 的任一算法需要的通信数据量$\}$。

传统的图灵机、RATM 以及很多并行计算模型不能支持大数据计算问题的通信复杂性分析。定义 2.2.4 是独立于这些传统计算模型的。

请注意，问题的复杂性与求解问题的算法的复杂性是不同的。问题的复杂性是求解该问题的所有算法的复杂性的最小者。算法的复杂性是求解一个问题的算法的复杂性，它大于或等于问题的复杂性。例如，排序问题的复杂性是 $\Omega(n \log n)$，而求解排序问题的选择排序算法的时间复杂性是 $O(n^2)$。问题的复杂性是很难确定的,人们通常只能给出问题复杂性的下界。对于算法的复杂性分析来说,人们通常给出算法的复杂性的上界。本章主要讨论大数据计算问题的时间复杂性。其他复杂性度量可以类似地讨论。亚线性时间表示为 $o(n)$ 时间。

定义 2.2.5 所有可由 RATM 在 $O(T(n))$ 时间内求解的大数据计算问题集合定义为 $\mathrm{RATIME}(T(n)) = \{\mathcal{P} \mid \mathcal{P}$ 是可由 $O(T(n))$ 时间 RATM 求解的问题$\}$。

定义 2.2.6 设 $\mathcal{P}$ 是一个大数据计算问题,n 是 $\mathcal{P}$ 的输入大小。如果如下条件之一成立,则称 $\mathcal{P}$ 是亚线性时间易解的大数据计算问题:

(1) 存在 $o(n)$ 时间 RATM 求解 $\mathcal{P}$。

(2) 经过多项式时间预处理后,存在 $o(n)$ 时间 RATM 求解 $\mathcal{P}$。

以后,简称亚线性时间易解的大数据计算问题为易解性大数据计算问题。也称非亚线性时间易解的大数据计算问题为亚线性时间难解问题,简称难解性问题。

例 2.2.1 两个凸多边形相交性判定问题是易解性大数据计算问题。这是因为该问题可以在 $O(n^{1/2})$ 时间内求解[1]。

例 2.2.2 无序大数据集合上查找给定数据问题是易解性大数据计算问题。这是因为经过 $O(n \log n)$ 时间的排序预处理后,问题可以在 $O(\log n)$ 时间内求解。

定义 2.2.7 易解性大数据计算问题类定义为 $\mathrm{SL} = \{\mathcal{P} \mid \mathcal{P}$ 是易解性问题$\}$。

定义 2.2.8 难解性大数据计算问题类定义为 $\mathrm{NoSL} = \{\mathcal{P} \mid \mathcal{P}$ 是非易解性问题$\}$。

请注意,SL 是英文 sublinear 的缩写,NoSL 是英文 non-sublinear 的缩写。

例 2.2.3 由于排序问题的时间复杂性下界是 $n \log n$,大数据排序问题是难解的大数据计算问题。

显然,$\mathrm{SL} \cup \mathrm{NoSL}$ 是整个大数据计算问题空间。SL 类中满足定义 1.2 条件(1)的易解性问题称为单纯易解性大数据计算问题,满足定义 2.2.6 的条件(2)但不满足条件(1)的易解性问题称为伪易解性大数据计算问题。

NoSL 类中的问题也可以分为两类,即可近似易解性问题和不可近似易解性问题。2.2.2 节详细讨论单纯易解性大数据计算问题类,2.2.3 节详细讨论伪易解性大数据计算问题类。下面讨论可近似易解性大数据计算问题类和不可近似易解性大数据计算问题类。

定义 2.2.9 可近似易解性大数据计算问题类定义为 $\mathrm{Appr\text{-}NSL} = \{\mathcal{P} \mid \mathcal{P}$ 是难解性大数据计算问题,但可由 $o(n)$ 时间 RATM 近似求解$\}$,其中 Appr 是英文 approximable 的缩写。

设 $\mathcal{P}$ 是可近似易解性大数据计算问题,Appr-Alg 是求解的近似算法,S 是算法 Appr-Alg 输出的近似解,并且 S^* 是问题的精确解。如果 $\mathcal{P}$ 是一个代价函数为 C 的优化问题,则 $\max\{C(S)/C(S^*), C(S^*)/C(S)\}$ 被定义为算法 Appr-Alg 的近似比。如果 $\mathcal{P}$ 不是优化问题,则 S 和 S^* 的距离 $\mathrm{dist}(S - S^*)$ 被定义为算法 Appr-Alg 的误差,距离的定义随问题的不同而不同。

定义 2.2.10 不可近似易解性大数据计算问题类定义为 $\mathrm{IAppr\text{-}NSL} = \{\mathcal{P} \mid \mathcal{P}$ 是难解问题,而且不可由 $o(n)$ 时间 RATM 近似求解$\}$,其中 IAppr 是英文 inapproximable 的缩写。

例 2.2.4 k 中心聚类问题是亚线性时间可近似的[2]。

例 2.2.5 设 $F_1, F_2, \cdots, F_r$ 是定义在节点集 V 上的 r 个森林,F_i 中的每个连通分量都

是一个多部图。设 $G=(V,E)$ 是如下定义的图：$(u,v)\in E$ 当且仅当存在 F_i 使得 $(u,v)\in F_i$。这类图的最小节点覆盖问题是亚线性时间内 1.3606 不可近似的[3]，即不存在求解该问题的亚线性时间算法，其近似比 $r\in[1,1.3606]$。

接下来重点讨论单纯易解性大数据计算问题类和伪易解性大数据计算问题类。

2.2.2 单纯易解性大数据计算问题类

本节给出单纯易解性大数据计算问题类的形式化定义，介绍两类重要的单纯易解性大数据计算问题类，并讨论它们的结构。

定义 2.2.11 单纯易解性大数据计算问题类定义为 PSL＝$\{\mathcal{P}|\ \mathcal{P}$不需要预处理即可由 $o(n)$时间 RATM 求解$\}$，其中 PSL 是英文 pure sublinear 的缩写。

确实存在很多大数据计算问题属于 PSL，如二维德洛奈三角剖分中的点定位问题、凸多边形相交性判定问题[1]。

定理 2.2.1 PSL$\subset$SL。

证明：令$\mathcal{P}$是在无序大数据集合 S 上查找给定数据的问题。设输入 S 具有 n 个元素。经过对 S 进行$O(n\log n)$时间排序预处理以后，可以在 $O(\log n)$时间内求解$\mathcal{P}$，所以$\mathcal{P}\in$ SL。但是，如果不对 S 排序，则在 S 的任何真子集合上都不能保证精确求解$\mathcal{P}$，因此$\mathcal{P}\notin$ PSL。于是，PSL$\subset$SL。证毕。

PSL 类包含两类重要的易解性大数据计算问题子类，即对数多项式时间可计算的大数据计算问题类和纯小数幂时间可计算的大数据计算问题类。n 的对数多项式是指 $\log^c n$，$c\in[0,\infty)$。n 的纯小数幂是指 $n^d,d\in[0,1)$。请注意，下面讨论的对数多项式时间和纯小数幂时间可计算的大数据计算问题均指无须预处理的单纯亚线性时间易解性大数据计算问题。

1. 对数多项式时间可计算的大数据计算问题类

人们很早就认识到可由 RATM 在 $O(\log n)$时间内可计算的问题，并把所有这些问题的集合定义为 DLOGTIME 类[4]。DLOGTIME 类以前没有得到足够重视。在当今大数据时代，DLOGTIME 类就显得非常重要了，而且它包含了很多有趣的问题[5-6]。下面把 DLOGTIME 类扩展为对数多项式时间可计算问题类 PL。

定义 2.2.12 $\forall c\in[0,\infty)$，$\log^c n$ 时间可计算的大数据计算问题类定义为
$$PL^c=\{\ \mathcal{P}|\ \mathcal{P}可由 O(\log^c n)时间 RATM 求解\}$$

定义 2.2.13 对数多项式时间可计算的大数据计算问题类定义为 PL $=\bigcup_{c\geqslant 0}PL^c$。

从定义 2.2.12 可知，如下两个简单命题成立，证明留作练习。

命题 2.2.1 $\forall x,y\in[0,\infty)$，如果 $x\leqslant y$，PL$^x\subseteq$PL^y。

命题 2.2.2 PL$\subseteq$PSL。

作为对数多项式时间可计算的大数据计算问题类的特殊情况，有如下两个重要的大数据计算问题类。

定义 2.2.14 对于任意整数 $i\geqslant 0$，i 次方对数时间可计算的大数据计算问题类定义为
$$PolyL^i=\{\mathcal{P}|\ \mathcal{P}可由 O(\log^i n)时间 RATM 求解\}$$

定义 2.2.15 整数对数多项式时间可计算的大数据计算问题类定义为

$$\text{PolyL} = \bigcup_{\text{整数} i \geqslant 0} \text{PolyL}^i$$

根据定义 2.2.14 和定义 2.2.15,有如下两个命题,证明留作练习。

命题 2.2.3 $\text{PolyL} \subseteq \text{PL} \subseteq \text{PSL}$。

命题 2.2.4 $\text{PolyL}^1 \subseteq \text{PolyL}^2 \subseteq \cdots \subseteq \text{PolyL}^i \subseteq \cdots \subseteq \text{PolyL} \subseteq \text{PSL}$。

命题 2.2.5 $\text{PolyL} = \text{PL}$。

证明:显然,$\text{PolyL} \subseteq \text{PL}$。仅需证明 $\text{PL} \subseteq \text{PolyL}$。对于任意问题 $p \in \text{PL}$,必存在一个 $\forall c \in [0, \infty)$,使得 $p \in \text{PL}^c$,即存在 $O(\log^c n)$ 时间 RATM 计算 p。由于 $\forall c \in [0, \infty)$,都存在一个整数 $i \geqslant 0$,使得 $i \geqslant c$。因为 p 可由 $O(\log^c n)$ 时间 RATM 计算,所以 p 可由 $O(\log^i n)$ 时间 RATM 计算,即 $p \in \text{PolyL}^i$。从而,$p \in \text{PolyL}$,即 $\text{PL} \subseteq \text{PolyL}$。证毕。

下面证明 $\forall i \geqslant 0, \text{PolyL}^i \subset \text{PolyL}^{i+1}, \text{PolyL}^i \subset \text{PolyL}, \text{PolyL} \subset \text{PSL}$。

引理 2.2.1 存在一个对数时间 RATM M,使得对于输入 x,M 在 $\Theta(\log n)$ 时间内输出二进制数 $n = |x|$。

引理 2.2.2 对于任意整数 $i \geqslant 0$,n^{i+1} 是多项式时间可构造函数,即存在 DTM M 满足:当长度为 n 的 x 为输入时,M 在 $\Theta(n^{i+1})$ 时间内输出二进制数 n^{i+1}。

引理 2.2.1 和引理 2.2.2 的证明作为练习留给读者。

定理 2.2.2 $\forall i \geqslant 0, \text{PolyL}^i \subset \text{PolyL}^{i+1}, \text{PolyL}^i \subset \text{PolyL}$。

证明:先证明 $\text{PolyL}^i \subset \text{PolyL}^{i+1}$。只需证明 $\exists L \in \text{PolyL}^i - \text{PolyL}^{i+1}$。$\forall i \geqslant 0$,构造一个 RATM M,使得 $L(M) \in \text{PolyL}^i - \text{PolyL}^{i+1}$。

由引理 2.2.1,存在一个 RATM M_1 满足:对于输入 x,M_1 在 $\Theta(\log n)$ 时间内输出二进制数 $n = |x|$。

由引理 2.2.2,对于整数 $i \geqslant 0$,可以构造 DTM M_2 满足:对于长度为 n 的输入 x,M_2 在 $\Theta(n^{i+1})$ 时间内输出二进制数 n^{i+1}。

组合 M_1 和 M_2 可以构造如下工作的 RATM M_3:给定输入 x,M_3 首先模拟 M_1,在 $\Theta(\log n)$ 时间内输出二进制数 $n = |x|$;在 n 上模拟 M_2,在 $\Theta(n^{i+1})$ 时间内输出二进制数 n^{i+1}。由于 M_1 在 $\Theta(\log n)$ 时间内输出二进制数 n,所以 n 的长度不大于 $\log n$。于是 M_3 的执行时间是 $\Theta(\log^{i+1} n)$。

现在构造 RATM M。对于输入 x,M 如下工作:

1. M 同时模拟 M_3 在输入 x 上的工作和 URATM U 在输入 (x, x) 上的工作。如果 x 不是一个 RATM 的编码,则 U 停机拒绝 (x, x)。

2. 如果 U 和 M_3 有一个停机,则 M 停机,进入的状态如下确定:

    2.1. 若 U 先停机并进入接受状态,则 M 进入拒绝状态。

    2.2. 若 U 先停机并进入拒绝状态,则 M 进入接受状态。

    2.3. 若 M_3 先停机并进入状态 q,则 M 进入状态 q。

由于 M_3 的执行时间是 $\Theta(\log^{i+1} n)$,所以 M 至多在 $\Theta(\log^{i+1} n)$ 时间内停机。于是,$L(M) \in \text{PolyL}^{i+1}$。只需证明不存在 $O(\log^i n)$ 时间 RATM 接受 $L(M)$。用反证法,假设存在一个 $O(\log^i n)$ 时间 RATM N 接受 $L(M)$,即 $L(N) = L(M)$。对任意常数 c,由于 $\lim_{n \to \infty} c(\log^i n)(\log(\log^i n))/\log^{i+1} n = 0$,必存在 n_0,使得 $\forall n \geqslant n_0, c \log^i n \log(\log^i n) < \log^{i+1} n$。

令 x 为 N 的编码 $c(N)$，并在 $c(N)$ 末尾添加足够多的 0 或 1，使得 $|x|>n_0$。于是，由定理 2.1.2，

$$\text{Time}_U(x,x)\leqslant_\alpha\text{Time}_N(x)\log(\text{Time}_N(x))\leqslant_\alpha\log^i n\,\log(\log^i n)<\log^{i+1}n$$

于是，把 x 作为输入执行 M 时，由于 $\text{Time}_U(x,x)<\log^{i+1}n$，$U$ 先停机。

由步骤 2.1 可知，如果 $x\in L(N)=L(M)$，U 停机时进入接受状态，M 进入拒绝状态，从而 $x\notin L(M)=L(N)$，矛盾。

由步骤 2.2 可知，如果 $x\notin L(N)=L(M)$，U 停机时进入拒绝状态，M 进入接受状态，从而 $x\in L(M)=L(N)$，矛盾。

两个矛盾说明，$L(M)\notin\text{PolyL}^i$，即 $L(M)\in\text{PolyL}^{i+1}-\text{PolyL}^i$。从而，$\text{PolyL}^i\subset\text{PolyL}^{i+1}$。对于任意整数 i，必有 $\text{PolyL}^i\subset\text{PolyL}^{i+1}\subseteq\text{PolyL}$。于是，$\text{PolyL}^i\subset\text{PolyL}$。证毕。

推论 2.2.1 对于任意整数 i，$\text{PolyL}^i\subset\text{PL}$。

证明：对于任意整数 i，必有 $\text{PolyL}^i\subset\text{PolyL}\subseteq\text{PL}$，即 $\text{PolyL}^i\subset\text{PL}$。证毕。

定理 2.2.3 $\text{PL}\subset\text{PSL}$。

证明：由于 $\text{PolyL}=\text{PL}$，只需证明 $\exists L\in\text{PSL}-\text{PolyL}$。显然，对于任意整数 $i\geqslant0$，$\text{PolyL}^i\subseteq\text{RATIME}(\sqrt{n}\log^2 n)$。于是，$\text{PolyL}=\bigcup_{i\geqslant0}\text{PolyL}^i\subseteq\text{RATIME}(\sqrt{n}\log^2 n)$。构造 RATM M 使得 $L(M)\in\text{RATIME}(\sqrt{n}\log^2 n)-\text{PolyL}$。

首先构造一个时间复杂性为 $\Theta(\sqrt{n}\log^2 n)$ 的 RATM M_1。对于输入 x，M_1 工作如下：

1. 调用引理 2.2.1 中的 RATM，M_1 在 $\Theta(\log n)$ 时间内产生二进制数 $n=|x|$。

2. 对于 $1\leqslant i\leqslant\sqrt{n}$，$M_1$ 生成二进制整数 i，计算 $i\times i$ 和 $n\times n$，如果 $i\times i>n$，停机，否则继续枚举 $i+1$。

对于 $1\leqslant i\leqslant\sqrt{n}$，$M_1$ 生成 $\sqrt{n}$ 个二进制数，生成 i 的时间为 $\Theta(\log i)$，生成 n 的时间为 $\Theta(\log n)$，计算 $i\times i$ 的时间为 $\Theta(\log^2 i)$，计算 $n\times n$ 的时间为 $\Theta(\log^2 n)$，与 n 比较的时间为 $\Theta(\log n)$。M_1 的时间复杂性为 $\Theta(\sqrt{n}\log^2 n)$。

现在构造 RATM M。对于输入 x，M 如下工作：

1. M 同时模拟 M_1 在输入 x 上的计算和 URATM U 在输入 (x,x) 上的计算。注意，如果 x 不是一个 RATM 的编码，则 U 停机并拒绝 (x,x)。

2. 如果 U 和 M_1 有一个停机，则 M 停机，进入的状态如下确定：

   2.1. 若 U 先停机并进入接受状态，则 M 进入拒绝状态。

   2.2. 若 U 先停机并进入拒绝状态，则 M 进入接受状态。

   2.3. 若 M_1 先停机并进入状态 q，则 M 进入状态 q。

显然，M 一定在 $\Theta(\sqrt{n}\log^2 n)$ 时间内停机。于是，$L(M)\in\text{RATME}(\sqrt{n}\log^2 n)$。只需证明，对于任意整数 $i\geqslant0$，不存在 $O(\log^i n)$ 时间 RATM 接受 $L(M)$。用反证法，假设存在一个 $O(\log^i n)$ 时间 RATM N 接受 $L(M)$，即 $L(N)=L(M)$。

由于 $\lim_{n\to\infty}\log^i n\,\log(\log^i n)/(\sqrt{n}\log^2 n)=0$，必存在 n_0，使得 $\forall n\geqslant n_0$，对于任意常数 c，$\log^i n\,\log(\log^i n)/(\sqrt{n}\log^2 n)<1/c$，即 $c\log^i n\,\log(\log^i n)<\sqrt{n}\log^2 n$。

令 $x=c(N)$，并在 $c(N)$ 末尾添加足够多的字符使得 $|x|>n_0$。于是，由定理 2.1.2，有

$$\text{Time}_U(x,x) \leqslant c\,\text{Time}_N(x)\,\log(\text{Time}_N(x)) \leqslant c\,\log^i n\,\log(\log^i n) < \sqrt{n}\,\log^2 n$$

于是,把 x 作为输入执行 M 时,由于 $\text{Time}_U(x,x) < \sqrt{n}\log^2 n$, U 先停机。

由步骤 2.1 可知,如果 $x \in L(N) = L(M)$, U 停机时进入接受状态, M 进入拒绝状态,从而 $x \notin L(M) = L(N)$,矛盾。

由步骤 2.2 可知,如果 $x \notin L(N) = L(M)$, U 停机时进入拒绝状态, M 进入接受状态,从而 $x \in L(M) = L(N)$,矛盾。

两个矛盾说明, $L(M) \notin \text{PolyL}$,即 $L(M) \in \text{RATIME}(\sqrt{n}\log^2 n) - \text{PolyL}$。由于 $\text{RATIME}(\sqrt{n}\log^2 n) \subseteq \text{PSL}$, $L(M) \in \text{PSL} - \text{PolyL}$,即 $\text{PolyL} \subset \text{PST}$,证毕。

2. 纯小数幂时间可计算的大数据计算问题类

定义 2.2.16 $\forall d \in [0,1)$, d 次幂时间可计算大数据计算问题类定义为 $\text{PDP}^d = \{\mathcal{P} \mid \mathcal{P}$ 可由 $O(n^d)$ 时间 RATM 求解 $\}$,其中 PDP 是英文 pure dicimal power 的缩写。

定义 2.2.17 纯小数幂时间可计算的大数据计算问题类定义为

$$\text{PDP} = \bigcup_{0 \leqslant d < 1} \text{PDP}^d$$

从定义 2.2.16 和定义 2.2.17,可以推导出如下两个命题,证明留作练习。

命题 2.2.6 $\forall x, y \in [0,1)$,如果 $x \leqslant y$,则 $\text{PDP}^x \subseteq \text{PDP}^y$。

命题 2.2.7 $\text{PL} \subseteq \text{PDP} \subseteq \text{PSL} \subseteq \text{SL}$。

作为纯小数幂时间可计算的大数据计算问题类的特殊情况,有如下重要的大数据计算问题类。

定义 2.2.18 对于任意整数 $k \geqslant 1$, k 次方根时间可计算的大数据计算问题类定义为 $\text{Int-PDP}^k = \{\mathcal{P} \mid \mathcal{P}$ 可由 $O(n^{1/k})$ 时间 RATM 求解 $\}$。

定义 2.2.19 方根时间可计算大数据计算问题类定义为

$$\text{Int-PDP} = \bigcup_{\text{整数}\,k \geqslant 1} \text{Int-PDP}^k$$

从定义 2.2.18 和定义 2.2.19,可以推导出如下 3 个命题。这里只给出命题 2.2.8 的证明,其他命题的证明留作练习。

命题 2.2.8 $\forall i \geqslant 0$ 和 $\forall k > 1$, $\text{PolyL}^i \subseteq \text{Int-PDP}^k$。

证明:对于 $\forall \mathcal{P} \in \text{PolyL}^i$,存在 $O(\log^i n)$ 时间 RATM M 求解 $\mathcal{P}$。 $\forall k > 1$,当 n 充分大时, $\log^i n \leqslant n^{1/k}$。于是, M 可以在 $O(n^{1/k})$ 时间内求解 $\mathcal{P}$,即 $\text{PolyL}^i \subseteq \text{Int-PDP}^k$。证毕。

命题 2.2.9 $\text{PolyL} \subseteq \text{Int-PDP} \subseteq \text{PDP} \subseteq \text{PSL} \subseteq \text{SL}$。

命题 2.2.10 $\text{PSL} \supseteq \text{Int-PDP} \supseteq \text{Int-PDP}^2 \supseteq \text{Int-PDP}^3 \cdots \supseteq \text{Int-PDP}^i \supseteq \cdots$。

引理 2.2.3 对于任意整数 $k \geqslant 1$, $\text{Int-PDP}^k \subset \text{RATIME}(n^{1/k}\log^2 n)$。

证明:下面设计一个 RATM $M*$,使得 $L(M*) \in \text{RATIME}(n^{1/k}\log^2 n) - \text{Int-PDP}^k$,从而证明 $\text{Int-PDP}^k \subset \text{RATIME}(n^{1/k}\log^2 n)$。先构造 RATM M, M 在输入 x 上工作如下:

1. 使用引理 2.2.1 中的 RATM 在 $\Theta(\log n)$ 时间内输出二进制数 $n = |x|$。

2. 对于 $1 \leqslant i \leqslant n^{1/k}$,枚举二进制数 i,计算 i^k,计算 n^k,如果 $i^k > n$,停止。

M 枚举的最大数是 $n^{1/k}$,需要 $\Theta(\log n)$ 时间,计算 i^k 的时间为 $\Theta(k\log^2 n)$,计算 n^k 的时间为 $\Theta(k\log^2 n)$, i^k 与 n 比较的时间为 $\Theta(\log n)$。于是, M 的执行时间为 $\Theta(n^{1/k}\log^2 n)$。

现在,构造 RATM $M*$。 $M*$ 在输入 x 上工作如下:

1. $M*$ 同时模拟 M 在 x 上的工作和 URATM U 在 (x,x) 上的工作。如果 x 不是一个 RATM 的编码，U 停机并拒绝 (x,x)。

2. 如果 U 和 M 有一个停机，则 $M*$ 停机，进入的状态如下确定：

    2.1. 若 U 先停机并进入接受状态，则 $M*$ 进入拒绝状态。

    2.2. 若 U 先停机并进入拒绝状态，则 $M*$ 进入接受状态。

    2.3. 若 M 先停机并进入状态 q，则 $M*$ 进入状态 q。

显然，$M*$ 的执行时间为 $O(n^{1/k}\log^2 n)$。于是，$L(M*)\in \mathrm{RATIME}(n^{1/k}\log^2 n)$。需要证明 $L(M*)\notin \mathrm{Int\text{-}PDP}^k$。假设不然，则存在 $O(n^{1/k})$ 时间 RATM N，使得 $L(N)=L(M*)$。由于 $\lim\limits_{n\to\infty}(n^{1/k}\log n^{1/k})/(n^{1/k}\log^2 n)=0$，必存在 n_0，使得当 $n\geqslant n_0$ 时，对于任意常数 c，$cn^{1/k}\log n^{1/k}<n^{1/k}\log^2 n$。令 x 为 N 的编码 $c(N)$，并在 $c(N)$ 末尾添加足够多的 0 或 1，使 $|x|>n_0$。于是，由定理 2.1.2，

$$\mathrm{Time}_U(x,x)\leqslant c\,\mathrm{Time}_N(x)\log(\mathrm{Time}_N(x))\leqslant cn^{1/k}\log n^{1/k}<n^{1/k}\log^2 n=\mathrm{Time}_M(x)$$

于是，U 先停机。

由步骤 2.1 可知，如果 $x\in L(N)=L(M*)$，U 停机时进入接受状态，M 进入拒绝状态，从而 $x\notin L(M*)=L(N)$，矛盾。

由步骤 2.2 可知，如果 $x\notin L(N)=L(M*)$，U 停机时进入拒绝状态，$M*$ 进入接受状态，从而 $x\in L(M*)=L(N)$，矛盾。

两个矛盾说明，$L(M*)\notin \mathrm{Int\text{-}PDP}^k$，即 $L(M*)\in \mathrm{RATIME}(n^{1/k}\log^2 n)-\mathrm{Int\text{-}PDP}^k$。于是，$\mathrm{Int\text{-}PDP}^k\subset \mathrm{RATIME}(n^{1/k}\log^2 n)$，证毕。

定理 2.2.4 $\mathrm{PSL}\supset\mathrm{Int\text{-}PDP}^2\supset\cdots\supset\mathrm{Int\text{-}PDP}^k\supset\mathrm{Int\text{-}PDP}^{k+1}\supset\cdots$。

证明： 由引理 2.2.3，对于任意整数 $k>2$，

$$\mathrm{Int\text{-}PDP}^k\subset\mathrm{RATIME}(n^{1/k}\log^2 n)\subseteq\mathrm{Int\text{-}PDP}^{k-1}$$

即 $\mathrm{Int\text{-}PDP}^k\subset\mathrm{Int\text{-}PDP}^{k-1}$。进一步，当 $k=2$ 时，$\mathrm{Int\text{-}PDP}^2\subset\mathrm{RATIME}(n^{1/2}\log^2 n)\subseteq\mathrm{PSL}$。于是，定理成立，证毕。

2.2.3 伪易解性大数据计算问题类

本节讨论伪易解性大数据计算问题的分类。伪易解性大数据计算问题是指经过多项式时间预处理以后可以在亚线性时间求解的大数据计算问题。本节讨论两类伪易解性大数据计算问题：一是基于数据缩减的伪易解性大数据计算问题类，简记作 PsR-SL，这里的 Ps 是指 Pseudo，R 是指 reduce；二是基于数据扩展的伪易解性大数据计算问题类，简记作 PsE-SL，这里的 E 是指 Extend。

1. 基于数据缩减的伪易解性大数据计算问题类

基于数据缩减的伪易解性问题类 PsR-SL 中包含了所有可以通过缩减输入大数据的方法实现亚线性时间求解的问题，其形式化定义如下。

定义 2.2.20 设 $\mathcal{P}$ 是一个大数据计算问题，D 是 $\mathcal{P}$ 的输入大数据集合。如果存在一个多项式时间预处理过程 ϑ 满足以下两个条件，则称 $\mathcal{P}\in\mathrm{PsR\text{-}SL}$：

(1) $|\vartheta(D)|<|D|$ 而且 $\mathcal{P}(\vartheta(D))=\mathcal{P}(D)$。

(2) $\mathcal{P}(\vartheta(D))$ 可由 RATM 在 $o(|D|)$ 时间内求解。

定义 2.2.20 表明,如果 $\mathcal{P} \in$ PsR-SL,则输入为 D 的问题 $\mathcal{P}$ 可以在小数据集合 $\vartheta(D)$ 上在亚线性时间内被求解。这样,具有多项式时间或更高时间复杂性的算法可以用来在小数据上求解大数据计算问题。例如,令 $|D| = n$,如果 $|\vartheta(D)| = n^{1/3}$,则可以使用 n^2 时间算法在 $n^{2/3}$ 时间内求解 $\mathcal{P}(\vartheta(D)) = \mathcal{P}(D)$。

例 2.2.6 在一个包含 n 个词的文本集合 D 上查找一个词需要 $O(n)$ 时间。假设可以使用哈夫曼编码在多项式时间内把 D 压缩为 $\vartheta(D)$,且 $|\vartheta(D)| = n^{9/10}$。给定一个词 w,先用同样的哈夫曼编码方法把 w 编码为 $H(w)$,然后在 $\vartheta(D)$ 上查找 $H(w)$。这样,就在小数据集合 $\vartheta(D)$ 上实现了 w 的精确查找,其查找时间是亚线性时间 $\Theta(n^{9/10})$。

从定义 2.2.20,得到如下 3 个命题。这些命题的证明比较简单,给读者留作练习。

命题 2.2.11 设 $\mathcal{P}$ 是一个大数据计算问题,D 是任意输入。如果存在多项式时间预处理过程 ϑ 和一个常数 $c > 1$,使得 $|\vartheta(D)| = |D|^{1/c}$,$\mathcal{P}(\vartheta(D)) = \mathcal{P}(D)$,而且存在 $O(|\vartheta(D)|^d)$ 时间算法求解 $\mathcal{P}(\vartheta(D))$,其中 $d < c$,则 $\mathcal{P}(D)$ 可以在 $o(n)$ 时间内求解,即 $\mathcal{P} \in$ PsR-SL。

命题 2.2.12 设 $\mathcal{P}$ 是一个大数据计算问题,D 是任意输入。如果存在多项式时间预处理过程 ϑ 和常数 c,使得 $|\vartheta(D)| = \log^c |D|$,$\mathcal{P}(\vartheta(D)) = \mathcal{P}(D)$,而且存在多项式时间算法求解 $\mathcal{P}(\vartheta(D))$,则 $\mathcal{P}(D)$ 可以在 $o(n)$ 时间内求解,即 $\in$ PsR-SL。

命题 2.2.13 设 $\mathcal{P}$ 是一个大数据计算问题,D 是任意输入。如果存在多项式时间预处理过程 ϑ、常数 c 和 $k > 1$,使得 $|\vartheta(D)| = c \log(|D|^{1/k})$,$\mathcal{P}(\vartheta(D)) = \mathcal{P}(D)$,而且存在 $O(2^n)$ 时间算法求解 $\mathcal{P}(\vartheta(D))$,则 $\mathcal{P}(\vartheta(D)) = \mathcal{P}(D)$ 可以在 $o(n)$ 时间内求解,即 $\in$ PsR-SL。

2. 基于数据扩展的伪易解性大数据计算问题类

基于数据扩展的伪易解性大数据计算问题类 PsE-SL 中的问题可以通过在输入大数据的基础上增加新的信息(如增加索引)实现亚线性时间求解。PsE-SL 中的问题也可以通过不增加数据量的预处理(如排序)实现亚线性时间求解。

定义 2.2.21 设 $\mathcal{P}$ 是一个大数据计算问题,D 是 $\mathcal{P}$ 的输入大数据集合。如果存在一个多项式时间预处理过程 ϑ 满足以下两个条件,则称 $\mathcal{P} \in$ PsE-SL:

(1) $|\vartheta(D)| \geqslant |D|$ 而且 $\mathcal{P}(\vartheta(D)) = \mathcal{P}(D)$。

(2) $\mathcal{P}(\vartheta(D))$ 可由 RATM 在 $o(|D|)$ 时间内求解。

PsE-SL 与 PsR-SL 的不同在于,PsE-SL 要求大数据集合 D 的预处理结果的规模不小于 $|D|$。实际上,如果问题 $\mathcal{P} \in$ PsE-SL,则可以通过增加额外信息实现在亚线性时间内求解问题 $\mathcal{P}$。例如,通过对大数据 D 加索引的预处理,很多 D 上的查询问题都可以在亚线性时间内被求解。

例 2.2.7 设问题 $\mathcal{P}$ 是在大小为 n 的无序大数据集合 D 上查找给定数据 x。通过 $\Theta(n \log n)$ 时间的排序预处理 ϑ,$\mathcal{P}$ 可以在 $\Theta(\log n)$ 时间内求解。注意,在这个例子中,$|\vartheta(D)| = |D|$。

例 2.2.8 设 $\mathcal{P}$ 是在大小为 n 的时间序列 D 上查找最大数。可以对 D 进行如下的多项式时间预处理 ϑ:把 D 分为 $n^{1/2}$ 组,求出每组的最大值,存储到一个新集合 S 中。这样,$\vartheta(D) = (D, S)$,$|\vartheta(D)| > |D|$,$|S| = n^{1/2}$。于是,$\mathcal{P}$ 可以在 $\vartheta(D)$ 的 S 上精确求解,其时间复杂性为 $O(n^{1/2})$。

从定义 2.2.21,可以得到如下 3 个命题。这些命题的证明都比较简单,留作练习。

命题 2.2.14 设 $\mathcal{P}$ 是一个大数据计算问题，D 是任意输入大数据集合。如果存在预处理过程 ϑ 和常数 $c\geqslant 1$，使得 $|\vartheta(D)|=c|D|$，且存在一个 $o(n)$ 时间算法求解 $\mathcal{P}(\vartheta(D))$，则 $\mathcal{P}(D)$ 可以在 $o(n)$ 时间内求解，即 $\mathcal{P}\in$ PsE-SL。

命题 2.2.15 设 $\mathcal{P}$ 是一个大数据计算问题，D 是任意的输入。如果存在预处理过程 ϑ 和常数 $c\geqslant 1$，使得 $|\vartheta(D)|=|D|^c$，且存在一个 $O(n^d)$ 时间算法求解 $\mathcal{P}(\vartheta(D))$，$d$ 满足 $d\times c\in[0,1)$，则 $\mathcal{P}(\vartheta(D))=\mathcal{P}(D)$ 可以在 $o(n)$ 时间内求解，$\mathcal{P}\in$ PDP$\subseteq$PsE-SL。

命题 2.2.16 设 $\mathcal{P}$ 是一个大数据计算问题，D 是任意的输入。如果存在预处理过程 ϑ 和常数 c，使得 $|\vartheta(D)|=2^{|D|^c}$，且存在一个 $o(\log^d n)$ 时间算法求解 $\mathcal{P}(\vartheta(D))$，$d$ 满足 $d\times c\in[0,1)$，则 $\mathcal{P}(D)$ 可以在 $o(n)$ 时间内求解，即 $\mathcal{P}\in$ PDP$\subseteq$PsE-SL。

3. 伪易解性大数据计算问题类与计算复杂性类 P 的关系

定义 2.2.22 伪易解性大数据计算问题类定义为 Ps-SL＝PsR-SL∪PsE-SL。

定理 2.2.5 Ps-SL$\subseteq$P。

证明：根据 PsR-SL 和 PsE-SL 的定义，$\forall\mathcal{P}\in$ Ps-SL 和 $\mathcal{P}$ 的输入 D。令 $|D|=n$，必有多项式时间 DTM M_1 产生 $\vartheta(D)$，并存在 $T(n)=o(n)$ 时间 RATM M_2 求解 $\mathcal{P}(\vartheta(D))=\mathcal{P}(D)$。由定理 2.1.1，存在 $O(T(n)n\log n)$ 时间 DTM M_3 求解 $\mathcal{P}(\vartheta(D))=\mathcal{P}(D)$。可以很容易地组合 M_1 和 M_3，构造出一个多项式时间 DTM M 计算 $\mathcal{P}(D)$。于是，$\mathcal{P}\in$ P。从而，Ps-SL$\subseteq$P。证毕。

推论 2.2.2 如果 NP$\neq$P，则无 NP-完全问题属于 Ps-SL。

证明：如果存在一个 NP-完全问题 $\mathcal{P}\in$ Ps-SL，则由于 Ps-SL$\subseteq$P，$\mathcal{P}\in$ P。于是，NP$=$P，矛盾。

2.3 归约与大数据计算问题的完全性

本节首先介绍 DLOGTIME 归约，然后证明 DLOGTIME 归约的封闭性，最后讨论基于 DLOGTIME 归约的大数据计算问题的完全性。在本节的讨论中，把 RATM 视为语言识别器，即本节考虑的大数据计算问题均为语言问题。由于判定问题可以转化为等价的语言问题，本节讨论的问题包含了判定问题。

2.3.1 DLOGTIME 归约

定义 2.3.1 设 f 是一个把问题 A 归约到问题 B 的多项式时间归约。如果语言 $\{(x,i,c)|f(x)$ 的第 i 位是 $c\}\in$ DLOGTIME，则称 f 是 DLOGTIME 归约，简记作 DL-归约，其中 DLOGTIME$=\{\mathcal{P}|$ 存在对数时间 DTM 求解 $\mathcal{P}\}$。

DL-归约不同于传统的归约，它要求测试 $f(x)$ 特定位置的符号所需时间为对数时间，而归约 f 的时间复杂性是多项式时间。

下面研究 DL-归约封闭性。

引理 2.3.1 如果问题 $B\in$ PL^c 而且存在一个 DL-归约把问题 A 归约到问题 B，则 $A\in$ PL^{c+1}。

证明：令 M_B 是求解 B 的 $O(\log^c n)$ 时间 k-带 RATM，f 是把 A 归约到 B 的 DL-归约。

构造$(k+3)$-带 RATM M_A,使得对于任意输入 x,M_A 在 $O(\log^{c+1}n)$时间内模拟 M_B 在 $f(x)$上的计算。

M_A 的前 k 条非索引带和前 k 条索引带模拟 M_B 的 k 条非索引带和 k 条索引带。M_A 的第 $k+1$ 非索引带记录 M_B 的当前状态和各带头所指符号$(q,(z_1,z_2,\cdots,z_k))$。M_A 的第 $k+2$ 非索引带记录 M_B 的 k 条非索引带读写头的当前位置。M_A 的第 $k+3$ 非索引带存储 M_B 的编码$c(M_B)$。设 A 的输入为 x,M_A 如下模拟 M_B 在 $f(x)$上的工作:

1. 初始地,M_A 的第 $k+1$ 非索引带存储$(q_0,(B,B,\cdots,B))$,q_0 是 M_B 的初始状态,$(B,B,\cdots,B)$表示 M_B 的 k 条非索引带的当前符号;M_A 的第 $k+2$ 非索引带存储 M_B 的 k 条非索引带读写头的初始位置$(1,1,\cdots,1)$;M_A 的第 $k+3$ 非索引带存储 M_B 的编码$c(M_B)$。

2. 对于$1\leqslant i\leqslant k$,M_A 读入前 k 条非索引带的 k 个当前符号$(z_1,z_2,\cdots,z_k)$并写入第 $k+1$ 非索引带,带头位置不变。

3. 按照 M_A 的第 $k+2$ 非索引带记录的 M_B 输入带读写头的当前位置 i,对于 M_B 的带符号表的每个符号 c,判定 $f(x)$第 i 个符号是否为 c,如果是,则把第 $k+1$ 非索引带上的$(z_1,z_2,\cdots,z_k)$改为$(c,z_2,\cdots,z_k)$。

4. 在第 $k+3$ 非索引带上找转移函数
$$\delta(q,(c,z_2\cdots,z_k))=(p,(y_2,y_3,\cdots,y_k),(a_1,a_2,\cdots,a_k),(m_1,m_2,\cdots,m_{2k}))$$
如果找不到则停止,否则如下模拟执行$\delta(q,(c,z_2,\cdots,z_k))$。

5. 对于$2\leqslant i\leqslant k$,把第 i 非索引带的符号 z_i 修改为 y_i,按照 m_i 移动其读写头;对于$1\leqslant i\leqslant k$,把第 i 索引带的当前符号修改为 a_i,按照 m_{k+i} 移动其读写头。

6. 修改第 $k+2$ 非索引带的当前地址:对于$1\leqslant i\leqslant k$,如果 $m_i=L$,则第 i 非索引带读写头地址减 1;如果 $m_i=R$,则第 i 非索引带读写头地址加 1;如果 $m_i=R$,则第 i 非索引带读写头地址不变;

7. 如果 q 是随机存取状态,使用 M_A 的随机存取状态和前 k 条索引带,把 M_A 的前 k 条非索引带(对应于 M_B 的输入带或工作带)的读写头移动到前 k 条索引带(对应于 M_B 的 k 条索引带)指示的位置,并重新修改第 $k+2$ 非索引带上地址:对于$1\leqslant i\leqslant k$,第 i 非索引带读写头地址更新为第 i 索引带指示的位置。

8. 状态 p 存入第 $k+1$ 非索引带。如果 q 是终止转态,则停机;否则转 2 继续模拟 M_B。

由于 f 是多项式时间函数,存在一个与 x 相关的常数 r,使得$|f(x)|\leqslant n^r$。因为 n^r 的二进制表示仅需要 $r\log n$ 位,所以 M_B 的输入带读写头位置至多为 $O(\log n)$。由于 M_B 的符号表大小是与 M_B 相关的常数以及 DL-归约的特点,步骤 3 需要 $O(\log n)$步计算。由于 M_B 是 $O(\log^c n)$时间 RATM,M_B 在 $f(x)$上的执行时间是 $O(\log^c|f(x)|)=O(\log^c n)$,从而 M_B 的工作带上至多 $O(\log^c n)$个符号。因此,M_A 的第 $k+2$ 非索引带存储的 M_B 的 k 条非索引带读写头的位置的二进制数的长度为 $O(\log(\log^c n))$,即 $O(\log n)$。于是,步骤 3、步骤 6 和步骤 7 需要 $O(\log n)$时间,其他步骤需要常数时间。于是,M_A 模拟 M_B 的一步计算需要 $O(\log n)$时间。由于 M_B 在输入 $f(x)$上需要 $O(\log^c n)$步计算,M_A 需要 $O(\log^{c+1}n)$时间。从而,$A\in PL^{c+1}$。证毕。

定理 2.3.1 PL 对 DL-归约是封闭的。

证明:设问题 $B\in PL$,问题 A 可以 DL-归约到 B。只需证明 $A\in PL$。由 $B\in PL$ 可知,

必存在 c，使得 $B \in \mathrm{PL}^c$。由引理 2.3.1，$A \in \mathrm{PL}^{c+1}$。因为 $\mathrm{PL}^{c+1} \subseteq \mathrm{PL}$，所以 $A \in \mathrm{PL}$。于是，PL 对 DL-归约是封闭的。证毕。

定理 2.3.2　如果 DL-归约 f 满足 $|f(x)| = O(|x|)$，忽略预处理过程，则 SL 对 DL-归约是封闭的。

证明： 类似于引理 2.3.1 的证明。令 M_B 是求解 B 的 $o(n)$ 时间 k-带 RATM，f 是把 A 归约到 B 的 DL-归约。构造 $(k+3)$-带 RATM M_A，使得对于 A 的任意输入 x，M_A 在 $o(n)$ 时间内模拟 M_B 在 $f(x)$ 上的计算。

M_A 的前 k 条非索引带和前 k 条索引带模拟 M_B 的 k 条非索引带和 k 条索引带。M_A 的第 $k+1$ 非索引带记录 M_B 的当前状态和非索引带当前符号 $(q, (z_1, z_2, \cdots, z_k))$。$M_A$ 的第 $k+2$ 非索引带记录 M_B 的 k 条非索引带读写头的当前位置。M_A 的第 $k+3$ 非索引带存储 M_B 的编码 $c(M_B)$。设 A 的输入是大小为 n 的 x，M_A 如下模拟 M_B 在 $f(x)$ 上的工作：

1. 初始地，第 $k+1$ 非索引带存储 $(q_0, (B, B, \cdots, B))$，q_0 是 M_B 的初始状态，$(B, B, \cdots, B)$ 表示 M_B 的 k 条非索引带的当前符号均为空；第 $k+2$ 非索引带存储 M_B 的 k 条非索引带读写头的初始位置 $(1, 1, \cdots, 1)$；第 $k+3$ 非索引带存储 $c(M_B)$。

2. 对于 $1 \leqslant i \leqslant k$，读入前 k 条非索引带的 k 个当前符号 $(z_1, z_2, \cdots, z_k)$ 并写入第 $k+1$ 非索引带，带头位置不变。

3. 按照第 $k+2$ 非索引带记录的 M_B 输入带读写头的当前位置 i，对于 M_B 的带符号表的每个符号 c，判定 $f(x)$ 第 i 个符号是否为 c。如果是，则把第 $k+1$ 非索引带上的 $(z_1, z_2, \cdots, z_k)$ 改为 $(c, z_2, \cdots, z_k)$。

4. 在第 $k+3$ 非索引带上找转移函数
$$\delta(q, (c, z_2, \cdots, z_k)) = (p, (y_2, y_3, \cdots, y_k), (a_1, a_2, \cdots, a_k), (m_1, m_2, \cdots, m_{2k}))$$
如果找不到则停止，否则如下模拟执行这个转移函数。

5. 对于 $2 \leqslant i \leqslant k$，把第 i 非索引带的符号 z_i 修改为 y_i，按照 m_i 移动其读写头；对于 $1 \leqslant i \leqslant k$，把第 i 索引带的当前符号修改为 a_i，按照 m_{k+i} 移动其读写头。

6. 修改第 $k+2$ 非索引带的当前地址：对于 $1 \leqslant i \leqslant k$，如果 $m_i = L$，则第 i 非索引带读写头地址减 1；如果 $m_i = R$，则第 i 非索引带读写头地址加 1；如果 $m_i = R$，则第 i 非索引带读写头地址不变。

7. 如果 q 是随机存取状态，使用 M_A 的随机存取状态和前 k 条索引带，把 M_A 的前 k 条非索引带（即 M_B 的输入带和工作带）的读写头移动到前 k 条索引带（即 M_B 的 k 条索引带）指示的位置，并重新修改第 $k+2$ 非索引带的当前地址：对于 $1 \leqslant i \leqslant k$，第 i 非索引带读写头地址更新为第 i 索引带指示的位置。

8. 状态 p 存入第 $k+1$ 非索引带。如果 q 是终止转态，则停机；否则转步骤 2 继续模拟 M_B。

由于 f 满足 $|f(x)| = O(|x|) = O(n)$，M_B 的输入带读写头位置至多为 $O(\log n)$。由于 M_B 的符号表大小是与 M_B 相关的常数以及 DL-归约的特点，步骤 3 需要 $O(\log n)$ 步计算。因为 M_B 是 $o(n)$ 时间 RATM，M_B 在 $f(x)$ 上的执行时间是 $o(|f(x)|) = o(n)$，所以 M_B 的工作带上至多 $o(n)$ 个符号。因此，M_A 的第 $k+2$ 非索引带存储的 M_B 的 k 条非索引带读写头位置的二进制数的长度为 $O(\log n)$。于是，步骤 3、步骤 6 和步骤 7 需要 $O(\log n)$

时间,其他步骤需要常数时间。从而,M_A 模拟 M_B 的一步计算需要 $O(\log n)$ 步计算。由于 M_B 在输入 $f(x)$ 上需要 $o(n)$ 步计算,M_A 需要 $o(n) \times O(\log n) = o(n)$ 时间。从而,$A \in SL$。证毕。

类似于定理 2.3.1 和定理 2.3.2 的证明,可以证明如下 3 个定理,证明留作练习。

定理 2.3.3 PolyL 对 DL-归约是封闭的。

定理 2.3.4 如果 DL-归约 f 满足 $|f(x)| = O(|x|)$,PDP 对 DL-归约是封闭的。

定理 2.3.5 如果 DL-归约 f 满足 $|f(x)| = O(|x|)$,Int-PDP 对 DL-归约是封闭的。

2.3.2 大数据计算问题的完全性

在传统的计算复杂性理论中,一个时间复杂性类中的完全问题可以视为该类中最困难的问题。如果能够为这个完全问题设计出一个时间复杂性为 $T(n)$ 的求解算法 Alg,则该类中的所有问题都可以使用 DL-归约和 Alg 在 $T(n)$ 时间内求解。因此,完全性问题的研究是计算复杂性理论中的重要内容。作为本章的结束,本节给出大数据计算问题完全性的定义,为完全性大数据计算问题的研究奠定基础。

定义 2.3.2 若 $\forall A \in SL$,存在一个把 A 归约为问题 B 的 DL-归约 f 而且 $|f(x)| = O(|x|)$,则称 B 在 DL-归约下是 SL-难的。若 B 是 SL-难的而且 $B \in SL$,则称 B 在 DL-归约下是 SL-完全的。

定义 2.3.3 若 $\forall A \in PL$,存在一个把 A 归约为问题 B 的 DL-归约,则称 B 在 DL-归约下是 PL-难的。若 B 是 PL-难的而且 $B \in PL$,则称 B 在 DL-归约下是 PL-完全的。

定义 2.3.4 若 $\forall A \in PDP$,存在一个把 A 归约为问题 B 的 DL-归约 f 而且 $|f(x)| = O(|x|)$,则称 B 在 DL-归约下是 PDP-难的。若 B 是 PDP-难的而且 $B \in PDP$,则称 B 在 DL-归约下是 PDP-完全的。

定义 2.3.5 若 $\forall A \in PolyL$,存在一个把 A 归约为问题 B 的 DL-归约,则称 B 在 DL-归约下是 PolyL-难的。若 B 是 PolyL-难的而且 $B \in PolyL$,则称 B 在 DL-归约下是 PolyL-完全的。

定义 2.3.6 若 $\forall A \in$ Int-PDP,存在一个把 A 归约为问题 B 的 DL-归约 f 而且 $|f(x)| = O(|x|)$,则称 B 在 DL-归约下是 Int-PDP-难的。若 B 是 Int-PDP-难的,而且 $B \in$ Int-PDP,则称 B 在 DL-归约下是 Int-PDP-完全的。

从定理 2.3.2、定理 2.3.4 和定理 2.3.5 可以看出,DL-归约并非对所有大数据计算问题类都是无条件封闭的,这给研究某些问题类的完全问题带来一定的困难。为此,我们正在研究新的归约,以弥补 DL-归约的这个不足。

2.4 本章参考文献

2.4.1 本章参考文献注释

本章内容是本书作者发表的论文[7]的扩展。论文[7]详细地讨论了能够精准描述大数据计算的随机存取图灵机模型(RATM)、通用 RATM 等基本概念,证明了 RATM 和确定图灵机模型的等价性以及相互模拟需要的时间,并证明了通用 RATM 的存在性及其模拟任何 RATM 需要的时间。论文[7]还把大数据计算问题空间分为多个问题类,分析了这些类之间以及这些类与传统计算复杂性类之间的关系,初步确定了大数据计算问题空间的时间复杂性结构。最后,论文[7]研究了 DLOGTIME 归约,确定了这种归约的封闭性,并给出了基于这种归约的问题完全性和难解性的定义。

2.4.2　本章参考文献列表

[1] Chazelle B, Liu D, Magen A. Sublinear Geometric Algorithms[J]. SIAM Journal on Computing, 2005, 353: 627-646.

[2] Mishra N, Oblinger D, Pitt L. Sublinear Time Approximate Clustering[C]. SODA, 2001.

[3] Miao D J, Liu X M, Li Y S, et al. Vertex Cover in Conflict Graphs[J]. Theoretical Computer Science, 2019, 774: 103-112.

[4] Leeuwen J V, Leeuwen J. Handbook of Theoretical Computer Science: vol 1[M]. Amsterdam: Elsevier, 1990.

[5] Barrington D A M, Immerman N, Straubing H. On Uniformity within NC1[J]. Journal of Computer and System Sciences, 1990, 41(3): 274-306.

[6] Buss S R. The Boolean Formula Value Problem is in a Log Time[C]. 19th ACM Symposium on Theory of Computing, 1987.

[7] Gao X Y, Li J Z, Miao D J, et al. Recognizing the Tractability in Big Data Computing[J]. Theoretical Computer Science, 2020, 8(38): 195-207.

第3章 大数据的亚线性时间计算方法

1.2 节表明,由于计算资源受限,为了在人们能够容忍的时间内求解输入数据集合为 PB 级以上的大数据计算问题,需要设计亚线性时间算法。本章讨论亚线性时间算法的概念和数学基础,并以几个大数据计算问题为例,介绍亚线性时间算法设计与分析的方法和原理。

3.1 亚线性时间算法基础

亚线性时间算法的研究起源于理论计算机科学界。初看起来,构造亚线性时间精确算法似乎是不可能的,因为亚线性时间算法可能只允许使用输入数据集合的一个很小的真子集合来完成问题的求解。然而,近年来人们确实在很多领域,如图论、计算几何、代数、计算机图形学等领域,设计了很多求解不同问题的亚线性时间算法。大数据的风起云涌,使得亚线性时间算法成为十分重要的研究领域。本节讨论亚线性时间算法的基本概念、亚线性时间算法的分类和数学基础。

3.1.1 亚线性时间算法的基本概念

亚线性时间算法分为亚线性时间精确算法和亚线性时间近似算法两类。下面分别讨论这两类亚线性时间算法。

1. 亚线性时间精确算法

定义 3.1.1 设 $\mathcal{P}$ 是一个大数据计算问题,Alg 是求解 $\mathcal{P}$ 的精确算法。如果对于 $\mathcal{P}$ 的任意大小为 n 的输入,Alg 的时间复杂性均为 $o(n)$,则称 Alg 是一个亚线性时间精确算法。

根据 2.2 节介绍的亚线性时间可计算的大数据计算问题的分类,宏观上可以把亚线性时间算法分为两类,即不需要预处理的单纯亚线性时间精确算法和需要预处理的伪亚线性时间精确算法。

定义 3.1.2 设 $\mathcal{P}$ 是一个大数据计算问题,D 是 $\mathcal{P}$ 的任意大小为 n 的输入数据集合。如果存在多项式时间预处理过程 θ，使得 $\mathcal{P}(D) = \mathcal{P}(\theta(D))$，并且算法 Alg 可在 $o(n)$ 时间内精确求解 $\mathcal{P}(\theta(D))$，则称 Alg 是求解 $\mathcal{P}$ 的伪亚线性时间精确算法。

定义 3.1.3 设 $\mathcal{P}$ 是一个大数据计算问题，Alg 是求解 $\mathcal{P}$ 的算法。如果对于 $\mathcal{P}$ 的任意大小为 n 的输入数据集合 D，Alg 不需要任何预处理即可在 $o(n)$ 时间内求解 $\mathcal{P}(D)$，则称 Alg 是一个单纯亚线性时间精确算法。

很多大数据计算问题存在单纯亚线性时间精确算法。虽然单纯亚线性时间精确算法很难设计，但是确实存在很多大数据计算问题可由单纯亚线性时间精确算法求解。例如，随机抽样问题、二维德洛奈三角剖分中的点定位问题、凸多边形相交性判定问题等[1-3]。下面是一个具体的例子。

例 3.1.1 给定任意两个凸多边形 P_1 和 P_2，有如下判定 P_1 和 P_2 是否相交的亚线性时间算法[9]：首先，随机地从 P_1 和 P_2 抽取两个大小为 $n^{1/2}$ 的样本 S_1 和 S_2；然后，在 S_1 和 S_2 上使用一个线性时间算法判定 P_1 和 P_2 是否相交。显然，这个算法的时间复杂性为 $O(n^{1/2})$。

很多大数据计算问题可以由伪亚线性时间精确算法求解。例如，可以在 $O(n \log n)$ 时间内完成大小为 n 的大数据集合的排序，然后就可以使用二元搜索算法或插值搜索算法，在 $O(\log n)$ 或 $O(\log(\log n))$ 时间内在排序后的大数据集合中查找一个给定的数据，实现大数据上的亚线性时间搜索。如果不经过 $O(n \log n)$ 时间的排序，不可能在亚线性时间内完成给定数据的精确查找。

由于一次预处理可以支持多次或永久的亚线性时间精确计算，通过预处理实现的亚线性时间算法是很有意义的。一般情况下，限定预处理时间为多项式时间。本书以后讨论伪亚线性时间精确算法时，均假设预处理时间为多项式时间。

可以把伪亚线性时间精确算法继续细分为 3 类：第一类伪亚线性时间精确算法通过缩减数据规模的预处理实现亚线性时间精确计算，即使用小数据计算实现大数据计算；第二类伪亚线性时间精确算法通过扩大数据规模的预处理实现亚线性时间精确计算；第三类伪亚线性时间精确算法通过不改变数据规模的预处理实现亚线性时间精确计算。

例 3.1.2 在一个包含 n 个词的文本 D 上查找一个词需要 $O(n)$ 时间。可以使用哈夫曼编码在多项式时间内把 D 压缩为 $\vartheta(D)$。假设 $|\vartheta(D)| = n^{3/5}$。给定一个词 w，先用同样的哈夫曼编码方法把 w 编码为 $H(w)$，然后在 $\vartheta(D)$ 上查找 $H(w)$。这样，就在小数据 $\vartheta(D)$ 上实现了 w 的精确查找，其查找时间为亚线性时间 $n^{3/5}$。

例 3.1.3 在一个大数据集合中，可以通过多项式时间预处理为大数据添加有序索引，从而可以在 $O(\log n)$ 时间内完成选择查询的处理，实现亚线性时间的选择查询处理算法。

例 3.1.4 可以在多项式时间内为多维大数据建立一个包含聚集值的有序聚集索引。那么，就可以在 $O(\log n)$ 时间内查到一个特定聚集属性值对应的聚集结果，实现聚集操作的亚线性时间算法。

例 3.1.5 可以把一个大数据集合经过 $O(n \log n)$ 时间排序后存储在一个可随机存取的数据结构（如数组）中。于是，可以在常数时间内在这个大数据集合中查找到第 i 小的数或第 j 大的数。

例 3.1.6 对于任意一个 P-问题的解，预先计算出 $O(n)$ 个常用问题实例的解，并有序地存储起来。这样，就可以在需要的时候，在 $O(\log n)$ 时间之内得到这个问题的常用实例的解,从而实现常用问题实例的亚线性时间计算。当然,如果数据发生变化,常用问题实例的解需要更新。

2. 亚线性时间近似算法

很多大数据计算问题不存在亚线性时间精确求解算法。所以,需要研究亚线性时间近似算法。亚线性时间近似算法可以视为一类特殊的近似算法,它与传统的近似算法密切相关,但又有所不同。为了准确分辨亚线性时间近似算法与传统近似算法的区别,首先讨论传统近似算法。然后,讨论亚线性时间近似算法的定义和性质。

当一个问题的精确解很难在多项式时间内求得时,人们自然考虑如何在多项式时间内求得一个近似解,使误差不超过给定的限制,而不去花费指数时间求问题的精确解。这就是传统近似算法的朴素思想。非形式化地说,设 $\mathcal{P}$ 是一个计算问题,能够给出 $\mathcal{P}$ 的近似解的算法称为求解 $\mathcal{P}$ 的近似算法。近似算法的分析除了时间和空间复杂性以外,算法的误差分析是也是一个重要方面。根据问题的不同,近似算法的误差可以分为两种。

近似算法的第一种误差是针对组合优化问题的。组合优化问题都有一个目标函数。组合优化问题的最优解是使得目标函数最大化或最小化的解。设 $\mathcal{P}$ 是一个组合优化问题,C 是 $\mathcal{P}$ 的目标函数,Alg 是求解 $\mathcal{P}$ 的近似算法。对于 $\mathcal{P}$ 的输入 x,令 Alg 的输出是 y,$\mathcal{P}$ 的最优解是 $y*$,则 Alg 对于输入 x 的误差定义为

$$RB(Alg(x)) = \max\{C(y)/C(y*), C(y*)/C(y)\}$$

简称近似比。显然,$RB(Alg(x)) \geqslant 1$。算法 Alg 的近似比定义为

$$RB(Alg) = \max\{RB(Alg(x)) \mid x \text{ 是} \mathcal{P} \text{的任意输入}\}$$

如果存在函数 $r(n)$,使得 $RB(Alg) \leqslant r(n)$,则称 Alg 的近似比界限为 $r(n)$,n 是 $\mathcal{P}$ 的输入大小。$r(n)$ 可能是常数。以后,在不引起混淆的情况下,本书也使用 r 表示 $r(n)$。

近似算法的第二种误差是针对非优化问题定义的。非优化问题不具有目标函数。设 $\mathcal{P}$ 是一个非优化问题,Alg 是求解 $\mathcal{P}$ 的近似算法。对于 $\mathcal{P}$ 的输入 x,Alg 的输出是 y,$\mathcal{P}$ 的精确解是 $y*$,则 Alg 对于 x 的相对误差定义为

$$Err(Alg(x)) - |y - y*|/y*$$

请注意,$|y - y*|/y*$ 是相对误差的抽象表示。对于不同问题,$|y - y*|/y*$ 的具体定义是不同的。Alg 相对误差定义为

$$Err(Alg) = \max\{Err(Alg(x)) \mid x \text{ 是} \mathcal{P} \text{的任意输入}\}$$

如果存在函数 $\varepsilon(n)$,使得 $Err(Alg) \leqslant \varepsilon(n)$,则称 Alg 的误差界限为 $\varepsilon(n)$,其中 n 是 $\mathcal{P}$ 的输入大小。以后,在不引起混淆的情况下,本书也使用 ε 表示 $\varepsilon(n)$。

从上面的讨论可以看出,无论近似算法的误差如何定义,如果近似算法 Alg 的近似比界限为 r 或误差界限为 ε,则对于任意输入 x,算法 Alg 都能保证其输出的解的近似比界限或误差界限不超过 ε。这一点是传统近似算法与亚线性时间近似算法的本质区别。亚线性时间近似算法不要求对于每个输入,它输出的近似解的近似比界限或误差界限都不超过 ε。亚线性时间近似算法的定义如下。

定义 3.1.4 设 $\mathcal{P}$ 是问题,$\mathcal{P}(x)$ 是输入为 x 时 $\mathcal{P}$ 的精确解,$\varepsilon \in [0,1]$,$\delta \in [0,1]$。算法 Alg 称为求解 $\mathcal{P}$ 的亚线性时间近似算法,如果下列条件被满足:

(1) 对于 $\mathcal{P}$ 的任意输入 x,Alg 产生的解 $Alg(x)$ 是 $\mathcal{P}(x)$ 的近似解。

（2）对于 $\mathcal{P}$ 的任意输入 x，$\Pr[RB(Alg(x))ⓒ\varepsilon]Ⓡ\delta$ 或 $\Pr[Err(Alg(x))ⓒ\varepsilon]Ⓡ\delta$，其中，$ⓒ\in\{\leqslant,\geqslant,<,>\}$，而且，当 $ⓒ\in\{\leqslant,<\}$ 时 $Ⓡ\in\{\geqslant,>\}$，当 $ⓒ\in\{\geqslant,>\}$ 时 $Ⓡ\in\{\leqslant,<\}$。

定义 3.1.4 中的 ε 称为算法 Alg 的近似比或误差参数，δ 称为算法 Alg 的置信度参数。从定义 3.1.4 可以看输出，亚线性时间近似算法不一定是传统的近似算法。但是，传统亚线性时间近似算法可视为满足以下条件的亚线性时间近似算法：对于任意输入 x，

$$\Pr[RB(Alg(x))\leqslant\varepsilon]=1 \text{ 或 } \Pr[Err(Alg(x))\leqslant\varepsilon]=1$$

目前，人们已经提出了很多亚线性时间近似算法。下面给出几个实例。

例 3.1.7　在数据库领域，亚线性时间近似算法已经用于处理 Top-k、Skyline 等很多查询处理。

例 3.1.8　在计算生物学领域，亚线性时间近似算法已经用于检测一个 DNA 序列是否具有周期性。

例 3.1.9　在计算机网络领域，亚线性时间近似算法已经用于检测两个网络数据传输流是否具有相近的分布。

例 3.1.10　在计算几何研究领域，亚线性时间近似算法已经用于求解最短路径问题。

3. 亚线性算法的其他复杂性

空间复杂性也是大数据问题求解算法的一个重要复杂性度量，特别是在流数据计算的复杂性分析中。算法的空间复杂性定义如下。

定义 3.1.5　设 $\mathcal{P}$ 是一个大数据计算问题，Alg 是求解 $\mathcal{P}$ 的算法。算法 Alg 的空间复杂性定义为

$$S(n)=\max\{S \mid S \text{ 是 Alg 在任意输入 } D \text{ 上所需存储空间}, |D|=n\}$$

目前的计算系统一般都具有内存和外存两级存储器，内存与外存通道的带宽是大数据计算的主要瓶颈。内存与外存通道常称为 I/O 通道。I/O 通道的带宽常称为 I/O 带宽。内存与外存之间传输的数据量称为 I/O 数据量。显然，I/O 复杂性也是大数据算法的一个重要复杂性度量，其定义如下。

定义 3.1.6　设 $\mathcal{P}$ 是一个大数据计算问题，Alg 是求解 $\mathcal{P}$ 的算法。算法 Alg 的 I/O 复杂性定义为

$$IO(n)=\max\{d(D) \mid d(D) \text{ 是 Alg 在任意输入 } D \text{ 上的 I/O 数据量}, |D|=n\}$$

分布式并行计算系统是目前大数据计算的重要环境，如机群并行计算系统或云计算系统。在分布式并行计算系统中，计算节点间的通信带宽是大数据计算的另一个瓶颈。通信复杂性是大数据算法的另一个重要复杂性度量，其定义如下。

定义 3.1.7　设 $\mathcal{P}$ 是一个大数据计算问题，Alg 是求解 $\mathcal{P}$ 的算法。算法 Alg 的通信复杂性定义为

$$Com(n)=\max\{c(D) \mid c(D) \text{ 是 Alg 在任意输入 } D \text{ 上需传输的数据量}, |D|=n\}$$

设 Alg 是一个大数据算法。如果 Alg 的空间复杂性为 $o(n)$，则称 Alg 为亚线性空间算法。如果 Alg 的 I/O 复杂性为 $o(n)$，则称 Alg 为亚线性 I/O 算法。如果 Alg 的通信复杂性为 $o(n)$，则称 Alg 为亚线性通信算法。这些算法统称为亚线性算法。

显然，也可以按照复杂性度量对大数据算法进行分类。第一类是亚线性时间算法，第二类是亚线性空间算法，第三类是亚线性 I/O 算法，第四类是亚线性通信算法。本书主要关注

亚线性时间算法。在实际的算法时间复杂性分析中,算法的时间代价通常包含算法的 I/O 时间和通信时间。

3.1.2 数学基础

从定义 3.1.2 可以看出,除了算法的时间复杂性必须是亚线性时间以外,亚线性时间近似算法设计的困难在于如何确保算法的近似比或误差小于给定界限的概率要充分大。亚线性时间近似算法的设计与分析需要概率论知识。这里介绍几个在亚线性时间算法设计与分析中常用的概率不等式。很多概率不等式很容易在任何一本概率论教科书中找到。教科书中难以找到的概率不等式,可以阅读本章末列出的参考文献。这里不对这些概率不等式加以证明,感兴趣的读者可以参阅相关文献。

1. 基本概率不等式

定理 3.1.1[马尔可夫不等式]　设 X 是一个非负随机变量。对于任意常数 $c>0$,
$$\Pr[X \geqslant a] \leqslant E[X]/a$$

马尔可夫不等式表示概率 $\Pr[X \geqslant a]$ 的一个粗略上界。马尔可夫不等式的优点是对估计的随机变量只有非负的约束,没有其他约束条件。

定理 3.1.2[切尔诺夫不等式]　设 $X_1, X_2, \cdots, X_n$ 是独立的伯努利随机变量,即 $\Pr[X_i=1]=p_i, \Pr[X_i=0]=1-p_i$。令 $X=\sum_{i=1}^{n} X_i$。对于任意 $0<\delta<1$,有
$$\Pr[X \leqslant (1-\delta)E[X]] \leqslant e^{-E[X]\delta^2/2}$$

切尔诺夫不等式给出了概率 $\Pr[X \leqslant (1-\delta)E[X]]$ 的一个比较紧的上界。但是,切尔诺夫不等式要求所论述的随机变量必须相互独立并且满足伯努利分布。

在切尔诺夫不等式中,令 $(1-\delta)=k/E[X]$,有如下推论。

推论 3.1.1　设 $X_1, X_2, \cdots, X_n$ 是独立的伯努利随机变量,即 $\Pr[X_i=1]=p_i, \Pr[X_i=0]=1-p_i$。令 $X=\sum_{i=1}^{n} X_i$。对于任意 $0<\delta<1$,有
$$\Pr[X \leqslant k] \leqslant e^{-E[X](1-k/E[X])^2/2}$$

定理 3.1.3[切比雪夫不等式]　设 X 是一个随机变量,均值 $E[X]=\mu$,方差 $\mathrm{Var}[X]=\sigma^2$。对于任意 $c>0$,$\Pr[|X-\mu| \geqslant c\sigma] \leqslant 1/c^2$。

定理 3.1.4[霍夫丁不等式]　设 $X_1, X_2, \cdots, X_k$ 是 k 个独立同分布随机变量。对于任意 $\varepsilon \geqslant 0$,$\Pr[|X-E[X]| \geqslant \varepsilon] \leqslant e^{-2\varepsilon^2 k}$。

2. 扩展的切尔诺夫不等式

定理 3.1.5　设 $X_1, X_2, \cdots, X_n$ 是独立随机变量,并且对于 $1 \leqslant i \leqslant n, E[X_i]=0$,$\mathrm{Var}[X]=\sigma^2, |X_i| \leqslant 1$。令 $X=\sum_{i=1}^{n} X_i$,则对于 $0 \leqslant k \leqslant 2\sigma$,$\Pr[X \geqslant k\sigma] \leqslant 2e^{-k^2/4n}$。

定理 3.1.6　设 $X_1, X_2, \cdots, X_n$ 是独立的伯努利随机变量,即 $\Pr[X_i=1]=p_i, \Pr[X_i=0]=1-p_i$。令 $X=\sum_{i=1}^{n} X_i$,则 $E[X]=\sum_{i=1}^{n} p_i$,并且

(1) $\Pr[X \leqslant E[X]-\lambda] \leqslant e^{-\lambda^2/2E[X]}$。

(2) $\Pr[X \leqslant E[X]+\lambda] \leqslant e^{-\lambda^2/2(E[X]+\lambda/3)}$。

定理 3.1.7 设 $X_1, X_2, \cdots, X_n$ 是独立伯努利随机变量，即 $\Pr[X_i=1]=p_i$，$\Pr[X_i=0]=1-p_i$。对于 $a_i>0$，令 $X=\sum_{i=1}^{n} a_i X_i$，则 $E[X]=\sum_{i=1}^{n} a_i p_i$，并且

(1) $\Pr[X \leqslant E[X]-\lambda] \leqslant e^{-\lambda^2/2v}$。

(2) $\Pr[X \leqslant E[X]+\lambda] \leqslant e^{-\lambda^2/2(v+a\lambda/3)}$。

其中，$v=\sum_{i=1}^{n} a_i^2 p_i$。

定理 3.1.8 设 $X_1, X_2, \cdots, X_n$ 是独立随机变量，并且 $X_i \leqslant E[X_i]+M$。令 $X=\sum_{i=1}^{n} a_i X_i$，则 $E[X]=\sum_{i=1}^{n} E[X_i]$，$\mathrm{Var}[X]=\sum_{i=1}^{n} \mathrm{Var}[X_i]$，并且

$$\Pr[X \leqslant E[X]+\lambda] \leqslant e^{-\lambda^2/2(\mathrm{Var}[X]+M\lambda/3)}$$

定理 3.1.9 设 $X_1, X_2, \cdots, X_n$ 是非负独立随机变量。令 $X=\sum_{i=1}^{n} X_i$，有

$$\Pr[X \leqslant E[X]-\lambda] \leqslant e^{-\lambda^2/2(\sum_{i=1}^{n} E[X_i^2])}$$

定理 3.1.10 设 $X_1, X_2, \cdots, X_n$ 是独立随机变量，满足 $X_i \leqslant M$。令 $X=\sum_{i=1}^{n} X_i$，$\|X\|=\sqrt{\sum_{i=1}^{n} E[X_i^2]}$，则 $\Pr[X \geqslant E[X]+\lambda] \leqslant e^{-\lambda^2/2(\|X\|^2+M\lambda/3)}$。

定理 3.1.11 设 $X_1, X_2, \cdots, X_n$ 是独立随机变量，满足 $X_i \geqslant -M$。令 $X=\sum_{i=1}^{n} X_i$，$\|X\|=\sqrt{\sum_{i=1}^{n} E[X_i^2]}$，则 $\Pr[X \geqslant E[X]-\lambda] \leqslant e^{-\lambda^2/2(\|X\|^2+M\lambda/3)}$。

3. 其他概率不等式[12]

从定理 3.1.10，可以得到如下一些概率不等式。

定理 3.1.12 设 $X_1, X_2, \cdots, X_n$ 是独立随机变量，并且 $X_i \leqslant E[X_i]+a_i+M$。令 $X=\sum_{i=1}^{n} X_i$，则 $\Pr[X \geqslant E[X]+\lambda] \leqslant e^{-\lambda^2/2(\mathrm{Var}[X]+\sum_{i=1}^{n} a_i^2+M\lambda/3)}$。

定理 3.1.13 设 $X_1, X_2, \cdots, X_n$ 是独立随机变量，并且 $X_i \leqslant E[X_i]+M_i$。按照 M_i 递增顺序排列 X_i，令 $X=\sum_{i=1}^{n} X_i$，则对于 $1 \leqslant k \leqslant n$，有

$$\Pr[X \geqslant E[X]+\lambda] \leqslant e^{-\lambda^2/2(\mathrm{Var}[X]+\sum_{i=k}^{n}(M_i-M_k)^2+M_k\lambda/3)}$$

定理 3.1.14 设 $X_1, X_2, \cdots, X_n$ 是独立随机变量，并且 $X_i \leqslant E[X_i]-a_i-M$。令 $X=\sum_{i=1}^{n} X_i$，则 $\Pr[X \geqslant E[X]+\lambda] \leqslant e^{-\lambda^2/2(\mathrm{Var}[X]+\sum_{i=k}^{n}(M_i-M_k)^2+M_k\lambda/3)}$。

定理 3.1.15 设 $X_1, X_2, \cdots, X_n$ 是独立随机变量，并且 $X_i \leqslant E[X_i]-M_i$。按照 M_i 递增顺序排列 X_i，令 $X=\sum_{i=1}^{n} X_i$，则对于 $1 \leqslant k \leqslant n$，有

$$\Pr[X \geqslant E[X]-\lambda] \leqslant e^{-\lambda^2/2(\mathrm{Var}[X]+\sum_{i=k}^{n}(M_i-M_k)^2+M_k\lambda/3)}$$

实际上，还有很多对于亚线性时间算法设计与分析有用的概率不等式。限于篇幅，本书

只介绍到这里。有兴趣的读者可以参阅概率论方面的文献。

4. 姚氏 Minimax 原理

姚氏 Minimax 原理[13] 是证明随机算法时间复杂性下界的通用方法。在介绍姚氏 Minimax 原理之前,需要了解博弈论的基本概念。

先看石头-剪刀-布游戏。两位博弈者甲和乙首先将他们的双手放在背后,然后同时出示如下 3 个手势之一:石头(握拳)、剪刀(伸出食指和中指)、布(伸开手掌)。确定胜者的规则如下:布胜石头,剪刀胜布,石头胜剪刀,并且如果甲乙手势相同则平局。设败者付给胜者一美元,这个游戏可以用图 3.1.1 的博弈矩阵表示。矩阵的行表示甲的选择,列表示乙的选择,矩阵元素表示乙付给甲的美元数,-1 表示甲需要付给乙一美元。

这就是一个双人零和博弈的实例。图 3.1.1 的矩阵称为支付矩阵。这个博弈被称为零和博弈的原因是二人净收益的总和为 0。一般来说,任何双人零和博弈都可以表示为元素为实数的 $n \times m$ 矩阵 $\boldsymbol{M}$。行博弈者 R 的可能策略集合对应于 $\boldsymbol{M}$ 的行,列博弈者 C 的可能策略集合对应于 $\boldsymbol{M}$ 的列。$\boldsymbol{M}$ 的元素 M_{ij} 表示当 R 选择策略 i 和 C 选择策略 j 时 C 支付给 R 的支付值。

显然,行博弈者 R 的目标是最大化支付值,而列博弈者 C 的目标是最小化支付值。如果博弈是零信息博弈,即每个博弈者都不知道对手的任何信息,若 R 选择了策略 i,则无论 C 选择什么策略,R 至少得到支付值 $\min\limits_{1 \leqslant j \leqslant m} M_{ij}$。R 的最优策略是使得 $\min\limits_{1 \leqslant j \leqslant m} M_{ij}$ 最大化的那个 i。令 $V_R = \max\limits_{1 \leqslant i \leqslant n} \{ \min\limits_{1 \leqslant j \leqslant m} M_{ij} \}$,则 V_R 表示 R 选择最优化策略时 R 能够获得的支付值的下界;类似地,C 选择最优策略时,C 需要支付给 R 的支付值的上界为 $V_C = \min\limits_{1 \leqslant j \leqslant m} \{ \max\limits_{1 \leqslant i \leqslant n} M_{ij} \}$。很容易证明下面的命题。

命题 3.1.1　对任意支付矩阵 $\boldsymbol{M}$,$\max\limits_{1 \leqslant i \leqslant n} \{ \min\limits_{1 \leqslant j \leqslant m} M_{ij} \} \leqslant \min\limits_{1 \leqslant j \leqslant m} \{ \max\limits_{1 \leqslant i \leqslant n} M_{ij} \}$。

通常,命题 3.1.1 中的不等式是严格不等的。例如,在石头-剪刀-布博弈中,$V_R = -1$,$V_C = 1$。当 $V_R = V_C$ 时,称这个博弈有一个解 $V = V_R = V_C$。V 也称为鞍点,对应于 R 和 C 的最优策略。对于只有一个解的博弈,如果 R 和 C 的最优策略分别是 i 和 j,则 $V = M_{ij}$。一般地,博弈者可能有多个最优策略。图 3.1.2 给出了一个修改的石头-剪刀-布博弈。容易验证,这个博弈有解,其解为 $V = 0$,R 和 C 的最优化策略分别为 $i = 1$ 和 $j = 1$。

	剪刀	布	石头
剪刀	0	1	−1
布	−1	0	1
石头	1	−1	0

图 3.1.1　石头-剪刀-布博弈矩阵

	剪刀	布	石头
剪刀	0	1	2
布	−1	0	1
石头	−2	−1	0

图 3.1.2　修改的石头-剪刀-布博弈矩阵

如果一个博弈没有解,则任何有关对手的知识都可以用来改变支付。这一点和具有鞍点的博弈不同。一个处理方法是在策略选择中引入随机因素。前面的讨论一直基于确定性或单一策略。现在讨论随机性或混合策略。一个混合策略是可能策略集合上的概率分布。代替选择一个策略,行博弈者 R 选择一个向量 $\boldsymbol{p} = (p_1, p_2, \cdots, p_n)$ 作为混合策略,p_i 是 R 选择策略 i 的概率;类似地,列博弈者 C 选择一个向量 $\boldsymbol{q} = (q_1, q_2, \cdots, q_m)$ 最为混合策略,q_j 是 C 选择策略 j 的概率。这样,支付值为一个随机变量 X,期望值为

$$E[X] = \boldsymbol{p}^{\mathrm{T}}\boldsymbol{M}\boldsymbol{q} = \sum_{1 \leqslant i \leqslant n} \sum_{1 \leqslant j \leqslant m} p_i M_{ij} q_j$$

令 V_R 是 R 选择策略 $\boldsymbol{p}$ 时得到的最好期望支付值的下界，V_C 表示 C 选择策略 $\boldsymbol{q}$ 时付出的最好期望支付值的上界，则 $V_R = \max_{\forall \boldsymbol{p}} \{\min_{\forall \boldsymbol{q}} \boldsymbol{p}^{\mathrm{T}}\boldsymbol{M}\boldsymbol{q}\}$，$V_C = \min_{\forall \boldsymbol{q}} \{\max_{\forall \boldsymbol{p}} \boldsymbol{p}^{\mathrm{T}}\boldsymbol{M}\boldsymbol{q}\}$。下面的定理是著名的冯·诺依曼 Minimax 原理。

定理 3.1.16　对于任何二人零和博弈，其矩阵为 $\boldsymbol{M}$，有

$$\max_{\forall \boldsymbol{p}} \{\min_{\forall \boldsymbol{q}} \boldsymbol{p}^{\mathrm{T}}\boldsymbol{M}\boldsymbol{q}\} = \min_{\forall \boldsymbol{q}} \{\max_{\forall \boldsymbol{p}} \boldsymbol{p}^{\mathrm{T}}\boldsymbol{M}\boldsymbol{q}\}$$

定理 3.1.16 说明，R 通过选择混合策略得到的期望支付的最大值等于 C 通过选择混合策略的期望支付值的最小值。这个共同值称为这个博弈的解，记作 V。如果 R 选择 $\boldsymbol{p}'$ 且 C 选择 $\boldsymbol{q}'$ 使得定理 3.1.16 中的等式成立，则称混合策略对 $(\boldsymbol{p}', \boldsymbol{q}')$ 为鞍点。这两个混合策略称为最优混合策略。

可以注意到，一旦 $\boldsymbol{p}$ 固定，$\boldsymbol{p}^{\mathrm{T}}\boldsymbol{M}\boldsymbol{q}$ 就是 $\boldsymbol{q}$ 的线性函数，并且当该线性函数中系数最小的 q_i 值为 1 时，它的最优策略是一个单一策略。当 R 知道 C 的策略时也是如此。这样，就得到了冯·诺依曼 Minimax 原理的一个如下简单版本。

定理 3.1.17　令 $\boldsymbol{e}_k$ 表示第 k 个位置为 1 且其他位置为 0 的单位向量。对于任何矩阵为 $\boldsymbol{M}$ 的二人零和博弈，有

$$\max_{\forall \boldsymbol{p}} \{\min_{\forall j} \boldsymbol{p}^{\mathrm{T}}\boldsymbol{M}\boldsymbol{e}_j\} = \min_{\forall \boldsymbol{q}} \{\max_{\forall i} \boldsymbol{e}_i^{\mathrm{T}}\boldsymbol{M}\boldsymbol{q}\}$$

下面介绍姚氏 Minimax 原理，即如何利用上述博弈论结果证明随机算法性能的下界，其基本思想是：将算法设计者作为列博弈者 C，其策略集合为所有算法，行博弈者 R 的策略集合是所有可能的输入。假定每一列对应一个总能得到正确解的确定算法。C 向 R 的支付是算法性能的真实值，如算法的执行时间、解的质量、通信代价、空间等。可以假定支付矩阵的元素都是正整数。为了便于讨论，设支付值为算法的执行时间。当然，下面讨论的结论对于其他度量也都成立。算法设计者 C 希望选择算法使得支付值最小化，而对手 R 则希望获得的支付值最大化。

考虑这样的问题：对于任意正整数 n，大小为 n 的输入的个数是有限的，求解该问题的确定算法的个数也是有限的。C 的一个单一策略对应于确定算法的选择，R 的一个单一策略对应于问题的一个特定输入。请注意，C 的最优单一策略对应一个求解该问题的最优确定算法，V_C 是求解该问题的任何算法的最坏运行时间，称为该问题的确定复杂性。V_R 与问题的非确定复杂性相关。如果博弈有解，则非确定和确定复杂性一致。

现在介绍算法设计者 C 和对手 R 的混合策略。C 的混合策略是正确的确定算法空间上的概率分布，也是一个拉斯维加斯随机算法。C 的最优组合策略是最优的拉斯维加斯算法。R 的混合策略是所有输入构成的空间上的一个概率分布。

定义问题的分布复杂性（distributional complexity）为最好的确定算法对于输入的最坏分布的期望运行时间。这个复杂性要比确定复杂性小，原因是算法知道了输入的分布。

下面用算法的语言重新描述定理 3.1.16 和定理 3.1.17。

推论 3.1.2　在大小固定的前提下，令问题 $\mathcal{P}$ 的输入实例是有限集合 $\mathbf{I}$，同时 $\mathcal{P}$ 的确定求解算法为有限集合 Φ。对于输入 $I \in \mathbf{I}$ 和算法 $A \in \Phi$，令 $C(I, A)$ 表示算法 A 在输入 I 上的运行时间。对于 $\mathbf{I}$ 上的概率分布 p 和 Φ 上的概率分布 q，令 I_p 表示遵循 p 选择的随机输入，A_q 是遵循 q 选择的随机算法。有

$$\max_{\forall p}\{\min_{\forall q}E[C(I_p, A_q)]\} = \min_{\forall q}\{\max_{\forall p}E[C(I_p, A_q)]\}$$

$$\max_{\forall p}\{\min_{\forall A\in\Phi}E[C(I_p, A)]\} = \min_{\forall q}\{\max_{\forall I\in I}E[C(I, A_q)]\}$$

由推论 3.1.2,可以得到下面的姚氏 Minimax 原理,即求随机算法性能下界的技巧。

定理 3.1.18 对于 I 上的任意分布 p 和 Φ 上的任意分布 q,有

$$\min_{\forall A\in\Phi}E[C(I_p, A)] \leqslant \max_{I\in I}E[C(I, A_q)]$$

定理 3.1.18 是说,任何选定的输入分布 p 的最优确定算法的期望运行时间是问题 $\mathcal{P}$ 的最优随机算法(即拉斯维加斯随机算法)期望时间的下界。这样,要证明问题 $\mathcal{P}$ 随机复杂性的下界,只需要对于实例的任意一个分布 p,证明对于这个分布优化确定算法的期望运行时间下界。这个技巧的作用在于 p 选择的灵活性,更重要的是将随机算法的下界归约到确定算法的下界。请特别注意,确定性算法知道选定的分布 p。

上述技巧仅处理了拉斯维加斯随机算法的下界。下面对于错误概率 $\varepsilon\in[0, 1/2]$ 的蒙特卡洛算法做一个简单讨论。对于分布 p,定义具有错误 ε 的分布式复杂性为出错概率至多为 ε 的任何确定算法的最小期望运行时间,记作 $\min_{\forall A\in\Phi}E[C_\varepsilon(I_p, A)]$。类似地,用 $\max_{I\in I}E[C_\varepsilon(I, A_q)]$ 表示任何出错概率至多为 ε 的随机算法的期望运行时间(对于最坏的输入)。这里的随机算法仍被视为确定算法上的概率分布 q。与定理 3.1.18 类似,有如下定理。

定理 3.1.19 对于 I 上的任意分布 p 和 Φ 上的任意分布 q,对于任意 $\varepsilon\in[0, 1/2]$,有

$$(\min_{\forall A\in\Phi}E[C_{2\varepsilon}(I_p, A)])\times 1/2 \leqslant \max_{I\in I}E[C_\varepsilon(I, A_q)]$$

3.2 单纯亚线性时间精确算法

本节介绍两个单纯亚线性时间算法。先介绍求解大数据集后继搜索问题的单纯亚线性时间算法,再介绍求解德洛奈三角剖分的点定位问题的单纯亚线性时间算法。

3.2.1 后继搜索算法

后继搜索(successor searching)问题是亚线性时间算法研究领域的一个简单而经典的问题,简记作 SS 问题。作为讨论亚线性时间算法的起点,本节介绍 SS 问题的单纯亚线性时间求解算法。

1. 问题定义

定义 3.2.1 令 D 是一个整数集合,后继搜索问题 SS 定义如下:

输入:n 个不同数据的集合 D,数据 v。

输出:$y=\min\{x \mid x\in D$ 且 $x\geqslant v\}$,若 y 不存在则输出 no。

2. 算法设计

SS 问题求解算法的效率与输入数据集合 D 的存储方式紧密相关。如果 D 有序地存储在一个数组中,可以使用二叉搜索方法在 $O(\log n)$ 时间内求解 SS 问题,也可以使用插值搜索方法在平均 $O(\log(\log n))$ 时间内求解 SS 问题。但是,在很多应用中,D 并非有序地存储在一个数组中。

我们把 D 存储在计算几何中常用的存储结构,即满足下列条件的双向链表 L:

(1) $\forall x \in D$, x 的左指针指向 D 中小于 x 的最大数据,右指针指向 D 中大于 x 的最小数据,D 中最大数据的右指针为空,D 中最小数据的左指针为空。

(2) 链表 L 中的每个元素都可以被随机存取。例如,可以把链表存储在数组 A 中,A 的每个元素是一个三元组 (p_1, x, p_r),其中 x 是 D 中的数据,p_1 是 x 的左指针,p_r 是 x 的右指针,但 A 中的 D 不是有序的。

如果不对存储 D 的链表 L 作任何预处理,怎样在亚线性时间内求解 SS 问题呢?直观地看,由于存储在 A 中的 D 是无序的,求解 SS 问题需要 $\Omega(n)$ 时间。实际上,基于双向链表存储结构,使用确定算法在 $o(n)$ 时间内求解 SS 问题是不可能的。但是,可以设计一个随机算法,在平均 $O(n^{1/2})$ 时间内求解 SS 问题。这个随机算法简记作 Alg-SS。算法 Alg-SS 的细节详见 Algorithm 3.2.1。

Algorithm 3.2.1:Alg-SS

输入:存储在数组 A 中的数据集合 D 的双向链表 L,数据 v。
输出:$y = \min\{ x \mid x \in D$ 且 $x \geqslant v \}$,若 y 不存在则输出 no。
1.　从 A 随机均匀抽取 $\Theta(n^{1/2})$ 个元素,$D' := \{(i_k, A[i_k]) \mid A[i_k]$ 是抽取到的元素$\}$;
2.　$p := \max\{ x \mid x \in D'$ 且 $x \leqslant v \}$;
3.　$q := \min\{ x \mid x \in D'$ 且 $x > v \}$;
4.　$I_p := p$ 在 A 中索引;　$I_q := q$ 在 A 中索引;
5.　**If** p 和 q 同时存在
6.　**Then** $i := I_p$;
7.　　　**If** $A[i].x \geqslant v$ **Then** 输出 $A[i].x$,停止;
8.　　　**If** $A[i].x = q$ **Then** 输出 $A[i].x$,停止;
9.　　　$i := A[i].p_r$,转 7;　/* p_r 是右指针 */
10.　**If** 仅存在 p
11.　**Then** $i := I_p$;
12.　　　**If** $A[i].x \geqslant v$ **Then** 输出 $A[i].x$,停止;
13.　　　**If** $A[i].p_r =$ 空 **Then** 输出 no,停止;
14.　　　$i := A[i].p_r$,转 12;　/* p_r 是右指针 */
15.　**If** 仅存在 q
16.　**Then** $i := I_q$;
17.　　　**If** $A[i].x \geqslant v$ **Then** 输出 $A[i].x$,停止;
18.　　　**If** $A[i].p_1 =$ 空 **Then** 输出 no,停止;
19.　　　$i := A[i].p_1$,转 17.　/* p_1 是左指针 */

算法 Alg-SS 的工作如下。

首先,从 S 中随机均匀地抽取 $\Theta(n^{1/2})$ 个元素,构成样本集合 $D' \subseteq D$。

然后,顺序扫描 D',在 $O(n^{1/2})$ 时间内找到 D' 中的 p 和 q:

$$p = \max\{ x \mid x \in D' \text{ 且 } x \leqslant v \}$$
$$q = \min\{ x \mid x \in D' \text{ 且 } x > v \}$$

显然,对于问题 SS 的输入 v,$p \leqslant v < q$,而且不存在 $x \in D'$ 满足 $p < x < q$。请注意,如果 $\forall x \in D'$,$x \leqslant v$,则 q 不存在;如果 $\forall x \in D'$,$x > v$,则 p 不存在。由于 D 中数据互不相等,p 和 q 是唯一确定的。

最后,产生输出结果。如果 p 和 q 都存在,从 p 开始,沿着链表的右指针搜索 D 的链表,到 q 结束,发现第一个大于或等于 v 的 y 并输出 y;如果只存在 p,从 p 开始,沿着链表的右指针搜索 D 的链表,如果发现第一个大于或等于 v 的 y,则输出 y,否则输出 no;如果只存在 q,从 q 开始,沿着链表的左指针搜索 D 的链表,如果发现最小的大于或等于 v 的 y,则输出 y,否则输出 no。

3. 算法分析

下面的定理 3.2.1 给出了算法 3.2.1 的平均时间复杂性。

定理 3.2.1 算法 3.2.1 的平均时间复杂性为 $O(n^{1/2})$。

证明:由于 D' 具有 $\Theta(n^{1/2})$ 个元素,步骤 1~4 需要 $\Theta(n^{1/2})$ 时间。D' 中数据的大小顺序为 $s_1 < s_2 < \cdots < s_k, k = \Theta(n^{1/2})$。于是,$D$ 可以划分为 $k+1$ 个子集合:$D_1, D_2, \cdots, D_{k+1}$,其中,$D_1 = \{x \mid x \in D, x_{\min} \leqslant x \leqslant s_1\}, D_{k+1} = \{x \mid x \in D, s_k \leqslant x \leqslant x_{\max}\}$,对于 $2 \leqslant i \leqslant k, D_i = \{x \mid x \in D, s_{i-1} \leqslant x \leqslant s_i\}, x_{\min}$ 和 $x_{\max}$ 分别是 D 中的最小数和最大数。由于 D' 是均匀抽样结果,每个子集合的平均大小为 $O(n/|S'|) = O(n^{1/2})$。步骤 6~9 扫描某个 D_i 一次($2 \leqslant i \leqslant k$),步骤 10~14 以及步骤 15~19 分别扫描 D_{k+1} 或 D_1 一次,其平均值执行时间均为 $O(n^{1/2})$。总之,算法 3.2.1 的平均时间复杂性是 $O(n^{1/2})$。证毕。

下面的定理 3.2.2 说明算法 3.2.1 是最优化算法。

定理 3.2.2 不存在求解 SS 问题的 $o(n^{1/2})$ 时间随机算法。

证明:使用姚氏 Minimax 原理来证明这个定理。首先固定输入的分布,然后确定任意确定型算法的期望时间复杂性的下界。这个下界也就是所有随机算法的时间复杂性下界。设 SS 问题的输入是集合 $S = \{1, 2, \cdots, n\}, S$ 存储在满足前面两个条件的双向链表 L 中,并且 L 存储在数组 A 中。L 第 i 个数据项存储在 $A[\sigma(i)]$,即 $A[\sigma(i)] = i$,其中 $\sigma: \{1, 2, \cdots, n\} \rightarrow \{1, 2, \cdots, n\}$ 称为排列函数。问题的每个输入实例都是 $\{1, 2, \cdots, n\}$ 的排列的集合。假定所有输入实例是等可能的,要查询的数据是 n,即链表中的最后一个数据项。求解 SS 问题的确定算法必包含如下两个操作的序列:

A. 获取查询过的 $A[k]$ 的位置,$k = \sigma(i)$,查看 $A[k]$ 的前或后一元素 $A[\sigma(i \pm 1)]$。

B. 计算新的索引 k,查询 $A[k]$。

每步操作可能需要考察获得的信息。B 操作步在计算 k 之前,不需要考虑链表中的相邻数据项,除非这些数据项以前被访问过。于是,B 操作步中的 $\sigma^{-1}(k)$ 等可能地位于链表中没有被访问过的任何位置。因此,在执行 a 个 A 操作步和 b 个 B 操作步以后,链表中最后 $n^{1/2}$ 个数据项没有在任何 B 操作步中被访问过的概率至少是 $(1 - (n^{1/2} + a + b)/n)^b$。在最后一个 B 操作步执行完以后,A 操作步和 B 操作步的总数超过 $n^{1/2}$,或者访问到链表中最后一个数据项需要 $n^{1/2}$ 个 A 操作步(其中某些 A 操作步可能以前被执行过)的概率是一个非零常数。从而,任何确定算法的平均时间复杂性是 $\Omega(n^{1/2})$。证毕。

3.2.2 德洛奈三角剖分中的点定位算法

平面德洛奈(Delaunay)三角剖分中的点定位问题是计算几何中的经典问题,简记作 PL-PDT(Point Location in Planar Delaunay Triangulation)问题。本节介绍求解 PL-PDT 问题的单纯亚线性时间算法。

1. 问题定义

为了给出 PL-PDT 问题的定义,需要学习一些与平面德洛奈三角剖分相关的预备知识。

本节讨论的点集均为二维欧几里得空间中的子集,简称平面点集。此外,本节使用的距离函数为欧几里得距离函数,即任意两点 $p_1=(x_1,y_1)$ 和 $p_2=(x_2,y_2)$ 之间的距离为 $d(p_1,p_2)=((x_1-x_2)^2+(y_1-y_2)^2)^{1/2}$。$d(p_1,p_2)$ 满足三角不等式,即对于欧几里得空间任意点 p_1、p_2 和 p_3,$d(p_1,p_2) \leqslant d(p_1,p_3)+d(p_3,p_2)$。

定义 3.2.2(平面三角剖分) 设 $S=\{p_1,p_2,\cdots,p_n\}$ 是平面点集,$p_i=(x_i,y_i)$。S 的平面三角剖分是满足下列条件的集合 PT$=\{s \mid s$ 是连接 S 中两个不同点的线段$\}$:

(1) $\forall s,s' \in$ PT,如果 $s \neq s'$,则 s 和 s' 除端点外不相交。

(2) 在 S 的凸壳中,由 PT 划分的每个区域都是一个三角形。

图 3.2.1 给出了一个平面点集三角剖分的实例。

为了定义德洛奈三角剖分,需要介绍沃罗努瓦图的概念。设 p_1 和 p_2 是平面上的两个点,(p_1,p_2) 是连接 p_1 和 p_2 的有向线段,L 是 (p_1,p_2) 的垂直平分线,L 把平面划分为两部分 $L_{\rm L}$ 和 $L_{\rm R}$。显然,$\forall p_l \in L_{\rm L}$ 和 $\forall p_r \in L_{\rm R}$,

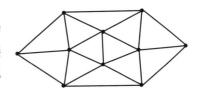

图 3.2.1 平面点集三角剖分实例

$$d(p_1,p_l)<d(p_1,p_2), d(p_r,p_2)<d(p_r,p_1)$$

以下,用 $H(p_1,p_2)$ 表示 $L_{\rm L}$,用 $H(p_2,p_1)$ 表示 $L_{\rm R}$。

定义 3.2.3(沃罗努瓦多边形) 设 $S=\{p_1,p_2,\cdots,p_n\}$ 是平面点集。对于任意 $p_i \in S$,与 p_i 关联的沃罗努瓦(Voronoi)多边形定义为 $V(p_i)=\bigcap\limits_{i \neq j} H(p_i,p_j)$。

沃罗努瓦多边形是 $n-1$ 个半平面的交,是一个凸多边形。

定义 3.2.4(沃罗努瓦图) 设 $S=\{p_1,p_2,\cdots,p_n\}$ 是平面点集。S 的沃罗努瓦图定义为 Vor$(S)=\{V(p_i) \mid p_i \in S\}$,Vor$(S)$ 的顶点称为沃罗努瓦点,Vor(S) 的边称为沃罗努瓦边。

定义 3.2.5(沃罗努瓦图的直线对偶图) 设 $S=\{p_1,p_2,\cdots,p_n\}$ 是平面点集。S 的沃罗努瓦图的直线对偶图定义为 $D(S)=\{(p_i,p_j) \mid$ 存在 S 的沃罗努瓦多边形 $V(p_k)$,并且 $V(p_k)$ 存在一条边 e,e 是线段 (p_i,p_j) 之垂直平分线的一个线段或半直线$\}$。

平面点集 $S=\{p_1,p_2,\cdots,p_n\}$ 的沃罗努瓦图 Vor(S) 及其直线对偶图 $D(S)$ 满足如下命题。

命题 3.2.1 Vor(S) 至多有 $2n-5$ 个沃罗努瓦点和 $3n-6$ 条沃罗努瓦边。

命题 3.2.2 Vor(S) 的沃罗努瓦点是 3 条沃罗努瓦边的交点。

命题 3.2.3 Vor(S) 的沃罗努瓦顶点 v 是 S 中三点形成的三角形的外接圆 $C(v)$ 的圆心。

命题 3.2.4 $\forall v \in$ Vor(S),$C(v)$ 内不含 S 的其他点。

命题 3.2.5 Vor(S) 直线对偶图 $D(S)$ 是 S 的一个三角剖分。

命题 3.2.6 $\forall p_i,p_j \in S$,如果 p_i 是 p_j 的最近邻近点,则有向线段 (p_i,p_j) 是 Vor(S) 直线对偶图 $D(S)$ 的一条边。

命题 3.2.7 $\forall p_i,p_j \in S$,有向线段 (p_i,p_j) 是 Vor(S) 直线对偶图 $D(S)$ 的一条边当且仅当存在一个通过 p_i 和 p_j 的一个圆 C,C 内不包含 S 的其他点。

根据命题 3.2.4,定义 3.2.3 给出的沃罗努瓦图 Vor(S) 通常称为最近点意义下的沃罗努瓦图。

上述命题的证明参见文献[5]的第4章。下面的定义3.2.6给出了德洛奈三角剖分的定义。

定义 3.2.6（德洛奈三角剖分）　设 $S=\{p_1,p_2,\cdots,p_n\}$ 是平面点集，$\text{Vor}(S)$ 是最近点意义下 S 的沃罗努瓦图。S 的德洛奈三角剖分是 $\text{Vor}(S)$ 的直线对偶图 $D(S)$，记作 $\text{DT}(S)$。

由于 $\text{DT}(S)$ 是最近点意义下 S 的沃罗努瓦图 $\text{Vor}(S)$ 的直线对偶图，所以 $\text{DT}(S)$ 的每个三角形的外接圆内不包含 S 中的其他点。

从命题3.2.1至命题3.2.7，可以得到如下关于德洛奈三角剖分的命题。

命题 3.2.8　$\text{Vor}(S)$ 的沃罗努瓦点的数目是 $\text{DT}(S)$ 中三角形的数目，而 $\text{Vor}(S)$ 的沃罗努瓦多边形数目是 S 中点的数目。

命题 3.2.9　$\text{DT}(S)$ 中三角形的个数不大于 $2n-5$。

现在，给出德洛奈三角剖分的点定位问题的定义。

定义 3.2.7　三角剖分的点定位问题 PL-PDT 定义如下：

输入：平面点集 $S=\{p_1,p_2,\cdots,p_n\}$，S 的德洛奈三角剖分 $\text{DT}(S)$，查询点 q。

输出：如果 $\text{DT}(S)$ 中存在包含 q 的三角形，则返回该三角形；否则返回 no。

2. 算法设计

存储 $\text{DT}(S)$ 的数据结构对于求解 PL-PDT 问题的时间复杂性影响很大。本书采用计算几何中常用的数据结构存储 S 的点、$\text{DT}(S)$ 的边和 $\text{DT}(S)$ 的三角形，从而在不增加预处理的条件下，实现求解 PL-PDT 问题的平均亚线性时间算法。

使用数组 S-Arr 存储 S 中的点和 $\text{DT}(S)$ 的边。对于 $1\leqslant i\leqslant n$，$\text{S-Arr}[i]=(p_i,E_i)$，$E_i$ 是指向链表 L_i 的指针。链表 L_i 的每个数据项为 $(p_j,Pt_{j1},Pt_{j2},N_j)$。其中，$p_j$ 表示 (p_i,p_j) 是 $\text{DT}(S)$ 的边；由于每条边至多是 $\text{DT}(S)$ 中两个三角形的边，所以使用两个指针 Pt_{j1} 和 Pt_{j2} 指向边 (p_i,p_j) 所在的三角形的指针，如果 (p_i,p_j) 仅在一个三角形中，则 Pt_{j2} 为 Null；N_j 是指向 L_i 的下一个数据项的指针，如果 $(p_j,Pt_{j1},Pt_{j2},N_j)$ 是 L_i 的最后一项，则 $N_i=\text{Null}$。$\text{S-Arr}[i]$ 中的数据项按照点 p_i 的坐标值 (x_i,y_i) 排序。S-Arr 的每个数据项需要 $O(1)$ 存储空间。在 S-Arr 中查找一个点需要 $O(\log n)$ 时间。

使用链表 Tran-L 存储 $\text{DT}(S)$ 的三角形。Tran-L 每个数据项的结构为 $[(p_i,p_j,p_k)$，$Pt_{(i,j)},Pt_{(j,k)},Pt_{(k,i)}]$。其中，$(p_i,p_j,p_k)$ 是 $\text{DT}(S)$ 的一个三角形 $\triangle$，其顶点为 p_i、p_j 和 p_k，其3条边为 (p_i,p_j)、(p_j,p_k) 和 (p_k,p_i)；由于每个三角形与两个或3个 $\text{DT}(S)$ 中的三角形相邻，所以使用3个指针 $Pt_{(i,j)}$、$Pt_{(j,k)}$ 和 $Pt_{(k,i)}$ 分别指向与该三角形有公共边 (p_i,p_j)、(p_j,p_k) 或 (p_k,p_i) 的相邻三角形的指针，如果该三角形仅与两个或一个三角形相邻，则有一个或两个指针为 Null。Tran-L 存储在数组中。显然，Tran-L 的每个数据项需要 $O(1)$ 存储空间，从一个三角形访问它的相邻三角形仅需要 $O(1)$ 时间。

算法 Alg-PL-PDT 的详细描述见 Algorithm 3.2.2。

求解 *PL-PDT* 问题的算法 *Alg-PL-PDT* 分为两步，工作如下：

第一步（步骤 1～6），从 S 中随机无放回地抽取 m 个点 $q_1,q_2,\cdots,q_m$；选择 $p\in\{q_1,q_2,\cdots,q_m\}$，使得 $d(p,q)$ 最小，令 $Y=p$；使用 S-Arr 选择一个三角形：Y 是该三角形的顶点，该三角形有边与 (Y,q) 相交。

第二步（步骤 7～13），从该三角形开始，沿着线段 $L=(Y,q)$ 在链表 Tran-L 中搜索包含 q 的三角形。

Algorithm 3.2.2：Alg-PL-PDT

1.　Samp := 空集合, $Y := \infty$, $D := \infty$;
2.　**For** $i = 1$ **To** m **Do**
3.　　从 S-Arr 中随机无放回地抽取的数据项 q_i, Samp := Samp $\bigcup \{q_i\}$;
4.　　$X := d(q_i, q)$;
5.　　**If** $D > X$ **Then** $Y := q_i$, $D := X$;
6.　在 S-Arr 中查找 Y 所在的数据项 S-Arr$[i] = (Y, E)$;
7.　**For** $\forall (p_j, Pt_{j1}, Pt_{j2}, N_j) \in L_i$ **Do**　/* L_i 是 E 指向的链表 */
8.　　**If** (Y, p_j) 所在的三角形之一与 (Y, q) 相交多于两点
9.　　**Then** $I :=$ 该三角形对应的 Pt_{j1} 或 Pt_{j2}
10.　**If** $q \in$ Tran-L$[I]$ **Then** 返回 Tran-L$[I]$, 停止;
11.　**If** Tran-L$[I]$ 是与线段 (Y, q) 相交的最后一个三角形 **Then** 返回 no, 停止;
12.　确定 Tran-L$[I]$ 与线段 (Y, q) 相交的边 (y_i, y_j);
13.　$I :=$ Tran-L$[I].Pt_{(i,j)}$, 转 10.

---

3. 算法分析

由于算法 Alg-PL-PDT 的正确性是显然的,这里仅分析算法 Alg-PL-PDT 的时间复杂性。

为了分析算法 Alg-PL-PDT 的时间复杂性,需要下面的引理 3.2.1 和引理 3.2.2。引理 3.2.1 可以由文献[6]中的定理 5 直接得到,引理 3.2.2 是文献[7]中定理 2 的简化。为了正确理解这两个引理,需要学习定义 3.2.8～定义 3.2.10 给出的几个基本概念。

定义 3.2.8　设 C 是平面点集。如果 C 中任意两点的连线上的点都属于 C,则称 C 为平面凸集,简称凸集。

定义 3.2.9　设 C 是平面点集。如果 C 中每个点都有一个以该点为圆心的圆包含于 C 中,则称 C 为平面开集。如果 C 的补集为平面开集,则称 C 为平面闭集,简称闭集。

定义 3.2.10　设 C 是平面点集。如果 C 是有界闭集,则称 C 为平面紧致集,简称紧致集。如果 C 既是凸集又是紧致集,则称 C 为平面紧致凸集,简称紧致凸集。

引理 3.2.1　设 C 是具有单位面积的紧致凸集, $S = \{p_1, p_2, \cdots, p_n\}$ 是从 C 中独立均匀抽取的 n 个点的集合。令 $d_{\max}$ 是德洛奈三角剖分 DT(S) 中点的最大度数,则 $E[d_{\max}] = O(\log n)$。

引理 3.2.2　设 C 是一个具有单位面积的二维欧几里得空间的紧致凸集, $S = \{p_1, p_2, \cdots, p_n\}$ 是从 C 中独立均匀抽取的 n 个点的集合。如果 L 是长度为 $|L|$ 的固定线段,而且 L 与 C 的边界 ∂C 的距离不小于 $3((\log n)/n)^{1/2}$,而且 L 独立于 S,则 S 的德洛奈剖分 DT(S) 中与 L 相交的三角形的个数的均值不大于 $c_3 + c_4 |L| n^{1/2}$,其中 c_3 和 c_4 是不依赖于 L 和 n 的正常数。

下面的定理 3.2.3 和推论 3.2.1 给出了算法 Alg-PL-PDT 的平均时间复杂性。

定理 3.2.3　设 C 和 $S = \{p_1, p_2, \cdots, p_n\}$ 与引理 3.2.2 中的 C 和 S 相同。如果算法 Alg-PL-PDT 的第 2 步得到的样本大小 m 为 $o(n)$,查询点 q 独立于 S,而且 q 与 C 的边界 ∂C 的距离 $d(q, \partial C) \geqslant \xi((\log n)/n)^{1/2}$ 且 $\xi \geqslant 6$,则算法 Alg-PL-PDT 的平均时间复杂性为 $O(m + (n/m)^{1/2})$。

证明：为了用引理 3.2.2 证明本定理,需要 L 独立于 S。由于在算法 Alg-PL-PDT 中 L

依赖于 S，所以需要绕路证明本定理。令 $\mathrm{DT}(S)$ 是 $S=\{p_1,p_2,\cdots,p_n\}$ 的德洛奈三角剖分，DT_m 是 $\{p_1,p_2,\cdots,p_n\}-\{q_1,q_2,\cdots,q_m\}$ 的德洛奈三角剖分，其中 $\{q_1,q_2,\cdots,q_m\}$ 是算法第 3 步中从 S 中抽取的 m 个点。于是，$L=(Y,q)$ 独立于 $\{p_1,p_2,\cdots,p_n\}-\{q_1,q_2,\cdots,q_m\}$，其中，$Y=p\in\{q_1,q_2,\cdots,q_m\}$ 满足 $d(Y,q)=\min\{d(Y,q_i)\mid q_i\in\{q_1,q_2,\cdots,q_m\}\}$。

令 N 是 DT_m 中与 L 相交的三角形的个数，B 是随机事件 $d(Y,\partial C)\geqslant 3((\log n)/n)^{1/2}$，$A=\bar{B}$ 是随机事件 $d(Y,\partial C)<3((\log n)/n)^{1/2}$，$I_e:\{e\mid e\text{ 是随机事件}\}\rightarrow\{0,1\}$ 是随机事件 e 的特征函数，即如果 e 发生，则 $I_e=1$，否则 $I_e=0$。

现在计算 $E[N]$。显然 $E[N]=E[N\times I_B]+E[N\times I_A]$。首先计算 $E[N\times I_A]$，同时证明 B 发生的概率接近 1。

由命题 3.2.9，DT_m 中的三角形个数 $\leqslant 2(n-m)-5\leqslant 2n$，进而 $N\leqslant 2n$。于是

$$E[N\times I_A]=E[N|A]\Pr[A]\leqslant 2n\Pr[A]$$

令 x 是 ∂C 上的点且 $d(q,\partial C)=d(q,x)$。由三角不等式，$d(q,\partial C)\leqslant d(Y,x)+d(Y,q)$，即 $d(q,\partial C)-d(Y,q)\leqslant d(Y,x)$。由于 $d(q,\partial C)\geqslant\xi((\log n)/n)^{1/2}$ 且 $\xi\geqslant 6$，

$$d(Y,x)\geqslant 6((\log n)/n)^{1/2}-d(Y,q)$$

于是，若 $d(Y,q)>(\xi/2)((\log n)/n)^{1/2}$，则 $d(Y,x)>6((\log n)/n)^{1/2}-3((\log n)/n)^{1/2}=3((\log n)/n)^{1/2}$，即 $d(Y,x)=3((\log n)/n)^{1/2}-\varepsilon,\varepsilon>0$。从而，$d(Y,\partial C)\leqslant d(Y,x)=3((\log n)/n)^{1/2}-\varepsilon<3((\log n)/n)^{1/2}$，即事件 A 发生。于是，

$$\begin{aligned}\Pr[A]&\leqslant\Pr[d(Y,q)>(\xi/2)((\log n)/n)^{1/2}]\\&=(\Pr[d(q_1,q)>(\xi/2)((\log n)/n)^{1/2}])^m\\&=(1-\Pr[d(q_1,q)\leqslant(\xi/2)((\log n)/n)^{1/2}])^m\\&=\exp(\ln(1-\Pr[d(q_1,q)\leqslant(\xi/2)((\log n)/n)^{1/2}])^m)\\&\leqslant\exp(-m\Pr[d(q_1,q)\leqslant(\xi/2)((\log n)/n)^{1/2}])\end{aligned}$$

由于 C 具有单位面积，有

$$\begin{aligned}\Pr[d(q_1,q)&\leqslant(\xi/2)((\log n)/n)^{1/2}]\\&=\pi[(\xi/2)((\log n)/n)^{1/2}]^2/|C|\\&=\pi\xi^2(\log n)/(4n)\end{aligned}$$

从而，$\Pr[A]\leqslant\exp(-\xi^2\pi m(\log n)/(4n))$。

显然，$\Pr[B]=1-\Pr[A]\geqslant 1-\exp(-\xi^2\pi m(\log n)/(4n))$，接近 1。

应用 $\Pr[A]$，$E[N\times I_A]\leqslant 2n\exp(-\xi^2\pi m(\log n)/(4n))$。

现在计算 $E[N\times I_B]$。

由 C 的凸性可知，L 与边界 ∂C 的距离为 $\min\{d(q,\partial C),d(Y,\partial C)\}$。由定理 3.2.3 的条件可知，对于 $\xi\geqslant 6$，$d(q,\partial C)\geqslant\xi((\log n)/n)^{1/2}\geqslant 3((\log n)/n)^{1/2}$。于是，当事件 B 发生时，即 $d(Y,\partial C)\geqslant 3((\log n)/n)^{1/2}$，$L$ 与边界 ∂C 的距离 $\geqslant 3((\log n)/n)^{1/2}$，引理 3.2.2 的条件被满足。于是，可以应用引理 3.2.2 计算 $E[N\times I_B]$。

前面已经证明，如果 $d(Y,q)>(\xi/2)((\log n)/n)^{1/2}$，则即事件 A 发生。由于现在事件 B 发生，所以必有 $d(Y,q)\leqslant(\xi/2)((\log n)/n)^{1/2}$。由于 C 的面积 $|C|=1$，$\forall q_i\in\{q_1,q_2,\cdots,q_m\}$，$q_i$ 满足 $d(q_i,q)\leqslant(\xi/2)((\log n)/n)^{1/2}$ 的概率为 $Z_i=\pi d^2(q_i,q)$。显然，所有 Z_i 是独立同分布的随机变量。由于 Z_i 的分布 $F_i(x)$ 为

$$F_i(x) = \Pr[Z_i < x]$$
$$= \Pr[\pi d^2(q_i, q) < x]$$
$$= \Pr[d(q_i, q) < (x/\pi)^{1/2}]$$
$$= \pi(x/\pi)/|C| = x$$

Z_i 是在 $[0,1]$ 区间均匀分布的随机变量。令 $Z = \min_{1 \leqslant i \leqslant m}\{Z_i\}$，$E[Z]$ 的分布为

$$F(x) = \Pr[\min_{1 \leqslant i \leqslant m}\{Z_i\} < x]$$
$$= 1 - \Pr[\min_{1 \leqslant i \leqslant m}\{Z_i\} \geqslant x]$$
$$= 1 - \prod_{i=1}^{m}\Pr[Z_i \geqslant x]$$

由于 $\Pr[Z_i \geqslant x] = 1 - \Pr[Z_i < x] = 1 - x$，$F(x) = 1 - (1-x)^m$，$Z$ 的密度函数为 $f(x) = m(1-x)^{m-1}$。于是，

$$E[Z] = \int_0^1 x f(x)\,\mathrm{d}x$$
$$= \int_0^1 mx(1-x)^{m-1}\,\mathrm{d}x$$
$$= \int_0^1 m(1-(1-x))(1-x)^{m-1}\,\mathrm{d}x$$
$$= \int_0^1 (m(1-x)^{m-1} - m(1-x)^m)\,\mathrm{d}x$$
$$= 1/(m+1)$$

现在计算 $E[N \times I_B]$。从引理 3.2.2 可知，

$$E[N \times I_B] \leqslant c_3 + c_4(n-m)^{1/2}E[d(Y,q) \times I_B]$$
$$\leqslant c_3 + c_4 n^{1/2}E[d(Y,q) \times I_B]$$

由柯西-施瓦茨不等式 $E^2[X \times Y] \leqslant E[X^2]E[Y^2]$，

$$E[N \times I_B] \leqslant c_3 + c_4 n^{1/2}(E[d^2(Y,q)]E[I_B^2])^{1/2}$$

由于 Y 是 $\{q_1, q_2, \cdots, q_m\}$ 中离 q 最近点，有

$$Z = \min_{1 \leqslant i \leqslant m}\{Z_i\} = \min_{1 \leqslant i \leqslant m}\{\pi d^2(y_i, q)\} = \pi d^2(Y, q)$$

于是，

$$E[N \times I_B] \leqslant c_3 + c_4 n^{1/2}(E[Z/\pi] \times E[I_B^2])^{1/2}$$
$$\leqslant c_3 + c_4 n^{1/2}(E[(Z/\pi)])^{1/2}$$
$$= c_3 + c_4(n/(\pi(m+1))^{1/2}$$

于是，DT_m 中与 L 相交的三角形个数的均值为

$$E[N] \leqslant 2n\exp(-\xi^2\pi m(\log n)/(4n)) + c_3 + c_4(n/(\pi(m+1))^{1/2}$$

$\mathrm{DT}(S)$ 中与 L 相交的三角形包括两部分：一部分是不以 $\{q_1, q_2, \cdots, q_m\}$ 中的点为顶点的三角形；另一部分是以 $\{q_1, q_2, \cdots, q_m\}$ 中的点为顶点的三角形。

于是，$\mathrm{DT}(S)$ 中与 L 相交的三角形个数不大于 $N+K$，N 是 DT_m 中与 L 相交的三角形个数，$K = d_1 + d_2 + \cdots + d_m$，$d_i$ 是 q_i 在 $\mathrm{DT}(S)$ 中的度数。K 的均值为 m 乘以 $\{q_1, q_2, \cdots, q_m\}$ 中任一点的度的均值，如 q_1 度的均值。从图论知识可知，$\{p_1, p_2, \cdots, p_n\}$ 中的所有点在 $\mathrm{DT}(S)$ 中的度数之和是 $\mathrm{DT}(S)$ 的边数的二倍。根据命题 3.2.9，$\mathrm{DT}(S)$ 的三角形个数不

大于 $2n$。从而,DT(S)的边数不大于 $6n$。于是,$\{p_1,p_2,\cdots,p_n\}$ 中所有点的度数之和不大于 $6n$。从而,$\{p_1,p_2,\cdots,p_n\}$ 中任一点的度的均值不大于 6。由于 $\{q_1,q_2,\cdots,q_m\}\subseteq\{p_1,p_2,\cdots,p_n\}$,所以 $E[K]=6m$。

现在应用 $E[N]$ 和 $E[K]$ 分析算法 Alg-PL-PDT 的平均时间复杂性。

算法 Alg-PL-PDT 的步骤 1 至步骤 5 需要 $\Theta(m)$ 时间。

算法 Alg-PL-PDT 的步骤 6 需要 $O(\log n)$ 时间。步骤 7 至步骤 9 需要 $O(d)$ 时间,d 是 Y 的度。由引理 3.2.1,$E[d]=O(\log n)$。于是,步骤 6 至步骤 9 需要 $O(\log n)$ 时间。

算法 Alg-PL-PDT 的步骤 10 至步骤 13 需要 $\Theta(\Delta)$ 时间,Δ 是 DT(S)中线段(Y,q)相交的三角形个数。

综合上述分析,算法 Alg-PL-PDT 的时间复杂性 $T=\Theta(m)+O(\log n)+\Theta(\Delta)$。由于 Y 是随机产生的,所以 T 也是随机的。由于 Δ 的均值为 $E[K]+E[N]$,有

$$E[T]\leqslant\Theta(m)+O(\log n)+\Theta(E[K]+E[N])$$
$$=\Theta(m)+O(\log n)+\Theta(6m+2n\exp(-\xi^2\pi m(\log n)/(4n))+c_3+$$
$$c_4(n/(\pi(m+1))^{1/2})$$
$$=\Theta(m)+O(\log n)+\Theta(2n\exp(-\xi^2\pi m(\log n)/(4n))+c_4(n/(\pi(m+1))^{1/2})$$

令 $\xi\geqslant6$ 且使得 $2n\exp(-\xi^2\pi m(\log n)/(4n))=1$,则

$$E[T]=O(m+\log n+(n/m)^{1/2})$$

由于 $m=o(n)$,必存在 $0<\alpha<1$ 和常数 c,使得 $m\leqslant cn^\alpha$。当 n 充分大时 $\log n<cn^\alpha$。于是,$E[T]=O(m+(n/m)^{1/2})$。证毕。

令定理 3.2.3 中的 $m=n^{1/3}$,可以得到如下推论。

推论 3.2.1 如果 $m=n^{1/3}$,则算法 Alg-PL-PDT 的平均时间复杂性为 $O(n^{1/3})$。

3.3 伪亚线性时间精确算法

很多大数据计算问题不存在单纯亚线性时间精确求解算法,但是经过预处理以后,这些问题可以在亚线性时间内求解。解决这类伪亚线性时间可计算问题,需要对大数据集合进行预处理,如设计数据的存储结构、加索引、排序等。经过预处理以后,这类问题就可以在亚线性时间内精确求解了。由于很多大数据计算问题需要经常反复地求解,如大数据的查询、分析、挖掘等,在预处理的基础上设计亚线性时间求解算法是合理的。一般情况下,要求预处理时间是多项式时间。本节以几个大数据计算问题为例,说明伪亚线性时间精确算法的设计和分析原理。首先介绍求解 Skyline 问题的伪亚线性时间精确算法,然后介绍求解 Top-k 支配集问题的伪亚线性时间精确算法。

3.3.1 Skyline 问题的求解算法

Skyline 问题是一个很重要的大数据计算问题,出现在很多大数据分析应用中。本节介绍求解 Skyline 问题的伪亚线性时间精确算法。

1. 问题定义

设 $T(A_1,A_2,\cdots,A_M)$ 是一个具有 M 个属性的关系表,简记为 T。对于 $1\leqslant i\leqslant M$,A_i

是第 i 个属性，A_i 的值域是全序集合。以下，用 $|T|$ 表示 T 的元组个数。对于元组 $t \in T$，用 $t.A_i$ 表示 t 在属性 A_i 上的值。如果 t 是 T 的第 i 个元组，则 $t = T[i]$ 且 $T[i].A_j = t.A_j$。

给定关系表 $T(A_1, A_2, \cdots, A_M)$ 和 $\{B_1, B_2, \cdots, B_m\} \subseteq \{A_1, A_2, \cdots, A_M\}$，$T$ 中元组之间的支配关系定义如下：$\forall t_1, t_2 \in T$，若 $\forall B \in \{B_1, B_2, \cdots, B_m\}$，$t_1[B] \leqslant t_2[B]$，而且 $\exists C \in \{B_1, B_2, \cdots, B_m\}$ 使得 $t_1[C] < t_2[C]$，则称 t_1 支配 t_2，记作 $t_1 > t_2$。$\{B_1, B_2, \cdots, B_m\}$ 被称为 Skyline 基准。请注意，在支配关系定义中，$\leqslant$ 和 $<$ 可以换为 $\geqslant$ 和 $>$。在下面的讨论中，为了叙述方便，不失一般性，假设 Skyline 基准为 $\{A_1, A_2, \cdots, A_m\}$，$m \leqslant M$。

下面给出 Skyline 问题的定义。

定义 3.3.1 给定表 $T(A_1, A_2, \cdots, A_M)$ 和 Skyline 基准 $SC = \{A_1, A_2, \cdots, A_m\}$，如果 $\forall t_1, t_2 \in T$，$\exists A \in SC$ 使得 $t_1.A \neq t_2.A$，则称 T 对 SC 具有互异性。

定义 3.3.2 Skyline 问题定义如下：

输入：对 SC 具有互异性的关系表 $T(A_1, A_2, \cdots, A_M)$，Skyline 基准 $SC = \{A_1, A_2, \cdots, A_m\} \subseteq \{A_1, A_2, \cdots, A_M\}$。

输出：$SKY = \{t \mid t \in T,\ 不存在\ s \in T\ 使得\ s > t\}$。

下面介绍一个求解 Skyline 问题的伪亚线性时间精确算法，简记作 SSPL(Skyline with Sorted Positional index Lists)。首先介绍算法 SSPT 的设计，然后给出算法的时间复杂性分析。

2. 算法设计

首先设计算法 SSPL 的预处理过程，即为输入关系表 T 建立有序位置索引表，然后完成算法 SSPT 的设计。

1) 预处理

设 $T(A_1, A_2, \cdots, A_M)$ 是问题的输入表，$SC = \{A_1, A_2, \cdots, A_m\}$，$m \leqslant M$，$|T| = n$。如果 t 是 T 的第 j 个元组，即 $t = T[j]$，则称 t 的位置索引（简记为 pi）为 j。$\forall A_i \in SC$，如下建立一个有序位置索引表 L_i：

(1) 为 T 建立 m 个表 L_i，使得对于 $1 \leqslant j \leqslant n$，$L_i[j] = (pi, T[pi].A_i)$。

(2) 对于 $1 \leqslant i \leqslant m$，按 A_i 值递增顺序对表 L_i 排序。

有序索引表的建立过程可以视为算法 SSPL 的预处理过程。显然，如果把 m 和各属性值大小视为常数，预处理过程的时间复杂性为 $O(n \log n)$，空间复杂性为 $O(n)$。

当 T 发生改变时，有序索引表的更新时间是 $O(\log n)$ 或 $O(n)$。很多大数据集合一般是很少更新的。也有很多大数据集合，如科学大数据集合和统计数据集合，是不会发生更新的。因此，在很多应用领域，很少或者根本不对有序索引表进行更新。

2) 算法 SSPL 的设计

Skyline 问题的输出结果集合远小于输入表。SSPL 算法的基本思想是尽可能避免存取与输出结果无关的输入元组，从而实现在亚线性时间内求解 Skyline 问题。算法 SSPL 分为两个阶段。在第一阶段，算法 SSPL 按照输入 SC 搜索各个有序位置索引表，得到候选位置索引的集合 SET_{cand}。在第二阶段，算法 SSPL 基于 SET_{cand} 计算 Skyline 结果。首先介绍算法 SSPL 各阶段的基本思想、数学基础和关键技术。

第一阶段：构建 SKY 候选集的位置索引集合 SKY_{cand}。

在这一阶段,算法 SSPL 首先产生一个哈希表:

$$HT=\{(pi,v)\mid T[pi]\text{是 SKY 候选元组},v\text{是 pi 在 HT 中出现次数}\}$$

然后把 HT 中所有位置索引 pi 存储到 SKY_{cand},并按照 pi 值升序排列 SKY_{cand}。算法 SSPL 如下搜索位置索引表 $L_1,L_2,\cdots,L_m$,构建 HT 和 SKY_{cand}:

(1) 循环轮转地读 $L_1,L_2,\cdots,L_m$,即对于 $j\geqslant 1$,第 i 次循环顺序读 $L_1[i].pi,L_2[i].pi,\cdots,L_m[i].pi$。每读取到一个 $pi=L_j[i].pi(1\leqslant j\leqslant m)$,检查 pi 是否已在哈希表 HT 中。如果 pi 不在 HT 中,则使用 Hash 函数将 $(pi,1)$ 加入 HT;否则必 $\exists(pi,v)\in HT$,将 (pi,v) 修改为 $(pi,v+1)$。

(2) 一旦存在一个 $t=T[l]$,l 已经在 HT 中出现 m 次,即 l 在 $L_1,L_2,\cdots,L_m$ 中均被读过,上述循环轮转读结束,将 HT 中的所有位置索引 pi 对应的 T 元组存储到 SKY_{cand} 中,即 $SKY_{cand}=\{T[pi]\mid pi\in HT\}$。

下面的定理 3.3.1 证明了算法 SSPL 第一阶段产生的 SKY_{cand} 是 T 的 Skyline 的候选集合,即 $SKY\subseteq SKY_{cand}$。

定理 3.3.1 如果 $T(A_1,A_2,\cdots,A_M)$ 中各元组的值是独立且均匀分布的,则当算法 SSPL 第一阶段结束时,SKY_{cand} 是 T 的 Skyline 结果候选集,即 Skyline 结果 $SKY\subseteq SKY_{cand}$。

证明:$\forall s=T[pi]\in SKY$,用反证法证明 $s=T[pi]\in SKY_{cand}$。假设 $s=T[pi]\notin SKY_{cand}$。从算法 SSPL 第一阶段的终止条件可知,当第一阶段结束时,必存在 $t=T[pi']$,使得 pi' 是第一个在 HT 中出现次数为 m 的位置索引,即 pi' 是第一个从所有 $L_1,L_2,\cdots,L_m$ 读到的位置索引。由于 $s=T[pi]\notin SKY_{cand}$,则 $pi\notin HT$,即在 $L_1,L_2,\cdots,L_m$ 的循环轮转读中没有读到 pi。因为每个 L_i 都是按照 A_i 值递增顺序排序的,所以对于 $1\leqslant i\leqslant m,t[A_i]\leqslant s[A_i]$,如图 3.1 所示。由 T 对 SC 的互异性,必存在 $1\leqslant j\leqslant m$,使得 $t[A_j]\neq s[A_j]$,即 $t[A_j]<s[A_j]$。于是,$t\succ s$,进而 $s=T[pi]\notin SKY$,矛盾。从而,$s=T[pi]\in SKY_{cand}$,即 $SKY\subseteq SKY_{cand}$。证毕。

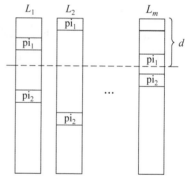

图 3.3.1 算法 SSPL 第一阶段搜索 $\langle L_1,L_2,\cdots,L_m\rangle$ 的过程

可以通过进一步删除 SKY_{cand} 中不可能是 Skyline 结果的 T 元组来缩小 SKY_{cand}。本书作者在文献[8]中给出了一个进一步缩小 SKY_{cand} 的方法。

第二阶段:构建 Skyline 结果 SKY。

这个阶段比较简单。在 SKY_{cand} 上执行一个不需要预处理的线性时间算法 LESS[9],得到 Skyline 结果 SKY。

算法 LESS 是一种基于外排序的算法。算法 LESS 首先为输入数据表中的每个元组 t 定义一个与 Skyline 基准相关的熵值 $e(t)$,使得:如果 t_1 支配 t_2,则 $e(t_1)<e(t_2)$。然后,算法 LESS 使用外排序算法按照元组的熵值升序排列输入数据表;最后,算法 LESS 扫描排序表,计算出 Skyline 集合。算法 LESS 的如下两个特点确定了它具有线性时间复杂性。

第一,算法 LESS 在外排序预处理阶段进行数据划分并建立排序子集合,同时使用一个过滤器删除大量非 Skyline 元组,使得平均排序时间是输入数据表大小 n 的线性函数 $O(n)$。

第二,在外排序最后的合并阶段加入了一个 Skyline 过滤器,完成 Skyline 结果的计算。

总之,由于在外排序预处理阶段使用了一个过滤器,极大地缩小了输入数据表的大小,使得外排序具有线性时间复杂性。于是,算法 LESS 具有线性时间复杂性。有关算法 LESS 的实现细节详见文献[8]。

算法 SSPL 的详细描述见 Algorithm 3.3.1。

Algorithm 3.3.1: $SSPL(T, SC, L_1, L_2, \cdots, L_m)$

1. Stage1 := true; LI := 1;
2. **While** Stage1 = true **Do**
3. read($L_1[LI], L_2[LI], \cdots, L_m[LI]$);
4. **For** $j = 1$ **To** m **Do**
5. $\text{pi}_j := L_j[LI].PI$;
6. LI := LI+1;
7. **For** $j = 1$ **To** m **Do**
8.   以 pi_j 为键使用哈希方法搜索 HT;
9.   **If** 在 HT 中发现(pi_j, v)
10.   **Then** (pi_j, v)修改为(pi_j, $v+1$); ft := $v+1$;
11.   **Else** 把(pi_j, 1)使用哈希方法存入 HT; ft := 1;
12.   **If** ft = m
13.   **Then** Stage1 := false;
14. $SKY_{cand} := \{ T[\text{pi}] \mid (\text{pi}, v) \in HT \}$;
15. 在 SKY_{cand} 上执行算法 LESS,结果存入 SKY,停止.

---

3. 算法分析

从定理 3.3.1 和算法 LESS 的正确性可知,算法 SSPL 是正确的。下面分析算法 SSPL 的时间复杂性。

首先分析 SSPL 算法第一阶段的时间复杂性。由于算法对$\{L_1, L_2, \cdots, L_m\}$采用了循环轮转的搜索,所以,当第一阶段结束时,每个位置索引表被存取的元素数相同。把第一阶段结束时每个位置索引表被存取的元素数定义为算法对 L 的搜索深度 d,参见图 3.3.1。以下用 $T[i:j]$ 表示集合$\{t \mid t = T[l], i \leqslant l \leqslant j\}$。

设 $T(A_1, A_2, \cdots, A_M)$ 中各元组的值是独立且均匀分布的。于是,$\forall t \in T$,令 $t = T[\text{pi}]$,则对于每个 $L_i (1 \leqslant i \leqslant m)$,pi 出现在 L_i 的前 d 个元素中的概率 $\Pr[\text{pi} \in L_i[1:d]] = d/n$,而 pi 出现在 L 的所有位置索引表的前 d 个元素中的概率为

$$p = \Pr[\text{pi} \in L_1[1:d] \wedge \cdots \wedge L_m[1:d]] = (d/n)^m$$

对于 $1 \leqslant \text{pi} \leqslant n$,定义 e 为事件"pi 位于 L 的所有位置索引表的前 d 个元素中"。设 N_e 是事件 e 为真的数量。由于 $1 \leqslant \text{pi} \leqslant n$,$1 \leqslant N_e \leqslant n$。$N_e$ 的概率分布为二项分布 $B(n, p)$。根据棣莫弗-拉普拉斯定理[10],从 $T(A_1, A_2, \cdots, A_M)$ 中各元组的值是独立且均匀分布的以及算法 SSPL 第一阶段的执行过程可知,N_e 的分布可以代之以正态分布 $\mathbf{N}(\mu, \sigma^2)$,$\mu = np$,$\sigma^2 = np(1-p)$。于是,有如下确定 d 值的引理 3.3.1。

引理 3.3.1 如果 $T(A_1, A_2, \cdots, A_M)$ 中各元组的值是独立且均匀分布的,视 M 和 T 的属性值大小为常数,则算法 SSPL 第一阶段对 L 的搜索深度 d 以 0.999968 的概率为

$O(n^{1-1/m})$。

证明：从文献[10]和文献[11]可知，$\int_{\mu-4\sigma}^{+\infty} N(\mu,\sigma^2)=0.999968$。令 $\mu-4\sigma=1$，则 $N(\mu,\sigma^2)$ 的 x 坐标值不小于1的概率为 0.999968，即 $N_e \geqslant 1$ 的概率为 0.999968，即存在一个 pi 出现在 L 的所有位置索引表的前 d 个元素中的概率为 0.999968。由 $\mu-4\sigma=1$ 可知，$(n^2+16n)p^2-18np+1=0$，进而 $p=(-b\pm(b^2-4a)^{1/2})/2a, a=n^2+16n, b=-18n$。由于 $(-b-(b^2-4a)^{1/2})/2a$ 为负数，不是合理解，忽略。由 $p=(-b+(b^2-4a)^{1/2})/2a$ 和 $p=(d/n)^m$ 可以解得 $d=n((-b+(b^2-4a)^{1/2})/2a)^{1/m}$。化简后可知，$d=O(n^{1-1/m})$。于是，$d$ 的值以 0.999968 的概率为 $O(n^{1-1/m})$。证毕。

下面的引理 3.3.2 给出了算法 SSPL 第一阶段产生的 SKY_{cand} 的大小 N_{cand}。

引理 3.3.2 如果 $T(A_1,A_2,\cdots,A_M)$ 中各元组的值是独立且均匀分布的，视 M 和 T 的属性值大小为常数，算法 SSPL 第一阶段产生的 HT 和 SKY_{cand} 的元组个数均以 0.999968 的概率为 $O(m \times n^{1-1/m})$。

证明：由于算法 SSPL 第一阶段结束时以 0.999968 的概率搜索了 $L=\{L_1,L_2,\cdots,L_m\}$ 中所有位置索引表的前 d 个元组的位置索引，这些索引无重复地存入了 HT，并且算法 SSPL 保证了 HT 中没有其他索引，参见图 3.3.1，于是 $|HT| \leqslant |L_1(1:d)|+|L_2(1:d)|+\cdots+|L_m(1:d)|=md$。由于 d 以 0.999968 的概率取值 $O(n^{1-1/m})$，所以 $|HT|=O(m \times n^{1-1/m})$。因为 $|SKY_{cand}|=|HT|$，所以 $|HT|$ 和 $|SKY_{cand}|$ 以 0.999968 的概率为 $O(m \times n^{1-1/m})$。证毕。

根据引理 3.3.1 和引理 3.3.2，下面的定理 3.2.2 证明了算法 SSPL 的时间复杂性以近似于 1 的概率为 $O(n^{1-\delta}), 0<\delta<1/m$，即算法 SSPL 是一个平均亚线性时间算法。

定理 3.3.2 设 $T(A_1,A_2,\cdots,A_M)$ 和 $SC=\{A_1,\cdots,A_m\}$ 分别是 Skyline 问题的输入表和 Skyline 基准，$|T|=n$，并且 $T(A_1,A_2,\cdots,A_M)$ 中各元组的值是独立且均匀分布的。如果视 M 和 T 的属性值大小为常数，则算法 *SSPL* 的时间复杂性以 0.999968 的概率为 $O(n^{1-1/m})$。

证明：先分析算法 SSPL 的第一阶段（即 Algorithm 3.3.1 的第 1～14 步）的时间复杂性。第 1 步需要常数时间。第 2～13 步的循环需要 d 次。在每次循环中，第 2 步需要常数时间，第 3～6 步需要 $O(m)$ 时间，第 7～13 步需要 $O(m)$ 时间。于是，第 2～13 步的循环需要 $O(dm)$ 时间。第 14 步需要 $O(|HT|)=O(dm)$ 时间。于是，算法 SSPL 第一阶段的时间复杂性为 $O(dm)$。从引理 3.2.1 可知，算法 SSPL 第一阶段的时间复杂性以 0.999968 的概率为 $O(m \times n^{1-1/m})$。

现在分析 SSPL 算法第二阶段（即 Algorithm 3.3.1 的第 14、15 步）的时间复杂性。从引理 3.2.2 可知，第 14 步以 0.999968 的概率产生长度为 $O(m \times n^{1-1/m})$ 的 SKY_{cand}。由于算法 LESS 是线性时间算法，算法 SSPL 第二阶段的时间复杂性以 0.999968 的概率为 $O(m \times n^{1-1/m})$。

总之，算法 SSPL 的时间复杂性以 0.999968 的概率为 $O(m \times n^{1-1/m})=O(n^{1-1/m})$。证毕。

3.3.2 Top-k 支配集问题的求解算法

Top-k 支配集问题是很多应用领域中的共性问题，具有重要的应用价值。本节介绍求解 Top-k 支配集问题的伪亚线性时间精确算法。

1. 问题定义

令 $T(A_1, A_2, \cdots, A_M)$ 是具有 M 个属性 n 个元组的表。对于 $1 \leqslant i \leqslant M$，$A_i$ 是第 i 个属性，A_i 的值域是全序集合。$\forall t \in T$，用 $t.A_i$ 表示 t 的 A_i 属性值。以下用 $T[i]$ 表示 T 中第 i 个元组，用 $T[i].A_i$ 表示 $T[i]$ 的 A_i 属性值。令 $DC = \{B_1, B_2, \cdots, B_m\} \subseteq \{A_1, A_2, \cdots, A_M\}$ 表示支配基准。不失一般性，令 $DC = \{A_1, A_2, \cdots, A_m\}$，$m \leqslant M$。基于 DC，T 中元组间支配关系定义如下：$\forall t_1, t_2 \in T$，若 $\forall A \in DC, t_1.A \geqslant t_2.A$，且 $\exists B \in DC$，使得 $t_1.B > t_2.B$，则称 t_1 支配 t_2，记作 $t_1 \succ t_2$。对 $\forall t \in T$，t 的支配度定义为

$$\mathrm{dom}(t) = |\{s \mid s \in T, t \succ s\}|$$

请注意，支配关系定义中的 $\geqslant$ 和 $>$ 也可以是 $\leqslant$ 和 $<$。下面定义 Top-k 支配集问题。

定义 3.3.3 给定表 $T(A_1, A_2, \cdots, A_M)$ 和支配基准 $DC = \{A_1, A_2, \cdots, A_m\}$，如果 $\forall t_1, t_2 \in T$，$\exists A \in DC$ 使得 $t_1.A \neq t_2.A$，则称 T 对 DC 具有互异性。

定义 3.3.4 设关系表 $T(A_1, A_2, \cdots, A_M)$ 对支配基准 $DC = \{A_1, A_2, \cdots, A_m\}$ 具有互异性。Top-k 支配集问题定义如下：

输入：n 个元组的表 $T(A_1, A_2, \cdots, A_M)$，$DC = \{A_1, A_2, \cdots, A_m\}$，$k$。

输出：$R \subseteq T$，且 $\forall t_1 \in R$ 和 $\forall t_2 \in T - R$，$\mathrm{dom}(t_1) \geqslant \mathrm{dom}(t_2)$，$|R| = k$。

本节讨论求解 Top-k 支配集问题的伪亚线性时间精确算法，简记为 TDTS（Top-k Dominating by Table Scan）。下面分别从算法设计和算法分析两方面介绍算法 TDTS。

2. 算法设计

1）预处理

预处理的目的是对输入数据表 T 进行排序处理，建立 T 的有序位置索引表 PT，以支持算法 TDTS 在亚线性时间内精确求解 Top-k 支配集问题。

设 $T(A_1, A_2, \cdots, A_M)$ 是具有 M 个属性和 n 个元组的表。$\forall t \in T$，如果 t 是表 T 的第 i 个元组，t 的位置索引值定义为 i，即 $t = T[i]$。设 $S \subseteq \{1, 2, \cdots, n\}$，定义 $T[S] = \{T[i] \mid i \in S\}$，$T[S].A_j = \{T[i].A_j \mid i \in S\}$。令正整数 i 和 j 满足 $i < j$，定义 $T[i:j] = \{T[l] \mid i \leqslant l \leqslant j\}$，$T[i:j].A_k = \{T[l].A_k \mid i \leqslant l \leqslant j\}$。

给定一个具有 n 个元组的表 $T(A_1, A_2, \cdots, A_M)$，分 3 步构造 T 的有序位置索引表 PT。

第一步，把 T 变换为有序列表集合 $L = \{L_1, L_2, \cdots, L_M\}$：对于 $1 \leqslant i \leqslant M$，$L_i$ 存储 T 的 A_i 属性值的集合，模式为 $L_i(PI_T, A_i)$。$\forall (j, v) \in L_i(PI_T, A_i)$，$(j, v)$ 表示 $T[j].A_i = v$。L_i 按照 A_i 的值递减的顺序排列。

第二步，从 L 构造 T 的有序位置表集合 $PL = \{PL_1(PI_1, PI_T), PL_2(PI_2, PI_T), \cdots, PL_M(PI_M, PI_T)\}$。对于 $1 \leqslant i \leqslant M$，如下构造 PL_i：

（1）从 $L_i(PI_T, A_i)$ 构造 $PL_i(PI_i, PI_T)$：若 $L_i[l] = (j, v)$，则 $(l, j) \in PL_i(PI_i, PI_T)$，$l$ 是 (j, v) 在 L_i 中的位置索引，j 是 v 在 T 中的位置索引。

（2）按照 PI_T 值递增的顺序对 $PL_i(PI_i, PI_T)$ 进行排序。

第三步，从 PL 如下构造 T 的有序位置索引表 $PT(MPI_L, PI_T, PI_1, PI_2, \cdots, PI_M)$：

（1）以 PI_T 为连接属性，对 $PL_1, PL_2, \cdots, PL_M$ 执行关系代数的连接操作，结果为 $PT'(PI_T, PI_1, PI_2, \cdots, PI_M)$。

（2）在 PT' 中增加一列 MPI_L，得到 $PT(MPI_L, PI_T, PI_1, PI_2, \cdots, PI_M)$：对于 $1 \leqslant j \leqslant n$，

$$PT[j].MPI_L = \min\{PT[j].PI_1,\ PT[j].PI_2,\cdots,PT[j].PI_M\}$$

（3）按照 MPI_L 值递增的顺序对 $PT(MPI_L, PI_T, PI_1, PI_2, \cdots, PI_M)$ 进行排序。

如果把 M 视为常数，第一步的时间复杂性为 $O(n \log n)$，第二步的时间复杂性为 $O(n \log n)$，第三步的连接操作（使用排序-合并算法实现）和最后的排序操作的时间复杂性均为 $O(n \log n)$。于是，有如下命题。

命题 3.3.1 设 T 是一个具有 n 个元组的数据表。如果视 T 的属性数 M 为常数，则 T 的预处理的时间复杂性为 $O(n \log n)$，而且 $L_1, L_2, \cdots, L_M$ 和 PT 需要的存储空间为 $O(n)$。

下面用一个实例说明表 T 的预处理过程。图 3.3.2 给出了一个数据表 T。图 3.3.3 给出了对应的有序表集合 L，其中的 PI_i 表示 L_i 的位置索引。图 3.3.4 给出了对应的有序位置表集合 PL，对应的 PT 表如图 3.3.5 所示。例如，考虑表 T 的第 3 个元组 $T(3) = (59, 70, 81)$，其对应的属性值分别存储在有序表 L_1、L_2、L_3 中，即 $L_1(4) = (3, 59)$，$L_2(2) = (3, 70)$，$L_3(2) = (3, 81)$。$MPI_L(3) = \min\{4, 2, 2\} = 2$。按 MPI_L 的升序排列后，$(2, 3, 4, 2, 2)$ 是 PT 的第 4 个元组。

PI	1	2	3	4	5	6	7	8	9	10
A_1	0	8	59	60	28	96	93	32	36	39
A_2	49	2	70	22	33	21	87	34	24	53
A_3	7	44	81	33	97	59	21	57	69	71

图 3.3.2　数据表 T

	L_1			L_2			L_3	
PI_1	PI	A_1	PI_2	PI	A_2	PI_3	PI	A_3
1	6	96	1	7	87	1	5	97
2	7	93	2	3	70	2	3	81
3	4	60	3	10	53	3	10	71
4	3	59	4	1	49	4	9	69
5	10	39	5	8	34	5	6	59
6	9	36	6	5	33	6	8	57
7	8	32	7	9	24	7	2	44
8	5	28	8	4	22	8	4	33
9	2	8	9	6	21	9	7	21
10	1	0	10	2	2	10	1	7

图 3.3.3　T 的有序表集合 L

如果 T 是一个变化频率很高的表，需要为 L_1、L_2、$\cdots$、L_M 和 PT 设计更复杂的数据结构，以实现有效的更新。这个问题作为练习留给感兴趣的读者。

2）算法 TDTS

算法 TDTS 循环地顺序扫描预处理产生的有序位置索引表 PT，建立结果候选集和辅助元组集。当算法的结束条件满足时，利用辅助元组集合从候选元组集产生 Top-k 支配集。下面介绍算法 TDTS 的 6 个关键步骤以及相关的数学基础。

设 $pt \in PT$ 是算法 TDTS 当前读取到的 PT 的元组，$t = T[pt.PI_T]$。算法 TDTS 在 pt 上完成如下 6 步计算。

PL₁		
PL_1	PI_1	PI_T
1	10	1
2	9	2
3	4	3
4	3	4
5	8	5
6	1	6
7	2	7
8	7	8
9	6	9
10	5	10

PL₂		
PL_2	PI_2	PI_T
1	4	1
2	10	2
3	2	3
4	8	4
5	6	5
6	9	6
7	1	7
8	5	8
9	7	9
10	3	10

PL₃		
PL_3	PI_3	PI_T
1	10	1
2	7	2
3	2	3
4	8	4
5	1	5
6	5	6
7	9	7
8	6	8
9	4	9
10	3	10

图 3.3.4　T 的有序位置表集合 PL

MPI_L	PI_T	PI_1	PI_2	PI_3
1	5	8	6	1
1	6	1	9	5
1	7	2	1	9
2	3	4	2	2
3	4	3	8	8
3	10	5	3	3
4	1	10	4	10
4	9	6	7	4
5	8	7	5	6
7	2	9	10	7

图 3.3.5　T 的有序位置索引表 PT

第一步，计算支配度的上界和下界 Udom 和 Ldom。TDTS 算法根据下面的定理 3.3.3，计算

$$\mathrm{Udom}(t) = n - \max_{1 \leqslant i \leqslant m} \{\mathrm{pt}.\mathrm{PI}_i - 1\} - 1$$

$$\mathrm{Ldom}(t) = n - \sum_{i=1}^{m} (\mathrm{pt}.\mathrm{PI}_i - 1) - 1$$

定理 3.3.3　$\forall \mathrm{pt} \in \mathrm{PT}$，令 $t = T[\mathrm{pt}.\mathrm{PI}_T]$，则 t 的支配度的上下界满足

$$\mathrm{Udom}(t) = n - \max_{1 \leqslant i \leqslant m} \{\mathrm{pt}.\mathrm{PI}_i - 1\} - 1$$

$$\mathrm{Ldom}(\mathrm{pt}) = n - \sum_{i=1}^{m} (\mathrm{pt}.\mathrm{PI}_i - 1) - 1$$

证明：由 PT 和各 L_i 的有序性，t 不能支配的 T 元组集合是

$$T\left[\bigcup_{i=1}^{m} L_i[1:\mathrm{pt}.\mathrm{PI}_i - 1].\mathrm{PI}_T\right]$$

如图 3.3.6 所示。不考虑 t 自身，t 的支配度为

$$\mathrm{dom}(t) = n - \left|\bigcup_{i=1}^{m} L_i[1:\mathrm{pt}.\mathrm{PI}_i - 1].\mathrm{PI}_T\right| - 1$$

由于 $\left|\bigcup_{i=1}^{m} L_i[1:\mathrm{pt}.\mathrm{PI}_i - 1].\mathrm{PI}_T\right| \leqslant \sum_{i=1}^{m} (\mathrm{pt}.\mathrm{PI}_i - 1)$，$t$ 的支配度下界为

$$\text{Ldom}(t) = n - \sum_{i=1}^{m} (\text{pt.PI}_i - 1) - 1$$

类似地，由于 $\left| \bigcup_{i=1}^{m} L_i[1:\text{pt.PI}_i - 1].\text{PI}_T \right| \geqslant \max_{1 \leqslant i \leqslant m} \{\text{pt.PI}_i - 1\}$，$t$ 的支配度的上界为 $\text{Udom}(t) = n - \max_{1 \leqslant i \leqslant m} \{\text{pt.PI}_i - 1\} - 1$。证毕。

例 3.3.1　如图 3.3.6 所示，$\text{PT}[4]$ 对应的 T 元组是 $T[3]$，$T[3]$ 的支配度为 5。由于 $|T| = 10$，$\text{PT}[4].\text{PI}_1 = 4$，$\text{PT}[4].\text{PI}_2 = 2$，$\text{PT}[4].\text{PI}_3 = 2$，$T[3]$ 元组的支配度上界是 $10 - 3 - 1 = 6$，支配度的下界是 $10 - 5 - 1 = 4$。

	L_1				L_2				L_3		
	PI$_1$	PI	A_1		PI$_2$	PI	A_2		PI$_3$	PI	A_3
	1	6	96		1	7	87		1	5	97
	2	7	93		2	3	70		2	3	81
	3	4	60		3	10	53		3	10	71
	4	3	59		4	1	49		4	9	69
	5	10	39		5	8	34		5	6	59
	6	9	36		6	5	33		6	8	57
	7	8	32		7	9	24		7	2	44
	8	5	28		8	4	22		8	4	33
	9	2	8		9	6	21		9	7	21
	10	1	0		10	2	2		10	1	7

$L_1(1, 2, 3) \cup L_2(1) \cup L_3(1) = \{4, 5, 6, 7\}$

$|L_1(1, 2, 3) \cup L_2(1) \cup L_3(1)| = 3 + 1 + 1 = 5$

$\max\{|L_1(1, 2, 3)|, |L_2(1)|, |L_3(1)|\} = 3$

$\text{Udom}(T(3)) = 10 - 5 - 1 = 4 \leqslant \text{dom}(T(3)) = 5 \leqslant \text{Udom}(T(3)) 10 - 3 - 1 = 6$

图 3.3.6　支配度上界和下界

第二步，构建最小堆 MH。设算法 TDTS 当前已经从 PT 读取的元组集合为 $\{\text{pt}_1, \text{pt}_2, \cdots, \text{pt}_h\}$，对应的 T 元组集合为 $\text{TS} = \{T[\text{pt}_1.\text{PI}_T], T[\text{pt}_2.\text{PI}_T], \cdots, T[\text{pt}_h.\text{PI}_T]\}$。MH 存储 TS 中支配度下界最大的 k 个元组。令 MH.min 表示 MH 中元组的最小支配度下界。如果 $\text{Ldom}(t) > \text{MH.min}$，TDTS 算法删除 MH 中当前的具有最小支配度下界的元组，然后把 pt 插入 MH，否则放弃 pt。

第三步，构建候选元组集合 R_{cand}。对于当前元组 pt，算法 TDTS 通过判断其支配度的上界和最小堆 MH 的最小支配度下界来决定 t 是否是 Top-k 支配集的候选元组。如果 $\text{Udom}(t) < \text{MH.min}$，$t$ 不可能属于 Top-k 支配集，放弃 pt；否则把 pt 存入结果候选集 R_{cand}。

第四步，构建辅助元组集合 R_{ast}。辅助元组是计算候选元组的支配度时需要的辅助元组。R_{ast} 存储在循环结束条件成立之前从 PT 中读取的所有元组。

第五步，循环结束条件的检测。对于当前元组 pt，根据下面的定理 3.3.4，如果结束条件 $\text{MH.min} \geqslant n - \text{pt.MPI}_L$ 成立，算法停止对 PT 的扫描，进入第六步。

定理 3.3.4　设 $\text{pt} \in \text{PT}$ 是算法 TDTS 当前读取的元组，如果循环结束条件

$$\text{MH.min} \geqslant n - \text{pt.MPI}_L$$

成立，则 Top-k 支配集必为 R_{cand} 对应的 T 的元组的子集。

证明：从算法 TDTS 的第二步可知，MH 存储当前已经读取的 PT 元组对应的 T 元组

的支配度下界最大的 k 个元组。设 ps 是 PT 中在循环结束条件成立时还没被存入 R_{cand} 的元组，$s=T[ps.PI_T]$。由于 PT 按照 MPI_L 值升序排序，ps 必排在 pt 之后，即 $pt.MPI_L \leqslant ps.MPI_L$。对于 $1\leqslant i\leqslant m$，$ps.PI_i \geqslant ps.MPI_L$。于是

$$Udom(s)=n-\max_{1\leqslant i\leqslant m}\{ps.PI_i-1\}-1\leqslant n-ps.MPI_L$$

如果 $MH.min\geqslant n-pt.MPI_L$，则 $MH.min\geqslant n-ps.MPI_L$，从而 $MH.min\geqslant Udom(s)$。于是，s 不在 Top-k 支配集中。从而，Top-k 支配集是 R_{cand} 对应的 T 元组集的子集。证毕。

第六步，计算支配度并返回结果。

$\forall pt\in R_{cand}$，$t=T[pt.PI_T]$，计算 $dom(t)$，即 t 支配的元组个数。$dom(t)$ 可以通过不被 t 支配的元组数计算。由于每个有序列表 L_i 已按照属性 A_i 值降序排列，$dom(t)=n-\left|\bigcup_{i=1}^{m}L_i[1:pt.PI_i-1].PI_T\right|-1$，其中 $\bigcup_{i=1}^{m}L_i[1:pt.PI_i-1].PI_T$ 是不被 t 支配的元组集合。在计算候选元组支配度的同时，构造最终 Top-k 支配集结果 R，并最后返回 R。

算法 TDTS 的详细描述见 Algorithm 3.3.2。

Algorithm 3.3.2：TDTS(T,DC,PT,k)
输入：$T(A_1,A_2,\cdots,A_M)$, DC$=\{A_1,A_2,\cdots,A_m\}$, PT,k。
输出：Top-k 支配集 R，$|R|=k$。
1.   Terminated := false；R_{cand} := 空；MH.min := $-\infty$；
2. I := 1；
3.   **While** Terminated=false **Do**
4.   pt := PT$[I]$；
5. t := $T[pt.PI_T]$；
6. $Ldom(t)$:= $n-\sum_{i=1}^{m}(pt.PI_i-1)-1$；
7. $Udom(t)$:= $n-\max_{1\leqslant i\leqslant m}\{pt.PI_i-1\}-1$；
8.   **If** $Ldom(t)>MH.min$
9.   **Then** 从 MH 删除支配度下界为 MH.min 的元组；
10.   pt 插入 MH；
11.   **If** $Udom(t)\geqslant MH.min$
12.   **Then** pt 加入 R_{cand}；
13.   pt 加入 R_{ast}；
14.   **If** $MH.min\geqslant n-pt.MPI_L$；
15.   **Then** Terminated := True；
16. $Dom(R_{cand},R_{ast},dom)$；
17.   从 Dom 中选择支配度最高的 k 个元组存入 R，停止.

算法 TDTS 第 16 步调用的函数 $Dom(R_{cand},R_{ast},dom)$ 的功能是：$\forall pc\in R_{cand}$，计算 $t=T[pc.PI_T]$ 的支配度 $dom(t)$，并存入数组 Dom。首先介绍这个函数的实现算法的基本思想，然后给出算法 TDTS 的详细描述。

$\forall pc\in R_{cand}$，令 $t=T[pc.PI_T]$。由于 $\bigcup_{i=1}^{m}L_i[1:pc.PI_i-1].PI_T$ 是 t 不能支配的 T 中元组的位置索引集合，所以，t 的支配度可以如下计算：

$$dom(t)=n-\left|\bigcup_{i=1}^{m}L_i[1:pc.PI_i-1].PI_T\right|-1$$

$\bigcup\limits_{i=1}^{m} L_i[1:\mathrm{pc.PI}_i-1].\mathrm{PI}_T$ 中的位置索引值可以分为 m 类：$\mathrm{ST}_1,\mathrm{ST}_2,\cdots,\mathrm{ST}_m$，其中

$$\mathrm{ST}_j=\{\mathrm{pi}\mid \mathrm{pi} \text{ 在 } L_1[1:\mathrm{pc.PI}_1-1],L_2[1:\mathrm{pc.PI}_2-1],\cdots,$$
$$L_m[1:\mathrm{pc.PI}_m-1] \text{ 中总共出现 } j \text{ 次}\}$$

从而，$\left|\bigcup\limits_{i=1}^{m} L_i[1:\mathrm{pc.PI}_i-1].\mathrm{PI}_T\right|=\sum\limits_{j=1}^{m}|\mathrm{ST}_j|$。于是，$t$ 的支配度可以如下计算：

$$\mathrm{dom}(t)=n-\sum\limits_{i=1}^{m}|\mathrm{ST}_i|-1$$

为了计算 $\mathrm{dom}(t)$，需要计算 $|\mathrm{ST}_1|,|\mathrm{ST}_2|,\cdots,|\mathrm{ST}_m|$。为此，用一个二维数组 $\mathrm{occn}[1:|R_{\mathrm{cand}}|;1:m]$ 存储 R_{cand} 中的每个候选元组的 $|\mathrm{ST}_1|,|\mathrm{ST}_2|,\cdots,|\mathrm{ST}_m|$，$\mathrm{occn}(i,j)$ 存储 R_{cand} 的第 i 个元组对应的 $\{|\mathrm{ST}_1|,|\mathrm{ST}_2|,\cdots,|\mathrm{ST}_m|\}$ 中的 $|\mathrm{ST}_j|$。

下面的定理 3.3.5 表明，$\forall \mathrm{pc}\in R_{\mathrm{cand}}$，如果 $c=T[\mathrm{pc.PI}_T]$ 不支配 $s=T[\mathrm{ps.PI}_T]$，则 $\mathrm{ps}\in R_{\mathrm{ast}}$。所以，为了计算 $\mathrm{dom}(t)=n-\sum\limits_{i=1}^{m}|\mathrm{ST}_i|-1$，只需考察 R_{ast} 中的元组，即为了计算每个 $|\mathrm{ST}_i|$，函数 $\mathrm{Dom}(R_{\mathrm{cand}},R_{\mathrm{ast}},\mathrm{dom})$ 只需搜索 R_{ast}。

定理 3.3.5 $\forall \mathrm{pc}\in R_{\mathrm{cand}}$，如果 $c=T[\mathrm{pc.PI}_T]$ 不支配 $s=T[\mathrm{ps.PI}_T]$，则 $\mathrm{ps}\in R_{\mathrm{ast}}$。

证明：设算法 TDTS 读取 PT 的元组 pt 时结束条件成立，则

$$\mathrm{MH.min}\geqslant n-\mathrm{pt.MPI}_L$$

即 $n-\mathrm{MH.min}\leqslant \mathrm{pt.MPI}_L$。从 $\mathrm{pc}\in R_{\mathrm{cand}}$ 和算法 TDTS 的第 11 和 12 步可知，$\mathrm{Udom}(c)=n-\max_{1\leqslant i\leqslant m}\{\mathrm{pc.PI}_i-1\}-1\geqslant \mathrm{MH.min}$，即

$$n-\max_{1\leqslant i\leqslant m}\{\mathrm{pc.PI}_i-1\}>\mathrm{MH.min}$$

从而，$\max_{1\leqslant i\leqslant m}\{\mathrm{pc.PI}_i-1\}<n-\mathrm{MH.min}\leqslant \mathrm{pt.MPI}_L$，即 $\max_{1\leqslant i\leqslant m}\{\mathrm{pc.PI}_i-1\}\leqslant \mathrm{pt.MPI}_L$

从定理 3.3.3 的证明可知，c 不能支配的元组 s 在 T 中的索引属于 $T\left[\bigcup\limits_{i=1}^{m} L_i[1:\mathrm{pc.PI}_i-1].\mathrm{PI}_T\right]$。

于是，存在一个 j，使得 $s\in T[L_j[1:\mathrm{pc.PI}_j-1].\mathrm{PI}_l]$。于是，$s$ 在 L_j 中的位置索引不大于 $\mathrm{pc.PI}_j-1$，即 $\mathrm{ps.PI}_j\leqslant \mathrm{pc.PI}_j-1$。由于 $\mathrm{ps.MPI}_L\leqslant \mathrm{ps.PI}_j$，所以 $\mathrm{ps.MPI}_L<\mathrm{pc.PI}_j-1$。从前面的 $\max_{1\leqslant i\leqslant m}\{\mathrm{pc.PI}_i-1\}<n-\mathrm{MH.min}\leqslant \mathrm{pt.MPI}_L$ 可知，

$$\mathrm{pc.PI}_j-1<n-\mathrm{MH.min}\leqslant \mathrm{pt.MPI}_L$$

于是，$\mathrm{ps.MPI}_L<\mathrm{pt.MPI}_L$。

由于算法 TDTS 按 MPI_L 值递增顺序读取 PT 表，所以 ps 在 pt 之前被读取，即 ps 在结束条件成立之前被读取。从算法 TDTS 的第 13 步可知，ps 在 R_{ast} 中。证毕。

函数 $\mathrm{Dom}(R_{\mathrm{cand}},R_{\mathrm{ast}},\mathrm{dom})$ 通过考察 $\forall \mathrm{pa}\in R_{\mathrm{ast}}$ 计算 occn。设 $\mathrm{pa}\in R_{\mathrm{ast}}$ 是当前搜索到的元组。$\forall \mathrm{pc}=R_{\mathrm{cand}}[j]$，函数 Dom 计算 $\mathrm{num}=\sum\limits_{i=1}^{m}F(\mathrm{pa.PI}_i<\mathrm{pc.PI}_i)$，其中 F 是命题函数：如果命题 $S=\mathrm{pa.PI}_i<\mathrm{pc.PI}_i$ 为真，则 $F(S)=1$；否则 $F(S)=0$。如果 $\mathrm{num}\neq 0$，$\mathrm{occn}[j,\mathrm{num}]$ 的值加 1。

完成 occn 的计算以后，$\forall \mathrm{pc}=R_{\mathrm{cand}}[j]$，$t=T[\mathrm{pc.PI}_T]$ 的支配度如下计算：

$$\mathrm{dom}(t):=n-\sum\limits_{i=1}^{m}\mathrm{occn}[j,i]-1$$

函数 Dom 的实现算法见 Algorithm 3.3.3。

Algorithm 3.3.3: Dom (R_{cand}, R_{ast}, dom)

1.　　初始化二维数组 occn[1：$|R_{cand}|$；1：m]；
2.　　**For** $\forall$ pa$\in R_{ast}$ **Do**
3.　　　　**For** $j=1$ **To** $|R_{cand}|$ **Do**
4.　　　　　　pc := $R_{cand}[j]$；
5.　　　　　　num $= \sum\limits_{i=1}^{m} F(\text{pa.PI}_i < \text{pc.PI}_i)$；
6.　　　　　　**IF** num$\neq 0$ **Then** occn[j，num] := occn[j，num]+1；
7.　　**For** $1\leqslant i\leqslant |R_{cand}|$ **Do**　　/ * R_{cand}中的元组序列为 pc$_1$，pc$_2$，…，pc$_{|R_{cand}|}$ * /
8.　　　　t := $T(\text{pc}_i.\text{PI}_T))$；
9.　　　　dom(t) := $n - \sum\limits_{j=1}^{m} \text{occn}[i，j] - 1$。

---

3. 算法分析

定理 3.3.3、定理 3.3.4 和定理 3.3.5 已经证明了算法 TDTS 的正确性。下面分析算法 TDTS 的时间复杂性。

首先估计在建立 R_{cand} 和 R_{ast} 时算法 TDTS 扫描 PT 表的深度，即从 PT 表的第一个元组开始，当循环终止条件 MH.min$\geqslant n-$pt.MPI$_L$ 成立时，算法 TDTS 扫描的 PT 表的元组数。

为了计算算法 TDTS 扫描 PT 表的深度，把 3.3.1 节的 Skyline 算法的第一阶段对 $L=\{L_1, L_2, \cdots, L_m\}$ 的循环轮转读取(Round-Robin-Read，RRR)过程抽象定义如下：

(1) 循环轮转地读 $L_1, L_2, \cdots, L_m$，即对于 $i\geqslant 1$，第 i 次循环读取 $L_1[i], L_2[i], \cdots, L_m[i]$。

(2) 一旦终止条件"存在索引值 $i_1, i_2, \cdots, i_m$，使得在已读过的 $L_1, L_2, \cdots, L_m$ 的元组中包含 $L_1[i_1], L_2[i_2], \cdots, L_m[i_m]$ 并且 $t=(L_1[i_1].A_1, L_2[i_2].A_2, \cdots, L_m[i_m].A_m)\in T$"被满足，循环轮转读取过程就结束。

称(2)中的元组 t 为循环轮转读取 L 的终止元组，称 $\max\{i_1, i_2, \cdots, i_m\}$ 为循环轮转读取 L 的深度 d。具体地，d 是发现 t 时每个位置索引表 L_i 被存取的元组数的最大值。引理 3.2.3 已经证明，d 以 0.999968 的概率为 $O(n^{1-1/m})$。

定义算法 TDTS 扫描 PT 表的深度为终止条件 MH.min$\geqslant n-$pt.MPI$_L$ 成立时，算法 TDTS 读取的 PT 表的元组数，记作 d_{PT}。

引理 3.3.3　如果 $T(A_1, A_2, \cdots, A_M)$ 中各元组的值独立均匀分布，且视 m 和 M 为常数，则算法 TDTS 扫描 PT 表的深度 d_{PT} 的均值为 $O(n^{1-1/m})$。

证明：在算法 TDTS 扫描 PT 表的深度 d_{PT} 之前，需要计算一个辅助量 sd$_k$。设在 $L_1, L_2, \cdots, L_m$ 上连续执行 k 次 RRR 产生 TS$=\{t_i \mid t_i$ 是第 i 次执行 RRR 的终止元组，$1\leqslant i\leqslant k\}$，并且如果第 i 次执行 RRR 结束时读取了 $\{L_1[j], L_2[j], \cdots, L_m[j]\}$，则第 $i+1$ 次执行 RRR 时从读取 $\{L_1[j+1], L_2[j+1], \cdots, L_m[j+1]\}$ 开始。sd$_k$ 是如此连续执行 RRR 过程 k 次后扫描 $L_1, L_2, \cdots, L_m$ 的深度。下面计算 k 和 sd$_k$ 的均值。$\forall t\in T$，令 $t=T[\text{pi}]$，则 pi 出现在任意 L_i 的前 sd$_k$ 个元素中的概率 $\Pr[\text{pi}\in L_i[1：\text{sd}_k].\text{PI}]=\text{sd}_k/n$，pi 出现在所有 L_i 的前 sd$_k$ 个元素中的概率为 $(\text{sd}_k/n)^m$，即任何元组为终止元组的概率为 $(\text{sd}_k/n)^m$。于是，$k=n(\text{sd}_k/n)^m$，进而 sd$_k=(k/n)^{1/m}$。从而，sd$_k$ 的均值 $E[\text{sd}_k]=n(k/n)^{1/m}=k^{1/m}n^{1-1/m}$。

$\forall\, t \in \mathrm{TS}$,由于$t.\mathrm{PI}_i \leqslant \mathrm{sd}_k$,有

$$\mathrm{Ldom}(t) = n - \sum_{i=1}^{m}(t.\mathrm{PI}_i - 1) - 1$$

$$\geqslant n - \sum_{i=1}^{m}(\mathrm{sd}_k - 1) - 1$$

$$= n - m(\mathrm{sd}_k - 1) - 1$$

由于扫描深度为 sd_k 时未读取的元组的支配度小于 TS 中的元组支配度,所以 TS 包含 T 的 Top-k 支配集。

现在计算 d_{PT}。算法 TDTS 用最小堆 MH 维护在对 PT 扫描的过程中当前支配度下界最大的 k 个元组。令 pt 是算法 TDTS 在循环结束条件满足时读取的 PT 之元组,即 $\mathrm{MH.min} \geqslant n - \mathrm{pt.MPI}_L$,进而 $\mathrm{pt.MPI}_L \geqslant n - \mathrm{MH.min}$。根据定理 3.3.4,在读取 pt 时,已经读取的元组必包含 T 的 Top-k 支配集,即包含 TS。从而,对于 TS 中支持度最小的 s,此时的 $\mathrm{MH.min} \geqslant \mathrm{Ldom}(s) \geqslant n - m(\mathrm{sd}_k - 1) - 1$。从而,只要 $n - \mathrm{pt.MPI}_L \leqslant n - m(\mathrm{sd}_k - 1) - 1$,即 $\mathrm{pt.MPI}_L \geqslant m(\mathrm{sd}_k - 1) + 1$,pt 就满足终止条件 $\mathrm{pt.MPI}_L \geqslant n - \mathrm{MH.min}$。$\mathrm{pt.MPI}_L$ 可能在 PT 中重复出现,但是重复出现的次数不超过 T 的属性个数 M。于是算法 TDTS 最多需要读取 PT 中 $M(m(\mathrm{sd}_k - 1) + 1)$ 个元组就可以满足结束条件。视 m、M 和 k 为常数以及 sd_k 的均值为 $k^{1/m}n^{1-1/m}$,算法 TDTS 中的 PT 表的深度 d_{PT} 的均值为 $O(n^{1-1/m})$。证毕。

引理 3.3.4 设 $T(A_1, A_2, \cdots, A_M)$ 中各元组的值独立均匀分布,且视 m 和 M 为常数。令 R_{ast} 是算法 TDTS 构建的辅助元组集合,则 $|R_{\mathrm{ast}}|$ 的均值为 $O(n^{1-1/m})$。

证明:由引理 3.3.3 可知,算法 TDTS 扫描 PT 表的深度 $d_{\mathrm{PT}} = O(n^{1-1/m})$,即算法 TDTS 读取了 $O(n^{1-1/m})$ 个 PT 的元组。从算法 TDTS 的第 13 步可以看到,这 $O(n^{1-1/m})$ 个 PT 元组全部存入 R_{ast}。于是,$|R_{\mathrm{ast}}|$ 的均值为 $O(n^{1-1/m})$。证毕。

引理 3.3.5 设 $T(A_1, A_2, \cdots, A_M)$ 中各元组的值独立均匀分布,且视 m 和 k 为常数。令 R_{cand} 是算法 TDTS 构建的 R_{cand},则 $|R_{\mathrm{cand}}|$ 的均值为 $O(n^{-1/m})$。

证明:从引理 3.3.3 的证明可知,当算法 TDTS 的循环结束条件被满足时,$\mathrm{MII.min} \geqslant n - 1 - m(\mathrm{sd}_k - 1)$ 且 $E[\mathrm{sd}_k] = k^{1/m}n^{1-1/m}$。设算法 TDTS 读取的 PT 表的元组为 pt 而且 $t = T[\mathrm{pt.PI}_T]$。如果循环条件

$$\mathrm{Udom}(t) = n - \max_{1 \leqslant i \leqslant m}\{\mathrm{pt.PI}_i - 1\} - 1 \geqslant \mathrm{MH.min}$$

成立,则 t 是候选元组,即,当 $\max_{1 \leqslant i \leqslant m}\{\mathrm{pt.PI}_i - 1\} \leqslant n - 1 - \mathrm{MH.min}$ 时,t 是候选元组。由于 $\mathrm{MH.min} \geqslant n - 1 - m(\mathrm{sd}_k - 1)$,$n - 1 - \mathrm{MH.min} \leqslant m(\mathrm{sd}_k - 1)$,所以 t 是候选元组的概率 P_{cand} 满足

$$P_{\mathrm{cand}} \leqslant \Pr(\max_{1 \leqslant i \leqslant m}\{\mathrm{pt.PI}_i - 1\} \leqslant m(\mathrm{sd}_k - 1))$$

$$= \Pr(\bigwedge_{1 \leqslant i \leqslant m}[\mathrm{pt.PI}_i - 1 \leqslant m(\mathrm{sd}_k - 1)])$$

$$= (m(\mathrm{sd}_k - 1)/n)^m$$

$$\leqslant m^m(\mathrm{sd}_k/n)^m$$

$$= m^m(k^{1/m}n^{1-1/m}/n)^m$$

$$= km^m n^{-1}$$

从引理 3.3.3 可知,算法 TDTS 扫描 PT 表的深度的均值 $d_{\mathrm{PT}} = O(n^{1-1/m})$。从而,$|R_{\mathrm{cand}}|$ 的

均值不大于 $p_{\text{cand}}d_{\text{PT}}=O(n^{-1/m})$。$|R_{\text{cand}}|$ 的均值为 $O(n^{-1/m})$。证毕。

引理 3.3.6 如果视 M、m 和 k 为常数,函数 $\text{Dom}(R_{\text{cand}},R_{\text{ast}},\text{dom})$ 的平均时间复杂性为 $O(n^{1-1/m})$。

证明:由引理 3.3.5 可知,函数 $\text{Dom}(R_{\text{cand}},R_{\text{ast}},\text{dom})$ 的第 1 步是初始化数组 occn,需要 $O(|R_{\text{cand}}|)$ 时间,其均值为 $O(n^{-1/m})$。算法的第 2~6 步需要 $O(|R_{\text{ast}}||R_{\text{cand}}|)$ 时间,其均值为 $O(n^{1-1/m})$;算法的第 7~9 步需要 $O(|R_{\text{cand}}|)$ 时间,其均值为 $O(n^{-1/m})$。于是,函数 $\text{Dom}(R_{\text{cand}},R_{\text{ast}},\text{dom})$ 的平均时间复杂性为 $O(n^{1-1/m})$。证毕。

定理 3.3.6 若视 M、m 和 k 为常数,算法 TDTS 的平均时间复杂性为 $O(n^{1-1/m})$。

证明:算法 TDTS 的第 1 步和第 2 步需要 $O(1)$ 时间。从第 3 步开始,算法分为两个阶段。第一阶段构建 R_{cand} 和 R_{ast};第二阶段计算 R_{cand} 中的候选元组的支配度,并选择 k 个具有最大支配度的候选元组作为计算结果并输出。

首先分析算法 TDTS 第一阶段的时间复杂性。第一阶段通过循环读取 PT 表构建 R_{cand} 和 R_{ast}。每次循环读取 PT 表的一个 pt 元组,然后进行 4 个步骤的处理。第一个步骤由算法 TDTS 的第 4~7 步构成,计算被读取的 pt 对应的 T 的元组 t 的支配度的上界 Udom 和下界 Ldom,需要常数时间 $O(m)$。第二个步骤由算法 TDTS 的第 8~10 步构成,构建最小堆 MH,需要常数时间 $O(\log k)$。算法的第 11、12 步构建 R_{cand},需要 $O(1)$ 时间。第四个步骤是算法 TDTS 的第 13 步,构建 R_{ast},需要 $O(1)$ 时间。综上所述,对于从 PT 表循环读取的每个元组 pt,这 4 个步骤需要的时间为常数时间。从引理 3.3.3 可知,算法扫描 PT 表的平均深度为 $O(n^{1-1/m})$,即循环结束时,总计平均读取了 PT 表的 $O(n^{1-1/m})$ 个元组。对于每个从 PT 表读取的元组 pt,算法 TDTS 在常数时间内进行了 4 个步骤的处理。于是,第一阶段平均需要 $O(n^{1-1/m})$ 时间。

其次分析算法 TDTS 第二阶段的时间复杂性。第二阶段由算法 TDTS 的第 17、18 步构成。由引理 3.3.6 可知,第 17 步平均在 $O(n^{1-1/m})$ 内可计算出 R_{cand} 中所有元素对应的 T 的元组的支持度。第 18 步最终产生 Top-k 支配集,需要 $O(|R_{\text{cand}}|)$ 时间,其均值为 $O(n^{-1/m})$。于是,算法 TDTS 第二阶段的时间复杂性为 $O(n^{1-1/m})$。

总之,算法 TDTS 的时间复杂性为 $O(n^{1-1/m})$。证毕。

算法 TDTS 还可以进一步改进。本书作者在文献[12]中进一步给出了剪切 R_{cand} 和 R_{ast} 的技术,有效地降低了 $|R_{\text{cand}}|$ 和 $|R_{\text{ast}}|$,使得算法 TDTS 的效率得到了很大提高。

3.4 亚线性时间近似算法

很多大数据计算问题即使经过预处理也不存在亚线性时间精确求解算法,这样的问题无法在亚线性时间内精确求解。本节介绍求解这类问题的亚线性时间近似算法。本节将以 3 个具体问题为例,讨论亚线性时间近似算法的设计与分析原理。3.4.1 节介绍求解大图数据最小生成树代价计算问题的亚线性时间近似算法。3.4.2 节介绍求解大数据集合数据不一致性评估问题的亚线性时间近似算法。3.4.3 节介绍求解最近邻问题的亚线性时间近似算法。

3.4.1 最小生成树代价近似求解算法

连通图的最小生成树代价计算问题是一个经典的图论问题,已经存在很多求解算法。查泽雷(Chazelle)算法是目前最有效的精确求解算法[13],其时间复杂性为 $O(m\alpha(m,n))$,其中 n 和 m 分别是输入图的顶点数和边数,α 是逆阿克曼函数。Karger 等人提出了一种平均时间复杂性为线性函数的随机算法[14]。本节介绍最小生成树代价计算问题的亚线性时间近似算法的设计与分析。

1. 问题定义

首先介绍最小生成树的概念。设 $G=(V,E)$ 是一个边加权无向连通图。G 的生成树是一个无向树 $T=(V,E_T),E_T \subseteq E$。设 $W:E \to \{实数\}$ 是定义在 G 的边集合 E 上的权函数,生成树 T 的权值定义为 $W(T) = \sum_{(u,v) \in T} W(u,v)$。$T$ 的权值也称为 T 的代价。连通图 G 的最小生成树是 G 的生成树中具有最小代价的生成树,即,如果 $T_{\min}$ 是 G 的最小生成树,则 $W(T_{\min}) = \min\{W(T) \mid T 是 G 的生成树\}$。最小生成树(Minimum Spanning Tree,MST)问题定义如下:

输入:无向连通图 $G=(V,E)$,权函数 $W:E \to \{实数\}$。

输出:G 的最小生成树。

本节解决的问题不是 MST 问题,而是与 MST 问题相关的最小生成树的代价计算问题,简称 WMST 问题,WMST 是 Weight of Minimum Spanning Tree 的缩写。WMST 问题的定义如下:

输入:无向连通图 $G=(V,E)$,$|V|=n$;权函数 $W:E \to \{1,2,\cdots,w\}$。

输出:G 的最小生成树的代价。

求解 WMST 问题的简单方法是:首先求解 MST 问题,得到一个最小生成树 T,然后计算 $W(T)$。使用这种简单的方法,很难得到亚线性时间求解算法。下面介绍一种不需要计算最小生成树而直接计算最小生成树代价的亚线性时间近似算法。这个算法分为两部分:第一部分计算给定图的连通分量的个数;第二部分基于连通分量个数计算 WMST 问题的解。首先设计与分析求解连通图的连通分量个数问题的算法,然后设计与分析求解 WMST 问题的算法。

2. 计算图的连通分量个数

1) 问题定义

以下,假设图的顶点度的均值 $d \geq 1$。这可以通过为每个顶点 v 添加一条边 (v,v) 来实现。增加的这种边不会改变连通分量的数量。连通分量数计算问题简记为 NCC 问题,NCC 是 Number of Connected Component 的缩写。令 c 是图 G 的连通分量数,NCC 问题定义如下:

输入:无向图 $G=(E,V)$。

输出:G 的连通分量个数 c。

2) 算法设计

下面设计求解 NCC 问题的亚线性时间近似算法。这个算法基于如下的图论结果。

命题 3.4.1 设 $G=(E,V)$ 是无向图,I 是 G 的任一连通分量,c 是 G 的连通分量数,d_u

是顶点 u 的度数,并且 m_u 是 G 中包含 u 的连通分量的边数。$\forall u \in V, \sum_{u \in I}(1/2)(d_u/m_u) = 1, \sum_{u \in V}(1/2)(d_u/m_u) = c$。

为了处理孤立顶点,规定:如果 $m_u = 0$,则令 $d_u/m_u = 2$。求解 G 的连通分量数的策略是通过计算每个 d_u/m_u 的近似值来估计 c。由于直接计算 d_u/m_u 可能需要线性时间,下面设计一个通过计算 d_u/m_u 的近似值来求解 NCC 问题的亚线性时间近似算法 Appr-NCC。算法 Appr-NCC 由以下 4 步构成。

第一步,估计 G 的顶点度均值的近似值 d^*:

1. 从 V 中均匀随机抽取 C/ε 个顶点 $V' = \{v_1, v_2, \cdots, v_{C/\varepsilon}\}$,$C$ 是充分大正数。

2. $\forall v \in V'$,计算 v 的度 d_v。

3. $d^* = \max\{d_v \mid d_v \text{ 是 } v \text{ 的度}, v \in V'\}$。

第二步,从 V 独立均匀地随机抽取 $r = \Theta(1/\varepsilon^2)$ 个顶点,建立样本 $S = \{u_1, u_2, \cdots, u_r\}$。

第三步,$\forall u \in S$,计算 d_u/m_u 的近似值 Δ_u,Δ_u 的初始值为 0。$\forall u \in S$,如下计算 Δ_u:

1. 从 u 开始执行宽度优先搜索(BFS)的第一步,即访问顶点 u 和与 u 相连的 E_u 条边,在存储单元 m'_u、v_{num}、d_{max} 中分别存储访问过的边数 E_u、顶点数 $E_u + 1$ 和访问过的节点的最大度。

2. 从 $\{0, 1\}$ 中等可能地抽取一个数 b,在 N 中存储随机抽取累计次数。

3. 如果条件"$(b = 1) \wedge (\text{BFS 访问的顶点数 } v_{num} < T) \wedge (\text{访问过的节点最大度 } d_{max} \leqslant d^*)$"成立,则执行以下步骤:

   3.1. 恢复 BFS,继续搜索 $2m'_u$ 条边。

   3.2. 更新 m'_u 为 $2m'_u$。

   3.3. v_{num} 加上本次 BFS 访问过的顶点数。

   3.4. 更新 d_{max} 中已经访问过的节点的最大度。

   3.5. 若 BFS 结束,即发现了 u 所在的连通分量,则如下确定 Δ_u:若 $m'_u = 0$,则 $\Delta_u = 2$;否则 $\Delta_u = 2^N d_u/m'_u$。Δ_u 计算完毕;若 BFS 未结束,转 2,继续。

请注意,3.1 中 BFS 对 $2m'_u$ 条边的搜索不包括已经访问过的边的重复搜索。判定条件中的 T 是一个阈值,在求连通分量个数时 T 取值为 $4/\varepsilon$,在求最小生成树代价时 T 的取值略高一些。

4. 如果条件"$(b = 1) \wedge (\text{BFS 访问的顶点数 } v_{num} < T) \wedge (\text{访问过节点的最大度 } d_{max} \leqslant d^*)$"不成立,则 Δ_u 计算完毕。注意,Δ_u 的初始值为 0。

第四步,计算 $\sum_{u \in V}(1/2)(d_u/m_u)$ 的近似值 $(n/r)\sum_{u \in S}(1/2)\Delta_u$。

算法 Appr-NCC 的详细描述如 Algorithm 3.4.1 所示。

3) 算法分析

下面的引理 3.4.1 给出了算法第一步的平均时间复杂性和 d^* 的误差。

引理 3.4.1 给定无向图 $G = (V, E)$、G 的顶点度均值 d 和 $\varepsilon > 0$,如下结论成立:

(1) 可以在 $O(d/\varepsilon)$ 平均时间内计算出 G 的顶点平均度估计值 d^*。

(2) 将 V 中顶点的度递减排序,d^* 以高概率排在 $\rho = \Theta(\varepsilon n)$ 位置。

(3) 对于任意常数 k,$d^* = O(d/\varepsilon)$ 且 G 中度不小于 d^* 的顶点数以高概率不大于 $\varepsilon n/k$。

Algorithm 3.4.1: Appr-NCC(G，ε，T)

输入：无向图 $G=(E，V)$，$\varepsilon>0$，阈值 T。

输出：G 的连通分量数的近似值 c_{appr}。

/* 第一步：估计 G 的顶点度均值的近似值 d^* */

1.　$V':=\{v_1,v_2,\cdots,v_{C/\varepsilon}\}$，$v_i$ 是从 V 中随机抽取的顶点，C 是充分大的常数；

2.　**For** $\forall v\in V'$ **Do** $d_v:=v$ 的度；/* 从 G 计算 v 的度 */

3.　$d^*:=\max\{d_v\mid d_v$ 是 v 的度，$v\in V'\}$；

/* 第二步：从 V 中随机抽取 $r=\Theta(1/\varepsilon^2)$ 个顶点的样本 */

4.　从 V 中独立均匀地随机抽取 $r=\Theta(1/\varepsilon^2)$ 个顶点的样本，$S=\{u_1,u_2,\cdots,u_r\}$；

/* 第三步：$\forall u\in S$，计算 d_u/m_u 的近似值 Δ_u */

5.　**For** $\forall u\in S$ **Do**

6.　　$\Delta_u:=0$，$N:=0$，$m'_u:=0$，$v_{num}:=0$，$d_{max}:=0$；

7.　　从 u 开始执行 BFS 的第一步；

8.　　$m'_u:=E_u$；　　　　　　　　/* E_u 是 BFS 访问过的边数 */

9.　　$v_{num}:=E_u+1$；　　　　　　/* BFS 访问过的顶点数 */

10.　　$d_{max}:=$ BFS 访问过的顶点的最大度；

11.　　从 $\{0,1\}$ 中等可能地随机选取 0 或 1 并存入 b，$N:=N+1$；

12.　　**IF** $(b=1)\wedge(v_{num}<T)\wedge(d_{max}\leqslant d^*)$

13.　　**Then** 恢复 BFS，再访问 $2m'_u$ 条边；

14.　　　$m'_u:=2m'_u$；

15.　　　$v_{num}:=v_{num}+$ 本次 BFS 访问过的顶点数；

16.　　　$d_{max}:=\max\{d_{max},$ 本次 BFS 访问过的顶点的最大度$\}$；

17.　　　**IF** BFS 结束　　　　　/* 发现了一个连通分量 */

18.　　　**Then IF** $m'_u=0$ **Then** $\Delta_u:=2$ **Else** $\Delta_u:=d_u\times 2^N/m'_u$；

19.　　　**Else** goto 11；

/* 第四步：计算 $\sum\limits_{u\in V}(1/2)(d_u/m_u)$ 的近似值 */

20.　$c_{appr}:=(n/r)\sum\limits_{u\in S}(1/2)\Delta_u$.

证明：首先证明结论(1)。算法的第 1 步需要 $O(C/\varepsilon)$ 时间。由于 $|V'|=C/\varepsilon$，算法的第 2 步的平均时间为 $O(dC/\varepsilon)$，算法的第 3 步需要 $O(C/\varepsilon)$ 时间。于是，由于 C 是常数，算法可以在 $O(d/\varepsilon)$ 时间内计算出 G 的顶点平均度估计值 d^*。

其次证明结论(2)。令 V 中顶点按度递减排序。从 $d^*=\max\{d_{v_1},d_{v_2},\cdots,d_{v_{C/\varepsilon}}\}$ 可知，如果 d^* 在 V 的中的位置 $\rho>\varepsilon n$，则 $\{v_1,v_2,\cdots,v_{C/\varepsilon}\}$ 中所有顶点在 V 中的位置均超过 εn。显然，概率 $\Pr[\rho>\varepsilon n]=((n-\varepsilon n)/n)^{C/\varepsilon}=(1-\varepsilon)^{C/\varepsilon}\leqslant e^{-C}$，而且 $\Pr[\rho\leqslant\varepsilon n]>1-e^{-C}$。同理可证，$\Pr[\rho>\varepsilon n/C^2]\geqslant(1-\varepsilon/C^2)^{C/\varepsilon}\geqslant e^{-2/C}$。于是，$\Pr[\varepsilon n\geqslant\rho>\varepsilon n/C^2]\geqslant(1-e^{-C})e^{-2/C}$。如果 $\rho=\Theta(\varepsilon n)$，则根据 $\Theta(\varepsilon n)$ 的定义，对于常数 c_1 和 c_2 $(0<c_1<1/C^2,c_2>1)$，有 $c_1\varepsilon n\leqslant\rho\leqslant c_2\varepsilon n$。于是，

$$\Pr[\rho=\Theta(\varepsilon n)]\geqslant\Pr[c_1\varepsilon n\leqslant\rho\leqslant c_2\varepsilon n]\geqslant\Pr[\varepsilon n\geqslant\rho>\varepsilon n/C^2]\geqslant(1-e^{-C})e^{-2/C}$$

当 C 充分大时，$(1-e^{-C})e^{-2/C}$ 接近于 1。

最后证明结论(3)。由于 $\rho=\Theta(\varepsilon n)$，$\rho=\Omega(\varepsilon n)$ 成立。如果 V 中顶点按其度递减排序，则从 $\rho=\Omega(\varepsilon n)$ 可知，存在常数 c 使得 $\rho\geqslant c\varepsilon n$，即 d^* 在 V 的顶点度递减排序中的位置不小于 $c\varepsilon n$。设 V 排列为 $\langle d_1,d_2,\cdots,d_{c\varepsilon n-1},d_{c\varepsilon n},\cdots,d_n\rangle$，则有 $d^*\leqslant d_{c\varepsilon n}\leqslant d_{c\varepsilon n-1}\leqslant\cdots\leqslant d_1$。由 V 的顶点平均度 d 的定义可知，

$$d = \left(\sum_{1 \leqslant i \leqslant n} d_i\right)/n = \left(\sum_{1 \leqslant i \leqslant c\varepsilon n} d_i + \sum_{c\varepsilon n < i \leqslant n} d_i\right)/n \geqslant \left(\sum_{1 \leqslant i \leqslant c\varepsilon n} d_i\right)/n \geqslant \left(\sum_{1 \leqslant i \leqslant c\varepsilon n} d^*\right)/n = c\varepsilon d^*$$

即 $d^* \leqslant d/(c\varepsilon) = O(d/\varepsilon)$。

从结论(2)可知,d^* 以高概率排在 V 的顶点度递减排序中的位置 $\rho = \Theta(\varepsilon n)$,即存在常数 c 使得 $\rho \leqslant c\varepsilon n$。于是,排在 d^* 前面的 V 的顶点个数至多为 $c\varepsilon n$,即 V 中度不小于 d^* 的顶点数以高概率不大于 $c\varepsilon n$。由 ε 的任意性,可以用 $\varepsilon/(ck)$ 替换 ε,从而可知 V 中度不小于 d^* 的顶点数以高概率不大于 $\varepsilon n/k$。证毕。

下面的定理 3.4.1 给出了算法 Appr-NCC 的时间复杂性和近似解的误差。算法 Appr-NCC 的时间复杂性与输入图的顶点数和边数无关。

定理 3.4.1 设 $G = (V, E)$ 是具有 n 个顶点的无向图,c 是 G 的连通分量个数,$0 \leqslant \varepsilon \leqslant 1$。算法 Appr-NCC 的时间复杂性为 $O(d\varepsilon^{-2}\log(d\varepsilon^{-2}))$,并且以任意接近于 1 的概率满足 $|c - c_{\text{appr}}| \leqslant \varepsilon n$。

证明:首先证明算法 Appr-NCC 以任意接近于 1 的概率输出 c_{appr} 使得 $|c - c_{\text{appr}}| \leqslant \varepsilon n$。如果从 u 开始的 BFS 结束,则对 $\{0, 1\}$ 的等可能随机选取次数为 $N = \lceil \log(m'_u/d_u) \rceil$,这是因为步骤 14 执行 N 次后 $m'_u = 2^N d_u$。令 $S' = \{v \mid v \in S, v$ 在连通分量 cc 中:cc 的顶点数小于 T 且 cc 所有顶点的度不大于 $d^*\}$。如果 $u \in S - S'$,则 $\Delta_u = 0$;如果 $u \in S \cap S'$,令 E 表示事件"u 是孤立点",则 Δ_u 以 2^{-N} 的概率为 $2^N d_u/m'_u$(当 $E = $ 假)或 2(当 $E = $ 真),以 $(1 - 2^{-N})$ 的概率为 0。由于 $N = \lceil \log(m'_u/d_u) \rceil$ 以及 $2^N = 2^{\lceil \log(m'_u/d_u) \rceil} \leqslant 2^{\log(m'_u/d_u)+1} = 2(m'_u/d_u)$,所以 $\Delta_u = 2^N d_u/m'_u \leqslant 2$,而且 Δ_u 的方差为 $\text{Var}[\Delta_u] = E[\Delta_u^2] - (E[\Delta_u])^2 \leqslant E[\Delta_u^2]$。因为 $\Delta_u \leqslant 2$,令 $\Delta_u = 1 + \delta$ 且 $\delta \leqslant 1$,则 $\Delta_u^2 = 1 + 2\delta + \delta^2$。因为 $1 + \delta^2 \leqslant 2$,$\Delta_u^2 \leqslant 2 + 2\delta = 2\Delta_u$。于是,$E[\Delta_u^2] \leqslant 2E[\Delta_u]$。从算法的第 4 步可知,$u \in S$ 的概率为 $1/n$。设 G 中有 k 个孤立点,则 $u \in S \cap S'$ 且为孤立点的概率为 $(1/n)(k/n)2^{-N}$,$u \in S \cap S'$ 且不为孤立点的概率为 $(1/n)(1 - k/n)2^{-N}$。于是,

$$\begin{aligned}
\text{Var}[\Delta_u] &\leqslant E[\Delta_u^2] \\
&\leqslant 2E[\Delta_u] \\
&= 2\Big(\sum_{(u \in S \cap S') \wedge E}(1/n)(k/n)2^{-N}2 + \sum_{(u \in S \cap S') \wedge \neg E}(1/n)(1-k/n)2^{-N}2^N d_u/m'_u\Big) \\
&= 2(1/n)(k/n)\sum_{(u \in S \cap S') \wedge E}2^{-N}2 + (2/n)(1-k/n)\sum_{(u \in S \cap S') \wedge \neg E}d_u/m'_u \\
&\leqslant 2(1/n)\sum_{u \in V}2^{-N}2 + (2/n)\sum_{u \in V}d_u/m'_u \\
&= (4/n)\sum_{u \in V}d_u/m'_u + (4/n)\sum_{u \in V}(1/2)d_u/m'_u \\
&= (8/n)\sum_{u \in V}(1/2)d_u/m'_u + (4/n)\sum_{u \in V}(1/2)d_u/m'_u
\end{aligned}$$

由命题 3.4.1 和 $m_u \leqslant m'_u$,有

$$\text{Var}[\Delta_u] \leqslant (12/n)\sum_{u \in V}(1/2)d_u/m_u = 12c/n$$

令 $r = |S|$,则 c_{appr} 的方差为

$$\text{Var}[c_{\text{appr}}] \leqslant \text{Var}\Big[(n/r)\sum_{u \in S}(1/2)\Delta_u\Big]$$

$$= (n^2/(4r^2))\mathrm{Var}\Big[\sum_{u\in S}\Delta_u\Big]$$

$$= (n^2/4r^2)\sum_{u\in S}\mathrm{Var}[\Delta_u]$$

$$= (n^2/4r^2)r\,\mathrm{Var}[\Delta_u]$$

$$\leqslant (n^2/4r^2)r12c/n$$

$$= 3cn/r \tag{3.4.1}$$

适当地选择 ε，可以使得 $T=4/\varepsilon$ 和 d^* 满足：至多有 $\varepsilon n/2$ 个连通分量的顶点不在 S 中。由于 $c-\varepsilon n/2\leqslant c_{\mathrm{appr}}\leqslant c$，有 $E[c-\varepsilon n/2]\leqslant E[c_{\mathrm{appr}}]\leqslant E[c]$，即

$$c-\varepsilon n/2 \leqslant E[c_{\mathrm{appr}}] \leqslant c \tag{3.4.2}$$

从式(3.4.2)可知，$c-E[c_{\mathrm{appr}}]\leqslant\varepsilon n/2$。于是，

$$|c-c_{\mathrm{appr}}|=|c-E[c_{\mathrm{appr}}]+E[c_{\mathrm{appr}}]-c_{\mathrm{appr}}|$$

$$\leqslant |\varepsilon n/2+E[c_{\mathrm{appr}}]-c_{\mathrm{appr}}|$$

$$\leqslant \varepsilon n/2+|E[c_{\mathrm{appr}}]-c_{\mathrm{appr}}|$$

于是，如果 $|E[c_{\mathrm{appr}}]-c_{\mathrm{appr}}|<\varepsilon n/2$，则 $|c-c_{\mathrm{appr}}|<\varepsilon n$。$|c-c_{\mathrm{appr}}|<\varepsilon n$ 的概率不大于 $|E[c_{\mathrm{appr}}]-c_{\mathrm{appr}}|<\varepsilon n/2$ 的概率。由切比雪夫不等式和式(3.4.1)，

$$\Pr(|c_{\mathrm{appr}}-E[c_{\mathrm{appr}}]|\geqslant\varepsilon n/2)\leqslant\mathrm{Var}[c_{\mathrm{appr}}]/(\varepsilon n/2)^2\leqslant 12c/\varepsilon^2 nr \tag{3.4.3}$$

由 $r=\Theta(1/\varepsilon^2)$ 和式(3.4.3)，存在常数 a 和 b，使得 $a/\varepsilon^2\leqslant r\leqslant b/\varepsilon^2$，所以

$$\Pr(|c_{\mathrm{appr}}-E[c_{\mathrm{appr}}]|\geqslant\varepsilon n/2)\leqslant 12c/(an)$$

于是，$\Pr(|c-c_{\mathrm{appr}}|\geqslant\varepsilon n)\leqslant 12c/(an)$，即 $\Pr(|c-c_{\mathrm{appr}}|<\varepsilon n)>1-12c/an$。显然，$|c-c_{\mathrm{appr}}|<\varepsilon n$ 的概率随着 n 的增大无限接近 1。

现在分析算法 Appr-NCC 的平均时间复杂性。

从引理 3.4.1 的结论(1)可知，算法 Appr-NCC 的第一步平均需要 $O(d/\varepsilon)$ 时间。

算法的第二步需要 $O(1/\varepsilon^2)$ 时间。

算法的第四步需要 $O(r)=O(1/\varepsilon^2)$ 时间。

算法 Appr-NCC 的第三步比较复杂。$\forall u\in V,\Pr[u\in S]=1/n$。考虑到 $|S|=r$，第三步的平均时间复杂性为

$$r\sum_{u\in V}(1/n)T(u)=(r/n)\sum_{u\in V}T(u)$$

$T(u)$ 是算法 Appr-NCC 的步骤 6~19 需要的平均时间。下面推导 $T(u)$。

$\forall u\in S\cap V$，算法 Appr-NCC 的第三步执行步骤 6~10 各一次，并连续执行步骤 11~19 多次。步骤 6~10 需要 $O(d_u)$ 时间，其均值为 $O(d)$。设步骤 11~19 被循环执行的次数为 k。从步骤 11 可知，$\Pr[$步骤 11~19 被连续执行 i 次$]=2^{-i}$。步骤 13~19 被连续执行 k 次访问的边数的均值为 $\sum_{1\leqslant i\leqslant k}(2^{-i}2^i d_u+(1-2^{-i})\times 0)=kd_u$。需要估计 k 的值。令 M 是包含 u 的最大连通分量的边数，则由步骤 12 可知，$M\leqslant T\times d^*$。如果步骤 13~19 被执行 k 次，则访问的边数为 $\sum_{1\leqslant i\leqslant k}2^i d_u=d_u\sum_{1\leqslant i\leqslant k}2^i\leqslant M$，即 $d_u 2(2^k-1)\leqslant M$，即 $k\leqslant\log(M/(2d_u)+1)\leqslant\log(M/d_u+1)$。由于 $M\geqslant d_u,k\leqslant\log(2M/d_u)\leqslant\log(2M)$。从而，步骤 11~19 连续执行 k 次访问的边数为 $kd_u\leqslant d_u\log 2M\leqslant d_u\log(2Td^*)$，进而步骤 11~19 连续执行 k 次的

时间复杂性为 $O(d_u \log(T \times d^*))$。由引理 3.4.1 的结论(3),$d^* = O(d/\varepsilon)$。令 $T = 4/\varepsilon$,则由于 d_u 的均值为 d,

$$T(u) = O(d \log T \times d^*) + O(d) = O(d \log(d\varepsilon^{-2})) \tag{3.4.4}$$

从而,第三步的平均时间复杂性为

$$
\begin{aligned}
(r/n)\sum_{u \in V} T(u) &\leqslant (r/n)\sum_{u \in V} O(d \log(d\varepsilon^{-2})) \\
&= rO(d \log(d\varepsilon^{-2})) \\
&= \Theta(1/\varepsilon^2)O(d \log(d\varepsilon^{-2})) \\
&= O(d\varepsilon^{-2}\log(d\varepsilon^{-2}))
\end{aligned}
$$

综上所述,考虑到 $0 < \varepsilon < 1$,算法 Appr-NCC 的平均复杂性为

$$O(d/\varepsilon) + 2O(1/\varepsilon^2) + O(d\varepsilon^{-2}\log(d\varepsilon^{-2})) = O(d\varepsilon^{-2}\log(d\varepsilon^{-2}))$$

证毕。

3. 计算最小生成树代价

最小生成树代价计算问题的定义已经在前面给出了。现在设计并分析求解 WMST 问题的算法。

1) 算法设计

给定无向连通图 $G = (E, V)$,可以把 G 的最小生成树代价计算转换为计算 G 的一些子图的连通分量计数问题。设 G 的权函数为 $W: E \to \{1, 2, \cdots, w\}$。对于 $0 \leqslant l \leqslant w$,令 $G^{(l)}$ 是 G 的子图,$G^{(l)}$ 仅包含 G 的权值至多为 l 的边,$c^{(l)}$ 是 $G^{(l)}$ 的连通分量的个数,$G^{(0)}$ 是 G 的不含任何边的子图,$c^{(0)}$ 是 n。由于 $G^{(w)} = G$ 并且 G 是无向连通图,所以 $c^{(w)} = 1$。令 $M(G)$ 是 G 的最小生成树的代价。下面的引理 3.4.2 说明了如何使用 G 的一些子图的连通分量数计算 G 的最小生成树代价。

为了确定 $M(G)$ 与连通分量之间的关系,来看 $w = 2$ 这种简单情况,即 G 仅有权值 1 和 2 的边。$M(G) = 1 \times \alpha_1 + 2 \times \alpha_2$,其中,$\alpha_1$ 是最小生成树 T 中权值为 1 的边数,α_2 是 T 中权值为 2 的边数。由于 T 一定是 $G^{(1)}$ 的 $c^{(1)}$ 个连通分量的 $c^{(1)}$ 棵生成树以 $c^{(1)} - 1$ 条权为 2 的边连接而成的,或者说从 T 删除权为 2 的边将具有 $c^{(1)}$ 个连通分量。于是,$\alpha_2 = c^{(1)} - 1$。基于这种思想,有如下引理 3.4.2。

引理 3.4.2 给定无向连通图 $G = (E, V)$ 和权函数 $W: E \to \{1, 2, \cdots, w\}$,$|V| = n, w \geqslant 2$,则 G 的最小生成树的代价 $M(G) = n - w + \sum_{0 \leqslant i \leqslant w-1} c^{(i)}$。

证明:设 T 是 G 的最小生成树,α_i 是 T 中权值为 i 的边数。对于 $0 \leqslant l \leqslant w-1$,类似上面 $w = 2$ 时的分析,如果在 T 中删除所有权值大于 l 的 $\sum_{i>l} \alpha_i$ 条边,则 T 必被划分成 $c^{(l)}$ 个连通分量,所以 $\sum_{i>l} \alpha_i = c^{(l)} - 1$。于是,

$$M(G) = \sum_{1 \leqslant i \leqslant w} i\alpha_i = \sum_{0 \leqslant l \leqslant w-1} \sum_{l+1 \leqslant i \leqslant w} \alpha_i = -w + \sum_{0 \leqslant l \leqslant w-1} c^{(l)} = n - w + \sum_{1 \leqslant l \leqslant w-1} c^{(l)}$$

证毕。

根据引理 3.4.2,可以基于算法 Appr-NCC 计算给定图 G 的最小生成树的近似代价,即近似求解 WMST 问题。Algorithm 3.4.2 给出了求解 WMST 问题的亚线性时间近似算法 Appr-WMST。

Algorithm 3.4.2：Appr-WMST

输入：无向连通图 $G=(E,V)$，$|V|=n$，$\varepsilon>0$，$W：E\to\{1,2,\cdots,w\}$。

输出：G 的 MST 代价近似值 $M(G)_{appr}$。

1. **For** $i=1$ **To** w **Do**

2. $c_{appr}^{(i)}=$ Appr-NCC$(G^{(i)}, \varepsilon, 4w/\varepsilon)$；

3. 输出 $M(G)_{appr} = n-w+ \displaystyle\sum_{1\leqslant i\leqslant w-1} c_{appr}^{(i)}$。

2）算法分析

下面的定理 3.4.2 给出了算法 Appr-WMST 的时间复杂性和近似解的误差。

定理 3.4.2 设 $G=(V,E)$ 是一个具有 n 个顶点的无向连通图，$M(G)$ 是 G 的最小生成树的代价，$0\leqslant\varepsilon\leqslant1$，$w>2$，$w/n<1/2$。算法 Appr-WMST 在 $O(dw\varepsilon^{-2}\log(dw\varepsilon^{-2}))$ 时间内输出 $M(G)_{appr}$，并以任意接近 1 的概率满足 $|M(G)-M(G)_{appr}|<\varepsilon M(G)$。

证明： 先分析 $M(G)_{appr}$ 的误差。令 $c=\displaystyle\sum_{1\leqslant i\leqslant w-1}c^{(i)}$，$c_{appr}=\displaystyle\sum_{1\leqslant i\leqslant w-1}c_{appr}^{(i)}$，与定理 3.4.1 的证明中的式（3.4.1）和式（3.4.2）的证明类似，有

$$\text{Var}[c_{appr}^{(i)}]\leqslant 3nc^{(i)}/r \text{ 和 } c^{(i)}-\varepsilon n/2\leqslant E[c_{appr}^{(i)}]\leqslant c^{(i)}$$

可以设 $\{c_{appr}^{(i)}\}$ 相互独立。当 $1\leqslant i\leqslant w$ 时，对上面二式求和，可得

$$\text{Var}[c_{appr}]\leqslant 3nc/r \text{ 和 } c-w\varepsilon n/2\leqslant E[c_{appr}]\leqslant c$$

由于 ε 是任意的，可以令 $\varepsilon=\varepsilon/w$，从而得到

$$\text{Var}[c_{appr}]\leqslant 3nc/r \text{ 和 } c-\varepsilon n/2\leqslant E[c_{appr}]\leqslant c$$

从 $c-\varepsilon n/2\leqslant E[c_{appr}]$ 可知，$c-E[c_{appr}]\leqslant\varepsilon n/2$。于是，

$$|M(G)-M(G)_{appr}|$$
$$=\left|\left(n-w+\sum_{1\leqslant i\leqslant w-1}c^{(i)}\right)-\left(n-w+\sum_{1\leqslant i\leqslant w-1}c_{appr}^{(i)}\right)\right|$$
$$=|c-c_{appr}|$$
$$=|c-E[c_{appr}]+E[c_{appr}]-c_{appr}|$$
$$\leqslant|c-E[c_{appr}]|+|c_{appr}-E[c_{appr}]|$$
$$\leqslant\varepsilon n/2+|c_{appr}-E[c_{appr}]|$$

从而，$|M(G)-M(G)_{appr}|<\varepsilon n$ 的概率不小于 $|c_{appr}-E[c_{appr}]|<\varepsilon n/2$ 的概率。应用切比雪夫不等式，有

$$\Pr[|c_{appr}-E[c_{appr}]|\geqslant\varepsilon n/2]\leqslant\text{Var}[c_{appr}]/(\varepsilon n/2)^2\leqslant 12c/\varepsilon^2 nr$$

由于 $r=\Theta(1/\varepsilon^2)$，存在常数 a 和 b，使得 $a/\varepsilon^2\leqslant r\leqslant b/\varepsilon^2$，所以

$$\Pr(|c_{appr}-E[c_{appr}]|\geqslant\varepsilon n/2)\leqslant 12c/an$$

于是，$|M(G)-M(G)_{appr}|<\varepsilon n$ 的概率不小于 $1-12c/an$。令 $\varepsilon=\varepsilon/2$，则 $|M(G)-M(G)_{appr}|<\varepsilon n/2$ 的概率不小于 $1-12c/an$。

下面证明 $\varepsilon n/2\leqslant\varepsilon M(G)$。由于 $M(G)=n-w+\displaystyle\sum_{1\leqslant l\leqslant w-1}c^{(l)}\geqslant n-w+\sum_{1\leqslant l\leqslant w-1}1=n-1$，当 $n\geqslant2$ 时，$n/2-1\geqslant0$，即 $n-1\geqslant n/2$，亦即 $M(G)\geqslant n/2$。从而，$\varepsilon n/2\leqslant\varepsilon M(G)$。于是，

$$\Pr[|M(G)-M(G)_{appr}|<\varepsilon M(G)]\geqslant\Pr[|M(G)-M(G)_{appr}|<\varepsilon n/2]\geqslant 1-12c/an$$

显然，$|M(G)-M(G)_{appr}|<\varepsilon M(G)$ 的概率随着 n 的增大无限接近 1。

现在分析算法 Appr-WMST 的时间复杂性。由定理 3.4.1 证明中的式(3.4.4),算法 Appr-WMST 每次调用算法 Appr-NCC 的执行时间为 $O(d\varepsilon^{-2}\log(Td^*))$。由于 $T=w/\varepsilon$ 并且 $d^*=O(d/\varepsilon)$,算法 Appr-WMST 的平均时间复杂性为 $O(dw\varepsilon^{-2}\log(dw\varepsilon^{-2}))$。证毕。

3.4.2 数据不一致性近似评估算法

数据质量问题是大数据时代的一个重要问题。无论拥有多么大量的数据,无论大数据计算的理论和技术多么完美,如果不能确保数据质量,大数据分析都将产生错误的结果,甚至导致灾难性事件。数据一致性是数据质量的重要方面。数据一致性是指数据集合中不存在与实际应用领域一致性约定矛盾的数据。例如,描述上海的关系数据元组(86,中国,上海,010,直辖市)就存在一致性错误,因为上海的地区码应该是 021,而不是 010。本节介绍数据不一致性评估的亚线性时间近似算法。

1. 问题定义

首先定义本节关注的关系数据集合。对于 $1\leqslant i\leqslant m$,m 是一个正整数,令 A_i 是一个值域为 $\mathrm{dom}(A_i)$ 的关系属性,用 $R(A_1,A_2,\cdots,A_m)$ 表示一个关系数据模式,A_i 称为 R 的第 i 个属性。$R(A_1,A_2,\cdots,A_m)$ 的实例 T 称为一个关系数据集合,定义为 $T\subseteq\mathrm{dom}(A_1)\times\mathrm{dom}(A_2)\times\cdots\times\mathrm{dom}(A_m)$,即

$$T=\{\ r\ |\ r=(r_1,r_2,\cdots,r_m),r_i\in\mathrm{dom}(A_i),\ 1\leqslant i\leqslant m\ \}$$

$r=(r_1,r_2,\cdots,r_m)$ 称为 T 的一个元组。在不引起混淆的情况下,使用 R 表示 $R(A_1,A_2,\cdots,A_m)$。对于 $t\in T$ 和 $X\subseteq\{A_1,A_2,\cdots,A_m\}$,用 $t[X]$ 表示 t 在属性集合 X 上的值。R 有一组特殊属性集合 $\mathrm{key}\subseteq\{A_1,A_2,\cdots,A_m\}$,称为 R 的键,它是 R 的任意实例 T 的每个元组的唯一标识,即对于 T 中的任意两个不同元组 t_1 和 t_2,$t_1[\mathrm{key}]\neq t_2[\mathrm{key}]$。

给定一个关系数据模式 $R(A_1,A_2,\cdots,A_m)$,R 的数据一致性一般由一组规则表示。关系数据库理论中的函数依赖(Functional Dependence,FD)就是表示数据一致性约束的一个规则实例。FD 规则的语法是 $X\rightarrow Y,X\subseteq\{A_1,A_2,\cdots,A_m\},Y\subseteq\{A_1,A_2,\cdots,A_m\}$。$X\rightarrow Y$ 的语义是:对于 R 的任意实例 T 和 $\forall t_1,t_2\in T$,如果 $t_1[X]=t_2[X]$,则必有 $t_1[Y]=t_2[Y]$。对于一个 FD 集合 Σ,如果 $t\in T$ 满足 Σ 中所有 FD 规则,就说 t 满足 Σ,记作 $t\vdash\Sigma$。如果 $\forall t\in T,t$ 满足 Σ 中的所有 FD 规则,则称 T 满足 Σ,记作 $T\vdash\Sigma$。

条件函数依赖(Conditional Functional Dependence,CFD)是另一种一致性约束表示方法。CFD 是对 FD 的扩展。CFD 的语法定义为

$$(X\rightarrow Y,\ T),X\rightarrow Y\ \text{是函数依赖},T\ \text{是约束表}$$

下面用一个实例说明 CFD 的语义。设

$$([CC,AC,phn]\rightarrow[street,city,zip],\ T)$$

是一条 CFD 规则,其中 T 的定义如图 3.4.1 所示。这条 CFD 规则表示属性集合{CC,AC,phn}函数地确定属性集合{street,city,zip}。约束表 T 规定:如果 CC=86 且 AC=010,则必有 city=北京;如果 CC=86 且 AC=451,则必有 city=哈尔滨。

对于一个 CFD 集合 Σ,如果 $t\in T$ 满足 Σ 中的所有 CFD 规则,就说 t 满足 Σ,记作 $t\vdash\Sigma$。如果 $\forall t\in T$,

CC	AC	phn	street	city	zip
86	010	—	—	北京	—
86	451	—	—	哈尔滨	—

图 3.4.1 CFD 的约束表 T

t 满足 Σ 中的所有 CFD 规则,则称 T 满足 Σ,记作 $T \vdash \Sigma$。

本节介绍求解基于规则的数据不一致性评估问题的亚线性时间近似算法。为了叙述简单,不失一般性,本节使用 FD 作为数据一致性约束规则。本节的理论和算法完全适用于 CFD。首先描述数据不一致性评估问题。

设 T 是 R 的实例,Σ 是定义在 R 上的 FD 集合。如果存在一个 $S \subseteq T$ 使得 $S \vdash \Sigma$,则称 S 是 T 的满足 Σ 的子集合,简称 T 的 Σ-子集。T 可以具有多个 Σ-子集。下面定义 T 的最大 Σ-子集。

定义 3.4.1 设 S 是关系数据集 T 的子集。S 与 T 的距离定义为 $\mathrm{dist}(S, T) = |T - S|$。

定义 3.4.2 如果 $S_{\max}$ 满足以下两个条件,则称 $S_{\max}$ 为关系数据集合 T 的最大 Σ-子集:

(1) $S_{\max}$ 是 T 的 Σ-子集。

(2) $\mathrm{dist}(S_{\max}, T) = \min\{\mathrm{dist}(S, T) \mid S$ 是 T 的任一 Σ-子集$\}$。

下面给出数据不一致性的数学模型。

定义 3.4.3 设 T 是关系模式 R 的实例,Σ 是定义在 R 上的 FD 集合。T 的不一致性定义为 $\mathrm{Icons}(T, \Sigma) = \mathrm{dist}(S_{\max}, T)/|T|$,其中 $S_{\max}$ 是 T 的最大 Σ-子集。

定义 3.4.4 设 T 是关系模式 R 的实例,Σ 是定义在 R 上的 FD 集合,$H \subseteq T$。H 的不一致性定义为 $\mathrm{Icons}(H, \Sigma) = \min_{\forall S \subseteq H \wedge S \vdash \Sigma}\{\mathrm{dist}(S, H)/|H|\}$。

现在定义数据不一致性评估问题,简记作 EICONS 问题。

定义 3.4.5 数据不一致性评估问题 EICONS 定义如下:

输入:关系模式 R,R 上的 FD 集合 Σ,R 的实例 T,$|T| = n$。

输出:$\mathrm{Icons}(T, \Sigma)$。

可以扩展 EICONS 问题,使之更具有普遍意义。设 Q 是关系数据集合 T 上的查询。如果 Q 的查询结果 $Q(T) \subseteq T$,则称 Q 为子集查询。EICONS 可以扩展为如下的 EEICONS 问题:

输入:关系模式 R,R 上的 FD 集合 Σ,R 的实例 T,T 上的子集查询 Q。

输出:$\mathrm{Icons}(Q(T), \Sigma)$。

显然,当 $Q(T) = T$ 时,EEICONS 问题就是 EICONS 问题,即 EICONS 问题是 EEICONS 问题的特例。EEICONS 问题不仅包括了关系数据集合 T 的不一致性评估,还包括了 T 上子集查询的不一致性评估。本节集中讨论 EICONS 问题的亚线性时间求解算法。该算法很容易扩展为求解 EEICONS 问题的亚线性时间算法。

如果精确地求解 EICONS 问题,需要计算 T 的最大 Σ-子集。文献[15]已经证明:除非 FD 集合可以被简化为极简单的函数依赖集,最大 Σ-子集计算问题是 NP-难的。因此,本节讨论如何采用不求解最大 Σ-子集而直接估计 T 的不一致性的方法,从而得到求解 EICONS 问题的亚线性时间近似算法。

2. 算法设计

这个算法需要对关系数据集合 T 进行预处理,预处理过程简记作 ϑ。在预处理结果 $\vartheta(T)$ 上,可以实现求解 EICONS 问题的亚线性时间近似算法。随着 T 的不断更新,对 T 的不一致性评估是需要经常进行的。所以,对 T 进行预处理是合理的。当然,当 T 更新时,$\vartheta(T)$ 也需要更新。

1）预处理

给定关系模式 R、R 的 FD 集合 Σ 和 R 的具有 n 个元组的实例 T，T 的预处理过程 ϑ 比较简单。

首先，发现 T 中所有违背 Σ 的冲突元组对集合：

$$\text{Conf} = \{(i,(t[\text{key}],s[\text{key}])) \mid \exists \varphi \in \Sigma, t \in T, s \in T, t \text{ 和 } s \text{ 违背 } \varphi\}$$

其中，i 是 $(t[\text{key}],s[\text{key}])$ 在 Conf 中的序号。如果 $(i,(t[\text{key}],s[\text{key}])) \in \text{Conf}$，则称 (t,s) 是 T 的一个冲突。

然后，$\forall t \in T$，如果 T 中存在与 t 冲突的元组，则建立存储所有与 t 冲突的元组集合的数组：

$$\text{Arr}_t = \{(i,s[\text{key}]) \mid (i,(t[\text{key}],s[\text{key}]) \in \text{Conf}\}$$

Arr_t 按 $s[\text{key}]$ 值的递增顺序排列。

ϑ 还为 $\{\text{Arr}_t \mid t \in T\}$ 建立一个有序索引 $\text{Idx} = \{(t[\text{key}],p_t) \mid p_t \text{ 是 Arr}_t \text{ 的头地址}\}$，Idx 按照 $t[\text{key}]$ 值升序排列。Idx 存储在一个数组中。注意，如果 (t,s) 是 T 的冲突，为了提高 T 的维护和 T 的一致性判定的效率，要求 $(t[\text{key}],p_t)$ 和 $(s[\text{key}],p_s)$ 都在 Idx 中出现，并且 Arr_t 和 Arr_s 都存在。

这里还需要一个全程变量 upN，存储当前 $\vartheta(T)$ 中所有冲突的编号的最大值，它将在数据更新算法和数据不一致性维护算法中被使用。

预处理过程 ϑ 详见 Algorithm 3.4.3。

Algorithm 3.4.3：预处理过程 ϑ

输入：关系模式 R，R 上的 FD 集合 Σ，R 的实例 T，$|T| = n$。
输出：$\vartheta(T) = \langle \text{Idx}, \{\text{Arr}_t \mid (t[\text{key}],p_t) \in \text{Idx}\}, \text{Conf}, \text{upN}\rangle$。

1.　Conf := Sconf := C := 空集合；Idx := 空集合；upN := 0；
2.　**For** $\forall t \in T$ **Do**
3.　　　　T := $T - \{t\}$；
4.　　　　**For** $\forall s \in T$ **Do**
5.　　　　　　**If** (t,s) 违背任何 $\varphi \in \Sigma$
6.　　　　　　**Then** C := $C \bigcup \{(t[\text{key}],s[\text{key}])\}$；
7.　　　　　　　　Sconf := Sconf $\bigcup \{t[\text{key}],s[\text{key}]\}$；
8.　按 $(t[\text{key}],s[\text{key}])$ 递增排序 C；m := 1；
9.　**For** $\forall (t,s) \in C$ **Do** /* 按 C 中元素的顺序 */
10.　　　Conf := Conf $\bigcup \{(m,(t,s))\}$；upN := m；m := $m+1$；
11.　**For** $\forall t[\text{key}] \in \text{Sconf}$ **Do** /* $|\text{Sconf}| \leqslant n$ */
12.　　　定义数组 Arr_t；p_t := $\text{Arr}_t[1]$ 的地址；
13.　　　Idx := Idx $\bigcup \{(t[\text{key}],p_t)\}$；
14.　按照 $t[\text{key}]$ 值升序对 Idx 排序；
15.　**For** $\forall (i,(t[\text{key}],s[\text{key}])) \in \text{Conf}$ **Do**
16.　　　Arr_t := $\text{Arr}_t \bigcup \{(i,s[\text{key}])\}$；
17.　　　Arr_s := $\text{Arr}_s \bigcup \{(i,t[\text{key}])\}$；
18.　按照 key 值升序对所有 Arr_t 排序.

请注意，$\text{Conf} = \{(i,(t[\text{key}],s[\text{key}]))\}$ 既按 i 值升序排列，也按 $(t[\text{key}],s[\text{key}])$ 升序排列。

预处理过程 ϑ 的第 1 步需要 $O(1)$ 时间。第 2～7 步需要 $O(n^2)$ 时间。第 8 步至多需要

$O(n^2\log n)$时间。第 9、10 步需要 $O(n^2)$ 时间。第 11～13 步至多需要 $O(n)$ 时间。第 14 步至多需要 $O(n\log n)$ 时间。第 15～17 步需要 $O(n^2)$ 时间。第 18 步至多需要 $O(n^2\log n)$ 时间。于是，有如下命题。

命题 3.4.2 当输入关系数据集合 T 元组数为 n 时，预处理过程 ϑ 的时间复杂性为 $O(n^2\log n)$。

当对输入关系数据集合 T 进行增、删和改时，需要修改 $\vartheta(T)$。以下假设，$\forall t\in T$，T 中与 t 冲突的元组数不会超过 $o(n)$。一般情况下，应用领域的实际数据集合的一致性不会特别低，所以这个假设是合理的。

当从 T 中删除一个元组 t 时，可以在 $O(\log n)$ 时间内搜索有序链表 Idx，寻找 $(t[\mathrm{key}]$，$p_t)$。如果 $(t[\mathrm{key}],p_t)\in\mathrm{Idx}$，$\forall(i,s[\mathrm{key}])\in\mathrm{Arr}_t$，在 $O(\log n)$ 时间内找到 $(s[\mathrm{key}],p_s)\in$ Idx，在 $O(\log n)$ 时间内从 Arr_s 中删除 $(j,t[\mathrm{key}])$，在 $O(\log n)$ 时间内从 Conf 中删除与 $(t[\mathrm{key}],s[\mathrm{key}])$ 对应的项，在常数时间内从 Idx 中删除 $(t[\mathrm{key}],p_t)$，并删除 Arr_t；如果 $(t[\mathrm{key}],p_t)\notin\mathrm{Idx}$，则 t 不与其他元组冲突，不修改 $\vartheta(T)$。由于 $|\mathrm{Arr}_t|=o(n)$，所以维护 $\vartheta(T)$ 的时间为 $O(\log n)+o(n)O(\log n)=o(n)$。

当 T 增加一个元组 t 时，首先扫描一遍 T，找到与 t 冲突的所有元组 s，需要 $O(n)$ 时间。如果存在冲突 (t,s)，首先，在 $O(\log n)$ 时间内将 $\{(i,(t[\mathrm{key}],s[\mathrm{key}]))\}$ 加入 Conf，注意，$\{(i,(t[\mathrm{key}],s[\mathrm{key}]))\}$ 每个元组 $(t[\mathrm{key}],s[\mathrm{key}])$ 的编号 i 从 upN$+1$ 开始递增地编排，并且保持 upN 等于所有冲突的编号的最大者；其次，在 $o(n)\log(o(n))=o(n)$ 时间内建立有序数组 $\mathrm{Arr}_t=\{(i,s[\mathrm{key}])\mid(t,s)$ 是冲突$\}$；再次，$\forall(i,s[\mathrm{key}])\in\mathrm{Arr}_t$，在 $O(\log n)$ 时间内找到 $(s[\mathrm{key}],p_s)\in$ Idx，并在 $O(\log n)$ 时间内将 $(i,t[\mathrm{key}])$ 加入 Arr_s，需要的时间为 $o(n)O(\log n)=o(n)$；最后，在 $O(\log n)$ 时间内把 $(t[\mathrm{key}],p_t)$ 插入链表 Idx。显然，维护 $\vartheta(T)$ 的时间为 $O(n)$。请注意，增加元组 t 时确保了 Arr_t 中的序号大于已经存在的 Arr_s 中的所有序号。

修改 T 中的元组 t 等价于删除 t 后添加修改的 t，需要的时间为 $O(n)+o(n)=O(n)$。

注意，从算法的第 16、17 步可知，对于每个 Arr_t 中的任意两个 (i,s_1) 和 (j,s_2)，如果 $i<j$，则 (i,s_1) 在 (j,s_2) 之前进入集合 Arr_t。如果 $(i,(t,s))\in\mathrm{Conf}$，且 s 在 Arr_t 中的序号为 i，则 t 在 Arr_s 中的序号为 i。

下面的命题 3.4.3 给出了 $\vartheta(T)$ 需要的空间。

命题 3.4.3 令输入关系数据集合 T 元组数为 n，而且 $\forall t\in T$，T 中与 t 冲突的元组数为 $o(n)$，则预处理结果 $\vartheta(T)$ 所需空间为 $o(n^{1+\alpha})$，$0\leqslant\alpha<1$。

证明：$\vartheta(T)$ 中的有序链表 Idx 至多需要 $O(n)$ 空间。$\vartheta(T)$ 至多有 n 个有序 Arr_t。由于每个 Arr_t 的长度不超过 $o(n)$，n 个有序 Arr_t 需要的空间至多为 $n\times o(n)=o(n^{1+\alpha})$，$0\leqslant\alpha<1$。$\vartheta(T)$ 中的 Conf 至多需要 $O(n^2)$ 空间。总之，$\vartheta(T)$ 至多需要 $O(n^2)$ 空间。证毕。

2) 不一致性评估算法

为了设计使用 $\vartheta(T)$ 评估 T 的不一致性的算法，首先介绍几个相关概念和数学命题。

定义 3.4.6 设 $S_{\max}$ 是关系数据集合 T 的最大 Σ-子集。如果 S 满足以下两个条件，则称 S 是 T 的 k-最大 Σ-子集：

(1) S 是 T 的 Σ-子集。

(2) $\mathrm{dist}(S_{\max},T)\leqslant\mathrm{dist}(S,T)\leqslant k\times\mathrm{dist}(S_{\max},T)$。

定义 3.4.7 设 T 是数据集合,预处理结果 $\vartheta(T)=\langle\mathrm{Idx},\{\mathrm{Arr}_t\mid(t[\mathrm{key}],p_t)\in\mathrm{Idx}\},$ $\mathrm{Conf},\mathrm{upN}\rangle$。$(\vartheta(T),\Sigma)$-子集定义为如下产生的子集合 $\vartheta(T)\text{-}\Sigma\text{-Set}$:

1. $\vartheta(T)\text{-}\Sigma\text{-Set}:=T$;

2. **For** $i=1$ **To** upN **Do**

3.   **For** $\forall\,\mathrm{Arr}_t\in\vartheta(T)$ **Do**

4.   **IF** $\big[(i,s[\mathrm{key}])\in\mathrm{Arr}_t\big]\wedge\big[t\in\vartheta(T)\text{-}\Sigma\text{-Set}\big]\wedge\big[s\in\vartheta(T)\text{-}\Sigma\text{-Set}\big]$

5.   **Then** $\vartheta(T)\text{-}\Sigma\text{-Set}:=\vartheta(T)\text{-}\Sigma\text{-Set}-\{t,s\}$;

6. 输出 $\vartheta(T)\text{-}\Sigma\text{-Set}.$

例 3.4.1 给出了一个构造关系数据集合 T 的 $(\vartheta(T),\Sigma)$-子集的实例。

例 3.4.1 设 T 是关系表,$\vartheta(T)=\langle\mathrm{Idx},\{\mathrm{Arr}_a,\mathrm{Arr}_b,\mathrm{Arr}_d,\mathrm{Arr}_e,\mathrm{Arr}_f,\mathrm{Arr}_t\},$ $\mathrm{Conf},\mathrm{upN}\rangle$,其中:

$\mathrm{Conf}=\{(1,(a,b)),(2,(b,t)),(3,(t,d)),(4,(b,e)),(5,(t,f)),(6,(d,f))\}$。

$\mathrm{Idx}=\langle(a,p_a),(b,p_b),(d,p_d),(e,p_e),(f,p_f),(t,p_t)\rangle$,$p_x$ 是 Arr_x 的第一个元素的地址。

$\mathrm{Arr}_a=\{(1,b)\}$。

$\mathrm{Arr}_b=\{(1,a),(2,t),(4,e)\}$。

$\mathrm{Arr}_t=\{(2,b),(3,d),(5,f)\}$。

$\mathrm{Arr}_d=\{(3,t),(6,f)\}$。

$\mathrm{Arr}_e=\{(4,b)\}$。

$\mathrm{Arr}_f=\{(5,t),(6,d)\}$。

$\mathrm{upN}=6$

请注意,$\{a,b,t,d,e,f\}$ 的每个元素都是 T 的一个元组的键值。$(\vartheta(T),\Sigma)$-子集定义的过程是:首先初始化 $(\vartheta(T),\Sigma)$-子集为 T 中的所有元组,然后依次从 $i=1$ 至 $i=\mathrm{upN}$ 逐步构建 $(\vartheta(T),\Sigma)$-子集。对于 $i=1$,查看 $(1,a)$ 和 $(1,b)$,由于 a 与 b 此时都在 $(\vartheta(T),\Sigma)$-子集中,删除元组 a 与 b;对于 $i=2$,查看 $(2,t)$ 和 $(2,b)$,由于 b 已经不在 $(\vartheta(T),\Sigma)$-子集中,于是元组 t 此时不被删除;如此继续。最后,

$$(\vartheta(T),\Sigma)\text{-}子集=T-\{t\mid t[\mathrm{key}]\in\{a,b,d,t\}\}$$

引理 3.4.3 $(\vartheta(T),\Sigma)$-子集是关系数据集合 T 的 2-优化 Σ-子集。

证明:首先证明 $(\vartheta(T),\Sigma)$-子集是 T 的一个 Σ-子集。由 $\vartheta(T)$ 和 $(\vartheta(T),\Sigma)$-子集的构造过程可知,对于 T 的每个冲突 (t,s),t,s 之一或 t 和 s 两者都不在 $(\vartheta(T),\Sigma)$-子集中。因此,在 $(\vartheta(T),\Sigma)$-子集中,任意两个元组均不矛盾。于是,$(\vartheta(T),\Sigma)$-子集是 T 的一个 Σ-子集。

现在证明 $(\vartheta(T),\Sigma)$-子集是 2-优化的。令 $U=(\vartheta(T),\Sigma)$-子集,$S_{\max}$ 是 T 的最大 Σ-子集。显然,$|T-S_{\max}|\leqslant|T-U|$。根据 $(\vartheta(T),\Sigma)$-子集中的构造过程,$T-U$ 仅包含定义 3.4.7 中 $(\vartheta(T),\Sigma)$-子集构造过程的第 2～6 步删除的冲突元组对的集合 $\mathrm{Del}=\{(t_1,s_1),(t_2,s_2),\cdots,(t_{|T-U|/2},s_{|T-U|/2})\}$。$\forall\,(t_i,s_i)\in\mathrm{Del}$,由于 $S_{\max}$ 是一致的,t_i 和 s_i 不可能均属于 $S_{\max}$,即 $T-S_{\max}$ 至少要包含元组 t_i 或 s_i,因此 $T-S_{\max}$ 至少包含 $|T-U|/2$ 个元组。从而,

$|T-U| \leqslant 2 \times |T-S_{\max}|$。于是，
$$\mathrm{dist}(S_{\max}, T) \leqslant \mathrm{dist}(U, T) \leqslant 2 \times \mathrm{dist}(S_{\max}, T)$$
即 $(\vartheta(T), \Sigma)$-子集 U 是 2-优化 Σ-子集。证毕。

在预处理结果 $\vartheta(T)$ 的基础上，不一致性评估算法（简记为 Approx-Icons）分为以下 3 步：

第一步，无放回地从 T 中均匀抽取大小为 $\Theta(1/\varepsilon^2)$ 的样本 S。

第二步，根据 $\vartheta(T)$，计算 S 中不在 $(\vartheta(T), \Sigma)$-子集中的元组数 m。

第三步，输出 $\mathrm{Icons}(T, \Sigma)$ 的近似值 $\varepsilon^2 m + 2^{-1}\varepsilon$。

算法 Approx-Icons 有两个关键问题需要解决：第一个问题是在第二步中如何判定"$\forall t \in S, t$ 不在 $(\vartheta(T), \Sigma)$-子集中"；第二个问题是如何估计第三步的输出与 $\mathrm{Icons}(T, \Sigma)$ 之间的误差。在后面的算法分析中将解决第二个问题，即证明不等式 $\mathrm{Icons}(T, \Sigma) \leqslant \varepsilon^2 m + \varepsilon/2 \leqslant 2 \times \mathrm{Icons}(T, \Sigma) + \varepsilon$ 以至少 2/3 的概率成立。这里，仅讨论求解第一个问题的算法，即判定给定元组 t 是否属于 $(\vartheta(T), \Sigma)$-子集的算法。

简单的思路是：首先使用定义 3.4.7 中的构造过程构建 $(\vartheta(T), \Sigma)$-子集，然后判定 t 是否属于 $(\vartheta(T), \Sigma)$-子集。由于定义 3.4.7 中的构造过程的时间复杂性是多项式的，判定 t 是否属于 $(\vartheta(T), \Sigma)$-子集至少需要多项式时间，不可取。

下面设计一个不需要构建 $(\vartheta(T), \Sigma)$-子集的亚线性时间算法。下面的引理 3.4.4 和引理 3.4.5 给出了 $t \in (\vartheta(T), \Sigma)$-子集的充分必要条件，为亚线性时间算法的设计奠定了基础。在下面的讨论中，当定义 3.4.7 中 $(\vartheta(T), \Sigma)$-子集构造过程的第 5 步被执行时，称 T 的冲突 (t, s) 被删除。

从过程 ϑ 的第 15～17 步可知，若 $\forall (i, (t[\mathrm{key}], s[\mathrm{key}])) \in \mathrm{Pconf}$，则 $(i, s[\mathrm{key}]) \in \mathrm{Arr}_t$ 且 $(i, t[\mathrm{key}]) \in \mathrm{Arr}_s$。以下，使用 $(i, (t, s))$ 表示 $(i, (t[\mathrm{key}], s[\mathrm{key}]))$，使用 (i, t) 表示 $(i, t[\mathrm{key}])$。

引理 3.4.4 设 T 是一个关系数据表。$\forall t \in T, t \in (\vartheta(T), \Sigma)$-子集当且仅当 T 的任何包含 t 的冲突 (t, s) 或 (s, t) 都没有被定义 3.4.7 中 $(\vartheta(T), \Sigma)$-子集的构造过程删除。

证明：由定义 3.4.7 中 $(\vartheta(T), \Sigma)$-子集的构造过程可知，如果任何包含 t 的冲突 (t, s) 或 (s, t) 都没有被删除，则 t 仍然在 $(\vartheta(T), \Sigma)$-子集中，即 $t \in (\vartheta(T), \Sigma)$-子集；反之亦然。证毕。

引理 3.4.5 设 T 是一个关系数据集合。T 的序号为 i 的冲突 (t, s) 被删除当且仅当 T 的任何包含 t 和 s 的序号为 $j(j < i)$ 的冲突都没有被删除。

证明：由定义 3.4.7 中 $(\vartheta(T), \Sigma)$-子集的构造过程可知，如果 T 中任何包含 t 和 s 的序号为 $j(j < i)$ 的冲突都没有被删除，则 t 和 s 在序号为 i 的冲突 (t, s) 被处理之前仍然在 $(\vartheta(T), \Sigma)$-子集中。于是，定义 3.4.7 中 $(\vartheta(T), \Sigma)$-子集的构造过程的第 4 步的条件成立。从而，序号为 i 的冲突 (t, s) 在第 5 步被删除；反之亦然。证毕。

引理 3.4.6 $\forall (k, (t, s)) \in \mathrm{Conf}, (t, s)$ 被删除当且仅当如下条件 cdt 成立：
$$\mathrm{cdt} = \forall (j, (x, y)) \in \mathrm{Conf} [(j < k) \rightarrow ((x \notin \{t, s\}) \wedge (y \notin \{t, s\}))]$$

证明：设 $\forall (j, (x, y)) \in \mathrm{Conf}, (j, (x, y))$ 满足条件 cdt。来看定义 3.4.7 中 $(\vartheta(T), \Sigma)$-子集构造过程中的第 2～5 步的循环。因为 $\forall (j, (x, y)) \in \mathrm{Conf}, (j, (x, y))$ 满足条件 cdt，

所以在 $i=k$ 之前 t 和 s 都没有被删除。又因为 $(k,(t,s))\in\text{Conf}$，由预处理过程 ϑ 可知，$(k,s[\text{key}])\in\text{Arr}_t$ 且 $(k,t[\text{key}])\in\text{Arr}_s$。于是，当 $i=k$ 时，t 和 s 满足第 4 步的条件，从而 (x,y) 被删除。

设 (t,s) 被删除而且 $(k,(t,s))\in\text{Conf}$。假设条件 cdt 不成立，必 $\exists j<k$，使得 $(j,(x,y))\in\text{Conf}$ 满足 $(x\in\{t,s\})\vee(y\in\{t,s\})$。设

$$j_{\min}=\{j\mid(j,(x,y))\in\text{Conf} \text{ 满足 }(x\in\{t,s\})\vee(y\in\{t,s\})\}$$

再来看定义 3.4.6 中 $(\vartheta(T),\Sigma)$-子集构造过程中的第 2~5 步的循环。当 $i<j_{\min}$ 时，如果 $(i,(x,y))\in\text{Conf}$，则 $(i,(x,y))$ 满足条件 cdt。于是，当 $i=j_{\min}$ 时，(x,y) 被删除。由于 x 或 y 至少有一个是 t 或 s 以及引理 3.4.5，(t,s) 未被删除，与 (t,s) 被删除矛盾。从而，条件 cdt 成立。证毕。

引理 3.4.4 说明，要判定 t 属于 $(\vartheta(T),\Sigma)$-子集，只需判定包含 t 的所有冲突都没有被删除。引理 3.4.5 说明，要判定每个包含 t 的序号为 i 的冲突 (t,s) 或 (s,t) 没有被删除，只需判定任何包含 t 和 s 的序号为 $j<i$ 的冲突至少有一个被删除。引理 3.4.6 说明，要判定 $(k,(t,s))$ 被删除，只需判定：$\forall j<k$，Conf 中的 $(j,(x,y))$ 都满足 $\{x,y\}$ 不包含 t 和 s。

基于引理 3.4.4、引理 3.4.5 和引理 3.4.6，可以设计一个判定元组 t 是否属于 $(\vartheta(T),\Sigma)$-子集的亚线性时间递归算法，称为 $(\vartheta(T),\Sigma)$-subset-Membership，其详细描述见 Algorithm 3.4.4。

Algorithm 3.4.4：$(\vartheta(T),\Sigma)$-subset-Membership$(t，T，\vartheta(T))$

输入：关系数据集合 T，元组 $t\in T$，$|T|=n$，T 的预处理结果 $\vartheta(T)=\{\text{Idx},\{\text{Arr}_t\mid(t[\text{key}],p_t)\in\text{Idx}\}$，Conf，upN$\}$。

输出：如果 $t\in(\vartheta(T),\Sigma)$-子集，返回 true，否则返回 false。

1. 从 Idx 找到 t 对应的 Arr_t，如果找不到，返回 true，停止；
2. $k:=1$；
3. **While** $k\leqslant|\text{Arr}_t|$ **Do**　　　　　　　/* 检查所有包含 t 的冲突是否已全部被删除 */
4. 　　$i:=\text{Arr}_t[k].i$；$s:=\text{Arr}_t[k].s[\text{key}]$；
5. 　　**If** IsDeleted$((t,s),i,\vartheta(T))$ **Then** 返回 false；　/* 冲突 (t,s) 被删除 */
6. 　　$k:=k+1$；
7. 返回 true，停止.　　　　　　　　　　　　/* 包含 t 的冲突都未被删除 */

函数 IsDeleted$((t,s),i,\vartheta(T))$

输入：相互冲突的元组 t 与 s，冲突 (t,s) 序号为 i，$\vartheta(T)=\{\text{Idx},\{\text{Arr}_t\mid(t[\text{key}],p_t)\in\text{Idx}\}$，upA$\}$。

输出：如果冲突 (t,s) 被删返回 true；否则返回 false。

1. **For** $j=1$ **To** $i-1$ **Do**
2. 　$(j,(x,y)):=\text{Conf}[j]$；
3. 　　**If** $[x\in\{t[\text{key}],s[\text{key}]\}]\vee[y\in\{t[\text{key}],s[\text{key}]\}]$
4. 　　**Then** 返回 false；　　　　　　　　　/* 根据引理 3.4.6 */
5. 返回 true.　　　　　　　　　　　　　/* 根据引理 3.4.6 */

使用算法 $(\vartheta(T),\Sigma)$-subset-Membership，可以很容易地设计出数据不一致性评估算法 Approx-Icons，详细描述见 Algorithm 3.4.5。

Algorithm 3.4.5：Approx-Icons

输入：关系模式 R 的实例 T，R 的 FD 规则集 Σ，$\varepsilon > 0$。

输出：Icons(T,Σ) 的近似值 $\varepsilon^2 m + 2^{-1}\varepsilon$。

1. 从 T 中无放回地均匀抽取 $1/\varepsilon^2$ 个元组构成样本集合 S；$m := 0$；
2. **For** $\forall t \in S$ **Do**
3.   **If** $(\vartheta(T),\Sigma)$-subset-Membership$(t, T, \vartheta(T))$ = false
4.   **Then** $m := m+1$；
5. 返回 $\varepsilon^2 m + 2^{-1}\varepsilon$。

---

3. 算法分析

首先分析算法 Approx-Icons 的时间复杂性，然后分析算法 Approx-Icons 的误差。

为了分析算法 Approx-Icons 的时间复杂性，先分析算法 $(\vartheta(T),\Sigma)$-subset-Membership 的时间复杂性。设 T 中有 n 个元组和 C 个冲突对，从 1 到 m 编号。有如下的引理 3.4.7。

引理 3.4.7 设 $|\mathrm{Conf}| = C$。函数 IsDeleted$((t,s), i, \vartheta(T))$ 的时间复杂性为 $O(C)$。

证明：显然，$i \leqslant C$。由于该函数的第 2～5 步均需要 $O(1)$ 时间，所以它的时间复杂性为 $O(C)$。证毕。

引理 3.4.8 设 $|\mathrm{Conf}| = C$。函数 $(\vartheta(T),\Sigma)$-subset-Membership$(t, T, \vartheta(T))$ 的时间复杂性为 $O(C^2)$。

证明：由于 $|\mathrm{Conf}| = C$，$|\mathrm{Idx}| = 2C$，进而该函数的第 1 步需要 $O(\log C)$ 时间。第 2 步需要 $O(1)$ 时间。第 3～6 步的循环次数为 $|\mathrm{Arr}_t|$ 次。根据引理 3.4.5，每次循环需要 $O(C)$ 时间。由于 $|\mathrm{Arr}_t| \leqslant C-1$，第 3～6 步的循环需要 $O(C^2)$ 时间。第 7 步需要 $O(1)$ 时间。总之，函数 $(\vartheta(T),\Sigma)$-subset-Membership$(t, T, \vartheta(T))$ 需要 $O(C^2)$ 时间。证毕。

定理 3.4.3 设 T 是输入关系数据集合，$|T| = n$，$|\mathrm{Conf}| = C$。算法 Approx-Icons 的平均复杂性为 $O(C^2/\varepsilon^2)$。

证明：算法 Approx-Icons 第 1 步的时间复杂性为 $O(1/\varepsilon^2)$。由引理 3.4.8 可知，算法的第 2～4 步的循环需要 $O(C^2/\varepsilon^2)$ 时间。算法的第 5 步需要 $O(1)$ 时间。于是，算法 Approx-Icons 的时间复杂性为 $O(C^2/\varepsilon^2)$。证毕。

由于在实际应用中关系表 T 中的冲突对个数很小，可以令其为 $o(n^{1/2})$。于是，有如下推论。

推论 3.4.1 设 T 是输入关系数据集合，$|T| = n$，$|\mathrm{Conf}| = C$。如果 $C = o(n^{1/2})$，则算法 Approx-Icons 的时间复杂性为 $o(n/\varepsilon^2)$。

下面的定理 3.4.4 给出了算法 Approx-Icons 的误差界限。

定理 3.4.4 设 T 是输入关系数据集合。算法 Approx-Icons 输出的 T 的不一致评估结果 $\varepsilon^2 m + \varepsilon/2$ 以大于 $1-2.7^{-1/2}$ 的概率满足

$$\mathrm{Icons}(T,\Sigma) \leqslant \varepsilon^2 m + \varepsilon/2 \leqslant 2 \times \mathrm{Icons}(T,\Sigma) + \varepsilon$$

证明：令 $U = (\vartheta(T),\Sigma)$-子集，$S_{\max}$ 是 T 的最大 Σ-子集。由引理 3.4.3 可知，

$$\mathrm{dist}(S_{\max}, T) \leqslant \mathrm{dist}(T, U) \leqslant 2 \times \mathrm{dist}(S_{\max}, T)$$

从而，

$$\mathrm{dist}(S_{\max}, T)/|T| \leqslant \mathrm{dist}(T, U)/|T| \leqslant 2 \times \mathrm{dist}(S_{\max}, T)/|T|$$

由于 $\text{Icons}(T,\Sigma)=\text{dist}(S_{\max}, T)/|T|$，有

$$\text{Icons}(T,\Sigma)\leqslant\text{dist}(T, U)/|T|\leqslant 2\times\text{Icons}(T,\Sigma)$$

其中，$\text{Icons}(T,\Sigma)$ 是不一致性评估问题的精确解。

令 $\delta=\text{dist}(U, T)/|T|$，算法 Approx-Icons 使用的样本 S 的大小 $s=1/\varepsilon^2$。对于 $1\leqslant i\leqslant s$，定义 0-1 随机变量 x_i 如下：$x_i=1$ 当且仅当第 i 个元组不在 $(\vartheta(T),\Sigma)$-子集 U 中。于是，有 $\Pr(x_i=1)=\delta$。随机变量 $x=x_1+x_2+\cdots+x_s$ 是样本 S 中不在 U 中的元素数，其期望为

$$E[x]=E[x_1]+E[x_2]+\cdots+E[x_s]=s\delta$$

从定理 3.1.4 中的霍夫丁不等式、$E[x]=E[x_1]+E[x_2]+\cdots+E[x_s]=s\delta$ 和 $s=\varepsilon^{-2}$，有

$$\Pr[|x-E[x]|\geqslant\alpha\varepsilon s]\leqslant\exp\{-2(\alpha\varepsilon s)^2 s\}$$
$$=\Pr[|x-s\delta|\geqslant\alpha\varepsilon s]\leqslant\exp\{-2\alpha^2\varepsilon^{-4}\}$$
$$=\Pr[|x/s-\delta|\geqslant\alpha\varepsilon]\leqslant\exp\{-2\alpha^2\varepsilon^{-4}\}$$

令 $\alpha=1/2$，有 $\Pr[|x/s-\delta|\geqslant\varepsilon/2]\leqslant\exp\{-\varepsilon^{-4}/2\}$。由于 $s=1/\varepsilon^2\geqslant1,\varepsilon\leqslant1$，

$$\Pr[|x/s-\delta|\geqslant\varepsilon/2]\leqslant\exp\{-\varepsilon^{-4}/2\}\leqslant\exp\{-1/2\}=e^{-1/2}\leqslant 2.7^{-1/2}$$

从而，$\Pr[\delta-\varepsilon/2<x/s<\delta+\varepsilon/2]\geqslant 1-2.7^{-1/2}$。由于 m 是样本集 S 中不属于 $(\vartheta(T),\Sigma)$-子集 U 的元素数且 $s=1/\varepsilon^2$，$x=m$，即 $x/s+\varepsilon/2=\varepsilon^2 m+\varepsilon/2$ 是算法 Approx-Icons 的输出。由于

$$\text{Icons}(T,\Sigma)\leqslant\delta=\text{dist}(U, T)/|T|\leqslant 2\times\text{Icons}(T,\Sigma)$$

而且 $x/s+\varepsilon/2=\varepsilon^2 m+\varepsilon/2$，算法 Approx-Icons 输出的解以至少 $1-2.7^{-1/2}$ 的概率满足

$$\delta<\varepsilon^2 m+\varepsilon/2<\delta+\varepsilon$$

即 $\text{Icons}(T,\Sigma)\leqslant\varepsilon^2 m+\varepsilon/2\leqslant 2\times\text{Icons}(T,\Sigma)+\varepsilon$。证毕。

3.4.3 欧几里得空间中最近邻近似求解算法

近似最近邻（Approximate Nearest Neighbor，ε-NN）问题一直是计算几何及很多相关领域中的重要问题。计算几何中的许多近似问题都可以归约到 ε-NN 问题，例如近似直径、近似最远点对等问题。同时，ε-NN 问题在很多应用领域（例如数据库、数据挖掘、信息检索、机器学习等）也有重要作用。本节介绍求解 d 维欧几里得空间中 ε-NN 问题的亚线性时间算法。

1. 问题定义

本节关注 d 维空间 R^d 及 L_q 距离下的 ε-NN 问题。对于 R^d 中任意两个 d 维向量 $\boldsymbol{X}=(x_1,x_2,\cdots,x_d)$ 和 $\boldsymbol{Y}=(y_1,y_2,\cdots,y_d)$，$\boldsymbol{X}$ 和 $\boldsymbol{Y}$ 的 L_q 距离定义为

$$D(\boldsymbol{X},\boldsymbol{Y})=\left(\sum_{i=1}^{d}|x_i-y_i|^q\right)^{1/q}$$

在本节的算法中，q 可以为任意正整数。当 $q=2$ 时，$D(\boldsymbol{X},\boldsymbol{Y})$ 称为欧几里得距离。下面给出 ε-NN 问题和 (c, r)-NN 问题的定义。

ε-NN 问题的定义如下：

输入：点集 $P\subseteq R^d$，查询点 $q\in R^d$，近似因子 $\varepsilon>0$。

输出：$p' \in P$ 满足 $D(p', q) \leqslant (1+\varepsilon)D(p*, q)$，其中，$p* \in P$，$D(p*, q) = \min_{p \in P}\{D(p, q)\}$。

定义中的 $p*$ 称为查询点 q 的最近邻或 NN，p' 称为查询点 q 的 ε-最近邻或 ε-NN。

(c, r)-NN 问题的定义如下：

输入：点集 $P \subseteq R^d$，查询点 $q \in R^d$，查询范围 $r > 0$，近似因子 $c > 1$。

输出：若 $\exists p \in P$ 满足 $D(p, q) \leqslant r$，则输出 $p' \in P$ 满足 $D(p', q) \leqslant cr$；若 $\forall p \in P$，$D(p, q) > cr$，则输出 no。

本节的目的是设计求解 ε-NN 问题的亚线性时间算法。目前已经存在很多求解 (c, r)-NN 问题的亚线性时间算法。例如，文献[16]给出了求解 (c, r)-NN 问题的 $O(dn^{1/c^2})$ 时间算法。本节设计的亚线性时间算法的基本思想是：将 ε-NN 问题的求解归约为 (c, r)-NN 问题的求解。本节实际求解的问题定义如下。

给定欧几里得空间 R^d 和欧几里得距离 $D(x, y)$，基于神谕的 ε-NN 问题（简记作 Oracle-ε-NN 问题）定义如下：

输入：点集 $P \subseteq R^d$，查询点 $q \in R^d$，近似因子 $\varepsilon > 0$，求解 (c, r)-NN 问题的算法 (c, r)-NN-Alg（也称神谕）。

输出：输出 $p' \in P$，p' 满足 $D(p', q) \leqslant (1+\varepsilon)D(p*, q)$，其中，$p* \in P$，$D(p*, q) = \min_{p \in P}\{D(p, q)\}$。

求解 Oracle-ε-NN 问题的过程分为两阶段。第一阶段根据输入点集构建一种数据结构，有效地支持通过查询算法 (c, r)-NN-Alg 求解 ε-NN 问题。第一阶段可以作为预处理，其时间复杂性可以是多项式时间。第二阶段为搜索 ε-NN 阶段，也称为查询阶段。第二阶段通过反复查询算法 (c, r)-NN-Alg 实现 ε-NN 问题的计算。第二阶段的时间复杂性称为查询时间复杂性。查询时间复杂性实际是指查询或调用 Alg 的次数。本节旨在设计在 $O(\log n)$ 查询时间内求解 Oracle-ε-NN 问题的算法。由于存在 $o(n)$ 时间算法可以求解 (c, r)-NN 问题，本节设计的算法是亚线性时间算法。

下面介绍一些相关的数学概念和数学命题。

定义 3.4.8 对于 $1 \leqslant i \leqslant d$，令 $I_i \subseteq R$ 是 R^d 第 i 维上的开区间、闭区间或半开半闭区间，且有 $|I_1| = |I_2| = \cdots = |I_d|$，则 R^d 中的一个 d 维立方体定义为 $\gamma = I_1 \times I_2 \times \cdots \times I_d$。记 $Len(\gamma) = |I_1|$ 为 γ 的边长。

定义 3.4.9 给定点集 $P \subseteq R^d$，如果 $\gamma \subseteq R^d$ 是包含 P 的边长最小的 d 维立方体，则称 γ 为点集 P 的最小包含立方体，简称 P 的 MEC（Minimal Enclosing Cube）。

请注意，对于给定的点集 P，P 的 MEC 不是唯一的。后面，在不引起混淆的情况下，用 $|\gamma|$ 表示 $|\gamma \cap P|$，即 γ 中包含的 P 的点数。

定义 3.4.10 R^d 中的 d 维球定义为 $B(c, r) = \{x \mid x \in R^d, D(x, c) \leqslant r\}$，其中 c 称为球心，r 称为球半径。

定义 3.4.11 对于点集 $P \subseteq R^d$ 和任意 d 维球 B，如果 $P \subseteq B$，则称 B 包含 P。如果 B 是 R^d 中包含 P 的半径最小的球体，则称 B 是 P 的最小包含球，简称 P 的 MEB（Minimum Enclosing Ball）。

文献[17]给出了一个有关 MEB 的重要命题，如下面的命题 3.4.4 所述。

命题 3.4.4　对于任意点集 $P \subseteq R^d$, P 的 MEB 是唯一确定的, 并且可以通过解一个二次规划问题求得。

定义 3.4.12　给定点集 $P \subseteq R^d$, 如果 $P \subseteq B(c_P, r_P)$ 且 $r_P \leqslant c \times r^*$, 则 d 维球 $B(c_p, r_p)$ 称为 P 的 c-MEB, 其中 r^* 是 P 的精确 MEB 的半径, $c \geqslant 1$。

以后会使用 Algorithm 3.4.6 所示的计算 3/2-MEB 的线性时间算法[18]。

Algorithm 3.4.6: 3/2-MEB$(B(c_p, r_p), Q)$

输入: $P \subseteq R^d$ 的 3/2-MEB $B(c_p, r_p)$, 点集 $Q \subseteq R^d$。

输出: $P \cup Q$ 的一个 3/2-MEB $B(c_0, r_0)$。

1.　**If** $P =$ 空集　**Then**
2.　　　$c_0 :=$ 从 Q 中随机选择的点; $r_0 := 0$;
3.　**Else**　$c_0 := c_p$; $r_0 := r_p$;
4.　**While**　$\exists q \in Q$　**Do**
5.　　　**If**　$D(q, c_0) > r_0$
6.　　　**Then**　$\delta := (D(q, c_0) - r_0)/2$;
7.　　　　　$r_1 := r_0 + \delta$;
8.　　　　　$c_1 := c_0 + (\delta/D(q, c_0))(q - c_0)$;
9.　　　　　$c_0 := c_1$; $r_0 := r_1$;
10.　　　$P := P \cup \{q\}$; $Q := Q - \{q\}$.
11.　返回 $B(c_0, r_0)$.

---

2. 算法设计

接下来设计以 (c, r)-NN 算法为神谕的求解 ε-NN 问题的亚线性时间算法。这个算法需要通过一个预处理过程构造辅助存储结构。下面首先设计预处理过程, 然后设计求解 ε-NN 问题的算法。

1) 预处理过程

预处理过程主要包括 3 个子过程: 第一个子过程构造初始分裂树; 第二个子过程为树中每个节点构造 3/2-MEB; 第 3 个子过程从初始分裂树出发构造完全分裂树, 并对树中每个节点构造其邻域 Nbr。下面分别介绍这 3 个子过程的具体内容。

第一个子过程: 构造初始分裂树。

对于输入 $P \subseteq R^d$, P 的初始分裂树的构造方法来自文献[19], 主要包含以下几个步骤:

1. $\mathcal{R} := \{\text{MEC}(P)\}$; MEC$(P)$ 作为树 T 的根。

2. 取 $\mathcal{R}$ 中边长最长的节点 γ。

3. 将 γ 从 $\mathcal{R}$ 中删除。令 $h_i(\gamma)$ 为通过 γ 的中心且与第 i 个坐标轴垂直的超平面。用所有 $h_i(\gamma)$ 将 γ 分裂为 2^d 个格子, 再把其中非空的格子收缩为它所包含的点集的 MEC。这样得到的 MEC 的集合记作 Succ(γ)。

4. 更新 $\mathcal{R} := \mathcal{R} \cup \text{Succ}(\gamma)$; 将 Succ$(\gamma)$ 作为 γ 的子节点插入树 T。

5. 当 $\mathcal{R}$ 中每个节点都只包含一个点时, 输出 T, 过程结束。否则转第 2 步。

称树 T 为初始分裂树。图 3.4.2 给出了一个分裂步及初始分裂树结构的一部分。

文献[19]中证明了构造初始分裂树所需的时间为 $O(n \log n)$。

第二个子过程: 计算 3/2-MEB。

算法遍历初始分裂树, 并对树中的每个节点 γ 计算其 3/2-MEB。令 $\gamma_{\max}$ 为 γ 的子节点

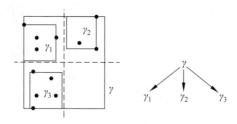

图 3.4.2　一个分裂步及初始分裂树结构的一部分

中包含点数最多的节点，$B(c_{\gamma_{\max}}, r_{\gamma_{\max}})$ 为 $\gamma_{\max}$ 的包围球，算法的细节见 Algorithm 3.4.7。

Algorithm 3.4.7：计算树节点的 3/2-MEB

输入：初始分裂树 T。

输出：T 的每个节点的 3/2-MEB。

1. 调用 ComputeMEB(root(T))，其中 root(T) 为 T 的根.

ComputeMEB(γ)

1. **If** $|\gamma| = 1$
2. **Then** $c_\gamma := \gamma$ 中唯一的点；
3. 　　　　$r_\gamma := 0$；
4. 　　　　return $B(c_\gamma, r_\gamma)$；
5. **For**（$\forall \gamma_i \in$ Succ(γ)）**Do**
7. 　　　ComputeMEB(γ_i)；
8. **3/2-MEB**($B(c_{\gamma_{\max}}, r_{\gamma_{\max}}), \gamma - \gamma_{\max}$).

第三个子过程：计算完全分裂树和邻域集。

定义 3.4.13　令 R_c 为 γ 的子节点的集合，$r_{\gamma'}$ 为 γ' 的 3/2-MEB 的直径，定义 $\mathrm{rmax}_\gamma = \max\limits_{\gamma' \in R_c}\{r_{\gamma'}\}$。

定义 3.4.14（完全分裂树）　给定点集 P 及 $\gamma_P = \mathrm{MEC}(P)$，树 T 称为基于 P 的完全分裂树当且仅当 T 满足以下条件：

（1）T 的根为 γ_P。

（2）T 的每个非根节点都是 P 的某个子集 P' 的 MEC。

（3）若 γ' 是 γ 的子节点，则 T 中存在从 γ 到 γ' 的一条边。

（4）T 中每个中间节点的子节点数量最少为 2，最多为 $|P|$。

（5）T 中每个节点 γ 都满足 $\mathrm{rmax}_\gamma < \dfrac{2}{2+\varepsilon} r_\gamma$，其中 $\mathrm{rmax}_\gamma = \max\limits_{\gamma' \in R_c}\{r_{\gamma'}\}$，$R_c$ 为 γ 的子节点的集合，$r_{\gamma'}$ 为 γ' 的 3/2-MEB 的直径。

（6）对 T 中每个节点 γ 和 γ 的每个子节点 γ'，有 $|\gamma'| \leqslant |\gamma|/2$。

（7）T 中每个叶节点都只包含 P 中的一个点。

定义 3.4.15　令 $\mathcal{R} = \{\gamma_1, \gamma_2, \cdots, \gamma_m\}$ 是完全分裂树中节点的子集，定义 $\mathrm{rmax}_{\mathcal{R}} = \max\limits_{\gamma \in \mathcal{R}}\{\mathrm{rmax}_\gamma\}$。

定义 3.4.16　令 γ 是完全分裂树 T 中的一个节点，γ 的邻域 Nbr(γ) 递归地定义如下：

（1）如果 γ 是 T 的根节点，则 Nbr(γ) = $\{\gamma\}$。

（2）如果 γ 不是 T 的根节点，则 Nbr(γ) = $\{\gamma' \in \mathbf{R} \mid D(c_{\gamma'}, c_\gamma) \leqslant (3+4/\varepsilon)\mathrm{rmax}_{\mathcal{R}_{\gamma_s}}\}$，其

中，$\mathcal{R}$ 是在 T 中与 γ 同层的节点集合，$\mathcal{R}_{\gamma_s} = \mathrm{Nbr}(\gamma_s) \bigcup \{\gamma\}$，$\gamma_s$ 为 γ 的父节点。

初始分裂树和完全分裂树的差别在于定义 3.4.13 中的(5)和(6)两个条件。可以基于初始分裂树构建完全分裂树，其细节见 Algorithm 3.4.8。

Algorithm 3.4.8：Complete-Tree-Nbr-Builder

输入：初始分裂树 T。

输出：完全分裂树 CT。

1.   **For** $\gamma \in T$ **Do** $\mathrm{Nbr}(\gamma) :=$ 空集；

2. $\gamma_0 := T$ 的根；

3.   将 γ_0 设为 CT 的根；

4. $\mathcal{R} := \{\gamma_0\}$；

5.   初始化 γ_0 的局部堆 $H_{\gamma_0} := \{(\mathrm{Len}(\gamma_0), \gamma_0)\}$；

6.   初始化全局堆 $H_G := \{(\mathrm{Len}(\gamma_0), \gamma_0)\}$；

7.   初始化 γ_0 的优先队列 $Q_{\gamma 0} := \{(|\gamma_0|, \gamma_0)\}$；

8.   **While** $|\mathcal{R}| < n$ **Do** /＊ n 是输入集合 P 的点数 ＊/

9.   弹出 H_G 的堆顶元素 γ，将 γ 从其所在局部堆 H_{γ_s} 中弹出；

10.   **If** H_{γ_s} 为空 **Then** 令 Flag＝true；**Else** 令 Flag＝false；

11.   **For** $\forall \gamma' \in \mathrm{Succ}(\gamma)$ **Do**

12.   将 $(\mathrm{Len}(\gamma'), \gamma')$ 加入 H_{γ_s}；/＊ H_{γ_s} 同第 9 步的 H_{γ_s} ＊/

13.   将 $(|\gamma'|, \gamma')$ 加入 Q_{γ_s}；

14. $\mathcal{R} := (\{\mathcal{R} - \{\gamma\}\} \bigcup \mathrm{Succ}(\gamma)$；

15. $\gamma_t :=$ H_{γ_s} 的堆顶元素，$\gamma_f :=$ Q_{γ_s} 的队首元素；

16.   **If** $\mathrm{Len}(\gamma_t) < \dfrac{2}{3d(2+\varepsilon)} \mathrm{Len}(\gamma_s)$ 且 $|\gamma_f| \leqslant |\gamma_s|/2$

17.   **Then For** $\forall \gamma' \in H_{\gamma_s}$ **Do**

18.   创建一个节点并将其连接到节点 γ_s 下；

19.   创建并初始化 γ' 的局部堆和优先队列；

20.   **Else** 将 γ_t 加入 H_G；

21.   Maintain-Nbr(γ, $\mathrm{Succ}(\gamma)$, $\mathrm{rmax}_{R\gamma_s}$, Flag)．

Algorithm 3.4.8 使用堆和优先队列两种数据结构。该算法中使用了两种堆：节点上的局部堆和全局堆。节点 γ 上的局部堆 H_γ 用来存储即将成为 γ 的子节点的节点，而全局堆 H_G 用于保证遍历节点的顺序为节点边长的降序。这两个堆均按节点边长排序。每个节点 γ 的优先队列 Q_γ 用于检查定义 3.4.14 中的第(6)个条件是否成立。Q_γ 按照节点 γ 包含的点数排序。

Algorithm 3.4.8 的第 21 行调用 Algorithm 3.4.9 来维护 Nbr 集。

上述两个算法的正确性将在下面的算法分析部分中证明。

2）ε-NN 问题的求解算法

ε-NN 问题的求解算法简记作 ε-NN-Alg。算法 ε-NN-Alg 把 (c, r)-NN 问题的亚线性时间求解算法作为神谕，通过反复查询神谕完成 ε-NN 问题的求解。Algorithm 3.4.10 给出了算法 ε-NN-Alg 的详细描述。

Algorithm 3.4.9：Maintain-Nbr(γ，$\text{Succ}(\gamma)$，t，Flag)

输入：节点 γ，$\text{Succ}(\gamma)$，阈值 t，布尔值 Flag。

输出：对所有 $\gamma' \in \text{Nbr}(\gamma) \bigcup \text{Succ}(\gamma)$，更新 $\text{Nbr}(\gamma)$。

1.　**For** $\forall \gamma' \in \text{Succ}(\gamma)$ **Do**
2.　　　$\text{Nbr}(\gamma')$:= $\text{Nbr}(\gamma) \bigcup \text{Succ}(\gamma) - \{\gamma\}$；
3.　**For** $\forall \gamma' \in \text{Nbr}(\gamma)$ **Do**
4.　　　**If** Flag＝true 且 γ' 位于比 γ 更高的树层中
5.　　　**Then** $\text{Nbr}(\gamma')$:= $\text{Nbr}(\gamma') \bigcup \text{Succ}(\gamma)$；
6.　　　**Else** $\text{Nbr}(\gamma')$:= $\text{Nbr}(\gamma') \bigcup \text{Succ}(\gamma) - \{\gamma\}$；
7.　**For** $\forall \gamma' \in \text{Succ}(\gamma)$ **Do**
8.　　　**For** $\forall \gamma'' \in \text{Nbr}(\gamma')$ **Do**
9.　　　　　**If** $D(c_{\gamma''}, c_{\gamma'}) > (3 + 4/\varepsilon)t$ /＊ ε 见 ε-NN 问题的定义 ＊/
10.　　　　　**Then** 将 γ'' 从 $\text{Nbr}(\gamma')$ 中删除；
11.　　　　　　　将 γ' 从 $\text{Nbr}(\gamma'')$ 中删除.

Algorithm 3.4.10：查询算法

输入：点集 P，查询点 q，P 的完全分裂树 T，求解 (c, r)-NN 的算法 (c, r)-NN-Alg(Q, ρ, c, r)。

输出：q 在 P 中的 ε-NN。

1.　γ := $\text{root}(T)$；
2.　**If** $D(q, c_{\gamma}) \geqslant T_2(\gamma)$；/＊ $T_2(\gamma)$ 由后面的引理 3.4.10 给定 ＊/
3.　**Then** 选取任意 $p \in \gamma$，返回 p；
4.　**While** $|\gamma| > 1$ **Do**
5.　　　$\mathcal{R}_c$:= $\text{Nbr}(\gamma)$；
6.　　　P_c := $\bigcup\limits_{\gamma' \in \mathcal{R}_c} \gamma' \bigcap P$；
7.　　　调用 (c, r)-NN-Alg(Q, ρ, c, r)，结果存入 result；
　　　　/＊ 输入参数 Q、ρ、c 和 r 由后面的引理 3.4.11 给定 ＊/
8.　　　**If** result＝no
9.　　　**Then** 选取任意 $p \in P_c$，返回 p，停止；
10.　　　**Else** γ := γ'；/＊ result＝$c_{\gamma'}$，$B(c_{\gamma'}, r_{\gamma'})$ 是 γ' 的 MEB ＊/
11.　P_c := $\text{Nbr}(\gamma) \bigcap P$；
12.　返回满足 $D(p, q) = \min\limits_{p' \in P_c}\{D(p', q)\}$ 的 p。

　　算法 ε-NN-Alg 的主体是一个 While 循环(第 4～12 步)，在 T 中从上到下的每一层上调用算法 (c, r)-NN-Alg，根据其返回结果计算 q 的 ε-NN。当算法 (c, r)-NN-Alg 返回某点 $c_{\gamma'}$ 时，则在树 T 的下一层继续调用算法 (c, r)-NN-Alg；当算法 (c, r)-NN-Alg 返回 no 时，则能够证明找到了 ε-NN，算法停止；当达到了树 T 的叶节点时，同样能够证明可以找到 ε-NN，算法停止。具体细节如下：

　　(1) 第 1～3 步检查 T 的根节点 γ。若 $D(q, c_{\gamma}) \geqslant T_2(\gamma)$，则算法返回 P 中任意一点并结束；否则进行下一步。请注意，$T_2(\gamma)$ 是由后面的引理 3.4.10 给定的。

　　(2) 第 4 步判断是否到达树 T 的叶节点。若是，则执行第 5 步；否则转第 11 步。

　　(3) 第 5、6 步令 $\mathcal{R}_c$＝$\text{Nbr}(\gamma)$，并令 P_c 为 $\mathcal{R}_c$ 中的节点包含的点集。

　　(4) 第 7 步调用求解 (c, r)-NN 问题的算法 (c, r)-NN-Alg，其输入参数由后面的引理 3.4.11 给定。

（5）第 8～10 步判定算法 (c,r)-NN-Alg 返回的结果。如果返回结果为 no，则返回 P_c 中任意一点并结束；否则返回结果必为 $c_{\gamma'}$，令 $\gamma=\gamma'$，准备进入下一轮 While 循环。

（6）第 11、12 步令 P_c 为 $\mathrm{Nbr}(\gamma)$ 中节点包含的点集，并返回满足 $D(p,q)=\min_{p'\in P_c}\{D(p',q)\}$ 的 p。

3. 算法分析

1）算法的正确性

算法的正确性基于下面几个引理。首先用引理 3.4.9 至引理 3.4.11，说明调用算法 (c,r)-NN-Alg 时输入参数的设置方法。

定义 3.4.17　$T_1(\gamma)=(1+2/\varepsilon)r_\gamma$。

引理 3.4.9　如果 $D(q,c_\gamma)\geqslant T_1(\gamma)$ 且精确最近邻 $p^*\in\gamma$，则 γ 中所有点都是 q 的 ε-NN。

证明：当 $|\gamma|=1$ 时，$r_\gamma=0$ 且 $T_1(\gamma)=0$，结论成立。设 $|\gamma|\geqslant 2$。由于 $D(q,c_\gamma)\geqslant T_1(\gamma)=(1+2/\varepsilon)r_\gamma$，有

$$\varepsilon D(q,c_\gamma)\geqslant(\varepsilon+2)r_\gamma$$
$$(1+\varepsilon)D(q,c_\gamma)\geqslant D(q,c_\gamma)+(\varepsilon+2)r_\gamma$$
$$(1+\varepsilon)(D(q,c_\gamma)-r_\gamma)\geqslant D(q,c_\gamma)+r_\gamma$$

令 $D(q,\gamma)=\min\{D(q,p)\mid p\in\gamma\}$，则有 $D(q,\gamma)\geqslant D(q,c_\gamma)-r_\gamma$。于是，$\forall p\in\gamma$，有

$$D(q,p)\leqslant D(q,c_\gamma)+D(p,c_\gamma)$$
$$\leqslant D(q,c_\gamma)+r_\gamma$$
$$\leqslant(1+\varepsilon)(D(q,c_\gamma)-r_\gamma)$$
$$\leqslant(1+\varepsilon)D(q,\gamma)$$

于是，γ 中所有点都是 q 的 ε-NN。证毕。

定义 3.4.18　$T_2(\gamma)=r_\gamma+(1+2/\varepsilon)\mathrm{rmax}_\gamma$。

引理 3.4.10　下面两个命题为真：

（1）若 $D(q,c_\gamma)\geqslant T_2(\gamma)$ 且精确最近邻 $p^*\in\gamma$，则 γ 中的所有点都是 q 的 ε-NN。

（2）若 $\mathrm{rmax}_\gamma<\dfrac{2}{2+\varepsilon}r_\gamma$，则 $T_2(\gamma)<T_1(\gamma)$。

证明：由于命题（2）比较容易验证，这里仅给出命题（1）的证明。当 $|\gamma|=1$ 时，命题（1）显然成立。假设 $|\gamma|\geqslant 2$。从定义 3.4.13 可知，γ 的包围球的中心可以是 γ 中的任意一点。容易验证，对于 γ 的每个子节点 γ_i 都有 $c_{\gamma_i}\in\gamma$。显然，$D(c_{\gamma_i},c_\gamma)\leqslant r_\gamma$。于是，如果 $D(q,c_\gamma)\geqslant T_2(\gamma)$，则

$$D(q,c_{\gamma_i})\geqslant D(q,c_\gamma)-D(c_\gamma,c_{\gamma_i})$$
$$\geqslant T_2(\gamma)-r_\gamma=\left(1+\frac{2}{\varepsilon}\right)\mathrm{rmax}_\gamma$$
$$\geqslant\left(1+\frac{2}{\varepsilon}\right)r_{\gamma_i}=T_1(\gamma_i)$$

根据引理 3.4.9，γ_i 中每个点都是 q 的 ε-NN。由于上述结论对 γ 的所有子节点 γ_i 都成立，所以 γ 中所有点都是 q 的 ε-NN。证毕。

引理 3.4.11　令 (c,r)-NN-Alg(Q,ρ,c,r) 是求解 (c,r)-NN 问题的任意算法，则下

面的两个命题为真：

（1）令 $Q=\{c_{\gamma_1},c_{\gamma_2},\cdots,c_{\gamma_m}\}$，其中 $\gamma_1,\gamma_2,\cdots,\gamma_m$ 为 γ 的所有子节点，$\rho=q$，$r=\max_i\{T_2(\gamma_i)\}$，$c=\max_i\{T_1(\gamma_i)\}/\max_i\{T_2(\gamma_i)\}$，则调用 (c,r)-NN-Alg(Q,ρ,c,r) 返回结果 no 时，γ 中的所有点都是 q 的 ε-NN。

（2）如果对于 $1\leqslant i\leqslant m$，$\mathrm{rmax}_{\gamma_i}<\dfrac{2}{2+\varepsilon}r_{\gamma_i}$ 成立，则 $c>1$。

证明：

（1）从 (c,r)-NN 问题定义可知，若 $\{c_{\gamma_1},c_{\gamma_2},\cdots,c_{\gamma_m}\}$ 中某点在包围球 $B(q,\max_i\{T_2(\gamma_i)\})$ 之中，则算法 (c,r)-NN-Alg$(Q,q,\max_i\{T_1(\gamma_i)\}/\max_i\{T_2(\gamma_i)\},\max_i\{T_2(\gamma_i)\})$ 将返回点 c_{γ_j}，满足 $c_{\gamma_j}\in B(q,\max_i\{T_1(\gamma_i)\})$；若 $\{c_{\gamma_1},c_{\gamma_2},\cdots,c_{\gamma_m}\}$ 中的所有点在 $B(q,\max_i\{T_1(\gamma_i)\})$ 之外，则算法 (c,r)-NN-Alg$(Q,q,\max_i\{T_1(\gamma_i)\}/\max_i\{T_2(\gamma_i)\},\max_i\{T_2(\gamma_i)\})$ 将返回 no。

另一方面，由引理 3.4.9 和 3.4.10，若点集 $\{c_{\gamma_1},c_{\gamma_2},\cdots,c_{\gamma_m}\}$ 中的所有点都满足

$$D(q,c_{\gamma_i})\geqslant\max_i\{T_2(\gamma_i)\}\geqslant T_2(\gamma_i)$$

则对于所有 $1\leqslant i\leqslant m$，γ_i 中的所有点都是 q 的 ε-NN。

综上所述，若算法 (c,r)-NN-Alg 返回 no，则查询点 q 到 $\{c_{\gamma_1},c_{\gamma_2},\cdots,c_{\gamma_m}\}$ 中最近点的距离必不小于 $r=\max_i\{T_2(\gamma_i)\}$。等价地，$D(q,c_{\gamma_i})\geqslant\max_i\{T_2(\gamma_i)\}\geqslant T_2(\gamma_i)$ 对所有子节点 γ_i 均成立。由引理 3.4.10，γ_i 中的所有点都是 q 的 ε-NN。由于该结论对所有 γ 的子节点 γ_i 都成立，所以 γ 中的所有点都是 q 的 ε-NN。

（2）对于所有 $1\leqslant i\leqslant m$，$\mathrm{rmax}_{\gamma_i}<\dfrac{2}{2+\varepsilon}r_{\gamma_i}$。根据引理 3.4.10，$T_2(\gamma_i)<T_1(\gamma_i)$。对不等式两边取最大值，得到 $\max_i\{T_2(\gamma_i)\}<\max_i\{T_1(\gamma_i)\}$。由于 $r=\max_i\{T_2(\gamma_i)\}$，$cr=\max_i\{T_1(\gamma_i)\}$，于是可以得到 $r<cr$，即 $c>1$。证毕。

接下来的两个引理证明了 Algorithm 3.4.8 的第 16 步中的条件是正确的。

引理 3.4.12 对于任意 MEC γ，$\mathrm{Len}(\gamma)\leqslant r_{\gamma}\leqslant 3d\times\mathrm{Len}(\gamma)$。

证明：

当 $|\gamma|=1$ 时，$\mathrm{Len}(\gamma)=r_{\gamma}=0$，结论成立。

当 $|\gamma|\geqslant 2$ 时，令 $D_{\max}(\gamma)=\max_{p,p'\in\gamma}\{D(p,p')\}$，并令 r^* 为 γ 中包含的点集的 MEB 的直径，则有 $D_{\max}(\gamma)\leqslant r^*$。取 x、y 为 MEB 直径的两个端点，z 为 MEB 中的任意一点，则有 $r^*=D(x,y)\leqslant D(x,z)+D(y,z)\leqslant 2D_{\max}(\gamma)$。

因为 r_{γ} 是 γ 中包含的点集的 3/2-MEB 的直径，所以 $r^*\leqslant r_{\gamma}\leqslant\dfrac{3}{2}r^*$。

下面证明 $\mathrm{Len}(\gamma)\leqslant D_{\max}(\gamma)\leqslant d\times\mathrm{Len}(\gamma)$。先证明不等式左半部。若 $\mathrm{Len}(\gamma)>D_{\max}(\gamma)$，则存在一个边长比 γ 更小且包含 γ 中所有点的立方体，这与 γ 是一个最小立方体矛盾。因此 $\mathrm{Len}(\gamma)\leqslant D_{\max}(\gamma)$。接下来证明不等式右半部。首先，证明 R^d 空间中两个点之间的 L_q 不超过其 L_∞ 的 d 倍。设 $x=(x_1,x_2,\cdots,x_d)$，$y=(y_1,y_2,\cdots,y_d)$，则 $L_q(x,y)=\left(\sum_{1\leqslant i\leqslant d}|x_i-y_i|^q\right)^{1/q}$，$L_\infty(x,y)=\max_i|x_i-y_i|$，于是 $L_q(x,y)\leqslant\left(\sum_{1\leqslant i\leqslant d}\max_i|x_i-y_i|^q\right)^{1/q}=$

$d \times \max\limits_{i} |x_i - y_i| = d \times L_\infty(x, y)$。其次，由于 $\mathrm{Len}(\gamma)$ 是 γ 的边长，则 γ 中任意两点间的 L_∞ 不超过 $\mathrm{Len}(\gamma)$。总之，有

$$D_{\max}(\gamma) = \max\limits_{p, p' \in \gamma}\{D(p, p')\} \leqslant \max\limits_{p, p' \in \gamma}\{d \times L_\infty(p, p')\} \leqslant d \times \mathrm{Len}(\gamma)$$

综上所述，该引理成立。证毕。

引理 3.4.13 对完全分裂树中的任意节点 γ，记 H_γ 为 Algorithm 3.4.8 中对 γ 维护的局部堆，γ_{top} 为堆顶元素。若有 $\mathrm{Len}(\gamma_{\mathrm{top}}) < \dfrac{2}{3d(2+\varepsilon)}\mathrm{Len}(\gamma)$，则有 $\mathrm{rmax}_\gamma < \dfrac{2}{2+\varepsilon}r_\gamma$。

证明：只需证明 $\forall \gamma' \in H_\gamma, r'_{\gamma'} < \dfrac{2}{2+\varepsilon}r_\gamma$ 即可。根据引理 3.4.12，对所有 $\gamma' \in H_\gamma, r_{\gamma'} \leqslant 3d \times \mathrm{Len}(\gamma') \leqslant 3d \times \mathrm{Len}(\gamma_{\mathrm{top}})$ 成立。因为 $\mathrm{Len}(\gamma_{\mathrm{top}}) < \dfrac{2}{3d(2+\varepsilon)}\mathrm{Len}(\gamma)$，所以 $r_{\gamma'} < 3d\dfrac{2}{3d(2+\varepsilon)}\mathrm{Len}(\gamma) = \dfrac{2}{2+\varepsilon}\mathrm{Len}(\gamma)$。由于 $\mathrm{Len}(\gamma) \leqslant r_\gamma$，有 $r_{\gamma'} < \dfrac{2}{2+\varepsilon}r_\gamma$。证毕。

接下来论证 Nbr 的作用。

引理 3.4.14 给定查询点 q 以及 γ 的子节点集 $\{\gamma_1, \gamma_2, \cdots, \gamma_m\}$，若存在 γ_i 满足 $D(q, c_{\gamma_i}) \leqslant \max\limits_{i}\{T_1(\gamma_i)\}$，则 q 的最近邻在且只可能在 $\mathrm{Nbr}(\gamma_i)$ 中。

证明：由定义 3.4.13，c_{γ_i} 是 γ_i 中选取的任意一点，于是对所有 $\gamma_i, c_{\gamma_i} \in \gamma_i$ 成立。因为 γ_i 是 γ 的子节点，所以 $c_{\gamma_i} \in \gamma$ 成立。令 p^* 为 q 的最近邻，则有 $D(q, p^*) \leqslant D(q, c_{\gamma_i})$。另一方面，$\max\limits_{i}\{T_1(\gamma_i)\} = \max\limits_{i}\{(1+2/\varepsilon)r_{\gamma_i}\} = (1+2/\varepsilon)\mathrm{rmax}_\gamma$。由于 $D(q, c_{\gamma_i}) \leqslant \max\limits_{i}\{T_1(\gamma)\}$，$D(q, p^*) \leqslant D(q, c_{\gamma_i}) \leqslant \max\limits_{i}\{T_1(\gamma_i)\} = (1+2/\varepsilon)\mathrm{rmax}_\gamma$。

为了证明 p^* 在且仅在 $\mathrm{Nbr}(\gamma_i)$ 中，需要证明 p^* 所在的 γ_j 一定在 $\mathrm{Nbr}(\gamma_i)$ 中，并且 $\mathrm{Nbr}(\gamma_i)$ 以外的任意 γ_k 都不可能包含 p^*。

设 $p^* \in \gamma_j$，要证 $\gamma_j \in \mathrm{Nbr}(\gamma_i)$。若 $i = j$，则 $\gamma_j \in \mathrm{Nbr}(\gamma_i)$ 成立。当 $i \neq j$ 时，由于 $p^* \in \gamma_j$，所以 $D(p^*, c_{\gamma_j}) \leqslant r_{\gamma_j} \leqslant \mathrm{rmax}_\gamma$。从而

$$D(c_{\gamma_i}, c_{\gamma_j}) \leqslant D(c_{\gamma_i}, q) + D(q, p^*) + D(p^*, c_{\gamma_j})$$
$$\leqslant \left(1 + \frac{2}{\varepsilon}\right)\mathrm{rmax}_\gamma + \left(1 + \frac{2}{\varepsilon}\right)\mathrm{rmax}_\gamma + \mathrm{rmax}_\gamma$$
$$= (3 + 4/\varepsilon)\mathrm{rmax}_\gamma$$

于是，$\gamma_j \in \mathrm{Nbr}(\gamma_i)$。

对于不在 $\mathrm{Nbr}(\gamma_i)$ 中的任意节点 γ_k，即 $D(c_{\gamma_k}, c_{\gamma_i}) > \left(3 + \dfrac{4}{\varepsilon}\right)\mathrm{rmax}_\gamma$，假设 $p^* \in \gamma_k$，则有 $D(p^*, c_{\gamma_k}) \leqslant r_{\gamma_k}$。于是

$$D(q, p^*) \geqslant D(c_{\gamma_k}, c_{\gamma_i}) - D(c_{\gamma_i}, q) - D(c_{\gamma_k}, p^*)$$
$$> (3 + 4/\varepsilon)\mathrm{rmax}_\gamma - (1 + 2/\varepsilon)\mathrm{rmax}_\gamma - r_{\gamma_k}$$
$$> (1 + 2/\varepsilon)\mathrm{rmax}_\gamma$$

这与上面得出的 $D(q, p^*) \leqslant (1+2/\varepsilon)\mathrm{rmax}_\gamma$ 矛盾，于是假设不成立，即 p^* 不可能在 $\mathrm{Nbr}(\gamma_i)$ 以外的任意节点 γ_k 中。证毕。

引理 3.4.15 在 Algorithm 3.4.10 的每次 While 循环中，当第 6 步设置完 P_c 后，精确最

近邻 p^* 必在 P_c 中。

证明：对 Algorithm 3.4.10 的 While 循环做归纳证明。

在 While 循环的第 1 次执行时,显然有 $P_c = P$,$p^* \in P_c$ 成立。

设在 While 循环的第 k 次执行中,第 6 步更新了 P_c 之后,$p^* \in P_c$ 成立。要证在第 $k+1$ 次 While 循环执行时仍有 $p^* \in P_c$。考虑 While 循环中的 If-Else 分支。若算法进入了 If 分支,则算法的第 9 步被执行,算法结束,此时 $p^* \in P_c$ 成立;若算法进入了 Else 分支,则第 10 步被执行,此时引理 3.4.14 保证了 $p^* \in \mathrm{Nbr}(\gamma')$。因此,在下一次 While 循环的执行中,第 6 步对 P_c 的重新设置将使得 $p^* \in P_c$ 仍然成立。

总之,该引理得证。证毕。

现在证明算法的正确性。

定理 3.4.5(正确性) Algorithm 3.4.10 返回的点 p' 是 q 的 ε-NN,即,若 p^* 是精确最近邻,则 $D(q,p') \leqslant (1+\varepsilon) D(q,p^*)$。

证明：若算法 3.4.10 在第 3 步结束,引理 3.4.10 保证了 p' 是 q 的 ε-NN;若算法在第 9 步结束,引理 3.4.11 保证了 p' 是 q 的 ε-NN;若算法最终结束了 While 循环并执行了第 12 步,引理 3.4.15 保证了精确最近邻 p^* 一定在 P_c 中。总之,算法返回的点 p' 一定是 q 的 ε-NN,即 $D(q,p') \leqslant (1+\varepsilon) D(q,p^*)$。证毕。

2) 算法的计算复杂性

现在分析算法的计算复杂性。首先给出每个节点 γ 的 $\mathrm{Nbr}(\gamma)$ 集的上界。根据文献 [19] 中的一个引理,可以直接得到如下的引理 3.4.16。

引理 3.4.16 令 r 为一个正常数,$\mathcal{R}$ 是 Algorithm 3.4.8 第 9 步执行之前的所有节点的集合,并且 γ_L 为 $\mathcal{R}$ 中边长最长的节点,则对任意节点 $\gamma \in \mathcal{R}$,集合 $\{\gamma' \in \mathcal{R} \mid D_{\min}(\gamma,\gamma') \leqslant r \times D_{\max}(\gamma_L)\}$ 的大小至多为 $2^d(2d\lceil r \rceil + 3)^d$,其中,$D_{\min}(\gamma,\gamma') = \min\limits_{p \in \gamma, p' \in \gamma'} \{D(p,p')\}$,$D_{\max}(\gamma) = \max\limits_{p,p' \in \gamma} \{D(p,p')\}$。

引理 3.4.17 在 Algorithm 3.4.9 中构造的 $\mathrm{Nbr}(\gamma)$ 集的大小为 $O\left(\left(\dfrac{d^2}{\varepsilon}\right)^d\right)$。

证明：需要使用引理 3.4.16 证明引理 3.4.17。

由定义 3.4.16,$\mathrm{Nbr}(\gamma) = \{\gamma' \mid D(c_{\gamma'},c_{\gamma}) \leqslant (3+4/\varepsilon)\mathrm{rmax}_{\mathrm{Nbr}(\gamma_s)}\}$,其中 γ_s 是 γ 的父节点。为了使用引理 3.4.16 的结论,需要考虑如下两个数量关系：$D(c_{\gamma'},c_{\gamma})$ 和 $D_{\min}(\gamma,\gamma')$ 之间的关系,以及 $\mathrm{rmax}_{\mathrm{Nbr}(\gamma_s)}$ 和 $D_{\max}(\gamma_L)$ 之间的关系。

(1) 由于 γ 的包围球的中心是 γ 中的任意一点,所以 $D_{\min}(\gamma,\gamma') \leqslant D(c_{\gamma'},c_{\gamma})$。从而可以得到 $\forall K > 0, \{\gamma' \mid D(c_{\gamma'},c_{\gamma}) \leqslant K\} \subseteq \{\gamma' \mid D_{\min}(\gamma,\gamma') \leqslant K\}$。

(2) 由定义 3.4.15,$\mathrm{rmax}_{\mathrm{Nbr}(\gamma_s)} = \max\limits_{\gamma' \in \mathrm{Nbr}(\gamma_s)}\{\mathrm{rmax}_{\gamma'}\} = \max\limits_{\gamma' \in \mathrm{Nbr}(\gamma_s)} \max\limits_{\gamma'' \in \mathrm{Chd}(\gamma')}\{r_{\gamma''}\}$,其中 $\mathrm{Chd}(\gamma')$ 是 γ' 的子节点集合。令 $\mathcal{R}' = \bigcup\limits_{\gamma' \in \mathrm{Nbr}(\gamma_s)} \mathrm{Chd}(\gamma')$,则 $\mathcal{R}'$ 是引理 3.4.16 中的集合 $\mathcal{R}$ 的一个子集。此外,γ_L 是 $\mathcal{R}$ 中边长最长的节点,由引理 3.4.12 可知,

$$\mathrm{rmax}_{\mathrm{Nbr}(\gamma_s)} = \max\limits_{\gamma' \in \mathcal{R}'}\{r_{\gamma'}\} \leqslant \max\limits_{\gamma' \in \mathcal{R}'}\{d \times \mathrm{Len}(\gamma')\} \leqslant d \times \mathrm{Len}(\gamma_L) \leqslant d \times D_{\max}(\gamma_L)$$

于是,$\forall \alpha > 0$,

$$\{\gamma' \mid D_{\min}(\gamma,\gamma') \leqslant \alpha \times \mathrm{rmax}_{\mathrm{Nbr}(\gamma_s)}\} \subseteq \{\gamma' \mid D_{\min}(\gamma,\gamma') \leqslant \alpha \times d \times D_{\max}(\gamma_L)\}$$

结合(1)和(2),得到

$$\{\gamma' \mid D(c_\gamma, c_{\gamma'}) \leqslant (3+4/\varepsilon)\,\mathrm{rmax}_{Nbr(\gamma_s)}\} \subseteq \{\gamma' \mid D_{\min}(\gamma, \gamma') \leqslant d(3+4/\varepsilon)\,D_{\max}(\gamma_L)\}$$

再由引理 3.4.16,有

$$|\{\gamma' \mid D_{\min}(\gamma, \gamma') \leqslant d(3+4/\varepsilon)D_{\max}(\gamma_L)\}| \leqslant 2^d (2d\lceil d(3+4/\varepsilon)\rceil + 3)^d = O\left(\left(\frac{d^2}{\varepsilon}\right)^d\right)$$

证毕。

引理 3.4.18 令 $P \subseteq R^d$ 且 $|P| = n$,则基于 P 构造的完全分裂树 T 至多包含 $2n$ 个节点。

证明:由完全分裂树的定义 3.4.14 可以得到下面两条结论。

(1) T 中恰有 n 个叶节点,因为 T 中每个叶节点中只含有一个点。

(2) T 中每个中间节点的子节点数 N_s 满足 $2 \leqslant N_s \leqslant |P| = n$。

于是,若 T 是一棵完全二叉树,则显然其至多有 $2n$ 个节点。若 T 中一个节点至少有 3 个子节点,T 中的节点总数量小于 $2n$。在极端情况下,根节点具有 n 个子节点,T 中有 $n+1$ 个节点。于是,T 中至多有 $2n$ 个节点。证毕。

现在分析算法的复杂性,包括预处理时间复杂性、空间复杂性和查询时间复杂性。

引理 3.4.19 Algorithm 3.4.7 的时间复杂性为 $O(n \log n)$。

证明:对于完全分裂树 T 中的任意节点 γ,用 $\gamma_{\max}$ 表示 γ 的子节点中包含点数最多的子节点。从 Algorithm 3.4.7 可知,计算节点 γ 的 3/2-MEB 所需的时间为 $O(|\gamma| - |\gamma_{\max}|)$。计算 T 中所有节点的 3/2-MEB 需要的时间,即 Algorithm 3.4.7 的时间复杂性,为 $O\left(\sum_{\gamma \in T}(|\gamma| - |\gamma_{\max}|)\right)$。文献[19]证明了

$$\sum_{\gamma \in T}(|\gamma| - |\gamma_{\max}|)(1 + f(|\gamma|, T)) = O(n \log n)$$

其中 $f(|\gamma|, T) > 0$。因此,

$$\sum_{\gamma \in T}(|\gamma| - |\gamma_{\max}|) \leqslant \sum_{\gamma \in T}(|\gamma| - |\gamma_{\max}|)(1 + f(|\gamma|, T)) = O(n \log n)$$

于是,$O\left(\sum_{\gamma \in T}(|\gamma| - |\gamma_{\max}|)\right) = O(n \log n)$。证毕。

定理 3.4.6(预处理时间复杂性) 预处理过程的时间复杂性为 $O\left(\left(\frac{d^2}{\varepsilon}\right)^d n \log n\right)$。

证明:预处理过程由 3 部分构成,即构造初始分裂树、计算树中每个节点的 3/2-MEB 和构造完全分裂树。

文献[19]中已经证明了构造初始分裂树的时间复杂性为 $O(n \log n)$。

计算树中每个节点的 3/2-MEB 的时间复杂性已经由引理 3.4.19 证明为 $O(n \log n)$。

最后一部分即 Algorithm 3.4.8。它的时间又分为两部分:一是在所有辅助数据结构上进行操作的时间;二是对树中所有的节点维护 Nbr 集的时间。

辅助数据结构包括堆和优先队列。考虑所有的堆操作,容易验证,每个节点 γ 至多只可能存在于两个堆中,即一个局部堆和一个全局堆。对两个堆的任意一个,γ 只可能入堆一次、出堆一次。算法执行过程中至多产生 $2n$ 个节点,则堆中的元素数量至多为 $2n$。因此,对于每个节点 γ,由它所引起的堆操作的时间为 $O(\log n)$。于是,所有的堆操作的总时间为 $O(n \log n)$。对于优先队列,每个节点只可能入队一次、出队一次。由于优先队列的大小也

至多为 $2n$，且入队和出队操作都需要 $O(\log n)$ 时间，所以总的优先队列的操作时间为 $O(n \log n)$。总之，辅助数据结构的操作时间为 $O(n \log n)$。

下面分析维护 Nbr 集的时间。不难看出，每次调用 Algorithm 3.4.9 维护 Nbr 集所需的时间正比于 Nbr 集的大小。引理 3.4.17 证明了，对所有节点 γ，$|\text{Nbr}(\gamma)| = O\left(\left(\dfrac{d^2}{\varepsilon}\right)^d\right)$。从 Algorithm 3.4.8 可知，Algorithm 3.4.9 被调用的次数为 $O(n)$。所以对所有节点维护 Nbr 集的总时间为 $O\left(\left(\dfrac{d^2}{\varepsilon}\right)^d \times n\right)$。

于是，Algorithm 3.4.8 的时间复杂性为 $O\left(\left(\dfrac{d^2}{\varepsilon}\right)^d \times n\right) + O(n \log n)$。

总之，预处理过程的时间复杂性为 $O(n \log n) + O\left(\left(\dfrac{d^2}{\varepsilon}\right)^d \times n\right) = O\left(\left(\dfrac{d^2}{\varepsilon}\right)^d \times n \log n\right)$。证毕。

定理 3.4.7（空间复杂性） 预处理过程的空间复杂性为 $O\left(\left(\dfrac{d^2}{\varepsilon}\right)^d \times n\right)$。

证明：预处理过程的空间复杂性的上界可以由完全分裂树 T 中节点的数量乘以在每个节点 $\gamma \in T$ 上维护的 $\text{Nbr}(\gamma)$ 集的大小得到。由引理 3.4.18，T 中至多有 $2n$ 个节点。再由引理 3.4.17，$|\text{Nbr}(\gamma)| = O\left(\left(\dfrac{d^2}{\varepsilon}\right)^d\right)$。因此，预处理过程的空间复杂性为 $O\left(\left(\dfrac{d^2}{\varepsilon}\right)^d \times 2n\right) = O\left(\left(\dfrac{d^2}{\varepsilon}\right)^d \times n\right)$。证毕。

定理 3.4.8（查询时间复杂性） 算法 3.4.10 调用求解 (c, r)-NN 问题的算法至多 $O(\log n)$ 次。

证明：定义 3.4.14 中的第(6)项保证了对任意节点 γ 和 γ 的任意子节点 γ' 都有 $|\gamma'| \leqslant |\gamma|/2$。因此，完全分裂树的高度为 $O(\log n)$。另一方面，由定义 3.4.16 可知，对每个节点 γ，$\text{Nbr}(\gamma)$ 中每个节点都与 γ 在同一层中。于是，Algorithm 3.4.10 在树的每一层上至多调用一次求解 (c, r)-NN 问题的算法。因此，调用求解 (c, r)-NN 问题的算法的次数为 $O(\log n)$。证毕。

推论 3.4.2 存在以 (c, r)-NN 为神谕的求解 ε-NN 问题的亚线性时间算法。

证明：由本节给出的算法以及定理 3.4.8 可知，在经过预处理之后，再通过调用求解 (c, r)-NN 问题的算法至多 $O(\log n)$ 次即可求解 ε-NN 问题。而 (c, r)-NN 问题存在亚线性时间算法，例如文献[16]给出了求解 (c, r)-NN 问题的 $O(dn^{1/c^2})$ 时间算法。所以，ε-NN 问题可以在亚线性时间内解决。证毕。

3.5 本章参考文献

3.5.1 本章参考文献注释

3.2 节以两种单纯亚线性时间算法为例，讨论了单纯亚线性时间算法设计与分析的原理和方法。3.2.1 节在文献[1]的基础上给出了求解大数据集后继搜索问题的单纯亚线性时间算法的精确描述,并给出了算法正确性和时间复杂性的精细理论分析。基于文献[20]的基本思想,3.2.2 节设计了求解德洛奈三角剖分点定位问题的单纯亚线性时间算法,并对算法的正确性和时间复杂性进行了严格的理论分析。

3.3 节以两种伪亚线性时间精确算法为例,讨论了伪亚线性时间精确算法设计与分析的原理与方法。3.3.1 节介绍了求解 Skyline 问题的伪亚线性时间精确算法,其基本思想来源于本书作者发表的文献[8]。3.3.1 节对文献[8]中的算法做了适当的改进,并增加了详细的理论分析。3.3.2 节的 Top-k 支配集算法的基本思想来源于本书作者发表的文献[12,21]。3.3.2 节对文献[12,21]中的算法进行了适当的修改,并对算法进行了精细的理论分析。

3.4 节以 3 种亚线性时间近似算法为例,讨论了亚线性时间近似算法设计与分析的原理和方法。3.4.1 节介绍了计算大图最小生成树代价的亚线性时间近似算法,其基本思想来源于文献[22]。3.4.2 节介绍了求解大数据集合一致性评估问题的亚线性时间近似算法,主要思想来源于本书作者待发表的论文。3.4.3 节介绍了求解最近邻问题的亚线性时间近似算法,来源于本书作者发表的文献[23]。3.4.3 节基于文献[23],讨论了基于图灵归约的亚线性时间近似算法的设计与分析的原理和方法。

3.5.2 本章参考文献列表

[1] Chazelle B,Liu D,Magen A. Sublinear Geometric Algorithms[J]. SIAM Journal on Computing,2006,35(3):627-646.

[2] Czumaj A,Sohler C. Sublinear-Time Algorithms[C]. Property Testing-current Research and Surveys,2010.

[3] Rubinfeld R. Sublinear Time Algorithms[J]. Marta Sanz Solé,2011,34(2):1095-1110.

[4] Yao A C-C. Probabilistic Computations:towards a Unified Measure of Complexity[C]. Proceedings of 17th Annual Symposium on Foundations of Computer Science,1977.

[5] 周培德. 计算几何:算法设计与分析[M]. 2 版. 北京:清华大学出版社,2005.

[6] Bem M,Eppsten D,Yao F F. The Expected Extremes in a Delaunay Triangulation[J]. International Journal of Computational Geometry and Applications,1991(1):79-91.

[7] Mücke E F,Saias I,Zhu B. Fast Randomized Point Location without Preprocessing in Two- or Three-Dimensional Delaunay Triangulations[C]. Proceedings of the 12th Annual Symposium on Computational Geometry,1996.

[8] Han X X,Li J Z,Yang D H,et al. Efficient Skyline Computation on Big Data[J]. IEEE Transactions on Knowledge and Data Engineering,2013,25(11):2521-2535.

[9] Godfrey P,Shipley R,Gryz J. Algorithms and Analyses for Maximal Vector Computation[J]. VLDB Journal,2007(16):5-28.

[10] Feller W. An Introduction to Probability Theory and Its Applications:vol. 1[M]. 3rd ed. New York:John Wiley & Sons Inc.,1968.

[11] Blitzstein J K,Hwang J. Introduction to probability[M]. 2nd ed. Boca Raton:CRC Press,2019.

[12] Han X X,Li J Z,Gao H. Efficient Top-k Dominating Computation on Massive Data[J]. IEEE Transactions on Knowledge and Data Engineering,2017,29(6):1199-1211.

[13] Chazelle B A. A Minimum Spanning Tree Algorithm with Inverse-Ackermann Type Complexity[J]. Journal of ACM,2000(47):1028-1047.

[14] Karger DR,Tarjan P N. A Randomized Linear-Time Algorithm to Find Minimum Spanning Trees

[J]. Journal of ACM，1995(42)：321-328.

[15]　Livshits E，Kimelfeld B，Roy S. Computing Optimal Repairs for Functional Dependencies[C]. Proceedings of the 37th ACM Symposium on Principles of Database Systems，2018.

[16]　Andoni A，Indyk P. Near-Optimal Hashing Algorithms for Approximate Nearest Neighbor in High Dimensions[C]. 47th Annual IEEE Symposium on Foundations of Computer Science (FOCS)，2006.

[17]　Yildirim E A. Two Algorithms for the Minimum Enclosing Ball Problem[J]. SIAM Journal on Optimization，2008，19(3)：1368-1391.

[18]　Zarrabi-Zadeh H，Chan T. A Simple Streaming Algorithm for Minimum Enclosing Balls[C]. Proc. 18th Annual Canadian Conf. Comput.，2006.

[19]　Vaidya P M. An Optimal Algorithm for the All-Nearest-Neighbors Problem[C]. 27th Annual Symposium on Foundations of Computer Science(SFCS)，1986.

[20]　Muecke E P，Saias I，Zhu B. Fast Randomized Point Location without Preprocessing in Two- and Three-Dimensional Delaunay Triangulations[J]. Computational Geometry，1999，12(1)：63-83.

[21]　Han X X，Li J Z，Gao H. Efficient Top-k Retrieval on Massive Data[J]. IEEE Transactions on Knowledge and Data Engineering，2015，27(10)：2687-2699.

[22]　Chazelle B，Rubinfeld R，Trevisan L. Approximating the Minimum Spanning Tree Weight in Sublinear Time[J]. SIAM Journal on Computing，2005，34(6)：1370-1379.

[23]　Ma H Z，Li J Z. An $O(\log n)$ Query Time Algorithm for Reducing ε-NN to (c, r)-NN[J]. Theoretical Computer Science，2020，8(3)：178-195.

[24]　Chazelle B，Liu D，Magen A. Sublinear Geometric Algorithms[J]. SIAM Journal on Computing，2006，35(3)：627-646.

[25]　Feige U. On Sums of Independent Random Variables with Unbounded Variance and Estimating the Average Degree in a Graph[J]. SIAM Journal on Computing，2006，35(4)：964-984.

[26]　Goldreich O，Ron D. Approximating Average Parameters of Graphs[J]. Random Structures and Algorithms，2008，32(4)：473-493.

[27]　Chazelle B，Rubinfeld R，Trevisan L. Approximating the Minimum Spanning Tree Weight in Sublinear Time[J]. SIAM Journal on Computing，2005，34(6)：1370-1379.

[28]　Czumaj A，Sohler C. Estimating the Weight of Metric Minimum Spanning Trees in Sublinear-Time [J]. SIAM Journal on Computing，2009，39(3)：904-922.

[29]　Czumaj A，Sohler C. Sublinear-Time Approximation for Clustering via Random Sampling[J]. Random Structures and Algorithms，2007，30(1-2)：226-256.

[30]　Mishra N，Oblinger D，Pitt L. Sublinear Time Approximate Clustering[C]. Proceedings of the 12th Annual ACM-SIAM Symposium on Discrete Algorithms(SODA)，2001.

[31]　Nguyen H，Onak K. Constant-Time Approximation Algorithms via Local Improvements[C]. Proceedings of the 49th IEEE Symposium on Foundations of Computer Science (FOCS)，2008.

[32]　Yoshida Y，Yamamoto M，Ito H. Improved Constant-Time Approximation Algorithms for Maximum Independent Sets and Maximum Matchings[C]. Proceedings of the 41st Annual ACM Symposium on Theory of Computing (STOC)，2009.

第 4 章 大数据的抽样计算方法

本章介绍第一种把大数据计算问题转换为小数据计算问题的方法,即基于抽样的大数据计算方法。4.1 节介绍抽样计算方法的基本思想和基本原理。4.2 节至 4.4 节以多个不同的大数据计算问题为例,介绍基于抽样计算方法的大数据算法的设计与分析方法。

4.1 抽样计算方法概述

大数据计算问题的难解性源于数据规模巨大。传统的计算方法单纯追求降低算法的时间复杂性,没有考虑缩减数据规模,对复杂性下界较高的大数据计算问题的计算效率提高甚微。如果把大规模数据计算问题转换为小数据计算问题,则计算效率会显著提高。本章介绍第一种把大数据计算问题转换为小数据计算问题的方法,即大数据的抽样计算方法,简称为抽样计算方法。抽样计算方法一般都是近似算法,只能给出问题的近似解。给定一个问题 P 和输入集合 X,抽样计算方法的一般过程如下:

(1) 从给定数据集合 X 中抽取样本 S。

(2) 在 S 上求解问题 P,获得 P 在 S 上的解 α。

(3) 将 α 转化为 P 在 X 上的近似解。

上述第(1)步有很多问题需要解决,将在下面讨论。上述过程的第(2)步可以调用现有算法在样本集合 S 上求解 α,也可以设计更有效的新算法来求解 α。上述过程的第(3)步在很多问题的求解过程中可能不需要,即 α 可以直接作为原始输入集合上的近似解。

采用上述抽样计算方法求解大数据计算问题,需要解决如下几个与样本采集相关的问题。

第一个问题是如何抽取样本集合 S。很多大数据计算问题希望样本能够很好地代表问题的输入集合,需要随机均匀地采集样本,避免重要的代表性数据被丢失。另外一些大数据计算问题希望样本中尽量包含与问题求解相关的数据,尽量不包含与问题求解无关的数据,则需要随机非均匀采集样本,甚至非随机地采集样本。于是,如何根据问题的需要合理选择抽样方法是抽样计算方法需要解决的问题。

第二个问题是如何确定样本大小。样本大小对计算结果的误差和计算的时间复杂性有直接影响。如果样本小,则计算效率高,但计算结果误差大;如果样本大,则计算结果误差小,但计算效率低。给定计算结果的误差界限,如何确定能够达到误差界限要求的最小样本是一个比较困难的问题。一般情况下,满足要求的样本大小是输入集合大小的函数。很多研究结果表明,也可以抽取大小独立于输入集合大小的样本来求解一些问题。

第三个问题是样本的抽取和维护的时间复杂性问题。样本集合有两种用法。第一种用法是即时应用,即在进行问题求解过程中随时进行样本采集。在这种用法中,需要解决在常数时间内采集一个样本数据的问题。例如,将输入数据存储在一个数组中,即可实现在常数时间内采集一个数据。样本的第二种用法类似于为数据集合建立索引,即把样本集合作为预处理结果,供以后多次使用。在这种用法中,需要解决样本集合随着数据集合的变化而实时更新的问题,特别是更新时间最小化问题。

除了上述 3 个问题以外,抽样计算结果的误差分析也是一个比较困难的问题。在接下来的各节,将通过具体问题介绍这些问题的解决方法。

4.2 图的平均参数估计算法

图论在计算机科学、物理学、化学、运筹学、社会学、生物学以及各种各样的工业和农业应用领域都有广泛的应用。图的平均参数(如图的平均度、节点之间平均距离等)的估计在图的各种计算中具有重要作用。本节基于抽样方法,讨论图的 3 种平均参数的近似估计算法,即图的平均度估计算法、单源节点平均距离估计算法、图的点对之间的平均距离估计算法。

4.2.1 预备知识

本节讨论的算法都是基于抽样的算法,并且都基于随机神谕图灵机原理。每个算法在执行过程中需要询问神谕图灵机。图的平均参数估计算法使用的神谕图灵机有很多。这里仅介绍几个常用的神谕图灵机。以下,设 $G=(V,E)$ 是一个无向图,$V=\{1,2,\cdots,n\}$。

第一种神谕图灵机是邻接顶点应答器。它可以回答以下查询:"在图 G 中节点 v 的第 i 个相邻顶点是哪个节点?"这样的查询称为邻接顶点查询,简记作 Neighbor(G,v,i)。

第二种神谕图灵机称为顶点度应答器。它可以回答以下查询:"图 G 中节点 v 的度是多少?"这样的查询称为顶点度查询,简记作 Degree(G,v)。

第三种神谕图灵机是顶点邻接性应答器。它可以回答以下查询:"在图 G 中节点 u 和 v 是邻接节点吗?"这样的查询称为顶点邻接性查询,简记作 Adjacent(G,u,v)。

第四种神谕图灵机是顶点连通性应答器。它可以回答以下查询:"在图 G 中节点 u 和 v 是连通的吗?"这样的查询称为顶点连通性查询,简记作 Connected(u,v)。

第五种神谕图灵机是顶点距离应答器。它可以回答以下查询:"在图 G 中节点 u 和 v

的距离是多少?"这样的查询称为顶点距离查询,简记作 Distance(u,v)。

基于神谕图灵机原理的算法的时间复杂性通常表示为算法对神谕的查询次数,简称为查询次数。如果一个算法的查询次数为 $T(n)$,则其真实时间复杂性为 $\alpha(n)T(n)$,其中 $\alpha(n)$ 是神谕的时间复杂性。

在计算复杂性理论中,神谕回答一次询问的时间被假定为一个单位时间。但是,在实际算法设计与分析中,神谕本质上是一个子程序。所以,在实际的算法设计与分析中,需要知道神谕的实际时间复杂性。神谕的时间复杂性依赖于神谕的具体实现。下面介绍上述 5 种神谕图灵机的实现方法和相应的时间复杂性。请注意,下面介绍的每种神谕图灵机的实现方法不是唯一的。

(1) 邻接顶点应答器的实现方法与时间复杂性。设图 $G=(V,E)$ 的顶点度不大于 d。使用 n 个链表存储图 G。每个顶点 $v\in V$ 具有一个长度小于 d 的链表 L_v。L_v 的第 i 个元素是 v 的第 i 个邻接顶点。使用数组 A_v 存储 L_v,则 $A_v[i]$ 是 v 的第 i 个邻接顶点的信息。此外,为所有的 $\{A_v\mid v\in V\}$ 建立一个索引:

$$\text{IA}=\{(v,p_v)\mid v\in V,p_v \text{ 是指向 } A_v \text{ 的指针}\}$$

并且 IA 按照 v 的大小排序。这样,邻节顶点应答器在回答查询 Neighbor(G,v,i) 时,首先在 $O(\log n)$ 时间内从 IA 中找到 A_v,然后在 $O(1)$ 时间内返回 $A_v[i]$。于是,邻接顶点应答器的时间复杂性为 $O(\log n)$。

(2) 顶点度应答器的实现方法与时间复杂性。仍然使用上述存储结构存储图 G,并在 L_v 的链表头记录 v 的度。这样,顶点度应答器回答查询 Degree(G,v) 时,首先在 $O(\log n)$ 时间内从 IA 中找到 A_v,然后在 $O(1)$ 时间内返回 A_v 中记录的 v 的度。从而,顶点度应答器的时间复杂性为 $O(\log n)$。

(3) 顶点邻接性应答器的实现方法与时间复杂性。使用邻接矩阵 $\boldsymbol{M}$ 表示图 G,并且使用可随机存取的二维数组存储 $\boldsymbol{M}$。这样,顶点邻接性应答器在回答查询 Adjacent(G,u,v) 时,只需考查矩阵元素 $M[u,v]$。显然,顶点邻接性应答器的时间复杂性为 $O(1)$。

(4) 顶点连通性应答器的实现方法与时间复杂性。使用邻接矩阵 $\boldsymbol{M}$ 表示图 G,计算出 $\boldsymbol{M}^\infty$,并使用可随机存取的二维数组存储 $\boldsymbol{M}^\infty$。由于 $\boldsymbol{M}^\infty$ 的元素 $M^\infty[u,v]$ 是连接 u 和 v 的路径数,所以在回答查询 Cnnected(G,u,v) 时,顶点连通性应答器只需考查矩阵元素 $M^\infty[u,v]$ 和 $M^\infty[v,u]$。顶点连通性应答器的时间复杂性为 $O(1)$。

(5) 顶点距离应答器的实现方法与时间复杂性。使用矩阵 $\boldsymbol{M}$ 表示图 G 的节点间距离,即 $\boldsymbol{M}$ 的元素 $M[u,v]=M[v,u]$ 是 G 中顶点 u 与顶点 v 的距离,如果 u 和 v 不连通,则 $M[u,v]=M[v,u]=\infty$。这样,在回答查询 Distance(G,u,v) 时,顶点距离应答器只需考查矩阵元素 $M[u,v]$。于是,顶点距离应答器的时间复杂性为 $O(1)$。

现在,给出本节的随机近似算法的一般定义。

定义 4.2.1　设 p 是任意图的一个平均参数,ε 是一个常数,$0<\varepsilon<1$。求解 p 的 $(1+\varepsilon)$-随机近似算法是一个以图 G 为输入、以 p 的近似值 $\tilde{p}$ 为输出的算法,它满足以下两个条件:

(1) 输出 $\tilde{p}$ 的概率不小于 $2/3$,

(2) $p*\leqslant\tilde{p}\leqslant p*(1+\varepsilon)$,$p*$ 是 p 在输入 G 上的精确值。

当 ε 远小于 1 时,为了表达简单,求解参数 p 的 $(1+\varepsilon)$-近似算法的输出可以是 p 的一个近似值 $\widetilde{p} \in [(1-\varepsilon)p(G),(1+\varepsilon)p(G)]$。定义 4.2.1 中的 $\widetilde{p}$ 称为 p 的 $(1+\varepsilon)$-近似。

4.2.2 平均度求解算法

1. 问题定义

设 $G=(V,E)$ 是一个简单无向图,即无多重边和单顶点环,其中 $|V|=n$。$\forall v \in V$,用 $d(v)$ 表示 v 的度。图 G 的平均度定义如下。

定义 4.2.2　图 G 的平均度定义为 $\bar{d}=\dfrac{1}{n}\sum\limits_{v \in V}d(v)$。

下面的定义 4.2.3 和定义 4.2.4 分别给出了图平均度计算问题和图平均度近似计算问题的定义。

定义 4.2.3　图平均度计算问题定义如下:

输入:图 $G=(V,E)$。

输出:G 的平均度 $\bar{d}=\dfrac{1}{n}\sum\limits_{v \in V}d(v)$。

定义 4.2.4　图平均度近似计算问题定义如下:

输入:图 $G=(V,E)$,常数 ε,$0<\varepsilon<1$。

输出:G 的近似平均度 $\widetilde{d}$,它满足输出 $\widetilde{d}$ 的概率不小于 $2/3$ 和 $(1-\varepsilon)\bar{d} \leqslant \widetilde{d} \leqslant (1+\varepsilon)\bar{d}$ 两个条件。

定义 4.2.3 给出的图平均度计算问题可以由如下算法求解:

1. $\forall v \in V$,计算 v 的度 $d(v)$。

2. 计算 G 的平均度 $\bar{d}=\dfrac{1}{n}\sum\limits_{v \in V}d(v)$。

设 G 中每个顶点的度不大于 d,而且 G 使用 n 个链表存储,则算法的第 1 步需要 $O(nd)$ 时间,第 2 步需要 $O(n)$ 时间。于是,算法的时间复杂性为 $O(nd)$。如果 $d=n-1$,则算法的时间复杂性为 $O(n^2)$。

当问题的输入是大图数据时,时间复杂性 $O(nd)$ 或 $O(n^2)$ 是令人无法容忍的。为了降低时间复杂性,只能寻求图平均度计算问题的近似求解方法。本节将设计和分析求解图平均度计算问题的亚线性时间近似算法。这个算法使用邻接顶点应答器和顶点度应答器,即算法将通过一系列 Neighbor(G,v,i) 查询和 Degree(G,v) 查询来求解图平均度的 $(1+\varepsilon)$-近似解。

2. 算法设计

为了叙述方便,只考虑简单无向图的平均度近似计算问题。设 $G=(V,E)$ 是无向图。如果 G 中无多重边和单顶点环,则称 G 为简单图。以下讨论的图均指简单无向图。本节设计的算法很容易推广到任意图。求解图平均度近似计算问题的算法简记作 Appro-Avera-Degree。在算法 Appro-Avera-Degree 的设计中,假设问题的输入图 G 的平均度 $\bar{d} \geqslant 1$。算法 Appro-Avera-Degree 的详细描述见 Algorithm 4.2.1。

Algorithm 4.2.1：Appro-Avera-Degree

输入：$G=(V,E)$，$|V|=n$，$0<\varepsilon<1$；V 的桶划分 $\{B_0,B_1,\cdots,B_{t-1}\}$，其中，每个 B_i 都是有序集合；
$\quad t=\lceil \log_{1+\beta}n \rceil+1$，$\beta=\varepsilon/c$，$c$ 是大于 1 的常数。

输出：$\overline{d}$ 的近似值 $\widetilde{d}$。

1. $\quad K :=O((\log n)(n/l)^{1/2}\text{poly}(1/\varepsilon))$；$L :=$ 空； /* $0<\delta<1/2$，$l>0$ */
2. $\quad S :=$ 从 V 中均匀独立地抽取的 K 个顶点；
3. $\quad$ **For** $i=0$ **To** $\lceil \log_{1+\beta}n \rceil$ **Do**
4. $\qquad S_i=S\cap B_i$，计算 $|S_i|$；
5. $\qquad$ **If** $|S_i|/|S|\geqslant(1/t)(\delta/6)^{1/2}(l/n)^{1/2}$ /* 若条件成立则 B_i 是大桶 */
6. $\qquad$ **Then** $L :=L\cup\{i\}$； /* L 是大桶的索引 */
7. $\quad$ **For** $\forall i\in L$ **Do**
8. $\qquad$ **For** $\forall v\in S_i$ **Do**
9. $\qquad\qquad d(v) :=$ Degree(G,v)； /* 顶点度查询 */
10. $\qquad\qquad$ 生成一个随机数 $j\in\{1,2,\cdots,d(v)\}$；
11. $\qquad\qquad u :=$ Neighbor(G,v,j)； /* 邻接顶点查询 */
12. $\qquad\qquad$ **If** $u\in\bigcup_{j\notin L} B_j$ **Then** $\mu(v)=1$ **Else** $\mu(v) :=0$；
13. **For** $\forall i\in L$ **Do**
14. $\quad \widetilde{\alpha}_i :=|\{v \mid v\in S_i, \mu(v)=1\}|/|S_i|$；
15. 输出 $\widetilde{d}=(1/K)\sum_{i\in L}(1+\widetilde{\alpha}_i)|S_i|(1+\beta)^i$.

下面介绍算法 Appro-Avera-Degree 的基本思想。

给定图 $G=(V,E)$。在计算 G 的平均度近似值之前，需要把 V 划分为多个桶。令 $t=\lceil \log_{1+\beta}n \rceil+1$。把 V 划分为 t 个桶，其中 $\beta=\delta/c$，δ 和 c 是常数，$0<\delta<1$，$c>1$。对于 $0\leqslant i\leqslant t-1$，第 i 个桶 B_i 定义为

$$B_i=\{v \mid d(v)\in((1+\beta)^{i-1},(1+\beta)^i]\} \tag{4.2.1}$$

B_i 按顶点号递增排序。在此基础上，算法 Appro-Avera-Degree 以如下 3 个步骤求解 G 的平均度近似值。

第一步，均匀独立地从 V 中抽取 $K=\Theta((\log n)(n/l)^{1/2}\text{poly}(1/\varepsilon))$ 个顶点存入 S，其中，$0<\varepsilon<1$，$l>0$，$\text{poly}(1/\delta)$ 是 $1/\delta$ 的多项式。

第二步，如果样本 S 中至少包含 B_i 中 $\Omega(|S|(1/t)(\delta/6)^{1/2}(l/n)^{1/2})$ 个顶点，则称 B_i 为大桶；否则称 B_i 为小桶。对于大桶 B_i，令 $\alpha_i=|\{(u,v) \mid (u,v)\in E, u\in B_i, v\in$ 小桶$\}|/|B_i|$。α_i 是 B_i 中那些一个顶点在 B_i 中而另一个顶点在某个小桶中的边所占的比例。用 $\widetilde{\alpha}_i$ 表示 α_i 的近似值。这一步完成如下计算：

（1）对于 $0\leqslant i\leqslant t-1=\lceil \log_{1+\beta}n \rceil$，计算 $S_i=S\cap B_i$。

（2）$L=\{i \mid B_i$ 是大桶$\}=\{i \mid |S_i|/|S|\geqslant(1/t)(\delta/6)^{1/2}(l/n)^{1/2}\}$。

（3）计算 α_i 的近似值 $\widetilde{\alpha}_i$。首先，$\forall i\in L$ 和 $\forall v\in S_i$，随机地选择 v 的一个邻接顶点 u。如果 $u\in\bigcup_{j\notin L} B_j$，则 $\mu(v)=1$；否则 $\mu(v)=0$，并且 $\forall i\in L$ 计算

$$\widetilde{\alpha}_i=|\{v \mid v\in S_i, \mu(v)=1\}|/|S_i|$$

第三步，用 $\widetilde{d}=(1/|S|)\sum_{i\in L}(1+\widetilde{\alpha}_i)|S_i|(1+\beta)^i=(1/K)\sum_{i\in L}(1+\widetilde{\alpha}_i)|S_i|(1+\beta)^i$

近似 G 的平均度 $\bar{d}$。

请注意,用 $\tilde{d} = (1/K) \sum_{i \in L} (1 + \tilde{\alpha}_i) \mid S_i \mid (1 + \beta)^i$ 近似 G 的平均度 $\bar{d}$ 是算法 Appro-Avera-Degree 的核心,其直观意义如下:

(1) 可以用 $(1/n) \sum_{0 \leqslant i \leqslant t-1} \mid B_i \mid (1 + \beta)^i = \sum_{0 \leqslant i \leqslant t-1} (\mid B_i \mid / n)(1 + \beta)^i$ 近似 $\bar{d}$,但是时间复杂性不是亚线性的。可以考虑用 $\mid S_i \mid / \mid S \mid$ 近似 $\mid B_i \mid / n$,用 $\sum_{0 \leqslant i \leqslant t-1} (\mid S_i \mid / \mid S \mid)(1 + \beta)^{i-1} = (1/ \mid S \mid) \sum_{0 \leqslant i \leqslant t-1} \mid S_i \mid (1 + \beta)^{i-1}$ 近似 $\bar{d}$。

(2) 实际上,由于大桶 B_i 对应的 $S_i = S \bigcap B_i$ 中的顶点数多于小桶 B_j 对应的 $S_j = S \bigcap B_j$ 中的顶点数,所以可以用所有大桶对应的 S_i 计算 $\bar{d}$ 的近似值,即用 $(1/ \mid S \mid) \sum_{i \in L} \mid S_i \mid (1 + \beta)^i$ 近似 $\bar{d}$,进一步降低计算复杂性。

(3) 但是,用 $(1/ \mid S \mid) \sum_{i \in L} \mid S_i \mid (1 + \beta)^i$ 近似 $\bar{d}$ 的误差较大,原因是大桶和小桶之间的边对应的度只被计数一次,而不是两次,并且两个端点都在小桶中的边对应的度被丢失了。可以把大桶的阈值设置得足够小,使得小桶中的顶点数量非常小,以至于可以丢弃那些两个端点都在小桶中的边对应的度。这就是为什么设置大桶的阈值为 $(1/t)(\delta/6)^{1/2})(l/n)^{1/2} \mid S \mid$。为了解决大桶和小桶之间的边对应的度只被计数一次的问题,需要计算每个大桶中这样的边的数量。这个计算可以通过估计每个大桶中与小桶中的顶点相连的边的比例 α_i 来完成。α_i 可以用算法第二步中计算的 $\tilde{\alpha}$ 来近似。这样就解决了算法 Appro-Avera-Degree 的核心问题,即用 $(1/ \mid S \mid) \sum_{i \in L} (1 + \tilde{\alpha}_i) \mid S_i \mid (1 + \beta)^i = (1/K) \sum_{i \in L} (1 + \tilde{\alpha}_i) \mid S_i \mid (1 + \beta)^i$ 近似 G 的平均度 $\bar{d}$。

3. 算法分析

下面的定理 4.2.1 证明了算法 Appro-Avera-Degree 可以正确地求解定义 4.2.4 给出的图平均度近似计算问题。

定理 4.2.1 对于任意 $0 < \delta < 1/2$ 和 $\beta \leqslant \delta/8$,算法 Appro-Avera-Degree 以至少 2/3 的概率输出 $\tilde{d}$,而且 $\tilde{d}$ 满足 $(1 - \varepsilon)\bar{d} \leqslant \tilde{d} \leqslant (1 + \varepsilon)\bar{d}$,$0 < \varepsilon < 1$。从而,$\tilde{d}$ 是定义 4.2.4 中图平均度近似计算问题的解。

证明: 从 V 的桶划分过程可知,$\bar{d} \leqslant (1/n) \sum_{0 \leqslant i \leqslant t-1} \mid B_i \mid (1 + \beta)^i$。也有

$$\bar{d} = (1/n) \sum_{v \in V} d(v)$$

$$= (1/n) \sum_{0 \leqslant i \leqslant t-1} \sum_{v \in B_i} d(v)$$

$$\geqslant (1/n) \sum_{0 \leqslant i \leqslant t-1} \sum_{v \in B_i} (1 + \beta)^{i-1}$$

$$= (1/n) \sum_{0 \leqslant i \leqslant t-1} \mid B_i \mid (1 + \beta)^{i-1}$$

从而,$(1 + \beta)\bar{d} \geqslant (1/n) \sum_{0 \leqslant i \leqslant t-1} \mid B_i \mid (1 + \beta)^i$。于是,

$$\bar{d} \leqslant (1/n) \sum_{0 \leqslant i \leqslant t-1} | B_i | (1+\beta)^i \leqslant (1+\beta)\bar{d} \tag{4.2.2}$$

令 $\rho = (1/t)(\delta/8)^{1/2}(l/n)^{1/2}$。可以在算法的第一步选择合适的 K,使得对于满足 $|B_i| \geqslant \rho n$ 的 i,

$$(1-\delta/4) | B_i | /n \leqslant | S_i | /K \leqslant (1+\delta/4) | B_i | /n \tag{4.2.3}$$

以大于 2/3 的概率成立,并且对于满足 $|B_i| < \rho n$ 的所有 i,

$$| S_i | /K < (1/t)(\delta/6)^{1/2}(l/n)^{1/2} \tag{4.2.4}$$

以大于 2/3 的概率成立。当 $|S_i| /K < (1/t)(\delta/6)^{1/2}(l/n)^{1/2}$ 时,$i \notin L$。

对于 $V_1 \subseteq V, V_2 \subseteq V$ 和 $0 \leqslant i \leqslant t-1$,令

$$E(V_1, V_2) = \{(u,v) \mid u \in V_1, v \in V_2, (u,v) \in E\}$$
$$E_i = E(B_i, V) \tag{4.2.5}$$

于是,如果 $i \neq j$,E_i 与 E_j 不相交,每条边在 $\bigcup_i E_i$ 中出现两次,并且

$$| B_i | (1+\beta)^{i-1} < | E_i | \leqslant | B_i | (1+\beta)^i \tag{4.2.6}$$

令 $U = \{v \mid v \in B_i, i \notin L\}$。显然,$U$ 是所有小桶中的顶点。从式(4.2.4)和 $0 < \delta < 1/2$ 可知,如果 $|B_i| /n < (1/t)(\delta/4)^{1/2}(l/n)^{1/2} = \rho$,则 $|S_i| / |S| < (1/t)(\delta/6)^{1/2}(l/n)^{1/2}$ 以大于 2/3 的概率成立。于是,由于共有 t 个桶,式(4.2.7)成立:

$$| U | \leqslant | \{v \mid v \in B_i, | B_i | /n < (1/t)(\delta/4)^{1/2}(l/n)^{1/2}\} |$$
$$= | \{v \mid v \in B_i, | B_i | < (1/t)(\delta/4)^{1/2}(nl)^{1/2}\} |$$
$$\leqslant (\delta/4)^{1/2}(nl)^{1/2} \tag{4.2.7}$$

$\forall i \in L$,令 $E'_i = E(B_i, U) = \{(u,v) \mid u \in B_i, v \in U, (u,v) \in E\} \subseteq E_i$,则 $\alpha_i = | E'_i | / | E_i | \leqslant 1$。所有 E'_i 的并集仅包含了有一个顶点在 $V-U$ 中的那些边。这样的边在 $\sum_{i \in L} | E_i |$ 和 $\sum_{i \in L} | E'_i |$ 中均被计数 1 次。于是,

$$\sum_{i \in L} | E'_i | = | E(V-U, U) |, \sum_{i \in L} | E_i - E'_i | = 2 | E(V-U, V-U) | \tag{4.2.8}$$

可以对 K 做适当的选择,使得 $\forall i \in L$,如果 $\alpha_i \geqslant \delta/8$,则

$$(1-\delta/4)\alpha_i \leqslant \tilde{\alpha}_i \leqslant (1+\delta/4)\alpha_i \tag{4.2.9}$$

以大于 2/3 的概率成立;如果 $\alpha_i < \delta/8$,则 $\tilde{\alpha}_i \leqslant \delta/4$ 以大于 2/3 的概率成立。

于是,式(4.2.10)以大于 2/3 的概率成立:

$$\tilde{d} = (1/K) \sum_{i \in L} (1+\tilde{\alpha}_i) | S_i | (1+\beta)^i \tag{4.2.10}$$

$$\leqslant ((1+\delta/4)/n) \sum_{i \in L} (1+\tilde{\alpha}_i) | B_i | (1+\beta)^i \tag{4.2.11}$$

$$\leqslant ((1+\delta/4)/n) \Big[\sum_{i \in L \wedge ai \geqslant \varepsilon/8} (1+(1+\delta/4)\alpha_i)(1+\beta) | E_i |$$

$$+ \sum_{i \in L \wedge ai < \varepsilon/8} [(1+\delta/4)(1+\beta) | E_i |] \Big] \tag{4.2.12}$$

$$\leqslant ((1+\delta/4)^2(1+\beta)/n) \sum_{i \in L} (1+\alpha_i) | E_i | \tag{4.2.13}$$

其中,式(4.2.11)使用了式(4.2.3),式(4.2.12)使用了式(4.2.6)和式(4.2.9)。类似地可以证

明,式(4.2.14)以大于 2/3 的概率成立:

$$\tilde{d} \geqslant ((1-\delta/4)^2/n)\sum_{i\in L}(1+\alpha_i)\mid E_i\mid \tag{4.2.14}$$

由于 $\beta\leqslant\delta/8,0<\delta<1/2,(1-\delta/4)^2\geqslant(1-\delta/4)^2(1-\delta/8)$,有

$$((1-\delta/4)^2(1-\delta/8)/n)\sum_{i\in L}(1+\alpha_i)\mid E_i\mid\leqslant\tilde{d}$$

$$\leqslant ((1+\delta/4)^2(1+\delta/8)/n)\sum_{i\in L}(1+\alpha_i)\mid E_i\mid \tag{4.2.15}$$

由于 $0<\delta<1/2,(1+\delta/4)^2(1+\delta/8)\leqslant(1+3\delta/4)$ 而且 $(1-\delta/4)^2(1-\delta/8)\leqslant(1-3\delta/4)$。于是,

$$((1-3\delta/4)/n)\Big[\sum_{i\in L}\mid E_i-E'_i\mid+\sum_{i\in L}\mid E'_i\mid+\sum_{i\in L}\alpha_i\mid E_i\mid\Big]\leqslant\tilde{d}$$

$$\tilde{d}\leqslant((1+3\delta/4)/n)\Big[\sum_{i\in L}\mid E_i-E'_i\mid+\sum_{i\in L}\mid E'_i\mid+\sum_{i\in L}\alpha_i\mid E_i\mid\Big] \tag{4.2.16}$$

由于 $\mid E'_i\mid=\alpha_i\mid E_i\mid$,

$$((1-3\delta/4)/n)\Big[\sum_{i\in L}\mid E_i-E'_i\mid+2\sum_{i\in L}\mid E'_i\mid\Big]\leqslant\tilde{d}$$

$$\leqslant((1+3\delta/4)/n)\Big[\sum_{i\in L}\mid E_i-E'_i\mid+2\sum_{i\in L}\mid E'_i\mid\Big] \tag{4.2.17}$$

应用式(4.2.8),

$$\tilde{d}\geqslant((1-3\delta/4)/n)[2\mid E(V-U,V-U)\mid+2\mid E(V-U,U)\mid]$$

$$\tilde{d}\leqslant((1+3\delta/4)/n)[2\mid E(V-U,V-U)\mid+2\mid E(V-U,U)\mid] \tag{4.2.18}$$

$$((1-3\delta/4)/n)[2\mid E(V,V)\mid-2\mid E(U,U)\mid]\leqslant\tilde{d}$$

$$\leqslant((1+3\delta/4)/n)[2\mid E(V,V)\mid-2\mid E(U,U)\mid] \tag{4.2.19}$$

由于 $2\mid E(V,V)\mid=\bar{d}n$ 以及 $\mid E(U,U)\mid\leqslant\mid U\mid^2$,有

$$((1-3\delta/4)/n)(\bar{d}n-2\mid U\mid^2)\leqslant\tilde{d}\leqslant((1+3\delta/4)/n)(\bar{d}n+2\mid U\mid^2)$$

$$\tag{4.2.20}$$

从式(4.2.7)可知,$\mid U\mid^2\leqslant(\delta/4)/n$。令 $l\leqslant\bar{d}$,则 $(1-(5\delta/4+3\delta^2/8))\bar{d}\leqslant\tilde{d}\leqslant(1+(5\delta/4+3\delta^2/8))\bar{d}$。由于 $0<\delta<1/2,0<5\delta/4+3\delta^2/8<5/8+3/32<1$。令 $\varepsilon=5\delta/4+3\delta^2/8$,则 $0<\varepsilon<1$ 而且

$$(1-\varepsilon)\bar{d}\leqslant\tilde{d}\leqslant(1+\varepsilon)\bar{d}$$

即 $\tilde{d}$ 是定义 4.2.4 中图平均度近似计算问题的解。证毕。

下面的定理 4.2.2 给出了算法 Appro-Avera-Degree 的查询复杂性和时间复杂性。

引理 4.2.1 算法 Appro-Avera-Degree 需要执行的顶点度查询 Degree(G,v) 的次数和邻接顶点查询 Neighbor(G,v,j) 的次数均为 $O(n^\beta\text{poly}(1/\varepsilon))$,其中 $\beta<1$。

证明:从算法的第 8~12 步的循环可知,算法至多需要执行 $\mid S\mid$ 次顶点度查询和邻接顶点查询。由算法的第 1 步与第 2 步,$\mid S\mid=O((\log n)(n/l)^{1/2}\text{poly}(1/\varepsilon))$,其中 $l>0$。于是,算法执行的顶点度查询 Degree(G,v) 次数和邻接顶点查询 Neighbor(G,v,j) 次数均为 $O((\log n)(n/l)^{1/2}\text{poly}(1/\varepsilon))=O((\log n)n^{1/2}\text{poly}(1/\varepsilon))$。当 n 充分大且 $\alpha<1/2$ 时,

$\log n < n^{\alpha}$。于是,$O((\log n)n^{1/2}\mathrm{poly}(1/\varepsilon)) = O(n^{\beta}\mathrm{poly}(1/\varepsilon))$,其中 $\beta < 1$。证毕。

定理 4.2.2 设输入图 $G = (V,E)$ 的顶点度不大于 d,$|V| = n$。对于 $0 < \delta < 1/2$ 和 $\beta \leqslant \delta/8$,算法 Appro-Avera-Degree 的时间复杂性为 $O(n^{\beta}\mathrm{poly}(1/\varepsilon)\log^2 n)$,其中 $\beta < 1$。

证明: 从算法的第 1、2 步和引理 4.2.1 的证明可知,$|S| = O(n^{\beta}\mathrm{poly}(1/\varepsilon))$,其中 $\beta < 1$。算法的第 1、2 步需要的时间为 $O(|S|)$。

第 3~6 步的循环需要的时间为 $O(|S|\log n)$。

在第 7~12 步的循环中,$\forall v \in S$,需要执行第 9~12 步各一次。第 9 步需要 $O(\log n)$ 时间;第 10 步需要 $O(1)$ 时间;第 11 步需要 $O(\log n)$ 时间;第 12 步至多需要搜索 $O(\log n)$ 个 B_j,每个 B_j 的搜索需要 $O(\log n)$ 时间,从而,第 12 步需要 $O(\log^2 n)$ 时间。于是,第 7~12 步的循环需要的时间为 $O(|S|(\log^2 n))$。

第 13 步和第 14 步需要 $O(|S|)$ 时间。第 15 步需要 $O(\log n)$ 时间。

总之,算法 Appro-Avera-Degree 的时间复杂性为

$$T(n) = O(|S|) + O(|S|\log n) + O(|S|(\log^2 n)) + O(|S|) + O(\log n) = O(|S|\log^2 n)$$

由于 $|S| = O(n^{\beta}\mathrm{poly}(1/\varepsilon))$,$T(n) = O(n^{\beta}\mathrm{poly}(1/\varepsilon)\log^2 n)$,其中 $\beta < 1$。证毕。

从定理 4.2.2,可以得到如下推论。

推论 4.2.1 如果视 ε 为常数,算法 Appro-Avera-Degree 是一个 $o(n)$ 时间 $(1+\varepsilon)$-近似随机算法。

4.2.3 平均单源距离求解算法

1. 问题定义

设 $G = (V,E)$ 是一个简单无向连通图,其中 $|V| = n$,$|E| = m$。$\forall u,v \in V$,u 和 v 之间的距离是 u 和 v 之间的最短路径的长度,简记作 $\mathrm{dist}(u,v)$。图 G 的平均单源距离定义如下。

定义 4.2.5 给定 $s \in V$,图 G 以 s 为起点的平均单源距离定义为

$$\bar{d}_G(s) = \frac{1}{n}\sum_{v \in V}\mathrm{dist}(s,v)$$

下面的定义 4.2.6 和定义 4.2.7 分别给出了图的平均单源距离计算问题和图的平均单源距离近似计算问题的定义。

定义 4.2.6 图的平均单源距离计算问题定义如下:

输入:无向连通图 $G = (V,E)$,$s \in V$。

输出:G 的平均单源距离 $\bar{d}_G(s) = \dfrac{1}{n}\sum_{v \in V}\mathrm{dist}(s,v)$。

定义 4.2.7 图的平均单源距离近似计算问题定义如下:

输入:无向连通图 $G = (V,E)$,$s \in V$,$0 < \varepsilon < 1$。

输出:G 的近似平均单源距离 $\tilde{d}$,满足 $(1-\varepsilon)\bar{d}_G(s) \leqslant \tilde{d} \leqslant (1+\varepsilon)\bar{d}_G(s)$。

定义 4.2.6 给出的图的平均单源距离计算问题的时间复杂性下界是多项式时间。当问题的输入是大图数据时,多项式时间复杂性算法是不能令人接受的。为了降低时间复杂性,需要寻求平均单源距离的近似求解方法。为此,本节设计和分析一个求解图的平均单源距离近似计算问题的亚线性时间算法。这个算法使用顶点距离应答器,即算法将通过一系列

Distance(u,v)查询求解图平距离的$(1+\varepsilon)$-近似解。

2. 算法设计

现在设计求解图平均单源距离近似计算问题的算法,简记作 Appro-Avera-Distance。算法 Appro-Avera-Distance 的思想很简单。给定无向连通图 $G=(V,E)$,算法首先均匀独立地从 V 抽取 $q=\Theta(n^{1/2}/\varepsilon^2)$ 个顶点,构造样本 $S=\{v_1,v_2,\cdots,v_q\}$。然后,$\forall\,v_i\in S$,执行顶点距离查询 Distance(G,s,v_i),得到 dist(s,v_i);最后用 $\widetilde{d}=(1/q)\sum\limits_{1\leqslant i\leqslant q}\mathrm{dist}(s,v_i)$ 近似 $\overline{d}_G(s)=(1/n)\sum\limits_{v\in V}\mathrm{dist}(s,v)$。

算法 Appro-Avera-Distance 的详细描述见 Algorithm 4.2.2。

Algorithm 4.2.2:Appro-Avera-Distance
输入:$G=(V,E)$,$|V|=n$,$s\in V$,ε,$0<\varepsilon<1$。
输出:$\overline{d}_G(s)$的近似值 $\widetilde{d}$。
1. $q:=\Theta(n^{1/2}/\varepsilon^2)$;
2. $S:=$ 从 V 中均匀独立地抽取的 q 个顶点;
3. **For** $i=1$ **To** q **Do**
4.   dist$(s,v_i):=$ Distance(G,s,v_i);
5. 输出 $\widetilde{d}=(1/q)\sum\limits_{1\leqslant i\leqslant q}\mathrm{dist}(s,v_i)$.

---

3. 算法分析

首先证明算法 Appro-Avera-Distance 可以正确求解图的平均单源距离近似计算问题。在下面的分析中,令无向连通图 $G=(V,E)$ 和源节点 s 是算法的输入,$|V|=n$,$d_{\max}=\max\{\mathrm{dist}(s,v)\mid\forall v\in V\}$,其中 dist$(s,v)\geqslant0$ 为整数。对于 $0\leqslant i\leqslant d_{\max}$,令 $V_i=\{v\mid v\in V,\ \mathrm{dist}(s,v)=i\}$,$p_i=|V_i|/n$。令 η 是一个随机变量,其分布为 $\Pr[\eta=i]=p_i$。令 $\{\eta_1,\eta_2,\cdots,\eta_q\}$ 是一组独立随机变量,其中 $q=\Theta(n^{1/2}/\varepsilon^2)$,每个 η_j 都与 η 具有相同分布,即对于 $1\leqslant j\leqslant q$,$\Pr[\eta_j=i]=p_i$。显然,对于 $1\leqslant i\leqslant q$,$E[\eta]=E[\eta_i]=\overline{d}_G(s)$,$\mathrm{Var}[\eta]=\mathrm{Var}[\eta_i]$。

引理 4.2.2 对于任意 $l\leqslant E[\eta]$,$E[\eta^2]\leqslant(2n/l)^{1/2}E[\eta]^2$。

证明:从 η 和 $d_{\max}$ 的定义可知,

$$E[\eta^2]=\sum_{0\leqslant i\leqslant d_{\max}}p_i\times i^2\leqslant\sum_{0\leqslant i\leqslant d_{\max}}p_i\times i\times d_{\max}\leqslant d_{\max}\times E[\eta]$$

从 $d_{\max}$ 的定义和 G 是连通图可知,对于每个 $i\leqslant d_{\max}$,$p_i\geqslant1/n$。于是,

$$E[\eta]=\sum_{0\leqslant i\leqslant d_{\max}}p_i\times i\geqslant\sum_{0\leqslant i\leqslant d_{\max}}(1/n)\times i>d_{\max}^2/(2n)$$

由于 $l\leqslant E[\eta]$,$E[\eta]^2>E[\eta]d_{\max}^2/2n\geqslant l\times d_{\max}^2/(2n)$。从而

$$l^{1/2}\times d_{\max}/(2n)^{1/2}\leqslant E[\eta]$$

由于 $\eta\leqslant d_{\max}$,$E[\eta^2]\leqslant E[d_{\max}\times\eta]\leqslant d_{\max}E[\eta]$。又由于 $l^{1/2}\times d_{\max}/(2n)^{1/2}\leqslant E[\eta]$,有

$$E[\eta^2]\times l^{1/2}\times d_{\max}/(2n)^{1/2}\leqslant d_{\max}E[\eta]^2$$

于是,$E[\eta^2]\leqslant(2n/l)^{1/2}E[\eta]^2$。证毕。

定理 4.2.3 对于任意 $0<\varepsilon<1$,算法 Appro-Avera-Distance 以大于 2/3 的概率输出解 $\widetilde{d}$,$\widetilde{d}$ 满足 $(1-\varepsilon)\overline{d}_G(s)<\widetilde{d}<(1+\varepsilon)\overline{d}_G(s)$。

证明：从 η 的定义可知，$E[\eta]=\sum\limits_{0\leqslant i\leqslant d_{\max}}p_i\times i=\bar{d}_G(s)$。从 $\eta_1,\eta_2,\cdots,\eta_q$ 的定义可知，算法的输出 $\tilde{d}=(1/q)\sum\limits_{1\leqslant i\leqslant q}\mathrm{dist}(s,v_i)$ 的分布与随机变量 $(1/q)\sum\limits_{1\leqslant i\leqslant q}\eta_i$ 的分布相同。由于 $E[\eta]=E[\eta_i]$，

$$E\Big[(1/q)\sum_{1\leqslant i\leqslant q}\eta_i\Big]=E[\eta]$$

$$\mathrm{Var}\Big[(1/q)\sum_{1\leqslant i\leqslant q}\eta_i\Big]=(E[\eta^2]-E[\eta]^2)/q$$

根据切比雪夫不等式 $\Pr[|X-\mu|\geqslant c\sigma]\leqslant 1/c^2$（其中 $\mu=E[X]$，$\sigma^2=\mathrm{Var}[X]$，$c>0$），有

$$\Pr[|\tilde{d}-\bar{d}_G(s)|\geqslant\varepsilon\bar{d}_G(s)]$$

$$=\Pr\Big[\Big|(1/q)\sum_{1\leqslant i\leqslant q}\eta_i-E[\eta]\Big|\geqslant\varepsilon E[\eta]\Big]$$

$$\leqslant\mathrm{Var}\Big[(1/q)\sum_{1\leqslant i\leqslant q}\eta_i\Big]/(\varepsilon^2 E[\eta]^2)$$

$$=(E[\eta^2]-E[\eta]^2)/(q\varepsilon^2 E[\eta]^2)$$

$$=(E[\eta^2]/E[\eta]^2)-1)/(q\varepsilon^2)$$

令引理 4.2.2 中的 $l=1/2$，则 $E[\eta^2]/E[\eta]^2-1\leqslant 2n^{1/2}-1$，从而

$$\Pr[|\tilde{d}-\bar{d}_G(s)|\geqslant\varepsilon\bar{d}_G(s)]\leqslant(2n^{1/2}-1)/(q\varepsilon^2)\leqslant 2n^{1/2}/(q\varepsilon^2)$$

因为 $q=\Theta(n^{1/2}/\varepsilon^2)$，所以只需选择 $q=kn^{1/2}/\varepsilon^2$，$k\geqslant 6$，则

$$\Pr[|\tilde{d}-\bar{d}_G(s)|\geqslant\varepsilon\bar{d}_G(s)]\leqslant 2n^{1/2}/(q\varepsilon^2)=2/k\leqslant 1/3$$

于是，$\Pr[|\tilde{d}-\bar{d}_G(s)|<\varepsilon\bar{d}_G(s)]>2/3$，即算法 Appro-Avera-Distance 以大于 $2/3$ 的概率输出解 $\tilde{d}$，而且 $\tilde{d}$ 满足 $(1-\varepsilon)\bar{d}_G(s)<\tilde{d}<(1+\varepsilon)\bar{d}_G(s)$。证毕。

下面的定理 4.2.4 和定理 4.2.5 给出了算法 Appro-Avera-Distance 的查询复杂性和时间复杂性。

定理 4.2.4　算法 Appro-Avera-Distance 查询复杂性为 $\Theta(n^{1/2}/\varepsilon^2)$。

证明：从算法的第 1 步可知，$q=\Theta(n^{1/2}/\varepsilon^2)$。从算法的第 3 步和第 4 步的循环可知，算法需要执行 $\Theta(n^{1/2}/\varepsilon^2)$ 次顶点距离查询 $\mathrm{Distance}(G,s,v_i)$。证毕。

定理 4.2.5　算法 Appro-Avera-Distance 的时间复杂性为 $\Theta(n^{1/2}/\varepsilon^2)$。

证明：在 4.2.1 节已经看到，通过预处理，回答查询 $\mathrm{Distance}(G,s,v_i)$ 的时间为 $O(1)$。因此，算法执行 $\Theta(n^{1/2}/\varepsilon^2)$ 次顶点距离查询 $\mathrm{Distance}(G,s,v_i)$ 的时间为 $\Theta(n^{1/2}/\varepsilon^2)$。算法的第 1 步需要 $O(1)$ 时间，第 2 步和第 5 步需要 $\Theta(n^{1/2}/\varepsilon^2)$ 时间。于是，算法的时间复杂性为 $\Theta(n^{1/2}/\varepsilon^2)$。证毕。

从定理 4.2.5，可以得到如下推论。

推论 4.2.2　如果视 ε 为常数，算法 Appro-Avera-Distance 的时间复杂性为 $o(n)$，即算法 Appro-Avera-Distance 是亚线性时间算法。

4.2.4　平均顶点距离求解算法

1. 问题定义

设 $G=(V,E)$ 是一个简单无向连通图，$|V|=n$，$|E|=m$，$\forall u,v\in V$，$\mathrm{dist}(u,v)$ 是 u 到

v 的距离,即 u 到 v 的最短路径之长度。图 G 的平均顶点距离定义如下。

定义 4.2.8 图 G 的平均顶点距离定义为 $\bar{d}_G = (1/n^2) \sum_{u,v \in V} \mathrm{dist}(u,v)$。

下面的定义 4.2.9 和定义 4.2.10 分别给出了图的平均顶点距离计算问题和图的平均顶点对距离近似计算问题的定义。

定义 4.2.9 图的平均顶点距离计算问题定义如下:

输入:简单无向连通图 $G = (V,E)$。

输出:G 的平均顶点距离 $\bar{d}_G = (1/n^2) \sum_{u,v \in V} \mathrm{dist}(u,v)$。

定义 4.2.10 图的平均顶点距离近似计算问题定义如下:

输入:简单无向连通图 $G = (V,E)$,常数 ε,$0 < \varepsilon < 1$。

输出:G 的近似平均顶点距离 $\tilde{d}_G$,满足 $(1-\varepsilon)\bar{d}_G \leqslant \tilde{d}_G \leqslant (1+\varepsilon)\bar{d}_G$。

当输入是大图数据时,求解图的平均顶点距离计算问题的时间复杂性过高。为此,本节设计和分析求解图的平均顶点距离近似计算问题的算法。本节通过扩展 4.2.2 节的图平均单源距离近似计算问题的算法,设计图的平均顶点距离近似计算问题的算法。

2. 算法设计

现在设计图的平均顶点距离近似计算问题的求解算法,简记作 Appro-Avera-VerPair-Distance。算法 Appro-Avera-VerPair-Distance 的思想类似于算法 Appro-Avera-Distance。给定图 $G = (V,E)$,算法首先均匀独立地从 $V \times V$ 抽取 $q = \Theta(n^\alpha/\varepsilon^2)$ 个顶点对,构建样本 $S = \{(u_1,v_1),(u_2,v_2),\cdots,(u_q,v_q)\}$,其中 $\alpha < 1/2$。然后,计算 $\bar{d}_G$ 近似值 $\tilde{d}_G = (1/q^2) \sum_{u,v \in S} \mathrm{dist}(u,v)$。

算法 Appro-Avera-VerPair-Distance 的详细描述见 Algorithm 4.2.3。

Algorithm 4.2.3:Appro-Avera-VerPair-Distance

输入:简单无向连通图 $G = (V,E)$,$|V| = n$。

输出:$\bar{d}_G$ 的近似值 $\tilde{d}_G$。

1. $q := \Theta(n^{1/2}/\varepsilon^2)$;
2. $S :=$ 从 $V \times V$ 中均匀独立地抽取的 q 个顶点对;
3. **For** $\forall (u,v) \in S$ **Do**
4. $\quad \mathrm{dist}(u,v) := \mathrm{Distance}(G,u,v)$;
5. 输出 $\tilde{d} := (1/q^2) \sum_{(u,v) \in S} \mathrm{dist}(u,v)$.

---

3. 算法分析

首先证明算法 Appro-Avera-VerPair-Distance 可以正确地求解图的平均顶点距离近似计算问题。在以下分析中,设 $G = (V,E)$ 是一个简单无向连通图。令 $d_{\max} = \max\{\mathrm{dist}(u,v) \mid \forall u,v \in V\}$。对于 $0 \leqslant i \leqslant d_{\max}$,令 $\mathrm{Pair}_i = \{(u,v) \mid (u,v) \in V \times V, \mathrm{dist}(u,v) = i\}$,$p_i = |\mathrm{Pair}_i|/n^2$。令 η 是一个分布为 $\Pr[\eta = i] = p_i$ 的随机变量。令 $\{\eta_1,\eta_2,\cdots,\eta_{q \times q}\}$ 是一组独立随机变量,其中,$q = \Theta(n^{1/2}/\varepsilon^2)$,每个 η_j 都与 η 具有相同分布,即 $\Pr[\eta_j = i] = \Pr[\eta = i] = p_i$。显然,对于 $1 \leqslant i \leqslant q$,$E[\eta] = E[\eta_i] = \bar{d}_G$,$\mathrm{Var}[\eta] = \mathrm{Var}[\eta_i]$。

引理 4.2.3 设 $G = (V,E)$ 是简单无向连通图。对于任意 $l \leqslant \bar{d}_G = E[\eta]$,$E[\eta^2] \leqslant$

$(9n/l)^{1/2}E[\eta]^2$，即 $E[\eta^2]=O((n/l)^{1/2}E[\eta]^2)$。

证明：令 v_0 和 v_d 是 V 中任意两个距离为 $d=d_{max}$ 的顶点，$\langle v_0,v_1,\cdots,v_{d-1},v_d\rangle$ 是连接 v_0 和 v_d 的最短路径。对于 $0\leqslant i\leqslant d/3$，$dist(v_i,v_{d-i})=d-2i\geqslant d/3$。于是，对于 $0\leqslant i\leqslant d/3$ 和 $\forall v\in V$，$dist(v_i,v)+dist(v,v_{d-i})\geqslant dist(v_i,v_{d-i})\geqslant d/3$。从而，

$$E[\eta]=\bar{d}_G=(1/n^2)\sum_{u,v\in V}dist(u,v)$$
$$\geqslant(1/n^2)\Big[\sum_{0\leqslant i\leqslant d/3}\sum_{v\in V}dist(v_i,v)+\sum_{0\leqslant i\leqslant d/3}\sum_{v\in V}dist(v,v_{d-i})\Big]$$
$$=(1/n^2)\sum_{0\leqslant i\leqslant d/3}\sum_{v\in V}(dist(v_i,v)+dist(v,v_{d-i}))$$
$$\geqslant(1/n^2)(d/3)n(d/3)=d^2/9n=d_{max}^2/9n$$

由于 $E[\eta]=\bar{d}_G\geqslant l$，$E[\eta]^2\geqslant ld_{max}^2/9n$，即 $E[\eta]\geqslant l^{1/2}d_{max}/(9n)^{1/2}$。

从 $\eta\leqslant d_{max}$ 可知，$E[\eta^2]\leqslant E[d_{max}\times\eta]\leqslant d_{max}E[\eta]$。从而，
$$E[\eta^2]l^{1/2}d_{max}/(9n)^{1/2}\leqslant d_{max}\times E[\eta]^2$$

于是，$E[\eta^2]\leqslant(9n/l)^{1/2}E[\eta]^2$。证毕。

定理 4.2.6 设简单无向连通图 $G=(V,E)$ 是算法 Appro-Avera-VerPair-Distance 的输入，并且 $d_{max}=\{dist(u,v)\mid(u,v)\in V\times V\}$。对于任意 ε（$0<\varepsilon<1$），算法 Appro-Avera-VerPair-Distance 以大于 $2/3$ 的概率输出满足 $(1-\varepsilon)\bar{d}_G<\tilde{d}<(1+\varepsilon)\bar{d}_G$ 的解 $\tilde{d}$。

证明：从 η 的定义可知，$E[\eta]=\sum_{0\leqslant i\leqslant d_{max}}p_i\times i=\bar{d}_G$。从 $\eta_1,\eta_2,\cdots,\eta_{q\times q}$ 的定义可知，算法产生的 $\tilde{d}=(1/q^2)\sum_{u,v\in S}dist(u,v)$ 的分布与随机变量 $(1/q^2)\sum_{1\leqslant i\leqslant q\times q}\eta_i$ 的分布相同。由于 $E[\eta]=E[\eta_i]$，有

$$E\Big[(1/q^2)\sum_{1\leqslant i\leqslant q\times q}\eta_i\Big]=(1/q^2)\sum_{1\leqslant i\leqslant q\times q}E[\eta_i]=E[\eta]$$
$$Var\Big[(1/q^2)\sum_{1\leqslant i\leqslant q\times q}\eta_i\Big]=(E[\eta^2]-E[\eta]^2)/q^2$$

令 $0\leqslant\delta\leqslant1$，根据切比雪夫不等式 $Pr[|X-\mu|\geqslant c\sigma]\leqslant1/c^2$（其中 $\mu=E[X]$，$\sigma^2=Var[X]$，$c>0$），有

$$Pr[|\tilde{d}-\bar{d}_G|\geqslant\varepsilon\bar{d}_G]$$
$$=Pr[|(1/q^2)\sum_{1\leqslant i\leqslant q\times q}\eta_i-E[\eta]|\geqslant\varepsilon E[\eta]]$$
$$=Pr[|(1/q^2)\sum_{1\leqslant i\leqslant q\times q}\eta_i-E[(1/q^2)\sum_{1\leqslant i\leqslant q\times q}\eta_i]|\geqslant\varepsilon E[\eta]]$$
$$\leqslant Var[(1/q^2)\sum_{1\leqslant i\leqslant q}\eta_i]/(\varepsilon^2E[\eta]^2)$$
$$=(E[\eta^2]-E[\eta]^2)/(q^2\varepsilon^2E[\eta]^2)$$
$$=(E[\eta^2]/E[\eta]^2)-1)/(q^2\varepsilon^2)$$
$$\leqslant(E[\eta^2]/E[\eta]^2)-1)/(q\varepsilon^2)$$

令引理 4.2.3 中 $l=1$，则 $E[\eta^2]/E[\eta]^2-1\leqslant(9n)^{1/2}-1$，而且
$$Pr[|\tilde{d}-\bar{d}_G|\geqslant\varepsilon\bar{d}_G]\leqslant(3n^{1/2}-1)/(q\varepsilon^2)\leqslant3n^{1/2}/(q\varepsilon^2)$$

因为 $q=\Theta(n^{1/2}/\varepsilon^2)$，所以只需选择 $q=kn^{1/2}/\varepsilon^2, k\geqslant 9$，则

$$\Pr[\,|\tilde{d}-\bar{d}_G|\geqslant\varepsilon\bar{d}_G]\leqslant 3n^{1/2}/(q\varepsilon^2)=3/k\leqslant 1/3$$

于是，$\Pr[\,|\tilde{d}-\bar{d}_G|<\varepsilon\bar{d}_G]>2/3$。从而，算法 Appro-Avera-VerPair-Distance 以大于 2/3 的概率输出 $\tilde{d}$，而且 $\tilde{d}$ 满足 $(1-\varepsilon)\bar{d}_G<\tilde{d}<(1+\varepsilon)\bar{d}_G$。证毕。

下面分析算法 Appro-Avera-VerPair-Distance 的查询复杂性和时间复杂性。

定理 4.2.7 算法 Appro-Avera-VerPair-Distance 需要执行 $\Theta(n^{1/2}/\varepsilon^2)$ 次顶点距离查询 $Distance(G,s,v_i)$。

证明：从算法的第 1 步和第 2 步可知，$|S|=q=\Theta(n^{1/2}/\varepsilon^2)$。从算法的第 3 步和第 4 步的循环可知，算法需要执行 $|S|=\Theta(n^{1/2}/\varepsilon^2)$ 次顶点距离查询 $Distance(G,s,v_i)$。证毕。

定理 4.2.8 算法 Appro-AveraAll-VerPair-Distance 的时间复杂性为 $\Theta(n^{1/2}/\varepsilon^2)$。

证明：在 4.2.1 节已经看到，通过预处理，回答查询 $Distance(G,u,v)$ 的时间为 $O(1)$。因此，算法执行 $\Theta(n^{1/2}/\varepsilon^2)$ 次顶点距离查询 $Distance(G,s,v_i)$ 的时间为 $\Theta(n^{1/2}/\varepsilon^2)$。算法的第 1 步、第 2 步和第 5 步需要 $\Theta(n^{1/2}/\varepsilon^2)$ 时间。于是，算法的时间复杂性为 $\Theta(n^{1/2}/\varepsilon^2)$。证毕。

从定理 4.2.8，可以得到如下推论。

推论 4.2.3 如果视 ε 为常数，算法 Appro-Avera-VerPair-Distance 的时间复杂性为 $o(n)$，即算法 Appro-Avera-VerPair-Distance 是亚线性时间算法。

4.3 无线传感网感知数据聚集算法

无线传感网是物联网的重要组成部分，为有效感知和认识物理世界提供了有效途径。无线传感网在工农业生产、环境监测、交通管理、医疗卫生、国防军事等很多领域具有广泛应用价值。无线传感网是以数据为中心的网络。感知数据的获取、传输、处理是无线传感网的核心功能。由于传感器节点具有存储、计算、通信等能力，无线传感网也是一种分布式计算环境。但是，传感器节点的能源、计算、通信等能力十分有限，为分布式计算带来了很大的挑战。如何在无线传感网内进行感知数据的分布式处理，以适应大量实际应用需求，已经成为多年来的重要研究问题。本节介绍如何基于抽样计算方法，以最小化能量消耗和最大化无线传感网生命周期为目标，设计和分析无线传感网内分布式感知数据聚集分析的算法。以下把无线传感网内分布式感知数据聚集分析算法简称为聚集算法，并集中讨论基于随机抽样的近似聚集算法的设计与分析。

4.3.1 预备知识

1. 无线传感网

无线传感网是由大量部署在监测区域内、具有一定计算能力、通信能力和存储能力的微型传感器节点通过自组织方式构成的网络系统，传感器节点协同完成分布式感知数据的分析处理，支持各种各样的应用。在无线传感网中具有一类计算能力较强的特殊的节点，称为汇聚(sink)节点，负责协调各传感器节点的协同工作，并实现与外部信息世界的连接。

微型传感器节点是构成无线传感网的基本单元，一般由感知部件、处理器部件、通信部

件和电源等几部分构成。传感器节点的感知部件是物理世界与信息世界的桥梁,负责获取物理世界信息,并通过模数转换等技术将物理世界的信息转换为感知数据。处理器部件包含 CPU、存储器、嵌入式操作系统等,使得传感器节点能够进行数据处理。通信部件完成传感器节点与汇聚节点以及其他传感器节点之间的数据传输。由于通信部件的存在,任何传感器节点都可以将感知数据通过多跳的方式传送至其他传感器节点或汇聚节点。通信部件实现了传感器节点之间以及传感器节点与汇聚节点之间的数据的传输。电源是为数据感知、处理、传输提供能源支持的部件。

汇聚节点是无线传感网与外部信息世界的接口,也协调各传感器节点的协同工作。每个无线传感网可以有一个或多个汇聚节点。汇聚节点一方面与无线传感网内的传感器节点相连接,另一方面通过 Internet 等通信网络与外部信息世界或计算机系统相连。汇聚节点具有计算部件、存储部件、通信部件,并且其计算、存储和通信能力要比普通的传感器节点强大,可以完成更为复杂的计算工作。用户可以通过汇聚节点向传感器节点发送各种感知任务,获取任务的执行结果,并传输到外部信息世界。

无线传感网中的部分或全部节点可以移动。无线传感网的拓扑结构随着节点的移动而动态变化。传感器节点间以自组织方式通信,每个节点都可以充当路由器的角色,并且每个节点都具备动态搜索、定位和恢复连接的能力。

给定一个无线传感网 wsn,它可以由一个连接图 $G_{wsn} = (V_{wsn}, E_{wsn})$ 来描述,其中,V_{wsn} 是 wsn 的汇聚节点和传感器节点集合,$\forall u, v \in V_{wsn}$,如果 u 和 v 可以互相通信,则 $(u, v) \in E_{wsn}$。

给定一个具有一个汇聚节点的无线传感网 wsn 及其连接图 $G_{wsn} = (V_{wsn}, E_{wsn})$,可以为 wsn 设计多种通信协议。生成树通信协议是一种常用的通信协议。wsn 的生成树通信协议是 G_{wsn} 的一个以汇聚节点为根的生成树。生成树规定了汇聚节点与传感器节点之间以及传感器节点之间的通信方式。

2. 无线传感网系统

无线传感网系统由无线传感网、感知对象和观察者 3 个要素构成。上面已经介绍了无线传感网。下面分别介绍感知对象和观察者。

感知对象是观察者感兴趣的监测目标,也是无线传感网的感知对象,如坦克、军队、动物、有害气体等。感知对象一般通过表示物理现象、化学现象或其他现象的数字量表征,如温度、湿度等。一个传感器节点可以感知网络分布区域内的多个对象。一个对象也可以被多个传感器节点所感知。

观察者是传感器网络的用户,是感知信息的接受和应用者。观察者可以是人,也可以是计算机或其他设备。例如,军队指挥官可以是无线传感网的观察者,一个由飞机携带的移动计算机也可以是无线传感网的观察者。一个无线传感网可以有多个观察者,一个观察者也可以观察多个无线传感网。观察者可以主动查询或收集无线传感网的感知数据,也可以被动地接收无线传感网发布的数据。观察者对感知数据进行观察、分析、挖掘,最终制定控制物理世界的决策。

3. 无线传感网的特点和挑战

无线传感网除了具有自组织网络的移动性、断接性、电源能力受限等共同特征以外,还具有很多其他鲜明的特点。这些特点向人们提出了一系列挑战。

（1）通信能力有限。传感器节点的通信带宽窄而且经常变化,通信覆盖范围只有几十到几百米。传感器之间的通信断接频繁,经常导致通信失败。由于无线传感网可能会受到高山、建筑物、障碍物等地势地貌以及风雨雷电等自然环境的影响,传感器节点可能会长时间脱离网络,离线工作。如何在有限通信能力的条件下高质量地完成感知数据的获取、处理与传输,是无线传感网面临的第一个挑战。

（2）电源能量受限。传感器节点的电源能量极其有限。传感器节点由于电源能量的原因经常失效或被废弃。电源能量约束是阻碍无线传感器网应用的严重问题。传感器节点传输信息要比执行计算更消耗电能。传感器节点传输 1 位数据需要的电能足以执行 3000 条计算指令。如何在无线传感网工作过程中节省能源,最大化网络的生命周期,是无线传感网面临的第二个挑战。

（3）计算和存储能力有限。传感器节点具有嵌入式处理器和存储器,从而具有计算和存储能力,可以完成一些信息处理工作。但是,由于嵌入式处理器和存储器的能力和容量有限,传感器的计算和存储能力十分有限。如何使用大量计算和存储能力受限的传感器节点进行协作分布式计算,是无线传感网面临的第三个挑战。

（4）传感器数量大、分布广。无线传感网中的传感器节点数量巨大,可能达到数百万个,甚至更多。此外,无线传感网可以分布在很广泛的地理区域。传感器数量大、分布广的特点使得无线传感网的维护十分困难,甚至不可维护。无线传感网的软硬件必须具有高强壮性和容错性。这是无线传感网面临的第四个挑战。

（5）网络动态性强。无线传感网具有很强的动态性,传感器节点、感知对象和观察者都可能具有移动性,并且经常有新节点加入或旧节点失效。因此,网络拓扑结构动态变化,传感器节点、感知对象和观察者三者之间的路径也随之变化,无线传感网必须具有可重构和自调整性。这是无线传感网面临的第五个挑战。

（6）分布式触发器多。很多无线传感网需要对感知对象进行控制,如温度控制。这样,很多传感器节点具有回控装置和控制软件。回控装置和控制软件称为触发器。成千上万动态触发器的管理是无线传感网面临的第六个挑战。

（7）感知数据流速快。每个传感器节点通常都产生实时高速流式数据。每个传感器仅具有受限的计算资源,难以处理高速数据流。高速数据流的获取、处理、传输是无线传感网面临的第七个挑战。

4. 无线传感网的性能评价

无线传感网的性能直接影响其可用性。下面讨论几个评价无线传感网性能的标准。这些标准还需要进一步模型化和定量化。

（1）能源有效性。无线传感网的能源有效性是指网络在能源受限条件下能够获取、处理、传输的数据量。能源有效性是无线传感网的重要性能指标。

（2）生命周期。无线传感网的生命周期是指从网络启动到不能为观察者提供需要的数据为止持续的时间。影响无线传感网生命周期的因素很多,既包括硬件因素也包括软件因素。在设计无线传感网的软硬件时,必须充分考虑能源有效性,最大化网络的生命周期。

（3）时间延迟。无线传感网的延迟时间是指当观察者发出请求到其接收到回答数据所需的时间。影响无线传感网时间延迟的因素有很多。时间延迟与应用密切相关,直接影响无线传感网的可用性和应用范围。

（4）感知精度。无线传感网的感知精度是指观察者接收到的感知数据的精度。感知器件的精度、信息处理方法、网络通信协议等都对感知精度有所影响。感知精度、时间延迟和能量消耗之间也具有密切的关系。在无线传感网设计中,需要权衡三者,使系统在最小能源开销条件下,最大限度地提高感知精度,降低时间延迟。

（5）可扩展性。无线传感网的可扩展性表现为传感器数量、网络覆盖区域、生命周期、时间延迟、感知精度等方面的可扩展极限。给定可扩展性级别,无线传感网必须提供支持该可扩展性级别的机制和方法。

（6）容错性。无线传感网中的传感器节点经常会由于周围环境或电源耗尽等原因而失效。由于环境或其他原因,维护或替换失效传感器节点常常是十分困难甚至不可能的。这样,无线传感网的软硬件必须具有很强的容错性,以保证系统具有高强壮性。当网络的软硬件出现故障时,系统能够通过自动调整或自动重构来纠正错误,保证网络正常工作。

4.3.2 基于均匀抽样的近似聚集算法

首先讨论基于均匀独立抽样的感知数据聚集算法。该算法适用于静态无线传感网。对于动态无线传感网,这个算法效率不高。

1. 问题定义

在以下讨论中,简称无线传感网为网络,简称传感器节点为节点,简称汇聚节点为 Sink。令 wsn 是一个具有 n 个节点和一个 Sink 的网络,每个节点具有一个唯一编号 $i \in \{1,2,\cdots,n\}$。假设 wsn 是一个静态网络,即 wsn 的所有节点均为正常工作节点,并且 wsn 中不存在移动节点。

设 wsn 覆盖的区域被划分成 k 个互不相交的网格区域。每个网格区域中的节点集合称为一个节点簇,每个簇具有一个节点作为簇头。于是,wsn 被划分为 k 个不相交节点簇 C_1,$C_2,\cdots,C_k$。显然,$n = |C_1| + |C_2| + \cdots + |C_k|$。由于网络是静态的,Sink 可以很容易预知 $\{|C_1|, |C_2|, \cdots, |C_k|\}$。一般情况下,每个节点只能与其所在簇的其他节点通信;簇头之间可以相互通信;不同簇的节点可以通过簇头进行间接通信。

设 $S_t = \{s_1, s_2, \cdots, s_n\}$ 是 t 时刻 wsn 的感知数据集合,其中 s_i 是节点 i 在 t 时刻感知的数据。由于不同的节点在同一时刻感知的数据可能相同,所以 S_t 是一个具有重复值的集合。以后,将使用 $\mathrm{Dis}(S_t)$ 表示 S_t 中不同值的集合。

一般情况下,wsn 中每个节点 i 在任何时刻 t 感知的数据 s_i 都是有界的,即 $l_i \leqslant s_i \leqslant u_i$。于是,对于任意 t,$S_t = \{s_1, s_2, \cdots, s_n\}$ 是有界集合。定义 S_t 的上界 $\mathrm{up}(S_t) = \max\{u_i | 1 \leqslant i \leqslant n\}$,$S_t$ 的下界 $\mathrm{low}(S_t) = \min\{l_i | 1 \leqslant i \leqslant n\}$。

不失一般性,假设 S_t 中的所有值均大于 0。本节的算法很容易扩展到感知数据小于 0 的网络中,只需为每个感知数据加上 α,使得 $\mathrm{low}(S_t) + \alpha > 0$。

以下考虑的聚集操作主要是求 S_t 的和、平均值和无重复计数。S_t 的和定义为 $\mathrm{Sum}(S_t) = \sum_{1 \leqslant i \leqslant n} s_i$。$S_t$ 的平均值定义为 $\mathrm{Avg}(S_t) = (1/n) \sum_{1 \leqslant i \leqslant n} s_i$。$S_t$ 的无重复计数定义为 $\mathrm{D\text{-}Count}(S_t) = |\mathrm{Dis}(S_t)|$。

下面的定义 4.3.1 给出了无线传感网感知数据聚集问题的定义。

定义 4.3.1　给定一个如上所述的无线传感网 wsn,wsn 的感知数据聚集问题(简称聚集问题)定义如下:

输入:(1) 具有 n 个节点和一个 Sink 的 wsn 及其生成树通信协议。

(2) wsn 的 k 个分簇 $\{C_1, C_2, \cdots, C_k\}$。

(3) t 时刻 wsn 的感知数据集合 $S_t = \{s_1, s_2, \cdots, s_n\}$。

输出:$\text{Agg}(S_t)$,其中 $\text{Agg} = \text{Sum}$、Avg 或 D-Count。

定义 4.3.1 中的聚集问题的时间复杂性下界为 $\Omega(n)$。对于实时性很强、感知数据速度高或感知数据量大的应用,$\Omega(n)$ 时间算法无法满足用户的实时性要求。为此,本节考虑聚集问题的近似求解。下面定义无线传感网感知数据近似聚集问题。

定义 4.3.2　给定一个如上所述的无线传感网 wsn,wsn 的感知数据 (ε, δ)-近似聚集问题(简称 (ε, δ)-近似聚集问题)的定义如下:

输入:(1) 具有 n 个节点和一个 Sink 的 wsn 及其生成树通信协议。

(2) wsn 的 k 个分簇 $\{C_1, C_2, \cdots, C_k\}$。

(3) t 时刻存储在 n 个节点上的感知数据集 $S_t = \{s_1, s_2, \cdots, s_n\}$。

(4) $\text{Dis}(S_t)$, $\text{up}(S_t)$, $\text{low}(S_t)$, $\forall v \in \text{Dis}(S_t)$,$S_t$ 中 v 的重复次数 n_v。

(5) $\varepsilon > 0$,$1 \geqslant \delta > 0$。

输出:$\widetilde{\text{Agg}}(S_t)$,满足 $\Pr[|\widetilde{\text{Agg}}(S_t) - \text{Agg}(S_t)|/\text{Agg}(S_t) \geqslant \varepsilon] \leqslant \delta$,其中,$\text{Agg} = \text{Sum}$、$\text{Avg}$ 或 Count。

本节的其余部分集中讨论 (ε, δ)-近似聚集问题求解算法的设计与分析。

2. 算法设计

现在设计求解 (ε, δ)-近似聚集问题的算法,简记为 (ε, δ)-Aggregation。给定近似聚集问题的输入,算法 (ε, δ)-Aggregation 分如下 3 步计算近似聚集结果。

第一步,确定样本大小 m。后面将详细介绍样本大小 m 的确定方法。

第二步,抽样与样本预处理。给定样本大小 m,算法独立均匀地从 wsn 的感知数据集合 S_t 中抽取大小为 m 的样本 S;然后,分布式地计算出 $\text{Sum}(S) = \sum_{s \in S} s$ 或 $\text{Dis}^+(S) = \{(s, m_s) \mid s \in S, m_s$ 是 s 在 S 中出现的次数$\}$,并传送 $\text{Sum}(S)$ 或 $\text{Dis}^+(S)$ 到 Sink。

第三步,计算 Agg 的近似值 $\widetilde{\text{Agg}}$。Sink 使用 $\text{Sum}(S)$ 或 $\text{Dis}^+(S)$ 计算 Agg 的近似值 $\widetilde{\text{Agg}}$。

在设计算法 (ε, δ)-Aggregation 之前,先设计抽样与样本预处理算法。

1) 抽样与样本预处理算法

抽样与样本预处理算法是一个分布式算法,记作 Sampling-and-Prep。该算法的详细描述见 Algorithm 4.3.1。

给定样本大小 m,算法 Sampling-and-Prep 分布式地并且独立均匀地抽取大小为 m 的随机样本 S,然后计算 $\text{Sum}(S)$ 或 $\text{Dis}^+(S)$,计算过程如下:

1. Sink 生成 m 个随机数 $\{r_1, r_2, \cdots, r_m\}$,对于 $1 \leqslant i \leqslant m$,$r_i \in \{1, 2, \cdots, k\}$,$\Pr[r_i = l] = |C_l|/n$,$C_l$ 是第 l 个节点簇。对于 $1 \leqslant l \leqslant k$,Sink 计算 $m_l = |\{r_i \mid r_i = l, 1 \leqslant i \leqslant m\}|$,并发送到簇 C_l 的簇头节点 head_l。

Algorithm 4.3.1：Sampling-and-Prep（m，Agg）

输入：(1) 样本大小 m，聚集分析操作 Agg。

　　　(2) 与定义 4.3.2 的输入相同。

输出：$\mathrm{Sum}(S)=\sum\limits_{v\in S}v$ 或 $\mathrm{Dis}^+(S)=\{(s,f_s)\mid s\in S,f_s\text{是}s\text{在}S\text{中出现的次数}\}$，其中 S 是从 S_t 中均匀

　　　独立抽取的样本。

/ *　以下步骤均由 Sink 执行　* /

1.　**For**　$1\leqslant i\leqslant m$　**Do**

2.　　　　Sink 生成随机数 $r_i\in\{1,2,\cdots,k\}$，满足 $\mathrm{Pr}(r_i=l)=|C_l|/n$，$r_i$ 加入 S_m；

3.　　　**For**　$1\leqslant l\leqslant k$　**Do**

4.　　　　Sink 计算 $m_l:=|\{r_i\in S_m\mid r_i=l\}|$；　　　　/ *　m_l 为簇 C_l 需要抽取的随机数个数　* /

5.　　　　Sink 发送 m_l 至簇 C_l 的簇头节点 head_l；

6.　　　　调用 Sampl-in-Cluster(m_l，Agg）在 C_l 内进行抽样与部分聚集计算；

7.　**If**　（Agg＝Sum）$\vee$（Agg＝Avg）

8.　**Then**　$\mathrm{Sum}(S):=\mathrm{Preprocessing}(\mathrm{Sum})$；　　　/ *　函数 Preprocessing 见后　* /

9.　　　　　返回 $\mathrm{Sum}(S)$，停止；

10.　**If**　（Agg＝D-count）

11.　**Then**　$\mathrm{Dis}^+(S):=\mathrm{Preprocessing}(\mathrm{D\text{-}Count})$；　　/ *　函数 Preprocessing 见后　* /

12.　　　　　返回 $\mathrm{Dis}^+(S)$，停止.

---

2. 对于 $1\leqslant l\leqslant k$，head_l 收到 m_l 后，启动簇 C_l 中的节点，如下独立均匀地抽取大小为 m_l 的样本 S 的子集 S_l：

　2.1. head_l 从簇 C_l 的节点的编号集合等可能地随机抽取大小为 m_l 的随机样本 $\{x_1,x_2,\cdots,x_{m_l}\}$，并在簇 C_l 内广播 $\{x_1,x_2,\cdots,x_{m_l}\}$。

　2.2. 簇 C_l 的每个节点接收 $\{x_1,x_2,\cdots,x_{m_l}\}$ 后，查看自身编号是否在 $\{x_1,x_2,\cdots,x_{m_l}\}$ 中。如果在，则将其感知数据作为样本数据发送给 head_l。

3. 对于 $1\leqslant l\leqslant k$，簇 C_l 的簇头节点 head_l 收到本簇抽取的样本数据 S_l 之后，对 S_l 进行如下部分聚集计算：

　3.1. 如果 Agg＝Sum 或 Average，计算 $\mathrm{Sum}(S_l)=\sum\limits_{s\in Sl}s$。

　3.2. 如果 Agg＝D-Count，计算 $\mathrm{Dis}^+(S_l)=\{(s,f_s)\mid s\in S_l,f_s=(S_l\text{ 中 }s\text{ 出现的次数})\}$。

　3.3. 在 head_l 本地存储 $\mathrm{Sum}(S_l)$ 或 $\mathrm{Dis}^+(S_l)$。

4. 使用 $\{\mathrm{Sum}(S_l)\mid 1\leqslant l\leqslant k\}$ 或 $\{\mathrm{Dis}^+(S_l)\mid 1\leqslant l\leqslant k\}$，分布式地计算 $\mathrm{Sum}(S)$ 或 $\mathrm{Dis}^+(S)$，其中 $S=S_1\bigcup S_2\bigcup\cdots\bigcup S_k$ 是包含 m 个感知数据的随机样本。

算法 Sampling-and-Prep 调用的函数 Sampl-in-Cluster 和 Preprocessing 详见下面的 Function 4.3.1 和 Function 4.3.2。

从算法 Sampling-and-Prep 的第 1～6 步以及算法 Sampl-in-Cluster 的第 5～10 步可知，算法 Sampling-and-Prep 在执行过程中产生了一个从 S_t 随机抽取的 m 个数据的样本 $S=S_1\bigcup S_2\bigcup\cdots\bigcup S_k$。为了确保算法 Sampling-and-Prep 的正确性，需要证明 S 是从 S_t 中独立均匀抽取的大小为 m 的样本。下面的定理 4.3.1 证明了这一点。

定理 4.3.1　令 $S_t=\{s_1,s_2,\cdots,s_n\}$ 是 t 时刻 wsn 中所有感知数据的集合，则

(1) 算法 Sampling-and-Prep 从 S_t 中抽取了一个大小为 m 的样本 S。

(2) $\forall s_j \in S_t$，$s_j \in S$ 的概率为 $1/n$，即 S 是从 S_t 独立均匀地抽取的样本。

证明：

(1) 从算法 Sampling-and-Prep 的第 1~6 步循环以及算法 Sampl-in-Cluster 的第 5~10 步可知，算法 Sampling-and-Prep 从 S_t 中抽取了一个大小为 m 的样本 S。

(2) $\forall s \in S_t$，必存在 $1 \leqslant l \leqslant k$ 使得 s 位于簇 C_l 中一个节点上。如果 $s \in S$，则必有：

① l 必在算法 Sampling-and-Prep 的第 1、2 步被随机选入 $\{r_1, r_2, \cdots, r_m\}$，其概率为 $\Pr(r_i = l) = |C_l|/n$。

② s 所在的传感器节点号必在算法 Sampl-in-Cluster 的第 5 步被等可能地选入 $\{x_1, x_2, \cdots, x_{m_l}\}$，其概率为 $1/|C_l|$。

于是，s 被选入 S 的概率为 $(|C_l|/n)(1/|C_l|) = 1/n$。证毕。

2) 算法 (ε, δ)-Aggregation

设 S 是算法 Sampling-and-Prep 从 S_t 抽取的大小为 m 的样本。算法 Sampling-and-Prep 结束时，Sink 已经获得并存储了

$$\text{Sum}(S) = \sum_{s \in S} s \text{ 或 } \text{Dis}^+(S) = \{(s, f_s) \mid s \in S, f_s \text{ 是 } s \text{ 在 } S \text{ 中的频数}\}$$

Function 4.3.1：Sampl-in-Cluster(m_1, Agg)

功能：在簇 C_l 内抽取样本 S 的子集 S_l 并计算 $\text{Sum}(S_l)$ 或 $\text{Dis}^+(S_l)$。

输入：簇 C_l 需要抽取的样本数据个数 m_l，聚集分析操作 Agg。

输出：如果 Agg = Sum 或 Avg，存储并返回 $\text{Sum}(S_l) = \sum_{v \in S_l} v$；

　　　如果 Agg = D-Count，返回 $\text{Dis}^+(S_l) = \{(s, f_s) \mid s \in S_l, f_s \text{ 是 } S \text{ 中 } s \text{ 的频数}\}$。

　　　其中，S_l 是从 C_l 中均匀独立地抽取的样本子集。

/* 以下各步骤除了第 7 步以外，均由簇头节点 head_l 执行 */

1.　**If**　$m_l := 0$

2.　**Then**　$S_l :=$ 空；$\text{Sum}(S_l) := 0$；$\text{Dis}^+(S_l) :=$ 空；

3.　　　　　在 head_l 本地存储 $\text{Sum}(S_l)$ 和 $\text{Dis}^+(S_l)$；

4.　　　　　返回 $\text{Sum}(S_l)$ 和 $\text{Dis}^+(S_l)$，停止；

5.　head_l 从 C_l 的节点集合等可能地抽取样本 $\{x_1, x_2, \cdots, x_{m_l}\}$；

6.　head_l 在 C_l 内广播 $\{x_1, x_2, \cdots, x_{m_l}\}$；

7.　编号属于 $\{x_1, x_2, \cdots, x_{m_l}\}$ 的 C_l 的节点发送其感知数据至 head_l；$S_l :=$ 空；

8.　**For**　$i = 1$ **To** m_l **Do**　/* 以下各步骤由 head_l 完成 */

9.　　　接收 C_l 的节点 x_i 发送来的数据 s_i；

10.　　$S_l := S_l \bigcup \{s_i\}$；　/* S_l 是从 C_l 抽取的样本子集 */

11.　**If**　Agg = Sum 或 Avg

12.　**Then**　$\text{Sum}(S_l) := s_1 + s_2 + \cdots + s_{m_l}$；

13.　　　　　在 head_l 本地存储 $\text{Sum}(S_l)$；

14.　　　　　返回 $\text{Sum}(S_l)$，停止；

15.　**If**　Agg = D-Count

16.　**Then**　$\text{Dis}^+(S_l) := \{(s, f_s) \mid s \in S_l, f_s \text{ 是 } s \text{ 在 } S_l \text{ 的频数}\}$；

17.　　　　　按照 s 值递增排序 $\text{Dis}^+(S_l)$；

18.　　　　　在 head_l 本地存储 $\text{Dis}^+(S_l)$；

19.　　　　　返回 $\text{Dis}^+(S_l)$，停止。

Function 4.3.2：Preprocessing（Agg）

功能：使用生成树通信协议和 Sampl-in-Cluster$(m_l$，Agg)产生的$\{\mathrm{Sum}(S_l)\}$
或$\{\mathrm{Dis}^+(S_l)\}$计算样本 S 的 Sum(S)或 Dis$^+(S)$，并传送到 Sink。

输入：(1) Agg＝Sum 或 D-Count。

(2) wsn 的生成树通信协议。

输出：$\mathrm{Sum}(S) = \sum\limits_{s \in S} s$ 或 $\mathrm{Dis}^+(S) = \{(s, n_s) \mid s \in S, n_s$ 是 s 在 S 中的频数$\}$。

1. **For** wsn 的通信生成树中每个节点 α **Do**
2.   **If** α 不是簇头节点
3.   **Then** Sum(α) :＝ 0, Dis$^+(\alpha)$:＝ 空；
4.   **Else** **If** Agg＝Sum **Then** Sum(α) :＝ Sum(S_a)；**Else** Dis$^+(\alpha)$:＝ Dis$^+(S_a)$；
       /＊ Sum(S_a)和 Dis$^+(S_a)$是 Sampl-in-Cluster 产生的结果 ＊/
5.   **If** Agg＝Sum
6.   **Then** **If** α 是叶节点
7.   **Then** 发送 Sum(α)到其父节点，停止；
8.   **Else** 接收 SonSum＝$\{$Sum$(j) \mid j$ 是 α 的子节点$\}$；
9.   Sum(α) :＝ Sum$(\alpha) + \sum\limits_{S \in SonSum} S$；
10.   **If** α 是 Sink
11.   **Then** 返回 Sum(S)＝Sum(α)，停止；
12.   **Else** 发送 Sum(α)到 α 的父节点，停止；
13.   **If** Agg＝D-Count
14.   **Then** **If** α 是叶节点
15.   **Then** 发送 Dis$^+(\alpha)$到其父节点，停止；
16.   **Else** 接收 SonDis＝$\{$Dis$^+(j) \mid j$ 是 α 的子节点$\}$；
17.   **For** $\forall$ Dis$^+(j) \in$ SonDis **Do**
18.   Dis$^+(\alpha)$:＝ $\{(s, f_s) \mid [(s, f_s) \in$ Dis$^+(\alpha) \wedge s \notin$ Prj$_1($Dis$^+(j))]$
            $\vee [(s, f_s) \in$ Dis$^+(j) \wedge s \notin$ Prj$_1($Dis$^+(\alpha))]$
            $\vee [(s, f'_s) \in$ Dis$^+(\alpha) \wedge (s, f''_s) \in$ Dis$^+(j)$
            $\wedge (f_s = f'_s + f''_s)]\}$；
        /＊ Prj$_1($Dis$^+(x))＝\{s \mid \forall (s, f) \in$ Dis$^+(x)$ ＊/
19.   **If** α 是 Sink
20.   **Then** 返回 Dis$^+(S)$＝Dis$^+(\alpha)$，停止；
21.   **Else** 发送 Dis$^+(\alpha)$到 α 的父节点，停止。

现在讨论算法(ε, δ)-Aggregation 的设计。给定近似聚集问题的输入，算法(ε, δ)-Aggregation 如下求解近似聚集分析问题：

第一步，Sink 计算样本大小 m，如果 Agg＝Sum 或 Agg＝Avg，令
$$m = \min\left\{\left\lceil \frac{1}{\delta\varepsilon^2}(\mathrm{up}(S_t)/\mathrm{low}(S_t) - 1)\right\rceil, n\right\}$$

如果 Agg＝D-Count，令
$$m = \min\{\ln[n\varepsilon^2/(n\varepsilon^2 + 4n_{\max}\ln(2/\delta))]/\ln[1 - (n_{\min}/n)], n\}$$

其中，$n_{\min} = \min\{n_v\}$，$n_{\max} = \max\{n_v\}$，n_v 是 v 在 S_t 中的频数。

第二步，调用算法 Sampling-and-Prep(m, Agg)，独立均匀地从 S_t 中抽取大小为 m 的随机样本 S，并计算 Sum(S)或 Dis$^+(S)$；

第三步，如果 Agg＝Sum，则输出 $\widetilde{\mathrm{Agg}} = (n/m)\mathrm{Sum}(S)$；如果 Agg＝Avg，则输出 $\widetilde{\mathrm{Agg}}=$

$(1/m)\mathrm{Sum}(S)$；如果 Agg＝D-Count，则输出

$$\widetilde{\mathrm{Agg}}=\sum_{(s,f_s)\in\mathrm{Dis}^+(S)}(1/(1-(1-f_s/m)^m))$$

其中，$1-(1-f_s/m)^m$ 是 $\Pr[s\in S]=1-(1-n_s/n)^m$ 的近似，f_s 是 s 在 S 中的频数，$m=|S|$，$n=|S_t|$。

算法(ε,δ)-Aggregation 的详细描述见 Algorithm 4.3.2。

Algorithm 4.3.2：(ε,δ)-Aggregation

输入：定义 4.3.2 的输入，$n_{\min}=\min\{n_v\}$，$n_{\max}=\max\{n_v\}$。

输出：若 Agg＝Sum，输出 $\widetilde{\mathrm{Agg}}=(n/m)\mathrm{Sum}(S)$；

若 Agg＝Avg，输出 $\widetilde{\mathrm{Agg}}=(1/m)\mathrm{Sum}(S)$；

若 Agg＝D-Count，输出 $\widetilde{\mathrm{Agg}}=\sum_{(s,f)\in\mathrm{Dis}^+(S)}(1/(1-(1-f/m)^m))$。

1. **If** （Agg＝Sum）$\lor$（Agg＝Avg）
2. **Then** $m:=\min\left\{\left\lceil\dfrac{1}{\delta\varepsilon^2}(\mathrm{up}(S_t)/\mathrm{low}(S_t)-1)\right\rceil,n\right\}$；
3. **Else** $m:=\min\{\lceil\ln[n\varepsilon^2/(n\varepsilon^2+4n_{\max}\ln(2/\delta))]/\ln[1-(n_{\min}/n)]\rceil,n\}$；
4. **If** （Agg＝Sum）$\lor$（Agg＝Sum）
5. **Then** $\mathrm{Sum}(S):=\mathrm{Sampling\text{-}and\text{-}Prep}(m,\mathrm{Sum})$；
6.   **If** （Agg＝Sum） **Then** 输出 $\widetilde{\mathrm{Agg}}=(n/m)\mathrm{Sum}(S)$；
7.   **If** （Agg＝Avg） **Then** 输出 $\widetilde{\mathrm{Agg}}=(1/m)\mathrm{Sum}(S)$；
8.   停止；
9. **If** （Agg＝D-Count）
10. **Then** $\mathrm{Dis}^+(S):=\mathrm{Sampling\text{-}and\text{-}Prep}(m,\mathrm{D\text{-}Count})$；
11. $\mathrm{SumPr}:=0$；
12.   **For** $\forall(s,f_s)\in\mathrm{Dis}^+(S)$ **Do**
13. $\mathrm{SumPr}:=\mathrm{SumPr}+1/(1-(1-f_s/m)^m)$；
14.   输出 $\widetilde{\mathrm{Agg}}=\mathrm{SumPr}$。

---

3. 算法分析

1）正确性分析

算法(ε,δ)-Aggregation 的正确性是指：算法(ε,δ)-Aggregation 输出的解 $\widetilde{\mathrm{Agg}}$ 满足 $\Pr[|\widetilde{\mathrm{Agg}}-\mathrm{Agg}(S_t)|/\mathrm{Agg}(S_t)\geqslant\varepsilon]\leqslant\delta$，其中，Agg＝Sum、Avg 或 D-Count。定理 4.3.1 已经证明了算法 Sampling-and-Prep 的正确性，即算法 Sampling-and-Prep 均匀独立地从 $S_t=\{s_1,s_2,\cdots,s_n\}$ 中抽取了大小为 m 的随机样本 $S=\{v_1,v_2,\cdots,v_m\}$。下面的定理 4.3.2、定理 4.3.3 和定理 4.3.4 及其推论证明了算法(ε,δ)-Aggregation 的正确性。在下面的讨论中，令 $\mathrm{Sum}(S_t)=\sum_{1\leqslant i\leqslant n}s_i$，$\mathrm{Sum}(S)=\sum_{1\leqslant i\leqslant m}v_i$。

引理 4.3.1 设 $S=\{v_1,v_2,\cdots,v_m\}$ 是从 $S_t=\{s_1,s_2,\cdots,s_n\}$ 独立均匀地抽取的随机样本，$\mathrm{up}(S_t)$ 是 S_t 的上界。当输入 Agg＝Sum 时，算法(ε,δ)-Aggregation 的输出 $(n/m)\mathrm{Sum}(S)$ 满足以下两个条件：

（1）$(n/m)\mathrm{Sum}(S)$ 的均值 $E[(n/m)\mathrm{Sum}(S)]=\mathrm{Sum}(S_t)$。

（2）$(n/m)\mathrm{Sum}(S)$ 的方差 $\mathrm{Var}[(n/m)\mathrm{Sum}(S)]\leqslant(\mathrm{Sum}(S_t)/m)(n\times\mathrm{up}(S_t)-\mathrm{Sum}(S_t))$。

证明：S 中的每个样本数据 v_i 均可视为一个随机变量 X_i。$\forall s_j \in S_t$, $\Pr[X_i = s_j] = 1/n$。于是，$E[X_i] = \sum\limits_{1\leqslant j\leqslant n} s_j \Pr[X_i = s_j] = (1/n)\sum\limits_{1\leqslant j\leqslant n} s_j = (1/n)\mathrm{Sum}(S_t)$。由方差的性质，有

$$\mathrm{Var}[X_i] = E[X_i^2] - E[X_i]^2$$
$$= (1/n)\sum_{1\leqslant j\leqslant n} s_j^2 - (1/n^2)\mathrm{Sum}(S_t)^2$$
$$\leqslant (1/n)\sum_{1\leqslant j\leqslant n} s_j \mathrm{up}(S_t) - (1/n^2)\mathrm{Sum}(S_t)^2$$
$$= (1/n)\mathrm{up}(S_t)\mathrm{Sum}(S_t) - (1/n^2)\mathrm{Sum}(S_t)^2$$
$$= (1/n^2)\mathrm{Sum}(S_t)(n\times\mathrm{up}(S_t) - \mathrm{Sum}(S_t))$$

从 $E[X_i] = (1/n)\mathrm{Sum}(S_t)$ 可知，

$$E[(n/m)\mathrm{Sum}(S)]$$
$$= (n/m)\sum_{1\leqslant i\leqslant m} E[X_i]$$
$$= (n/m)\sum_{1\leqslant i\leqslant m} (1/n)\mathrm{Sum}(S_t)$$
$$= \mathrm{Sum}(S_t)$$

于是，引理 4.3.1 的结论(1)得证。

从 $\mathrm{Var}[X_i]\leqslant(1/n^2)\mathrm{Sum}(S_t)(n\times\mathrm{up}(S_t)-\mathrm{Sum}(S_t))$，有

$$\mathrm{Var}[(n/m)\mathrm{Sum}(S)]$$
$$= (n^2/m^2)\sum_{1\leqslant i\leqslant m} \mathrm{Var}[X_i]$$
$$\leqslant (\mathrm{Sum}(S_t)/m)(n\times\mathrm{up}(S_t) - \mathrm{Sum}(S_t))$$

从而，引理 4.3.1 的结论(2)得证。证毕。

定理 4.3.2 设 $S = \{v_1, v_2, \cdots, v_m\}$ 是从 $S_t = \{s_1, s_2, \cdots, s_n\}$ 独立均匀地抽取的随机样本，其中 $m = \min\left\{\left\lceil\dfrac{1}{\delta\varepsilon^2}(\mathrm{up}(S_t)/\mathrm{low}(S_t)-1)\right\rceil, n\right\}$，$\mathrm{up}(S_t)$ 是 S_t 的上界，$\mathrm{low}(S_t)$ 是 S_t 的下界。当输入 $\mathrm{Agg} = \mathrm{Sum}$ 时，算法 (ε, δ)-Aggregation 的输出 $(n/m)\mathrm{Sum}(S)$ 满足

$$\Pr[|(n/m)\mathrm{Sum}(S) - \mathrm{Sum}(S_t)|/\mathrm{Sum}(S_t)|\geqslant\varepsilon]\leqslant\delta$$

证明：如果 $m = n$，则由于 $S = S_t$，$(n/m)\mathrm{Sum}(S) = \mathrm{Sum}(S_t)$。于是，由于 $\varepsilon > 0$，$\Pr[|(n/m)\mathrm{Sum}(S) - \mathrm{Sum}(S_t)|/\mathrm{Sum}(S_t)|\geqslant\varepsilon] = 0$。又由于 $\delta > 0$，有

$$\Pr[|(n/m)\mathrm{Sum}(S) - \mathrm{Sum}(S_t)|/\mathrm{Sum}(S_t)|\geqslant\varepsilon]\leqslant\delta$$

设 $m = \left\lceil\dfrac{1}{\delta\varepsilon^2}(\mathrm{up}(S_t)/\mathrm{low}(S_t)-1)\right\rceil \geqslant \dfrac{1}{\delta\varepsilon^2}(\mathrm{up}(S_t)/\mathrm{low}(S_t)-1)$。因为 $\mathrm{Sum}(S_t)\geqslant n\times\mathrm{low}(S_t)$，$m\geqslant\dfrac{1}{\delta\varepsilon^2}(n\times\mathrm{up}(S_t)/\mathrm{Sum}(S_t)-1)$，即

$$(\mathrm{Sum}(S_t)/m)(n\times\mathrm{up}(S_t) - \mathrm{Sum}(S_t))\leqslant\delta\varepsilon^2\mathrm{Sum}(S_t)^2$$

从引理 4.3.1 可知，

$$\mathrm{Var}[(n/m)\mathrm{Sum}(S)]\leqslant(\mathrm{Sum}(S_t)/m)(n\times\mathrm{up}(S_t)-\mathrm{Sum}(S_t))$$

从而，

$$\delta^{-1/2}(\mathrm{Var}[(n/m)\mathrm{Sum}(S)])^{1/2}\leqslant\varepsilon\times\mathrm{Sum}(S_t)$$

由于 $E[(n/m)\mathrm{Sum}(S)]=\mathrm{Sum}(S_t)$，根据切比雪夫不等式 $\Pr[|X-\mu|\geqslant c\sigma]\leqslant 1/c^2$（其中 μ $=E[X]$，$\sigma^2=\mathrm{Var}[X]$，$c>0$），有

$$\Pr[|(n/m)\mathrm{Sum}(S)-\mathrm{Sum}(S_t)|\geqslant\mathrm{Var}[(n/m)\mathrm{Sum}(S)])^{1/2}/\delta^{1/2}]\leqslant\delta$$

由于 $\delta^{-1/2}(\mathrm{Var}[(n/m)\mathrm{Sum}(S)])^{1/2}\leqslant\varepsilon\times\mathrm{Sum}(S_t)$，

$$\Pr[|(n/m)\mathrm{Sum}(S)-\mathrm{Sum}(S_t)|\geqslant\varepsilon\times\mathrm{Sum}(S_t)]\leqslant\delta$$

于是，

$$\Pr[|((n/m)\mathrm{Sum}(S)-\mathrm{Sum}(S_t))/\mathrm{Sum}(S_t)|\geqslant\varepsilon]\leqslant\delta$$

证毕。

引理 4.3.2 设 $S=\{v_1,v_2,\cdots,v_m\}$ 是从 $S_t=\{s_{t_1},s_{t_2},\cdots,s_{t_n}\}$ 独立均匀地抽取的随机样本，$\mathrm{up}(S_t)$ 是 S_t 的上界。当输入 $\mathrm{Agg}=\mathrm{Avg}$ 时，算法 (ε,δ)-Aggregation 的输出 $(1/m)\mathrm{Sum}(S)$ 满足以下两个条件：

(1) $E[(1/m)\mathrm{Sum}(S)]=\mathrm{Avg}(S_t)$。

(2) $\mathrm{Var}[(1/m)\mathrm{Sum}(S)]\leqslant(\mathrm{Avg}(S_t)/m)(\mathrm{up}(S_t)-\mathrm{Avg}(S_t))$。

证明：样本 S 中的每个数 v_i 均可视为一个随机变量 X_i。$\forall s_j\in S_t$，$\Pr[X_i=s_j]=1/n$。从而，有

$$E[X_i]=\sum_{1\leqslant j\leqslant n}s_j\Pr[X_i=s_j]=(1/n)\sum_{1\leqslant j\leqslant n}s_j=(1/n)\mathrm{Sum}(S_t)$$

以及

$$\mathrm{Var}[X_i]=E[X_i^2]-E[X_i]^2$$
$$=(1/n)\sum_{1\leqslant j\leqslant n}s_j^2-(1/n^2)\mathrm{Sum}(S_t)^2$$
$$\leqslant(1/n)\sum_{1\leqslant j\leqslant n}s_j\,\mathrm{up}(S_t)-(1/n^2)\mathrm{Sum}(S_t)^2$$
$$=(1/n)\mathrm{up}(S_t)\sum_{1\leqslant j\leqslant n}s_j-(1/n^2)\mathrm{Sum}(S_t)^2$$
$$=(1/n^2)\mathrm{Sum}(S_t)[n\times\mathrm{up}(S_t)-\mathrm{Sum}(S_t)]$$

从 $E[X_i]=(1/n)\mathrm{Sum}(S_t)$ 可知，

$$E[(1/m)\mathrm{Sum}(S)]$$
$$=(1/m)\sum_{1\leqslant i\leqslant m}E[X_i]$$
$$=(1/m)\sum_{1\leqslant i\leqslant m}(1/n)\mathrm{Sum}(S_t)$$
$$=(1/n)\mathrm{Sum}(S_t)$$
$$=\mathrm{Avg}(S_t)$$

于是，引理 4.3.2 的结论(1)得证。

从 $\mathrm{Var}[X_i]\leqslant(1/n^2)\mathrm{Sum}(S_t)(n\times\mathrm{up}(S_t)-\mathrm{Sum}(S_t))$，有

$$\mathrm{Var}[(1/m)\mathrm{Sum}(S)]$$
$$=(1/m^2)\sum_{1\leqslant i\leqslant m}\mathrm{Var}[X_i]$$
$$=(1/m^2)\sum_{1\leqslant i\leqslant m}(1/n^2)\mathrm{Sum}(S_t)(n\times\mathrm{up}(S_t)-\mathrm{Sum}(S_t))$$

$$\leqslant ((1/n^2)\mathrm{Sum}(S_t)/m)(n \times \mathrm{up}(S_t) - \mathrm{Sum}(S_t))$$
$$= (\mathrm{Avg}(S_t)/m)(\mathrm{up}(S_t) - \mathrm{Avg}(S_t))$$

于是,引理 4.3.2 的结论(2)得证。证毕。

定理 4.3.3　设 $S = \{v_1, v_2, \cdots, v_m\}$ 是从 $S_t = \{s_1, s_2, \cdots, s_n\}$ 独立均匀地抽取的随机样本,其中 $m = \min\left\{\left\lceil \dfrac{1}{\delta\varepsilon^2}(\mathrm{up}(S_t)/\mathrm{low}(S_t) - 1)\right\rceil, n\right\}$, $\mathrm{up}(S_t)$ 是 S_t 的上界,$\mathrm{low}(S_t)$ 是 S_t 的下界。当输入 Agg = Avg 时,算法 (ε, δ)-Aggregation 的输出 $(1/m)\mathrm{Sum}(S)$ 满足
$$\Pr[|(1/m)\mathrm{Sum}(S) - \mathrm{Avg}(S_t)|/\mathrm{Avg}(S_t)| \geqslant \varepsilon] \leqslant \delta$$

证明:如果 $m = n$, 则由于 $S = S_t$, $(1/m)\mathrm{Sum}(S) = (1/n)\mathrm{Sum}(S_t) = \mathrm{Avg}(S_t)$。由于 $\varepsilon > 0$, $\Pr[|(1/m)\mathrm{Sum}(S) - \mathrm{Avg}(S_t)|/\mathrm{Avg}(S_t)| \geqslant \varepsilon] = 0$。又由于 $\delta > 0$, 有
$$\Pr[|(1/m)\mathrm{Sum}(S) - \mathrm{Avg}(S_t)|/\mathrm{Avg}(S_t)| \geqslant \varepsilon] \leqslant \delta$$

设 $m = \left\lceil \dfrac{1}{\delta\varepsilon^2}(\mathrm{up}(S_t)/\mathrm{low}(S_t) - 1)\right\rceil \geqslant \dfrac{1}{\delta\varepsilon^2}(\mathrm{up}(S_t)/\mathrm{low}(S_t) - 1)$。因为 $\mathrm{Sum}(S_t) \geqslant n \times \mathrm{low}(S_t)$, $m \geqslant \dfrac{1}{\delta\varepsilon^2}(n \times \mathrm{up}(S_t)/\mathrm{Sum}(S_t) - 1)$, 即
$$(\mathrm{Sum}(S_t)/m)(n \times \mathrm{up}(S_t) - \mathrm{Sum}(S_t)) \leqslant \delta\varepsilon^2 \mathrm{Sum}(S_t)^2$$

从引理 4.3.2 的证明以及上式可知,
$$\mathrm{Var}[(1/m)\mathrm{Sum}(S)] \leqslant ((1/n^2)\mathrm{Sum}(S_t)/m)(n \times \mathrm{up}(S_t) - \mathrm{Sum}(S_t)) \leqslant \delta\varepsilon^2 (1/n^2)\mathrm{Sum}(S_t)^2$$

从而,
$$\delta^{-1/2}(\mathrm{Var}[(n/m)\mathrm{Sum}(S)])^{1/2} \leqslant \varepsilon \times (1/n)\mathrm{Sum}(S_t)$$

从引理 4.3.2 可知,$E[(1/m)\mathrm{Sum}(S)] = \mathrm{Avg}(S_t) = (1/n)\mathrm{Sum}(S_t)$。根据切比雪夫不等式 $\Pr[|X - \mu| \geqslant c\sigma] \leqslant 1/c^2$ (其中 $\mu = E[X]$, $\sigma^2 = \mathrm{Var}[X]$, $c > 0$), 有
$$\Pr[|(1/m)\mathrm{Sum}(S) - (1/n)\mathrm{Sum}(S_t)| \geqslant \delta^{-1/2}(\mathrm{Var}[(1/m)\mathrm{Sum}(S)])^{1/2}] \leqslant \delta$$

由于 $\delta^{-1/2}(\mathrm{Var}[(1/m)\mathrm{Sum}(S)])^{1/2} \leqslant \varepsilon \times (1/n)\mathrm{Sum}(S_t)$,
$$\Pr[|(1/m)\mathrm{Sum}(S) - (1/n)\mathrm{Sum}(S_t)| \geqslant \varepsilon \times (1/n)\mathrm{Sum}(S_t)] \leqslant \delta$$

由于 $(1/n)\mathrm{Sum}(S_t) = \mathrm{Avg}(S_t)$, 有
$$\Pr[|(1/m)\mathrm{Sum}(S) - \mathrm{Avg}(S_t)| \geqslant \varepsilon \times \mathrm{Avg}(S_t)] \leqslant \delta$$

于是,
$$\Pr[|((1/m)\mathrm{Sum}(S) - \mathrm{Avg}(S_t))/\mathrm{Avg}(S_t))| \geqslant \varepsilon] \leqslant \delta$$

证毕。

引理 4.3.3　设 $S = \{v_1, v_2, \cdots, v_m\}$ 是从 $S_t = \{s_1, s_2, \cdots, s_n\}$ 独立均匀地抽取的随机样本,$\Pr[s \in S] = 1 - (1 - n_s/n)^m$。 $\sum\limits_{(s, f_s) \in \mathrm{Dis}^+(S)} (1/\Pr[s \in S])$ 满足以下两个条件:

(1) $E\left[\sum\limits_{(s, f_s) \in \mathrm{Dis}^+(S)} (1/\Pr[s \in S])\right] = \mathrm{D\text{-}Count}(S_t)$。

(2) $\lim\limits_{m \to 0} \mathrm{Var}\left[\sum\limits_{(s, f_s) \in \mathrm{Dis}^+(S)} (1/\Pr[s \in S])\right] = 0$。

证明:以下,设 $\mathrm{Dis}(S_t)$ 是 S_t 中不同值的集合,$\mathrm{Dis}^+(S)$ 是算法 (ε, δ)-Aggregation 中的集合。$\forall s \in \mathrm{Dis}(S_t)$, 令 n_s 是 s 在 S_t 中的频数。$\forall (s, f_s) \in \mathrm{Dis}^+(S)$, f_s 表示 s 在 S 中出现的次数。显然,$\mathrm{D\text{-}Count}(S_t) = |\mathrm{Dis}(S_t)|$。

下面证明(1)。 $\forall s \in \text{Dis}(S_t), \Pr[s \in S] = \Pr[f_s > 0] = 1 - (1 - n_s/n)^m$。于是，

$$\sum_{(s, f_s) \in \text{Dis}^+(S)} (1/\Pr[s \in S]) = \sum_{(s, f_s) \in \text{Dis}^+(S)} (1/\Pr[f_s > 0])$$

$\forall s \in \text{Dis}(S_t)$，令 X_s 是如下定义的随机变量：

$$如果 f_s > 0, X_s = 1$$
$$如果 f_s = 0, X_s = 0$$

于是，

$$E\Big[\sum_{(s, f_s) \in \text{Dis}^+(S)} (1/\Pr[f_s > 0])\Big]$$

$$= E\Big[\sum_{s \in \text{Dis}(S_t)} (X_s/\Pr[f_s > 0])\Big]$$

$$= \sum_{s \in \text{Dis}(S_t)} (E[X_s]/\Pr[f_s > 0])$$

$$= \sum_{s \in \text{Dis}(S_t)} (\Pr[f_s > 0]/\Pr[f_s > 0])$$

$$= |\text{Dis}(S_t)| = \text{D-Count}(S_t)$$

于是，引理 4.3.3 的结论(1)得证。

下面证明引理 4.3.3 的结论(2)。 $\forall u, v \in \text{Dis}(S_t)$ 且 $u \neq v$，上面定义的随机变量 X_u 与 X_v 是相互独立的。于是，

$$\text{Var}\Big[\sum_{(s, f_s) \in \text{Dis}^+(S)} (1/\Pr[f_s > 0])\Big]$$

$$= \text{Var}\Big[\sum_{s \in \text{Dis}(S_t)} (X_s/\Pr[f_s > 0])\Big]$$

$$= \sum_{s \in \text{Dis}(S_t)} (\text{Var}[X_s]/(\Pr[f_s > 0])^2)$$

$$= \sum_{s \in \text{Dis}(S_t)} ((E[X_s^2] - E[X_s]^2)/(\Pr[f_s > 0])^2)$$

$$= \sum_{s \in \text{Dis}(S_t)} ((\Pr[f_s > 0] - \Pr[f_s > 0]^2)/(\Pr[f_s > 0])^2)$$

$$= \sum_{s \in \text{Dis}(S_t)} (1 - \Pr[f_s > 0])/\Pr[f_s > 0])$$

由于 $\forall s \in \text{Dis}(S_t), \Pr[s \in S] = \Pr[f_s > 0] = 1 - (1 - n_s/n)^m$，有

$$\lim_{m \to \infty} \Pr[f_s > 0] = \lim_{m \to \infty} (1 - (1 - n_s/n)^m) = 1$$

于是，

$$\lim_{m \to \infty} \text{Var}\Big[\sum_{(s, f_s) \in \text{Dis}^+(S)} (1/\Pr[f_s > 0])\Big]$$

$$= \lim_{m \to \infty} \sum_{s \in \text{Dis}(S_t)} ((1 - \Pr[f_s > 0])/\Pr[f_s > 0]) = 0$$

于是，引理 4.3.3 的结论(1)得证。证毕。

定理 4.3.4 设样本 $S = \{v_1, v_2, \cdots, v_m\}$ 是从集合 $S_t = \{s_1, s_2, \cdots, s_n\}$ 中独立均匀地抽取的样本，$m = \min\{\lceil \ln[n\varepsilon^2/(n\varepsilon^2 + 4n_{\max} \ln(2/\delta))]/\ln[1 - (n_{\min}/n)] \rceil, n\}$，$n_s$ 是 s 在 S_t 中的

频数，$n_{\min}=\min\{n_s \mid s \in S_t\}$，$n_{\max}=\max\{n_s \mid s \in S_t\}$，则 $\displaystyle\sum_{(s,f_s)\in \mathrm{Dis}^+(S)}(1/\Pr[s \in S])$ 满足

$$\Pr\Big[\Big(\Big|\sum_{(s,f_s)\in \mathrm{Dis}^+(S)}(1/\Pr[s \in S])-|\,\mathrm{Dis}(S_t)\,|\Big|\Big)/|\,\mathrm{Dis}(S_t)\,|\geqslant \varepsilon\Big]\leqslant \delta$$

其中，$\Pr[s\in S]=1/(1-(1-n_s/n)^m)$。

证明：如果 $m=n$，则

$$\sum_{(s,f_s)\in \mathrm{Dis}^+(S)}(1/\Pr[s \in S])=\sum_{s\in \mathrm{Dis}(S_t)}(1/\Pr[s \in S_t])=\sum_{s\in \mathrm{Dis}(S_t)}1=|\,\mathrm{Dis}(S_t)\,|$$

于是，$\Big|\displaystyle\sum_{(s,f_s)\in \mathrm{Dis}^+(S)}(1/\Pr[s \in S])-|\,\mathrm{Dis}(S_t)\,|\Big|/|\,\mathrm{Dis}(S_t)\,|=0$。从而，由于 $\varepsilon>0$ 且 $\delta>0$，

$$\Pr\Big[\Big|\sum_{(s,f_s)\in \mathrm{Dis}^+(S)}(1/\Pr[s \in S])-|\,\mathrm{Dis}(S_t)\,|\Big|/|\,\mathrm{Dis}(S_t)\,|\geqslant \varepsilon\Big]=0\leqslant \delta$$

设 $m=\lceil \ln[n\varepsilon^2/(n\varepsilon^2+4n_{\max}\ln(2/\delta))]/\ln[1-(n_{\min}/n)]\rceil$，则

$$m\geqslant\ln[n\varepsilon^2/(n\varepsilon^2+4n_{\max}\ln(2/\delta))]/\ln[1-(n_{\min}/n)]$$

$\forall s\in \mathrm{Dis}(S_t)$，令 X_s 和 Y_s 是如下定义的随机变量：

如果 $s\in S$，则 $X_s=1$；否则 $X_s=0$

$$Y_s=(X_s-\Pr[X_s=1])/(n\Pr[X_s=1])$$

于是，

$$\sum_{(s,f_s)\in \mathrm{Dis}^+(S)}(1/\Pr[s \in S])$$

$$=\sum_{s\in \mathrm{Dis}(S_t)}(X_s/\Pr[X_s=1])$$

$$=\sum_{s\in \mathrm{Dis}(S_t)}(nY_s+1)$$

$$=|\,\mathrm{Dis}(S_t)\,|+n\sum_{s\in \mathrm{Dis}(S_t)}Y_s \tag{4.3.1}$$

由式(4.3.1)可知，

$$\Pr\Big[\Big|\sum_{(s,f_s)\in \mathrm{Dis}^+(S)}(1/\Pr[s \in S])-|\,\mathrm{Dis}(S_t)\,|\Big|/|\,\mathrm{Dis}(S_t)\,|\geqslant \varepsilon\Big]$$

$$=\Pr\Big[|\,\mathrm{Dis}(S_t)\,|+n\sum_{s\in \mathrm{Dis}(S_t)}Y_s-|\,\mathrm{Dis}(S_t)\,|/|\,\mathrm{Dis}(S_t)\,|\geqslant \varepsilon\Big]$$

$$=\Pr\Big[\Big|n\sum_{s\in \mathrm{Dis}(S_t)}Y_s\Big|/|\,\mathrm{Dis}(S_t)\,|\geqslant \varepsilon\Big]$$

$$=\Pr\Big[(n/|\,\mathrm{Dis}(S_t)\,|)\Big|\sum_{s\in \mathrm{Dis}(S_t)}Y_s\Big|\geqslant \varepsilon\Big]$$

$$=\Pr\Big[\Big|\sum_{s\in \mathrm{Dis}(S_t)}Y_s\Big|\geqslant \varepsilon|\,\mathrm{Dis}(S_t)\,|/n\Big] \tag{4.3.2}$$

$\forall s\in \mathrm{Dis}(S_t)$，$\Pr[X_s=1]=\Pr[s\in S]=1-(1-n_s/n)^m$。由于 $f(m)=1-(1-n_s/n)^m$ 是单调递增函数且 $f(1)=n_s/n\geqslant 1/n$，所以当 $m\geqslant 1$ 时，$\Pr[X_s=1]=1-(1-n_s/n)^m\geqslant 1/n$。进而，$n\Pr[X_s=1]\geqslant 1$。

从 $Y_s=(X_s-\Pr[X_s=1])/(n\Pr[X_s=1])$ 可知，

$$E[Y_s] = E[(X_s - \Pr[X_s = 1])/(n\Pr[X_s = 1])]$$
$$= (1/(n\Pr[X_s = 1]))(E[X_s] - \Pr[X_s = 1])$$
$$= (1/(n\Pr[X_s = 1]))(\Pr[X_s = 1] - \Pr[X_s = 1])$$
$$= 0$$

于是，$|Y_s| \leqslant 1$。应用扩展的切尔诺夫不等式，有

$$\Pr\Big[\Big|\sum_{s \in \mathrm{Dis}(S_t)} Y_s\Big| \geqslant \varepsilon \mid \mathrm{Dis}(S_t) \mid /n\Big] \leqslant 2\mathrm{e}^{-\frac{|\mathrm{Dis}(S_t)|\varepsilon^2}{4n^2 \mathrm{Var}\big[\sum\limits_{s \in \mathrm{Dis}(S_t)} Y_s\big]}} \tag{4.3.3}$$

对式(4.3.1)的两边取方差可以得到

$$\mathrm{Var}\Big[\sum_{s \in \mathrm{Dis}(S_t)} Y_s\Big] = (1/n^2)\mathrm{Var}\Big[\sum_{(s,f_s) \in \mathrm{Dis}^+(S)} (1/\Pr[s \in S])\Big]$$

由式(4.3.2)和式(4.3.3)，有

$$\Pr\Big[\Big|\sum_{(s,f_s) \in \mathrm{Dis}^+(S)} (1/\Pr[s \in S]) - \mid \mathrm{Dis}(S_t) \mid \Big| / \mid \mathrm{Dis}(S_t) \mid \geqslant \varepsilon\Big]$$

$$= \Pr\Big[\Big|\sum_{s \in \mathrm{Dis}(S_t)} Y_s\Big| \geqslant (\mid \mathrm{Dis}(S_t) \mid /n)\varepsilon\Big]$$

$$\leqslant 2\mathrm{e}^{-\frac{|\mathrm{Dis}(S_t)|\varepsilon^2}{4n^2 \mathrm{Var}\big[\sum\limits_{s \in \mathrm{Dis}(S_t)} Y_s\big]}} \tag{4.3.4}$$

从 $m \geqslant \ln(n\varepsilon^2/(n\varepsilon^2 + 4n_{\max}\ln(2/\delta)))/\ln(1-(n_{\min}/n))$ 以及 $\ln(1-(n_{\min}/n)) < 0$ 可知，

$$\ln[(1-(n_{\min}/n))^m] \leqslant \ln(n\varepsilon^2/(n\varepsilon^2 + 4n_{\max}\ln(2/\delta)))$$

即

$$(1-(n_{\min}/n))^m \leqslant n\varepsilon^2/(n\varepsilon^2 + 4n_{\max}\ln(2/\delta))$$

于是，得到

$$(1-n_{\min}/n)^m/(1-(1-n_{\min}/n)^m) \leqslant (n\varepsilon^2/(n\varepsilon^2 + 4n_{\max}\ln(2/\delta)))/(1-(1-n_{\min}/n)^m)$$

由于 $1-(1-n_s/n)^m \leqslant 1/n$，

$$(1-n_{\min}/n)^m/(1-(1-n_{\min}/n)^m) \leqslant n^2\varepsilon^2/(n\varepsilon^2 + 4n_{\max}\ln(2/\delta))$$
$$\leqslant n\varepsilon^2/(n\varepsilon^2 + 4n_{\max}\ln(2/\delta))$$
$$\leqslant n\varepsilon^2/(4n_{\max}\ln(2/\delta))$$

于是，

$$(1-n_s/n)^m/(1-(1-n_s/n)^m)$$
$$\leqslant (1-n_{\min}/n)^m/(1-(1-n_{\min}/n)^m)$$
$$\leqslant n\varepsilon^2/(4n_{\max}\ln(2/\delta)) \tag{4.3.5}$$

因为 $\forall s \in \mathrm{Dis}(S_t), n_{\max} = \{n_v \mid \forall v \in \mathrm{Dis}(S_t)\} \geqslant n_s$，所以

$$n_{\max} \mid \mathrm{Dis}(S_t) \mid \geqslant \sum_{s \in \mathrm{Dis}(S_t)} n_s = n \tag{4.3.6}$$

从引理4.3.3的证明可知，

$$\mathrm{Var}\Big[\sum_{(s,f_s) \in \mathrm{Dis}^+(S)} (1/\Pr[s \in S])\Big]$$

$$= \mathrm{Var}\Big[\sum_{(s,f_s) \in \mathrm{Dis}^+(S)} (1/\Pr[f_s > 0])\Big]$$

$$= \sum_{s \in \mathrm{Dis}(S_t)} ((1-\Pr[f_s > 0])/\Pr[f_s > 0])$$

$$= \sum_{s \in \mathrm{Dis}(S_t)} ((1-n_s/n)^m/(1-(1-n_s/n)^m))$$

应用式(4.3.5)和式(4.3.6),有

$$\mathrm{Var}\Big[\sum_{(s,f_s) \in \mathrm{Dis}^+(S)} (1/\mathrm{Pr}[s \in S])\Big]$$

$$= \sum_{s \in \mathrm{Dis}(S_t)} ((1-n_s/n)^m/(1-(1-n_s/n)^m))$$

$$\leqslant \sum_{s \in \mathrm{Dis}(S_t)} [n\varepsilon^2/(4n_{\max}\ln(2/\delta))]$$

$$= |\mathrm{Dis}(S_t)| (n\varepsilon^2/(4n_{\max}\ln(2/\delta)))$$

$$\leqslant n |\mathrm{Dis}(S_t)| (\varepsilon^2/(4\ln(2/\delta)))$$

$$\leqslant |\mathrm{Dis}(S_t)| (\varepsilon^2/(4\ln(2/\delta))) \tag{4.3.7}$$

于是,

$$-|\mathrm{Dis}(S_t)| \varepsilon^2/\Big(4\mathrm{Var}\Big[\sum_{(s,f_s) \in \mathrm{Dis}^+(S)} (1/\mathrm{Pr}[s \in S])\Big]\Big) \leqslant \ln(\delta/2)$$

从前面证明的 $\mathrm{Var}\Big[\sum\limits_{s \in \mathrm{Dis}(S_t)} Y_s\Big] = (1/n^2)\mathrm{Var}\Big[\sum\limits_{(s,f_s) \in \mathrm{Dis}^+(S)} (1/\mathrm{Pr}[s \in S])\Big]$ 可知,

$$-|\mathrm{Dis}(S_t)| \varepsilon^2/\Big(4\mathrm{Var}\Big[\sum_{(s,f_s) \in \mathrm{Dis}^+(S)} (1/\mathrm{Pr}[s \in S])\Big]\Big)$$

$$= -|\mathrm{Dis}(S_t)| \varepsilon^2/\Big(4n^2\,\mathrm{Var}\Big[\sum_{s \in \mathrm{Dis}(S_t)} Y_s\Big]\Big)$$

$$\leqslant \ln(\delta/2)。 \tag{4.3.8}$$

应用式(4.3.4)和式(4.3.8),有

$$\mathrm{Pr}\Big[\Big|\sum_{(s,f_s) \in \mathrm{Dis}^+(S)} (1/\mathrm{Pr}[s \in S]) - |\mathrm{Dis}(S_t)|\,\Big|\,/\,|\mathrm{Dis}(S_t)| \geqslant \varepsilon\Big] \leqslant \delta$$

证毕。

请注意,算法 (ε,δ)-Aggregation 的第 13 步使用 $1-(1-f_s/m)^m$ 近似 $\mathrm{Pr}[s \in S]=1-(1-n_s/n)^m$。由于只要 m 充分大,$1-(1-m_s/m)^m$ 可以任意接近 $\mathrm{Pr}[s \in S]$,从而,当 m 充分大时,算法 (ε,δ)-Aggregation 能够保证其输出满足

$$\mathrm{Pr}\Big[\Big|\sum_{s \in \mathrm{Dis}(S)} (1/\mathrm{Pr}[s \in S]) - |\mathrm{Dis}(S_t)|\,\Big|\,/\,|\mathrm{Dis}(S_t)| \geqslant \varepsilon\Big] \leqslant \delta$$

于是,有如下推论。

推论 4.3.1 如果当 $m \geqslant \lambda$ 时算法 (ε,δ)-Aggregation 的输出能够满足

$$\mathrm{Pr}\Big[\Big|\sum_{s \in \mathrm{Dis}(S)} (1/\mathrm{Pr}[s \in S]) - |\mathrm{Dis}(S_t)|\,\Big|\,/\,|\mathrm{Dis}(S_t)| \geqslant \varepsilon\Big] \leqslant \delta$$

则只要令 $m = \min\{\lceil\ln[n\varepsilon^2/(n\varepsilon^2+4n_{\max}\ln(2/\delta))]/\ln[1-(n_{\min}/n)]\rceil, \lambda\}$,算法 (ε,δ)-Aggregation 的输出满足 $\mathrm{Pr}\Big[\Big|\sum\limits_{s \in \mathrm{Dis}(S)} (1/\mathrm{Pr}[s \in S]) - |\mathrm{Dis}(S_t)|\,\Big|\,/\,|\mathrm{Dis}(S_t)| \geqslant \varepsilon\Big] \leqslant \delta$。

2) 复杂性分析

现在分析算法 (ε,δ)-Aggregation 的计算复杂性,将包括算法 (ε,δ)-Aggregation 的时间复杂性和通信复杂性。

首先分析算法 (ε,δ)-Aggregation 的时间复杂性。

引理 **4.3.4** 给定簇 l 需要抽取的样本数据个数 m_l 和聚集操作 Agg，以下结论成立：

（1）如果 Agg＝Sum 或 Avg，函数 Sample-in-Cluster（m_l，Agg）的时间复杂性为 $O(m_l)$。

（2）如果 Agg＝D-Count，函数 Sample-in-Cluster（m_l，Agg）的时间复杂性为 $O(m_l \log m_l)$。

证明：从函数 Sample-in-Cluster（m_l，Agg）的实现算法可知，第 1～7 步需要 $O(m_l)$ 时间，第 8～10 步的循环需要 $O(m_l)$ 时间。

如果 Agg＝Sum 或 Avg，则算法继续执行第 11～14 步，需要 $O(m_l)$ 时间。

如果 Agg＝D-Count，则算法继续执行第 15～19 步。第 15 步需要 $O(1)$ 时间。使用适当的数据结构存储 $\mathrm{Dis}^+(S_l)$，第 16 步需要 $O(m_l)$ 时间。第 17 步需要 $O(m_l \log m_l)$ 时间。第 18 步和第 19 步需要 $O(m_l)$ 时间。于是，第 15～19 步需要 $O(m_l \log m_l)$ 时间。

综上所述，如果 Agg＝Sum 或 Avg，函数 Sample-in-Cluster（m_l，Agg）的时间复杂性为 $O(m_l)$；如果 Agg＝D-Count，函数 Sample-in-Cluster（m_l，Agg）的时间复杂性为 $O(m_l \log m_l)$。证毕。

引理 **4.3.5** 如果 wsn 的生成树的高度为 h，最大节点度为 d，而且样本 S 的大小为 m，则如下结论成立：

（1）如果 Agg＝Sum，则函数 Preprocessing（Agg）的并行时间复杂性为 $O(h+d)$。

（2）如果 Agg＝D-Count，则函数 Preprocessing（Agg）的并行时间复杂性为 $O(m(d \log m+h))$。

证明：从函数 Preprocessing（Agg）的实现算法可知，所有节点并行工作。首先分析任意节点 α 的计算时间。

下面分析当 Agg＝Sum 时 α 需要的计算时间。在第 2 步至第 4 步，α 需要 $O(1)$ 计算时间。在第 5 步至第 7 步，α 需要 $O(1)$ 计算时间。在第 8 步和第 9 步，α 需要 $O(d_\alpha)$ 计算时间，其中 d_α 是 α 的子节点数。在第 10 步至第 12 步，α 需要 $O(1)$ 计算时间。于是，当 Agg＝Sum 时，α 需要 $O(d_\alpha)$ 计算时间。由于 $d_\alpha \leqslant d$，当 Agg＝Sum 时，α 至多需要 $O(d)$ 计算时间。

现在来分析当 Agg＝D-Count 时 α 需要的计算时间。在第 2 步至第 4 步，α 需要 $O(m)$ 计算时间。在第 13 步，α 需要 $O(1)$ 计算时间。在第 14 步和第 15 步，α 需要 $O(|\mathrm{Dis}^+(\alpha)|)$ 计算时间。在第 16 步，α 需要 $O\left(\sum_{1 \leqslant j \leqslant d_\alpha}|\mathrm{Dis}^+(j)|\right)$ 计算时间。由于 $\mathrm{Dis}^+(j)$ 和 $\mathrm{Dis}^+(\alpha)$ 是有序集合，在第 18 步，α 需要 $O(\log|\mathrm{Dis}^+(\alpha)|+\log|\mathrm{Dis}^+(j)|)$ 计算时间。于是，在第 17 步和第 18 步的循环中，α 需要 $O\left(\left(\sum_{1 \leqslant j \leqslant d_\alpha}|\mathrm{Dis}^+(j)|\right)(\log|\mathrm{Dis}^+(\alpha)|+\log|\mathrm{Dis}^+(j)|)\right)$ 计算时间。由于 $|\mathrm{Dis}^+(j)| \leqslant |\mathrm{Dis}^+(\alpha)|$，在第 16 步，$\alpha$ 需要 $O(d_\alpha|\mathrm{Dis}^+(\alpha)|)$ 计算时间。在第 17 步和第 18 步的循环中，α 需要 $O(d_\alpha|\mathrm{Dis}^+(\alpha)|\log(|\mathrm{Dis}^+(\alpha)|))$ 计算时间。在第 19 步至第 21 步，α 需要 $|\mathrm{Dis}^+(\alpha)|$ 计算时间。于是，当 Agg＝D-Count 时，α 需要 $O(d_\alpha|\mathrm{Dis}^+(\alpha)|\log(|\mathrm{Dis}^+(\alpha)|)+m)$ 计算时间。由于 $d_\alpha \leqslant d$ 且 $|\mathrm{Dis}^+(\alpha)| \leqslant |\mathrm{Dis}^+(S)|$，$\alpha$ 的计算时间为 $O(d|\mathrm{Dis}^+(S)|\log(|\mathrm{Dis}^+(S)|)+m)$。进一步，由于 $|\mathrm{Dis}^+(S)| \leqslant |S|=m$，当 Agg＝D-Count 时，$\alpha$ 需要的计算时间为 $O(dm \log m)$。

现在分析函数任意节点 α 需要的通信时间。

如果 Agg＝Sum，由于 wsn 的生成树高度为 h，并行通信次数为 h 且每次通信的数据量为 $O(1)$。从而，α 所需的通信时间为 $O(h)$。

如果 Agg＝D-Count，由于 wsn 的生成树高度为 h，并行通信次数为 h 且每次传输数据量为 $O(|\mathrm{Dis}^+(S)|)$，α 需要 $O(h|\mathrm{Dis}^+(S)|)$ 通信时间。由于 $|\mathrm{Dis}^+(S)| \leqslant |S| = m$，$\alpha$ 需要 $O(hm)$ 通信时间。

综上所述，当 Agg＝Sum 时，函数 Preprocessing(Agg) 的并行时间复杂性为 $O(h+d)$；当 Agg＝D-Count 时，函数 Preprocessing(Agg) 的并行时间复杂性为 $O(dm\log m + hm) = O(m(d\log m + h))$。证毕。

引理 4.3.6　如果 wsn 具有 k 个簇，其生成树高度为 h，生成树中最大节点入度为 d，而且样本 S 的大小为 m，则下面的结论成立：

（1）如果 Agg＝Sum 或 Agg＝Avg，则函数 Sample-and-Prep(m, Agg) 的并行时间复杂性为 $O(km+h+d)$。

（2）如果 Agg＝D-Count，则函数 Sample-and-Prep(m, Agg) 的并行时间复杂性为 $O((k+d)m\log m + mh)$。

证明： 函数 Sample-and-Prep(m, Agg) 的实现算法的第 1 和第 2 步循环需要 $O(m)$ 时间。由引理 4.3.4 以及各簇并行工作可知，在第 3 步至第 6 步的循环中，第 4 步需要 $O(m)$ 时间，第 5 步需要 $O(1)$ 时间，若 Agg＝Sum 或 Agg＝Avg，第 6 步需要 $O(m_l)$ 时间，若 Agg＝D-Count，第 6 步需要 $O(m_l\log m_l)$ 时间。总之，若 Agg＝Sum 或 Agg＝Avg，第 3 步至第 6 步的循环需要 $O(km_l+m)$ 时间，若 Agg＝D-Count，第 3 步至第 6 步的循环需要 $O(m+km_l\log m_l)$ 时间。由于 $m_l \leqslant m$，第 3 步至第 6 步需要 $O(km)$ 或 $O(km\log m)$ 时间。于是，第 1 步至第 6 步需要 $O(km)$ 或 $O(km\log m)$ 时间。

如果 Agg＝Sum 或 Agg＝Avg，则算法执行第 7 步至第 9 步。由引理 4.3.5，第 7 步至第 9 步需要 $O(h+d)$ 时间。

如果 Agg＝D-Count，则算法执行第 11 步和第 12 步。由引理 4.3.5，第 11 步和第 12 步需要 $O(m(d\log m + h))$ 时间。

综上所述，如果 Agg＝Sum 或 Agg＝Avg，函数 Sample-and-Prep(m, Agg) 的时间复杂性为 $O(km+h+d)$；如果 Agg＝D-Count，函数 Sample-and-Prep(m, Agg) 的时间复杂性为 $O(km\log m + m(d\log m + h)) = O((k+d)m\log m + mh)$。证毕。

定理 4.3.5　如果 wsn 具有 k 个簇，其生成树高度为 h，生成树中的最大节点入度为 d，并且输入数据集合 S_t 的大小为 n，则如下结论成立：

（1）如果 Agg＝Sum 或 Agg＝Avg，算法 (ε,δ)-Aggregation 的并行时间复杂性为 $O(km+h+d)$，其中 $m = \min\left\{\left\lceil \dfrac{1}{\delta\varepsilon^2}(\mathrm{up}(S_t)/\mathrm{low}(S_t)-1)\right\rceil,\ n\right\}$。

（2）如果 Agg＝D-Count，算法 (ε,δ)-Aggregation 的并行时间复杂性为 $O((k+d)m\log m + mh)$，其中 $m = \min\{\lceil \ln[n\varepsilon^2/(n\varepsilon^2+4n_{\max}\ln(2/\delta))]/\ln[1-(n_{\min}/n)]\rceil,\ n\}$。

证明： 算法 (ε,δ)-Aggregation 的第 1 步至第 3 步需要 $O(1)$ 时间。

如果 Agg＝Sum 或 Agg＝Avg，算法执行第 4 步至第 8 步。由引理 4.3.6 可知，第 4 步至第 8 步需要 $O(km+h+d)$，其中 m 是由第 2 步确定的随机样本 S 的大小。于是，如果

Agg＝Sum 或 Agg＝Avg，则算法(ε,δ)-Aggregation 的并行时间复杂性为 $O(km+h+d)$。

如果 Agg＝D-Count，则算法执行第 9 步至第 14 步。由引理 4.3.6.可知，第 10 步需要 $O((k+d)m\ \log\ m+mh)$ 时间，第 11 步需要 $O(1)$ 时间，第 12 步与第 13 步的循环需要 $|\mathrm{Dis}^+(S)|$ 时间。由于 $|\mathrm{Dis}^+(S)|\leqslant|S|=m$，第 12 步与第 13 步的循环需要 $O(m)$ 时间。第 14 步需要 $O(1)$ 时间。从而，如果 Agg＝D-Count，算法(ε,δ)-Aggregation 的并行时间复杂性为 $O((k+d)m\ \log\ m+mh)$。证毕。

从定理 4.3.4，可以直接得到如下 3 个推论。

推论 4.3.2 如果视 k、h 和 d 为常数，则算法(ε,δ)-Aggregation 的时间复杂性为 $O(m\ \log\ m)$。

推论 4.3.3 当算法(ε,δ)-Aggregation 的输入 Agg＝Sum 或 Agg＝Avg 时，如果视 k、h 和 d 为常数，并且 $\left\lceil\dfrac{1}{\delta\varepsilon^2}(\mathrm{up}(S_t)/\mathrm{low}(S_t)-1)\right\rceil<n$，则算法$(\varepsilon,\delta)$-Aggregation 的并行时间复杂性为 $O\left(\dfrac{1}{\delta\varepsilon^2}\log\dfrac{1}{\delta\varepsilon^2}\right)$。

证明：从算法的第 1 步和第 2 步可知，当推论条件成立时，

$$m=\left\lceil\frac{1}{\delta\varepsilon^2}(\mathrm{up}(S_t)/\mathrm{low}(S_t)-1)\right\rceil$$

由于 $(\mathrm{up}(S_t)/\mathrm{low}(S_t)-1)$ 是常数，所以 $m=O\left(\dfrac{1}{\delta\varepsilon^2}\right)$。根据推论 4.3.2，算法$(\varepsilon,\delta)$-Aggregation 的并行时间复杂性为 $O\left(\dfrac{1}{\delta\varepsilon^2}\log\dfrac{1}{\delta\varepsilon^2}\right)$。证毕。

推论 4.3.4 当算法(ε,δ)-Aggregation 的输入 Agg＝D-count 时，如果视 k、h 和 d 为常数，$n/(n-n_{\min})>\mathrm{e}$，并且 $\left\lceil\ln[n\varepsilon^2/(n\varepsilon^2+4n_{\max}\ln(2/\delta))]/\ln[1-(n_{\min}/n)]\right\rceil<n$，则算法$(\varepsilon,\delta)$-Aggregation 的并行时间复杂性为 $O(\ln(\ln(2/\delta)/\varepsilon^2)\times\log(\ln(\ln(2/\delta)/\varepsilon^2)))$。

证明：从算法的第 3 步可知，当推论条件成立时，

$$\begin{aligned}m&=\left\lceil\ln[n\varepsilon^2/(n\varepsilon^2+4n_{\max}\ln(2/\delta))]/\ln[1-(n_{\min}/n)]\right\rceil\\&=\left\lceil-\ln[1/(1+4n_{\max}\ln(2/\delta)/n\varepsilon^2)]/\ln(n-n_{\min})/n)\right\rceil\\&=\left\lceil\ln(1+4n_{\max}\ln(2/\delta)/n\varepsilon^2)/(\ln(n/(n-n_{\min}))\right\rceil\end{aligned}$$

由于 $n/(n-n_{\min})>\mathrm{e}$，$m<\left\lceil\ln(1+4n_{\max}\ln(2/\delta)/n\varepsilon^2)\right\rceil\leqslant\left\lceil\ln(1+4\ln(2/\delta)/\varepsilon^2)\right\rceil$，即

$$m=O(\ln(1+4\ln(2/\delta)/\varepsilon^2))=O(\ln(\ln(2/\delta)/\varepsilon^2))$$

从而根据推论 4.3.2，算法(ε,δ)-Aggregation 的并行时间复杂性为

$$O(\ln(\ln(2/\delta)/\varepsilon^2)\times\log(\ln(\ln(2/\delta)/\varepsilon^2)))$$

证毕。

推论 4.3.3 和推论 4.3.2 表明，算法(ε,δ)-Aggregation 不仅是亚线性时间算法，而且它的时间复杂性与 n 无关。

现在分析算法(ε,δ)-Aggregation 的通信复杂性。一个算法的通信复杂性被定义为该算法在执行过程中需要传输的数据量。下面的定理 4.3.5 给出了算法(ε,δ)-Aggregation 的通信复杂性。

定理 4.3.6 设无线传感网 wsn 具有 k 个簇，wsn 的生成树高度为 h，并且算法(ε,δ)-

Aggregation 从输入数据集合 S_t 中抽取的样本 S 的大小为 m，则算法 (ε,δ)-Aggregation 的通信复杂性为 $O((h+k)m)$。

证明：从函数 Sample-in-Cluster$(m_l,\ \text{Agg})$ 的实现算法可知，该函数需要传输的数据量为 $O(m_l)$。

从引理 4.3.5 的证明可知，函数 Preprocessing(Agg) 需要传输的数据量为 $O(hm)$。

从函数 Sample-and-Prep$(m_l,\ \text{Agg})$ 的实现算法可知，该函数 k 次调用函数 Sample-in-Cluster$(m_l,\ \text{Agg})$，需要的数据传输量为 $O(m_1+m_2+\cdots+m_k)=O(km)$。该函数还调用一次函数 Preprocessing(Agg)，需要传输的数据量为 $O(hm)$。总之，函数 Sample-and-Prep$(m_l,\ \text{Agg})$ 的数据传输量为 $O((h+k)m)$。

算法 (ε,δ)-Aggregation 仅调用一次函数 Sample-and-Prep$(m_l,\ \text{Agg})$，其数据传输量为 $O((h+k)m)$，即算法 (ε,δ)-Aggregation 的通信复杂性为 $O((h+k)m)$。证毕。

4.3.3 基于伯努利抽样的近似聚集算法

4.3.2 节讨论了基于均匀抽样的近似聚集算法 (ε,δ)-Aggregation。这个算法在静态无线传感网环境中具有很高的性能。但是，它需要 Sink 随时掌握每个簇中处于活动状态的节点数量，不适用于动态无线传感网。在动态无线传感网中，很多节点是可移动的，很多节点会处于睡眠状态，很多节点也可能由于能量耗尽等原因而处于死亡状态。节点的这些动态变化将造成簇内处于活动状态（或可工作）节点数量的不断变化。如果在动态无线传感网中应用算法 (ε,δ)-Aggregation，则 Sink 在每个时间片都需要统计各个簇中处于活动状态的节点数量，将消耗大量的能量，降低系统性能和网络生命周期。为了有效地解决这个问题，本章介绍一种适用于动态无线传感网的基于伯努利抽样的 (ε,δ)-近似聚集算法。

1. 问题定义

设 wsn 是具有单个 Sink 的动态无线传感网，N 是 t 时刻 wsn 中处于活动状态的节点个数，每个节点具有一个唯一编号 $i\in\{1,2,\cdots,N\}$。与 4.3.2 节不同，N 是动态变化的，并且对于 Sink 来说 N 是未知的。定义 $\text{up}(N)$ 是 N 的上界，$\text{low}(N)$ 是 N 的下界。

设 wsn 覆盖的区域被划分成 k 个互不相交的网格。每个网格中的节点集合称为一个节点簇，每个簇有一个节点作为簇头。于是，wsn 被划分为 k 个不相交节点簇 $C_1,C_2,\cdots,C_k$。令 N_i 是 t 时刻簇 C_i 中处于活动状态的节点个数。显然，$N=|N_1|+|N_2|+\cdots+|N_k|$。与 4.3.2 节不同，$N$ 和 N_i 是动态变化的，并且对于 Sink 来说 N 和 N_i 都是未知的。

令 $S_t=\{s_1,s_2,\cdots,s_N\}$ 是 t 时刻 wsn 的感知数据集合，并且 S_t 分布式地存储在 N 个节点上。由于不同的节点在同一时刻感知的数据可能相同，所以 S_t 是一个具有重复值的集合。定义 $\text{up}(S_t)$ 是 S_t 的上界，$\text{low}(S_t)$ 是 S_t 的下界。

与 4.3.2 节相同，这里仍然假设 S_t 中所有感知数据均大于 0。本节的算法很容易扩展到感知数据小于 0 的网络中，只需为每个感知数据加上一个充分大的正数即可。

本节考虑的聚集操作仍然主要是求 S_t 的和、平均值和精确计数。S_t 的和定义为 $\text{Sum}(S_t)=\sum\limits_{1\leqslant i\leqslant N}s_i$。$S_t$ 的平均值定义为 $\text{Avg}(S_t)=(1/N)\sum\limits_{1\leqslant i\leqslant N}s_i$。$S_t$ 的精确计数与 4.3.2 节的无重复计数不同，定义为 $\text{Count}(S_t)=|S_t|=N$。

本节的问题与 4.3.2 节的问题基本相同，其定义如下。

定义 4.3.3　给定一个如上所述的无线传感网 wsn,wsn 的感知数据聚集问题(简称聚集问题)的定义如下:

输入:(1) 具有一个 Sink 的 wsn 及其生成树通信协议。

(2) wsn 的 k 个簇$\{C_1,C_2,\cdots,C_k\}$。

(3) t 时刻 wsn 的 N 个活动节点感知的数据集合 $S_t=\{s_1,s_2,\cdots,s_N\}$。

输出:$\mathrm{Agg}(S_t)$,其中 Agg=Sum、Avg 或 Count。

类似于 4.3.2 节,定义无线传感网感知数据近似聚集问题如下。

定义 4.3.4　给定一个如上所述的无线传感网 wsn,wsn 的感知数据(ε,δ)-近似聚集问题(简称(ε,δ)-近似聚集问题)的定义如下:

输入:(1) 具有一个 Sink 的 wsn 及其生成树通信协议。

(2) wsn 的 k 个簇$\{C_1,C_2,\cdots,C_k\}$。

(3) t 时刻 wsn 的 N 个活动节点感知的数据集 $S_t=\{s_1,s_2,\cdots,s_N\}$。

(4) $\mathrm{up}(N)$,$\mathrm{low}(N)$,$\mathrm{up}(S_t)$,$\mathrm{low}(S_t)$,其中 N 是 wsn 中的活动节点数。

(5) $1\geqslant\varepsilon\geqslant0$,$1\geqslant\delta\geqslant0$。

输出:$\widetilde{\mathrm{Agg}}(S_t)$,满足 $\Pr[|\widetilde{\mathrm{Agg}}(S_t)-\mathrm{Agg}(S_t)|/\mathrm{Agg}(S_t)\geqslant\varepsilon]\leqslant\delta$,其中 Agg=Sum、Avg 或 Count。

本节集中研究(ε,δ)-近似聚集问题求解算法的设计与分析。

2. 算法设计

现在设计求解(ε,δ)-近似聚集问题的基于伯努利抽样的算法,简记为(ε,δ)-Bnl-Aggregation。给定近似聚集问题的输入,算法(ε,δ)-Bnl-Aggregation 分为如下两步计算近似聚集结果。

第一步,伯努利抽样与预处理。首先,确定抽样概率 p;然后,根据抽样概率独立地从 wsn 的 N 个活动节点感知的数据集合 S_t 中抽取伯努利样本 S,并分布式地计算 $\mathrm{App\text{-}Sum}(S)=(1/p)\sum_{v\in S}v$ 和 $\mathrm{App\text{-}Count}(S)=(1/p)|S|$。

第二步,计算 $\mathrm{Agg}(S_t)$ 的近似值 $\widetilde{\mathrm{Agg}}$。Sink 使用第一步获得的 $\mathrm{App\text{-}Sum}(S)$ 和 $\mathrm{App\text{-}Count}(S)$ 计算 Agg 的近似值$\widetilde{\mathrm{Agg}}$。

下面分别设计伯努利抽样与预处理以及(ε,δ)-Bnl-Aggregation 算法。

1) 伯努利抽样与预处理算法

设 D 是一个数据集合,p 是一个任意概率值。D 的一个伯努利样本 S 如下:$\forall d\in D$,$\Pr[d\in S]=p$,$\Pr[d\notin S]=1-p$,并且 $\forall d_1,d_2\in D$,事件$[(d_1\in S)\vee(d_1\notin S)]$ 与事件$[(d_2\in S)\vee(d_2\notin S)]$相互独立。从 D 中抽取伯努利样本 S 的过程称为伯努利抽样。现在设计从 S_t 中抽取伯努利样本 S 并对 S 进行预处理的分布式算法,记作 Bnl-Sampling-and-Prep(p,Agg)。

给定抽样概率 p 和聚集操作 Agg,算法 Bnl-Sampling-and-Prep(p,Agg)如下独立地从 S_t 中抽取伯努利样本 S 并对 S 进行预处理:

(1) 对于 $1\leqslant l\leqslant k$,Sink 使用 wsn 生成树路由协议,把抽样概率 p 发送到簇 C_l 的簇头节点 head_l。

(2) 对于 $1\leqslant l\leqslant k$,head_l 收到 p 以后,如下抽取样本 S 的子集 S_l:

① head_l 发送 p 到簇 C_l 的所有活动节点。

② C_l 的每个活动节点收到 p 以后,以概率 p 将自身的感知数据作为样本数据发送给 head_l。

(3) 对于 $1\leqslant l\leqslant k$,C_l 的簇头节点 head_l 收到本簇抽取的样本数据集合 S_l 之后,对 S_l

进行如下部分聚集计算：

① App-Sum$(S_l):=(1/p)\sum_{v\in S_l}v$。

② App-Count$(S_l):=(1/p)|S_l|$。

③ 在 head_l 本地存储$(p$，App-Sum(S_l)，App-Count$(S_l))$。

（4）通过 wsn 的生成树协议向 Sink 传输$\{(p$，App-Sum(S_l)，App-Count$(S_l))\}$，并在传输过程中继续进行部分聚集计算，直至 Sink 收到并计算出 App-Sum$(S)=(1/p)\sum_{v\in S}v$ 与 App-Count$(S)=(1/p)|S|$，其中 $S=S_1\bigcup S_2\bigcup\cdots\bigcup S_k$ 是 S_l 的伯努利样本。

算法 Sampling-and-Prep 的详细描述见 Algorithm 4.3.3。

Algorithm 4.3.3：Bnl-Sampling-and-Prep$(p$，Agg$)$

输入：（1）抽样概率 p，聚集分析操作 Agg。

（2）与定义 4.3.4 的输入相同。

输出：App-Sum$(S)=(1/p)\sum_{v\in S}v$ 和 App-Count$(S)=(1/p)|S|$，其中 S 是从 S_l 中独立地抽取的伯努利样本。

1.　**For** $1\leqslant l\leqslant k$ **Do**

2.　　　Sink 将 p 发送到簇 C_l 的簇头节点 head_l；

　　　　/∗ 每个簇并行地进行簇内随机抽样 ∗/

3.　**For** $1\leqslant l\leqslant k$ **Do**

4.　　　head_l 广播 p 到簇 C_l 内的所有活动节点；

5.　　　**For** ∀ 活动节点 $\alpha\in C_l$ **Do**；/∗ 所有节点并行工作 ∗/

6.　　　　　α 产生随机数 $r\in[0,1]$；

7.　　　　　**If** $r\leqslant p$ **Then** α 发送它的感知数据 s_α 到 head_l；

8.　　　head_l 接收簇 C_l 中所有活动节点的数据并存储到 S_l；

9.　　　head_l 计算 App-Sum$(S_l):=(1/p)\sum_{s\in S_l}s$，App-Count$(S_l):=(1/p)|S_l|$；

10.　　head_l 存储$(p$，App-Sum(S_l)，App-Count$(S_l))$；

　　　　/∗ 计算 App-Sum(S)和 App-Count(S) ∗/

11.　**For** wsn 中每个活动节点 α **Do**　/∗ 所有节点并行执行 ∗/

12.　　**If** α 不是簇头节点

13.　　**Then** App-Sum$(\alpha):=0$，App-Count$(\alpha):=0$；

14.　　**Else** App-Sum$(\alpha):=$App-Sum(S_α)，App-Count$(\alpha):=$App-Count(S_α)；

15.　　**If** α 是叶节点

16.　　**Then**　发送 App-Sum(α)和 App-Count(α)到其父节点；

17.　　**Else**　接收 SonSum$=\{$App-Sum$(j)\,|\,j$ 是 α 的子节点$\}$；

18.　　　　接收 SonCount$=\{$App-Count$(j)\,|\,j$ 是 α 的子节点$\}$；

19.　　　　App-Sum$(\alpha):=$App-Sum$(\alpha)+\sum_{\text{App-Sum}(j)\in\text{SonSum}}$App-Sum$(j)$；

20.　　　　App-Count$(\alpha):=$App-Count$(\alpha)+\sum_{\text{App-Count}(j)\in\text{SonCount}}$App-Count$(j)$；

21.　　　　存储$(p$，App-Sum(α)，App-Count$(\alpha))$；

22.　　　　**If**　α 是 Sink

23.　　　　**Then**　返回 App-Sum$(S)=$App-Sum(α)，

24.　　　　　　返回 App-Count$(S)=$App-Count(α)，停止；

25.　　　　**Else**　发送 App-Sum(α)与 App-Count(α)到 α 的父节点.

从算法 Bnl-Sampling-and-Prep 的第 1～7 步可知，算法产生了 S_l 的一个随机样本 $S=$

$S_1 \bigcup S_2 \cdots \bigcup S_k$。为了确保算法的正确性,需要证明 S 是 S_t 的伯努利样本。

定理 4.3.7　令 $S_t = \{s_1, s_2, \cdots, s_N\}$ 是 t 时刻 wsn 中所有活动节点的感知数据集合,$S = S_1 \bigcup S_2 \cdots \bigcup S_k$ 是算法 Bnl-Sampling-and-Prep 产生的随机样本,则 S 是 S_t 的伯努利样本。

证明:从算法的第 6 步和第 7 步可以看到,$\forall s \in S_t$,$\Pr(s \in S) = p$,$\Pr(s \notin S) = 1 - p$。$\forall s_1, s_2 \in S_t$,如果 $s_1 \neq s_2$,则显然事件 $[(s_1 \in S) \vee (s_1 \notin S)]$ 与事件 $[(s_2 \in S) \vee (s_2 \notin S)]$ 相互独立。于是,S 是 S_t 的伯努利样本。证毕。

从算法的第 9 步和第 11 ~ 26 步可知,算法返回 App-Sum$(S) = (1/p) \sum\limits_{v \in S} v$ 和 App-Count$(S) = (1/p)|S|$。

2) 算法 (ε, δ)-Bnl-Aggregation

设 S 是算法 Bnl-Sampling-and-Prep 从 S_t 中抽取的伯努利样本。算法 Bnl-Sampling-and-Prep 结束时,Sink 已经计算并存储了

$$\text{App-Sum}(S) = (1/p) \sum_{v \in S} v$$

$$\text{App-Count}(S) = (1/p)|S|$$

算法 (ε, δ)-Bnl-Aggregation 使用 App-Sum(S) 和 App-Count(S) 完成近似聚集问题的求解。算法 (ε, δ)-Bnl-Aggregation 的详细描述见 Algorithm 4.3.4。

Algorithm 4.3.4:(ε, δ)-Bnl-Aggregation

输入:与定义 4.3.4 的输入相同。

输出:若 Agg = Sum,输出 App-Sum$(S) = (1/p) \sum\limits_{s \in S} s$。

　　　若 Agg = Count,输出 App-Count$(S) = (1/p)|S|$。

　　　若 Agg = Avg,输出 App-Avg$(S) = $ App-Sum$(S)/$App-Count(S)。

1.　**If**　Agg = Sum
2.　**Then**　$p := (\delta^{-1} \text{up}(S_t))/(\varepsilon^2 \text{low}(N)\text{low}(S_t) + \text{up}(S_t)\delta^{-1})$;
3.　　　　Bnl-Sampling-and-Prep(p, Sum);
4.　　　　输出 App-Sum(S),停止;
5.　**If**　Agg = Count
6.　**Then**　$p := \delta^{-1}/(\varepsilon^2 \text{low}(N) + \delta^{-1})$;
7.　　　　Bnl-Sampling-and-Prep(p, Count);
8.　　　　输出 App-Count(S),停止;
9.　**If**　Agg = Avg
10.　**Then**　$\mu := \delta/2$;$\lambda := \varepsilon/(2+\varepsilon)$;
11.　　　　$p := (\mu^{-1} \text{up}(S_t))/(\lambda^2 \text{low}(N)\text{low}(S_t) + \text{up}(S_t)\mu^{-1})$;
12.　　　　App-Sum$(S) := $ Bnl-Sampling-and-Prep(p, Sum);
13.　　　　$p := \mu^{-1}/(\lambda^2 \text{low}(N) + \mu^{-1})$;
14.　　　　App-Count$(S) := $ Bnl-Sampling-and-Prep(p, Count);
15.　　　　输出 App-Avg$(S) := $ App-Sum$(S)/$App-Count(S),停止.

---

3. 算法分析

1) 算法的正确性分析

首先分析算法 (ε, δ)-Bnl-Aggregation 的正确性。算法的正确性是指算法输出的解 App-Agg(S) 满足

$$\Pr[|\text{App-Agg}(S) - \text{Agg}(S_t)|/\text{Agg}(S_t) \geqslant \varepsilon] \leqslant \delta$$

其中，Agg＝Sum、Avg 或 Count。定理 4.3.7 已经证明了算法 Bnl-Sampling-and-Prep 的正确性，即算法正确地产生了 $S_t = \{s_1, s_2, \cdots, s_n\}$ 的伯努利样本 S。下面的定理 4.3.8、定理 4.3.9 和定理 4.3.10 证明了算法 (ε, δ)-Bnl-Aggregation 的正确性。在以下的讨论中，令

$$\text{Sum}(S_t) = \sum_{1 \leqslant i \leqslant N} s_i$$

$$\text{Avg}(S_t) = (1/N) \sum_{1 \leqslant i \leqslant N} s_i$$

$$\text{Count}(S_t) = |S_t| = N$$

$$\text{App-Sum}(S) = (1/p) \sum_{s \in S} s$$

$$\text{App-Count}(S) = (1/p) |S|$$

$$\text{App-Avg}(S) = \text{App-Sum}(S)/\text{App-Count}(S) = (1/|S|) \sum_{s \in S} s$$

引理 4.3.7　设 S 是抽样概率为 p 的 $S_t = \{s_1, s_2, \cdots, s_N\}$ 的伯努利样本，$\text{up}(S_t)$ 是 S_t 的上界。当输入 Agg＝Sum 时，算法 (ε, δ)-Bnl-Aggregation 的输出 $\text{App-Sum}(S) = (1/p) \sum_{s \in S} s$ 满足以下两个条件：

(1) App-Sum(S) 的均值 $E[\text{App-Sum}(S)] = \text{Sum}(S_t)$。

(2) App-Sum(S) 的方差 $\text{Var}[\text{App-Sum}(S)] \leqslant \text{up}(S_t)\text{Sum}(S_t)(1-p)/p$。

证明：$\forall s_i \in S_t$，定义随机变量 X_i 如下。如果 $s_i \in S$，则 $X_i = 1$；否则 $X_i = 0$。显然，$X_1, X_2, \cdots, X_N$ 是一个独立同分布的随机变量序列，$\Pr[X_i = 1] = p$，$\Pr[X_i = 0] = 1 - p$，$E[X_i] = p$，$\text{Var}[X_i] = p(1-p)$。由于 S 是 S_t 的伯努利样本，对于 S_t 中任意 $s_i \neq s_j$，X_i 和 X_j 相互独立。于是，有

$$\text{App-Sum}(S) = (1/p) \sum_{s \in S} s = (1/p) \sum_{s_i \in S_t} s_i X_i$$

于是，

$$E[\text{App-Sum}(S)] = (1/p) \sum_{s_i \in S_t} s_i E[X_i] = \sum_{s_i \in S_t} s_i = \text{Sum}(S_t)$$

$$\text{Var}[\text{App-Sum}(S)] = (1/p^2) \sum_{s_i \in S_t} s_i^2 \text{Var}[X_i] = ((1-p)/p) \sum_{s_i \in S_t} s_i^2$$

$$\leqslant ((1-p)/p)\text{up}(S_t) \sum_{s_i \in S_t} s_i$$

$$= \text{up}(S_t)\text{Sum}(S_t)(1-p)/p$$

证毕。

定理 4.3.8　设 $p \geqslant (\delta^{-1}\text{up}(S_t)/(\varepsilon^2\text{low}(N)\text{low}(S_t) + \text{up}(S_t)\delta^{-1})$，$S$ 是以抽样概率为 p 从 $S_t = \{s_1, s_2, \cdots, s_n\}$ 中抽取的伯努利样本。当输入 Agg＝Sum 时，算法 (ε, δ)-Bnl-Aggregation 的输出 $\text{App-Sum}(S) = (1/p) \sum_{s \in S} s$ 满足

$$\Pr[|\text{App-Sum}(S) - \text{Sum}(S_t)|/\text{Sum}(S_t)| \geqslant \varepsilon] \leqslant \delta$$

证明：由 $p \geqslant (\delta^{-1}\text{up}(S_t)/(\varepsilon^2\text{low}(N)\text{low}(S_t) + \text{up}(S_t)\delta^{-1})$ 可知，

$$\varepsilon^2\text{low}(N)\text{low}(S_t) \geqslant \delta^{-1}\text{up}(S_t)(1-p)/p$$

因为 low(N) 是 N 的下界，$\text{low}(S_t)$ 是 S_t 的下界，所以 $\text{Sum}(S_t) = \sum_{1 \leqslant i \leqslant N} s_i \geqslant \text{low}(N) \times$

$low(S_t)$。于是，

$$\varepsilon^2 Sum(S_t) \geqslant \varepsilon^2 low(N) low(S_t) \geqslant \delta^{-1} up(S_t)(1-p)/p \tag{4.3.9}$$

从引理 4.3.7 可知，$Var[App\text{-}Sum(S)] \leqslant up(S_t)Sum(S_t)(1-p)/p$。结合式(4.3.9)，有

$$\delta^{-1/2}(Var[App\text{-}Sum(S)])^{1/2} \leqslant \varepsilon \times Sum(S_t) \tag{4.3.10}$$

由引理 4.3.7，$E[App\text{-}Sum(S)] = Sum(S_t)$。于是，有

$$Pr[|App\text{-}Sum(S) - Sum(S_t)| \geqslant \varepsilon \times Sum(S_t)]$$
$$= Pr[|App\text{-}Sum(S) - E[App\text{-}Sum(S)]| \geqslant \varepsilon \times Sum(S_t)]$$

从式(4.3.10)可知，

$$Pr[|App\text{-}Sum(S) - E[App\text{-}Sum(S)]| \geqslant \varepsilon \times Sum(S_t)]$$
$$\leqslant Pr[|App\text{-}Sum(S) - Sum(S_t)| \geqslant \delta^{-1/2}(Var[App\text{-}Sum(S)])^{1/2}]$$

根据切比雪夫不等式 $Pr[|X - E[X]| \geqslant \lambda] \leqslant (1/\lambda^2)Var[X]$，有

$$Pr[|App\text{-}Sum(S) - E[App\text{-}Sum(S)]| \geqslant \delta^{-1/2}(Var[App\text{-}Sum(S)])^{1/2}] \leqslant \delta$$

于是，根据式(4.3.10)，有

$$Pr[|App\text{-}Sum(S) - Sum(S_t)|/Sum(S_t) \geqslant \varepsilon]$$
$$= Pr[|App\text{-}Sum(S) - E[App\text{-}Sum(S)]| \geqslant \varepsilon \times Sum(S_t)]$$
$$\leqslant Pr[|App\text{-}Sum(S) - E[App\text{-}Sum(S)]| \geqslant \delta^{-1/2}(Var[App\text{-}Sum(S)])^{1/2}]$$
$$\leqslant \delta$$

证毕。

引理 4.3.8 设 S 是从 $S_t = \{s_1, s_2, \cdots, s_n\}$ 中抽取的伯努利样本。当输入 $Agg = Count$ 时，算法 (ε, δ)-Bnl-Aggregation 的输出 $App\text{-}Count(S) = (1/p)|S|$ 满足以下两个条件：

(1) $App\text{-}Count(S)$ 的均值 $E[App\text{-}Count(S)] = Count(S_t) = N$。

(2) $App\text{-}Count(S)$ 的方差 $Var[App\text{-}Count(S)] = N(1-p)/p$。

证明：由于 S 是 S_t 的一个伯努利样本，$|S|$ 是随机变量，$|S|$ 服从参数为 N 和 p 的二项分布。于是，$E[|S|] = pN$，$Var[|S|] = p(1-p)N$。从 $App\text{-}Count(S) = (1/p)|S|$ 可知：

$$E[App\text{-}Count(S)] = (1/p)E[|S|] = N$$
$$Var[App\text{-}Count(S)] = (1/p)^2 Var[|S|] = N(1-p)/p$$

证毕。

定理 4.3.9 设 S 是以 $p \geqslant \delta^{-1}/(\varepsilon^2 low(N) + \delta^{-1})$ 为抽样概率的 $S_t = \{s_1, s_2, \cdots, s_N\}$ 的伯努利样本。当输入 Agg 为 $Count$ 时，算法 (ε, δ)-Bnl-Aggregation 的输出结果 $App\text{-}Count(S) = (1/p)|S|$ 满足 $Pr[|App\text{-}Count(S) - Count(S_t)|/Count(S_t)| \geqslant \varepsilon] \leqslant \delta$。

证明：从 $p \geqslant \delta^{-1}/(\varepsilon^2 low(N) + \delta^{-1})$ 可知，$low(N)\varepsilon^2/\delta^{-1} \geqslant (1-p)/p$。由于 $N \geqslant low(N)$，有

$$N^2 \varepsilon^2/\delta^{-1} \geqslant N \times low(N)\varepsilon^2/\delta^{-1} \geqslant N(1-p)/p \tag{4.3.11}$$

从引理 4.3.8 可知，$Var[App\text{-}Count(S)] = N(1-p)/p$。从而，

$$\varepsilon N \geqslant \delta^{-1/2}(Var[App\text{-}Count(S)])^{1/2} \tag{4.3.12}$$

从引理 4.3.8 可知，$E[App\text{-}Count(S)] = Count(S_t) = N$。再根据式(4.3.12)，有

$$Pr[|App\text{-}Count(S) - Count(S_t)]| \geqslant \varepsilon \times Count(S_t)]$$
$$= Pr[|App\text{-}Count(S) - E[App\text{-}Count(S)]| \geqslant \varepsilon N]$$

$$\leqslant \Pr[\,|\,\text{App-Count}(S) - E[\text{App-Count}(S)]\,|\geqslant \delta^{-1/2}(\text{Var}[\text{App-Count}(S)])^{1/2}\,]$$

根据切比雪夫不等式 $\Pr[\,|X - E[X]|\geqslant \lambda]\leqslant(1/\lambda^2)\text{Var}[X]$,有

$$\Pr[\,|\,\text{App-Count}(S) - E[\text{App-Count}(S)]\,|\geqslant\delta^{-1/2}(\text{Var}[\text{App-Count}(S)])^{1/2}]\leqslant\delta$$

于是,

$$\Pr[\,|\,\text{App-Count}(S) - \text{Count}(S_t)\,|\geqslant \varepsilon\times\text{Count}(S_t)\,]$$
$$=\Pr[\,|\,\text{App-Count}(S) - \text{Count}(S_t)\,|\,/\text{Count}(S_t)\geqslant\varepsilon\,]$$
$$\leqslant\Pr[\,|\,\text{App-Count}(S) - E[\text{App-Count}(S)]\,|\geqslant\delta^{-1/2}(\text{Var}[\text{App-Count}(S)])^{1/2}]$$
$$\leqslant\delta$$

证毕。

引理 4.3.9 令 $\text{App-Avg}(S)=\text{App-Sum}(S)/\text{App-Count}(S)=\sum\limits_{s\in S}s/\,|\,S\,|$,其中 S 是 $S_t=\{s_1,s_2,\cdots,s_N\}$ 中抽样概率为 p 的伯努利样本,并且 $|\,S\,|>0$,则如下结论成立:

(1) $\lim\limits_{p\to 1}E[\text{App-Avg}(S)]=\text{Avg}(S_t)$。

(2) $\lim\limits_{p\to 1}\text{Var}[\text{App-Avg}(S)]=0$。

证明:

(1) 对于每个 $s_i\in S_t$,如下定义一个随机变量 X_i:如果 $s_i\in S$,则 $X_i=1$;否则 $X_i=0$。显然,$\Pr[X_i=1]=p$,$\Pr[X_i=0]=1-p$,并且如果 $i\neq j$,X_i 和 X_j 相互独立。

从 $\text{App-Avg}(S)=\sum\limits_{s\in S}s/\,|\,S\,|$ 可知,

$$E[\text{App-Avg}(S)]$$
$$=E\Big[\sum\limits_{s\in S}s/\,|\,S\,|\Big]$$
$$=E\Big[\sum\limits_{s\in S_t}sX_i/\sum\limits_{1\leqslant j\leqslant N}X_j\Big]$$
$$=\sum\limits_{s\in S_t}sE\Big[X_i/\sum\limits_{1\leqslant j\leqslant N}X_j\Big] \qquad (4.3.13)$$

根据条件数学期望公式以及 $|\,S\,|>0$,有

$$E\Big[X_i/\sum\limits_{1\leqslant j\leqslant N}X_j\Big]$$
$$=E\Big[X_i/\sum\limits_{1\leqslant j\leqslant N}X_j\mid X_i=1\Big]\Pr[X_i=1]+E\Big[X_i/\sum\limits_{1\leqslant j\leqslant N}X_j\mid X_i=0\Big]\Pr[X_i=0]$$
$$=pE\Big[X_i/\sum\limits_{1\leqslant j\leqslant N}X_j\mid X_i=1\Big]$$
$$=pE\Big[1/\sum\limits_{1\leqslant j\leqslant N}X_j\mid X_i=1\Big]$$
$$=pE\Big[1/(1+\sum\limits_{1\leqslant j\leqslant N,j\neq i}X_j)\Big] \qquad (4.3.14)$$

其中,$E\Big[1/(1+\sum\limits_{1\leqslant j\leqslant N,j\neq i}X_j)\Big]=\sum\limits_{0\leqslant l\leqslant N-1}(1/(l+1))\binom{N-1}{l}p^l(1-p)^{N-1-l}$

$$=\sum\limits_{0\leqslant l\leqslant N-1}(1/(pN))\binom{N}{l+1}p^{l+1}(1-p)^{N-(1+l)}$$

$$= (1/(pN))\left(\sum_{0 \leqslant l \leqslant N} \binom{N}{l} p^l (1-p)^{N-l} - \binom{N}{0} p^0 (1-p)^N \right)$$

根据二项式定理，$\sum\limits_{0 \leqslant l \leqslant N} \binom{N}{l} p^l (1-p)^{N-l} = 1$。从而，

$$E\left[X_i / \sum_{1 \leqslant j \leqslant N} X_j \right] = pE\left[1/\left(1 + \sum_{1 \leqslant j \leqslant N, j \neq i} X_j \right) \right] = p(1/(pN))(1 - (1-p)^N)$$

(4.3.15)

根据式(4.3.13)、式(4.3.14)和式(4.3.15)，有

$$E[\text{App-Avg}(S)]$$
$$= \sum_{s \in S_t} sE\left[X_i / \sum_{1 \leqslant j \leqslant N} X_j \right]$$
$$= \sum_{s \in S_t} sp(1/(pN))(1 - (1-p)^N)$$
$$= (1 - (1-p)^N)\left(\sum_{s \in S_t} s \right)/N$$
$$= (1 - (1-p)^N)\text{Avg}(S_t)$$

(4.3.16)

从而 $\lim\limits_{p \to 1} E[\text{App-Avg}(S)] = \lim\limits_{p \to 1} E[(1 - (1-p)^N)\text{Avg}(S_t)] = \text{Avg}(S_t)$。

(2) 使用泰勒线性化技术[1]，

$$\lim_{p \to 1} \text{Var}[\text{App-Avg}(S)]$$
$$= \lim_{p \to 1}\{\text{Var}[\text{App-Sum}(S)]/N^2 + \text{Avg}(S_t)^2 \text{Var}[\text{App-Count}(S)]/N^2$$
$$- (2/N^2)\text{Avg}(S_t)\text{Cov}[\text{App-Sum}(S), \text{App-count}(S)]\}$$

(4.3.17)

其中，$\text{Cov}(\text{App-Sum}(S), \text{App-count}(S))$ 是 App-Sum(S)和 App-count(S)的协方差。

对于每个 $s_i \in S_t$，如下定义随机变量 X_i：如果 $s_i \in S$，则 $X_i = 1$；否则 $X_i = 0$。由于 App-Sum(S) $= (1/p)\sum\limits_{s \in S} s$，App-Count($S$) $= (1/p)|S|$，有

$$\text{Cov}(\text{App-Sum}(S), \text{App-count}(S))$$
$$= E[(\text{App-Sum}(S) - E[\text{App-Sum}(S)])(\text{App-count}(S) - E[\text{App-count}(S)])]$$
$$= E[(\text{App-Sum}(S) - \text{Sum}(S_t))(\text{App-Count}(S) - N)]$$
$$= E[\text{App-Sum}(S) \times \text{App-Count}(S)] - E[N \times \text{App-Sum}(S)]$$
$$\quad - E[\text{Sum}(S_t)\text{App-Count}(S)] + E[N \times \text{Sum}(S_t)]$$
$$= E[\text{App-Sum}(S) \times \text{App-Count}(S)] - 2N \times \text{Sum}(S_t) + N \times \text{Sum}(S_t)$$
$$= E[\text{App-Sum}(S) \times \text{App-Count}(S)] - N \times \text{Sum}(S_t)$$
$$= E\left[\left(\sum_{1 \leqslant i \leqslant N} s_i X_i \times \sum_{1 \leqslant i \leqslant N} X_i \right)/p^2 \right] - N \times \text{Sum}(S_t)$$

(4.3.18)

由于 X_i 和 X_j 相互独立($i \neq j$)，$\Pr[X_i^2 = 1] = p$，$\Pr[X_i^2 = 0] = 1 - p$，并且 $E[X_i^2] = p$，

$$E\left[\left(\sum_{1 \leqslant i \leqslant N} s_i X_i \times \sum_{1 \leqslant i \leqslant N} X_i \right)/p^2 \right]$$
$$= (1/p^2)E\left[\sum_{1 \leqslant i,j \leqslant N \wedge i \neq j} s_i X_i X_j + \sum_{1 \leqslant i \leqslant N} s_i X_i^2 \right]$$
$$= (1/p^2)\left(\sum_{1 \leqslant i,j \leqslant N \wedge i \neq j} s_i E[X_i]E[X_j] + \sum_{1 \leqslant i \leqslant N} s_i E[X_i^2] \right)$$

$$= (1/p^2)\left(p^2 \sum_{1 \leqslant i \leqslant N} (N-1)s_i + p \sum_{1 \leqslant i \leqslant N} s_i\right)$$

$$= (1/p^2)(p^2(N-1)\mathrm{Sum}(S_t) + p \times \mathrm{Sum}(S_t))$$

$$= (1/p^2)(p^2(N-1) + p)\mathrm{Sum}(S_t)$$

$$= (N-1+1/p)\mathrm{Sum}(S_t) \tag{4.3.19}$$

根据式(4.3.18)和式(4.3.19),有

$$\mathrm{Cov}(\mathrm{App\text{-}Sum}(S), \mathrm{App\text{-}count}(S)) = ((1-p)/p)\mathrm{Sum}(S_t) \tag{4.3.20}$$

从引理 4.3.7 和引理 4.3.8 可知,$\mathrm{Var}[\mathrm{App\text{-}Sum}(S)] \leqslant \mathrm{up}(S_t)\mathrm{Sum}(S_t)(1-p)/p$,$\mathrm{Var}[\mathrm{App\text{-}Count}(S)] = N(1-p)/p$。结合式(4.3.17)和式(4.3.20),有

$$\lim_{p \to 1} \mathrm{Var}[\mathrm{App\text{-}Avg}(S)]$$

$$= \lim_{p \to 1}\{\mathrm{Var}[\mathrm{App\text{-}Sum}(S)]/N^2 + \mathrm{Avg}(S_t)^2 \mathrm{Var}[\mathrm{App\text{-}Count}(S)]/N^2$$

$$- (2/N^2)\mathrm{Avg}(S_t)\mathrm{Cov}[\mathrm{App\text{-}Sum}(S), \mathrm{App\text{-}count}(S)]\}$$

$$\leqslant \lim_{p \to 1}\{\mathrm{up}(S_t)\mathrm{Sum}(S_t)(1-p)/pN^2 + \mathrm{Avg}(S_t)^2(1-p)/pN$$

$$- (2/N^2)\mathrm{Avg}(S_t)((1-p)/p)\mathrm{Sum}(S_t)\}$$

$$= 0$$

证毕。

引理 4.3.9 说明,只要 p 充分大,$\mathrm{App\text{-}Avg}(S)$ 就任意接近 $\mathrm{Avg}(S_t)$。

定理 4.3.10 设 S 是 $S_t = \{s_1, s_2, \cdots, s_N\}$ 的伯努利样本。当 $\mathrm{Agg} = \mathrm{Avg}$ 时,算法 (ε, δ)-Bnl-Aggregation 的输出 $\mathrm{App\text{-}Avg}(S) = \mathrm{App\text{-}Sum}(S)/\mathrm{App\text{-}Count}(S) = (1/|S|)\sum_{s \in S}s$ 满足 $\Pr[|\mathrm{App\text{-}Avg}(S) - \mathrm{Avg}(S_t)|/\mathrm{Avg}(S_t)| \geqslant \varepsilon] \leqslant \delta$。

证明:从算法 (ε, δ)-Bnl-Aggregation 的第 10 步可知,在为计算 $\mathrm{App\text{-}Avg}(S)$ 而计算 $\mathrm{App\text{-}Sum}(S)$ 时,算法使用的抽样概率为

$$p = (\mu^{-1}\mathrm{up}(S_t))/(\lambda^2 \mathrm{low}(N)\mathrm{low}(S_t) + \mathrm{up}(S_t)\mu^{-1})$$

其中,$\mu = \delta/2$,$\lambda = \varepsilon/(2+\varepsilon)$。在定理 4.3.7 的证明中,将 δ 换为 $\mu = \delta/2$,并将 ε 换为 $\lambda = \varepsilon/(2+\varepsilon)$,可以证明算法的第 11 步得到的 $\mathrm{App\text{-}Sum}(S)$ 满足

$$\Pr[|\mathrm{App\text{-}Sum}(S) - \mathrm{Sum}(S_t)|/\mathrm{Sum}(S_t) \geqslant \varepsilon/(2+\varepsilon)] \leqslant \delta/2$$

从算法 (ε, δ)-Bnl-Aggregation 的第 12 步可知,在为计算 $\mathrm{App\text{-}Avg}(S)$ 而计算 $\mathrm{App\text{-}Sum}(S)$ 时,算法使用的抽样概率为

$$p = \mu^{-1}/(\lambda^2 \mathrm{low}(N) + \mu^{-1})$$

其中,$\mu = \delta/2$,$\lambda = \varepsilon/(2+\varepsilon)$。在定理 4.3.8 的证明中,将 δ 换为 $\mu = \delta/2$,并将 ε 换为 $\lambda = \varepsilon/(2+\varepsilon)$,可以证明算法的第 13 步得到的 $\mathrm{App\text{-}Count}(S)$ 满足

$$\Pr[|\mathrm{App\text{-}Count}(S) - \mathrm{Count}(S_t)|/\mathrm{Count}(S_t) \geqslant \varepsilon/(2+\varepsilon)] \leqslant \delta/2$$

从 $\mathrm{App\text{-}Sum}(S)$ 和 $\mathrm{App\text{-}Count}(S)$ 满足的条件,有

$$\Pr[\mathrm{App\text{-}Sum}(S) \leqslant (1 - \varepsilon/(2+\varepsilon))\mathrm{Sum}(S_t)] + \Pr[\mathrm{App\text{-}Sum}(S)$$

$$\geqslant (1 + \varepsilon/(2+\varepsilon))\mathrm{Sum}(S_t)] \leqslant \delta/2 \tag{4.3.21}$$

$$\Pr[\mathrm{App\text{-}Count}(S) \leqslant (1 - \varepsilon/(2+\varepsilon))\mathrm{Count}(S_t)] + \Pr[\mathrm{App\text{-}Count}(S)$$

$$\geqslant (1 + \varepsilon/(2+\varepsilon))\mathrm{Count}(S_t)] \leqslant \delta/2 \tag{4.3.22}$$

使用式(4.3.21)和式(4.3.22)证明算法(ε,δ)-Bnl-Aggregation 第 14 步输出的

$$\text{App-Avg}(S)=\text{App-Sum}(S)/\text{App-Count}(S)$$

满足 $\Pr[\,|\,\text{App-Avg}(S)-\text{Avg}(S_t)\,|/\text{Avg}(S_t)\geqslant\varepsilon]\leqslant\delta$。

显然，

$$\Pr[\,|\,\text{App-Avg}(S)-\text{Avg}(S_t)\,|/\text{Avg}(S_t)\geqslant\varepsilon]$$

$$=\Pr[\text{App-Avg}(S)\geqslant(1+\varepsilon)\text{Avg}(S_t)]+\Pr[\text{App-Avg}(S)\leqslant(1-\varepsilon)\text{Avg}(S_t)]$$

由于随机事件 $\text{App-Avg}(S)\geqslant(1+\varepsilon)\text{Avg}(S_t)$ 等价于如下随机事件：

$$\text{App-Avg}(S)=\frac{\text{App-Sum}(S)}{\text{App-Count}(S)}\geqslant(1+\varepsilon)\text{Avg}(S_t)=\frac{1+\varepsilon/(2+\varepsilon)}{1-\varepsilon/(2+\varepsilon)}\frac{\text{Sum}(S_t)}{\text{Count}(S_t)}$$

所以，

$$\Pr[\text{App-Avg}(S)\geqslant(1+\varepsilon)\text{Avg}(S_t)]$$

$$\leqslant\Pr[\text{App-Sum}(S)\geqslant(1+\varepsilon/(2+\varepsilon)\text{Sum}(S_t)]+\Pr[\text{App-Count}(S)$$

$$\leqslant(1-\varepsilon/(2+\varepsilon)\text{Count}(S_t)] \tag{4.3.23}$$

由于随机事件 $\text{App-Avg}(S)\leqslant\text{Avg}(S_t)/(1+\varepsilon)$ 等价于如下随机事件：

$$\text{App-Avg}(S)=\frac{\text{App-Sum}(S)}{\text{App-Count}(S)}\leqslant\text{Avg}(S_t)/(1+\varepsilon)=\frac{1-\varepsilon/(2+\varepsilon)}{1+\varepsilon/(2+\varepsilon)}\frac{\text{Sum}(S_t)}{\text{Count}(S_t)}$$

所以

$$\Pr[\text{App-Avg}(S)\leqslant\text{Avg}(S_t)/(1+\varepsilon)]$$

$$\leqslant\Pr[\text{App-Sum}(S)\leqslant(1-\varepsilon/(2+\varepsilon))\text{Sum}(S_t)]+\Pr[\text{App-Count}(S)$$

$$\geqslant(1+\varepsilon/(2+\varepsilon))\text{Count}(S_t)] \tag{4.3.24}$$

由于 $0\leqslant\varepsilon\leqslant1,1-\varepsilon^2=(1-\varepsilon)(1+\varepsilon)\leqslant1,1-\varepsilon\leqslant1/(1+\varepsilon)$。于是，$(1-\varepsilon)\text{Avg}(S_t)\leqslant\text{Avg}(S_t)/(1+\varepsilon)$。从而，

$$\Pr[\text{App-Avg}(S)\leqslant(1-\varepsilon)\text{Avg}(S_t)]\leqslant\Pr[\text{App-Avg}(S)\leqslant\text{Avg}(S_t)/(1+\varepsilon)]$$

$$\tag{4.3.25}$$

根据式(4.3.21)至(4.3.25)，有

$$\Pr[\,|\,(\text{App-Avg}(S)-\text{Avg}(S_t))/\text{Avg}(S_t)\,|\geqslant\varepsilon]$$

$$=\Pr[\text{App-Avg}(S)\geqslant(1+\varepsilon)\text{Avg}(S_t)]+\Pr[\text{App-Avg}(S)\leqslant(1-\varepsilon)\text{Avg}(S_t)]$$

$$\leqslant\Pr[\text{App-Avg}(S)\geqslant(1+\varepsilon)\text{Avg}(S_t)]+\Pr[\text{App-Avg}(S)\leqslant\text{Avg}(S_t)/(1+\varepsilon)]$$

$$\leqslant\Pr[\text{App-Sum}(S)\geqslant(1+\varepsilon/(2+\varepsilon)\text{Sum}(S_t)]+\Pr[\text{App-Sum}(S)$$

$$\leqslant(1-\varepsilon/(2+\varepsilon))\text{Sum}(S_t)]$$

$$+\Pr[\text{App-Count}(S)\geqslant(1+\varepsilon/(2+\varepsilon))\text{Count}(S_t)]$$

$$+\Pr[\text{App-Count}(S)\leqslant(1-\varepsilon/(2+\varepsilon))\text{Count}(S_t)]$$

$$\leqslant\delta/2+\delta/2=\delta$$

证毕。

2) 算法的复杂性分析

现在分析算法(ε,δ)-Bnl-Aggregation 的计算复杂性。首先分析算法(ε,δ)-Bnl-Aggregation 的时间复杂性。

引理 **4.3.10** 如果 wsn 具有 k 个簇，其生成树高度为 h，生成树中最大节点度为 d，S 是

抽样概率为 p 的 $S_t = \{s_1, s_2, \cdots, s_N\}$ 的伯努利样本,则函数 Bnl-Sampling-and-Prep(p, Agg)的并行时间复杂性为 $O(k+dh+|S|)$。

证明:函数 Bnl-Sampling-and-Prep(p, Agg)的第 1 步和第 2 步的循环需要 $O(k)$ 时间。

由于所有簇和所有节点并行工作,第 3 步至第 10 步的循环并行地执行。第 4 步需要 $O(1)$ 时间。第 5 步至第 7 步需要 $O(1)$ 时间。第 8、9 步需要 $O(|S_t|)$ 时间。第 10 步需要 $O(1)$。于是,第 3 步至第 10 步的循环需要 $O(|S_t|)$ 时间。

由于所有节点并行工作,为了分析第 11 步至第 25 步的并行时间复杂性,首先分析任意节点 α 的计算时间。在第 12 步至第 16 步,α 需要 $O(1)$ 计算时间。在第 17 步至第 20 步,α 需要 $O(d)$ 计算时间。在第 21 步,α 需要 $O(1)$ 计算时间。在第 22 步至第 25 步,α 需要 $O(1)$ 计算时间。于是,在第 11 步至第 25 步,每个 α 需要 $O(d)$ 计算时间,即第 11 步至第 25 步算法需要 $O(d)$ 并行执行计算时间。

总之,算法的第 1 步至第 25 步需要 $O(k+|S_t|+d)$ 计算时间。由于 $|S_t| \leqslant |S|$,算法第 1 步至第 25 步需要 $O(k+d+|S|)$ 计算时间。

现在分析函数 Bnl-Sampling-and-Prep(p, Agg)所需的通信时间。由于 wsn 的生成树高度为 h,所以并行通信次数为 h 且每次通信的数据量为 $O(d)$。从而,函数 Bnl-Sampling-and-Prep(p, Agg)所需的通信时间为 $O(dh)$。

综上所述,函数 Bnl-Sampling-and-Prep(p, Agg)的时间复杂性为 $O(k+dh+|S|)$。证毕。

定理 4.3.11 如果 wsn 具有 k 个簇,其生成树高度为 h,生成树中最大节点度为 d,并且 t 时刻 wsn 中活动节点数为 n,则算法(ε, δ)-Bnl-Aggregation 的时间复杂性为 $O(k+dh+|S|)$。

证明:如果 Agg=Sum 或 Agg=Count,算法调用函数 Bnl-Sampling-and-Prep(p, Agg)一次,需要的时间为 $O(k+dh+|S|)$。算法的其他步骤需要 $O(1)$ 时间。于是算法的时间复杂性为 $O(k+dh+|S|)$。

如果 Agg=Avg,算法调用函数 Bnl-Sampling-and-Prep(p, Agg)两次,需要的时间为 $O(k+dh+|S|)$。算法的其他步骤需要 $O(1)$ 时间。于是算法的时间复杂性为 $O(k+dh+|S|)$。

总之,算法(ε, δ)-Bnl-Aggregation 的时间复杂性为 $O(k+dh+|S|)$。证毕。

推论 4.3.5 如果 $|S|=o(n)$,并且视 k、h 和 d 为常数,则(ε, δ)-Aggregation 是亚线性时间算法。

推论 4.3.6 如果 $|S|$ 与 n 无关,并且视 k、h 和 d 为常数,则(ε, δ)-Aggregation 不仅是亚线性时间算法,而且它的时间复杂性与 n 无关。

现在分析算法(ε, δ)-Bnl-Aggregation 的通信复杂性。定义一个算法的通信复杂性为该算法在执行过程中需要传输的数据量。

从引理 4.3.10 的证明可知,函数 Bnl-Sampling-and-Prep(p, Agg)所需的通信时间为 $O(dh)$。于是,有下面的定理 4.3.12。

定理 4.3.12 设无线传感网 wsn 具有 k 个簇,其生成树高度为 h,S 是输入 t 时刻感知数据集合 S_t 的抽样概率为 p 的伯努利样本,则算法(ε, δ)-Bnl-Aggregation 的通信复杂性

为 $O(dh)$。

4.4 度量空间上的聚类算法

本节介绍求解聚类问题的基于抽样的算法设计与分析。聚类是将给定的数据集合划分为一组子集合,使得每个子集合仅包含"相似"的数据。聚集问题存在于很多应用领域,如数据挖掘、数据压缩、生物信息学、模式识别、模式分类等。下面分别从聚类问题的定义、经典的聚类算法、基于抽样的聚类算法的设计与分析等方面介绍基于抽样的度量空间上的聚类算法。

4.4.1 聚类问题的定义

直观地,有限集合 S 上的聚类操作是把 S 划分为 k 个子集合,每个子集合称为一个类,包含距离相近的 S 中的元素。目前,存在 4 种聚类问题,即 k-中心聚类问题(k-median)、k-均值聚类问题(k-means)、最小和 k-聚类问题(min-sum-k-clustering)、均衡 k-中心聚类问题(balanced-k-median)。

聚类问题一般定义在度量空间上。下面给出度量空间的定义。

定义 4.4.1 设 X 是一个集合,$\mathscr{R}$ 是实数集合。一个度量空间定义为 (X,d),其中 $d: X \times X \to \mathscr{R}$ 是 X 上的距离函数,它满足以下 3 个条件:

(1) $d(x,y) \geqslant 0$,$d(x,y)=0$ 当且仅当 $x=y$。

(2) $d(x,y)=d(y,x)$。

(3) $d(x,y) \leqslant d(x,z)+d(z,y)$。

现在定义 4 种聚类问题。

定义 4.4.2 设 (X,d) 是度量空间,$S \subseteq X$ 是加权有限集合,$|S|=n$,$w: S \to [1, M]$ 是权函数。S 的 k-中心聚类问题定义如下:

输入:S,d,w,k,$0 < k \leqslant n$。

输出:$K \subseteq S$,满足 $|K|=k$ 且最小化 $\mathrm{cost}(S, K) = \sum_{j \in S} w(j) \times \min_{i \in K} \{d(i,j)\}$。

定义 4.4.2 中的 K 称为 S 的 k-中心聚类问题的解,其元素 $i \in K$ 称为 i 所在类的中心,$\mathrm{cost}(S, K)$ 称为 K 的代价。

定义 4.4.3 设 (X,d) 是度量空间,$S \subseteq X$ 是加权有限集合,$|S|=n$,$w: S \to [1, M]$ 是权函数。S 的 k-均值聚类问题定义如下:

输入:S,d,w,k,$0 < k \leqslant n$。

输出:$K \subseteq S$,满足 $|K|=k$ 且最小化 $\mathrm{cost}(S, K) = \sum_{i \in S} w(i) \times d^2(i, K)$。

定义 4.4.4 设 (X,d) 是度量空间,$S \subseteq X$ 是加权有限集合,$|S|=n$,$w: 2^S \to [1, M]$ 是 S 的每个子集合的权函数。S 的最小和 k-聚类问题定义如下:

输入:S,d,w,k,$0 < k \leqslant n$。

输出:$\{S_i \subseteq S \mid 1 \leqslant i \leqslant k\}$,满足 $\bigcup_{1 \leqslant i \leqslant k} S_i = S$ 且最小化 $\sum_{1 \leqslant i \leqslant k} \sum_{x, y \in S_i} w(S_i) \times d(x, y)$。

定义 4.4.5　设 (X,d) 是度量空间，$S \subseteq X$ 是加权有限集合，$|S|=n$，$w: S \rightarrow [1, M]$ 是权函数。S 的均衡 k-中心聚类问题定义如下：

输入：S，d，w，k，$0 < k \leqslant n$。

输出：$K \subseteq S$ 和 $\{S_i \mid 1 \leqslant i \leqslant k, S_i \subseteq S$ 的中心为 $c_i \in K\}$，使得 $\bigcup\limits_{1 \leqslant i \leqslant k} S_i = S$，而且最小

化 $\sum\limits_{1 \leqslant i \leqslant k} \left(|S_i| \sum\limits_{x \in S_i} w(x) d(x, c_i) \right)$。

度量空间上的 k-中心聚类问题的研究工作最多。限于篇幅，本节仅讨论度量空间上的 k-中心聚类问题求解算法的设计与分析。度量空间上的 k-中心聚类问题是 NP-难问题，求解其 $(1+2/e)$-近似解也是 NP-难的。为此，人们提出了一些求解度量空间上 k-中心聚类问题的多项式时间 $O(1)$ 近似算法[2-5]。进一步，人们又提出了一些求解度量空间上 k-中心聚类问题的亚线性时间 $O(1)$ 近似算法[6,7]。最近，基于抽样方法，人们又提出了计算时间独立于问题输入大小的近似算法[8,9]，以很高的概率给出度量空间上 k-中心聚类问题的 $O(1)$ 时间近似解。

本节将讨论求解度量空间上 k-中心聚类问题的基于抽样的近似算法的设计与分析。在下面的讨论中，称 S 的任意一个包含 k 个点的集合为 k-点集。任意一个 k-点集都可以视为 k-中心聚类问题的一个近似解。用 K^* 表示 k-中心聚类问题的优化解，$\mathrm{cost}(S, K^*)$ 为 K^* 的代价。如果存在一个常数 $c \geqslant 1$，使得 k-点集 K 的代价 $\mathrm{cost}(S, K) \leqslant c \times \mathrm{cost}(S, K^*)$，则称 K 是 k-中心聚类问题的 c-近似解。

首先在 4.4.2 节介绍求解 k-中心聚类问题的一个时间复杂性为 $O(n^{4.77})$ 的 8-近似算法。然后，在 4.4.3 节利用这个 8-近似算法设计一个基于抽样的近似算法，并证明算法的时间复杂性独立于输入大小。

4.4.2　$O(n^{4.77})$ 时间 8-近似算法

本节介绍一个求解度量空间上 k-中心聚类问题的时间复杂性为 $O(n^{4.77})$ 的 8-近似算法。首先讨论 k-中心聚类问题的 $\{0,1\}$-线性规划模型，然后讨论近似算法的设计，最后对近似算法进行理论分析。

1. k-中心聚类问题的 $\{0, 1\}$-线性规划模型

设 (X,d) 是度量空间，$S \subseteq X$ 是加权有限子集，$|S|=n$，$w: S \rightarrow [1, M]$ 是权函数。对于 S 中的每个元素 $i \in S$，如下定义 $\{0,1\}$-变量 y_i：如果 i 被选作中心，则 $y_i=1$；否则 $y_i=0$。对于任意两个元素 $i, j \in S$，定义 $\{0,1\}$-变量 x_{ij}：如果元素 j 属于以 i 为中心的类，则 $x_{ij}=1$；否则 $x_{ij}=0$。于是，k-中心聚类问题可以被表述为如下的 $\{0,1\}$-线性规划问题 k-Median-$(0,1)$-LP：

$$最小化 \sum\limits_{i, j \in S} w(j) d(i,j) x_{ij} = \sum\limits_{i \in S} \sum\limits_{j \in S} w(j) d(i,j) x_{ij} \tag{4.4.1}$$

$$\forall j \in S, \sum\limits_{i \in S} x_{ij} = 1 \tag{4.4.2}$$

$$\forall i, j \in S, x_{ij} \leqslant y_i \tag{4.4.3}$$

$$\sum\limits_{i \in S} y_i = k \tag{4.4.4}$$

$$\forall i, j \in S, x_{ij} \in \{0, 1\} \tag{4.4.5}$$

$$\forall i \in S, y_i \in \{0, 1\} \tag{4.4.6}$$

约束(4.4.2)保证了 S 中每个元素 j 都被聚类到一个且仅一个类中。约束(4.4.3)保证了对 S 中的每个元素 i，只要存在某个元素 j 被指派给 i，那么元素 i 就被选为中心。约束(4.4.4)保证 k 个元素被选为中心。上述 $\{0,1\}$-整数规划的一个优化解 (x^*, y^*) 等价于如下的 k-中心聚类问题的优化解：

$$K^* = \{i \mid i \in S, y_i^* = 1\}$$

同时 K^* 的代价为

$$\text{cost}(S, K^*) = \sum_{j \in S} w(j) \times \min_{i \in K}\{d(i,j)\} = \sum_{i,j \in S} w(j)d(i,j)x_{ij}^*$$

度量空间上 k-中心聚类问题是 NP-难的，无法在多项式时间内求出它的优化解，除非 NP=P。为了设计多项式近似算法，常用的方法是对 $\{0,1\}$-线性规划的解空间进行松弛，变量赋值不再强制为整数 0 或 1，而后对松弛形式的优化解进行舍入，得到问题 k-Median-$(0,1)$-LP 的近似解。

对上述问题 k-Median-$(0,1)$-LP 的解空间松弛，就是将约束(4.4.5)和约束(4.4.6)替换为如下约束：

$$\forall i, j \in S, x_{ij} \geqslant 0$$

$$\forall i \in S, y_i \geqslant 0$$

本节讨论的求解度量空间上 k-中心聚类问题的算法分为如下两步：

第一步，求解如下非整数线性规划问题 k-Median-LP：

$$\text{最小化} \sum_{i,j \in S} w(j)d(i,j)x_{ij} \tag{4.4.7}$$

$$\forall j \in S, \sum_{i \in S} x_{ij} = 1 \tag{4.4.8}$$

$$\forall i, j \in S, x_{ij} \leqslant y_i \tag{4.4.9}$$

$$\sum_{i \in S} y_i = k \tag{4.4.10}$$

$$\forall i, j \in S, x_{ij} \geqslant 0 \tag{4.4.11}$$

$$\forall i \in S, y_i \geqslant 0 \tag{4.4.12}$$

第二步，将第一步得到的问题 k-Median-LP 的优化解 $(\bar{x}, \bar{y})$ 舍入为整数解 (x, y)，用作问题 k-Median-$(0,1)$-LP 的近似解。$(\bar{x}, \bar{y})$ 的代价为 $\bar{C} = \sum_{i,j \in S} w(j)d(i,j)\bar{x}_{ij}$。由于问题 k-Median-$(0,1)$-LP 的优化解 (x^*, y^*) 是问题 k-Median-LP 的解，所以 $\bar{C} \leqslant \text{cost}(S, K^*)$。

2. 算法设计

给定度量空间 (X, d)，S 是 X 的加权有限子集，$|S| = n$，$w: S \to [1, M]$ 是权函数。下面讨论的算法记作 k-Median-$(0,1)$-LP-Alg，它的输入表示为 (S, w)。

算法 k-Median-$(0,1)$-LP-Alg 的第一步调用任意一个现有的非整数线性规划算法，求解问题 k-Median-LP，得到问题 k-Median-LP 的优化解 $(\bar{x}, \bar{y})$。$(\bar{x}, \bar{y})$ 的代价为 $\bar{C} =$

$\sum\limits_{i,j\in S}w(j)d(i,j)\overline{x}_{ij}$。如前所述，$\overline{C}\leqslant\mathrm{cost}(S,K^{*})$。

算法 $k\text{-Median-}(0,1)\text{-LP-Alg}$ 的第二步对优化解 $(\overline{x},\overline{y})$ 进行舍入处理，将其转化为问题 $k\text{-Median-}(0,1)\text{-LP}$ 的近似解 (x,y)，使 (x,y) 的代价 $C=\sum\limits_{i,j\in S}w(j)d(i,j)x_{ij}$ 满足 $C\leqslant 8\overline{C}$，从而 $C\leqslant 8\mathrm{cost}(S,K^{*})$。使用 (x,y) 可以很容易地计算出 $k\text{-}$ 中心聚类问题的 8- 近似解 $K=\{i\mid i\in S \text{ 且 } y_{i}=1\}$。

算法 $k\text{-Median-}(0,1)\text{-LP-Alg}$ 的第一步可以调用现有的一般线性规划问题求解算法。由于读者可以在任意一本线性规划教科书中找到这样的算法，本书不再赘述。

下面详细介绍算法 $k\text{-Median-}(0,1)\text{-LP-Alg}$ 的第二步，即通过舍入方法，将问题 $k\text{-Median-LP}$ 的优化解 $(\overline{x},\overline{y})$ 转化为问题 $k\text{-Median-}(0,1)\text{-LP}$ 的近似解 (x,y)。给定输入 (S,w) 和问题 $k\text{-Median-LP}$ 的相应优化解 $(\overline{x},\overline{y})$，算法 $k\text{-Median-}(0,1)\text{-LP-Alg}$ 的第二步由以下 6 个步骤组成。这 6 个步骤的正确性将在后面证明。请注意，由于 w 是从 S 到区间 $[1,M]$ 的权函数，所以 $\forall i\in S,w(i)>0$。

步骤一，对 $\forall j\in S$，定义 $\overline{C}_{j}=\sum\limits_{i\in S}d(i,j)\overline{x}_{ij}$ 为元素 j 的单位代价，其中 $\overline{x}_{ij}$ 是 $\overline{x}$ 的元素。显然，$\overline{C}=\sum\limits_{i,j\in S}w(j)d(i,j)\overline{x}_{ij}=\sum\limits_{j\in S}w(j)\overline{C}_{j}$，其中 $w(j)$ 是元素 j 的权值。将“元素 j 被合并到元素 i 上”定义为如下 3 个操作：$w(i):=w(i)+w(j)$，$w(j):=0$，$S:=S-\{j\}$。

给定问题输入 (S,w)，步骤一将 S 中单位代价较大的元素合并到附近的单位代价较小的元素上，从而得到一个新的问题实例 (S',w')。具体实施如下。

首先，将 S 中所有元素 j 按 $\overline{C}_{j}$ 值递增排序。不失一般性，设 S 的 n 个元素的有序序列为 $L=\langle 1,2,\cdots,n\rangle$，即 $\overline{C}_{1}\leqslant\overline{C}_{2}\leqslant\cdots\leqslant\overline{C}_{n}$。

其次，从 1 到 n 依次如下处理每个元素：$\forall j\in L$，顺序查找 L，得到元素集合 $L_{j}=\{i\in L\mid i<j$ 即 $\overline{C}_{i}\leqslant\overline{C}_{j}$，$d(i,j)\leqslant 4\overline{C}_{j}\}$。

最后，令 $S_{r}=S$。如果 L_{j} 非空而且 $d(i_{0},j)=\min_{i\in Lj}\{d(i,j)\}$，将当前元素 j 合并到元素 i_{0} 上，即执行操作 $w(i_{0}):=w(i_{0})+w(j),w(j):=0,S_{r}:=S_{r}-\{j\}$。令 $S'=S_{r}$，则得到 (S',w')。请注意，经过步骤一以后，权函数 w 变成了 w'。本书将在后面证明 $|S'|\leqslant 2k\leqslant 2|S'|$。

步骤二，构造问题实例 (S',w') 的可行解 (x',y')，使得 $\forall j\in S'$，变量 $y'_{j}\in[1/2,1]$ 并使得 (x',y') 的代价 $C'=\sum\limits_{i,j\in S'}w'(j)d(i,j)x'_{ij}\leqslant 2\overline{C}$。设 $\{j_{1},j_{2},\cdots,j_{m}\}$ 是原始 S 中合并到元素 $i\in S'$ 的元素集合，(x',y') 构造如下。

首先，构造 (S',w') 的解的分量 y'：

$$\forall i\in S',y'_{i}:=\min\Big\{1,\overline{y}_{i}+\sum\limits_{l=1}^{m}\overline{y}_{j_{l}}\Big\}$$

其次，构造 (S',w') 的解的分量 x'。$\forall i,j\in S'$，令

$$x'_{ij}:=\overline{x}_{ij}+\sum\limits_{h\in H(i,j)}\overline{x}_{hj}$$

其中，$H(i,j)=\{h\in S\mid \bar{x}_{hj}>0$ 且 h 已被合并到 $i\}$。直观地，$\forall j\in S'$，如果 $\bar{x}_{hj}>0$，即优化解 $(\bar{x},\bar{y})$ 将元素 j"部分地"聚类到元素 h 上，而且元素 h 在步骤一中被合并到了某个元素 i 上，则 (x',y') 不再将元素 j"部分地"聚类到元素 h 上，而是把 j 聚类到 h 的"部分"直接聚类到元素 i 上。

步骤三，根据 (x',y') 构造 (S',w') 的半整数解 $(\hat{x},\hat{y})$，使得 $\forall j\in S'$，$\hat{y}_j\in\{1/2,1\}$，并且 $(\hat{x},\hat{y})$ 的代价 $\hat{C}=\sum\limits_{i,j\in S'}w'(j)d(i,j)\hat{x}_{ij}\leqslant C'=\sum\limits_{i,j\in S'}w'(j)d(i,j)x'_{ij}$。令 S' 中距离元素 j 最近的元素为 $\delta(j)$，$(\hat{x},\hat{y})$ 构造如下：

首先，按照 S' 的每个元素 j 对应的值 $w'(j)d(\delta(j),j)$ 从大到小对 S' 中的所有元素排序。在步骤一中已经提到过 $|S'|\leqslant 2k\leqslant 2|S'|$。

其次，如下构造 (S',w') 的解的 $\hat{y}$ 分量：对 S' 中前 $2k-|S'|$ 个元素中的每个元素 j，令变量 $\hat{y}_j:=1$。对其余 $2(|S'|-k)$ 个元素中的每个元素 j，令 $\hat{y}_j:=1/2$。

最后，构造 (S',w') 的解的 $\hat{x}$ 分量。$\forall i,j\in S'$，分以下 3 种情况：

(1) 如果 $i=j$，$\hat{x}_{ij}:=\begin{cases}\dfrac{1}{2}, & \hat{y}_j=\dfrac{1}{2}\\[2mm] 1, & \hat{y}_j=1\end{cases}$。

(2) 如果 $i=\delta(j)$，$\hat{x}_{ij}:=\begin{cases}\dfrac{1}{2}, & \hat{y}_j=\dfrac{1}{2}\\[2mm] 0, & \hat{y}_j=1\end{cases}$。

(3) 其他情况，$\hat{x}_{ij}:=0$。

步骤四，根据 $(\hat{x},\hat{y})$ 构造 (S',w') 的一个 $\{0,1\}$-可行解 $(\tilde{x},\tilde{y})$，使得 $\forall i,j\in S'$，变量 $\tilde{x}_{ij}$、$\tilde{y}_i$ 和 $\tilde{y}_j$ 均为 0 或 1，且 $(\tilde{x},\tilde{y})$ 的代价 $\tilde{C}=\sum\limits_{i,j\in S'}w'(j)d(i,j)\tilde{x}_{ij}\leqslant 2\hat{C}$，具体构造如下。

首先，根据 $(\hat{x},\hat{y})$ 构造有向图 $G=(V,E)$，$V=\{i\mid i\in S'\}$，$E=\{(j,\delta(j))\mid j\in S'$ 且 $\hat{y}_j=1/2\}$。从构造 $\hat{x}$ 的步骤三可知，$\hat{y}_j=1/2$ 意味着 $(\hat{x},\hat{y})$ 将元素 j 的"一半代价"聚类到自身上，"另一半代价"聚类到 $\delta(j)$ 上。G 中的有向边 $(j,\delta(j))$ 恰好表示 j 向 $\delta(j)$ 的聚类。后面将证明 G 中每个连通分量至多有一个有向环，并且不失一般性，可以假设环的长度为 2。

其次，将 G 修改为有向森林。如果一个连通分量存在长度为 2 的环（设为 $\{(i,\delta(i)),(\delta(i),i)\}$），则删除环中的边 $(\delta(i),i)$，从而得到一个以节点 i 为根的有向树。对于 G 中任意长度大于 2 的环 C，删除边 (i,j)，再加入边 (j,i)，使得 C 不再是环，得到两个有向树。

最后，令 $\text{Odd}=\{i\in S'\mid \hat{y}_i=1/2$ 且 i 是某棵树的奇数层节点$\}$，$\text{Even}=\{i\in S'\mid \hat{y}_i=1/2$ 且 i 是某棵树的偶数层节点$\}$。按照如下方式构造 (S',w') 的一个 $\{0,1\}$-可行解 $(\tilde{x},\tilde{y})$。

先构造 $\tilde{y}$ 分量。$\forall i\in S'$，分以下 3 种情况：

(1) 如果 $\hat{y}_i=1$，则令 $\tilde{y}_i:=1$。

(2) 如果 $\hat{y}_i=1/2$，且 $|\text{Odd}|<|\text{Even}|$，令 $\tilde{y}_i:=\begin{cases}1, & i\in\text{Odd}\\ 0, & i\in\text{Even}\end{cases}$。

(3) 如果 $\hat{y}_i=1/2$，且 $|\text{Odd}|\geqslant|\text{Even}|$，令 $\tilde{y}_i:=\begin{cases}0, & i\in\text{Odd}\\ 1, & i\in\text{Even}\end{cases}$。

再构造 $\widetilde{x}$ 分量。$\forall i,j \in S'$,分以下 3 种情况:

(1) 如果 $i=j$,令 $\widetilde{x}_{ij} := \begin{cases} 1, & \widetilde{y}_j = 1 \\ 0, & \widetilde{y}_j = 0 \end{cases}$。

(2) 如果 $i=\delta(j)$,令 $\widetilde{x}_{ij} := \begin{cases} 0, & \widetilde{y}_j = 1 \\ 1, & \widetilde{y}_j = 0 \end{cases}$。

(3) 其他情况,令 $\widetilde{x}_{ij} := 0$。

步骤五,根据 $(\widetilde{x}, \widetilde{y})$ 构造 (S,w) 的一个 $\{0,1\}$- 可行解 (x,y),使得 $\forall i,j \in S, x_{ij} \in \{0,1\}, y_j \in \{0,1\}$。后面将证明 (x,y) 的代价 $C = \sum_{i,j \in S} w(j) d(i,j) x_{ij}$ 满足 $C \leqslant \widetilde{C} + 4\bar{C}$。$(\widetilde{x}, \widetilde{y})$ 的构造过程如下:

(1) $\forall i \in S'$,令 $y_i := \widetilde{y}_i$。

(2) $\forall i \in S-S'$,令 $y_i := 0$。

(3) $\forall i,j \in S'$,令 $x_{ij} := \widetilde{x}_{ij}$。

(4) $\forall i \in S-S', j \in S, x_{ij} := 0$。

(5) $\forall j \in S-S'$,元素 j 在步骤一中必被合并到某个元素 i 上,那么,$\forall h \in S$,令 $x_{hj} = x_{hi}$。

步骤六,输出解 $K = \{i \mid i \in S \text{ 且 } y_i = 1\}$。

算法 k-Median-$(0,1)$-LP-Alg 的形式描述比较简单,作为练习留给读者。

3. 算法的近似比分析

对于每个元素 $i \in S$,令 $w'(i)$ 为元素 i 在步骤一结束后的新权值。令集合 S' 是在步骤一中由 S 得到的元素集合,即 $S' = \{i \mid i \in S \text{ 且 } w'(i) > 0\}$。不失一般性,设 $L = \langle 1, 2, \cdots, n \rangle$ 是 S 的 n 个元素按照 $\bar{C}_i$ 值递增排序后的序列,即 $\bar{C}_1 \leqslant \bar{C}_2 \leqslant \cdots \leqslant \bar{C}_n$。

引理 4.4.1 对任意元素 $i,j \in S', d(i,j) > 4 \times \max\{\bar{C}_i, \bar{C}_j\}$。

证明:假设存在 $i,j \in S', d(i,j) \leqslant 4 \times \max\{\bar{C}_i, \bar{C}_j\}$,则 $L_j = \{i \in L \mid i < j \text{ 即 } \bar{C}_i \leqslant \bar{C}_j, d(i,j) \leqslant 4\bar{C}_j\}$ 非空或者 $L_i = \{j \in L \mid j < i, d(i,j) \leqslant 4\bar{C}_i\}$ 非空。从而,必 $\exists i_0$ 使得 $d(i_0, j) = \min_{i \in L_j}\{d(i,j)\}$ 或 $\exists j_0$ 使得 $d(j_0, i) = \min_{j \in L_i}\{d(i,j)\}$。根据合并规则,步骤一必将 i 合并到 j_0 上或将 j 合并到 i_0 上。于是,步骤一结束后,$i \notin S'$ 或 $j \notin S'$ 成立。与假设矛盾。证毕。

引理 4.4.2 设 $(\bar{x}, \bar{y})$ 是 (S,w) 为输入的问题 k-Median-LP 的优化解,$\bar{C}$ 为解 $(\bar{x}, \bar{y})$ 的代价。令 $\bar{C}' = \sum_{j \in S'} w'(j) \bar{C}_j$,则 $\bar{C}' \leqslant \bar{C}$,其中 $\bar{C}_j = \sum_{i \in S} d(i,j) \bar{x}_{ij}$。

证明:根据解的代价的定义,$(\bar{x}, \bar{y})$ 的代价 $\bar{C} = \sum_{i,j \in S} w(j) d(i,j) \bar{x}_{ij}$,其中 $\bar{x}_{ij}$ 是 $\bar{x}$ 的元素。显然,有

$$\bar{C} = \sum_{i,j \in S} w(j) d(i,j) \bar{x}_{ij} = \sum_{j \in S} \sum_{i \in S} w(j) d(i,j) \bar{x}_{ij} = \sum_{j \in S} w(j) \left[\sum_{i \in S} d(i,j) \bar{x}_{ij} \right]$$

$$= \sum_{j \in S} w(j) \bar{C}_j$$

下面证明 $\bar{C}' \leqslant \bar{C}$，即 $\bar{C}' - \bar{C} = \sum_{j \in S'} w'(j)\bar{C}_j - \sum_{j \in S} w(j)\bar{C}_j \leqslant 0$。

$\forall i \in S'$，令 $J(i) = \{i\} \bigcup \{j \in S \mid j$ 在步骤一中被合并到 i 上$\}$。根据步骤一可知，下面 4 个命题成立：

(1) $\forall i \in S', w'(i) = \sum_{j \in J(i)} w(j)$。

(2) $\bigcup_{i \in S'} J(i) = S$。

(3) $\forall i, j \in S'$，如果 $i \neq j$，则 $J(i) \bigcap J(j) = \varnothing$。

(4) $\forall i \in S'$，如果 $j \in J(i)$，则 $\bar{C}_i \leqslant \bar{C}_j$。这是因为在步骤一，若 j 合并到 i 上，则必有 $\bar{C}_i \leqslant \bar{C}_j$。

根据上述 (1)~(3)，有

$$\bar{C}' - \bar{C} = \sum_{j \in S'} w'(j)\bar{C}_j - \sum_{j \in S} w(j)\bar{C}_j$$

$$= \sum_{j \in S'} w'(j)\bar{C}_j - \sum_{i \in S'} \sum_{j \in J(i)} w(j)\bar{C}_j \quad （由(2) 和(3)）$$

$$= \sum_{i \in S'} \left[w'(i)\bar{C}_i - \sum_{j \in J(i)} w(j)\bar{C}_j \right]$$

$$= \sum_{i \in S'} \left[\sum_{j \in J(i)} w(j)\bar{C}_i - \sum_{j \in J(i)} w(j)\bar{C}_j \right] \quad （由(1)）$$

$$= \sum_{i \in S'} \sum_{j \in J(i)} w(j)(\bar{C}_i - \bar{C}_j)$$

根据 (4) 可知，$\bar{C}' - \bar{C} = \sum_{i \in S'} \sum_{j \in J(i)} w(j)(\bar{C}_i - \bar{C}_j) \leqslant 0$，即 $\bar{C}' \leqslant \bar{C}$。证毕。

引理 4.4.3 设 $(\bar{\boldsymbol{x}}', \bar{\boldsymbol{y}}')$ 是 (S, w) 为输入的问题 k-Median-LP 的任意可行解，那么对于任意元素 $j \in S$，$\sum_{i \in S \wedge d(i,j) \leqslant 2\bar{C}_j} \bar{y}'_i \geqslant 1/2$。

证明：对于每个 $j \in S$，$\bar{C}_j = \sum_{i \in S} d(i,j)\bar{x}'_{ij}$。如果 $\sum_{i \in S \wedge d(i,j) > 2\bar{C}_j} \bar{x}'_{ij} \geqslant 1/2$，则必有 $\bar{C}_j = \sum_{i \in S} d(i,j)\bar{x}'_{ij} \geqslant \sum_{i \in S \wedge d(i,j) > 2\bar{C}_j} d(i,j)\bar{x}'_{ij} > \sum_{i \in S \wedge d(i,j) > 2\bar{C}_j} 2\bar{C}_j \bar{x}'_{ij} > \bar{C}_j$，矛盾。因此，$\sum_{i \in S: d(i,j) > 2\bar{C}_j} \bar{x}'_{ij} < 1/2$。由于 $\sum_{i \in S} \bar{x}'_{ij} = 1$，$\sum_{i \in S \wedge d(i,j) \leqslant 2\bar{C}_j} \bar{x}'_{ij} \geqslant 1/2$。由于 $\forall i, j \in S, \bar{y}'_i \geqslant \bar{x}'_{ij}$，$\sum_{i \in S \wedge d(i,j) \leqslant 2\bar{C}_j} \bar{y}'_i \geqslant \sum_{i \in S \wedge d(i,j) \leqslant 2\bar{C}_j} \bar{x}'_{ij} \geqslant 1/2$。证毕。

定理 4.4.1 设 $(\boldsymbol{x}', \boldsymbol{y}')$ 是步骤二构造的以 (S', w') 为输入的问题 k-Median-LP 的可行解，则 $(\boldsymbol{x}', \boldsymbol{y}')$ 满足以下两个条件：

(1) $\forall i \in S', y'_i \geqslant 1/2$。

(2) $(\boldsymbol{x}', \boldsymbol{y}')$ 的代价 $C' = \sum_{i,j \in S'} w'(j)d(i,j)x'_{ij} \leqslant 2\bar{C}$，其中 $\bar{C} = \sum_{i,j \in S} w(j)d(i,j)\bar{x}_{ij} = \sum_{j \in S} w(j)\bar{C}_j$。

证明:

(1) 首先用反证法证明:$\forall i \in S'$,经过步骤一,在 i 的 $2\bar{C}_i$ 范围内的所有元素 $j \in S - S'$ 均被合并到 i 上。假设存在元素 $j \in S - S'$ 满足 $d(i,j) \leqslant 2\bar{C}_i$,它在步骤一被合并到一个异于 i 的元素 $i' \in S'$ 上。因为 j 要被合并到距离自己最近的元素上,所以 $d(i',j) \leqslant d(i,j) \leqslant 2\bar{C}_i$。由三角不等式可知,$d(i,i') \leqslant d(i,j) + d(j,i') \leqslant 2\bar{C}_i + 2\bar{C}_i = 4\bar{C}_i$。由引理 4.4.1 知,因为 i,$i' \in S'$,所以 $d(i,i') > 4 \times \max\{\bar{C}_i, \bar{C}_{i'}\}$,矛盾。于是,对 $\forall i \in S'$,经过步骤一,在 i 的 $2\bar{C}_i$ 范围内的所有元素 $j \in S - S'$ 均被合并到 i 上。

令 $J(i) = \{i\} \bigcup \{j \in S \mid j$ 在步骤一中被合并到 i 上$\}$,$J'(i) = \{i\} \bigcup \{j \in S - S' \mid d(i,j) \leqslant 2\bar{C}_i\}$。根据上面证明的结果,$J'(i) \subseteq J(i)$。由步骤二的构造过程可知,

$$y'_i = \min\Big\{1, \sum_{j \in J(i)} \bar{y}_j\Big\} \geqslant \min\Big\{1, \sum_{j \in J'(i)} \bar{y}_j\Big\}$$

根据引理 4.4.1,$\forall i$,$j \in S'$,$d(i,j) > 4 \times \max\{\bar{C}_i, \bar{C}_j\} \geqslant 4\bar{C}_i$。从而,$\forall j \in S'$,因为 $i \in S'$,所以 $d(i,j) > 4\bar{C}_i$。于是,$J'(i) = \{i\} \bigcup \{j \in S - S' \mid d(i,j) \leqslant 2\bar{C}_i\} = \{j \in S \mid d(i,j) \leqslant 2\bar{C}_i\}$。从引理 4.3.3 可知,$\displaystyle\sum_{j \in J'(i)} \bar{y}_j = \sum_{j \in S \wedge d(i,j) \leqslant 2\bar{C}_i} \bar{y}_j \geqslant 1/2$。因此,$y'_i \geqslant 1/2$。于是,$\forall i \in S'$,$y'_i \geqslant 1/2$。

(2) 下面证明 $(\boldsymbol{x}', \boldsymbol{y}')$ 的代价 $C' \leqslant 2\bar{C}$。由引理 4.4.2 可知,$\bar{C}' \leqslant \bar{C}$。因此,只需证明 $C' \leqslant 2\bar{C}'$。

$\forall i \in S'$,$j \in J(i)$,令 $H(j,i) = \{h \in S' \mid j \in J(i)$ 且 $\bar{x}_{jh} > 0\}$,$H(i) = \bigcup_{j \in J(i)} H(j,i)$。$\forall h \in S'$,由于 $S' = \{i \mid i \in S' \wedge h \in S' - H(i)\} \bigcup \{i \mid i \in S' \wedge h \in H(i)\}$,有

$$C' = \sum_{i,h \in S'} w'(h)d(i,h)x'_{ih}$$

$$= \sum_{h \in S'} \sum_{i \in S'} w'(h)d(i,h)x'_{ih}$$

$$= \sum_{h \in S'} \sum_{i \in S' \wedge h \in S' - H(i)} w'(h)d(i,h)x'_{ih} + \sum_{h \in S'} \sum_{i \in S' \wedge h \in H(i)} w'(h)d(i,h)x'_{ih}$$

由步骤二可知:$\forall h \in H(i)$,$x'_{ih} = \bar{x}_{ih} + \sum_{j \in J(i)} \bar{x}_{jh}$;$\forall h \in S' - H(i)$,$x'_{ih} = \bar{x}_{ih}$。于是,

$$C' = \sum_{h \in S'} \sum_{i \in S' \wedge h \in S' - H(i)} w'(h)d(i,h)\bar{x}_{ih} + \sum_{h \in S'} \sum_{i \in S' \wedge h \in H(i)} w'(h)d(i,h)\Big(\bar{x}_{ih} + \sum_{j \in J(i)} \bar{x}_{jh}\Big)$$

$$= \sum_{h \in S'} \sum_{i \in S' \wedge h \in S' - H(i)} w'(h)d(i,h)\bar{x}_{ih} + \sum_{h \in S'} \Big[\sum_{i \in S' \wedge h \in H(i)} w'(h)d(i,h)\bar{x}_{ih} + \sum_{i \in S' \wedge h \in H(i)} \sum_{j \in J(i)} w'(h)d(i,h)\bar{x}_{jh} \Big]$$

由于 $j \in S - S'$ 的任一元素都被唯一合并到某个 $i \in S'$,因此 $j \in \bigcup_{i \in S'} J(i) = S - S'$。从而,

$$\sum_{j \in S - S'} w'(h)d(i,h)\bar{x}_{jh}$$

$$= \sum_{j \in \bigcup_{i \in S'} J(i)} w'(h)d(i,h)\bar{x}_{jh}$$

$$= \sum_{i \in S'} \sum_{j \in J(i)} w'(h)d(i,h)\bar{x}_{jh}$$

$$= \sum_{i \in S' \wedge h \in H(i)} \sum_{j \in J(i)} w'(h)d(i,h)\bar{x}_{jh} + \sum_{i \in S' \wedge h \in S'-H(i)} \sum_{j \in J(i)} w'(h)d(i,h)\bar{x}_{jh}$$

$\forall i \in S'$，如果 $h \in S'-H(i)$ 且 $j \in J(i)$，则必有 $\bar{x}_{jh}=0$。否则，根据 $H(i)$ 的定义可知，$h \in H(j,i) \subseteq H(i)$，这与 $h \in S'-H(i)$ 矛盾。从而 $\sum_{i \in S' \wedge h \in S'-H(i)} \sum_{j \in J(i)} w'(h)d(i,h)\bar{x}_{jh}=0$。因此，有 $\sum_{j \in S-S'} w'(h)d(i,h)\bar{x}_{jh} = \sum_{i \in S' \wedge h \in H(i)} \sum_{j \in J(i)} w'(h)d(i,h)\bar{x}_{jh}$。从而，

$$C' = \sum_{h \in S'} \sum_{i \in S' \wedge h \in S'-H(i)} w'(h)d(i,h)\bar{x}_{ih} + \sum_{h \in S'}\Big[\sum_{i \in S' \wedge h \in H(i)} w'(h)d(i,h)\bar{x}_{ih}$$
$$+ \sum_{j \in S-S'} w'(h)d(i,h)\bar{x}_{jh} \Big]$$

$\forall j \in S-S'$，令 j 在步骤一中被合并到 $i \in S'$，那么，$\forall h \in H(j,i)$，$d(i,j) \leq d(j,h)$ 一定成立。假设 $d(i,j) > d(j,h)$，那么

（1）如果 $h \in L_j = \{i \in L \mid w(i)>0, i<j$ 即 $\bar{C}_i \leq \bar{C}_j, d(i,j) \leq 4\bar{C}_j\}$，则 j 不会被合并到 i 上，因为 h 比 i 距离 j 更近，矛盾。

（2）如果 $h \notin L_j = \{i \mid i<j$ 即 $\bar{C}_i \leq \bar{C}_j, d(i,j) \leq 4\bar{C}_j\}$，则要么 $d(j,h)>4\bar{C}_j$，要么 $\bar{C}_j \leq \bar{C}_h$。如果 $d(j,h)>4\bar{C}_j$，那么，由于 $i \in L_j$ 即 $d(i,j) \leq 4\bar{C}_j$，则 $d(i,j) \leq 4\bar{C}_j < d(j,h)$ 成立，即 $d(i,j)<d(j,h)$，矛盾；如果 $\bar{C}_j \leq \bar{C}_h$ 且 $d(j,h) \leq 4\bar{C}_j$，则 $d(j,h) \leq 4\bar{C}_h$，即 $L_h = \{j \mid j<h$ 即 $\bar{C}_j \leq \bar{C}_h, d(j,h) \leq 4\bar{C}_h\}$ 非空，因此，h 一定要被合并到其他元素上，与 $h \in S'$ 矛盾。

总之，$\forall h \in H(j,i)$，$d(i,j) \leq d(j,h)$ 一定成立。于是，$\forall j \in S-S'$，有
$$d(i,h) \leq d(i,j)+d(j,h) \leq 2d(j,h)$$
从而，

$$C' \leq \sum_{h \in S'} \sum_{i \in S' \wedge h \in S'-H(i)} w'(h)d(i,h)\bar{x}_{ih} + \sum_{h \in S'}\left[\begin{array}{c} \sum_{i \in S' \wedge h \in H(i)} w'(h)d(i,h)\bar{x}_{ih} \\ + \sum_{j \in S-S'} w'(h)2d(j,h)\bar{x}_{jh} \end{array}\right]$$

$$\leq 2\sum_{h \in S'} \sum_{i \in S' \wedge h \in S'-H(i)} w'(h)d(i,h)\bar{x}_{ih} + 2\sum_{h \in S'}\left[\begin{array}{c} \sum_{i \in S' \wedge h \in H(i)} w'(h)d(i,h)\bar{x}_{ih} \\ + \sum_{j \in S-S'} w'(h)d(j,h)\bar{x}_{jh} \end{array}\right]$$

$$\leq 2\Big[\sum_{h \in S'} \sum_{i \in S' \wedge h \in S'-H(i)} w'(h)d(i,h)\bar{x}_{ih} + \sum_{h \in S'} \sum_{i \in S'} w'(h)d(i,h)\bar{x}_{ih}$$
$$+ \sum_{h \in S'} \sum_{j \in S-S'} w'(h)d(j,h)\bar{x}_{jh}\Big]$$

$$= 2\Big[\sum_{h \in S'} \sum_{i \in S' \wedge h \in S'} w'(h)d(i,h)\bar{x}_{ih} + \sum_{h \in S'} \sum_{j \in S-S'} w'(h)d(j,h)\bar{x}_{jh}\Big]$$

$$\leq 2\Big[\sum_{h \in S'} \sum_{i \in S'} w'(h)d(i,h)\bar{x}_{ih} + \sum_{h \in S'} \sum_{j \in S-S'} w'(h)d(j,h)\bar{x}_{jh}\Big]$$

$$= 2\left[\sum_{h \in S'} \sum_{i \in S'} w'(h)d(i,h)\bar{x}_{ih} + \sum_{h \in S'} \sum_{i \in S-S'} w'(h)d(i,h)\bar{x}_{ih})\right]$$

$$= 2 \sum_{h \in S'} \sum_{i \in S} w'(h)d(i,h)\bar{x}_{ih}$$

$$= 2 \sum_{h \in S'} w'(h) \sum_{i \in S} d(i,h)\bar{x}_{ih}$$

$$= 2 \sum_{h \in S'} w'(h)\bar{C}_h$$

$$= 2\bar{C}'$$

于是，$C' \leqslant 2\bar{C}' \leqslant 2\bar{C}$。证毕。

推论 4.4.1 $|S'| \leqslant 2k \leqslant 2|S'|$。

证明：由于任意 $i \in S'$，满足 $y'_i \geqslant 1/2$。从问题 k-Median-LP 的约束(4.4.4)可以知道，$k = \sum_{i \in S'} y'_i \geqslant |S'|/2$。于是，$2|S'| \leqslant 2k$。由于 $k \leqslant |S'|$，$|S'| \leqslant 2k \leqslant 2|S'|$。证毕。

引理 4.4.4   设 $(\bar{x}, \bar{y})$ 为以 (S,w) 为输入实例的问题 k-Median-LP 的最优解。那么，$\forall i \in S$，如果 $\bar{y}_i > 0$，则 $\bar{x}_{ii} = \bar{y}_i$。

证明：假设 $\exists i \in S, \bar{y}_i > 0, \bar{x}_{ii} \neq \bar{y}_i$。可以如下构造以 (S,w) 为输入实例的问题 k-Median-LP 的另一个解 $(\bar{x}', \bar{y}')$。$\bar{x}'$ 构造如下：从矩阵 $\bar{x}$ 中任选一个 $\bar{x}_{ji} \geqslant (\bar{y}_i - \bar{x}_{ii})$，并令 $\bar{x}'_{ji} = \bar{x}_{ji} - (\bar{y}_i - \bar{x}_{ii})$，$\bar{x}'_{ii} = \bar{x}_{ii} + (\bar{y}_i - \bar{x}_{ii})$。对于 $\bar{x}$ 中的所有非 $\bar{x}_{ii}$ 和 $\bar{x}_{ji}$ 项 $\bar{x}_{kl}$，令 $\bar{x}'_{kl} = \bar{x}_{kl}$。令 $\bar{y}' = \bar{y}$。因为 $d(i,i) = 0$，所以 $d(i,i)\bar{x}'_{ii} = 0 = d(i,i)\bar{x}_{ii}$。又由于 $\bar{x}'_{ji} = \bar{x}_{ji} - (\bar{y}_i - \bar{x}_{ii}) < \bar{x}_{ji}$，解 $(\bar{x}', \bar{y}')$ 的代价 $\bar{C}' = \sum_{i,j \in S} w(j)d(i,j)\bar{x}'_{ij} < \sum_{i,j \in S} w(j)d(i,j)\bar{x}_{ij} = \bar{C}$。这与 $(\bar{x}, \bar{y})$ 是最优解矛盾。从而引理 4.4.4 成立。证毕。

引理 4.4.5   给定正整数 k 满足 $2n \geqslant 2k \geqslant n$，$n$ 个正实数 $a_1 \geqslant a_2 \geqslant \cdots \geqslant a_n$ 和 n 个变量 $y_1, y_2, \cdots, y_n \in [1/2, 1]$。如果 $\sum_{i=1}^{n} y_i \leqslant k$，那么 $y_1 = 1, y_2 = 1, \cdots, y_{2k-n} = 1, y_{2k-n+1} = 1/2, \cdots$, $y_n = 1/2$ 是使得 $\sum_{i=1}^{n} a_i y_i$ 最大化的赋值。

证明：设 $y_1', y_2', \cdots, y_n' \in [1/2, 1]$ 是与引理 4.4.5 中的赋值不同的赋值，满足 $A' = \sum_{i=1}^{n} y_i' \leqslant k$。假设 $A = \sum_{i=1}^{n} a_i y_i < A' = \sum_{i=1}^{n} a_i y_i'$。那么，

$$A - A' = \sum_{i=1}^{2k-n} a_i(1 - y_i') + \sum_{i=2k-n+1}^{n} a_i(1/2 - y_i')$$

$$= \sum_{i=1}^{2k-n} a_i(1 - y_i') - \sum_{i=2k-n+1}^{n} a_i(y_i' - 1/2) < 0$$

即

$$\sum_{i=1}^{2k-n} a_i(1 - y_i') < \sum_{i=2k-n+1}^{n} a_i(y_i' - 1/2)$$

令 $a = \min\{a_i | 1 \leqslant i \leqslant 2k-n\}$，$b = \max\{a_i | 2k-n+1 \leqslant i \leqslant n\}$。由于 $a_1 \geqslant a_2 \geqslant \cdots \geqslant a_n$，所以 $a \geqslant b$。显然，

$$a \sum_{i=1}^{2k-n}(1-y_i') \leqslant \sum_{i=1}^{2k-n} a_i(1-y_i') < \sum_{i=2k-n+1}^{n} a_i(y_i'-1/2) \leqslant b\sum_{i=1}^{2k-n}(y_i'-1/2)$$

如果 k 满足 $2n \geqslant 2k \geqslant n$，$k$ 是 $2k-n$ 个 1 和 $2n-2k$ 个 1/2 的和，即

$$k = \sum_{i=1}^{2k-n} 1 + \sum_{i=2k-n+1}^{n} 1/2$$

于是，$\sum_{i=1}^{n} y_i' \leqslant k = \sum_{i=1}^{2k-n} 1 + \sum_{i=2k-n+1}^{n} 1/2$，即

$$\sum_{i=1}^{n} y_i' \leqslant \sum_{i=1}^{2k-n} 1 + \sum_{i=2k-n+1}^{n} 1/2$$

从而，

$$\sum_{i=1}^{2k-n} 1 + \sum_{i=2k-n+1}^{n} 1/2 - \sum_{i=1}^{n} y_i' = \sum_{i=1}^{2k-n}(1-y_i') + \sum_{i=2k-n+1}^{n}(1/2-y_i') \geqslant 0$$

于是，$\sum_{i=1}^{2k-n}(1-y_i') \geqslant \sum_{i=2k-n+1}^{n}(y_i'-1/2)$。又因为 $a \geqslant b$，从而有

$$a \sum_{i=1}^{2k-n}(1-y_i') \geqslant b\sum_{i=1}^{2k-n}(y_i'-1/2)$$

这与 $a\sum_{i=1}^{2k-n}(1-y_i') < b\sum_{i=1}^{2k-n}(y_i'-1/2)$ 矛盾。引理成立。证毕。

定理 4.4.2 令 $(\boldsymbol{x}', \boldsymbol{y}')$ 是步骤二产生的解，$(\hat{\boldsymbol{x}}, \hat{\boldsymbol{y}})$ 是步骤三从 $(\boldsymbol{x}', \boldsymbol{y}')$ 构造的以 (S', w') 为输入的问题 k-Median-LP 的可行解，$\hat{C} = \sum_{i,j \in S} w'(j)d(i,j)\hat{x}_{ij}$ 是 $(\hat{\boldsymbol{x}}, \hat{\boldsymbol{y}})$ 的代价，$C' = \sum_{i,j \in S'} w'(j)d(i,j)x_{ij}'$ 是 $(\boldsymbol{x}', \boldsymbol{y}')$ 的代价，则 $\hat{C} \leqslant C'$。

证明：不失一般性，设序列 $S' = \langle 1,2,\cdots,|S'| \rangle$ 为步骤三中按 $w'(j)d(\delta(j),j)$ 值非递增排序的序列。由定理 4.4.1 和引理 4.4.4 可知，$\forall j \in S'$，一定满足 $x_{jj}' = y_j' \geqslant 1/2$。从步骤二可知，$(\boldsymbol{x}', \boldsymbol{y}')$ 一定将 j 的 "$x_{jj}' = y_j'$ 部分" 聚集到 j 上，同时将 "其余 $1-y_j'$ 部分" 聚集到 S' 中距离 j 最近的元素 $\delta(j)$ 上。由于当 $i=j$ 时 $d(i,j)=0$，有

$$C' = \sum_{i,j \in S'} w'(j)d(i,j)x_{ij}'$$

$$= \sum_{j \in S'} w'(j) \sum_{i \in S'} d(i,j)x_{ij}'$$

$$= \sum_{j \in S'} w'(j) \Big[\sum_{i \in S' \wedge i=j} d(i,j)x_{ij}' + \sum_{i \in S' \wedge i \neq j} d(i,j)x_{ij}' \Big]$$

$$= \sum_{j \in S'} w'(j) \sum_{i \in S' \wedge i \neq j} d(i,j)x_{ij}'$$

$$= \sum_{j \in S'} w'(j) \Big[\sum_{i \in S' \wedge i \neq j \wedge i=\delta(j)} d(i,j)x_{ij}' + \sum_{i \in S' \wedge i \neq j \wedge i \neq \delta(j)} d(i,j)x_{ij}' \Big]$$

$$= \sum_{j \in S'} w'(j) \sum_{i \in S' \wedge i \neq j \wedge i=\delta(j)} d(i,j)x_{ij}'$$

$$= \sum_{j \in S'} w'(j)d(\delta(j),j)x_{ij}'$$

$$= \sum_{j \in S'} w'(j)d(\delta(j),j)(1-y_j')$$

$$= \sum_{j \in S'} w'(j) d(\delta(j), j) - \sum_{j \in S'} w'(j) d(\delta(j), j) y'_j$$

令函数 $F(\boldsymbol{y}) = \sum_{j \in S'} w'(j) d(\delta(j), j) - \sum_{j \in S'} w'(j) d(\delta(j), j) y_j$，则 $C' = F(\boldsymbol{y}')$。

步骤三构造的可行解 $(\hat{\boldsymbol{x}}, \hat{\boldsymbol{y}})$ 如下：

$$\text{对于} \ 1 \leqslant i \leqslant 2k - |S'|, \hat{y}_i = 1$$

$$\text{对于} \ 2k - |S'| + 1 \leqslant i \leqslant |S'|, \hat{y}_i = 1/2$$

从 k-Median-LP 的约束(4.4.10)可知，$\sum_{j \in S'} y'_j \leqslant k$。由定理 4.4.1 可知 $y'_1, y'_2, \cdots, y'_{|S'|} \in [1/2, 1]$。由推论 4.4.1 知 $|S'| \leqslant 2k \leqslant 2|S'|$。由于全部 $|S'|$ 个元素是按 $w'(j) d(\delta(j), j)$ 值从大到小排序的，因此，根据引理 4.4.5 可知，$\hat{\boldsymbol{y}}$ 是最大化 $\sum_{j \in S'} w'(j) d(\delta(j), j) y'_j$ 的赋值，即 $\hat{\boldsymbol{y}}$ 最小化 $F(\boldsymbol{y})$。于是，步骤三构造的 $\{1/2, 1\}$-可行解 $(\hat{\boldsymbol{x}}, \hat{\boldsymbol{y}})$ 的代价为 $F(\boldsymbol{y})$。又因为 $C' \geqslant F(\boldsymbol{y}')$，所以 $\hat{C} \leqslant C'$。证毕。

定理 4.4.3 令 $(\hat{\boldsymbol{x}}, \hat{\boldsymbol{y}})$ 是步骤三产生的解，$(\tilde{\boldsymbol{x}}, \tilde{\boldsymbol{y}})$ 是步骤四从 $(\hat{\boldsymbol{x}}, \hat{\boldsymbol{y}})$ 构造的以 (S', w') 为输入的问题 k-Median-LP 的 $\{0, 1\}$-可行解，$\tilde{C} = \sum_{i, j \in S'} w'(j) d(i, j) \tilde{x}_{ij}$ 是 $(\tilde{\boldsymbol{x}}, \tilde{\boldsymbol{y}})$ 的代价，$\hat{C} = \sum_{i, j \in S} w'(j) d(i, j) \hat{x}_{ij}$ 是 $(\hat{\boldsymbol{x}}, \hat{\boldsymbol{y}})$ 的代价，则 $\tilde{C} \leqslant 2\hat{C}$。

证明：在步骤四从 $(\hat{\boldsymbol{x}}, \hat{\boldsymbol{y}})$ 构造的有向图 $G(V, E)$ 中，每个顶点至多只有一条出边，因此每个连通分量是一个有向环。

下面证明步骤四为 G 构造了一个有向森林。对于 G 中任意长度大于 2 的环 C，不失一般性，设 C 的长度为 l，即 $C = 1 \rightarrow 2 \rightarrow \cdots \rightarrow l \rightarrow 1$。显然，$C$ 中 l 个点对应的元素都在输入度量空间 (X, d) 中。对于 C 中的任意 i，下面证明 $d(i, i+1) = d(i+1, i+2)$。因为 $i+2$ 是 $i+1$ 的最近点，因此在度量空间 (X, d) 中，$d(i, i+1) \geqslant d(i+1, i+2)$。又因为 $i+1$ 是 i 的最近点，因此 $d(i+1, i+2) \geqslant d(i, i+1)$。所以 $d(i, i+1) = d(i+1, i+2)$。由于 i 是 C 中的任意一个点，C 中任意两个点的距离都相等，因此，可以删除边 (i, j)，再加入边 (j, i)，使得 C 不再是环。于是，可以使得 G 中任意长度大于 2 的环变为非环，得到一个新的符合步骤四定义的有向图，且使得图中环长度至多为 2。这样，图中的任意连通分量一定是一棵有向树，或者包含一个长度为 2 的环。删除长度为 2 的环的任一条边后，一定得到一棵有向树。因此，步骤四经过上述处理后，得到的新图一定是一个有向森林。

显然，$\text{Odd} \bigcup \text{Even} = \{i \in S' \mid \hat{y}_i = 1/2\}$。下面证明 $|\text{Odd}| + |\text{Even}| = 2(|S'| - k)$。令 $M = |\text{Odd}| + |\text{Even}|$，则根据 k-Median-LP 的约束(4.4.10)，$M \times (1/2) + (|S'| - M) \times 1 = k$。从而可得 $|\text{Odd}| + |\text{Even}| = 2(|S'| - k)$。同理，由于 $S' - (\text{Odd} \bigcup \text{Even}) = \{i \in S' : \hat{y}_i = 1\}$，有 $|S' - (\text{Odd} \bigcup \text{Even})| = 2k - |S'|$。显然，$(2k - |S'|) \times 1 + 2(|S'| - k) \times 1/2 = k$。因此，经步骤四得到的解 $(\tilde{\boldsymbol{x}}, \tilde{\boldsymbol{y}})$ 选择 k 个元素作为中心，即 $(\tilde{\boldsymbol{x}}, \tilde{\boldsymbol{y}})$ 是以 (S', w') 为输入的问题 k-Median-LP 的可行解。同时，下式成立：

$$\tilde{C} = \sum_{i, j \in S'} w'(j) d(i, j) \tilde{x}_{ij}$$

$$= \sum_{j \in \text{Odd} \bigcup \text{Even}} w'(j) d(\delta(j), j) \tilde{x}_{\delta(j)j} + \sum_{j \in S' - (\text{Odd} \bigcup \text{Even})} w'(j) d(\delta(j), j) \tilde{x}_{\delta(j)j}$$

由于 $j \in \mathrm{Odd} \bigcup \mathrm{Even}$ 时 $\widetilde{x}_{\delta(j)j} \leqslant 1$ 且 $\hat{x}_{\delta(j)j} = 1/2$，即 $\widetilde{x}_{\delta(j)j} \leqslant 2\hat{x}_{\delta(j)j}$，所以

$$\widetilde{C} \leqslant 2 \sum_{j \in \mathrm{Odd} \bigcup \mathrm{Even}} w'(j)d(\delta(j),j)\hat{x}_{\delta(j)j} + \sum_{j \in S'-(\mathrm{Odd} \bigcup \mathrm{Even})} w'(j)d(\delta(j),j)\hat{x}_{\delta(j)j}$$

$$\leqslant 2 \Big(\sum_{j \in \mathrm{Odd} \bigcup \mathrm{Even}} w'(j)d(\delta(j),j)\hat{x}_{\delta(j)j} + \sum_{j \in S'-(\mathrm{Odd} \bigcup \mathrm{Even})} w'(j)d(\delta(j),j)\hat{x}_{\delta(j)j} \Big)$$

$$= 2 \Big(\sum_{j \in S'} w'(j)d(\delta(j),j)\hat{x}_{\delta(j)j} \Big)$$

根据步骤四构建 $\hat{x}_{ij}$ 的方法，

$$\Big(\sum_{j \in S'} w'(j)d(\delta(j),j)\hat{x}_{\delta(j)j} \Big) = \sum_{i,j \in S'} w'(j)d(i,j)\hat{x}_{ij} = \hat{C}$$

于是，$\widetilde{C} \leqslant 2\hat{C}$。证毕。

定理 4.4.4 设 $(\widetilde{x},\widetilde{y})$ 是步骤四构造的以 (S',w') 为输入的问题 k-Median-LP 的 $\{0,1\}$-整数可行解，(x,y) 是步骤五从 $(\widetilde{x},\widetilde{y})$ 构造的以 (S,w) 为输入的问题 k-Median-$(0,1)$-LP 的 $\{0,1\}$-整数可行解。如果 (x,y) 的代价为 $C = \sum_{i,j \in S} w(j)d(i,j)x_{ij}$，那么 $C \leqslant \widetilde{C} + 4\overline{C}$，其中，$\widetilde{C} = \sum_{i,j \in S'} w'(j)d(i,j)\widetilde{x}_{ij}$，$\overline{C} = \sum_{i,j \in S} w(j)d(i,j)\overline{x}_{ij}$。

证明：根据 i 和 j 的不同情况，有

$$C = \sum_{i,j \in S'} w(j)d(i,j)x_{ij} + \sum_{i \in S', j \in S-S'} w(j)d(i,j)x_{ij}$$

$$+ \sum_{i \in S-S', j \in S'} w(j)d(i,j)x_{ij}$$

$$+ \sum_{i,j \in S-S'} w(j)d(i,j)x_{ij}$$

根据步骤五中的(4)可知，$\forall i \in S-S'$，$j \in S$，$x_{ij} = 0$。因此，有

$$\sum_{i \in S-S', j \in S'} w(j)d(i,j)x_{ij} = 0 \text{ 且 } \sum_{i,j \in S-S'} w(j)d(i,j)x_{ij} = 0$$

从而，

$$C = \sum_{i,j \in S'} w(j)d(i,j)x_{ij} + \sum_{i \in S', j \in S-S'} w(j)d(i,j)x_{ij}$$

替换下标后可得

$$C = \sum_{h,i \in S'} w(i)d(h,i)x_{hi} + \sum_{h \in S', j \in S-S'} w(j)d(h,j)x_{hj}$$

$$= \sum_{h \in S'} \sum_{i \in S'} w(i)d(h,i)x_{hi} + \sum_{h \in S', j \in S-S'} w(j)d(h,j)x_{hj}$$

从步骤一可知，$\forall i \in S'$，令 $J'(i) = \{j \in S \mid j$ 在步骤一中被合并到 i 中$\}$。那么 $\forall h \in S'$，$\forall j \in S-S'$，要么 $j \in J'(h)$，要么存在 $i \in S'-\{h\}$，$j \in J'(i)$。因此，

$$C = \sum_{h \in S'} \sum_{i \in S'} w(i)d(h,i)x_{hi} + \sum_{h \in S'} \sum_{j \in J'(h)} w(j)d(h,j)x_{hj}$$

$$+ \sum_{h \in S'} \sum_{i \in S'-\{h\}} \sum_{j \in J'(i)} w(j)d(h,j)x_{hj}$$

根据步骤五的(5)可知，$\forall j \in S-S'$，如果 $j \in J'(i)$，那么 $\forall h \in S'$，$x_{hj} = x_{hi}$。因此，

$$C = \sum_{h \in S'} \sum_{i \in S'} w(i)d(h,i)x_{hi} + \sum_{h \in S'} \sum_{j \in J'(h)} w(j)d(h,j)x_{hh} + \sum_{h \in S'} \sum_{i \in S'-\{h\}} \sum_{j \in J'(i)} w(j)d(h,j)x_{hi}$$

$$= \sum_{h \in S'} \sum_{i \in S'} w(i)d(h,i)x_{hi} + \sum_{h \in S'} \Big[\sum_{i=h, j \in J'(i)} w(j)d(h,j)x_{hi} + \sum_{i \in S'-\{h\}, j \in J'(i)} w(j)d(h,j)x_{hi} \Big]$$

$$= \sum_{h \in S'} \sum_{i \in S'} w(i)d(h,i)x_{hi} + \sum_{h \in S'} \Big[\sum_{i \in S', j \in J'(i)} w(j)d(h,j)x_{hi} \Big]$$

$$= \sum_{h \in S'} \sum_{i \in S'} w(i)d(h,i)x_{hi} + \sum_{h \in S'} \sum_{i \in S', j \in J'(i)} w(j)d(h,j)x_{hi}$$

$$= \sum_{h \in S'} \sum_{i \in S'} w(i)d(h,i)x_{hi} + \sum_{h \in S'} \sum_{i \in S'} \sum_{j \in J'(i)} w(j)d(h,j)x_{hi}$$

$\forall j \in J'(i)$，应用三角不等式 $d(h,j) \leqslant d(h,i) + d(i,j)$，可得

$$C \leqslant \sum_{h \in S'} \sum_{i \in S'} w(i)d(h,i)x_{hi} + \sum_{h \in S'} \sum_{i \in S'} \sum_{j \in J'(i)} w(j)d(h,i)x_{hi} + \sum_{h \in S'} \sum_{i \in S'} \sum_{j \in J'(i)} w(j)d(i,j)x_{hi}$$

$$= \sum_{h \in S'} \sum_{i \in S'} \Big[w(i) + \sum_{j \in J'(i)} w(j) \Big] d(h,i)x_{hi} + \sum_{h \in S'} \sum_{i \in S'} \sum_{j \in J'(i)} w(j)d(i,j)x_{hi}$$

根据步骤一可知，$\forall i \in S'$，$w'(i) = w(i) + \sum\limits_{j \in J'(i)} w(j)$，因此，

$$C \leqslant \sum_{h \in S'} \sum_{i \in S'} w'(i)d(h,i)x_{hi} + \sum_{h \in S'} \sum_{i \in S'} \sum_{j \in J'(i)} w(j)d(i,j)x_{hi}$$

根据步骤五的 (3)，$\forall i, j \in S'$，$x_{ij} = \tilde{x}_{ij}$。因此，

$$C \leqslant \sum_{h \in S'} \sum_{i \in S'} w'(i)d(h,i)\tilde{x}_{hi} + \sum_{h \in S'} \sum_{i \in S'} \sum_{j \in J'(i)} w(j)d(i,j)x_{hi}$$

由于 $\tilde{C} = \sum\limits_{i,j \in S'} w'(j)d(i,j)\tilde{x}_{ij}$，

$$C \leqslant \tilde{C} + \sum_{h \in S'} \sum_{i \in S'} \sum_{j \in J'(i)} w(j)d(i,j)x_{hi}$$

根据步骤一可知，由于对于任意一个被合并到 i 的 j，即 $\forall j \in J'(i)$，必有 $d(i,j) \leqslant 4\bar{C}_j$。

代入上式可得 $C \leqslant \tilde{C} + \sum\limits_{h \in S'} \sum\limits_{i \in S'} \sum\limits_{j \in J'(i)} 4w(j)\bar{C}_j x_{hi}$。由于 $(\boldsymbol{x}, \boldsymbol{y})$ 是 $\{0,1\}$-整数解，因此根据 k-Median-LP 约束 (4.4.2) 可知，$\forall i \in S'$，有且仅有一个 $h \in S'$，使得 $x_{hi} = 1$，且 $\forall h' \in S'$，如果 $h' \neq h$，则 $x_{h'i} = 0$。因此，有

$$\sum_{h \in S'} \sum_{i \in S'} \sum_{j \in J'(i)} 4w(j)\bar{C}_j x_{hi}$$

$$= \sum_{i \in S'} \sum_{j \in J'(i)} \sum_{h \in S'} 4w(j)\bar{C}_j x_{hi}$$

$$= \sum_{i \in S'} \sum_{j \in J'(i)} 4w(j)\bar{C}_j \Big[\sum_{h \in S'} x_{hi} \Big]$$

$$\leqslant \sum_{i \in S'} \sum_{j \in J'(i)} 4w(j)\bar{C}_j$$

显然，$\bigcup\limits_{i \in S'} J'(i) = S - S'$。$\forall i, j \in S'$，如果 $i \neq j$，则 $J'(i) \bigcap J'(j) = \varnothing$。于是，有

$$\sum_{i \in S'} \sum_{j \in J'(i)} 4w(j)\bar{C}_j$$

$$= \sum_{i \in S', j \in J'(i)} 4w(j)\bar{C}_j$$

$$= \sum_{j \in S-S'} 4w(j)\bar{C}_j$$

$$= 4 \sum_{j \in S - S'} w(j) \bar{C}_j$$

$$\leqslant 4 \sum_{j \in S} w(j) \bar{C}_j$$

$$= 4\bar{C}$$

从而, $C \leqslant \tilde{C} + 4\bar{C}$。定理成立。证毕。

定理 4.4.5 舍入算法输出的 $\{0,1\}$-整数可行解是问题 k-Median-$(0,1)$-LP 的一个 8-近似解。

证明:由于 k-Median-$(0,1)$-LP 的最优解 C^* 也是 k-Median-LP 的可行解,所以 $\bar{C} \leqslant C^*$。由定理 4.4.1、定理 4.4.2 和定理 4.4.3 可知, $C' \leqslant 2\bar{C}$、$\hat{C} \leqslant C'$ 和 $\tilde{C} \leqslant 2\hat{C}$,从而

$$\tilde{C} \leqslant 2\hat{C} \leqslant 2C' \leqslant 4\bar{C}$$

再由定理 4.4.4 可知

$$C \leqslant \tilde{C} + 4\bar{C} \leqslant 8\bar{C} \leqslant 8C^*$$

因此,算法 k-Median-$(0,1)$-LP-Alg 输出的解是一个 8-近似解。证毕。

4. 算法时间复杂性

可以在算法 k-Median-$(0,1)$-LP-Alg 中调用目前最好的时间复杂度为 $O(n^{4.77})$ 的线性规划算法[10] 求解问题 k-Median-LP。这样,k-Median-$(0,1)$-LP-Alg 算法求解问题 k-Median-LP 的时间复杂性为 $O(n^{4.77})$。

下面分析舍入过程的时间复杂性。

步骤一首先需要 $O(n^2)$ 的时间计算所有 $\bar{C}_j$。然后,需要 $O(n \log n)$ 的时间将它们排序。此外,计算所有 L_j 需要 $O(n^2)$ 时间。最后,需要 $O(n^2)$ 时间进行元素合并。总之,步骤一的时间复杂性为 $O(n^2)$。

步骤二需要 $O(|S'|^2) = O(n^2)$ 时间计算 $\boldsymbol{y'}$ 和 $\boldsymbol{x'}$。

步骤三首先需要 $O(|S'|\log|S'|) - O(n \log n)$ 时间排序 S'。然后,需要 $O(|S'|) + O(|S'|^2) = O(n) + O(n^2) = O(n^2)$ 时间计算 $\boldsymbol{\hat{y}}$ 和 $\boldsymbol{\hat{x}}$。于是,步骤三的时间复杂性为 $O(n^2)$。

步骤四首先需要 $O(|S'|^2) = O(n^2)$ 时间构造有向图 $G = (V, E)$。然后,使用 Tarjan 算法在 $O(V + E) = O(|S'|^2) = O(n^2)$ 时间计算出 G 的连通分量。此外,需要少于 $O(|S'|^2) = O(n^2)$ 的时间构造出 G 的所有森林以及集合 Odd 和集合 Even。最后,$O(|S'|^2) = O(n^2)$ 时间计算 $\boldsymbol{\tilde{x}}$ 和 $\boldsymbol{\tilde{y}}$。总之,步骤四的时间复杂性为 $O(n^2)$。

步骤五的时间复杂性显然为 $O(n^2)$。

步骤六需要 $O(k) = O(n)$ 时间。

综上所述,有如下定理。

定理 4.4.6 算法 k-Median-$(0,1)$-LP-Alg 的时间复杂性为 $O(n^{4.77})$。

4.4.3 时间复杂性独立于输入大小的近似算法

为方便叙述,首先定义一个可行解的平均代价。假设 K 为 k-中心聚类问题的任意可行解,定义 K 的平均代价为

$$\mathrm{cost}_{\mathrm{avg}}(S,K)=\frac{\mathrm{cost}(S,K)}{n}$$

其中,$\mathrm{cost}(S,K)=\sum_{j\in S}w(j)\min_{i\in K}\{d(i,j)\}$。

假设 K^* 为 k-中心聚类问题的优化解,K 为 k-中心聚类问题的可行解。那么,如果 K 满足 $\mathrm{cost}_{\mathrm{avg}}(S,K^*)\leqslant\mathrm{cost}_{\mathrm{avg}}(S,K)\leqslant c\times\mathrm{cost}_{\mathrm{avg}}(S,K^*)+\varepsilon$,则 K 称为 k-中心聚类问题的一个 (c,ε)-近似解。

显然,任意一个 (c,ε)-近似解 K 的代价均满足

$$\mathrm{cost}(S,K^*)\leqslant\mathrm{cost}(S,K)\leqslant c\times\mathrm{cost}(S,K^*)+\varepsilon n$$

下面介绍一个时间独立于输入大小的随机抽样算法,它以高概率输出 k-中心聚类问题的一个 (c,ε)-近似解。这个算法简记作 k-Median-Sampling-Alg。

1. 算法设计

算法 k-Median-Sampling-Alg 的工作步骤如下:首先,从输入集合 S 独立均匀可重复地随机抽取样本 $Y\subseteq S$;然后,调用 4.4.2 节介绍的近似算法 k-Median-$(0,1)$-LP-Alg,计算 Y 上 k-中心聚类问题的近似解 K_Y;最后,输出 K_Y 作为 S 的 (c,ε)-近似解。算法 k-Median-Sampling-Alg 的详细描述见 Algorithm 4.4.1。

Algorithm 4.4.1:k-Median-Sampling-Alg

输入:度量空间 (X,d),X 的有穷子集 S,算法 k-Median-$(0,1)$-LP-Alg,误差 $\varepsilon>0$,错误概率 $1>\delta>0$。

输出:集合 K_Y。

1. 从 S 中独立均匀可重复地随机抽取 $\max\left\{\mathrm{e},\dfrac{3\Delta}{\varepsilon}\ln\dfrac{2}{\delta},\dfrac{k\Delta}{\varepsilon}+2\ln\dfrac{2}{\delta}\right\}$ 个元素,构成样本 Y; /* Δ 是下面的霍夫丁不等式中的参数 */

2. 以 Y 为输入元素集合,执行算法 k-Median-$(0,1)$-LP-Alg;

3. 输出算法 k-Median-$(0,1)$-LP-Alg 产生的近似解 K_Y.

---

2. 算法的误差分析

本节首先利用霍夫丁不等式证明两个引理。然后,基于这两个引理证明 k-Median-Sampling-Alg 在独立于输入大小的时间内,以至少 $1-\delta$ 的概率输出一个 $(32,\varepsilon)$-近似解。

先回顾一下霍夫丁不等式。设 $X_1,X_2,\cdots,X_N$ 为 N 个独立随机变量。如果存在一个常数 $B\geqslant0$,使得 $0\leqslant X_1,X_2,\cdots,X_N\leqslant B$。那么,对于 $X=\sum_{i=1}^{N}X_i$ 和任意常数 $\alpha\geqslant0$,下面的霍夫丁不等式成立

$$\Pr[X\geqslant(1+\alpha)E[X]]\leqslant\mathrm{e}^{-\frac{E[X]\times\min\{\alpha,\alpha^2\}}{3B}}$$

引理 4.4.6 设常数 $\alpha\geqslant\max\left\{1,\dfrac{\varepsilon}{\mathrm{cost}_{\mathrm{avg}}(S,K^*)}\right\}$,$Y$ 是算法 k-Median-Sampling-Alg 第 1 步从输入集合 S 随机抽取的样本。如果 $|Y|\geqslant3\dfrac{\Delta}{\varepsilon}\ln\dfrac{2}{\delta}$,则算法 k-Median-Sampling-Alg 的输出 K_Y 满足

$$\Pr[\mathrm{cost}_{\mathrm{avg}}(Y,K_Y)\leqslant16(1+\alpha)\mathrm{cost}_{\mathrm{avg}}(S,K^*)]\geqslant1-\frac{\delta}{2}$$

证明：令 K^* 是输入为 S 的 k-中心聚类问题的优化解，则 $\mathrm{cost}_{\mathrm{avg}}(S,K^*)=\dfrac{\mathrm{cost}(S,K^*)}{n}$。设 Z_i 为 S 中元素 i 到 K^* 的加权距离，即 $Z_i=w(i)d(i,K^*)=w(i)\times\min\limits_{j\in K^*}\{d(i,j)\}$。

设 X_i 为 Y 中元素 i 到 K^* 的加权距离，即 $X_i=w(i)d(i,K^*)=w(i)\times\min\limits_{j\in K^*}\{d(i,j)\}$。由于 $\mathrm{cost}_{\mathrm{avg}}(Y,K^*)=\sum\limits_{i\in Y}w(i)d(i,K^*)/|Y|=\sum\limits_{1\leqslant i\leqslant|Y|}X_i/|Y|$，从而

$$\Pr[\mathrm{cost}_{\mathrm{avg}}(Y,K^*)>(1+\alpha)\mathrm{cost}_{\mathrm{avg}}(S,K^*)]$$

$$=\Pr\left[\frac{1}{|Y|}\sum_{1\leqslant i\leqslant|Y|}X_i>(1+\alpha)\mathrm{cost}_{\mathrm{avg}}(S,K^*)\right]$$

显然，$E\left[\dfrac{\sum\limits_{1\leqslant i\leqslant|Y|}X_i}{|Y|}\right]=\dfrac{\sum\limits_{1\leqslant i\leqslant|Y|}E[X_i]}{|Y|}=E[X_i]$。$E[X_i]=\sum\limits_{1\leqslant i\leqslant n}\dfrac{1}{n}Z_i=\mathrm{cost}_{\mathrm{avg}}(S,K^*)$。因此，

$E\left[\dfrac{\sum\limits_{1\leqslant i\leqslant|Y|}X_i}{|Y|}\right]=E[X_i]=\mathrm{cost}_{\mathrm{avg}}(S,K^*)$。从而，

$$\Pr\left[\frac{1}{|Y|}\sum_{1\leqslant i\leqslant|Y|}X_i>(1+\alpha)\mathrm{cost}_{\mathrm{avg}}(S,K^*)\right]$$

$$=\Pr\left[\frac{1}{|Y|}\sum_{1\leqslant i\leqslant|Y|}X_i>(1+\alpha)E\left[\frac{\sum\limits_{1\leqslant i\leqslant|Y|}X_i}{|Y|}\right]\right]$$

$$=\Pr\left[\frac{1}{|Y|}\sum_{1\leqslant i\leqslant|Y|}X_i>(1+\alpha)\frac{1}{|Y|}E\left[\sum_{1\leqslant i\leqslant|Y|}X_i\right]\right]$$

$$=\Pr\left[\sum_{1\leqslant i\leqslant|Y|}X_i>(1+\alpha)E\left[\sum_{1\leqslant i\leqslant|Y|}X_i\right]\right]$$

由于 S 是有穷集合，因此，存在 Δ，使得上式中随机变量均满足

$$0\leqslant X_1,X_2,\cdots,X_{|Y|}\leqslant\Delta$$

下面分两种情况来证明

$$\Pr[\mathrm{cost}_{\mathrm{avg}}(Y,K^*)>(1+\alpha)\mathrm{cost}_{\mathrm{avg}}(S,K^*)]\leqslant\frac{\delta}{2}$$

（1）如果 $\mathrm{cost}_{\mathrm{avg}}(S,K^*)\geqslant\varepsilon$，则由于 $\alpha\geqslant1$，应用霍夫丁不等式可知，

$$\Pr\left[\sum_{1\leqslant i\leqslant|Y|}X_i>(1+\alpha)E\left[\sum_{1\leqslant i\leqslant|Y|}X_i\right]\right]\leqslant\mathrm{e}^{-\frac{|Y|\mathrm{cost}_{\mathrm{avg}}(S,K^*)\alpha}{3\Delta}}$$

由于 $|Y|\geqslant3\dfrac{\Delta}{\varepsilon}\ln\dfrac{2}{\delta}$，并且 $\alpha\geqslant1$，所以 $|Y|\geqslant3\dfrac{\Delta}{\varepsilon\alpha}\ln\dfrac{2}{\delta}$。同时，$\dfrac{\delta}{2}<1$。因此，

$$\Pr\left[\sum_{1\leqslant i\leqslant|Y|}X_i>(1+\alpha)E\left[\sum_{1\leqslant i\leqslant|Y|}X_i\right]\right]$$

$$\leqslant\mathrm{e}^{-\frac{3\frac{\Delta}{\varepsilon\alpha}\ln\frac{2}{\delta}\mathrm{cost}_{\mathrm{avg}}(S,K^*)\alpha}{3\Delta}}$$

$$=\mathrm{e}^{\frac{\mathrm{cost}_{\mathrm{avg}}(S,K^*)}{\varepsilon}\ln\frac{\delta}{2}}$$

$$=\left(\frac{\delta}{2}\right)^{\frac{\mathrm{cost}_{\mathrm{avg}}(S,K^*)}{\varepsilon}}$$

$$\leqslant \frac{\delta}{2}$$

从而,$\Pr[\mathrm{cost}_{\mathrm{avg}}(Y,K^*)>(1+\alpha)\mathrm{cost}_{\mathrm{avg}}(S,K^*)]\leqslant\frac{\delta}{2}$。

（2）如果 $\mathrm{cost}_{\mathrm{avg}}(S,K^*)<\varepsilon$,则令 $\alpha=\dfrac{\varepsilon}{\mathrm{cost}_{\mathrm{avg}}(S,K^*)}$。显然 $\alpha>1$。应用霍夫丁不等式可得

$$\Pr\Big[\sum_{1\leqslant i\leqslant|Y|}X_i>(1+\alpha)E\Big[\sum_{1\leqslant i\leqslant|Y|}X_i\Big]\Big]\leqslant \mathrm{e}^{-\frac{|Y|\mathrm{cost}_{\mathrm{avg}}(S,K^*)\alpha}{3\Delta}}=\mathrm{e}^{-\frac{|Y|\varepsilon}{3\Delta}}$$

由于 $|Y|\geqslant 3\dfrac{\Delta}{\varepsilon}\ln\dfrac{2}{\delta}$,所以

$$\Pr\Big[\sum_{1\leqslant i\leqslant|Y|}X_i>(1+\alpha)E\Big[\sum_{1\leqslant i\leqslant|Y|}X_i\Big]\Big]\leqslant \mathrm{e}^{-\ln\frac{2}{\delta}}=\frac{\delta}{2}$$

从而,

$$\Pr[\mathrm{cost}_{\mathrm{avg}}(Y,K^*)>(1+\alpha)\mathrm{cost}_{\mathrm{avg}}(S,K^*)]\leqslant\frac{\delta}{2}$$

给定任意元素 $i\in S$,令 $Y(i)$ 为 Y 中距离 i 最近的元素。令集合 $K=\{Y(i)\mid i\in K^*\}$,下面证明

$$\mathrm{cost}_{\mathrm{avg}}(Y,K)=\sum_{j\in Y}w(j)\min_{i\in K}\{d(i,j)\}/\mid Y\mid\leqslant 2\times\mathrm{cost}_{\mathrm{avg}}(Y,K^*)$$

$$=2\sum_{j\in Y}w(j)\min_{i\in K^*}\{d(i,j)\}/\mid Y\mid$$

对于任意 $j\in Y$,设 $K^*(j)$ 是 j 在 K^* 中距离 j 最近的元素,$K(j)$ 是 j 在 K 中距离 j 最近的元素。因此,有

$$\mathrm{cost}_{\mathrm{avg}}(Y,K)=\sum_{j\in Y}w(j)\min_{i\in K}\{d(i,j)\}/\mid Y\mid=\sum_{j\in Y}w(j)d(K(j),j)/\mid Y\mid$$

$$\mathrm{cost}_{\mathrm{avg}}(Y,K^*)=\sum_{j\in Y}w(j)\min_{i\in K^*}\{d(i,j)\}/\mid Y\mid=\sum_{j\in Y}w(j)d(K^*(j),j)/\mid Y\mid$$

令 $Y[K^*(j)]\in K\subseteq Y$ 是 $K^*(j)$ 在 Y 中与 $K^*(j)$ 距离最近的元素。由于 $K(j)$ 是 K 中与 j 距离最近的元素且 $Y[K^*(j)]\in K$,因此 $d(K(j),j)\leqslant d(Y[K^*(j)],j)$。根据三角不等式,

$$d(Y[K^*(j)],j)\leqslant d(Y[K^*(j)],K^*(j))+d(K^*(j),j)$$

于是,$d(K(j),j)\leqslant d(Y[K^*(j)],K^*(j))+d(K^*(j),j)$。因为 $Y[K^*(j)]$ 在 Y 中距离 $K^*(j)$ 最近,且 $j\in Y$,所以有 $d(K^*(j),Y[K^*(j)])\leqslant d(K^*(j),j)$。从而,

$$d(K(j),j)\leqslant d(Y[K^*(j)],K^*(j))+d(K^*(j),j)\leqslant 2d(K^*(j),j)$$

由 j 的任意性可得,$\sum_{j\in Y}w(j)d(K(j),j)\leqslant 2\sum_{j\in Y}w(j)d(K^*(j),j)$。于是,

$$\mathrm{cost}_{\mathrm{avg}}(Y,K)=\sum_{j\in Y}w(j)d(K(j),j)/\mid Y\mid\leqslant 2\sum_{j\in Y}w(j)d(K^*(j),j)/\mid Y\mid$$

$$=2\times\mathrm{cost}_{\mathrm{avg}}(Y,K^*)$$

于是,Y 的优化解 $K_Y^*\subseteq Y$ 满足 $\mathrm{cost}_{\mathrm{avg}}(Y,K_Y^*)\leqslant\mathrm{cost}_{\mathrm{avg}}(Y,K)\leqslant 2\times\mathrm{cost}_{\mathrm{avg}}(Y,K^*)$。由于算法 k-Median-LP 的解 K_Y 是 Y 上 k-中心聚类问题的 8-近似解,有

$$\text{cost}_{\text{avg}}(Y,K_Y)\leqslant 8\times\text{cost}_{\text{avg}}(Y,K_Y^*)\leqslant 16\times\text{cost}_{\text{avg}}(Y,K^*)$$

前面已经证明了 $\Pr[\text{cost}_{\text{avg}}(Y,K^*)>(1+\alpha)\text{cost}_{\text{avg}}(S,K^*)]\leqslant\dfrac{\delta}{2}$。于是,

$$\Pr[\text{cost}_{\text{avg}}(Y,K^*)\leqslant(1+\alpha)\text{cost}_{\text{avg}}(S,K^*)]\geqslant 1-\dfrac{\delta}{2}$$

从而,$\Pr[\text{cost}_{\text{avg}}(Y,K_Y)\leqslant 16(1+\alpha)\text{cost}_{\text{avg}}(S,K^*)]\geqslant 1-\dfrac{\delta}{2}$。证毕。

引理 4.4.7 设 $\alpha\geqslant\max\left\{1,\dfrac{\varepsilon}{\text{cost}_{\text{avg}}(S,K^*)}\right\}$。如果 $|Y|\geqslant\max\left\{e,\dfrac{k\Delta}{\varepsilon}+2\ln\dfrac{2}{\delta}\right\}$,则算法 k-Median-Sampling-Alg 的输出 K_Y 满足

$$\Pr[\{\text{cost}_{\text{avg}}(Y,K_Y)\leqslant 16(1+\alpha)\text{cost}_{\text{avg}}(S,K^*)\}\wedge\{\text{cost}_{\text{avg}}(S,K_Y)$$
$$>16(1+\alpha)\text{cost}_{\text{avg}}(S,K^*)\}]\leqslant\delta/2$$

证明:如果 K_Y 是以 S 为输入的算法 k-Median-Sampling-Alg 的输出,并且 $\text{cost}_{\text{avg}}(S,K_Y)>16(1+\alpha)\text{cost}_{\text{avg}}(S,K^*)$,则称 K_Y 是 S 的劣质解,简记作 K_{bad}。

设 E_1 和 E_2 是如下定义的两个事件:

$$E_1=\text{cost}_{\text{avg}}(S,K_Y)>16(1+\alpha)\text{cost}_{\text{avg}}(S,K^*)$$
$$E_2=\text{cost}_{\text{avg}}(Y,K_Y)\leqslant 16(1+\alpha)\text{cost}_{\text{avg}}(S,K^*)$$

如果事件 $E_1\wedge E_2$ 发生,K_Y 必为 K_{bad},同时算法 k-Median-Sampling-Alg 将某个 K_{bad} 采样到 Y 中,并且这个 K_{bad} 恰好满足 $\text{cost}_{\text{avg}}(Y,K_{\text{bad}})\leqslant 16(1+\alpha)\text{cost}_{\text{avg}}(S,K^*)$,从而被算法误认为是 Y 上的近似解 K_Y 而输出。此时,事件

$$\exists K_{\text{bad}}\subseteq S\text{ 使得}(\text{cost}_{\text{avg}}(Y,K_{\text{bad}})\leqslant 16(1+\varepsilon)\text{cost}_{\text{avg}}(S,K^*))\wedge(K_{\text{bad}}\subseteq Y)$$

必发生。于是,

$$\Pr[E_2\wedge E_1]$$
$$=\Pr[\{\text{cost}_{\text{avg}}(Y,K_Y)\leqslant 16(1+\alpha)\text{cost}_{\text{avg}}(S,K^*)\}\wedge\{\text{cost}_{\text{avg}}(S,K_Y)$$
$$>16(1+\alpha)\text{cost}_{\text{avg}}(S,K^*)\}]$$
$$\leqslant\Pr\left[\bigcup_{K_{\text{bad}}\subseteq S}(\text{cost}_{\text{avg}}(Y,K_{\text{bad}})\leqslant 16(1+\alpha)\text{cost}_{\text{avg}}(S,K^*))\wedge(K_{\text{bad}}\subseteq Y)\right]$$
$$\leqslant\sum_{K_{\text{bad}}\subseteq S}\Pr[(\text{cost}_{\text{avg}}(Y,K_{\text{bad}})\leqslant 16(1+\alpha)\text{cost}_{\text{avg}}(S,K^*))\wedge(K_{\text{bad}}\subseteq Y)]$$

令随机变量 X_i 为 Y 中元素 i 到 K_{bad} 的加权距离,即

$$X_i=w(i)d(i,K_{\text{bad}})=w(i)\min_{j\in K_{\text{bad}}}\{d(i,j)\}$$

显然,$\sum\limits_{1\leqslant i\leqslant|Y|}X_i$ 是一个随机变量,并且

$$E\left[\sum_{1\leqslant i\leqslant|Y|}X_i\right]=E[\text{cost}(Y,K_{\text{bad}})]=|Y|\text{cost}_{\text{avg}}(Y,K_{\text{bad}})$$

于是,$\text{cost}_{\text{avg}}(Y,K_{\text{bad}})=\dfrac{1}{|Y|}\sum\limits_{1\leqslant i\leqslant|Y|}X_i$。从而,

$$\Pr[(\text{cost}_{\text{avg}}(Y,K_{\text{bad}})\leqslant 16(1+\alpha)\text{cost}_{\text{avg}}(S,K^*))\wedge(K_{\text{bad}}\subseteq Y)]$$
$$\leqslant\Pr[(\text{cost}_{\text{avg}}(Y,K_{\text{bad}})\leqslant 16(1+\alpha)\text{cost}_{\text{avg}}(S,K_{\text{bad}}))\wedge(K_{\text{bad}}\subseteq Y)]$$
$$=\Pr\left[\dfrac{1}{|Y|}\sum_{i=1}^{|Y|}X_i\leqslant 16(1+\alpha)\text{cost}_{\text{avg}}(S,K_{\text{bad}})\right]\Pr[K_{\text{bad}}\subseteq Y]$$

$$= \Pr\Big[\sum_{i=1}^{|Y|} X_i \leqslant 16(1+\alpha) \mid Y \mid \mathrm{cost}_{\mathrm{avg}}(S, K_{\mathrm{bad}})\Big] \Pr[K_{\mathrm{bad}} \subseteq Y]$$

类似于引理 4.4.6 的证明中所述,可以证明 $E[X_i] = \mathrm{cost}_{\mathrm{avg}}(S, K_{\mathrm{bad}})$。于是,

$$\Pr\Big[\sum_{i=1}^{|Y|} X_i \leqslant 16(1+\alpha) \mid Y \mid \mathrm{cost}_{\mathrm{avg}}(S, K_{\mathrm{bad}})\Big] \Pr[K_{\mathrm{bad}} \subseteq Y]$$

$$= \Pr\Big[\sum_{i=1}^{|Y|} X_i \leqslant 16(1+\alpha) \mid Y \mid E[X_i]\Big] \Pr[K_{\mathrm{bad}} \subseteq Y]$$

$$\leqslant \Pr\Big[\sum_{i=1}^{|Y|} X_i \leqslant 16(1+\alpha) \mid Y \mid E\Big[\sum_{i=1}^{|Y|} X_i\Big]\Big] \Pr[K_{\mathrm{bad}} \subseteq Y]$$

$$\leqslant \Pr\Big[\sum_{i=1}^{|Y|} X_i \leqslant 16(1+\alpha) \mid Y \mid E\Big[\sum_{i=1}^{|Y|} X_i\Big]\Big]$$

对 S 中任意一个确定的 K_{bad},下面估计 $\Pr[K_{\mathrm{bad}} \subseteq Y]$ 的上界。

不失一般性,设 $K_{\mathrm{bad}} = \{1, 2, \cdots, k\}$。由于样本 Y 是从 S 中独立均匀可重复随机抽取 y 个元素形成的,设 $|S| = n$,$|Y| = y \geqslant k$,于是,样本 Y 共有 n^y 种相互独立的可能版本。

设集合 $Z = \{Y \subseteq S \mid K_{\mathrm{bad}} \subseteq Y\}$,即所有包含 K_{bad} 的样本集合。显然,$\forall Y \in Z$,Y 同时满足如下两个必要条件:

(1) Y 中存在至少 k 个不同位置,元素 $1, 2, \cdots, k$ 分布在 k 个不同位置。

(2) Y 中其余 $y\text{-}k$ 个位置上的元素是 S 中的任意元素。

于是,$|Z| \leqslant \binom{y}{k} k! \; n^{y-k}$,即包含 K_{bad} 的可能的样本个数不超过 $\binom{y}{k} k! \; n^{y-k}$ 个。从而,

$$\Pr(K_{\mathrm{bad}} \subseteq Y) = |Z| / n^y$$

$$\leqslant \binom{y}{k} k! \; n^{y-k} / n^y$$

$$= \binom{y}{k} k! \; n^{-k}$$

$$= \frac{y!}{(y-k)! \; k!} k! \; (1/n)^k$$

$$= \frac{y!}{(y-k)!} (1/n)^k$$

$$= y(y-1)\cdots(y-k+1)(1/n)^k$$

$$\leqslant y^k (1/n)^k$$

进而,

$$\Pr\Big[\sum_{i=1}^{|Y|} X_i \leqslant 16(1+\alpha) \mid Y \mid \mathrm{cost}_{\mathrm{avg}}(S, K_{\mathrm{bad}})\Big] \Pr[K_{\mathrm{bad}} \subseteq Y]$$

$$= \Pr\Big[\sum_{i=1}^{|Y|} X_i \leqslant 16(1+\alpha) \mid Y \mid E[X_i]\Big] \Pr[K_{\mathrm{bad}} \subseteq Y]$$

$$\leqslant \Pr\Big[\sum_{i=1}^{|Y|} X_i \leqslant 16(1+\alpha) \mid Y \mid E\Big[\sum_{i=1}^{|Y|} X_i\Big]\Big] \Pr[K_{\mathrm{bad}} \subseteq Y]$$

$$\leqslant \Pr\Big[\sum_{i=1}^{|Y|} X_i \leqslant 16(1+\alpha) \mid Y \mid E\Big[\sum_{i=1}^{|Y|} X_i\Big]\Big] \mid Y \mid^k (1/n)^k$$

$$= \Pr\Big[\sum_{i=1}^{|Y|} X_i \leqslant (1+(16(1+\alpha)\mid Y\mid -1))E\Big[\sum_{i=1}^{|Y|} X_i\Big]\Big]\mid Y\mid^k (1/n)^k$$

由于 $|Y| \geqslant \max\Big\{e, \dfrac{\Delta}{\varepsilon}\ln\dfrac{2}{\delta}\Big\}$，所以 $16(1+\alpha)\mid Y\mid -1>1$。又由于 $0 \leqslant X_1, X_2, \cdots, X_{|Y|} \leqslant \Delta$，应用霍夫丁不等式可得

$$\Pr\Big[\sum_{i=1}^{|Y|} X_i \leqslant (1+(16(1+\alpha)\mid Y\mid -1))E\Big[\sum_{i=1}^{|Y|} X_i\Big]\Big] \leqslant e^{-\frac{E\left[\sum_{i=1}^{|Y|} X_i\right](16(1+\alpha)|Y|-1)}{3\Delta}}$$

先估计 $E\Big[\sum_{i=1}^{|Y|} X_i\Big]$ 下界。下面的等式成立：

$$E\Big[\sum_{i=1}^{|Y|} X_i\Big] = E\big[\mid Y\mid \mathrm{cost}_{\mathrm{avg}}(Y, K_{\mathrm{bad}})\big]$$

$$= \mid Y\mid E\big[\mathrm{cost}_{\mathrm{avg}}(S, K_{\mathrm{bad}})\big]$$

$$= \mid Y\mid \mathrm{cost}_{\mathrm{avg}}(S, K_{\mathrm{bad}})$$

由于 $\mathrm{cost}_{\mathrm{avg}}(S, K_{\mathrm{bad}}) > 16(1+\alpha)\mathrm{cost}_{\mathrm{avg}}(S, K^*)$，从而

$$E\Big[\sum_{i=1}^{|Y|} X_i\Big] = \mid Y\mid \mathrm{cost}_{\mathrm{avg}}(S, K_{\mathrm{bad}}) > 16(1+\alpha)\mid Y\mid \mathrm{cost}_{\mathrm{avg}}(S, K^*)$$

下面估计 $e^{-\frac{E\left[\sum_{i=1}^{|Y|} X_i\right](16(1+\alpha)|Y|-1)}{3\Delta}}$ 的上界。由上面的不等式可知

$$e^{-\frac{E\left[\sum_{i=1}^{|Y|} X_i\right](16(1+\alpha)|Y|-1)}{3\Delta}}$$

$$\leqslant e^{-\frac{16(1+\alpha)|Y|\mathrm{cost}_{\mathrm{avg}}(S, K^*)(16(1+\alpha)|Y|-1)}{3\Delta}}$$

$$\leqslant e^{-\frac{(16(1+\alpha)|Y|)^2\mathrm{cost}_{\mathrm{avg}}(S, K^*)}{3\Delta}}$$

$$\leqslant e^{-\frac{(1+\alpha)^2|Y|^2\mathrm{cost}_{\mathrm{avg}}(S, K^*)}{\Delta}}$$

从而，

$$\Pr\big[(\mathrm{cost}_{\mathrm{avg}}(Y, K_{\mathrm{bad}}) \leqslant 16(1+\alpha)\mathrm{cost}_{\mathrm{avg}}(S, K^*)) \wedge (K_{\mathrm{bad}} \subseteq Y)\big]$$

$$\leqslant \Pr\Big[\sum_{i=1}^{|Y|} X_i \leqslant (1+(16(1+\alpha)\mid Y\mid -1))E\Big[\sum_{i=1}^{|Y|} X_i\Big]\Big]\mid Y\mid^k (1/n)^k$$

$$\leqslant \mid Y\mid^k (1/n)^k e^{-\frac{(1+\alpha)^2|Y|^2\mathrm{cost}_{\mathrm{avg}}(S, K^*)}{\Delta}}$$

于是，

$$\Pr\big[\{\mathrm{cost}_{\mathrm{avg}}(Y, K_Y) \leqslant 16(1+\alpha)\mathrm{cost}_{\mathrm{avg}}(S, K^*)\} \wedge \{\mathrm{cost}_{\mathrm{avg}}(S, K_Y)$$
$$> 16(1+\alpha)\mathrm{cost}_{\mathrm{avg}}(S, K^*)\}\big]$$

$$\leqslant \sum_{K_{\mathrm{bad}} \subseteq S} \Pr\big[(\mathrm{cost}_{\mathrm{avg}}(Y, K_{\mathrm{bad}}) \leqslant 16(1+\alpha)\mathrm{cost}_{\mathrm{avg}}(S, K^*)) \wedge (K_{\mathrm{bad}} \subseteq Y)\big]$$

$$\leqslant \binom{n}{k}\Pr\big[(\mathrm{cost}_{\mathrm{avg}}(Y, K_{\mathrm{bad}}) \leqslant 16(1+\alpha)\mathrm{cost}_{\mathrm{avg}}(S, K^*)) \wedge (K_{\mathrm{bad}} \subseteq Y)\big]$$

$$\leqslant \mid Y\mid^k (1/n)^k \binom{n}{k} e^{-\frac{(1+\alpha)^2|Y|^2\mathrm{costavg}(S, K^*)}{\Delta}}$$

$$\leqslant |Y|^k \mathrm{e}^{-\frac{(1+\alpha)^2 |Y|^2 \mathrm{cost}_{\mathrm{avg}}(S,K^*)}{\Delta}}$$

下面证明：若 $|Y| \geqslant \max\left\{\mathrm{e}, \dfrac{k\Delta}{\varepsilon} + 2\ln\dfrac{2}{\delta}\right\}$，则 $|Y|^k \mathrm{e}^{-\frac{(1+\alpha)^2 |Y|^2 \mathrm{cost}_{\mathrm{avg}}(S,K^*)}{\Delta}} \leqslant \dfrac{\delta}{2}$，即 $k\ln|Y| - \dfrac{(1+\alpha)^2 |Y|^2 \mathrm{cost}_{\mathrm{avg}}(S,K^*)}{\Delta} \leqslant \ln\dfrac{\delta}{2}$。只需证明如下两个命题：

（1）若 $|Y| \geqslant \max\left\{\mathrm{e}, \dfrac{k\Delta}{\varepsilon} + 2\ln\dfrac{2}{\delta}\right\}$，则 $|Y| \geqslant \dfrac{k\Delta}{(1+\alpha)^2 \mathrm{cost}_{\mathrm{avg}}(S,K^*)} + 2\ln\dfrac{2}{\delta}$。

（2）若 $|Y| \geqslant \dfrac{k\Delta}{(1+\alpha)^2 \mathrm{cost}_{\mathrm{avg}}(S,K^*)} + 2\ln\dfrac{2}{\delta}$，则 $k\ln|Y| - \dfrac{(1+\alpha)^2 |Y|^2 \mathrm{cost}_{\mathrm{avg}}(S,K^*)}{\Delta} \leqslant \ln\dfrac{\delta}{2}$。

先证明命题(1)。若 $|Y| \geqslant \dfrac{k\Delta}{\varepsilon} + 2\ln\dfrac{2}{\delta}$，考虑两种情况：

① 如果 $\mathrm{cost}_{\mathrm{avg}}(S,K^*) \geqslant \varepsilon$，则 $|Y| \geqslant \dfrac{k\Delta}{\varepsilon} + 2\ln\dfrac{2}{\delta} \geqslant \dfrac{k\Delta}{\mathrm{cost}_{\mathrm{avg}}(S,K^*)} + 2\ln\dfrac{2}{\delta}$。由于 $\alpha \geqslant 1$，所以 $|Y| \geqslant \dfrac{k\Delta}{\alpha \times \mathrm{cost}_{\mathrm{avg}}(S,K^*)} + 2\ln\dfrac{2}{\delta} \geqslant \dfrac{k\Delta}{(1+\alpha)^2 \mathrm{cost}_{\mathrm{avg}}(S,K^*)} + 2\ln\dfrac{2}{\delta}$。

② 如果 $\mathrm{cost}_{\mathrm{avg}}(S,K^*) < \varepsilon$，则 $1 < \dfrac{\varepsilon}{\mathrm{cost}_{\mathrm{avg}}(S,K^*)} \leqslant \alpha$，即 $\varepsilon \leqslant \alpha \times \mathrm{cost}_{\mathrm{avg}}(S,K^*)$。于是，$|Y| \geqslant \dfrac{k\Delta}{\varepsilon} + 2\ln\dfrac{2}{\delta} \geqslant \dfrac{k\Delta}{\alpha \times \mathrm{cost}_{\mathrm{avg}}(S,K^*)} + 2\ln\dfrac{2}{\delta} \geqslant \dfrac{k\Delta}{(1+\alpha)^2 \mathrm{cost}_{\mathrm{avg}}(S,K^*)} + 2\ln\dfrac{2}{\delta}$。命题(1)成立。

再来证明命题(2)。令 $y = |Y|$，$b = \dfrac{(1+\alpha)^2 \mathrm{cost}_{\mathrm{avg}}(S,K^*)}{\Delta}$，则 $k\ln|Y| - \dfrac{(1+\alpha)^2 |Y|^2 \mathrm{cost}_{\mathrm{avg}}(S,K^*)}{\Delta}$ 可简记为函数 $f(y) = k\ln y - by^2$。令 $\rho = \dfrac{k}{b}$，则 $f(y) = b(\rho\ln y - y^2)$。由于 $y \geqslant \mathrm{e} > 1$ 且 $\ln y < y$，$f(y) = b(\rho\ln y - y^2) \leqslant b(\rho y - y^2)$。只需证明 $b(\rho y - y^2) \leqslant \ln\dfrac{\delta}{2}$，即 $b(\rho y - y^2) - \ln\dfrac{\delta}{2} \leqslant 0$，亦即 $-y^2 + \rho y - \dfrac{1}{b}\ln\dfrac{\delta}{2} \leqslant 0$。容易证明，当 $y > \rho$ 时，$b(\rho y - y^2)$ 是减函数。因此，$g(y) = -y^2 + \rho y - \dfrac{1}{b}\ln\dfrac{\delta}{2}$ 也是减函数。根据命题(1)，

$$y \geqslant \frac{k\Delta}{(1+\alpha)^2 \mathrm{cost}_{\mathrm{avg}}(S,K^*)} + 2\ln\frac{2}{\delta} = \frac{k}{b} + 2\ln\frac{2}{\delta} = \frac{k + k + 4b\ln\frac{2}{\delta}}{2b} = \frac{k + \sqrt{\left(k + 4b\ln\frac{2}{\delta}\right)^2}}{2b}.$$

由于 $\left(k + 4b\ln\dfrac{2}{\delta}\right)^2 \geqslant k^2 + 4b\ln\dfrac{2}{\delta}$，

$$y \geqslant \frac{k + \sqrt{k^2 + 4b\ln\frac{2}{\delta}}}{2b} = \frac{\frac{k}{b} + \sqrt{\left(\frac{k}{b}\right)^2 + \frac{4}{b}\ln\frac{2}{\delta}}}{2} = \frac{\rho + \sqrt{\rho^2 + \frac{4}{b}\ln\frac{2}{\delta}}}{2}.$$

因为 $g\left(\dfrac{\rho + \sqrt{\rho^2 + \frac{4}{b}\ln\frac{2}{\delta}}}{2}\right) = 0$ 且 $g(y)$ 是减函数，所以当 $y \geqslant \dfrac{\rho + \sqrt{\rho^2 + \frac{4}{b}\ln\frac{2}{\delta}}}{2}$ 时，$g(y) \leqslant$

0，即 $b(\rho y - y^2) \leqslant \ln \dfrac{\delta}{2}$。

综上所述，$|Y|^k \mathrm{e}^{-\frac{(1+\alpha)^2 |Y|^2 \mathrm{cost_{avg}}(S,K^*)}{\Delta}} \leqslant \dfrac{\delta}{2}$，从而

$$\Pr[\{\mathrm{cost_{avg}}(Y, K_Y) \leqslant 16(1+\alpha)\mathrm{cost_{avg}}(S,K^*)\} \wedge \{\mathrm{cost_{avg}}(S,K_Y)$$
$$> 16(1+\alpha)\mathrm{cost_{avg}}(S,K^*)\}] \leqslant \dfrac{\delta}{2}$$

引理 4.4.7 成立。证毕。

基于引理 4.4.6 与引理 4.4.7，可以证明下面的定理 4.4.7，从而保证了 k-Median-Sampling-Alg 会以至少 $1-\delta$ 的概率产生以 S 为输入的 k-中心聚类问题的 $(32,\varepsilon)$-近似解。

定理 4.4.7 设 E_1 和 E_2 是如下定义的随机事件：

$$E_1 = \mathrm{cost_{avg}}(Y,K_Y) \leqslant 32 \times \mathrm{cost_{avg}}(S,K^*) + \varepsilon$$
$$E_2 = \mathrm{cost_{avg}}(S,K_Y) \leqslant 32 \times \mathrm{cost_{avg}}(S,K^*) + \varepsilon$$

如果 $|Y| \geqslant \max\left\{\mathrm{e}, 3\dfrac{\Delta}{\varepsilon}\ln\dfrac{2}{\delta}, \dfrac{k\Delta}{\varepsilon} + 2\ln\dfrac{2}{\delta}\right\}$，则算法 k-Median-Sampling-Alg 的输出 K_Y 至少以 $1-\delta$ 的概率产生 k-中心聚类问题的 $(32,\varepsilon)$-近似解，即满足 $\Pr[E_2] \geqslant 1-\delta$。

证明：下面证明 $\Pr[E_1 \wedge E_2] \geqslant 1-\delta$，从而证明 $\Pr[E_2] \geqslant 1-\delta$。设

$$\text{事件 } A = \mathrm{cost_{avg}}(Y,K_Y) \leqslant 16(1+\alpha)\mathrm{cost_{avg}}(S,K^*)$$
$$\text{事件 } B = \mathrm{cost_{avg}}(S,K_Y) \leqslant 16(1+\alpha)\mathrm{cost_{avg}}(S,K^*)$$

于是，$\Pr[A \wedge B] = \Pr[A] - \Pr[A \wedge \neg B]$。分两种情况证明 $\Pr[E_1 \wedge E_2] \geqslant 1-\delta$。

(1) $\mathrm{cost_{avg}}(S,K^*) < \varepsilon' = \dfrac{\varepsilon}{16}$。令 $\alpha = \dfrac{\varepsilon'}{\mathrm{cost_{avg}}(S,K^*)} = \dfrac{\varepsilon}{16 \times \mathrm{cost_{avg}}(S,K^*)}$，可以验证 $\alpha \geqslant \max\left\{1, \dfrac{\varepsilon'}{\mathrm{cost_{avg}}(S,K^*)}\right\}$。此时，

$$\text{事件 } A = \mathrm{cost_{avg}}(Y,K_Y) \leqslant 16 \times \mathrm{cost_{avg}}(S,K^*) + \varepsilon$$
$$\text{事件 } B = \mathrm{cost_{avg}}(S,K_Y) \leqslant 16 \times \mathrm{cost_{avg}}(S,K^*) + \varepsilon$$

由于

$$\text{事件 } E_1 = \mathrm{cost_{avg}}(Y,K_Y) \leqslant 32 \times \mathrm{cost_{avg}}(S,K^*) + \varepsilon$$
$$\text{事件 } E_2 = \mathrm{cost_{avg}}(S,K_Y) \leqslant 32 \times \mathrm{cost_{avg}}(S,K^*) + \varepsilon$$

因此 A 发生 E_1 必发生，B 发生 E_2 必发生。于是，

$$\Pr[E_1 \wedge E_2] \geqslant \Pr[A \wedge B] = \Pr[A] - \Pr[A \wedge \neg B]$$

由于 $|Y| \geqslant \max\left\{\mathrm{e}, 3\dfrac{\Delta}{\varepsilon}\ln\dfrac{2}{\delta}, \dfrac{k\Delta}{\varepsilon} + 2\ln\dfrac{2}{\delta}\right\}$ 且 $\alpha \geqslant \max\left\{1, \dfrac{\varepsilon'}{\mathrm{cost_{avg}}(S,K^*)}\right\}$，只要令算法 k-Median-Sampling-Alg 的输入 $\varepsilon = \varepsilon/16$，则从引理 4.4.6 知，$\Pr[A] \geqslant 1-\dfrac{\delta}{2}$。同时，从引理 4.4.7 知，$\Pr[A \wedge \neg B] \leqslant \dfrac{\delta}{2}$。因此，

$$\Pr[E_1 \wedge E_2] = \Pr[A] - \Pr[A \wedge \neg B] \geqslant \left(1 - \dfrac{\delta}{2}\right) - \dfrac{\delta}{2} = 1-\delta$$

（2）$\text{cost}_{\text{avg}}(S,K^*)\geqslant\varepsilon'=\dfrac{\varepsilon}{16}$。此时 $\varepsilon\leqslant16\times\text{cost}_{\text{avg}}(S,K^*)$。令 $\alpha=1$，可以验证 $\alpha\geqslant$ $\max\left\{1,\dfrac{\varepsilon'}{\text{cost}_{\text{avg}}(S,K^*)}\right\}$。此时，

$$\text{事件 } A=\text{cost}_{\text{avg}}(Y,K_Y)\leqslant32\times\text{cost}_{\text{avg}}(S,K^*)$$
$$\text{事件 } B=\text{cost}_{\text{avg}}(S,K_Y)\leqslant32\times\text{cost}_{\text{avg}}(S,K^*)$$

由于

$$\text{事件 } E_1=\text{cost}_{\text{avg}}(Y,K_Y)\leqslant32\times\text{cost}_{\text{avg}}(S,K^*)+\varepsilon$$
$$\text{事件 } E_2=\text{cost}_{\text{avg}}(S,K_Y)\leqslant32\times\text{cost}_{\text{avg}}(S,K^*)+\varepsilon$$

因此 A 发生则 E_1 必发生，B 发生则 E_2 必发生。于是，

$$\Pr[E_1\wedge E_2]\geqslant\Pr[A\wedge B]=\Pr[A]-\Pr[A\wedge\neg B]$$

由于 $|Y|\geqslant\max\left\{e,3\dfrac{\Delta}{\varepsilon}\ln\dfrac{2}{\delta},\dfrac{k\Delta}{\varepsilon}+2\ln\dfrac{2}{\delta}\right\}$，且 $\alpha\geqslant\max\left\{1,\dfrac{\varepsilon'}{\text{cost}_{\text{avg}}(S,K^*)}\right\}$，只要令算法 k-Median-Sampling-Alg 的输入 $\varepsilon=\varepsilon/16$，则根据引理 4.4.6，$\Pr[A]\geqslant1-\dfrac{\delta}{2}$。同时，根据引理 4.4.7 知，$\Pr[A\wedge\neg B]\leqslant\dfrac{\delta}{2}$。因此，

$$\Pr[E_1\wedge E_2]=\Pr[A]-\Pr[A\wedge\neg B]\geqslant\left(1-\dfrac{\delta}{2}\right)-\dfrac{\delta}{2}=1-\delta$$

于是，$\Pr[E_2]\geqslant1-\delta$。定理 4.4.7 成立。证毕。

3. 算法的时间复杂性分析

算法 k-Median-Sampling-Alg 所需样本 S 的大小为 $O\left(e+\dfrac{\Delta}{\varepsilon}\ln\dfrac{2}{\delta}+\dfrac{k\Delta}{\varepsilon}+2\ln\dfrac{2}{\delta}\right)$，即 $\Theta\left(\dfrac{k\Delta}{\varepsilon}\ln\dfrac{2}{\delta}\right)$。同时，算法 k-Median-(0,1)-LP-Alg 的时间复杂性为 $O(n^{4.77})$。因此，以 S 为输入时，算法 k-Median-(0,1)-LP-Alg 的时间复杂性为 $O\left(\left(\dfrac{k\Delta}{\varepsilon}\ln\dfrac{2}{\delta}\right)^{4.77}\right)$。也就是说，算法 k-Median-Sampling-Alg 的时间复杂性为 $O\left(\left(\dfrac{k\Delta}{\varepsilon}\ln\dfrac{2}{\delta}\right)^{4.77}\right)$。于是，有如下定理。

定理 4.4.8 算法 k-Median-Sampling-Alg 的时间复杂性为 $O\left(\left(\dfrac{k\Delta}{\varepsilon}\ln\dfrac{2}{\delta}\right)^{4.77}\right)$，独立于问题输入的大小。

4.5 本章参考文献

4.5.1 本章参考文献注释

本章的 4.2 节以图的 3 种平均参数的近似估计问题为例，讨论基于随机抽样的近似算法设计与分析的原理与方法，本节的内容来源于文献[11]。在文献[11]的基础上，4.2.2 节设计了图的平均度估计算法，并对算法的正确性和时间复杂性进行了细致的理论分析；4.2.3 节设计了单源节点平均距离估计算法，并对其正确性和时间复杂性进行了理论分析；4.2.4

节设计了图的点对之间的平均距离估计算法,并对其正确性和时间复杂性进行了理论分析。

本章的 4.3 节以无线传感网感知数据聚集问题为例,进一步讨论了基于随机抽样的近似算法设计与分析的原理与方法。4.3.2 节以本书作者发表的文献[12]为基础,详细地设计了基于均匀抽样的近似聚集算法设计,并给出了算法正确性和时间复杂性的理论分析。4.3.3 节以本书作者发表的文献[13,14]为基础,设计了基于伯努利抽样的近似聚集算法,并对算法的正确性和时间复杂性进行了严格的理论分析。

本章的 4.4 节以度量空间上的聚类问题为例,讨论了时间复杂性独立于问题输入大小的基于随机抽样的近似算法的设计与分析的原理与方法。作为准备,4.4.2 节基于文献[15]的基本思想,设计了一个求解度量空间上聚类问题的 $O(n^{4.77})$ 时间 8-近似算法,并对算法的正确性和时间复杂性进行了细致的理论分析。基于文献[8]的基本思想,4.4.3 节设计了一个时间独立于输入大小的近似算法,并给出了细致的理论分析。

4.5.2　本章参考文献列表

[1] Sarndal C E, Swensson B, Wretnan J. Model Assisted Survey Sampling[M]. New York: Springer Press, 1992.

[2] Charikar M, Guha S. Improved Combinatorial Algorithms for the Facility Location and k-Median Problems[C]. Proc. FOCS, 1999.

[3] Charikar M, Guha S, Tardos E, et al. A Constant-Factor Approximation Algorithm for the k-Median Problem[J]. Journal of Computer and System Sciences, 2002, 65(1): 129-149.

[4] Guha S, Rastogi R, Shim K. CURE: An Efficient Clustering Algorithm for Large Databases[C]. Proc. SIGMOD, 1998.

[5] Jain K, Vazirani V. Primal-Dual Approximation Algorithms for Metric Facility Location and k-Median Problems[C]. Proc. FOCS, 1999.

[6] Mishra N, Oblinger D, Pitt L. Sublinear Time Approximate Clustering[C]. Proc. SODA, 2001.

[7] Alon N, Dar S, Parnas M, et al. Testing of Clustering[C]. Proc. FOCS, 2000.

[8] Czumaj A, Sohler C. Sublinear-Time Approximation Algorithms for Clustering via Random Sampling [J]. Random Structures and Algorithms, 2007, 30(1): 257-286.

[9] Meyerson A, Plotkin S A. A k-Median Algorithm with Running Time Independent of Data Size[J]. Machine Learning, 2004, 56(1): 61-87.

[10] Cohen M B, Lee Y T, Song Z. Solving Linear Programs in the Current Matrix Multiplication Time [C]. The 51th Annual ACM SIGACT Symposium, 2019.

[11] Goldreich O, Ron R. Approximating Average Parameters of Graphs[J]. Random Structure and Algorithms, 2008, 32(4): 473-493.

[12] Cheng S Y, Li J Z. Sample-Based (ε, δ)-Approximate Aggregation Algorithm in Sensor Networks [C]. ICDCS 2009.

[13] Li J Z, Cheng S Y. (ε, δ)-Approximate Aggregation Algorithms in Dynamic Sensor Networks[J]. IEEE Transactions on Parallel and Distributed Systems, 2012, 23(3): 385-396.

[14] Cheng S Y, Li J Z. Bernoulli Sampling Based (ε, δ)-Approximate Aggregation Algorithm in Large Scale Sensor Networks[C]. INFOCOM, 2010.

[15] Charikara M, Guha S, Tardos E, et al. A Constant-Factor Approximation Algorithm for the k-Median Problem[J]. Journal of Computer and System Sciences, 2002, 65(1): 129-149.

第 5 章　大数据的压缩计算方法

本章介绍第二种把大数据计算问题转换为小数据计算问题的方法,即基于大数据压缩的计算方法,简称为压缩计算方法。本章介绍的压缩计算方法是一种精确计算方法,不同于第 4 章介绍的抽样计算方法。5.1 节介绍该方法的基本思想、适用范围、需要解决的问题。5.2 节探讨支持压缩计算的数据压缩方法。5.3 节至 5.7 节以不同的大数据计算问题为例,介绍基于压缩计算方法的算法设计与分析原理。

5.1　压缩计算方法概述

压缩计算方法是把大数据计算问题转换为小数据计算问题的有效方法。压缩计算方法首先以预处理的方式压缩数据集合,然后直接在压缩数据上无解压地求解大数据计算问题。本章介绍的压缩计算方法是精确计算方法,而基于抽样的计算方法是近似计算方法。当然,如果应用压缩计算方法设计大数据计算问题的近似求解算法,可能会更大幅度地降低大数据计算的时间复杂性。

很多大数据计算问题可以使用压缩计算方法实现亚线性时间精确求解。对于那些使用压缩计算方法很难实现亚线性时间精确求解的大数据计算问题,也可以使用压缩计算方法提高大数据计算问题求解的效率。当问题的输入大数据集合不可压缩或压缩比很低时,压缩计算方法就无能为力了。本章既考虑如何使用压缩计算方法实现亚线性时间算法,也考虑如何使用压缩计算方法最大化大数据计算的效率。

压缩计算方法非常适用于科学大数据、统计大数据、数据仓库等具有如下特点的大数据计算问题。

(1) 多维性。科学大数据、统计大数据、数据仓库等都具有多维的特点。科学大数据主要用于各种分析,目标是发现新的科学现象和规律。统计大数据主要用于统计分析,目标是支持决策制订。数据仓库主要用于支持联机分析处理,目的是支持实时决策。这些大数据中的每个数据项通常具有两类属性值：一类属性值称为描述属性值，描述用于各种分析的数值型数据的语义；另一类属性值称为度量属性值，是直接用于分析的数值数据。例如，在科学实验大数据集合中，每个数据项包括有关实验环境设置的描述数据、有关实验设备的描述数据和实验结果数据。实验环境设置的描述数据和实验设备的描述数据是描述属性值，而实验结果数据则是度量属性值。又如，在一个人口统计数据库中，每个数据项可能包括省、市、年、性别、年龄段、人口数据，其中省、市、年、性别、年龄段数据就是描述属性值，人口数据就是度量属性值。这些大数据的模式可以抽象为 $MS(c_1, c_2, \cdots, c_d; m_1, m_2, \cdots, m_k)$，其中，$c_i$ 是定义域为 $Dom(c_i)$ 的描述属性，m_j 是定义域为 $Dom(m_j)$ 的度量属性。多维数据的实例可以定义为

$$D \subseteq Dom(c_1) \times Dom(c_2) \times \cdots \times Dom(c_d) \times Dom(m_1) \times Dom(m_2) \times \cdots \times Dom(m_k)$$

$D(c_1, c_2, \cdots, c_d; m_1, m_2, \cdots, m_k)$ 的每个数据项 $(x_1, x_2, \cdots, x_d; y_1, y_2, \cdots, y_k)$ 可视为 d 维空间中坐标为 $(x_1, x_2, \cdots, x_d)$ 的点 $(y_1, y_2, \cdots, y_k)$。

（2）稀疏性。统计大数据、科学大数据和数据仓库等多维数据的多维性产生了数据的稀疏性，即并非所有描述属性值的组合都有对应的度量属性值。例如，令

$$D(性别, 年龄段, 癌症种类, 患者人数)$$

是一个癌症患者统计数据集合，每种特定的癌症可能仅与一种性别或少数年龄段有关，从而由{性别，年龄段，癌症种类}构成的空间是一个稀疏空间。

（3）冗余性。多维数据的多维性会引起大量数据的重复出现，使得科学大数据、统计大数据和数据仓库等多维数据具有很高的数据冗余性。这是因为，当把每组描述属性值及其描述的度量属性值作为单个数据项存储时，不同的数据项可能具有某些相同的描述数据，从而描述属性值被重复存储。

（4）空值性。由于数据采集方法、测量设备的限制等原因，科学大数据、统计大数据和数据仓库等多维数据通常包含大量空值。例如，在高能物理实验中，当测量数据低于给定的界限值时，则被视为噪声，通常用空值来记录。如果实验时间较长，自动测量装置将记录大量的噪声。

（5）偏斜性。在科学大数据、统计大数据与数据仓库等多维数据中，数据的分布经常具有偏斜型。例如，在很多实际领域，数值型数据可能趋向于绝对值小（或绝对值大）的数据，即绝对值小的数据多于绝对值大的数据（或绝对值大的数据多于绝对值小的数据）。通常，字符型数据中的不同字符出现的频率差异也会很大。

（6）静态性。科学大数据、统计大数据和数据仓库一旦完成了数据采集以及质量检验和校正以后，就没有理由进行数据更新了。于是，科学大数据、统计大数据和数据仓库可以被视为相对静态的大数据集合。这种静态性数据管理系统的设计要比动态数据管理系统的设计容易，不需要考虑并发控制等问题。数据的静态性也使得数据一旦压缩，压缩数据不需要动态更新，可以长久使用。

科学大数据、统计大数据和数据仓库等多维数据的多维性、稀疏性、冗余性、空值性、偏斜性、静态性使其具有很高的可压缩性。可以使用数组线性化等方法，充分利用多维性、稀疏性和冗余性，压缩描述属性值或维属性值；可以使用 Head 方法等数据压缩方法，充分利用空值性压缩空值；可以使用哈夫曼编码等方法，充分利用数据分布的偏斜性实现高效的数

据压缩。值得庆幸的是,数据的静态性为数据压缩作为大数据计算的预处理提供了充分理由。

压缩计算方法需要解决两个关键问题。

第一个关键问题是支持压缩计算的数据压缩方法的设计问题。传统的数据压缩方法的目标是最大化压缩比,节省计算机存储空间或降低网上数据传输量,多数方法不能支持压缩计算。因此,我们面临的第一个问题是支持压缩计算的数据压缩方法的设计问题。设 D 是问题的输入大数据集合,$c(D)$ 是 D 的压缩结果。通常,D 称为逻辑数据集合,$c(D)$ 则称为物理数据集合。为了支持压缩计算,数据压缩方法需要具有映射完整性,即存在两个映射 $f_1: D \rightarrow c(D)$ 和 $f_2: c(D) \rightarrow D$。于是,支持压缩计算的数据压缩的目标具有两个:第一个目标是最大化压缩比,既节省存储空间,也提高压缩计算效率;第二个目标是最小化映射 f_1 和 f_2 的时间复杂性。第二个目标对于压缩计算的效率具有重要影响。总之,压缩计算方法需要解决的第一个关键问题是如何设计映射完全的最大化压缩比且最小化映射时间的数据压缩方法。

压缩计算方法需要解决的第二个关键问题是压缩计算的算法设计问题。设问题 $\mathcal{P}$ 的输入数据集合为 D,$c(D)$ 是 D 的压缩结果。使用压缩计算方法求解问题 $\mathcal{P}$ 的算法设计的关键是如何直接在 $c(D)$ 上应用两个映射函数无解压地求解问题 $\mathcal{P}$。值得注意的是,并非所有大数据计算问题都可以使用压缩计算方法设计出亚线性时间算法。在这种情况下,人们将放弃亚线性时间这个目标,而把最小化求解问题 $\mathcal{P}$ 的时间复杂性作为使用压缩计算方法设计算法的目标。需要注意的是,不同的大数据计算问题可能需要不同的数据压缩方法。

5.2 节介绍几种常用的支持压缩计算的数据压缩方法,讨论支持压缩计算的数据压缩方法的设计原理。5.3 节至 5.7 节以 5 个大数据计算问题为例,介绍使用压缩计算方法求解大数据计算问题的算法的设计与分析方法。

5.2 数据压缩方法

多数传统的数据压缩方法不支持压缩计算。这是因为,在这样的压缩数据集合上实施计算之前,必须通过解压缩得到原始数据集合。设 D 是一个大数据集合,c 是数据压缩方法,$c(D)$ 是 D 的压缩结果。如上面谈到的,数据压缩方法 c 能够支持压缩计算的关键是支持两种映射:第一种映射称为向前映射 $f_F: D \rightarrow c(D)$,即 $\forall x \in D, f_F(x) \in c(D)$;第二种映射称为向后映射 $f_B: c(D) \rightarrow D$,即 $\forall y \in c(D), f_B(y) \in D$。通常,称 D 为逻辑数据集,并称 $c(D)$ 为物理数据集。$\forall x \in D, x$ 在 D 中的地址称为 x 的逻辑地址,记作 $\mathrm{ladd}(x)$。$\forall y \in c(D), y$ 在 $c(D)$ 中的地址称为 y 的物理地址,记作 $\mathrm{padd}(x)$。令 $\mathrm{LADD} = \{\mathrm{ladd}(x) \mid x \in D\}$,$\mathrm{PADD} = \{\mathrm{padd}(y) \mid y \in c(D)\}$。向前映射经常被定义为 $f_F: \mathrm{LADD} \rightarrow \mathrm{PADD}$,向后映射也经常被定义为 $f_B: \mathrm{PADD} \rightarrow \mathrm{LADD}$。

以后会看到,这两个映射的效率直接影响压缩计算的效率。因此,支持压缩计算的数据压缩方法的设计具有两个优化目标:第一个目标是最小化 $c(D)$ 的规模 $|c(D)|$;第二个目标是最小化 f_F 和 f_B 的时间复杂性。不同的大数据计算问题需要不同的数据压缩方法。本节

仅介绍几种常用的支持压缩计算的数据压缩方法,其他数据压缩方法将在介绍具体大数据计算问题的压缩计算方法时讨论。

5.2.1 数据编码方法

数据编码是数据压缩的基础,本身也具有压缩的能力。下面介绍几种常用的支持压缩计算的数据编码方法。以后,用 $D(A_1, A_2, \cdots, A_m)$ 表示具有 m 个属性的数据集合,D 的每个元组或数据项表示为 $d = (a_1, a_2, \cdots, a_m)$,其中 a_i 属于 A_i 的值域 $\mathrm{Dom}(A_i)$。下面介绍的编码方法是对 D 在每个属性 A_i 上的投影集合的编码。以下,用 $\mathrm{Proj}(D, A_i)$ 表示 D 在任意属性 A_i 上的投影集合。对于任意 i,$\mathrm{Proj}(D, A_i)$ 可以使用不同的编码方法。

1. 二进制编码方法

二进制编码是最简单的编码方法。设 $D(A_1, A_2, \cdots, A_m)$ 是一个数据集合,$\mathrm{Proj}(D, A_i)$ 具有 n 个不同的数据。$\mathrm{Proj}(D, A_i)$ 二进制编码如下实现:

(1) 定义一个函数 $f: \mathrm{Proj}(D, A_i) \rightarrow \{0, 1, \cdots, n\}$,使得 $\mathrm{Proj}(D, A_i)$ 中的每个数据对应一个整数。

(2) 用 $\lceil \log n \rceil$ 个二进制位表示 $\mathrm{Proj}(D, A_i)$ 中的每个数据,即 $\forall x \in \mathrm{Proj}(D, A_i)$,$x$ 的编码为 $f(x)$ 的 $\lceil \log n \rceil$ 位二进制数表示。

二进制编码是需要存储空间最小的编码方法。但是,当在 $\mathrm{Proj}(D, A_i)$ 中搜索一个数据时,需要考察每个数据的所有 $\lceil \log n \rceil$ 位。

例 5.2.1 设 $\mathrm{EXP}(\mathrm{Obj}, \mathrm{Equ}, \mathrm{Err}, \mathrm{Pos}, \mathrm{Tim}, \mathrm{Res})$ 是一个科学实验数据集合,其中,Obj 为实验对象,Equ 为实验设备类型,Err 为设备误差,Pos 为实验地点,Tim 为实验时间,Res 为实验结果。如果 $\mathrm{Proj}(\mathrm{EXP}, \mathrm{Equ})$ 包含 10 个实验设备类型,则设备类型数据的编码需要 4 位二进制数,即 0000~1001。

2. k-of-N 编码方法

设 $D(A_1, A_2, \cdots, A_m)$ 是一个数据集合,$\mathrm{Proj}(D, A_i)$ 具有 n 个数据。$\mathrm{Proj}(D, A_i)$ 的 k of-N 编码如下实现:

(1) N 和 k 满足 $n = \binom{N}{k}$。

(2) 使用 N 个二进制位编码表示 $\mathrm{Proj}(D, A_i)$ 中的每个数据。

(3) 令 N 位中不同的 k 位为 1 表示 $\mathrm{Proj}(D, A_i)$ 中的不同数据。

例 5.2.2 仍然来看实例 $\mathrm{EXP}(\mathrm{Obj}, \mathrm{Equ}, \mathrm{Err}, \mathrm{Pos}, \mathrm{Tim}, \mathrm{Res})$。如果使用 1-of-10 编码对具有 10 个实验设备类型的 $\mathrm{Proj}(\mathrm{EXP}, \mathrm{Equ})$ 进行编码,则需要如下 10 个 10 位的编码:

$$0000000001$$
$$0000000010$$
$$\vdots$$
$$1000000000$$

如果使用 2-of-10 编码对具有 10 个实验对象类的 $\mathrm{Proj}(\mathrm{EXP}, \mathrm{Obj})$ 进行编码,则需要如下 10 个 5 位的编码:

$$00011$$
$$00101$$
$$00110$$
$$01001$$
$$01010$$
$$01100$$
$$10001$$
$$10010$$
$$10100$$
$$11000$$

不同于二进制编码，当使用 k-of-N 编码在 $\mathrm{Proj}(S, A_i)$ 中搜索一个数据时，只需要考察每个数据的 k 位。

3. 一进制编码方法

设 $D(A_1, A_2, \cdots, A_m)$ 是一个数据集合，$\mathrm{Proj}(D, A_i)$ 具有 n 个数据。$\mathrm{Proj}(D, A_i)$ 一进制编码如下实现：

(1) 定义一个函数 f：$\mathrm{Proj}(S, A_i) \rightarrow \{0, 1, \cdots, n\}$，使得 $\mathrm{Proj}(S, A_i)$ 中的每个数据对应一个整数。

(2) 用 n 个一进制数表示 $\mathrm{Proj}(S, A_i)$ 中的每个数据，即 $\forall x \in \mathrm{Proj}(S, A_i)$，$x$ 的编码为 $f(x)$ 的 n 位一进制数表示。

例 5.2.3　来看实验数据集合 $\mathrm{EXP}(\mathrm{Obj}, \mathrm{Equ}, \mathrm{Err}, \mathrm{Pos}, \mathrm{Tim}, \mathrm{Res})$。如果 $\mathrm{Proj}(\mathrm{EXP}, \mathrm{Equ})$ 具有 10 个实验设备类型，则这些类型的编码需要如下 10 位一进制数：

$$0000000001$$
$$0000000011$$
$$\vdots$$
$$1111111111$$

一进制编码适用于那些经常在区域查询条件或不等式比较查询条件中出现的属性值的编码。例如，要获取实验设备类型值大于 3 的所有数据，只需考察 $\mathrm{Proj}(\mathrm{EXP}, \mathrm{Equ})$ 中的右起第四位是否为 1；类似地，如果要获取实验设备类型值小于 3 的所有数据，只需考察 $\mathrm{Proj}(\mathrm{EXP}, \mathrm{Equ})$ 中的右数第三位是否为 0。对于区域查询：获取实验设备类型在 (a, b) 区间的数据，只需将其转化为计算实验设备类型值大于 a 的数据集合与实验设备类型值小于 b 的数据集合的交集。

4. 叠加编码方法

叠加编码适用于值为长文本的属性。设 $D(A_1, A_2, \cdots, A_m)$ 是一个数据集合，$\mathrm{Proj}(D, A_i)$ 是一个具有长文本值的属性，每个长文本值具有多个关键词。令 $\mathrm{keyProj}(D, A_i)$ 是 $\mathrm{Proj}(D, A_i)$ 的关键词集合。$\mathrm{Proj}(D, A_i)$ 的叠加编码如下实现：

(1) 定义一个 Hash 函数 H：$\mathrm{keyProj}(S, A_i) \rightarrow \{\alpha | \alpha$ 是 N 位的 0 和 1 串$\}$，使得 $\mathrm{keyProj}(S, A_i)$ 中每个关键词对应一个 N 位 0-1 串。

(2) $\forall t \in \mathrm{Proj}(S, A_i)$，设 t 中关键词为 $\{w_1, w_2, \cdots, w_k\}$，则 t 的编码为 $H(w_1)$。

$H(w_2) \circ \cdots \circ H(w_k)$，其中。是字符串连接操作符。

叠加编码适用于长文本数据的部分匹配查询。例如，为了查找包含关键词$\{w_1, w_2, \cdots, w_k\}$的$A_i$属性值，首先计算$H = H(w_1) \circ H(w_2) \circ \cdots \circ H(w_k)$，然后在经过叠加编码的属性$A_i$上查找与$H$匹配的文本值，过滤不包含$\{w_1, w_2, \cdots, w_k\}$的文本值。但是，没有过滤的文本值不一定真包含$\{w_1, w_2, \cdots, w_m\}$。这种编码适用于过滤操作。

5. 复合编码方法

当为一个数据集合的属性值编码时，可以复合使用上述4种编码方法，这种编码方法称为复合编码方法。设$D(A_1, A_2, \cdots, A_m)$是一个数据集合。$\text{Proj}(D, A_i)$的复合编码如下实现：

（1）把$\text{Proj}(D, A_i)$划分为d列$\{A_{i1}, A_{i2}, \cdots, A_{id}\}$。

（2）对于$1 \leqslant j \leqslant d$，使用编码方法$E_j$对$A_{ij}$进行编码，$E_j$可以是任何编码方法。

（3）$\forall x = x_1 x_2 \cdots x_d \in \text{Proj}(D, A_i)$，其中$x_j$对应于$A_{ij}$的值，$x$的编码为$E_1(x_1) \circ E_2(x_2) \circ \cdots \circ E_d(x_d)$。

例 5.2.4 假设前面的科学实验数据集合 EXP 的实验设备类型属性 Equ 具有 1000 个不同值。如果使用 1-of-1000 编码方法对$\text{Proj}(S, A_i)$进行编码，每个值的编码长度需要 1000 位。如果把$\text{Proj}(S, A_i)$划分为 3 列$\{A_{i1}, A_{i2}, A_{i3}\}$，每列具有 10 个不同值，则可以分别使用 1-of-10 编码方法对A_{i1}、A_{i2}和A_{i3}进行编码。这样，$\text{Proj}(S, A_i)$的每个值的复合编码长度只需要 30 位。为了查找一个实验设备类型，只需要考察 3 个二进制位。

6. 编码的优化设计

下面以$k\text{-of-}N$为例，介绍编码的优化设计方法。这种方法可以推广到其他编码方法中。

给定一个数据集合$D(A_1, A_2, \cdots, A_m)$和$\text{Proj}(D, A_i)$，如果$\text{Proj}(D, A_i)$具有v个可能的值，$k\text{-of-}N$编码方法使用N位二进制数表示每个$t \in \text{Proj}(S, A_i)$，其中$k$位为 1，$N-k$位为 0。因为$k\text{-of-}N$编码只能表示$\binom{N}{k}$个不同的值，所以$N$和$k$必须满足约束条件$\binom{N}{k} \geqslant v$。为了满足这个约束条件，可以选择同时增加$N$和$k$，或者当$k$保持比较小时仅增加$N$，或者仅增加$k$。无论如何选择，$k$不能超过$N/2$。这是因为，当$k = N/2$或$k = (N-1)/2$时，$\binom{N}{k}$最大化。显然，增加$k$意味着在查询处理中需要更多的操作，而大的$N$则意味着需要大的空间存储$\text{Proj}(D, A_i)$。于是，在$k\text{-of-}N$编码设计中，面临时间和空间均衡问题。我们要解决的$k\text{-of-}N$编码的优化设计问题可以叙述为：给定数据集合$D(A_1, A_2, \cdots, A_m)$和存储空间约束$C$，如何在$m$个属性之间分配存储空间$C$，使得平均查询处理时间最小化？下面将给出这个问题的形式化定义以及求解这个问题的动态规划方法。

设$D(A_1, A_2, \cdots, A_m)$是一个具有m个属性和n个元组的数据集合。可以用一组位向量存储$D(A_1, A_2, \cdots, A_m)$的所有元组，每个位向量存储所有元组的相同位的 0 或 1 值。如果限定$D(A_1, A_2, \cdots, A_m)$的所有m个属性的编码长度之和为C，则存储$D(A_1, A_2, \cdots, A_m)$的所有元组需要的存储空间为$C \times n$。假设属性A_i具有n_i个可能的值，A_i出现在一个查询中的概率是p_i。为了叙述简单，这里仅考虑准确匹配查询。要解决的问题是：在满足给定约束的条件下,为每个 A_i 选择 k_i 和 N_i,并使用 $k_i\text{-of-}N_i$ 编码方法对 A_i 的值集合进行编码,使得查询时间最小化。由于仅考虑准确匹配查询,当 A_i 出现在一个查询中时,查询处理所需要的布尔操作量正比于 k_i。于是,上述问题可以形式化地定义为如下的优化问题 Op-Encod:

$$\text{对于 } 1 \leqslant i \leqslant m \text{,为每个 } A_i \text{ 选择 } k_i \text{ 和 } N_i$$

$$\text{最小化查询代价均值} \sum_{1 \leqslant i \leqslant m} p_i k_i$$

$$k_i \text{ 和 } N_i \text{ 满足} \sum_{1 \leqslant i \leqslant m} N_i \leqslant C \text{ 且 } \binom{N_i}{k_i} \geqslant n_i$$

下面给出求解 Op-Encod 问题的动态规划方法。

显然,N_i 的最小值是 $\log n_i$,k_i 的最大值是 $\log n_i$。令 $\text{OPT}_w(1,2,\cdots,j)$ 是仅考虑属性集合 $\{A_1,A_2,\cdots,A_j\}$ 而且在查询处理中使用的所有这些属性的位数为 w 时 Op-Encod 问题优化查询代价的均值。于是,

$$\text{OPT}_w(1,2,\cdots,j+1) = \min_y \{\text{OPT}_y(1,2,\cdots,j) + \text{OPT}_{w-y}(j+1)\}$$

依据这个递归公式,可以使用动态规划方法在循环中递归地求解 Op-Encod 问题。每次循环增加一个属性,并记录为相应的属性分配的 N_i 和 k_i,直到计算出 $\text{OPT}_C(1,2,\cdots,m)$,完成了 C 个二进制位在 m 个属性之间的划分,即为每个属性 A_i 选择了 k_i 和 N_i,k_i 和 N_i 满足约束条件 $(\sum_{1 \leqslant i \leqslant m} N_i \leqslant C) \wedge \binom{N_i}{k_i} \geqslant n_i \wedge (\text{最小化} \sum_{1 \leqslant i \leqslant m} p_i k_i)$。最后,为每个 A_i 的 n_i 个值进行 $k_i\text{-of-}N_i$ 编码,这样就完成了对 $D(A_1,A_2,\cdots,A_m)$ 的优化 $k\text{-of-}N$ 编码设计。

5.2.2 Header 压缩方法

如 5.1 节所述,在很多数据集合(例如科学和统计数据库)中经常出现连续的重复值。例如,我国 2020 年新冠病毒病例统计数据库 2020-Covid19-Sum 中包括以下属性:

(Month,Day,Prov,N-cfm-cs,N-deaths,N-susp-cs)

其中,Month 表示月份,Day 表示日,Prov 表示省(或直辖市、自治区和特别行政区),N-cfm-cs 表示新增确诊病例,N-deaths 表示新增死亡病例,N-susp-cs 表示新增疑似病例。2020-Covid19-Sum 是一个统计数据库,Month、Day 和 Prov 是描述属性,N-cfm-cs、N-deaths、N-susp-cs 则是度量属性。表 5.2.1 给出了 2020-Covid19-Sum 的部分内容。基于多方面考虑,这里略去了具体病例数据。

表 5.2.1 统计数据库 2020-Covid19-Sum 的部分内容

Month	Day	Prov	N-cfm-cs	N-deaths	N-susp-cs
2	1	黑龙江	$HC_{2\text{-}1}$	$HD_{2\text{-}1}$	$HS_{2\text{-}1}$
2	2	黑龙江	$HC_{2\text{-}2}$	$HD_{2\text{-}2}$	$HS_{2\text{-}2}$
2	3	黑龙江	$HC_{2\text{-}3}$	$HD_{2\text{-}3}$	$HS_{2\text{-}3}$
$\vdots$	$\vdots$	$\vdots$	$\vdots$	$\vdots$	$\vdots$
2	29	黑龙江	$HC_{2\text{-}29}$	$HD_{2\text{-}29}$	$HS_{2\text{-}29}$

续表

Month	Day	Prov	N-cfm-cs	N-deaths	N-susp-cs
2	1	辽宁	$LC_{2\text{-}1}$	$LD_{2\text{-}1}$	$LS_{2\text{-}1}$
2	2	辽宁	$LC_{2\text{-}2}$	$LD_{2\text{-}2}$	$LS_{2\text{-}2}$
2	3	辽宁	$LC_{2\text{-}3}$	$LD_{2\text{-}3}$	$LS_{2\text{-}3}$
⋮	⋮	⋮	⋮	⋮	⋮
2	29	辽宁	$C_{2\text{-}29}$	$D_{2\text{-}29}$	$S_{2\text{-}29}$

从表 5.2.1 给出的数据内容可以看到,在 Month 和 Prov 两个属性上具有很多连续重复的值。当月份大于 4 以后,N-cfm-cs、N-deaths、N-susp-cs 属性上将具有大量的连续的 0。实际上,多数科学数据库、统计数据库、数据仓库等多维数据集合都具有这种特点。下面介绍适用于这类数据集合并支持压缩计算的 Header 数据压缩方法。

设 $D(A_1,A_2,\cdots,A_m)$ 是一个具有 m 个属性的数据集合。使用列存储的方式存储 $D(A_1,A_2,\cdots,A_m)$,即 $D(A_1,A_2,\cdots,A_m)$ 的每一个属性的所有值保序地存储在一个向量或文件中。这样,$D(A_1,A_2,\cdots,A_m)$ 由 m 个向量 $VA_1,VA_2,\cdots,VA_m$ 存储,其中 VA_i 是 A_i 对应的向量。对每个向量使用 Header 压缩方法单独压缩。显然,这种列存储方式能够极大地提高压缩比。此外,列存储方式还可以极大地提高多维数据分析的效率。以下在不引起混淆的情况下使用 VA 表示任何一个 VA_i,$1 \leqslant i \leqslant m$。称经常连续出现的值为可压缩值,称 VA 为逻辑数据集合,称 VA 的压缩结果 $c(VA)$ 为 VA 的物理数据集合。$\forall x \in VA$,称 x 在 VA 中的地址为 x 的逻辑地址,称 x 在 $c(VA)$ 中的地址为 x 的物理地址。

下面,首先考虑 VA 仅包含一个可压缩值的 Header 压缩方法,简称为单值 Header 压缩方法。然后,把单值 Header 压缩方法推广到 VA 包含多个可压缩值的情况,得到多值 Header 压缩方法。

1. 单值 Header 压缩方法

设 VA 只有一个可压缩值,简记作 c。在这种情况下,仅需使用单值 Header 压缩方法压缩 VA。下面以

$$VA = \langle v_1,v_2,v_3,c,c,c,c,c,c,v_4,v_5,c,c,c,c,v_6,v_7,v_8,v_9,c,c,c,c \rangle$$

为例,介绍单值 Header 压缩方法,其压缩过程分为如下 3 步:

(1) 从 VA 构造有序向量的 Header。首先把 VA 分成偶数段,设为 $2k$ 段。第 1 段是第一个 c 之前的连续的非可压缩值,第 2 段是下一个非可压缩值之前的连续的可压缩值 c,以此类推,奇数段为连续的非可压缩值段,偶数段为连续的可压缩值 c 段。如果 VA 的第 1 个值为 c,则第 1 段为空。如果 VA 的最后的值是非可压缩值,则最后一个连续 c 段为空。对于 $1 \leqslant i \leqslant 2k$,令 $VA[i]$ 为 VA 的第 i 段。称奇数段 $VA[2i-1]$ 为第 i 个非 c 段,称偶数段 $VA[2i]$ 为第 i 个 c 段。Header 是长为 $2k$ 的向量 $Hd = \langle u_1,c_1,u_2,c_2,\cdots,u_k,c_k \rangle$,其中,$u_i$ 是前 i 个非 c 段的长度之和,c_i 是前 i 个 c 段的长度之和。

例 5.2.5　$VA = \langle v_1,v_2,v_3,c,c,c,c,c,c,v_4,v_5,c,c,c,c,v_6,v_7,v_8,v_9,c,c,c,c \rangle$ 的划分和相应的 Header 向量 Hd 如图 5.2.1 所示。

(2) 从逻辑数据集合 VA 构造物理数据集合 $c(VA)$。$c(VA)$ 包含 VA 的非可压缩值。

	第1段	第2段	第3段	第4段	第5段	第6段

VA=$\langle v_1, v_2, v_3 \mid c, c, c, c, c \mid v_4, v_5 \mid c, c, c, c \mid v_6, v_7, v_8, v_9 \mid c, c, c, c \rangle$
Hd=$\langle \quad u_1{=}3 \qquad c_1{=}5 \qquad u_2{=}5 \qquad c_2{=}9 \qquad u_3{=}9 \qquad c_3{=}13 \quad \rangle$

图 5.2.1　VA 的划分和 Header 向量 Hd

例如 VA$=\langle v_1, v_2, v_3, c, c, c, c, c, v_4, v_5, c, c, c, c, v_6, v_7, v_8, v_9, c, c, c, c \rangle$的物理数据集合 $c(\text{VA})=\langle v_1, v_2, v_3, v_4, v_5, v_6, v_7, v_8, v_9 \rangle$。

（3）存储 VA 的 Header 压缩结果$(c(\text{VA})，\text{Hd})$。

下面介绍单值 Header 压缩方法的向前映射和向后映射的实现算法。向前映射(forward mapping)算法如 Algorithm 5.2.1 所示。

Algorithm 5.2.1：Sig-c-$f_F(l，\text{Hd})$
输入：x 的逻辑地址 l，Hd$=\langle u_1, c_1, u_2, c_2, \cdots, u_k, c_k \rangle$。
输出：若 $x=c$ 输出 $p=c$，否则输出 x 的物理地址 p。
1. 使用 Hd 和 l，应用插值搜索在 Hd 上查找 i，满足
$$u_i + c_i \leqslant l \leqslant c_i + u_{i+1} \text{ 或 } c_{i-1} + u_i \leqslant l \leqslant u_i + c_i$$
2. 如果 $u_i + c_i \leqslant l \leqslant c_i + u_{i+1}$，则 x 不是被压缩的 c 值，输出 $p=l-c_i$，停止；
3. 如果 $c_{i-1} + u_i \leqslant l \leqslant u_i + c_i$，则 x 是被压缩的 c，输出 $p=c$，停止.

类似于二叉搜索，算法第 1 步使用的插值搜索算法也是有序集合上的重要搜索算法，其平均时间复杂性为 $O(\log \log n)$，其中 n 是被搜索集合的大小。插值搜索的详细介绍参见本书作者的论文[1]。

例 5.2.6　用图 5.2.1 的例子说明向前映射算法。令 $x=v_7, l=16$，则算法第 1 步一定发现 $i=2$ 满足 $u_2+c_2=5+9=14 \leqslant 16 \leqslant c_2+u_3=9+9=18$，于是，算法输出 $p=l-c_2=16-9=7$。如果 $x=c, l=12$，则算法第 1 步发现 $i=2$ 满足 $c_1+u_2=5+5=10 \leqslant 12 \leqslant u_2+c_2=5+9=14$，于是算法输出 $p=c$。

命题 5.2.1　如果 Header 向量的大小为 k，则 Sig-c-f_F 算法的平均时间复杂性为 $O(\log \log k)$。

证明：因为插值搜索的平均时间复杂性为 $O(\log \log n)$，Sig-c-f_F 算法的第 1 步需要的时间的均值为 $O(\log \log k)$，其他步骤需要常数时间。于是，Sig-c-f_F 算法的平均时间复杂性为 $O(\log \log k)$。证毕。

如果在该算法的第 1 步使用二叉搜索算法，则该算法的时间复杂性为 $O(\log k)$。

向后映射(backward mapping)算法如 Algorithm 5.2.2 所示。

Algorithm 5.2.2：Sig-c-$f_B(p，\text{Hd})$
输入：x 的物理地址 p，Hd$=\langle u_1, c_1, u_2, c_2, \cdots, u_k, c_k \rangle$；
输出：$l=x$ 的逻辑地址。
1. 使用 Hd 和 p，用插值搜索算法在$\{u_1, u_2, \cdots, u_k\}$中查找满足 $u_{i-1} < p \leqslant u_i$ 的 i；
2. 输出 $l=p+c_{i-1}$，停止.

例 5.2.7　还是用图 5.2.1 的例子说明向后映射算法。令 $x=v_7, p=7$，则算法第 1 步必然发现 $i=3$ 满足 $u_2=5 \leqslant 12 \leqslant u_3=9$，于是，算法输出 $l=p+c_2=7+9=16$。

命题 5.2.2 如果 Header 向量的大小为 k,则 Sig-c-f_B 的平均时间复杂性为 $O(\log \log k)$。

证明:因为插值搜索的平均时间复杂性为 $O(\log \log n)$,Sig-c-f_B 算法的第 1 步需要的时间的均值为 $O(\log \log k)$,第 2 步需要常数时间。于是,Sig-c-f_B 算法的平均时间复杂性为 $O(\log \log k)$。证毕。

如果在该算法的第 1 步使用二叉搜索算法,该算法的时间复杂性为 $O(\log k)$。

从 Sig-c-f_F 和 Sig-c-f_B 的时间复杂性分析可以看出,由于其平均时间复杂性为 $O(\log \log k)$,单值 Header 压缩方法可以有效地支持大数据的压缩计算。本书作者在文献[2]中给出了另外一种单值压缩方法,当主存充分大时,其向前映射和向后映射的时间复杂性为常数。

下面分析单值 Header 压缩方法的压缩比。

定义 5.2.1 设 VA 是一个数据集合,$c(\text{VA})$ 是使用数据压缩方法 C 对 VA 压缩后的物理文件,S 是 VA 压缩后需要保存的辅助数据集合。压缩方法 C 对 VA 的压缩比定义为 $|\text{VA}|/(|c(\text{VA})|+|S|)$。

定义 5.2.1 中 $|\text{VA}|$、$|c(\text{VA})|$ 和 $|S|$ 可以根据需要定义,可以是数据个数,也可以是字节数等其他度量。

下面的命题 5.2.3 给出了单值 Header 压缩方法的压缩比。

命题 5.2.3 设 $\text{VA}=\langle x_1, x_2, \cdots, x_n \rangle$,VA 包含单个可压缩值且其数量为 m 个,VA 包含 k 个可压缩值段,VA 中每个数据的字节数为 β。如果 Header 向量的每个数据的字节数为 α,则单值 Header 压缩方法对于 VA 的压缩比的均值为 $n\beta/((n-m)\beta+2k\alpha)$。

证明:从 Header 压缩方法的定义可知,Header 向量包含 $2k$ 个正整数,所以 Header 向量的大小为 $2k\alpha$ 字节,而且 $|c(\text{VA})|=(n-m)\beta$。于是,单值 Header 压缩方法对于 VA 的压缩比为 $n\beta/((n-m)\beta+2k\alpha)$。证毕。

例 5.2.8 令 $n=10\,000, m=6000, k=20, \alpha=\beta$,则单值 Header 压缩方法的压缩比为 $n/((n-m)+2k)>2.48$。

2. 多值 Header 压缩方法

设 VA 具有 m 个可压缩值,分别为 $c_1, c_2, \cdots, c_m$。多值 Header 压缩方法反复应用单值 Header 压缩方法逐个压缩每个可压缩值,详细过程如下:

(1) 令 $\text{VA}=\text{PA}_0$。对于 $1 \leqslant i \leqslant m$,使用单值 Header 压缩方法压缩 PA_{i-1} 中的 c_i,产生物理数据集合 $\text{PA}_i=c(\text{PA}_{i-1})$ 和 Header 向量 Hd_i。

(2) 存储 $c(\text{VA})=(\text{PA}_m, \text{Hd}_1, \text{Hd}_2, \cdots, \text{Hd}_m)$。

下面看一个实例。设 VA 具有 3 个可压缩值 c_1、c_2、c_3,且

$$\text{VA}=\langle v_1, v_2, v_3, c_1, c_1, c_1, v_4, v_5, c_2, c_2, c_2, v_6, v_7, v_8, c_1, c_1, c_1, v_9,$$
$$v_{10}, c_2, c_2, v_{11}, v_{12}, c_3, c_3, c_3, v_{13}, v_{14}, c_3, c_3, c_3, c_2, c_2, c_2, c_1, c_1, c_1 \rangle$$

在 $\text{VA}=\text{PA}_0$ 上压缩 c_1 以后的结果为

$$\text{PA}_1=\langle v_1, v_2, v_3, v_4, v_5, c_2, c_2, c_2, v_6, v_7, v_8, v_9, v_{10}, c_2, c_2, v_{11}, v_{12}, c_3, c_3, c_3, v_{13},$$
$$v_{14}, c_3, c_3, c_3, c_2, c_2, c_2 \rangle$$

$$\text{Hd}_1=\langle 3, 3, 11, 6, 28, 9 \rangle$$

在 PA_1 上压缩 c_2 以后的结果为

$$\mathrm{PA}_2 = \langle v_1, v_2, v_3, v_4, v_5, v_6, v_7, v_8, v_9, v_{10}, v_{11}, v_{12}, c_3, c_3, c_3, v_{13}, v_{14}, c_3, c_3, c_3 \rangle$$

$$\mathrm{Hd}_2 = \langle 5, 3, 10, 5, 20, 8 \rangle$$

在 PA_2 上压缩 c_3 以后的结果为

$$\mathrm{PA}_3 = \langle v_1, v_2, v_3, v_4, v_5, v_6, v_7, v_8, v_9, v_{10}, v_{11}, v_{12}, v_{13}, v_{14} \rangle$$

$$\mathrm{Hd}_3 = \langle 12, 3, 14, 6 \rangle$$

VA 的最终压缩结果为 $c(\mathrm{VA}) = (\mathrm{PA}_3, \mathrm{Hd}_1, \mathrm{Hd}_2, \mathrm{Hd}_3)$,其中,

$$\mathrm{PA}_3 = \langle v_1, v_2, v_3, v_4, v_5, v_6, v_7, v_8, v_9, v_{10}, v_{11}, v_{12}, v_{13}, v_{14} \rangle$$

$$\mathrm{Hd}_3 = \langle 12, 3, 14, 6 \rangle;$$

$$\mathrm{Hd}_2 = \langle 5, 3, 10, 5, 20, 8 \rangle;$$

$$\mathrm{Hd}_1 = \langle 3, 3, 11, 6, 28, 9 \rangle$$

多值 Header 压缩方法的两个映射需要使用所有 m 个 Header 向量 $\{\mathrm{Hd}_1, \mathrm{Hd}_2, \cdots, \mathrm{Hd}_m\}$。向前映射和向后映射算法见 Algorithm 5.2.3 和 Algorithm 5.2.4。

Algorithm 5.2.3:$\mathrm{M\text{-}c\text{-}}f_{\mathrm{F}}(l, \mathrm{Hd})$

输入:x 的逻辑地址 l,$\mathrm{Hd} = \{\mathrm{Hd}_i \mid 1 \leqslant i \leqslant \alpha\}$。

输出:p。若 $x = c_i$,$p = c_i$;否则 $p = x$ 的物理地址。

1. $p := l$;
2. **For** $i = 1$ **To** α **Do**
3. $p := \mathrm{Sig\text{-}c\text{-}}f_{\mathrm{F}}(p, \mathrm{Hd}_i)$;
4.   **If** $p = c_i$
5.   **Then** 输出 p,停止;
6. 输出 p,停止.

Algorithm 5.2.4:$\mathrm{M\text{-}c\text{-}}f_{\mathrm{B}}(p, \mathrm{Hd})$

输入:x 的物理地址 p,$\mathrm{Hd} = \{\mathrm{Hd} = \{\mathrm{Hd}_i \mid 1 \leqslant i \leqslant \alpha\}$。

输出:$l = x$ 的逻辑地址。

1. $l := p$;
2. **For** $i = \alpha$ **To** 1 **Do**
3. $l := \mathrm{Sig\text{-}c\text{-}}f_{\mathrm{B}}(l, \mathrm{Hd})$;
4. 输出 l,停止.

命题 5.2.4 如果 m 个 Header 向量的大小为 $k_1, k_2, \cdots, k_m$,则 $\mathrm{M\text{-}c\text{-}}f_{\mathrm{F}}$ 的平均时间复杂性为 $O(\log(\log k_1 \log k_2 \cdots \log k_a))$。

证明:因为 $\mathrm{Sig\text{-}c\text{-}}f_{\mathrm{F}}(p, \mathrm{Hd}_i)$ 的平均时间复杂性为 $O(\log \log k)$,所以 $\mathrm{M\text{-}c\text{-}}f_{\mathrm{F}}(l, \mathrm{Hd})$ 算法的第 2 步至第 5 步的平均时间复杂性为

$$O(\log(\log k_1) + \log(\log k_2) \cdots + \log(\log k_a)) = O(\log(\log k_1 \log k_2 \cdots \log k_a))$$

其他步骤需要常数时间。于是,$\mathrm{M\text{-}c\text{-}}f_{\mathrm{F}}$ 算法的平均时间复杂性为

$$O(\log(\log k_1 \log k_2 \cdots \log k_a))$$

证毕。

类似于 $\mathrm{M\text{-}c\text{-}}f_{\mathrm{F}}(l, \mathrm{Hd})$ 的时间复杂性分析,有如下命题。

命题 5.2.5 如果 α 个 Header 向量的大小为 $k_1, k_2, \cdots, k_a$,则 $\mathrm{M\text{-}c\text{-}}f_{\mathrm{B}}$ 的平均时间复杂性为 $O(\log(\log k_1 \log k_2 \cdots \log k_a))$。

下面的命题 5.2.6 给出了多值 Header 压缩方法的压缩比。

命题 5.2.6 设 $VA = \langle x_1, x_2, \cdots, x_n \rangle$，$VA$ 包含 m 个可压缩值，第 i 个可压缩值为 c_i 且其个数为 n_i，VA 包含 k_i 个 c_i 段，VA 中每个数据的字节数为 β。如果 Header 向量的每个数据的字节数为 α，则多值 Header 压缩方法对于 VA 的压缩比的均值为 $n\beta / ((n - (n_1 + n_2 + \cdots + n_m))\beta + (2k_1 + 2k_2 + \cdots + 2k_m)\alpha)$。

证明：从压缩方法的定义可知，一共有 m 个 Header 向量，第 i 个 Header 向量具有 $2k_i$ 个正整数。于是，m 个 Header 向量总共包含 $(2k_1 + 2k_2 + \cdots + 2k_m)\alpha$ 字节。由于 $|c(VA)| = (n - (n_1 + n_2 + \cdots + n_m))\beta$，多值 Header 压缩方法对于 VA 的压缩比为 $n\beta / ((n - (n_1 + n_2 + \cdots + n_m))\beta + (2k_1 + 2k_2 + \cdots + 2k_m)\alpha)$。证毕。

5.2.3 多维数据压缩方法

前面提到过，统计数据库、科学书库、数据仓库等很多数据集合都具有多维的特性。k 维数据集合的结构可以定义为 $R(D_1, D_2, \cdots, D_k; M_1, M_2, \cdots, M_l)$。在多维数据集合应用中，各种分析计算是在度量属性 $\{M_1, M_2, \cdots, M_l\}$ 上进行的。多维数据集合的维属性 $\{D_1, D_2, \cdots, D_k\}$ 是度量属性的描述，唯一确定度量属性的值。可以应用数组线性化和 Header 压缩方法，实现多维数据集合的压缩。这种压缩方法使用 $O(1)$ 计算时间取代了描述属性的存储，并使用 Header 压缩方法压缩度量属性。这种方法压缩比高，并且能够有效地支持大数据的压缩计算。以下用 Md-C 表示多维数据压缩方法，也经常用 R 表示 $R(D_1, D_2, \cdots, D_k; M_1, M_2, \cdots, M_l)$。

给定一个 k 维数据集合 $R(D_1, D_2, \cdots, D_k; M_1, M_2, \cdots, M_l)$，Md-C 通过以下步骤完成对 R 的压缩。

第一步，维属性编码。对于 $1 \leqslant i \leqslant k$，使用 5.1 节的二进制编码方法对 R 的维属性 D_i 进行编码，使得每个 D_i 的值可以被视为一个二进制数，为第二步的维属性压缩奠定基础。

第二步，压缩维属性。经过第一步的维属性编码以后，每个维属性的值都可以视为一个二进制数。R 可以视为 k 维空间的子集合，即 R 的每个元组可视为空间 $\text{dom}(D_1) \times \text{dom}(D_2) \times \cdots \times \text{dom}(D_k)$ 的一个点，其中 $\text{dom}(D_i)$ 是 D_i 的值域。于是，R 的每个元组 $(x_1, x_2, \cdots, x_k; y_1, y_2, \cdots, y_l)$ 的度量属性值 $(y_1, y_2, \cdots, y_l)$ 由 $(x_1, x_2, \cdots, x_k) \in \text{dom}(d_1) \times \text{dom}(d_2) \times \cdots \times \text{dom}(d_k)$ 唯一地确定。

Md-C 采用列存储方法存储 R 的度量属性值，即对于 $1 \leqslant i \leqslant l$，用列文件 FM_i 存储 R 在度量属性 M_i 上的投影。Md-C 不存储 R 的维属性值，而是用数组线性化方法确定 R 的度量属性的位置。

设经过第一步的编码以后，对于 $1 \leqslant i \leqslant k$，维属性 D_i 的值被编码为 0 至 $n_i - 1$，n_i 是属性 D_i 值的个数。设 R 的维属性次序为 $\text{ord} = D_1 \ll D_2 \ll \cdots \ll D_k$，其中 $D_i \ll D_j$ 表示 D_i 先于 D_j。对于每个维属性元组

$$(x_1, x_2, \cdots, x_k) \in \text{dom}(D_1) \times \text{dom}(D_2) \times \cdots \times \text{dom}(D_k)$$

对应的度量属性值 $(y_1, y_2, \cdots, y_l)$ 的位置，即 y_i 在 FM_i 中的地址，可以由下面的线性化函数计算：

$$\text{Linear}_{\text{ord}}(x_1, x_2, \cdots, x_k) = x_1 n_2 n_3 \cdots n_k + x_2 n_3 n_4 \cdots n_k + \cdots + x_{k-1} n_k + x_k$$

给定度量属性值$(y_1,y_2,\cdots,y_l)$位置$Y=\mathrm{Linear}_{\mathrm{ord}}(x_1,x_2,\cdots,x_k)$,维属性值$(x_1,x_2,\cdots,x_k)$由如下逆线性化函数计算:

$$\mathrm{Re\text{-}Linear}_{\mathrm{ord}}(Y)=(x_1,x_2,\cdots,x_k),$$

其中,$x_k=Y \bmod n_k$,$x_i=[[\cdots[Y/n_k]\cdots]/n_{i+1}] \bmod n_i$,其中$[X]$是$X$的整数部分。

请注意,函数$\mathrm{Linear}_{\mathrm{ord}}$和$\mathrm{Re\text{-}linear}_{\mathrm{ord}}$的定义与$R$的维属性次序 ord 密切相关。对于不同的维属性次序,两个函数的定义是不同的。

第三步,压缩度量属性。由于R的度量属性值集合一般都是k维空间的一个很小的子集合,所以压缩属性以后,R的各个度量属性值集合存在很多连续空值。Md-C 首先使用l个列存储文件存储R在l个度量属性上的投影。然后,Md-C 使用 Header 压缩方法压缩各个度量属性对应的列存储文件,即对于$1\leqslant i\leqslant l$,Md-C 使用 Header 压缩方法压缩FM_i。

现在设计向前映射和向后映射。向前映射是对于给定的元组$t=(x_1,x_2,\cdots,x_k;y_1,y_2,\cdots,y_l)\in R$,计算$t$的逻辑位置和$\{p_i\mid p_i=y_i$ 在 $c(\mathrm{FM}_i)$中的位置$\}$,其算法详见 Algorithm 5.2.5。

Algorithm 5.2.5:Md-C-f_{F}

输入:$t=(x_1,x_2,\cdots,x_k;y_1,y_2,\cdots,y_l)\in R$,$\mathrm{FM}_i$ 的 Header 向量 Hd_i,$1\leqslant i\leqslant l$。
输出:t 的逻辑位置L 和 $p=\{p_i\mid p_i=y_i$ 在 $c(\mathrm{FM}_i)$中的位置$\}$。
1. L := $\mathrm{Linear}_{\mathrm{ord}}(x_1,x_2,\cdots,x_k)$;
2. **For** $i=1$ **To** l **Do**
3. $\quad p_i$:= $\mathrm{Sig\text{-}c\text{-}}f_{\mathrm{F}}(L,\mathrm{Hd}_i)$;
4. 输出 $p=\{p_1,p_2,\cdots,p_l\}$,停止。

命题 5.2.7 对于$1\leqslant i\leqslant l$,令 FM_i 的 Header 向量 Hd_i 的大小为k_i,则 Md-C-f_{F} 的平均时间复杂性为$O(\log(\log k_1\log k_2\cdots\log k_l))$。

证明:算法 Md-C-f_{F} 的第 1 步和第 4 步需要常数时间。由于 $\mathrm{Sig\text{-}c\text{-}}f_{\mathrm{F}}(L,\mathrm{Hd}_i)$的平均时间复杂性为$O(\log\log k)$,算法的第 2 步和第 3 步需要的时间为

$$O(\log\log k_1)+O(\log\log k_2)+\cdots+O(\log\log k_l)=O(\log(\log k_1\log k_2\cdots\log k_l))$$

于是,Md-C-f_{F} 的平均时间复杂性为$O(\log(\log k_1\log k_2\cdots\log k_l))$。证毕。

Md-C 的向后映射的功能是:对于给定的R的度量属性值$(y_1,y_2,\cdots,y_l)$在 FM_1,$\mathrm{FM}_2,\cdots,\mathrm{FM}_l$ 中的位置$p_1,p_2,\cdots,p_l$,计算$(y_1,y_2,\cdots,y_l)$对应的$(x_1,x_2,\cdots,x_k)$的值。Md-C 的向后映射算法的详细描述见 Algorithm 5.2.6。

Algorithm 5.2.6:Md-Cpr-f_{B}

输入:对于$1\leqslant i\leqslant l$,R 的度量属性值 y_i 在 $c(\mathrm{FM}_i)$中的位置 p_i,
$\quad\quad$ FM_i 的 Header 向量 Hd_i。
输出:$(x_1,x_2,\cdots,x_k)$满足$(x_1,x_2,\cdots,x_k;y_1,y_2,\cdots,y_l)\in R$。
1. L := $\mathrm{Sig\text{-}c\text{-}}f_{\mathrm{B}}(p_l,\mathrm{Hd}_l)$;
2. $(x_1,x_2,\cdots,x_k)$:= $\mathrm{Re\text{-}Linear}_{\mathrm{ord}}(L)$;
3. 输出 L 和$(x_1,x_2,\cdots,x_k)$,停止。

命题 5.2.8 如果 FM_l 的 Header 向量 Hd_l 的大小为k_l,则 Md-C-f_{B} 的平均时间复杂性为$O(\log\log k_l)$。

证明:Md-Cpr-f_{B} 算法的第 2 步和第 3 步需要常数时间。由于 $\mathrm{Sig\text{-}c\text{-}}f_{\mathrm{B}}(p_l,\mathrm{Hd}_l)$的平

均时间复杂性为 $O(\log \log k_l)$，所以 Md-C-f_B 算法的平均时间复杂性为 $O(\log \log k_l)$。证毕。

现在分析 Md-C 的压缩比。

命题 5.2.9 设 $R=(D_1,D_2,\cdots,D_k;M_1,M_2,\cdots,M_l)$ 是具有 n 个元组的多维数据集合，度量属性的 Header 向量的长度分别为 $s_1,s_2,\cdots,s_l$，则 Md-C 压缩方法对于 R 的压缩比为 $n(\beta_1+\beta_2+\cdots+\beta_k+\alpha_1+\alpha_2+\cdots+\alpha_l)/(n(\alpha_1+\alpha_2+\cdots+\alpha_l)+\alpha(s_1+s_2+\cdots+s_l))$，其中 β_i 是 R 维属性 D_i 的值的字节数，α_j 是 R 的度量属性 M_j 的值的字节数，α 是每个 Header 向量的每个数据项的字节数。

证明： 对于 R，Md-C 的压缩结果包括 $\{c(\mathrm{FM}_1),\mathrm{FM}_2,\cdots,c(\mathrm{FM}_l)\}$ 和 Header 向量 $\{\mathrm{Hd}_1,\mathrm{Hd}_2,\cdots,\mathrm{Hd}_l\}$。由于 Header 压缩方法只压缩度量属性中的空值，R 的度量属性的原始值不变，所以对于 $1\leqslant i\leqslant l$，$c(\mathrm{FM}_i)$ 中具有 n 个数据且其长度为 α_i。于是，$|c(\mathrm{FM}_1)|+|c(\mathrm{FM}_2)|+\cdots+|c(\mathrm{FM}_l)|=n(\alpha_1+\alpha_2,\cdots+\alpha_l)$。因为对于 $1\leqslant i\leqslant l$，Hd_i 具有 s_i 个数据且其长度为 α，所以 $|\mathrm{Hd}_1|+|\mathrm{Hd}_2|+\cdots+|\mathrm{Hd}_l|=\alpha(s_1+s_2,\cdots+s_l)$。总之，Md-C 对于 R 的压缩比为

$$n(\beta_1+\beta_2+\cdots+\beta_k+\alpha_1+\alpha_2+\cdots+\alpha_l)/(n(\alpha_1+\alpha_2+\cdots+\alpha_l)+\alpha(s_1+s_2+\cdots+s_l))$$

证毕。

例 5.2.9 设 R 是具有 100 个维属性、1 个度量属性和 1 000 000 个元组的多维数据集合，度量属性的 Hd 具有 s 个数据（$1\leqslant i\leqslant l$）。令 R 的维属性值、度量属性值和 Header 向量中的数据值都具有相同的大小 γ，Md-C 对于 R 的压缩比为 $101n/(n+s)$。由于 $s\leqslant 2n$，$101n/(n+s)\geqslant 101n/(3n)=101/3$。

5.2.4 哈夫曼编码方法

哈夫曼编码是压缩字符串或文本数据的有效方法。在很多字符串数据集合中，各个字符出现的概率大不相同。哈夫曼编码的基本思想是：给概率高的字符以短编码，给概率低的字符以长编码。哈夫曼编码具有一个很重要的性质，即前缀性。前缀性保证任何一个编码都不是其他编码的前缀，可以有效地支持字符串搜索等操作。哈夫曼编码在很多算法设计与分析的著作中都有介绍。

设 D 是字符串数据集合，$\mathrm{alp}(D)$ 是 D 中出现的字符集合，$P=\{\Pr(c)\mid c\in\mathrm{alp}(D)\}$，其中 $\Pr(c)$ 是 c 在 D 中出现的概率。D 的哈夫曼编码过程分为如下两步。

第一步，$\forall c\in\mathrm{alp}(D)$，对 c 进行非等长的 0 和 1 编码，其编码为 $e(c)$，使得 $\sum\limits_{c\in\mathrm{alp}(D)}|e(c)|$ $\Pr(c)$ 最小。

第二步，把 D 中的每个字符 c 换为 $e(c)$，得到 D 的哈夫曼编码 $e(D)$。

由于第二步比较简单，以下重点讨论哈夫曼编码的第一步，即对 $\mathrm{alp}(D)$ 中的每个字符进行哈夫曼编码。这一步首先使用贪心方法构造一棵哈夫曼编码树，然后依据这棵树为 $\mathrm{alp}(D)$ 中的每个字符编码，过程如下：

(1) $\forall c\in\mathrm{alp}(D)$，为 c 建立一个叶节点，其权值为 c 在 $\mathrm{alp}(D)$ 中出现的概率 $\Pr(c)$，令 $\mathrm{node}=\{c\mid c\in\mathrm{alp}(D)\}$。

(2) 从 node 中选择两个权值最小的节点 v_1 和 v_2，为 v_1 和 v_2 建立一个新的父节点 p，

其权值 $\Pr(p) = \Pr(v_1) + \Pr(v_2)$，并且 $\text{node} = \text{node} - \{v_1, v_2\} \bigcup \{p\}$。

（3）重复（3）直至 $|\text{node}| = 1$，即哈夫曼树 T 建立完毕。

（4）对 T 中每个父节点，为连接其子节点的两条边分配 0 和 1 标记，一条边的标记为 0，另一条边的标记为 1。

（5）$\forall c \in \text{alp}(D)$，$c$ 必为 T 的一个叶节点，c 的编码是从 T 的根到 c 的路径上的边标记的 0 和 1 序列。

表 5.2.2 给出了一个字符集合及其哈夫曼编码。图 5.2.2 给出了与表 5.2.2 对应的哈夫曼树。

表 5.2.2　字符集合及其哈夫曼编码

字　符	出 现 概 率	哈夫曼编码
A	0.1	000
B	0.1	0011
C	0.1	0010
0	0.3	01
1	0.1	101
2	0.1	100
b(空)	0.2	11

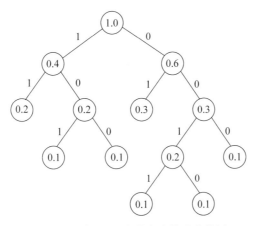

图 5.2.2　表 5.2.2 字符集合的哈夫曼树

建立哈夫曼编码的 Huffman-Ecd 算法的详细描述见 Algorithm 5.2.7。

只需使用 Huffman-Ecd 算法产生的编码表 $e(\text{alp}(D))$ 把 D 中的每个符号 s 代之以哈夫曼编码 $e(s)$，即可完成对 D 的编码。

例如，使用表 5.2.2 的编码，字符串集合 $D = \{ABC, 001, 2bb\}$ 可以编码为 $e(D) = \{00000110010, 0101101, 1001111\}$。

定理 5.2.1 给出了 Huffman-Ecd 算法的时间复杂性。

定理 5.2.1　令 $|\text{alp}(D)| = n$，则 Huffman-Ecd 算法的时间复杂性为 $O(n \log n)$。

Algorithm 5.2.7：Huffman-Ecd

输入：$alp(D)$，字符概率表 P。

输出：哈夫曼树 $T(V,E)$，$alp(D)$ 的编码表 $e(alp(D))$.

1.　　V := node := $alp(D)$；
2.　　最小堆 Q := 根据 P 排序的 $alp(D)$；
3.　　E := 空集合；$e(alp(D))$:= 空集合；
4.　　**While**　$|node| \neq 0$　**Do**
5.　　　　z := Allocate-Node( )；
6.　　　　x := Extract-min(Q)；
7.　　　　y := Extract-min(Q)；
8.　　　　V := $V \bigcup \{z\}$；
9.　　　　E := $E \bigcup \{(z,x),(z,y)\}$；
10.　　　$Pr(z)$:= $Pr(x) + Pr(y)$；
11.　　　$Insert(Q, z, f(z))$；
12.　　　node := node$-\{x,y\} \bigcup \{z\}$；
13.　L := {T 的根节点}；
14.　**If**　$L \neq$ 空集合
15.　**Then**　L' := 空集合；
16.　　　　**For**　$\forall p \in L$　**Do**
17.　　　　　　**If**　$\exists (p,x) \in E$　**Then**　(p,x) 标记为 0，L' := $L' \bigcup \{x\}$ **Else** L := $L-\{p\}$；
18.　　　　　　**If**　$\exists (p,y) \in E$ 且 $y \neq x$　**Then** (p,x) 标记为 1，L' := $L' \bigcup \{y\}$；
19.　　　　L := L'；　goto 14；
20.　**For**　$\forall c \in alp(D)$　**Do**
21.　　　$e(alp(D))$:= $e(alp(D)) \bigcup \{(c,\alpha) \mid \alpha$ 是路径(p,c)上的边的标记串，p 是 T 的根$\}$；
22.　输出 T 和 $e(alp(D))$，停止.

证明：Huffman-Ecd 算法的第 1 步和第 3 步需要 $O(n)$ 时间。第 2 步建立最小堆，需要 $O(n \log n)$ 时间。

算法的第 4～12 步的循环次数为 n，每次循环需要 3 次 $O(\log n)$ 时间的最小堆操作，n 次循环总共需要 $O(n \log n)$ 时间。

算法的第 13～19 步为哈夫曼树 T 的每条边加 0 或 1 标记：从 T 的根开始，每次为同一级的节点为父节点的边加标记，直至最底层的叶节点。第 14～19 步至多被循环执行 $O(\log n)$ 次，第 i 次执行至多添加 2^i 个标记。如果使用链接表存储 T，则第 13～19 步需要 $O(n \log n)$ 时间。

算法的第 20、21 步的循环次数为 n，如果在存储 T 的链接表中增加边标志信息、父节点指针以及各节点所在链表位置的有序索引，则每次循环需要 $O(\log n)$ 时间，n 次循环总共需要 $O(n \log n)$ 时间。

总之，Huffman-Ecd 算法的时间复杂性为 $O(n \log n)$。证毕。

现在证明 Huffman-Ecd 算法产生的编码是哈夫曼编码。

定理 5.2.2　设字符串集合 D 的字符表为 $alp(D)$。Huffman-Ecd 算法产生的编码满足前缀性，即任何一个编码都不是其他编码的前缀。

证明：设 c 是 $alp(D)$ 中的任一符号，其编码为 α，$|\alpha| = m$。令 β 是 α 的一个非空前缀，则 $0 < |\beta| < m$。由 Huffman-Ecd 算法可知，α 是哈夫曼树从根 root 到叶节点 c 的路径上各边的 0 或 1 标记构成的序列。令 $\alpha = \beta\gamma$，则 $0 < |\beta| = k < m$ 且 $|\gamma| > 0$。于是，α 对应的 T 中

路径必为(root，n_1，n_2，$\cdots$，n_{k-1}，n_k，$\cdots$，n_m)，其中，(root，n_1，n_2，$\cdots$，n_{k-1})是 β 对应的路径，(n_k，$\cdots$，n_m)是 γ 对应的路径。由于(root，n_1，n_2，$\cdots$，n_{k-1}，n_k，$\cdots$，n_m)是 T 中路径且 $k<m$，边(n_{k-1}，n_k)必为 T 的一条边。从而，n_{k-1} 不是叶节点，即 n_{k-1} 不是 alp(D) 中的符号。于是，β 不是 alp(D) 中的符号的编码，证毕。

以后，如果树 T 能够产生满足前缀性的编码 e(alp(D))，则称 T 为哈夫曼树。定理 5.2.2 说明 Huffman-Ecd 算法产生的树 T 是哈夫曼树。还需要证明 Huffman-Ecd 算法产生的哈夫曼树可以产生最小化 $\sum\limits_{c\in{\rm alp}(D)}|e(c)|\Pr(c)$ 的编码 e(alp(D))。从 Huffman-Ecd 算法可知，$d_T(c)=|e(c)|$。于是，为了证明 Huffman-Ecd 算法构建的哈夫曼树 T 能够产生最小化 $\sum\limits_{c\in{\rm alp}(D)}|e(c)|\Pr(c)$ 的编码 e(alp(D))，只需证明 T 具有最小平均深度 Exp-D$(T)=\sum\limits_{c\in{\rm alp}(D)}d_T(c)\Pr(c)$。如果 T 具有最小平均深度 $\sum\limits_{c\in{\rm alp}(D)}d_T(c)\Pr(c)$，则称 T 为优化哈夫曼树。

以下，设字符串集合 D 的字符表为 alp(D)，字符概率集合为
$$P=\{\Pr(c)\mid c\in{\rm alp}(D),\Pr(c) \text{ 是 } c \text{ 在 } D \text{ 中出现的概率}\}$$

引理 5.2.1 设 x 和 y 是 alp(D) 中具有最小概率的两个字符，则存在 alp(D) 的优化哈夫曼树，使得 x 与 y 的编码具有最大相同长度，且仅在最末一位不同。

证明：设 T 是 alp(D) 的优化哈夫曼树，如果 x 和 y 是具有最大深度的两个兄弟字符，则引理 5.2.1 得证。若不然，设 b 和 c 是具有最大深度的两个兄弟字符。不失一般性，设 $\Pr(b)\leqslant\Pr(c)$，$\Pr(x)\leqslant\Pr(y)$。因 x 与 y 是具有最小概率的字符，$\Pr(b)\geqslant\Pr(x)$，$\Pr(c)\geqslant P(y)$。交换 T 中 b 和 x 的位置，从 T 构造 T'。继续交换 T' 中 y 和 c 的位置，从 T' 构造 T''。

下面证明 T'' 是优化哈夫曼树，即 T'' 具有最小 $\sum\limits_{c\in{\rm alp}(D)}d_T(c)\Pr(c)$。

$$[\text{Exp-D}(T)]-[\text{Exp-D}(T')]=\sum_{c\in{\rm alp}(D)}d_T(c)\Pr(c)-\sum_{c\in{\rm alp}(D)}d_{T'}(c)\Pr(c)$$
$$=d_T(x)\Pr(x)+d_T(b)\Pr(b)-d_{T'}(x)\Pr(x)-d_{T'}(b)\Pr(b)$$
$$=d_T(x)\Pr(x)+d_T(b)\Pr(b)-d_T(b)\Pr(x)-d_T(x)\Pr(b)$$
$$=(\Pr(b)-\Pr(x))(d_T(b)-d_T(x))$$

因为 b 的深度最大，所以 $d_T(b)\geqslant d_T(x)$。又因为 $\Pr(b)\geqslant\Pr(x)$，有
$$[\text{Exp-D}(T)]-[\text{Exp-D}(T')]\geqslant 0$$
从而，Exp-D$(T)\geqslant$Exp-D(T')。

同理可证 Exp-D$(T')\geqslant$Exp-D(T'')。于是，Exp-D$(T)\geqslant$Exp-D(T'')。由于 T 是 alp(D) 的优化哈夫曼树，必有 Exp-D$(T)\leqslant$Exp-D(T'')。从而，Exp-D$(T)=$Exp-D(T'')，即 T'' 是 alp(D) 的优化哈夫曼树。在 T'' 中，x 和 y 具有相同最大长度编码，且仅最后一位不同。证毕。

引理 5.2.2 设 T 是 alp(D) 的优化哈夫曼树。设 x 和 y 是 T 中任意相邻叶节点，z 是 x 和 y 的父节点，z 作为概率为 $\Pr(z)=\Pr(x)+\Pr(y)$ 的字符，则 $T'=T-\{x,y\}$ 是字母表 $A={\rm alp}(D)-\{x,y\}\bigcup\{z\}$ 的优化哈夫曼树。

证明：先证明 Exp-D$(T)=$Exp-D$(T')+\Pr(x)+\Pr(y)$。从 Exp-D(T) 的定义，有

$$\text{Exp-D}(T) = \sum_{c \in \text{alp}(D)} d_T(c) \Pr(c) = \Pr(x) d_T(x) + \Pr(y) d_T(y) + \sum_{c \in A-\{z\}} d_T(c) \Pr(c)。由于$$

$d_T(x) = d_T(y) = d_{T'}(z) + 1$,有

$$\text{Exp-D}(T) = \Pr(x) d_T(x) + \Pr(y) d_T(y) + \sum_{c \in A-\{z\}} d_{T'}(c) \Pr(c)$$

$$= \Pr(x)(d_{T'}(z) + 1) + \Pr(y)(d_{T'}(z) + 1) + \sum_{c \in A-\{z\}} d_{T'}(c) \Pr(c)$$

$$= \Pr(x) + \Pr(y) + \Pr(x) d_{T'}(z) + \Pr(y) d_{T'}(z) + \sum_{c \in A-\{z\}} d_{T'}(c) \Pr(c)$$

由于 $\Pr(x) + \Pr(y) = \Pr(z)$,

$$\text{Exp-D}(T) = \Pr(x) + \Pr(y) + \Pr(z) d_{T'}(z) + \sum_{c \in A-\{z\}} d_{T'}(c) P(c)$$

$$= \text{Exp-D}(T') + \Pr(x) + \Pr(y)$$

现在证明 T' 是 A 的优化哈夫曼树。假设不然,则必存在 T'',使得 $\text{Exp-D}(T'') < \text{Exp-D}(T')$。因为 $z \in A$,z 必为 T'' 的叶节点。把节点 x 与 y 作为 z 的子节点计入 T'',则得到 $\text{alp}(D)$ 的一个哈夫曼树 T'''。

类似上面的证明,$\text{Exp-D}(T''') = \text{Exp-D}(T'') + \Pr(x) + \Pr(y)$。由于 $(T'') < \text{Exp-D}(T')$,$\text{Exp-D}(T''') = \text{Exp-D}(T'') + \Pr(x) + \Pr(y) < \text{Exp-D}(T') + \Pr(x) + \Pr(y) = \text{Exp-D}(T)$,与 T 是 $\text{alp}(D)$ 的优化哈夫曼树矛盾。于是,T' 是 A 的优化哈夫曼树。证毕。

定理 5.2.3 Huffman-Ecd 算法产生 $\text{alp}(D)$ 的优化哈夫曼树。

证明:从 Huffman-Ecd 算法第 4 步至第 12 步的循环可以看到,算法首先按照引理 5.2.1 确定的规则进行局部优化选择,选择 $\{x, y\}$ 建立 T 的以 z 为根、以 x 和 y 为叶节点的子树,简称 z-子树;然后,算法按照引理 5.2.2 递归地构建 $\text{alp}(D) = \text{alp}(D) - \{x, y\} \bigcup \{z\}$ 的优化哈夫曼树 T';最后,算法产生 $T = T'$ 连接 z-子树。从引理 5.2.1 和引理 5.2.2 可以看出,Huffman-Ecd 算法产生优化哈夫曼树。证毕。

5.3 压缩数据上的转置算法

本节开始介绍基于压缩计算的算法设计与分析的原理和方法。本节介绍求解多维数据转置问题的基于压缩计算方法的算法设计与分析。转置操作是多维数据集合维属性上的基本操作,其功能是重新排列维属性的顺序,其目的是支持数据分析和数据展示。转置操作与聚集操作密切相关,能够极大地提高聚集分析的效率。转置操作也是支持列存储和数据压缩的有力工具。压缩数据上的转置算法是国际上第一个基于压缩计算的算法。下面分别从问题定义、算法设计和算法分析 3 方面介绍基于压缩计算的多维数据转置算法。

5.3.1 问题定义

设 $R(D_1, D_2, \cdots, D_k; M_1, M_2, \cdots, M_l)$ 是一个 k 维数据集合,其中,D_i 是第 i 维属性,M_j 是第 j 个度量属性。R 的维属性次序为 $\text{ord} = D_1 \ll D_2 \ll \cdots \ll D_k$,其中 $D_i \ll D_j$ 表示 D_i 先于 D_j。使用 5.2.3 节的多维数据压缩方法如下压缩 R:

(1) 对于 $1 \leqslant i \leqslant k$,将 R 中出现的 D_i 的 d_i 个不同值从 0 到 $d_i - 1$ 编码,并且按照 $(D_1,$

$D_2,\cdots,D_k)$的组合值对 R 进行递增排序。

（2）使用数组线性化方法压缩 R 的维属性（属性次序为 ord＝$D_1\ll D_2\ll\cdots\ll D_k$），即用 $O(1)$ 计算时间的线性化函数和逆线性化函数取代 R 的所有维属性的存储，线性化函数为 $\text{Linear}_{\text{ord}}(x_1,x_2,\cdots,x_k)$，逆线性化函数为 $\text{Re-Linear}_{\text{ord}}(y)$，详见 5.2.3 节。

（3）使用列存储结构存储 l 个度量属性。对于 $1\leqslant i\leqslant l$，D 的度量属性 M_i 对应的数据列存储在文件 F_i 中。

（4）对于 $1\leqslant i\leqslant l$，使用 Header 压缩方法压缩 F_i 中的空值，$c(F_i)$ 为 F_i 的压缩结果，其 Header 向量为 Hd_i，向前映射函数为 Sig-c-f_F，向后映射函数为 Sig-c-f_B，详见 5.2.2 节。

最终，得到 R 的压缩结果 $c(R)=\{(c(F_i),\text{Hd}_i)\mid 1\leqslant i\leqslant l\}$，其中，$c(F_i)$ 是存储 R 的度量属性 M_i 的列存储文件 F_i 的压缩文件，Hd_i 是 $c(F_i)$ 的 Header 向量。

转置操作改变维属性的次序 ord 为新次序 new-ord＝$D_{i1}\ll D_{i2}\ll\cdots\ll D_{ik}$，进而线性化函数和逆线性化函数成为 $\text{Linear}_{\text{new-ord}}$ 和 $\text{Re-Linear}_{\text{new-ord}}$。于是，对于 $1\leqslant i\leqslant l$，$c(F_i)$ 中数据的物理地址必发生改变。因此，转置操作需要完成的任务就是对于 $1\leqslant i\leqslant l$，把 $(c(F_i),\text{Hd}_i)$ 变换为 $(\text{Trans}(c(F_i)),\text{Trans}(\text{Hd}_i))$，其中，$\text{Trans}(c(F_i))$ 中的数据与 $c(F_i)$ 相同，但是每个数据的地址由线性化函数 $\text{Linear}_{\text{new-ord}}$ 确定，$\text{Trans}(\text{Hd}_i)$ 是 $\text{Trans}(F_i)$ 的 Header 向量。

转置计算问题可以形式化地定义如下。

定义 5.3.1 转置问题 TRANSP 定义为

输入：$R(D_1,D_2,\cdots,D_k;M_1,M_2,\cdots,M_l)$ 的压缩结果 $\{(F_i,\text{Hd}_i)\mid 1\leqslant i\leqslant l\}$；

$\qquad$ R 的维属性次序 ord＝$d_1\ll d_2\ll\cdots\ll d_k$；

$\qquad$ R 的维属性新次序 new-ord＝$d_{i1}\ll d_{i2}\ll\cdots\ll d_{ik}$，$i_j\in\{1,2,\cdots,k\}$。

输出：$(\text{Trans}(c(F_i)),\text{Trans}(\text{Hd}_i))$，$1\leqslant i\leqslant l$。其中，$\text{Trans}(c(F_i))$ 是对应 new-ord 的 $c(F_i)$ 的重排列，$\text{Trans}(\text{Hd}_i)$ 是 $\text{Trans}(F_i)$ 的 Header 向量。

5.3.2 算法设计

现在使用压缩计算方法，设计求解问题 TRANSP 的算法，简记作 Alg-TRANSP。假定计算机系统具有 w 个大小为 B 的内存输入缓冲区和一个大小为 B 的内存输出缓冲区，而且 TRANSP 问题的输入数据集合 R 存储在磁盘上，其中，B 是磁盘块的大小，w 是正整数。以下，对于所有 $y\in F_i$，用 la(y) 表示 y 的逻辑地址，用 pa(y) 表示 y 的物理地址。

算法 Alg-TRANSP 的详细描述见 Algorithm 5.3.1。

对于每个度量属性 M_i 对应的 $(c(F_i),\text{Hd}_i)$，算法 Alg-TRANSP 分两个阶段产生 $(\text{Trans}(c(F_i)),\text{Trans}(\text{Hd}_i))$。

第一阶段，循环地执行如下计算，直至 $c(F_i)$ 中的数据被全部读取：

（1）读取 $c(F_i)$ 的 w 块数据进入 $\text{Buff}_1,\text{Buff}_2,\cdots,\text{Buff}_w$。

（2）对于每个 Buff_j 中的每个数据 y，完成如下任务：

① 应用 Sig-c-f_B 和 Hd_i，计算 y 的逻辑地址 la$(y)=f_B(\text{pa}(y))$。

② 计算 y 的描述属性值 $(x_1,x_2,\cdots,x_k)=\text{Re-Linear}_{\text{ord}}(\text{ll}(y))$。

③ 计算 y 的新逻辑地址 new-la$(y)=\text{Linear}_{\text{new-ord}}(x_1,x_2,\cdots,x_k)$。

Algorithm 5.3.1：Alg-TRANSP

输入：$R(D_1,D_2,\cdots,D_k;M_1,M_2,\cdots,M_l)$ 的压缩结果 $\{(c(F_i),Hd_i)\mid 1\leqslant i\leqslant l\}$；

R 的维属性次序 ord $=d_1\ll d_2\ll\cdots\ll d_k$；

R 的维属性新次序 new-ord $=d_{i1}\ll d_{i2}\ll\cdots\ll d_{ik}$，$i_j\in\{1,2,\cdots,k\}$。

输出：$(\text{Trans}(c(F_i)),\text{Trans}(Hd_i))$，$1\leqslant i\leqslant l$。其中，$\text{Trans}(c(F_i))$ 是 $c(F_i)$ 按 new-ord 的重排列，$\text{Trans}(Hd_i)$ 是 $\text{Trans}(c(F_i))$ 的 Header 向量。

1.　**For** $i=1$ **To** l **Do**
2.　　　**For** $h=1$ **To** $\lceil|c(F_i)|/(wB)\rceil$ **Do**
3.　　　　　**For** $j=1$ **To** w **Do**
4.　　　　　　　读 F_i 的第 $((h-1)\times W+j)$ 块数据进入 Buff_j；
5.　　　　　　　**For** $\forall y\in\text{Buff}_j$ **Do**
6.　　　　　　　　　使用 Hd_i 计算 $\text{la}(y):=\text{Sig-c-}f_B(\text{pl}(y))$；
7.　　　　　　　　　$(x_1,x_2,\cdots,x_k):=\text{Re-Linear}_{\text{ord}}(\text{ll}(y))$；
8.　　　　　　　　　$\text{new-la}(y):=\text{Linear}_{\text{new-ord}}(x_1,x_2,\cdots,x_k)$；
9.　　　　　　　　　$(\text{new-la}(y),y)$ 存入 Buff_j；
10.　　　　　　　按照 $\text{new-la}(y)$ 值升序对 Buff_j 排序；
11.　　　　　合并 $\text{Buff}_1,\text{Buff}_2,\cdots,\text{Buff}_w$ 成为一个有序集，并写入 TF_h；
12.　　　合并第 11 步形成的 $|c(F_i)|/(wB)$ 个 TF_h，形成有序集并写入 TF；
13.　　　写 TF 的同时，用 $\text{new-la}(y)$ 值计算新 Header 向量 $\text{Trans}(Hd_i)$；
14.　　　删除 TF 中的所有 $\text{new-la}(y)$ 值，并写入 $\text{Trans}(c(F_i))$。

④ 把 $(\text{new-la}(y),y)$ 写入缓冲区 Buff_j。

⑤ 当 Buff_j 中数据全部处理完后，按 $\text{new-la}(y)$ 值升序对 Buff_j 排序。

(3) 合并 $\text{Buff}_1,\text{Buff}_2,\cdots,\text{Buff}_w$ 为一个有序数据集合，并写入 TF_h。

第二阶段，执行如下计算：

(1) 把第一阶段产生的所有 TF_h 合并为一个有序集 TF。

(2) 依据 TF 建立新的 Header 向量 $\text{Trans}(Hd_i)$。

(3) 删除 TF 中的所有 $\text{new-la}(y)$ 值，并写入 $\text{Trans}(c(F_i))$。

5.3.3　算法分析

算法 Alg-TRANSP 的正确性是显然的。下面分析算法 Alg-TRANSP 的时间复杂性和 I/O 复杂性。设 n 是输入数据集合 R 的元组数，对于 $1\leqslant i\leqslant l$，N_i 是 $c(F_i)$ 的数据项个数，H_i 是 Hd_i 的数据项个数，H_i' 是 $\text{Trans}(Hd_i)$ 的数据项个数，k 和 l 视为常数。

由于 $\text{Sig-c-}f_B(\text{pl}(y))$ 需要 $O(\log\log H_i)$ 时间，所以算法的第 5 步至第 9 步的循环需要 $O(B\log\log H_i)=O(\log\log H_i)$ 时间。

由于第 4 步需要 $O(B)=O(1)$ 时间，第 10 步需要 $O(B\log B)=O(1)$ 时间，并且第 5 步至第 9 步需要 $O(\log\log H_i)$ 时间，所以第 3 步至第 10 步的循环总共需要 $O(w(\log\log H_i+O(1)))=O(\log\log H_i)$ 时间。

由于第 11 步使用 w 个输入缓冲区和一个输出缓冲区，需要 $O(1)$ 时间，所以第 2 步至第 11 步的循环需要 $O((N_i/wB)(\log\log H_i+O(1)))=O(N_i\log\log H_i)$ 时间。

由于第 12 步使用 w 个输入缓冲区和一个输出缓冲区，需要 $\log_w\lceil N_i/wB\rceil$ 次合并才能完成 $\lceil N_i/wB\rceil$ 个有序集合 TF_h 的合并，第 j 次合并需要 $O(N_i)$ 时间，所以这一步需要的总

时间为 $O(N_i \log_w \lceil N_i/wB \rceil) = O(N_i \log_w N_i)$。

第 13 步需要 $O(N_i + H'_i)$ 时间。第 14 步需要 $O(N_i)$ 时间。

综上所述，从第 1 步至第 14 步的循环需要的时间为

$$O\Big(\sum_{1 \leqslant i \leqslant l} (N_i \log \log H_i + N_i \log_w N_i + H'_i + N_i + N_i)\Big)$$
$$= O\Big(\sum_{1 \leqslant i \leqslant l} (N_i \log \log H_i + N_i \log_w N_i + H'_i)\Big)$$

对于 $1 \leqslant i \leqslant l$，一般情况下 $H_i \leqslant N_i$ 且 $N'_i \leqslant N_i$。于是，有如下的定理 5.3.1。

定理 5.3.1 如果对于 $1 \leqslant i \leqslant l, H_i \leqslant N_i, H'_i \leqslant N_i$，则设算法 Alg-TRANSP 的时间复杂性为 $O\Big(\sum_{1 \leqslant i \leqslant l} N_i \log_w N_i\Big)$。

证明：从上面的分析可知，Alg-TRANSP 的时间复杂性为

$$O\Big(\sum_{1 \leqslant i \leqslant l} (N_i \log \log H_i + N_i \log_w N_i + H'_i)\Big)$$

由于对于 $1 \leqslant i \leqslant l, H_i \leqslant N_i, H'_i \leqslant N_i$，所以 Alg-TRANSP 的时间复杂性为 $O\Big(\sum_{1 \leqslant i \leqslant l} N_i \log_w N_i\Big)$。证毕。

推论 5.3.1 如果对于 $1 \leqslant i \leqslant l, N_i$ 的均值为 N, k 和 l 视为常数，则算法 Alg-TRANS 的平均时间复杂性为 $O(N \log N)$。

推论 5.3.2 如果对于 $1 \leqslant i \leqslant l, N_i$ 的均值 $N = o(n^\alpha), \alpha < 1, k$ 和 l 视为常数，则算法 Alg-TRANSP 是一个平均亚线性时间算法，即算法 Alg-TRANSP 的平均时间复杂性为 $o(n^\beta)$ 且 $\beta < 1$。

证明：由于当 n 充分大时，$\log n^\alpha \leqslant n^\gamma$，其中 $\alpha + \gamma < 1$。由推论 5.3.1，算法 Alg-TRANS 的平均时间复杂性为

$$O(N \log N) = O(o(n^\alpha) \log o(n^\alpha)) = O(o(n^\alpha) o(n^\gamma)) = o(n^{\alpha+\gamma})$$

令 $\beta = \alpha + \gamma$，则算法 Alg-TRANSP 的平均时间复杂性为 $o(n^\beta)$ 且 $\beta < 1$，证毕。

大数据集合通常都存储在磁盘上。I/O 复杂性是大数据计算的一个主要瓶颈。设输入数据集存储在磁盘上，算法 Alg-TRANSP 的 I/O 复杂性是其读写磁盘的次数或读写的磁盘块数。下面的定理 5.3.2 给出了算法 Alg-TRANSP 的 I/O 复杂性。

定理 5.3.2 如果对于 $1 \leqslant i \leqslant l, H_i \leqslant N_i, H'_i \leqslant N_i$，则算法 Alg-TRANSP 的 I/O 复杂性为 $O\Big(\sum_{1 \leqslant i \leqslant l} (N_i \log_w N_i)\Big)$。

证明：对于 $1 \leqslant i \leqslant l$，算法 Alg-TRANS 的第 4 步、第 6 步、第 11 步、第 12 步、第 13 步和第 14 步在处理 $(c(F_i), \mathrm{Hd}_i)$ 时都需要读写磁盘块。

第 4 步被执行了 N_i/B 次，每次读写一个磁盘块，总共需要读写 N_i/B 个磁盘块。

第 6 步被执行 N_i 次，每次平均读写 $\log \log (H_i/B)$ 个磁盘块，总共需要读写最多 $N_i \log \log(H_i/B)$ 个磁盘块。

第 11 步被执行 N_i/wB 次，每次读写 $w \log w$ 个磁盘块，总共需要读写 $N_i \log w/B$ 个磁盘块。

第 12 步被执行一次，需要读写 $2(N_i/B) \log_w(N_i/wB)$ 个磁盘块。

第 13 步被执行一次，需要读写 H'_i/B 个磁盘块。

第 14 步需要读写 N_i/B 个磁盘块。

于是，对于 $1 \leqslant i \leqslant l$，算法 Alg-TRANSP 平均需要读写磁盘块的次数至多为

$$N_i/B + N_i \log \log(H_i/B) + N_i \log w/B + 2(N_i/B)\log_w(N_i/wB) + H'_i/B + N_i/B$$

$$= O(N_i \log \log N_i + N_i \log_w N_i)$$

$$= O(N_i \log_w N_i)$$

从而，算法 Alg-TRANSP 需要读写 $O\left(\sum_{1 \leqslant i \leqslant l}(N_i \log_w N_i)\right)$ 个磁盘块。证毕。

推论 5.3.3   如果对于 $1 \leqslant i \leqslant l$，$N_i$ 的均值为 N，并且视 k 和 l 为常数，则算法 Alg-TRANS 的 I/O 复杂性为 $O(N \log_w N)$。

推论 5.3.4   如果对于 $1 \leqslant i \leqslant l$，$N_i$ 的均值为 $N = O(n^\alpha)$，$\alpha < 1$，k 和 l 视为常数，则算法 Alg-TRANSP 的 I/O 复杂性为 $O(n^\beta)$，$\beta < 1$。

算法 Alg-TRANSP 的效率还可以进一步提高。在文献[3]中，本书作者针对转置问题输入数据集合的特点和计算机系统内存的大小，给出了其他 3 种效率更高的基于压缩计算的转置算法。

5.4 压缩数据上的聚集算法

大数据的联机分析是决策支持系统的重要基础。聚集操作是联机分析的重要操作之一。本节介绍基于压缩计算方法的多维数据聚集操作算法的设计与分析。首先讨论聚集问题的定义，然后讨论基于压缩计算的几种聚集算法的设计与分析。

5.4.1 问题定义

给定 k 维数据集合 $R(D_1, D_2, \cdots, D_k; M_1, M_2, \cdots, M_l)$，其中 D_i 是第 i 维属性，M_j 是第 j 个度量属性，R 的维属性次序为 ord $= d_1 \ll d_2 \ll \cdots \ll d_k$。使用 5.2.3 节的多维数据压缩方法如下压缩数据集合 R：

(1) 对于 $1 \leqslant i \leqslant k$，将 R 中出现的 D_i 的 d_i 个不同值从 0 到 $d_i - 1$ 编码，并且按照 $(D_1, D_2, \cdots, D_k)$ 的组合值对 R 进行递增排序。

(2) 使用数组线性化方法压缩 R 的维属性，线性化函数为 Linear$_{\text{ord}}(x_1, x_2, \cdots, x_k)$，逆线性化函数为 Re-Linear$_{\text{ord}}(y)$，详见 5.2.3 节。

(3) 使用 l 个列存储文件存储 R 在 l 个度量属性上保持重复值的 l 个投影集合。对于 $1 \leqslant i \leqslant l$，$R$ 的度量属性 M_i 对应的列存储文件为 F_i。

(4) 对于 $1 \leqslant i \leqslant l$，使用 Header 压缩方法压缩 F_i 中的空值，压缩后的物理文件为 $c(F_i)$，Header 文件为 Hd$_i$，向前映射函数和向后映射函数分别为 Sig-c-f_F 和 Sig-c-f_B，见 5.2.2 节。

以下，使用 Proj$(R, A_1 A_2 \cdots A_i)$ 表示 R 在属性集合 $\{A_1, A_2, \cdots, A_i\}$ 上保留重复值的投影，使用 DisProj$(R, A_1 A_2 \cdots A_i)$ 表示 R 在属性集合 $\{A_1, A_2, \cdots, A_i\}$ 上不保留重复值的投影。聚集问题定义如下。

定义 5.4.1   聚集(aggregation)问题定义如下：

输入：$R(D_1, D_2, \cdots, D_k; M_1, M_2, \cdots, M_l)$，$F_i = $ Proj(R, M_i)，$1 \leqslant i \leqslant l$，

R 的压缩结果 $\{(c(F_i),\mathrm{Hd}_i)\mid 1\leqslant i\leqslant l\}$；

R 的维属性次序 ord＝$D_1\ll D_2\ll\cdots\ll D_k$；

聚集属性集合 $\{A_1,A_2,\cdots,A_m\}\subseteq\{D_1,D_2,\cdots,D_k\}$；

聚集函数 Agg 为 Sum、Count、Avg、Min 或 Max。

输出：$S(A_1,A_2,\cdots,A_m;\mathrm{Agg}(M_1),\mathrm{Agg}(M_2),\cdots,\mathrm{Agg}(M_l))$；

$\forall(a_1,a_2,\cdots,a_m;\mathrm{agg}_1,\overrightarrow{\mathrm{agg}_2},\cdots,\mathrm{agg}_l)\in S,\mathrm{agg}_i=\mathrm{Agg}(\{v\mid(a_1,a_2,\cdots,a_m;v)\in\mathrm{Proj}(R,A_1A_2\cdots A_m;M_i)\})$。

例 5.4.1　给定一个 4 维数据集合 $R(A，B，C，D；M)$，如图 5.4.1(a)所示；聚集属性集合为 $\{B，C\}$，聚集函数 Agg 为 Sum，R 的聚集结果 $S(B，C；sum)$ 如图 5.4.1(b)所示。

A	B	C	D	M
1	1	1	1	2
1	1	1	2	3
1	1	2	1	3
1	1	2	2	3
1	2	1	1	3
1	2	1	2	4
2	1	1	1	3
2	1	2	1	3
2	2	1	2	4
2	2	2	1	5
2	2	2	2	4

B	C	Sum(M)
1	1	8
1	2	9
2	1	11
2	2	9

(a) $D(A, B, C, D; M)$　　(b) $S(B, C; \mathrm{Sum}(M))$

图 5.4.1　聚集实例

下面讨论 4 种求解聚集问题的算法。这些算法无须解压缩，直接在压缩数据上求解聚集问题，适用于任何映射完全的数据压缩方法。这些算法的性能依赖于输入数据集合的大小、聚集属性的特点、主存容量等因素。

不失一般性，在下面的讨论中，假定聚集问题的输入多维数据集合仅具有一个度量属性，即形如 $R(D_1,D_2,\cdots,D_k;M)$ 的数据集合，而且 Agg 为 Sum。下面设计的算法很容易扩展为求解定义 5.4.1 给出的一般聚集问题的算法。

5.4.2　通用聚集算法

首先讨论通用聚集算法，简记作 G-Agg。"通用"意味着算法 G-Agg 适用于各种情况，无须作任何假定。

1. 算法设计

给定 $R(D_1,D_2,\cdots,D_k;M)$、$F＝\mathrm{Proj}(R，M)$、R 的压缩结果 $(c(F)，\mathrm{Hd})$、ord＝$D_1\ll D_2\ll\cdots\ll D_k$、$\{A_1,A_2,\cdots,A_l\}\subseteq\{D_1,D_2,\cdots,D_k\}$ 和聚集函数 Agg，算法 G-Agg 分为两个阶段，直接在数据集合 R 的压缩结果 $(c(F)，\mathrm{Hd})$ 上完成 R 的聚集计算。

第一阶段，转置阶段。该阶段根据聚集属性集合 $\{A_1,A_2,\cdots,A_l\}$ 对 R 的维属性执行转置操作，使得聚集操作得以有效处理。

看图 5.4.2 给出的例子。$R(A，B，C，D；M)$ 是一个 4 维数据集合，其维属性次序为 $A\ll B\ll C\ll D$。如果聚集属性集合为 $\{B，C\}$，则维属性次序 $B\ll C\ll A\ll D$ 或 $R(B，C，$

A，D；M）能够有效支持聚集计算。

(a) $D(A, B, C, D; M)$　　　　(b) $D(B, C, A, D; M)$　　　　(c) $D(B, C; \underline{Sum}(M))$

图 5.4.2　　算法 G-Agg 的聚集计算过程

给定 $R(D_1, D_2, \cdots, D_k; M)$ 的压缩结果 $(c(F)$，Hd）、ord $= D_1 \ll D_2 \ll \cdots \ll D_k$ 和 $\{A_1, A_2, \cdots, A_i\} \subseteq \{D_1, D_2, \cdots, D_k\}$，转置阶段如下完成转置计算：

（1）为 5.3 节的转置算法 Alg-TRANSP 构造输入：$(c(F)$，Hd）、ord $= D_1 \ll D_2 \ll \cdots \ll D_k$、new-ord $= A_1 \ll A_2 \ll \cdots \ll A_i \ll D_{i1} \ll D_{i2} \ll \cdots \ll D_{im}$、$\{D_{i1}, D_{i2}, \cdots, D_{im}\} = \{D_1, D_2, \cdots, D_k\} - \{A_1, A_2, \cdots, A_i\}$。

（2）调用算法 Alg-TRANSP，产生 $R(A_1, A_2, \cdots, A_i, D_{i1}, D_{i2}, \cdots, D_{im}; M)$ 的压缩结果 $(\text{Trans}(c(F))$，$\text{Trans}(\text{Hd}))$。

第二阶段，聚集阶段。该阶段以 $(\text{Trans}(c(F))$，$\text{Trans}(\text{Hd}))$ 为输入，如下完成聚集计算：

（1）$\forall v \in \text{Trans}(c(F))$，首先使用 v 的物理地址 $\text{pa}(v)$ 计算 v 的逻辑地址：

$$\text{la}(\text{pa}(v)) = \text{Sig-c-}f_B(\text{pa}(v))$$

然后，使用 v 的逻辑地址计算 v 的维属性值：

$$(a_1, a_2, \cdots, a_l, d_1, d_2, \cdots, d_m) = \text{Re-linear}_{\text{new-ord}}(\text{la}(v))$$

将 $(a_1, a_2, \cdots, a_l; v)$ 加入 TF，其中，函数 Sig-c-f_B 和 Re-linear$_{\text{new-ord}}$ 见 5.2.3 节。

（2）扫描 TF 一遍，计算 $S(A_1, A_2, \cdots, A_l; \text{Agg}(M))$，完成聚集计算。

图 5.4.2 给出了算法 G-Agg 在数据集合 $R(A, B, C, D; M)$ 上执行聚集计算的过程，其中聚集函数 Agg 为 Sum。图 5.4.2 仅给出了算法 G-Agg 的基本思想，忽略了压缩数据上的操作细节。

算法 G-Agg 的上述简单实现效率不高。可以采用在转置的同时执行局部聚集的方法，以节省聚集阶段对 $\text{Trans}(c(F))$ 和 $\text{Trans}(\text{Hd})$ 的读写操作。也可以缩小要读写的磁盘文件的长度，从而降低算法 G-Agg 的时间复杂性和 I/O 复杂性。

现在重新设计算法 G-Agg。在这个设计中，不再调用转置算法 Alg-TRANSP，而是直接设计同时完成转置与聚集的算法。在下面的讨论中，设计算机系统具有 $w+2$ 个大小为 B 的缓冲区，B 是磁盘块的大小。这些缓冲区分别命名为 Buffer-in、Buffer-out 以及 Buffer[1]，Buffer[2]，$\cdots$，Buffer[w]。

算法 G-Agg 的详细描述见 Algorithm 5.4.1。

Algorithm 5.4.1: G-Agg

输入：$R(D_1, D_2, \cdots, D_k; M)$ 的压缩结果 $(c(F), \mathrm{Hd})$，其中 $F = \mathrm{Proj}(R, M)$；

　　　R 的维属性次序 $\mathrm{ord} = D_1 \ll D_2 \ll \cdots \ll D_k$；

　　　聚集属性集合 $\{A_1, A_2, \cdots, A_l\} \subseteq \{D_1, D_2, \cdots, D_k\}$；

　　　聚集函数 Agg。

输出：$S(A_1, A_2, \cdots, A_l; \mathrm{Agg}(M))$。$\forall (a_1, a_2, \cdots, a_l; \mathrm{Agg}(M)) \in S, \mathrm{Agg}(M) = \mathrm{Agg}(\{v \mid (a_1, a_2, \cdots,$

　　　$a_l; v) \in \mathrm{Proj}(R, A_1, A_2, \cdots, A_l, M)\})$。

/* **第一阶段**：构造 $\lceil |c(F)|/(wB) \rceil$ 个有序的部分聚集结果 */

1.　Num-Runs $:= \lceil |c(F)|/(wB) \rceil$；Num-Blocks $:= \lceil |c(F)|/B \rceil$；RunSet $:= \varnothing$；

2.　**While** Num-Blocks $\neq 0$ **Do**

3.　　　All-Buffer-Full $:= 0$; flag $:= 0$；　**For** $1 \leqslant j \leqslant w$ **Do** 清空所有 Buffer$[j]$；

4.　　　**While** (Num-Blocks$\neq 0$) $\wedge$ (All-Buffer-Full$=0$) **Do**

5.　　　　　**IF** flag$=1$ **Then** goto 14；　/* 处理上次循环未写入任何 Buffer$[j]$ 的数据 */

6.　　　　　读 $c(F)$ 的下一磁盘块数据到 Buffer-in；

7.　　　　　Block-Num $:=$ Block-Num-1；

8.　　　　　**For** $\forall v \in$ Buffer-in **Do**

9.　　　　　　　$la(v) :=$ Sig-c-$f_B(\mathrm{pa}(v))$；/* $\mathrm{pa}(v)$ 是 v 的物理地址 */

10.　　　　　　　$(x_1, x_2, \cdots, x_k) :=$ Re-Linear$_{\mathrm{ord}}(la(v))$；

11.　　　　　　　$(a_1, a_2, \cdots, a_l) := (x_1, x_2, \cdots, x_l)$ 中属性 $A_1, A_2, \cdots, A_l$ 的值；

12.　　　　　　　$((a_1, a_2, \cdots, a_l), v)$ 存入 Buffer-in；

13.　　　　　对 Buffer-in 执行 Agg，并按 $(a_1, a_2, \cdots, a_l)$ 值递增顺序对 Buffer-in 排序；

14.　　　　　查找序号最小的可存储 Buffer-in 的 Buffer$[j]$；

15.　　　　　**If** 找到 Buffer$[j]$ **Then** Buffer-in 与 Buffer$[j]$ 合并与聚集，flag $:= 0$；

16.　　　　　**Else** All-Buffer-Full $:= 1$; flag $:= 1$；　/* Buffer-in 中的数据未移出 */

17.　　　有序合并 Buffer$[1]$、$\cdots$、Buffer$[w]$ 并同时执行聚集，写入 Run$[$Num-Runs$]$；

18.　　　RunSet $:=$ RunSet$\cup \{$Run$[$Num-Runs$]\}$；

19.　　　Num-Runs $:=$ Num-Runs-1；

/* **第二阶段**：合并与聚集 **RunSet** 中有序部分聚集结果，完成聚集计算 */

20.　**For** $i = 1$ **To** $\lceil \log_w(|c(F)|/(wB)) \rceil$ **Do**

21.　　　合并且聚集 Runset 中 $\lceil |c(F)|/(wB) \rceil / w^{i-1}$ 个 Runs，成为 $\lceil |c(F)|/(wB) \rceil / w$ 个 Runs；

22. 输出 $S(A_1, A_2, \cdots, A_l; \mathrm{Agg}(M))$，即第 20~21 步的最终结果.

算法 G-Agg 分为如下两个阶段。

第一阶段构造 $\lceil |c(F)|/(wB) \rceil$ 个有序的部分聚集结果。该阶段使用 $w+2$ 个缓冲区，如下构造 $S(A_1, A_2, \cdots, A_l; \mathrm{Agg}(M))$ 的 Num-Runs $= \lceil |c(F)|/(wB) \rceil$ 个有序的部分聚集结果：

(1) 算法顺序读入 $c(F)$，直至 $c(F)$ 被读取完毕。

(2) 每当 $c(F)$ 的一块数据被读进 Buffer-in，算法完成如下计算：

① 使用函数 Sig-c-f_B 和 Re-Linear$_{\mathrm{ord}}$ 计算 Buffer-in 中每个数据 v 的逻辑地址以及 v 对应的聚集属性值 $(a_1, a_2, \cdots, a_l)$，将元组 $((a_1, a_2, \cdots, a_l), v)$ 存入 Buffer-in。

② 按 $(a_1, a_2, \cdots, a_l)$ 值递增顺序对 Buffer-in 排序，同时完成局部聚集计算。

③ 将 Buffer-in 数据加入第一个可容纳它的 Buffer$[j]$。

(3) 若 w 个 Buffer$[j]$ 全满，按 $(a_1, a_2, \cdots, a_l)$ 值递增地合并 w 个 Buffer$[j]$ 的数据为有序集合 Run，同时完成局部聚集计算，并将 Run 加入 RunSet。

第一阶段结束后，RunSet 包含了 $S(A_1, A_2, \cdots, A_l; \mathrm{Agg}(M))$ 的 $\lceil |c(F)|/(wB) \rceil$ 个有

序的部分聚集结果。

第二阶段生成聚集结果。该阶段使用 w 个内存缓冲区、一个输出内存缓冲区和一个输入内存缓冲区，把 RunSet 中的有序子集合并为有序集 S，同时完成最后的聚集计算，最终生成 $S(A_1, A_2, \cdots, A_l; \mathrm{Agg}(M))$。

2. 算法分析

算法的正确性是显然的。这里仅分析算法的时间复杂性和 I/O 复杂性。在下面的分析中，假设：$R(d_1, d_2, \cdots, d_k; M)$ 具有 n 个元组，每个元组具有常数个字节，R 的压缩结果为 $(c(F), \mathrm{Hd})$，$c(F)$ 具有 N 个数据项，$c(F)$ 的 Header 向量 Hd 具有 H 个数据项，B 是磁盘块或一个内存缓冲区大小。

首先分析算法 G-Agg 的时间复杂性。

定理 5.4.1 算法 G-Agg 的时间复杂性为 $O(N \log N + N \log \log H)$。

证明： 首先分析算法第一阶段的时间复杂性。第 1 步需要 $O(1)$ 时间。下面分析第 2～19 步的循环需要的时间。第 3 步需要 $O(1)$ 时间。再看第 4～16 步的循环需要的时间。第 5～7 步需要 $O(1)$ 时间。第 8 步需要 $O(1)$ 时间。第 9～12 步需要 $O(\log \log H)$ 时间，从而第 8～12 步的循环需要 $O(B \log \log H) = O(\log \log H)$ 时间。第 13 步需要 $O(w \log w) = O(1)$ 时间。第 14～16 需要 $O(1)$ 时间。于是，第 5～16 步需要的时间为 $O(\log \log H)$。由于第 4～16 步循环 w 次，所以第 4～16 步的循环需要 $O(w \log \log H) = O(\log \log H)$ 时间。从而，第 3～16 步需要的时间为 $O(\log \log H)$。第 17 步需要 $O(wB) = O(1)$ 时间。从而，第 3～17 步需要 $O(\log \log H)$ 时间。第 19 步需要 $O(1)$ 时间。由于 RunSet 中所有 $\mathrm{Run}[i]$ 的数据总和不大于 $N = |c(F)|$，第 18 步在整个循环中需要 $O(N)$ 时间。因为第 2～19 步的循环需要执行 $|c(F)|/B = N/B$ 次，所以第 2～19 步需要 $O(N \log \log H + N) = O(N \log \log H)$ 时间。考虑到第 1 步需要 $O(1)$ 时间，第一阶段需要 $O(N \log \log H)$ 时间。

现在，分析算法第二阶段的时间复杂性。该阶段使用 w 个缓冲区对 $\lceil c|F|/(wB) \rceil = \lceil N/(wB) \rceil$ 个有序集合进行合并与聚集处理，需要 $O(\log_w \lceil N/(wB) \rceil)$ 次循环，每次需要 $O(N)$ 时间。于是，第二阶段需要 $O(N \log_w \lceil N/(wB) \rceil) = O(N \log N)$ 时间。

总之，算法的时间复杂性为 $O(N \log N + N \log \log H)$。证毕。

由于 $c(F)$ 的每个元组的大小远小于 R 的每个元组的大小，算法 G-Agg 的效率远高于在 R 上直接进行聚集计算。

定理 5.4.2 算法 G-Agg 的 I/O 复杂性为 $O(N \log \log H + N \log N)$。

证明： 先分析算法第一阶段的 I/O 复杂性。在该阶段，第 6 步需要从磁盘读一遍 $c(F)$，读取的磁盘块数为 $O(N/B)$。第 9 步需要从磁盘读 Hd 的 $O(\log \log H)$ 块数据，总共执行了 N 次，所以需要读取的磁盘块数为 $O(N \log \log H)$。第 17 步需要写 w 块数据到磁盘，总共执行 $\lceil N/(wB) \rceil$ 次，所以需要向磁盘写 $O(N/B)$ 块数据。总之，第一阶段的 I/O 复杂性为

$$O(N/B) + O(N \log \log H) + O(N/B) = O(N/B + N \log \log H) = O(N \log \log H)$$

现在分析算法第二阶段的 I/O 复杂性。由于第一阶段产生了 $\lceil N/(wB) \rceil$ 个有序集合，第二阶段需要 $\log_w \lceil N/(wB) \rceil$ 次合并与聚集，每次至多需要读写 $O(N/B)$ 个磁盘块。于是，第二阶段的 I/O 复杂性为 $O((N/B) \log_w (N/(wB))) = O(N \log N)$。

综上所述,算法 G-Agg 的 I/O 复杂性为 $O(N \log \log H + N \log N)$。证毕。

一般情况下,$H < N$。从定理 5.4.1 和定理 5.4.2,可得到如下推论。

推论 5.4.1　如果 $H \leqslant n^k$,$N = o(n)$,并且 $k \geqslant 0$,则算法 G-Agg 的时间复杂性为 $o(n)$。

推论 5.4.2　如果 $H \leqslant n^k$,$N = o(n)$,并且 $k \geqslant 0$,则算法 G-Agg 的 I/O 复杂性为 $o(n)$。

5.4.3　一遍扫描聚集算法

当计算机系统的内存能够容纳聚集结果 $S(A_1, A_2, \cdots, A_l; \mathrm{Agg}(M))$ 时,可以设计一个只需扫描输入的压缩数据集合 $c(F)$ 一遍的算法,简称 1-Scan-Agg。在聚集问题的输出可以留驻内存的条件下,算法 1-Scan-Agg 的性能高于算法 G-Agg。

1. 算法设计

给定 $R(D_1, D_2, \cdots, D_k; M)$ 的压缩结果 $(c(F), \mathrm{Hd})$、R 的维属性次序 $\mathrm{ord} = d_1 \ll d_2 \ll \cdots \ll d_k$、聚集属性集合 $\{A_1, A_2, \cdots, A_l\} \subseteq \{D_1, D_2, \cdots, D_k\}$ 和聚集函数 Agg,算法 1-Scan-Agg 首先循环地读 $c(F)$ 的每块数据到输入缓冲区 Buffer-in,并且 $\forall v \in c(F)$,完成如下 3 步计算:

(1) 使用 Header 压缩方法的向后映射函数 Sig-c-f_B 计算 v 的逻辑地址 $\mathrm{la}(v)$,并使用多维数据压缩方法的逆线性化函数 Re-linear$_\mathrm{ord}$ 计算 $\mathrm{la}(v)$ 对应的聚集属性 $\{A_1, A_2, \cdots, A_l\}$ 值 $(a_1, a_2, \cdots, a_l)$。

(2) 如果输出缓冲区 Buffer-out 中存在形如 $((a_1, a_2, \cdots, a_l), w)$ 的元组,则把 $((a_1, a_2, \cdots, a_l), w)$ 修改为 $((a_1, a_2, \cdots, a_l), w + v)$;否则把 $((a_1, a_2, \cdots, a_l), v)$ 插入 Buffer-out。

(3) 把 Buffer-out 中的聚集结果写入 $S(A_1, A_2, \cdots, A_l; \mathrm{Agg}(M))$。

算法 1-Scan-Agg 的详细描述见 Algorithm 5.4.2。

Algorithm 5.4.2:1-Scan-Agg

输入:$R(D_1, D_2, \cdots, D_k; M)$ 的压缩结果 $(c(F), \mathrm{Hd})$;
　　　R 的维属性次序 $\mathrm{ord} = D_1 \ll D_2 \ll \cdots \ll D_k$;
　　　聚集属性集合 $\{A_1, A_2, \cdots, A_l\} \subseteq \{D_1, D_2, \cdots, D_k\}$;
　　　聚集函数 Agg。

输出:$S(A_1, A_2, \cdots, A_l; \mathrm{Agg}(M))$。$\forall (a_1, a_2, \cdots, a_l; \mathrm{Agg}(M)) \in S, \mathrm{Agg}(M) = \mathrm{Agg}(\langle v \mid (a_1, a_2, \cdots, a_l; v) \in \mathrm{Proj}(R, A_1, A_2, \cdots, A_l, M)\rangle)$。

1.　**For** $i = 1$ **To** $\lceil |c(F)|/B \rceil$ **Do**
2.　　　读取 $c(F)$ 的第 i 块数据到 Buffer-in;
3.　　　**For** $\forall v \in$ Buffer-in **Do**
4.　　　　$\mathrm{la}(v) := \mathrm{Sig\text{-}c\text{-}f_B}(\mathrm{pa}(v))$;　/* $\mathrm{pa}(v)$ 是 v 的物理地址 */
5.　　　　$(x_1, x_2, \cdots, x_k) := \mathrm{Re\text{-}Linear_{ord}}(\mathrm{la}(v))$;
6.　　　　$(a_1, a_2, \cdots, a_l) := (x_1, x_2, \cdots, x_k)$ 中属性 $A_1, A_2, \cdots, A_l$ 的值;
7.　　　　**If** $\exists ((a_1, a_2, \cdots, a_l), w) \in$ Buffer-out;
8.　　　　**Then** 把 $((a_1, a_2, \cdots, a_l), \mathrm{Agg}(w, v))$ 插入 Buffer-out;
9.　　　　**Else** 把 $((a_1, a_2, \cdots, a_l), v)$ 插入 Buffer-out;
10.　把 Buffer-out 写入 $S(A_1, A_2, \cdots, A_l; \mathrm{Agg}(M))$.

---

2. 算法分析

算法的正确性是显然的。这里仅分析算法的时间复杂性和 I/O 复杂性。在下面的分析中,假设 $R(D_1,D_2,\cdots,D_k;M)$ 具有 n 个元组,每个元组具有常数个字节,R 的压缩结果为 $(c(F),Hd)$,$c(F)$ 具有 N 个数据项,$c(F)$ 的 Header 向量 Hd 具有 H 个数据项,B 是磁盘块或输入内存缓冲区大小,输出内存缓冲区可以容纳算法的输出,n_r 是算法 1-Scan-Agg 输出结果的元组数。

下面的定理 5.4.3 给出了算法 1-Scan-Agg 的时间复杂性。

定理 5.4.3 算法 1-Scan-Agg 的时间复杂性为 $O(N(\log\log H+n_r))$。

证明:算法的第 2 步需要 $O(1)$ 时间。第 4～6 步需要 $O(\log\log H)$ 时间。第 7～9 步至多需要 $O(n_r)$ 时间,其中 n_r 是算法输出结果的元组数。于是,第 3～9 步的循环需要 $O(B\log\log H+Bn_r)=O(\log\log H+n_r)$ 时间。从而第 1～9 步循环需要的时间为 $O(N(\log\log H+n_r))$。第 10 步需要 $O(n_r)$ 时间。从而,算法 1-Scan-Agg 的时间复杂性为 $O(N(\log\log H+n_r))$。证毕。

定理 5.4.4 算法 1-Scan-Agg 的 I/O 复杂性为 $O(N\log\log H)$。

证明:显然,算法第 2 步每次执行需要读写一个磁盘块,总计需要读写 $O(N)$ 个磁盘块。第 4 步的每次执行需要读写 $O(\log\log H)$ 个磁盘块,总计需要读写 $O(N\log\log H)$ 个磁盘块。第 10 步需要读写 $O(n_r)$ 个磁盘块,其中 n_r 是算法输出结果的元组数。于是,算法 1-Scan-Agg 需要读写的磁盘块数为 $O(N+N\log\log H+n_r)$。由于 $n_r\leqslant N$,所以算法 1-Scan-Agg 的 I/O 复杂性为 $O(N\log\log H)$。证毕。

推论 5.4.3 如果 $H\leqslant n^k$,$n_r=o(n^\alpha)$,$N=o(n^\beta)$,$\alpha+\beta<1$,并且 $k\geqslant0$,则算法 1-Scan-Agg 的 I/O 复杂性为 $o(n)$。

推论 5.4.4 如果 $H\leqslant n^k$,$N=o(n)$,并且 $k\geqslant0$,则算法 1-Scan-Agg 的 I/O 复杂性为 $o(n)$。

5.4.4 公共前缀聚集算法

1. 算法设计

设 $R(D_1,D_2,\cdots,D_k;M)$ 是聚集问题的输入多维数据集合,而且 R 的维属性次序为 $\mathrm{ord}=D_1\ll D_2\ll\cdots\ll D_p\ll D_{p+1}\ll\cdots\ll D_k$。对于 $1\leqslant p\leqslant k$,如果聚集属性集合 $\{A_1,A_2,\cdots,A_p,A_{p+1},\cdots,A_l\}$ 满足 $A_1A_2\cdots A_p=D_1D_2\cdots D_p$,则称聚集属性集合 $\{A_1,A_2,\cdots,A_l\}$ 与 R 具有公共维属性前缀。此时,可以设计一个有效的聚集算法,简记作 CPrefix-Agg。在接下来的讨论中,$R(a_1,a_2,\cdots,a_p,D_{p+1},D_{p+2},\cdots,D_k;M)$ 表示 $R(D_1,D_2,\cdots,D_k;M)$ 的子集合 $\{(a_1,a_2,\cdots,a_p;v)\,|\,(a_1,a_2,\cdots,a_p,x_{p+1},x_{p+2},\cdots,x_k;v)\in R\}$。算法 CPrefix-Agg 要求计算机系统的内存能够容纳下 $R(a_1,a_2,\cdots,a_p,D_{p+1},D_{p+2},\cdots,D_k;M)$ 的部分聚集结果,这个结果一般都很小。

例 5.4.2 图 5.4.3 中的 $R(1,1,C,D;M)$、$R(1,2,C,D;M)$、$R(2,1,C,D;M)$、$R(2,2,C,D;M)$ 是图 5.4.4 中的 $R(A,B,C,D;M)$ 的 4 个子集合。

使用例 5.4.2 说明算法 CPrefix-Agg 的基本思想。设 $R(A,B,C,D;M)$ 是输入数据集合,维属性次序为 $\mathrm{ord}=A\ll B\ll C\ll D$,聚集属性集合为 $\{A,B,D\}$,Agg 为 Sum,聚集属性集合包含 R 的维属性前缀 AB。图 5.4.4 给出了算法

A	B	C	D	M		A	B	C	D	M
1	1	1	1	4		2	1	1	1	1
1	1	1	2	5		2	1	2	1	2

A	B	C	D	M		A	B	C	D	M
1	2	1	1	3		2	2	1	2	4
1	2	2	1	4		2	2	2	2	6

图 5.4.3 $D(A,B,C,D;M)$ 的 4 个子集

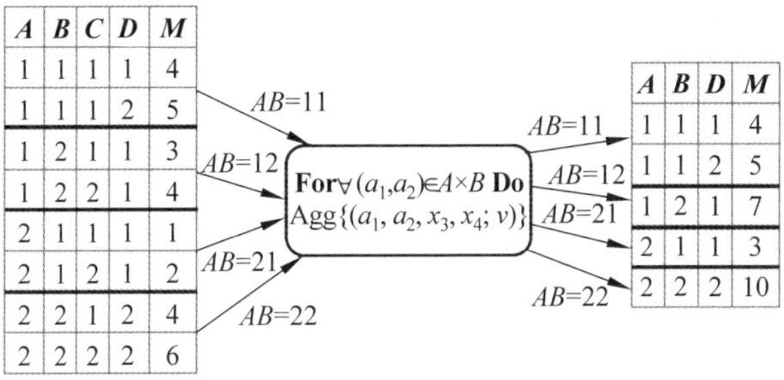

图 5.4.4　CPrefix-Agg 的基本思想

CPrefix-Agg 的基本思想(忽略了压缩计算细节)。首先,对于 R 属性 A 和 B 的每对值$(a_1,$ $a_2)$,即$(1,1)$、$(1,2)$、$(2,1)$和$(2,2)$,算法 CPrefix-Agg 在子集合 $R(a_1,a_2,C,D;M)$ 上计算以$\{A,B,D\}$为聚集属性集合和以 Agg 为聚集函数的聚集结果。最后,算法 CPrefix-Agg 把所有结果连接在一起,就得到了最终的聚集结果。

例 5.4.2 仅说明了算法 CPrefix-Agg 的思想。下面的 Algorithm 5.4.3 详细描述了如何在压缩数据上实现算法 CPrefix-Agg。请注意,算法 CPrefix-Agg 要求计算机系统的内存能够容纳每个 $R(a_1,a_2,\cdots,a_p,D_{p+1},D_{p+2},\cdots,D_k;M)$ 的部分聚集结果。

Algorithm 5.4.3：CPrefix-Agg

输入：$R(D_1,D_2,\cdots,D_k;M)$的压缩结果$(c(F),\mathrm{Hd})$,R 的维属性次序 ord$=D_1\ll D_2\ll\cdots\ll D_k$;
　　　聚集属性集合$\{A_1,A_2,\cdots,A_l\}$与 R 具有的公共维属性前缀 $D_1 D_2\cdots D_p$;
　　　聚集函数 Agg。

输出：$S(A_1,A_2,\cdots,A_l;\mathrm{Agg}(M))$。$\forall(a_1,a_2,\cdots,a_l;\mathrm{Agg}(M))\in S,\mathrm{Agg}(M)=\mathrm{Agg}(\{v\mid(a_1,a_2,\cdots,$
　　　$a_l;v)\in\mathrm{Proj}(R,A_1,A_2,\cdots,A_l,M)\})$。

1.　**For** $\forall(a_1,a_2,\cdots,a_p)\in\mathrm{DisProj}(R,D_1,D_2,\cdots,D_p)$ **Do** / * DisProj 是无重复值投影 * /
2.　　　pa$[a_1,a_2,\cdots,a_p]:=$ run-position$((a_1,a_2,\cdots,a_p),\mathrm{Hd})$;
　　　　/ * 计算 Run$(a_1,a_2,\cdots,a_p)$在 $c(F)$ 中的起始地址 * /
3.　　　**If** pa$[a_1,a_2,\cdots,a_p]=$null **Then** goto 1;
4.　　　**For** $c(F)$ 中始于 pa$[a_1,a_2,\cdots,a_p]$的 Run$(a_1,a_2,\cdots,a_p)$的各数据块 db **Do**
　　　　　　　/ * 读取 $c(F)$ 中的片段 Run$(a_1,a_2,\cdots,a_p)$ * /
5.　　　　　读取 db 到 Buffer-in;
6.　　　　　**For** $\forall v\in$Buffer-in **Do**
7.　　　　　　　la$(v):=$ Sig-c-$f_B(\mathrm{pa}(v))$; / * pa(v)是 v 的物理地址 * /
8.　　　　　　　$(x_1,x_2,\cdots,x_k):=$ Re-Linear$_{\mathrm{ord}}(\mathrm{la}(v))$;
9.　　　　　　　**If** $a_1 a_2\cdots a_p$ 不是 $x_1,x_2,\cdots,x_k$ 的前缀 **Then** goto 14; / * 片段读完 * /
10.　　　　　　**Else** $(a_1,a_2,\cdots,a_l):=(x_1,x_2,\cdots,x_l)$中属性 $A_1,A_2,\cdots,A_l$ 的值;
11.　　　　　　**If** $\exists((a_1,a_2,\cdots,a_l),w)\in$Buffer-out;
12.　　　　　　**Then** 按$(A_1,A_2,\cdots,A_l)$值增序把$((a_1,a_2,\cdots,a_l),\mathrm{Agg}(\{w,v\}))$插入 Buffer-out;
13.　　　　　　**Else** 按$(A_1,A_2,\cdots,A_l)$值增序把$((a_1,a_2,\cdots,a_l),v)$插入 Buffer-out;
14.　　　把 Buffer-out 写入 $S(A_1,A_2,\cdots,A_l;\mathrm{Agg}(M))$的末尾.

对于 $\forall(a_1,a_2,\cdots,a_p)\in D_1\times D_2\times\cdots\times D_p$,从 $c(F)$ 构造过程可知,$R(a_1,a_2,\cdots,a_p,$ $D_{p+1},D_{p+2},\cdots,D_k;M)$对应 $c(F)$ 的一个连续片段,记作 Run$(a_1,a_2,\cdots,a_p)$。需要一个计算 Run$(a_1,a_2,\cdots,a_p)$的起始位置的函数。这个函数简记作 Run-position$((a_1,a_2,\cdots,a_p),$ Hd),其详细描述见下面的 Algorithm 5.4.4。

Algorithm 5.4.4: Run-position$((a_1, a_2, \cdots, a_p), \mathrm{Hd})$

1. $\mathrm{la} := \mathrm{Linear_{ord}}((a_1, a_2, \cdots, a_p, 0, \cdots, 0))$;
2. flag $:= 0$;
3. **If** $\mathrm{la} \leqslant u_0$ **Then** pa $:= \mathrm{la}$, flag $:= 1$;
4. **Else If** $u_0 < \mathrm{la} \leqslant u_0 + c_0$ **Then** pa $:= u_0 + 1$, flag $:= 1$;
5.   **Else** 搜索 Hd,寻找 i 满足 $u_i + c_i < \mathrm{la} \leqslant c_i + u_{i+1}$ 或 $c_{i-1} + u_i < \mathrm{la} \leqslant u_i + c_i$;
6. **If** flag$=0$ 且 $u_i + c_i < \mathrm{la} \leqslant u_i + c_{i+1}$
7. **Then**   pa $:= \mathrm{la} - c_i$;
8. **Else If** flag$=0$ **Then** pa $:= u_i + 1$;
9. $L := \mathrm{Sig\text{-}c\text{-}}f_B(\mathrm{pa})$;
10. $(b_1, b_2, \cdots, b_p, b_{p+1}, \cdots, b_k) := \mathrm{Re\text{-}Linear_{ord}}(L)$;
11. **If** $(b_1, b_2, \cdots, b_p) = (a_1, a_2, \cdots, a_p)$ **Then**   返回 pa;
12. **Else** 返回 null,即 $D(a_1, a_2, \cdots, a_p, D_{p+1}, D_{p+2}, \cdots, D_k; M)$ 为空.

---

2. 算法分析

算法的正确性是显然的。这里仅分析算法的时间复杂性和 I/O 复杂性。在下面的分析中,假设 $R(D_1, D_2, \cdots, D_k; M)$ 具有 n 个元组,每个元组具有常数个字节,R 的压缩结果为 $(c(F), \mathrm{Hd})$,$c(F)$ 具有 N 个数据项,$c(F)$ 的 Header 向量 Hd 具有 H 个数据项,无重复值投影 $\mathrm{DisProj}(R, D_1, D_2, \cdots, D_p)$ 的结果元组数为 Δ,每个缓冲区或磁盘块大小为 B。

引理 5.4.1 函数 run-position 的时间复杂性为 $O(\log \log H)$。

证明:函数 run-position 实现算法的第 5 步使用插值搜索,平均需要 $O(\log \log H)$ 时间,第 9 步平均需要 $O(\log \log H)$ 时间,其他步骤需要 $O(1)$ 时间。于是函数 run-position 的平均时间复杂性为 $O(\log \log H)$。证毕。

定理 5.4.5 算法 CPrefix-Agg 的时间复杂性为 $O(\Delta N(\log \log H + \log \Delta))$。

证明:由引理 5.4.1,算法的第 2 步每次执行需要 $O(\log \log H)$ 时间。第 3 步需要 $O(1)$ 时间。为了分析第 4~13 步的循环的执行时间,先来分析第 6~13 步的循环所需要的时间。第 6~13 步的循环被执行 B 次。在每次执行中,第 7 步需要 $O(\log \log H)$ 时间;第 8~10 步需要 $O(1)$ 时间;第 11~13 步至多需要 $O(\log \Delta)$ 时间。于是,第 6~13 步的循环需要 $O(B(\log \log H + \log \Delta)) = O(\log \log H + \log \Delta)$ 时间。由于第 4~13 步的循环次数小于 N 以及第 5 步需要 $O(1)$ 时间,第 4~13 步的循环需要 $O(N(\log \log H + \log \Delta))$ 时间。第 14 步总共需要 $O(n_r)$ 时间,n_r 是算法输出的元组数。由于第 1~14 步的循环需要执行 Δ 次,所以算法 CPrefix-Aggr 的时间复杂性为

$$O(\Delta(\log \log H + 1 + N(\log \log H + \log \Delta)) + n_r)$$

因为 $n_r \leqslant N$,所以算法 CPrefix-Aggr 的时间复杂性为

$$O(\Delta(\log \log H + 1 + N(\log \log H + \log \Delta)) + N) = O(\Delta N(\log \log H + \log \Delta))$$

证毕。

定理 5.4.6 算法 CPrefix-Agg 的 I/O 复杂性为 $O(N \log \log H)$。

证明:显然,算法 CPrefix-Agg 仅需要从磁盘读 $c(F)$ 一遍,读 Hd 向量 N 次,每次至多读 $O(\log \log H)$ 个磁盘块,并写聚集结果到磁盘。于是算法 CPrefix-Agg 的 I/O 复杂性至多为 $O(2N/B + N \log \log H) = O(N \log \log H)$。证毕。

推论 5.4.5 如果 $H \leqslant n^k$,$\Delta = o(n^\alpha)$,$N = o(n^\beta)$,$\alpha + \beta < 1$,并且 $k \geqslant 0$,则算法 CPrefix-Agg 的时间复杂性为 $o(n)$。

推论 5.4.6 如果 $H \leqslant n^k$，$N = o(n)$，并且 $k \geqslant 0$，则算法 CPrefix-Agg 的 I/O 复杂性为 $o(n)$。

5.4.5 公共中缀聚集算法

1. 算法设计

设 $R(D_1, D_2, \cdots, D_k; M)$ 是聚集问题的输入多维数据集合，而且 R 的维属性次序为 $\mathrm{ord} = D_1 \ll D_2 \ll \cdots \ll D_p \ll D_{p+1} \ll \cdots \ll D_{p+q} \ll \cdots \ll D_k$。如果聚集属性集合为 $\{D_p, D_{p+1}, \cdots, D_{p+q}\}$，则称聚集属性集合为 R 的维属性的中缀。此时，也可以设计一个有效的聚集算法，简记作 Infix-Agg。实际上，如果 $p+q=k$，则聚集属性集合 $\{D_p, D_{p+1}, \cdots, D_k\}$ 是 R 的维属性的后缀。于是，中缀算法也适用于聚集属性集合为 R 的维属性的后缀的聚集计算。

下面用实例说明算法 Infix-Agg 的基本思想，如图 5.4.5 所示。$R(A, B, C, D, E; M)$ 是一个 5 维数据集合，其维属性次序 $\mathrm{ord} = A \ll B \ll C \ll D \ll E$。设 $\{C, D\}$ 是聚集属性集合，Agg 为 Sum。显然，$\{C, D\}$ 是 $\{A, B, C, D, E\}$ 的中缀。为了在 R 上完成聚集操作，算法 Infix-Agg 首先按照属性 A 和 B 的值将 R 划分为如下 4 个子集合：

$R(1,1,C,D,E;M), R(1,2,C,D,E;M), R(2,1,C,D,E;M), R(2,2,C,D,E;M)$

其次，把每个子集合投影到 $\{C,D,E\}$ 上，保留重复值。再次，对 4 个子集合执行局部聚集。最后合并这 4 个聚集结果，产生聚集结果。图 5.4.5 忽略了压缩数据上的计算过程。

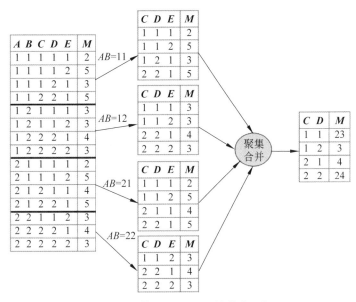

图 5.4.5 算法 Infix-Agg 的基本思想

算法 Infix-Agg 的详细描述见 Algorithm 5.4.5。

设计机系统具有 w 个大小为 B 的缓冲区（或磁盘块），$(c(F), \mathrm{Hd})$ 是输入 $R(D_1, D_2, \cdots, D_k; M)$ 的压缩结果，R 的维属性次序为 $\mathrm{ord} = D_1 \ll D_2 \ll \cdots \ll D_k$，聚集属性集合是 R 的维属性中缀 $\{D_{p+1}, D_{p+2}, \cdots, D_{p+q}\}$（$p+q \leqslant k$）。从 $c(F)$ 的构造可知，每个 $R(a_1, a_2, \cdots, a_p, D_{p+1}, D_{p+2}, \cdots, D_{p+q}, \cdots, D_k; M)$ 对应 $c(F)$ 中按属性 $\{D_{p+1}, D_{p+2}, \cdots, D_{p+q}\}$ 的组合值升序排列的一个有序片段，简记作 $\mathrm{run}(a_1, a_2, \cdots, a_p)$。令 $\Delta = |\mathrm{DisProj}(R, D_1 \times D_2 \times \cdots \times D_p)|$，算法 Infix-Agg 分如下 3 个阶段计算聚集结果 $S(D_{p+1}, D_{p+2}, \cdots, D_{p+q}; \mathrm{Agg}(M))$。

Algorithm 5.4.5：Infix-Agg

输入：$R(D_1,D_2,\cdots,D_k;M)$ 的压缩结果 $=(c(F)$，$Hd)$，R 的维属性次序 $ord=D_1\ll D_2\ll\cdots\ll D_k$；

聚集属性集合 $\{D_{p+1},D_{p+2},\cdots,D_{p+q}\}$，$p+q\leqslant k$，$\Delta=\mathrm{DisProj}(R,D_1,D_2,\cdots,D_p)$；

聚集函数 Agg。

输出：$S(D_{p+1},D_{p+2},\cdots,D_{p+q};\mathrm{Agg}(M))$。$\forall(a_{p+1},a_{p+2},\cdots,a_{p+q},\mathrm{Agg}(M))\in S,\mathrm{Agg}(M)=\mathrm{Agg}(\{v \mid (a_{p+1},a_{p+2},\cdots,a_{p+q};v)\in\mathrm{Proj}(R,D_{p+1},D_{p+2},\cdots,D_{p+q},M)\})$。

/* 第一阶段 */

1.　　**For** $i=1$ **To** Δ **Do**

2.　　　　读 $\mathrm{DisProj}(R,D_1\times D_2\times\cdots\times D_p)$ 的第 i 元组 $(a_1,a_2,\cdots,a_p)$；/* 通过扫描 $c(F)$ 实现 */

3.　　　　$pa(i):=\mathrm{run\text{-}position}((a_1,a_2,\cdots,a_p),Hd)$；/* $run(i)$ 在 $c(F)$ 的起始位置 */

/* 第二阶段 */

4.　　**For** $1\leqslant i\leqslant\lceil\Delta/w\rceil$ **Do**

5.　　　　$R_i:=\mathrm{Build\text{-}R}(i)$；/* 建立 $R_i=R_i(D_{p+1},D_{p+2},\cdots,D_{p+q},M)$ */

6.　　　　$\mathrm{RunSet}:=\mathrm{RunSet}\bigcup\{R_i\}$

/* 第三阶段 */

7.　　**While** $|\mathrm{RunSet}|>1$ **Do**

8.　　　　$\mathrm{RunSet}':=\varnothing$；

9.　　　　**While** RunSet 中仍有未处理的集合 **Do**

10.　　　　　　任选 $SS\subseteq\mathrm{RunSet}$，用 w 个缓冲区合并与聚集 SS 中有序集为有序集 r；

　　　　　　　　/* 若 $|\mathrm{RunSet}|\geqslant w$，则 $|SS|=w$；否则 $SS=\mathrm{RunSet}$ */

11.　　　　　　$\mathrm{RunSet}':=\mathrm{RunSet}'\bigcup\{r\}$；$\mathrm{RunSet}:=\mathrm{RunSet}-\{$已经合并的有序集$\}$；

12.　　　　$\mathrm{Runset}:=\mathrm{Runset}'$；

13.　　把 Runset 中的唯一有序集 r 写入 $S(D_{p+1},D_{p+2},\cdots,D_{p+q};\mathrm{Agg}(M))$.

Build-R(i)

1.　　**While** $(\mathrm{run}((i-1)w+1)\neq\varnothing)\vee(\mathrm{run}(i-1)w+2\neq\varnothing)\vee\cdots\vee(\mathrm{run}(iw)\neq\varnothing)$ **Do**

2.　　　　**For** $j=1$ **To** w **Do**

3.　　　　　　**If** $(\mathrm{run}((i-1)w+j)\neq\varnothing)$ **Then**

4.　　　　　　　　读 $c(F)$ 中始于 $pa((i-1)w+j)$ 的 $\mathrm{run}((i-1)w+j)$ 的下一块进入 Buffer-in；

5.　　　　　　　　**For** $\forall v\in$ Buffer-in **Do**

6.　　　　　　　　　　$la(v):=\mathrm{Sig\text{-}c\text{-}}f_B(pa(v))$；

7.　　　　　　　　　　$(x_1,x_2,\cdots,x_k):=\mathrm{Re\text{-}Linear}_{ord}(la(v))$；

8.　　　　　　　　　　**If** $(a_1,a_2,\cdots,a_p)\neq(x_1,x_2,\cdots,x_p)$ **Then** goto 1；/* $run(i)$ 已经读完 */

9.　　　　　　　　　　$(a_{p+1},a_{p+2},\cdots,a_{p+q}):=(x_{p+1},x_{p+3},\cdots,x_{p+q})$；

10.　　　　　　　　　　用 $((a_{p+1},a_{p+2},\cdots,a_{p+q}),v)$ 替换 Buffer-in 中的 v；/* Buffer-in 需留充分空间 */

11.　　　　　　　　$\mathrm{Buffer}[j]:=$ 按 $(D_{p+1},D_{p+2},\cdots,D_{p+q})$ 值对 Buffer-in 进行排序和局部聚集；

12.　　　　有序合并与聚集 $\mathrm{Buffer}[1],\mathrm{Buffer}[2],\cdots,\mathrm{Buffer}[w]$，存入 tmp；

13.　　　　有序合并与聚集 R_i 与 tmp 且写入 R_i；清空 $\mathrm{Buffer}[1],\mathrm{Buffer}[2],\cdots,\mathrm{Buffer}[w]$；

14.　　返回 R_i.

第一阶段，$\forall(a_1,a_2,\cdots,a_p)\in\mathrm{DisProj}(R,D_1,D_2,\cdots,D_p)\}$，计算片段 $\mathrm{run}(a_1,a_2,\cdots,a_p)$ 在 $c(F)$ 中的起始位置 $pa(a_1,a_2,\cdots,a_p)$。将 $\{\mathrm{run}(a_1,a_2,\cdots,a_p)\}$ 和 $\{pa(a_1,a_2,\cdots,a_p)\}$ 按照 $(a_1,a_2,\cdots,a_p)$ 组合值从小到大记作 $\{\mathrm{run}(1),\mathrm{run}(2),\cdots,\mathrm{run}(\Delta)\}$ 和 $\{pa(1),pa(2),\cdots,pa(\Delta)\}$。

第二阶段，使用 R 的压缩结果 $(c(F)$，$Hd)$。首先把片段集合 $\{run(1),run(2),\cdots,run(\Delta)\}$ 划分为 $\lceil\Delta/w\rceil$ 组，每组包括 w 个有序片段。然后，将每组的 w 个有序片段投影到属性 $\{D_{p+1},D_{p+2},\cdots,D_{p+q},M\}$ 上，同时执行合并与局部聚集计算，建立一个按照 $(D_{p+1},D_{p+2},\cdots,D_{p+q})$ 值升序排列的集合 $R_i(D_{p+1},D_{p+2},\cdots,D_{p+q},M)$，简记作 R_i，从而产生 $\lceil\Delta/w\rceil$ 个

有序子集合$\{R_i \mid 1 \leqslant i \leqslant \lceil \Delta/w \rceil\}$。

第三阶段,把第二阶段产生的有序子集$\{R_i \mid 1 \leqslant i \leqslant \lceil \Delta/w \rceil\}$合并为一个有序集,同时执行最后的聚集计算,最终产生R的聚集结果$S(D_{p+1}, D_{p+2}, \cdots, D_{p+q}; \mathrm{Agg}(M))$。

2. 算法分析

算法的正确性是显然的。这里仅分析算法的时间复杂性和I/O复杂性。以下假设$R(D_1, D_2, \cdots, D_k; M)$具有$n$个元组,$R$的压缩结果为$(c(F), \mathrm{Hd})$,$c(F)$具有$N$个数据项,$c(F)$的Header向量Hd具有$H$个数据项,聚集属性集合是$R$的维属性中缀$\{D_{p+1}, D_{p+2}, \cdots, D_{p+q}\}$($p+q \leqslant k$),$\Delta = |\mathrm{DisProj}(R, D_1 \times D_2 \times \cdots \times D_p)|$,$B$是磁盘块或内存缓冲区大小。

引理 5.4.2 设L是片段大小的均值,N_e是$|R_i|$的均值。函数Build-$R(i)$的平均时间复杂性为$O(L \log \log H + LN_e)$。

证明:由于L是一个片段大小的均值,wL是w个片段包含的数据个数总和的均值。从函数Build-$R(i)$的第1～4步可知,函数读w个片段一遍,平均需要$O(wL)$时间。从函数的第5～10步可知,对于w片段中的每个数据,函数需要$O(\log \log H)$的计算时间,平均总共需要$O(wL \log \log H)$时间。函数的第11步需要$O(B \log B)$时间,平均总共需要$O((wL/B)B \log B) = O(wL)$时间。函数的第12步需要常数时间,平均总共需要$O(L/B) = O(L)$时间。第13步需要$O(|R_i|)$时间,平均被执行$\lceil L/B \rceil$次,平均总共需要至多$O(LN_e)$时间。第14步需要常数时间。总之,函数Build-$R(i)$的平均时间复杂性为$O(wL + wL \log \log H + L + LN_e) = O(L \log \log H + LN_e)$。证毕。

定理 5.4.7 算法Infix-Agg的平均时间复杂性为$O(\Delta L(\log \log H + N_e)) + N \log \Delta)$,其中,$L$与$N_e$的定义同引理5.4.2。

证明:首先分析算法第一阶段的时间复杂性。从引理5.4.1可知,算法的第3步需要$O(\log \log H)$时间。算法的第2步需要$O(1)$时间。从而,算法第一阶段的时间复杂性为$O(\Delta \log \log H + \Delta) = O(\Delta \log \log H)$。

算法第二阶段循环执行第5、6步$\lceil \Delta/w \rceil$次。每次执行第6步需要$O(1)$时间。每次执行第5步都要调用函数Build-$R(i)$,平均需要$O(L \log \log H + LN_e)$时间。从而,算法第二阶段平均需要$O((\Delta/w)(L \log \log H + LN_e) + (\Delta/w)) = O(\Delta(L \log \log H + LN_e))$时间。

算法第三阶段使用w个缓冲区合并与聚集第二阶段构造的$\lceil \Delta/w \rceil$个有序集,必须进行$\log_w \lceil \Delta/w \rceil$次合并与聚集,每次合并与聚集需要处理$O(N)$个数据,总共需要$O(N \log_w \Delta)$时间。

综上所述,算法Infix-Agg的平均时间复杂性为

$O(\Delta \log \log H + \Delta(L \log \log H + LN_e)) + N \log_w \Delta) = O(\Delta L(\log \log H + N_e)) + N \log \Delta)$
证毕。

定理 5.4.8 算法Infix-Agg的I/O复杂性为$O(N(\log \log H + \log \Delta))$。

证明:算法Infix-Agg的第一阶段需要读$O(N + N \log \log H) = O(N \log \log H)$个磁盘块。第二阶段需要从磁盘读$c(F)$一遍,并写$\lceil \Delta/w \rceil$个有序集到磁盘,至多需要读写$O(N)$个磁盘块。第3个阶段使用$w$个缓冲区合并与聚集$\lceil \Delta/w \rceil$个有序集,需要进行$\log_w \lceil \Delta/w \rceil$次合并与聚集,每次合并与聚集需要读写$O(N)$块磁盘数据,总共需要读写$O(N \log_w(\Delta/w))$块磁盘数据。于是,算法Infix-Agg的I/O复杂性为$O(N \log \log H + N + N \log_w(\Delta/w)) = O(N(\log \log H + \log \Delta))$。证毕。

推论 5.4.7　如果 $N=o(n),H\leqslant n^k,\Delta\leqslant n^\alpha,L\leqslant n^\beta,N_e\leqslant n^\gamma,\alpha+\beta+\gamma<1$,并且 $k\geqslant0$,则算法 Infix-Agg 的时间复杂性为 $o(n)$。

推论 5.4.8　如果 $N=o(n),H\leqslant n^k,\Delta\leqslant n^k,k\geqslant0$,并且 $l\geqslant0$,则算法 Infix-Agg 的 I/O 复杂性为 $o(n)$。

5.4.6　纯前缀聚集算法

1. 算法设计

设 $R(D_1,D_2,\cdots,D_k;M)$ 是聚集问题的输入多维数据集合,而且 R 的维属性次序为 $\mathrm{ord}=D_1\ll D_2\ll\cdots\ll D_p\ll D_{p+1}\ll\cdots\ll D_k$。如果聚集属性集合为 $\{D_1,D_2,\cdots,D_p\}$,则称聚集属性集合是 R 的维属性纯前缀。此时,可以设计一个只需扫描一遍 R 的有效的聚集算法,简记作 Prefix-Agg。

图 5.4.6 给出了算法 Prefix-Agg 的基本思想(忽略了压缩计算细节)。算法 Prefix-Agg 顺序地读 R 的各数据块进入内存缓冲区,在内存中根据 ABC 的值进行聚集操作并写入输出内存缓冲区。当输出内存缓冲区满时,将其写入聚集结果文件。Algorithm 5.4.6 详细描述了如何在压缩数据上实现算法 Prefix-Agg。

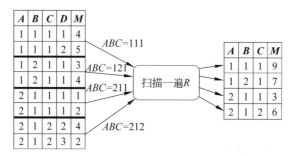

图 5.4.6　算法 Prefix-Agg 的基本思想

Algorithm 5.4.6：Prefix-Agg

输入：$R(D_1,D_2,\cdots,D_k;M)$ 的压缩结果 $(c(F),\mathrm{Hd})$,R 的维属性次序 $\mathrm{ord}=D_1\ll D_2\ll\cdots\ll D_k$；
　　　聚集属性集合 $\{D_1,D_2,\cdots,D_p\}$ 为 R 的维属性前缀 $D_1D_2\cdots D_p$；
　　　聚集函数 Agg。

输出：$S(D_1,D_2,\cdots,D_p;\mathrm{Agg}(M))$。 $\forall(a_1,a_2,\cdots,a_p;\mathrm{Agg}(M))\in S,\mathrm{Agg}(M)=\mathrm{Agg}(\{v\mid(a_1,a_2,\cdots,a_p;v)\in\mathrm{Proj}(R,D_1,D_2,\cdots,D_p,M)\})$。

1.　Buffer-In $:=\varnothing$;　Buffer-out $:=\varnothing$;
2.　**While** $c(F)$ 未读完 **Do**
3.　　　读 $c(F)$ 的下一数据块到 Buffer-In;
4.　　　**For** $\forall v\in$ Buffer-In **Do**
5.　　　　　$\mathrm{la}(v):=\mathrm{Sig\text{-}c\text{-}}f_B(\mathrm{pa}(v))$;
6.　　　　　$(x_1,x_2,\cdots,x_k):=\mathrm{Re\text{-}Linear}_{\mathrm{ord}}(\mathrm{la}(v))$;
7.　　　　　$(a_1,a_2,\cdots,a_p):=(x_1,x_2,\cdots,x_p)$;
8.　　　　　**If** Buffer-out 已满
9.　　　　　**Then** Buffer-out 写入 $S(A_1,A_2,\cdots,A_l;\mathrm{Agg}(M))$ 且留下最后一个元组;
10.　　　　　**If** $\exists((a_1,a_2,\cdots,a_p),w)\in$ Buffer-out;
11.　　　　　**Then** 按 $(a_1,a_2,\cdots,a_p)$ 值增序把 $((a_1,a_2,\cdots,a_p),\mathrm{Agg}(\{w,v\}))$ 插入 Buffer-out;
12.　　　　　**Else** 按 $(a_1,a_2,\cdots,a_p)$ 值增序把 $((a_1,a_2,\cdots,a_p),v)$ 插入 Buffer-out;
13.　**If** Buffer-out 不空 **Then** Buffer-out 写入 $S(A_1,A_2,\cdots,A_l;\mathrm{Agg}(M))$。

2. 算法分析

算法的正确性是显然的。这里仅分析算法的时间复杂性和 I/O 复杂性。在下面的分析中,假设 $R(D_1, D_2, \cdots, D_k; M)$ 具有 n 个元组,每个元组具有常数个字节,R 的压缩结果为 $(c(F), \mathrm{Hd})$,$c(F)$ 具有 N 个数据项,$c(F)$ 的 Header 向量 Hd 具有 H 个数据项,每个缓冲区或磁盘块大小为 B。

定理 5.4.9 算法 Prefix-Agg 的时间复杂性为 $O(N \log \log H)$。

证明:算法的第 1、2 步需要 $O(1)$ 时间。第 3 步需要 $O(1)$ 时间,由于第 3 步被执行 $O(N/B)$ 次,因此总共需要 $O(N/B) = O(N)$ 时间。第 13 步需要 $O(1)$ 时间。

下面分析第 4~12 步的循环需要的执行时间。第 5 步需要 $O(\log \log H)$ 时间。第 6~12 步需要 $O(1)$ 时间。于是,第 4~12 步的循环需要 $O(B \log \log H) = O(\log \log H)$ 时间。由于第 4~12 步的循环需要被执行 $O(N/B)$ 次,因此第 4~12 步的循环总共需要 $O(N \log \log H)$ 时间。

总之,算法 Prefix-Agg 的时间复杂性为 $O(N + N \log \log H) = O(N \log \log H)$。证毕。

定理 5.4.10 算法 Prefix-Agg 的 I/O 复杂性为 $O(N)$。

证明:由于算法 Prefix-Agg 仅读一遍 $c(F)$,写一遍 $S(D_1, D_2, \cdots, D_p; \mathrm{Agg}(M))$,所以其 I/O 复杂性为 $O(N)$。

推论 5.4.9 如果 $H \leqslant n^k, k \geqslant 0, N = o(n)$,则算法 Prefix-Aggr 的时间复杂性为 $o(n)$。

推论 5.4.10 如果 $N = o(n)$,则算法 Prefix-Aggr 的 I/O 复杂性为 $o(n)$。

5.5 压缩数据上的 Cube 算法

Cube 操作是联机分析处理的重要操作之一。不失一般性,在以下的讨论中,假定每个多维数据集合仅具有一个度量属性。给定一个多维数据集合 $R(D_1, D_2, \cdots, D_k; M)$,Cube 操作以 $\{D_1, D_2, \cdots, D_k\}$ 的所有子集合为聚集属性,计算 R 的 2^k 个聚集,每个聚集称为一个 Cuboid。Cube 计算的时间复杂性和存储 Cube 的空间复杂性都非常高。为了解决这些问题,本节介绍一种压缩数据上的 Cube 算法。这种算法具有如下特点:

(1) 输入的多维数据集合使用前面介绍的多维数据压缩方法进行了压缩。

(2) Cube 计算遵循压缩计算原理,即直接在压缩数据上计算每个 Cuboid,不需要对输入数据集合进行解压缩。

以下,从数据压缩、问题定义、算法设计、算法分析 4 方面介绍压缩数据上的 Cube 算法。

在以下讨论中,$\forall \alpha \subseteq \{D_1, D_2, \cdots, D_k\}$,$\mathrm{Proj}(R, \alpha)$ 是 R 在 α 上保留重复值的投影,$\mathrm{DisProj}(R, \alpha)$ 是 R 在 α 上无重复值的投影。

5.5.1 数据压缩和问题定义

给定 k 维数据集合 $R(D_1, D_2, \cdots, D_k; M)$,其中 D_i 是第 i 维属性,M 是度量属性,R 的维属性次序为 $\mathrm{ord} = D_1 \ll D_2 \ll \cdots \ll D_k$。仍然使用 5.2.3 节的多维数据压缩方法如下压缩数据集合 R:

(1) 对于 $1 \leqslant i \leqslant k$,将 R 中出现的 D_i 的 d_i 个不同值从 0 到 $d_i - 1$ 编码,并且按照 $(D_1,$

$D_2,\cdots,D_k)$ 的组合值递增顺序对 R 排序。

（2）使用数组线性化方法压缩 R 的维属性。线性化函数为 $\mathrm{Linear_{ord}}$，逆线性化函数为 $\mathrm{Re\text{-}Linear_{ord}}$，详见 5.2.3 节。

（3）使用列存储方法存储度量属性 M 的值序列。R 的度量属性对应的数据列存储在文件 F 中。

（4）使用 Header 压缩方法压缩 F，压缩结果记作 $(c(F),\mathrm{Hd})$，$c(F)$ 是压缩后的数据序列，Hd 是 Header 向量，向前映射函数为 $\mathrm{Sig\text{-}c\text{-}f_F}$，向后映射函数为 $\mathrm{Sig\text{-}c\text{-}f_B}$，详见 5.2.2 节。

关于多维数据集合的有关定义见 5.2.3 节。下面介绍与 Cube 操作相关的基本概念。

定义 5.5.1 设 $R(D_1,D_2,\cdots,D_k;M)$ 是一个 k 维数据集合，R 的维属性次序为 ord $=D_1\ll D_2\ll\cdots\ll D_k$，Agg 是聚集函数，$c=\{A_1,A_2,\cdots,A_m\}\subseteq\{D_1,D_2,\cdots,D_k\}$，$c$ 简记作 $A_1A_2\cdots A_m$。R 的以 c 为聚集属性集、以 Agg 为聚集函数的聚集结果 $c(A_1,A_2,\cdots,A_m;\mathrm{Agg}(M))$ 称为 R 的 Cubiod(c)。在不引起混淆的情况下，将 Cuboid$(c)=c(A_1,A_2,\cdots,A_m;\mathrm{Agg}(M))$ 简记作 c 或 $A_1A_2\cdots A_m$。

定义 5.5.2 Cube 计算问题定义如下：

输入：$R(D_1,D_2,\cdots,D_k;M)$ 的压缩结果 (F,Hd)，R 的维属性次序为 ord $=D_1\ll D_2\ll\cdots\ll D_k$；聚集函数 Agg。

输出：$\{\mathrm{Cuboid}(c)\mid\forall c\subseteq\{D_1,D_2,\cdots,D_k\}\}$。

Cube 计算问题简记作 Cube(R,Agg)。以下，也称 Cube(R,Agg) 的解为 Cube(R,Agg) 的 Cuboid 集合。

定义 5.5.3 设 $L=\{c_1,c_2,\cdots,c_m\}$ 是 Cube(R,Agg) 的 Cuboid 集合。$\forall c_i,c_j\in L$，若 $c_i\supseteq c_j$ 而且 $|c_i|=|c_j|+1$，则称 c_i 和 c_j 满足直接计算关系，简记作 $c_i\to c_j$。

令 $L=\{c_1,c_2,\cdots,c_m\}$ 是 Cube(R,Agg) 的 Cuboid 集合，容易证明 $(L,\to)$ 是一个代数学中的格。称 $(L,\to)$ 为 Cube(R,Agg) 的 Cube 格。

如果 $(L,\to)$ 是 Cube(R,Agg) 的 Cube 格，$(L,\to)$ 可以用一个有向无环图 (V,E) 表示，其中，$V=L$，$E=\{(c_i,c_j)\mid c_i,c_j\in L,c_i\to c_j\}$。这个图称为 Cube$(R,\mathrm{Agg})$ 的格图。

定义 5.5.4 设 $(L,\to)$ 是 Cube(R,Agg) 的 Cube 格。如果 $\forall c_i,c_j\in L,c_i\to c_j$ 蕴含 c_j 是 c_i 的子序列，则称 $(L,\to)$ 是 Cube(R,Agg) 的规范化 Cube 格。从规范化 Cube 格 $(L,\to)$ 构造的格图称为 Cube(R,Agg) 的规范化格图。

每一个 Cube 格或格图都可以通过改变 Cuboid 的维属性顺序转换为规范化 Cube 格或规范化格图。在接下来的讨论中，设 Cube 格或格图都是规范化的，除非特殊说明。

例 5.5.1 设 $R(A,B,C,D;M)$ 是一个 4 维数据集合。Cube(R,Agg) 的规范化格图如图 5.5.1 所示。All 表示聚集属性为空集合的聚集，即 $\mathrm{Agg}\{v\mid\forall(a,b,c,d,v)\in R\}$。

5.5.2 算法设计

给定一个 k 维数据集合 $R(D_1,D_2,\cdots,D_k;M)$，Cube(R,Agg) 的求解分为两个阶段。第一阶段生成

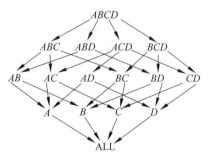

图 5.5.1 规范化格图实例

优化的 Cube(R，Agg)计算计划。第二阶段根据 Cube(R，Agg)的计算计划，在 R 的压缩结果($c(F)$，Hd)上完成 Cube(R，Agg)的计算。下面分别介绍这两个阶段的算法设计。

1. 生成 Cube 计算计划

给定数据集合 $R(D_1, D_2, \cdots, D_k; M)$，求解 Cube($R$，Agg)需要计算 2^k 个 Cuboid。这些 Cuboid 的计算顺序和计算方法对于求解 Cube(R，Agg)的时间开销具有重要影响。设 m 是计算 Cuboid 的方法数，则存在 $2^k! \; m^{2^k}$ 种求解 Cube(R，Agg)的计算计划。生成求解 Cube(R，Agg)计算计划的目标是：在具有 $2^k! \; m^{2^k}$ 个计算计划的空间中，选择一个求解 Cube(R，Agg)所需时间最小的优化计算计划。由于计划空间十分庞大，生成优化计算计划是一项困难的任务。下面介绍一种启发式方法，简记作 H-CCP-Generation。

H-CCP-Generation 方法分为两步。第一步以 Cube 格图为输入，使用一组启发式规则，生成一棵节点为 Cuboid 的树，称为 Cuboid 树。在 Cuboid 树中，c' 是 c 的父节点当且仅当从 c' 计算 c 的时间开销最小。第二步把第一步生成的 Cuboid 树分解为一组子树，使得每个子树中所有 Cuboid 能够在给定内存容量约束下只需扫描根节点一遍即可计算出来。第二步生成的子树集合是 Cube(R，Agg)的计算计划。

在讨论 H-CCP-Generation 方法的详细设计之前，首先介绍如何从 Cuboid 树中的一个父节点计算其子节点，然后讨论 H-CCP-Generation 方法的两个步骤的算法设计。在下面的讨论中，令 $|D_i| = |\mathrm{Proj}(R, D_i)|$，$d_i = |\mathrm{DisProj}(R, D_i)|$。

1）从父节点计算 Cuboid

定义 5.5.5　设 $L = \{c_1, c_2, \cdots, c_m\}$ 是 Cube(R，Agg)的 Cuboid 集合。令 $c_i, c_j \in L$ 且 $c_i \rightarrow c_j$。

（1）若 c_j 的维属性是 c_i 的维属性的前缀，则称 c_i 和 c_j 具有前缀关系。

（2）若 c_j 和 c_i 的维属性具有公共前缀，但 c_j 不是 c_i 的前缀，则称 c_i 和 c_j 具有公共前缀关系。

（3）若 c_j 是 c_i 的后缀，则称 c_i 和 c_j 具有后缀关系。

定理 5.5.1　设(L，$\rightarrow$)是 Cube(R，Agg)的一个规范化 Cube 格。$\forall c_i, c_j \in L$，如果 $c_i \rightarrow c_j$，则 c_i 和 c_j 必有前缀关系、公共前缀关系或后缀关系。

证明：设 $c_i = X_1 X_2 \cdots X_k$，$c_j = Y_1 Y_2 \cdots Y_l$。由定义 5.5.3、定义 5.5.4 和 $c_i \rightarrow c_j$ 可知，$c_i \supseteq c_j$，$|c_i| = |c_j| + 1$，即 $k = l + 1$，而且 c_j 是 c_i 的子序列。于是，存在一个 h，使得 $X_h \in c_i - c_j$，而且 $X_1 X_2 \cdots X_{h-1} X_{h+1} \cdots X_k = Y_1 Y_2 \cdots Y_l = c_j$。如果 $h = 1$，c_j 是 c_i 的后缀；如果 $h = k$，c_j 是 c_i 的前缀；在其他情况下，c_i 和 c_j 有公共前缀。证毕。

定理 5.5.1 表明，如果 $c_i \rightarrow c_j$，则可以利用 c_i 和 c_j 的前缀关系、公共前缀关系或后缀关系从 c_i 计算 c_j。下面讨论如何使用前缀关系、公共前缀关系和后缀关系从 c_i 计算 c_j。在下面的讨论中，使用 $D_1 D_2 \cdots D_l$ 表示一个维属性次序为 $D_1 \ll D_2 \ll \cdots \ll D_l$ 的 Cuboid，而且 Cuboid 按照 $D_1 D_2 \cdots D_l$ 组合值被排序。

当 $c_i \rightarrow c_j$ 并且使用 c_i 计算 c_j 时，如果 $c_i = R(D_1, D_2, \cdots, D_k; M)$，则在 R 的压缩结果($c(F)$，Hd)上计算 c_j。为了节省计算时间，不压缩 c_j，直接返回非压缩的 c_j。这样，如果 $c_i \neq R(D_1, D_2, \cdots, D_k; M)$，则 c_i 是由 R 直接或间接计算出来的，没有被压缩。于是，直接在 c_i 上计算 c_j。同样为了节省计算时间，也不压缩 c_j，直接返回非压缩的 c_j。

首先介绍基于后缀关系计算 Cuboid。

设 c 和 c' 是两个 Cuboid，$c' \rightarrow c$，而且 c 是 c' 的后缀。由定义 5.5.3、定义 5.5.4 和定义 5.5.5 可知，$c' = D_1 D_2 \cdots D_l$，$c = D_2 D_3 \cdots D_l$。$\forall a \in \mathrm{DisProj}(c', D_1)$，$c'$ 包含片段

$$\mathrm{run}(a) = \{(a, x_2, x_3, \cdots, x_k ; m) \in c' \mid \forall (a, x_2, x_3, \cdots, x_k ; m) \in c')\}$$

$\mathrm{run}(a)$ 是按照 $(D_2, D_3, \cdots, D_k)$ 的组合值排序的。显然，c' 是所有这些有序片段的并。可以通过合并与聚集这些有序 $\mathrm{run}(a)$ 得到 c。

图 5.5.2 给出了利用后缀关系从 $c' = ABCD$ 计算 $c = BCD$ 的基本思想，其中聚集函数 Agg 为 Sum。

Algorithm 5.5.1 给出了实现这个基本思想的算法。

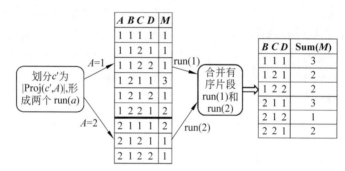

图 5.5.2　依据后缀关系从 $c' = ABCD$ 计算 $c = BCD$

Algorithm 5.5.1：Sufix(c', c)

输入：$c'(D_1, D_2, \cdots, D_l ; M)$ 及其压缩结果 $(c(F), Hd)$ 或者非压缩的 $c'(D_1, D_2, \cdots, D_l ; M)$；
　　　聚集函数 Agg。
输出：$c(D_2, D_3, \cdots, D_l ; \mathrm{Agg}(M))$ 的存储地址。
1. **If**　c' 是非压缩的 $c'(D_1, D_2, \cdots, D_l ; M)$
2. **Then**　合并与聚集由 $\mathrm{DisProj}(c', D_1)$ 中的元素划分的 c' 的有序片段，存入 c；
3. 　　　　返回 c 的存储地址，停止；
4. **Else For**　$\forall a \in \mathrm{DisProj}(c', D_1)$ **Do**
5. 　　　　$pa(u) :-$ run-position$((a_1), Hd)$；　/* 函数 run-position 见 5.4.4 节 */
　　　　　/* $pa(a)$ 是对应 $D_1 = a$ 的 $c(F)$ 中有序片段的开始物理位置 */
6. 　　　　　**If**　$pa(a) = \mathrm{null}$　**Then**　删除 $pa(a)$；
7. 　　合并与聚集 $c(F)$ 的由 $\{pa(a)\}$ 划分的有序片段，存入 c；
8. 　　返回 c 的存储地址.

下面分析 Sufix(c', c) 的时间代价 $\mathrm{cost}_{\mathrm{sfx}}(c', c)$。

当 c' 被压缩时，由引理 5.4.1，Sufix(c', c) 的第 5 步和第 6 步需要 $O(\log \log |Hd|)$ 时间。由于第 4～6 步的循环执行的次数为 $d_1 = |\mathrm{DisProj}(R, D_1)|$，这个循环总共需要 $O(d_1 \log \log |Hd|)$ 时间。

第 7 步需要的时间是合并与聚集 $c(F)$ 的有序片段的时间。由于 $c(F)$ 的有序片段数不大于 d_1，所以第 7 步需要 $O(|c(F)| \log_w d_1)$ 的合并时间，w 是用于合并聚集有序片段的缓冲区数。此外，第 7 步还需要为每个 $v \in c(F)$ 计算出其维属性值 $(a_1, a_2, \cdots, a_k)$，需要 $O(|c(F)| \log \log |Hd|)$ 时间，详见 5.4 节的各算法的分析。第 7 步总共需要 $O(|c(F)| \log_w d_1 + |c(F)| \log \log |Hd|)$ 时间。第 8 步需要常数时间。于是，

$$\text{cost}_{\text{sfx}}(c',\ c)=O(d_1\log\log|Hd|+|c(F)|\log_w d_1+|c(F)|\log\log|Hd|)$$
$$=O((d_1+|c(F)|)\log\log|Hd|+|c(F)|\log d_1)$$

由于 $d_1\leqslant|c'|$,

$$\text{cost}_{\text{sfx}}(c',\ c)=O((|c'|+|c(F)|)\log\log|Hd|+|c(F)|\log|c'|)$$

当 c' 没有被压缩时,算法需要的时间是合并与聚集 c' 的有序片段的时间。由于 c' 的有序片段数不大于 d_1,算法需要 $O(|c'|\log_w d_1)$ 时间,w 是用于合并与聚集有序片段的缓冲区数。于是,$\text{cost}_{\text{sfx}}(c',c)=O(|c'|\log_w d_1)$。由于 $d_1\leqslant|c'|$,

$$\text{cost}_{\text{sfx}}(c',\ c)=O(|c'|\log|c'|)$$

其次介绍基于公共前缀关系计算 Cuboid。

设 c' 和 c 是两个 Cuboid,$c'\to c$,而且 c 和 c' 具有公共前缀。由定义 5.5.3、定义 5.5.4 和定义 5.5.5 可知,存在 t 使得

$$c'=D_1 D_2\cdots D_{t-1} D_t D_{t+1}\cdots D_l$$
$$c=D_1 D_2\cdots D_{t-1} D_{t+1}\cdots D_l$$

$D_1 D_2\cdots D_{t-1}$ 是 c' 和 c 的公共前缀。$\forall(a_1,a_2,\cdots,a_{t-1})\in\text{DisProj}(c',D_1,D_2,\cdots,D_{t-1})$,令

$$\text{par}[a_1,a_2,\cdots,a_{t-1}]=\{(a_1,a_2,\cdots,a_{t-1},x_t,\cdots,x_l;\ m)\in c'\mid\forall(x_1,x_2,\cdots,x_l;\ m)\in c'\}$$

$\text{par}[a_1,a_2,\cdots,a_{t-1}]$ 是 c' 的有序子集,称为 c' 的一个分割。c' 是其所有分割的并。$\forall a_t\in\text{DisProj}(c',D_t),\text{par}[a_1,a_2,\cdots,a_{t-1}]$ 中都存在一个有序片段:

$$\text{run}[(a_1,a_2,\cdots,a_{t-1}),a_t]=\{(a_1,a_2,\cdots,a_{t-1},a_t,x_{t+1},\cdots,x_l;m)$$
$$\in\text{par}(a_1,a_2,\cdots,a_{t-1})\mid a_t\in\text{DisProj}(c',D_t)\}$$

$\text{par}[a_1,a_2,\cdots,a_{t-1}]$ 是所有这些片段的并。

c 是每个分割 $\text{par}[a_1,a_2,\cdots,a_{t-1}]$ 上执行以 $\{D_{t+1},D_{t+2},\cdots,D_l\}$ 为聚集属性集的聚集的并集。每个分割 $\text{par}[a_1,a_2,\cdots,a_{t-1}]$ 上的聚集可以通过合并聚集 $\text{par}[a_1,a_2,\cdots,a_{t-1}]$ 中的全部有序片段来完成。图 5.5.3 给出了利用部分前缀关系从 c' 计算 c 的基本思想,其中聚集函数 Agg 为 Sum。图 5.5.3 中粗线 c 间的部分表示 c' 的分割,虚线之间的部分表示分割内的片段。

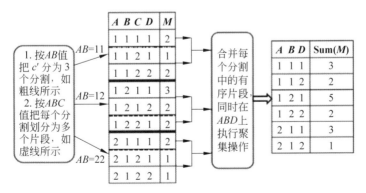

图 5.5.3　利用公共前缀关系从 $c'=ABCD$ 计算 $c=ABD$

Algorithm 5.5.2 给出了在压缩数据上实现这个基本思想的算法。

Algorithm 5.5.2：PPfix(c', c)

输入：$c'(D_1, D_2, \cdots, D_{t-1}, D_t, D_{t+1}, \cdots, D_l; M)$ 及其压缩结果 $(c(F), Hd)$ 或者非压缩的 $c'(D_1, D_2, \cdots, D_{t-1}, D_t, D_{t+1}, \cdots, D_l; \mathrm{Agg}(M))$；聚集函数 Agg。

输出：$c(D_1, D_2, \cdots, D_{t-1}, D_{t+1}, \cdots, D_l; \mathrm{Agg}(M))$。

1.　**If**　c' 是非压缩的 $c'(D_1, D_2, \cdots, D_l; M)$

2.　**Then For**　$\forall (a_1, a_2, \cdots, a_{t-1}) \in \mathrm{DisProj}(c', D_1, D_2, \cdots, D_{t-1})$ **Do**

3.　　　　　确定分割 $\mathrm{par}[a_1, a_2, \cdots, a_{t-1}]$ 在 c' 中的位置；

4.　　　　　确定分割 $\mathrm{par}[a_1, a_2, \cdots, a_{t-1}]$ 的每个有序片段在 c' 中的位置；

5.　　　　　合并聚集分割 $\mathrm{par}[a_1, a_2, \cdots, a_{t-1}]$ 中的有序片段并加入 c；

6.　　　返回 c 的存储地址，停止；

7.　**Else For**　$\forall (a_1, a_2, \cdots, a_{t-1}) \in \mathrm{DisProj}(c', D_1, D_2, \cdots, D_{t-1})$ **Do**

8.　　　　　$\mathrm{pa}(a_1, a_2, \cdots, a_{t-1}) := \mathrm{run\text{-}position}((a_1, a_2, \cdots, a_{t-1}), Hd)$；

　　　　　　/* $\mathrm{pa}(a_1, a_2, \cdots, a_{t-1})$ 是 $c(F)$ 中分割 $\mathrm{par}[a_1, a_2, \cdots, a_{t-1}]$ 的开始物理位置 */

9.　　　　**If**　$\mathrm{pa}(a_1, a_2, \cdots, a_{t-1}) = \mathrm{null}$　**Then**　删除 $\mathrm{pa}(a_1, a_2, \cdots, a_{t-1})$；

10.　　　**For**　每个 $c(F)$ 的分割 $\mathrm{par}[v_1, v_2, \cdots, v_{t-1}]$ **Do**

11.　　　　**For**　$\forall a_t \in \mathrm{DisProj}(c', D_t)$ **Do**

12.　　　　　　$\mathrm{run}[(a_1, a_2, \cdots, a_{t-1}), a_t] := \mathrm{run\text{-}position}((a_1, a_2, \cdots, a_{t-1}, a_t), Hd)$；

　　　　　　　/* 计算分割 $\mathrm{par}[v_1, v_2, \cdots, v_{t-1}]$ 的每个有序片段的起始位置 */

13.　　　　　　**If**　$\mathrm{run}[(v_1, v_2, \cdots, v_{t-1}), v_t] = \mathrm{null}$ **Then**　删除 $\mathrm{run}[(v_1, v_2, \cdots, v_{t-1}), v_t]$；

14.　　　　$\mathrm{sub\text{-}}c :=$ 合并聚集分割 $\mathrm{par}(a_1, a_2, \cdots, a_{t-1})$ 中的所有有序片段；

15.　　　　$\mathrm{sub\text{-}}c$ 加入 c；

16.　返回 c 的存储地址．

下面分析 PPfix(c', c) 的时间代价 $\mathrm{cost}_{\mathrm{ppfx}}(c', c)$。

当 c' 被压缩时，PPfix(c', c) 的第 7~9 步的循环需要 $O(d \log\log|Hd|)$ 时间，其中 $d = |\mathrm{DisProj}(c', D_1, D_2, \cdots, D_{t-1})|$。

第 10~15 步的循环次数为 $|c'|$ 中的分割数 d。

第 11~13 步的循环需要 $O(d_t \log\log|Hd|)$ 时间，其中 $d_t = |\mathrm{DisProj}(c', D_t)|$。由于第 11~13 步的循环被执行的次数不超过 d，所以第 11~13 步总共需要 $O(dd_t \log\log|Hd|)$ 时间。

由于第 i 个分割 par_i 包含的有序片段数不超过 $|\mathrm{DisProj}(c', D_t)| = d_t$，所以第 14、15 步合并与聚集 par_i 中的全部有序片段需要 $O(|\mathrm{par}_i| \log d_t)$。于是，第 14 步和第 15 步需要的总合并与聚集时间等于合并与聚集 c' 的每个分割的有序片段的合并与聚集时间之和，即 $O\left(\sum_{1 \leqslant i \leqslant d} |\mathrm{par}_i| \log d_t\right)$。由于 $\sum_{1 \leqslant i \leqslant d} |\mathrm{par}_i| = |c(F)|$，所以 $O\left(\sum_{1 \leqslant i \leqslant d} |\mathrm{par}_i| \log_w d_t\right) = O(|c(F)| \log d_t)$。此外，第 14 步还需要为每个 $v \in c(F)$ 计算出其维属性值 $(a_1, a_2, \cdots, a_l)$，需要 $O(|c(F)| \log\log|Hd|)$ 时间，详见 5.4 节的各算法的分析。于是，第 14、15 步总共需要 $O(|c(F)| \log d_t + |c(F)| \log\log|Hd|)$ 时间。

第 16 步需要常数时间。

总之，PPfix(c', c) 的时间代价为

$$\mathrm{cost}_{\mathrm{ppfx}}(c', c) = O((d + dd_t + |c(F)|)\log\log|Hd| + |c(F)| \log d_t)$$

由于 d 和 d_t 都不大于 $|c'|$，

$$\mathrm{cost}_{\mathrm{ppfx}}(c', c) = O((|c'|^2 + |c(F)|)\log\log|Hd| + |c(F)| \log|c'|)$$

当 c' 没有被压缩时,PPfix(c', c) 的第 3 步和第 4 步需要 $O(|c'|)$ 时间。令 c' 具有 k 个分割,则 $k = |\text{DisProj}(c', D_1, D_2, \cdots, D_{t-1})| \leqslant |c'|$。由于第 i 个分割 par_i 包含的有序片段数 $d_t = |\text{DisProj}(c', D_t)|$,第 5 步合并聚集 par_i 中的全部有序片段需要 $O(|\text{par}_i| \log d_t)$ 时间。于是,第 2 步至第 5 步的循环需要 $O\left(\sum_{1 \leqslant i \leqslant k} |\text{par}_i| \log_w d_t\right)$ 时间。由于 $\sum_{1 \leqslant i \leqslant k} |\text{par}_i| = |c'|$,所以 $O\left(\sum_{1 \leqslant i \leqslant k} |\text{par}_i| \log d_t\right) = O(|c'| \log d_t)$。第 6 步需要常数时间。总之,$\text{cost}_{\text{ppfx}}(c', c) = O(|c'| \log_w d_t) = O(|c'| \log d_t)$。由于 $d_t \leqslant |c'|$,$\text{cost}_{\text{ppfx}}(c', c) = O(|c'| \log |c'|)$。

最后介绍基于前缀关系计算 Cuboid。

设 c 和 c' 是两个 Cuboid,$c' \rightarrow c$,且 c 是 c' 的前缀。由定义 5.5.3、定义 5.5.4 和定义 5.5.5,$c' = D_1 D_2 \cdots D_t$,$c = D_1 D_2 \cdots D_{t-1}$。在这种情况下,只需扫描一遍 c' 的压缩文件 $c(F)$ 或 c',即可完成 c 的计算。图 5.5.4 给出了利用前缀关系从 c' 计算 c 的基本思想。

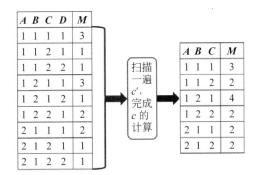

图 5.5.4　利用前缀关系从 $c' = ABCD$ 计算 $c = ABC$ 的基本思想

Algorithm 5.5.3 给出了如何在压缩数据上实现这个基本思想的算法。

Algorithm 5.5.3：Prefix(c', c)

输入：$c'(D_1, D_2, \cdots, D_t; M)$ 及其压缩结果$(c(F), Hd)$ 或者非压缩 $c'(D_1, D_2, \cdots, D_t; M)$；
　　　聚集函数 Agg。
输出：$c(D_1, D_2, \cdots, D_{t-1}; \text{Agg}(M))$。
1.　**If**　c' 是压缩的 $c'(D_1, D_2, \cdots, D_t; M)$
2.　**Then For** $\forall v \in c(F)$　**Do**
3.　　　　　　$\text{la}(v) := \text{Sig-c-}f_B(\text{pa}(v))$;
4.　　　　　　$(x_1, x_2, \cdots, x_l) := \text{Re-Linear}_{\text{ord}}(\text{la}(v))$;
5.　　　　　　$(a_1, a_2, \cdots, a_{l-1}) := (x_1, x_2, \cdots, x_l)$;
6.　　　　　　**If**　Buffer-out 已满
7.　　　　　　**Then**　Buffer-out 写入 c 且留下最后一个元组;
8.　　　　　　$(a_1, a_2, \cdots, a_{l-1}, v)$ 与 Buffer-out 中的元组做聚集;
9.　　　**If**　Buffer-out 不空　**Then**　Buffer-out 写入 c;
10. **Else**　**For** $\forall (a_1, a_2, \cdots, a_l; v) \in c'$ **Do**
11.　　　　　**If**　Buffer-out 已满
12.　　　　　**Then**　Buffer-out 写入 c 且留下最后一个元组;
13.　　　　　$(a_1, a_2, \cdots, a_{l-1}, v)$ 与 Buffer-out 中的元组做聚集;
14.　　　**If**　Buffer-out 不空　**Then**　Buffer-out 写入 c;
15. 返回 c 的存储地址.

下面分析 $\mathrm{Prefix}(c',c)$ 的时间代价 $\mathrm{cost}_{\mathrm{pfx}}(c',c)$。

当 c' 被压缩时,算法 $\mathrm{Prefix}(c',c)$ 的第 2~8 步的循环需要 $|c(F)|$ 次。每次执行,第 3 步需要 $O(\log\log|Hd|)$ 时间,第 4~8 步需要 $O(1)$ 时间。于是,第 2~8 步的循环需要 $O(|c(F)|(\log\log|Hd|+1))=O(|c(F)|\log\log|Hd|)$ 时间。第 9 步和第 15 步需要 $O(1)$ 时间。从而,$\mathrm{cost}_{\mathrm{pfx}}(c',c)=O(|c(F)|\log\log|Hd|)$。

当 c' 没有被压缩时,算法 $\mathrm{Prefix}(c',c)$ 的第 11~14 步需要 $O(1)$ 时间。从而第 10~13 步的循环需要的时间为 $O(|c'|)$。第 14 步和第 15 步需要 $O(1)$ 时间。从而,$\mathrm{cost}_{\mathrm{pfx}}(c',c)=O(|c'|)$。

2）生成 Cuboid 树

定义 5.5.6 设 $(L,\rightarrow)$ 是 $\mathrm{Cube}(R,\mathrm{Agg})$ 的规范化 Cube 格,$G=(V,E)$ 是对应的规范化格图,$M=\{\mathrm{pfx},\mathrm{ppfx},\mathrm{sfx}\}$ 是计算 Cuboid 的方法集,pfx、ppfx 和 sfx 分别表示 $\mathrm{Prefix}(c',c)$、$\mathrm{PPfix}(c',c)$ 和 $\mathrm{Sufix}(c',c)$。$\mathrm{Cube}(R,\mathrm{Agg})$ 的 Cuboid 树是一个边带标记的有向树 $T=(V,E',\varphi)$,其中,根节点是具有最大维数的 Cuboid,$E'\subseteq E$,φ 是映射 $M\rightarrow E'$。

Cuboid 树确定了 $\mathrm{Cube}(D,\mathrm{Agg})$ 的所有 Cuboid 的计算顺序和计算方法。例如,若 $(\mathrm{Cuboid}_1,\mathrm{Cuboid}_2)\in E'$ 且 $\varphi(\mathrm{Cuboid}_1,\mathrm{Cuboid}_2)=\mathrm{pfx}$,则 Cuboid_2 由 Cuboid_1 使用 $\mathrm{Prefix}(c',c)$ 计算。

一个规范化的 Cube 格可以转换为很多不同的 Cuboid 树。我们的目标是选择一个最优或接近最优的 Cuboid 树,使得计算 $\mathrm{Cube}(R,\mathrm{Agg})$ 的代价最小化或近似最小化。

定义 5.5.7 设 Ω 为 $\mathrm{Cube}(R,\mathrm{Agg})$ 的所有 Cuboid 树的集合。$\forall T\in\Omega$,$\mathrm{cost}(T)$ 表示按照 T 计算 $\mathrm{Cube}(R,\mathrm{Agg})$ 的时间代价。如果 $\mathrm{cost}(T_{\min})=\min\{\mathrm{cost}(T)\mid T\in\Omega\}$,则称 $T_{\min}$ 为 $\mathrm{Cube}(R,\mathrm{Agg})$ 的优化 Cuboid 树。

下面讨论生成优化或近似优化 Cuboid 树的启发式规则。在下面的讨论中将使用下列命题:

$$P(c',c)=(c'\rightarrow c)\wedge(c' \text{ 与 } c \text{ 具有前缀关系})$$
$$PP(c',c)=(c'\rightarrow c)\wedge(c' \text{ 与 } c \text{ 具有公共前缀关系})$$
$$S(c',c)=(c'\rightarrow c)\wedge(c' \text{ 与 } c \text{ 具有后缀关系})$$

根据定理 5.5.1,有如下选择规则。

选择规则 设 Cuboid c 具有多个父节点 $\{c_1,c_2,\cdots,c_m\}$。如果 $\exists c_{\min}\in\{c_1,c_2,\cdots,c_m\}$,$\mathrm{cost}(c_{\min},c)=\min\{\mathrm{cost}(c_i,c)\mid 1\leqslant i\leqslant m\}$,则选择 $c_{\min}$ 计算 c,其中 $\mathrm{cost}(x,y)$ 定义如下:

$$\mathrm{cost}(x,y)=\begin{cases}\mathrm{cost}_{\mathrm{pfx}}(x,y) & P(x,y)\text{为真}\\\mathrm{cost}_{\mathrm{ppfx}}(x,y) & PP(x,y)\text{为真}\\\mathrm{cost}_{\mathrm{sfx}}(x,y) & S(x,y)\text{为真}\end{cases}$$

生成 Cuboid 树的算法的详细描述见 Algorithm 5.5.4。算法生成的 Cuboid 树的级数与输入规格化格图相同,同为输入多维数据集合的维数 k。

3）分解 Cuboid 树

如果有足够的内存保存算法 Cuboid-Tree-Generation 生成的 Cuboid 树中的所有 Cuboid,则 $\mathrm{Cube}(R,\mathrm{Agg})$ 的求解可以通过根节点表示的 Cuboid 的一遍扫描完成。然而,通常没有足够的内存保存 Cuboid 树中的所有 Cuboid。为了在有限内存下高效求解 $\mathrm{Cube}(R,\mathrm{Agg})$,需要把算法 Cuboid-Tree-Generation 生成的 Cuboid 树分解为多个子树,分别计算。

Algorithm 5.5.4: Cubiod-Tree-Generation(G)

输入：Cube(R，Agg)的规范化格图 $G=(V,E)$，R 是 k 维数据集合。

输出：Cuboid 树 $T=(V,E',\varphi)$。

1.　　**For** $i=0$ **To** $k-1$ **Do**
2.　　　　**For** G 的每个第 i 级节点 c_j **Do**
3.　　　　　　Parent(c_j) := $\{c_1,c_2,\cdots,c_m\}$　　/* j 的所有父节点 */
4.　　　　　　**For** $1\leqslant i\leqslant m$ **Do**
5.　　　　　　　　计算 cost(c_i, cj);
6.　　　　　　选择 $c_{min}\in\{c_1,c_2,\cdots,c_m\}$ 使得 cost(c_{min},c_j)=min$\{$cost(c_i,c_j)$|1\leqslant i\leqslant m\}$;
7.　　　　　　**If** $P(c_{min},c_j)$=True **Then** $\varphi(c_{min},c_j)$:= pfx;
8.　　　　　　**If** $PP(c_{min},c_j)$=True **Then** $\varphi(c_{min},c_j)$:= ppfx;
9.　　　　　　**If** $S(c_{min},c_j)$=True **Then** $\varphi(c_{min},c_j)$:= sfx;
10.　　　　　删除 G 中所有边 $\{(c_p,c_j)|c_p\in$ Parent(c_j),$c_p\neq c_{min}\}$;
11.　返回 $T=G$。

在 Cuboid 树的分解过程中，需要知道任意 Cuboid $c=R_c(A_1,A_2,\cdots,A_m; M)$ 的大小 N_c。令 DisProj(R，α)是 R 在属性集合 α 上不含重复元组的投影，$|A_i|=|$DisProj(R,A_i)$|$，则 $N_c=|R_c(A_1,A_2,\cdots,A_m; M)|\leqslant|A_1|\times|A_2|\times\cdots\times|A_m|$。在下面的讨论中，使用 $|A_1|\times|A_2|\times\cdots\times|A_m|$ 作为 N_c 的估计值。N_c 的估计值可以在生成 Cuboid 树的过程中计算出来并附加到每个树节点上。Cuboid 树分解问题定义如下。

Cuboid 树分解问题：

输入：Cuboid 树 $T=(V,E,\varphi)$，V 中每个 c 的大小 N_c，内存容量 M。

输出：$\Gamma_1\subseteq\{T$ 的子树$\}$，$\Gamma_2\subseteq\{T$ 的子树$\}$，$\Gamma=\Gamma_1\bigcup\Gamma_2$，满足

(1) $\forall T_1=(V_1,E_1)\in\Gamma_1,\sum_{\forall c\in V_1}N_c\leqslant M$。

(2) $\forall T_2=(V_2,E_2)\in\Gamma_2,T_2$ 是二级子树，$\sum_{\forall c\in V_2}N_c>M$。

(3) Γ 中的子树按照根节点的维数递减排列。

$\forall T_1\in\Gamma_1$，由于 T_1 中的所有 Cuboid 都可以保存在内存中，T_1 中的所有 Cuboid 都可以通过对 T_1 的根进行一次扫描在内存中计算出来。$\forall T_2\in\Gamma_2$，由于没有足够的内存容纳 T_2 中的所有 Cuboid 的最大有序片段，所以计算 T_2 中的所有 Cuboid 可能需要多次磁盘读写 T_2 中的一些 Cuboid。于是，Γ_1 和 Γ_2 中的子树的 Cuboid 需要不同的计算方法。

下面设计一个分解 Cuboid 树的贪心算法，简记作 Split-Cuboid-Tree。给定一个 Cuboid 树 $T=(V,E,\varphi)$ 和可用内存大小 M，算法 Split-Cuboid-Tree 对于 T 的每一级的每个没有处理过的节点 $c'\in V$ 执行如下操作：

(1) 计算 c' 的子节点集合 Child。

(2) $\forall c\in$ Child，如果 $|c|=N_c\leqslant M$，则 c 加入 In-Mem，否则 c 加入 Out-Mem。

(3) 如果 Out-Mem 不空，把 Out-Mem 中的所有节点作为子节点建立一个以 c' 为根的 2 级树 $T_{out\text{-}mem}$，$T_{out\text{-}mem}$ 加入 Γ_2。

(4) 将 In-Mem 中所有节点划分为多个子集合 $S_1,S_2,\cdots,S_t$，使得每个子集合中的所有节点的大小之和不超过 M。这一步的实现详见下面的函数 Divide-In-Mem。

(5) 对于每个子集合 S_j，构造一个以 c' 为根的树 T_{S_j}，并递归地扩展 T_{S_j}；对于子树

T_{s_j} 的任一叶节点 leaf,如果 leaf 的某些子节点加入 T_{s_j} 后 T_{s_j} 的所有节点都能留驻内存空间,则把这些子节点作为 leaf 的子节点加入 T_{s_j}。最后把 T_{s_j} 加入 Γ_1,并把 T_{s_j} 的节点标记为"处理过"。

算法 Split-Cuboid-Tree 的详细描述见 Algorithm 5.5.5。

Algorithm 5.5.5:Split-Cuboid-Tree(T,M)
输入:$k+1$ 级 Cuboid 树 $T=(V,E,\varphi)$,V 中每个 c 的大小 N_c,内存容量 M,$R(D_1,D_2,\cdots,D_l;M)$ 的压缩结果 $(c(F),\text{Hd})$。
输出:Γ_1,Γ_2,按照树根的维属性个数降序排列的子树集合 $\Gamma=\Gamma_1\bigcup\Gamma_2$。
1. $\Gamma_1:=\varnothing$;$\Gamma_2:=\varnothing$; Child $:=\varnothing$;In-Mem $:=\varnothing$;Out-Mem $:=\varnothing$;$M':=M$;
2. **For** $i=0$ **To** k **Do** /* T 具有 $k+1$ 级,从根到叶编号为 0 到 k */
3.   **For** T 的第 i 级的每个节点 c' **Do**
4.   Child $:=\{c\mid c$ 是 c' 的子节点,c 未标记"处理过"$\}$
5.   **If** Child$=$空 **Then** 跳出本循环;
6.   **For** $\forall c\in$ Child **Do**
7.   **If** $N_c\leqslant M$ **Then** In-Mem $:=$ In-Mem$\bigcup\{c\}$;
8.   **Else** Out-Mem $:=$ Out-Mem$\bigcup\{c\}$;
9.   **If** Out-Mem$\neq\varnothing$
10.   **Then** $T_{\text{out-mem}}:=(V_{\text{out-mem}},E_{\text{out-mem}})$;
11. $V_{\text{out-mem}}:=$ Out-Mem$\bigcup\{c'\}$;
12. $E_{\text{out-mem}}:=\{(c',c)\mid(c',c)\in E,c\in V_{\text{out-mem}}\}$;
13.   标记 Out-Mem 中所有 Cuboid 为"处理过";
14. $T_{\text{out-mem}}$ 加到 Γ_2 末尾; /* $T_{\text{out-mem}}$ 根节点维数不超过 Γ_2 中的其他树 */
15.   Divide-In-Mem(In-Mem,M,$\{N_c\mid\forall c\in$ In-Mem$\}$); /* $\{S_1,S_2,\cdots,S_t\}$ */;
16.   **For** $1\leqslant j\leqslant t$ **Do**
17.   类似于 $T_{\text{out-mem}}$,由 S_j 中所有 Cuboid 构造根为 c' 的子树 T_{s_j};
18.   标记 S_j 中所有 Cuboid 为"处理过";
19. $M':=M-(S_i$ 中所有 Cuboid 的大小之和);
20.   **For** T_{s_j} 的每个叶节点 leaf(包括第 24 步增加的叶节点)**Do**
21.   **If** $M'\leqslant 0$ **Then** goto 26
22.   **For** leaf 的每个"未处理过"子节点 c **Do**
23.   **If** $N_c>M'$ **Then** goto 22;
24.   **Then** 把 c 及其连接 leaf 的边增加到 T_{s_j};
25. $M':=M'-|c|$;标记 c 为"处理过";
26. T_{s_j} 加到 Γ_1 末尾; /* T_{s_j} 根节点维数$\leqslant\Gamma_1$ 中的其他树 */
27.   In-Mem $:=\varnothing$;Out-Mem $:=\varnothing$;$M':=M$;
28. $\Gamma:=\Gamma_1$ 与 Γ_2 的有序合并; /* Γ_1 中的树已按根节点维数递减排列 */
Divide-In-Mem(In-Mem,M,$\{N_c\mid\forall c\in$ In-Mem$\}$)
1. 按每个节点的大小 N_c 升序对 In-Mem 排序;
2. $i:=0$;$S:=$ In-Mem;
3. **While** $S\neq\varnothing$ **Do**
4. $i:=i+1$; sum $:=0$;子集合 $S_i:=\varnothing$;
6.   取 S 中的第一个 c;
7.   **If** $(\text{sum}+N_c)>M$ **Then** goto 3;
8.   **Else** sum $:=$ sum$+N_c$;$S:=S-\{c\}$;$S_i:=S_i\bigcup\{c\}$;goto 6;
9. 返回 $\{S_1,S_2,\cdots,S_i\}$。

定义 5.5.8 设 R 是多维数据集合。Cube(R,Agg)的执行计划是 $P=(\Gamma,\Gamma_1,\Gamma_2,\mathscr{R})$,

Γ、Γ_1 和 Γ_2 是由算法 Splid-Cuboid-Tree 生成的子树集合。Γ 上的二元关系 $\mathcal{R}$ 定义为：$\forall T_1, T_2 \in \Gamma$，$(T_1, T_2) \in \mathcal{R}$ 当且仅当 T_2 根节点可由 T_1 的节点计算出来。

显然，如果 $(T_1, T_2) \in \mathcal{R}$，$T_1$ 的所有节点计算出来之后，T_2 的根节点就可以计算出来，从而 T_2 的所有节点也可以计算出来。

序关系 $\mathcal{R}$ 确定了在求解 Cube(R，Agg) 的过程中 Γ 中子树必须遵循的计算顺序，即如果 $(T, T') \in \mathcal{R}$，则 T 必须在 T' 之前计算。

引理 5.5.1 设 L 是算法 Splid-Cuboid-Tree 生成的有序子树集合 L，$\mathcal{R}$ 是定义 5.5.8 中的偏序关系。如果按照 L 的子树顺序计算 L 中所有子树的节点，则可正确求解 Cube(R，Agg) 问题。

证明：设 $L = \{T_1, T_2, \cdots, T_k\}$。从算法 Splid-Cuboid-Tree 可知，L 是按照各个子树根节点的维数从大到小排序的，即，如果 $1 \leqslant i < j \leqslant k$，则 T_i 的根节点的维属性个数不小于 T_j 的根节点的维属性个数。如果 $(T_i, T_j) \in \mathcal{R}$，则 T_j 的根 r_j 可由 T_i 的节点 r_i 计算出来。于是，r_i 的维属性个数必大于或等于 r_j 的维属性个数，进而 T_i 根节点的维属性个数大于或等于 T_j 根节点的维属性个数。从而，T_i 在 L 中必排在 T_j 之前。于是，由于 T_1 的根节点包含了所有维属性，只要按照 L 的子树顺序计算 L 中所有子树的节点，则可正确求解 Cube(R，Agg) 问题。证毕。

引理 5.5.1 说明，只需按照 Splid-Cuboid-Tree 生成的子树集合 L 中的子树顺序求解各个子树，即可正确求解 Cube(R，Agg)。

图 5.5.5(a) 是算法 Cuboid-Tree-Generation 从图 5.5.1 中的 Cube 格生成的 Cuboid 树。每个 Cuboid 左上角的数字是其大小。例如，ACD 的大小是 750。令可用内存大小 $M = 650$，图 5.5.5(b) 展示了算法 Split-Cuboid-Tree 从图 5.5.5(a) 的 Cuboid 树生成的执行计划，其中，$\Gamma_1 = \{T_1, T_3, T_4, T_5\}$，$\Gamma_2 = \{T_2\}$，$\mathcal{R} = \{(T_1, T3)(T_2, T_4), (T_2, T5)\}$，$L = \{T_1, T_2, T_3, T_4, T_5\}$。$T_1$ 表明，扫描 $ABCD$ 一次，就可以在内存中计算 ABC、ABD、AB、A 和 ALL；T_3 表明，扫描 ABD 一次，就可以在内存中计算 BD 和 B；T_4 表明，扫描 ACD 一次，就可以在内存中计算 AC 和 AD；T_5 表明，扫描 BCD 一次，就可以在内存中计算 CD、BC、C 和 D。因为 ACD 和 BCD 的大小在 Cube(R，Agg) 求解过程中不能留驻内存，算法 Split-Cuboid-Tree 为它们构造了子树 $T_2 \in \Gamma_2$。计算 T_2 需要多次磁盘存取。Cube(R，Agg) 求解过程中，只需按照 $T_1 \ll T_2 \ll T_3 \ll T_4 \ll T_5$ 的顺序求解各子树中的 Cuboid，其中 $T_i \ll T_j$ 表示：先计算 T_j 中的 Cuboid，后计算 T_i 中的 Cuboid。

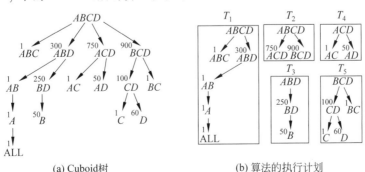

(a) Cuboid树 (b) 算法的执行计划

图 5.5.5 **Cube 执行计划实例**

2. 求解 Cube(R, Agg)

现在来设计求解 Cube(R，Agg)的算法，简记作 Alg-Cube。算法 Alg-Cube 的描述见 Algorithm 5.5.6。

Algorithm 5.5.6：Alg-Cube

输入：$R(D_1, D_2, \cdots, D_k; M)$ 的压缩结果 $(c(F)$，Hd)，R 的维属性次序 ord $= D_1 \ll D_2 \ll \cdots \ll D_k$；

  聚集函数 Agg；

  Cube(R, α, Agg) 的执行计划 $P = (\Gamma = \Gamma_1 \bigcup \Gamma_2, \mathscr{R})$。

输出：$\langle \text{Cuboid}(\alpha) \mid \forall \alpha \in \{ D_1, D_2, \cdots, D_k \} \rangle$。

1. **For** $\forall T \in \Gamma$ **Do** /* 按 Γ 的顺序处理 */
2.   **If** $\forall T \in \Gamma_1$
3.   **Then** 调用函数 In-Mem-Comp(T)；
4.   **If** $\forall T \in \Gamma_2$
5.   **Then** 调用函数 Out-Mem-Comp(T).

算法 Alg-Cube 采用了压缩计算方法，直接在 R 的压缩结果 $(c(F)$，Hd)上求解 Cube(R，Agg)。算法 Alg-Cube 适用于任何映射完全的数据压缩方法。为了易于理解，在下面的讨论中，假设 Cube(R，Agg)问题的输入数据 R 是使用 5.2.3 节的多维数据压缩方法压缩过的数据集合。

设 $R(D_1, D_2, \cdots, D_k; M)$ 是 k-维数据集合，R 的维属性次序为 ord $= D_1 \ll D_2 \ll \cdots \ll D_k$，$R$ 使用 5.2.3 节的多维数据压缩方法压缩，压缩结果为 $(c(F)$，Hd)，$c(F)$ 是 Proj(R, (M)) 的压缩文件，Hd 是 $c(F)$ 的 Header 向量。给定 Cube(R，Agg)的执行计划 $P = (\Gamma, \Gamma_1, \Gamma_2, \mathscr{R})$，算法 Alg-Cube 直接在 $(c(F)$，Hd)上，使用前缀、公共前缀和后缀关系，逐个计算 Γ_1 和 Γ_2 中每个子树包含的全部 Cuboid。算法 Alg-Cube 由两个函数构成。第一个函数是 In-Mem-Comp，计算 Γ_1 中每个子树包含的全部 Cuboid。第二个函数是 Out-Mem-Comp，计算 Γ_2 中每个子树包含的全部 Cuboid。

函数 In-Mem-Comp 和 Out-Mem-Comp 是算法 Alg-Cube 的核心。下面分别详细介绍这两个函数。

1) 函数 In-Mem-Comp

如果函数 In-Mem-Comp 的输入树 T 的根 $c_t = R(D_1, D_2, \cdots, D_k; M)$，则 In-Mem-Comp 直接在 R 的压缩结果 $(c(F)$，Hd)上计算 T 中每个 Cuboid $c(A_1, A_2, \cdots, A_l; \text{Agg}(M))$。函数 In-Mem-Comp 返回非压缩的 $c(A_1, A_2, \cdots, A_l; \text{Agg}(M))$。

如果函数 In-Mem-Comp 的输入树 T 的根 $c_t \neq R(D_1, D_2, \cdots, D_k; M)$，则由于 c_t 是由 R 直接或间接计算而得的，没有被压缩，函数 In-Mem-Comp 直接在 c_t 上计算 T 中的所有 Cuboid，并直接返回这些非压缩的 Cuboid。

$\forall T \in \Gamma_1$，主存能够容纳 T 中所有非根节点对应的 Cuboid。函数 In-Mem-Comp 为 T 的根节点 c_t 分配一个缓冲区 Buffer-in，为 T 中除 c_t 以外的节点 c 分配一个输出缓冲区 Buffer-out[c]，其大小等于 c 的大小，其中，|Buffer-in| = 磁盘块大小 B，|Buffer-out[c]| = $|c|$。

函数 In-Mem-Comp 扫描 T 的根节点数据一遍，计算出 T 中所有 Cuboid。函数 In-Mem-Comp 的工作过程如下：

（1）如果 T 的根是 R，逐块地把 $c(F)$ 的数据块读入 Buffer-in。对于 Buffer-in 中的每个数据项 $v \in c(F)$，完成如下计算：

① 使用 5.2.2 节的向后映射函数 Sig-c-f_B，计算 v 在 c_t 中的逻辑位置 $\mathrm{lp}(v)$。

② 使用 5.2.3 节的逆数组线性化函数 Re-linear 和 $\mathrm{lp}(v)$，计算 v 在 R 中的维属性值 $(a_1, a_2, \cdots, a_k)$。

③ 对于 T 的每个非根节点 c，使用 $(a_1, a_2, \cdots, a_k)$ 中与 c 的维属性对应的值，计算 c 的聚集值，加入 Buffer-out$[c]$。

（2）如果 T 的 c_t 根不是 R，逐块地把 c_t 的数据块读入 Buffer-in。对于 Buffer-in 中的每个数据项 $(a_1, a_2, \cdots, a_p; v) \in c_t$，完成如下计算：对于 T 的每个非根节点 c，使用 $(a_1, a_2, \cdots, a_p)$ 中与 c 的维属性对应的值，计算 c 的聚集值，加入 Buffer-out$[c]$。

上述（1）中的步骤①～③或（2）中的步骤循环执行，直至输入缓冲区的数据都已经处理完。然后，函数 In-Mem-Comp 继续读取 $c(F)$ 或 c_t 的下一块数据，重复上述处理，直至 $c(F)$ 或 c_t 的所有数据块都被处理完，即 T 中所有 Cuboid 都已计算完毕。最后，返回 T 的每个非根节点 c 的存储地址。

函数 In-Mem-Comp 的详细描述见 Algorithm 5.5.7。

Algorithm 5.5.7：In-Mem-Comp(T)

输入：根节点为 root＝$R(D_1, D_2, \cdots, D_k; M)$ 的树 T 以及 R 的压缩结果 $(c(F), Hd)$，或者根节点为 root＝$c'(A_1, A_2, \cdots, A_p; M)$ 的树 T 和 $c'(A_1, A_2, \cdots, A_p; M)$。

输出：T 中所有 Cuboid 的存储地址。

1. 建立 Buffer-in；对于每个 T 中非根节点 c，建立 Buffer-out$[c]$；
2. **If** T 的根 root＝R
3. **Then While** R 的压缩文件 $c(F)$ 中数据未处理完 **Do**
4.   读 $c(F)$ 的一块数据到 Buffer-in，标记每个数据的物理位置；
5.   **For** $\forall v \in$ Buffer-in **Do**
6. $\mathrm{pa}(v) := v$ 在 $c(F_{ct})$ 中的物理位置；
7. $\mathrm{la}(v) := \mathrm{Sig\text{-}c\text{-}}f_\mathrm{B}(\mathrm{pa}(v))$； ／＊ 计算 v 的逻辑位置 ＊／
8. $(a_1, a_2, \cdots, a_k) := \mathrm{Re\text{-}linear}_{\mathrm{ord}}(\mathrm{la}(v))$
9.   **For** T 中每个非根节点 $c(A_{i1}, A_{i2}, \cdots, A_{il}; M)$ **Do**
10.   **If** $\exists (a_{i1}, a_{i2}, \cdots, a_{il}, x) \in$ Buffer-out$[c]$
11.   **Then** $(a_{i1}, a_{i2}, \cdots, a_{il}, \mathrm{Agg}(\{x, v\})$ 替代 Buffer-out$[c]$中$(a_{i1}, a_{i2}, \cdots, a_{il}, x)$；
12.   **Else** 将 $(a_{i1}, a_{i2}, \cdots, a_{il}, v)$ 按 $a_{i1}, a_{i2}, \cdots, a_{il}$ 值升序插入 Buffer-out$[c]$；
             ／＊ $\{A_{i1}, A_{i2}, \cdots, A_{il}\} \subseteq \{D_1, D_2, \cdots, D_k\}$，$\{a_{i1}, a_{i2}, \cdots, a_{il}\} \subseteq \{a_1, a_2, \cdots, a_k\}$ ＊／
13. **Else While** $c'(A_1, A_2, \cdots, A_p; M)$ 的中数据未处理完 **Do**
14.   读 c' 的一块数据到 Buffer-in；
15.   **For** $\forall (a_1, a_2, \cdots, a_p; v) \in$ Buffer-in **Do**
16.   **For** T 中每个非根节点 $c(A_{i1}, A_{i2}, \cdots, A_{il}; M)$ **Do**
17.   **If** $\exists (a_{i1}, a_{i2}, \cdots, a_{il}, x) \in$ Buffer-out$[c]$
18.   **Then** $(a_{i1}, a_{i2}, \cdots, a_{il}, \mathrm{Agg}(\{x, v\})$ 替代 Buffer-out$[c]$中$(a_{i1}, a_{i2}, \cdots, a_{il}, x)$；
19.   **Else** 将 $(a_{i1}, a_{i2}, \cdots, a_{il}, v)$ 按 $a_{i1}, a_{i2}, \cdots, a_{il}$ 值升序插入 Buffer-out$[c]$；
             ／＊ $\{A_{i1}, A_{i2}, \cdots, A_{il}\} \subseteq \{A_1, A_2, \cdots, A_p\}$，$\{a_{i1}, a_{i2}, \cdots, a_{il}\} \subseteq \{a_1, a_2, \cdots, a_p\}$ ＊／
20. **For** T 中每个非根节点 c **Do** 返回 $c＝$Buffer-out$[c]$的存储地址。

2）函数 Out-Mem-Comp

从算法 Splid-Cuboid-Tree 可知，$\forall T \in \Gamma_2$，T 是一个二级子树，即，如果 root 为根节点，

则其他节点均为 root 的子节点。由于没有足够的内存容纳 T 中的任意 Cuboid,计算 T 中的 Cuboid 需要多次磁盘数据的合并。

给定一个根节点为 root 的 $T=(V,E,\varphi)\in\Gamma_2$,函数 Out-Mem-Comp 对于 root 的每个子节点 c,根据 $\varphi((\text{root},c))$ 指定的计算方法从 root 计算 c。函数 Out-Mem-Comp 比较简单,详细描述见 Algorithm 5.5.8。

Algorithm 5.5.8:Out-Mem-Comp(T)

输入:根节点为 root$(A_1,A_2,\cdots,A_p;M)$ 的 $T(V,E,\varphi)$,聚集函数 Agg。
输出:T 中所有 Cuboid 的存储地址。
1. **For** root 的每个子节点 c **Do**
2.   **If** $\varphi((\text{root},c))=\text{pfx}$
3.   **Then** 调用 Prefix(root,c);
4.   **If** $\varphi((\text{root},c))=\text{ppfx}$
5.   **Then** 调用 PPfix(root,c);
6.   **If** $\varphi((\text{root},c))=\text{sfx}$
7.   **Then** 调用 Sufix(root,c);
8. 返回 T 的所有子节点 c 的地址.

5.5.3 算法分析

算法显然正确,因此本节仅分析算法的计算复杂性。首先分析 Cube(R,Agg)计算计划生成算法的计算复杂性,然后分析 Cube(R,Agg)求解算法的计算复杂性。

1. Cube(R, Agg)计算计划生成算法的计算复杂性

下面的定理 5.5.2 给出了算法 Cuboid-Tree-Generation 的时间复杂性。

定理 5.5.2 设 R 是 k 维数据集合,Cube(R,Agg)的 Cube 格图 $G=(V,E)$ 是算法的输入,则算法 Cuboid-Tree-Generation 的时间复杂性为 $O(4^k)$。

证明:从定义 5.5.3 和 Cube 格图的定义可知,G 有 $k+1$ 级,从 0 到 k 编号,节点 All 的编号为 k,第 l 级节点的个数为 $\binom{k}{l}$。算法的第 3 步需要 $O\left(\binom{k}{i-1}\right)$ 时间。第 4 步和第 5 步的循环需要 $O\left(\binom{k}{i-1}\right)$ 时间。第 6 步需要 $O\left(\binom{k}{i-1}\right)$ 时间。第 7~9 步需要 $O(1)$ 时间。第 10 步需要 $O\left(\binom{k}{i-1}\right)$ 时间。由于算法第 3~10 步需要执行 $\binom{k}{i}$ 次,所以整个循环需要的时间为

$$O\left(\binom{k}{i}\left(4\times\binom{k}{i-1}+O(1)\right)\right)=O\left(\binom{k}{i}\binom{k}{i-1}\right)$$

从而,算法的第 1~11 步(即算法 Cuboid-Tree-Generation)需要的时间为

$$O\left(\sum_{1\leqslant i\leqslant k}\binom{k}{i}\binom{k}{i-1}\right)=O\left(\sum_{1\leqslant i\leqslant k}\binom{k}{i}^2\right)$$

由于 $\sum_{1\leqslant i\leqslant k}\binom{k}{i}^2\leqslant\left(\sum_{1\leqslant i\leqslant k}\binom{k}{i}\right)^2\leqslant 2^{2k}$,算法 Cuboid-Tree-Generation 的时间复杂性为 $O(4^k)$。证毕。

引理 5.5.2　令 In-Mem 和可用内存大小 M 是算法 Divide-In-Mem 的输入,而且 $|\text{In-Mem}| = m$,则算法 Divide-In-Mem 的时间复杂性为 $O(m \log m)$。

证明:算法的第 1 步需要 $O(m \log m)$ 时间。第 2 步需要 $O(m)$ 时间。第 3~8 步需要 $O(m)$ 时间。于是,算法的时间复杂性为 $(m \log m) + 2O(m) = O(m \log m)$。证毕。

定理 5.5.3　设 R 是 k 维数据集合,$(c(F), \text{Hd})$ 是 R 的压缩结果,$|c(F)| = N$,$|\text{Hd}| = H$,$G = (V, E')$ 是 $\text{Cube}(R, \text{Agg})$ 的 Cube 格图,$T = (V, E, \varphi)$ 是算法 Cuboid-Tree-Generation 生成的 Couboid 树,T 是算法 Split-Cuboid-Tree 的输入。则算法 Split-Cuboid-Tree 的时间复杂性为 $O(8^k)$。

证明:从算法 Cuboid-Tree-Generation 可知,T 与 G 具有相同的级数,即具有 $k+1$ 级,从 0 到 k 编号,All 的编号为 k,并且 T 的第 i 级节点的个数为 $\binom{k}{i}$。

首先分析算法第 3~27 步的循环需要的时间。这个循环需要执行 $O\left(\binom{k}{i}\right)$ 次,在每次循环中:

(1) 因为 T 的第 $i+1$ 级节点个数为 $O\left(\binom{k}{i+1}\right)$,第 4 步需要 $O\left(\binom{k}{i+1}\right)$ 时间。第 5 步需要 $O(1)$ 时间。

(2) 第 6~8 步的循环需要时间为 $O\left(\binom{k}{i+1}\right)$。

(3) 第 9~14 步需要的时间为 $O\left(\binom{k}{i+1}\right)$。由引理 5.5.2 以及 $|\text{In-Mem}| \leqslant 2^k$,第 15 步需要的时间为 $O(|\text{In-Mem}| \log |\text{In-Mem}|) = O(2^k \log 2^k) = O(k 2^k)$。

(4) 第 16~27 步的循环所需时间的分析如下。第 17~19 步需要 $O(|S_i|)$ 时间。由于 $|S_i| \leqslant 2^k$,所以第 17~19 步需要 $O(2^k)$ 时间。第 20~25 步的循环加入的 T_{S_i} 节点数小于 $\sum_{i+1 \leqslant j \leqslant k} \binom{k}{i} \leqslant 2^k$,从而所需时间 $O(2^k)$。第 26 步和第 27 步需要 $O(1)$ 时间。于是,算法第 16~27 步的每次循环需要的时间是 $O(2^k) + O(2^k) + O(1) = O(2^k)$,$t$ 次循环所需时间为 $O(t 2^k)$。由于 $t \leqslant |\text{In-Mem}| \leqslant 2^k$,算法第 16~27 步的循环需要的时间是 $O(2^{2k})$。

总之,第 4~27 步需要的时间为

$$O\left(\binom{k}{i+1}\right) + O(k 2^k) + O(2^{2k}) = O(2^{2k})$$

从而,第 3~27 步的循环需要的时间为 $O\left(2^{2k} \binom{k}{i}\right)$。

于是,算法第 2~27 步的循环需要的时间为 $O\left(\sum_{0 \leqslant i \leqslant k} 2^{2k} \binom{k}{i}\right) = O(2^{3k})$。

由于算法第 28 步中的 Γ 的大小 $|\Gamma| \leqslant |V| = \sum_{0 \leqslant i \leqslant k} \binom{k}{i} = O(2^k)$,算法第 28 步需要 $O(2^k)$ 时间。算法第 1 步需要 $O(1)$ 时间。

综上所述,算法 Split-Cuboid-Tree 的时间复杂性为 $O(2^{3k})=O(8^k)$。证毕。

从定理 5.5.2 和定理 5.5.3,有如下推论。

推论 5.5.1 生成 Cube(R, Agg)计算计划的时间复杂性为 $O(8^k)$。

2. Cube(R, Agg)求解算法的计算复杂性

算法 Alg-Cube 的核心是函数 In-Mem-Comp 和函数 Out-Mem-Comp。首先分析这两个函数的时间复杂性,最后分析算法 Alg-Cube 的时间复杂性。函数 In-Mem-Comp、函数 Out-Mem-Comp 和算法 Alg-Cube 的 I/O 复杂性的分析比较简单,留作练习。在下面的讨论中,压缩的 k 维数据集合 R 是 Cube(R, Agg)的输入,R 的元组数为 n,R 的压缩结果为 $(c(F)$,Hd),$|c(F)|=N$,$|Hd|=H$。

1) 函数 In-Mem-Comp 的时间复杂性

引理 5.5.3 设算法的输入 $T\in\Gamma_1$ 的根节点为 root$=R$,而且 T 中非根节点数为 m。函数 In-Mem-Comp(T) 需要 $O(N(k+\log\log H+\sum_{c\in T-\{R\}}|c|)+m)$ 时间。

证明:由于 root$=R$,算法将执行第 1 步、第 2 步、第 3~12 步以及第 20 步。第 1 步和第 2 步需要 $O(1)$ 时间,第 20 步需要 $O(m)$ 时间。下面分析算法第 3~12 步的 While 循环需要的时间。

首先分析第 5~8 步的 For 循环需要的时间。第 6 步需要 $O(1)$ 时间,第 7 步需要 $O(\log\log H)$ 时间,第 8 步需要 $O(k)$ 时间。于是,第 5~8 步的 For 循环需要 $O(B(k+\log\log H))=O(k+\log\log H)$ 时间,$B=|\text{Buffer-in}|$ 是常数。

然后分析第 9~12 步的 For 循环需要的时间。第 10~12 步需要 $O(|c|)$ 时间。从而,这个 For 循环需要 $O(\sum_{c\in T-\{R\}}|c|)$ 时间。

由于第 4 步需要 $O(B)=O(1)$ 时间,第 3~12 步的 While 循环需要的时间为 $O(N/B(k+\log\log H+\sum_{c\in T-\{R\}}|c|))=O(N(k+\log\log H+\sum_{c\in T-\{R\}}|c|))$。

综上所述,$c_t=R$ 时函数 In-Mem-Comp(T)的时间复杂性为

$$O(N(k+\log\log H+\sum_{c\in T-\{R\}}|c|)+m)$$

证毕。

引理 5.5.4 设算法的输入 $T\in\Gamma_1$ 的根节点为 root$=c'(D_1,D_2,\cdots,D_k;M)$,而且 c' 是非压缩的,T 中非根节点数为 m。函数 In-Mem-Comp(T) 需要 $O(|c'|\sum_{c\in T-\{c'\}}|c|+m)$ 时间。

证明:由于 root$=c'\neq R$,算法将执行第 1 步、第 2 步、第 13~20 步。第 1 步和第 2 步需要 $O(1)$ 时间,第 20 步需要 $O(m)$ 时间。下面分析算法第 13~19 步的 While 循环需要的时间。

首先分析第 16~19 步的 For 循环需要的时间。第 17~19 步需要 $O(|c|)$ 时间。从而,第 16 步至第 19 步的循环需要的时间为 $O(\sum_{c\in T-\{c'\}}|c|)$。

显然,第 15~19 步需要的时间为 $O(B\sum_{c\in T-\{c'\}}|c|)=O(\sum_{c\in T-\{c'\}}|c|)$。

由于第 14 步需要 $O(B)=O(1)$ 时间,第 13~19 步的 While 循环需要的时间为 $O((|c'|/B)\sum_{c\in T-\{R\}}|c|)=O(|c'|\sum_{c\in T-\{c'\}}|c|)$。

总之，$c_t = c' \neq R$ 时函数 In-Mem-Comp(T) 的时间复杂性为 $O\left(|c'| \sum\limits_{c \in T-\{c'\}} |c| + m\right)$。证毕。

从引理 5.5.3 和引理 5.5.4，可以得到如下定理。

定理 5.5.4 当输入树 T 的根为 root 时，算法函数 In-Mem-Comp(T) 的时间复杂性如下：

当 root $= R$ 时，算法的时间复杂性为 $O\left(N\left(k + \log\log H + \sum\limits_{c \in T-\{R\}} \log|c|\right) + m\right)$。

当 root $= c' \neq R$ 时，算法的时间复杂性为 $O\left(|c'| \sum\limits_{c \in T-\{c'\}} \log|c| + m\right)$。

2）函数 Out-Mem-Comp 的时间复杂性

下面的定理 5.5.5 给出了函数 Out-Mem-Comp 的时间复杂性。对于函数 Out-Mem-Comp 的任意输入树 T，$T \in \Gamma_2$。从算法 Split-Cuboid-Tree 可知 T 必为二级树，即只有根节点和叶节点。

定理 5.5.5 设二级树 $T = (V, E, \varphi)$ 是以 root 为根的输入。在 root 的 m 条出边中，m_1 条边的标记为 pfx，m_2 条边的标记为 ppfx，m_3 条边的标记为 sfx，而且

- node(pfx) $= \{c_{11}, c_{12}, \cdots, c_{1m1}\}$ 是入边标记为 pfx 的 T 中节点集合。
- node(ppfx) $= \{c_{21}, c_{22}, \cdots, c_{2m2}\}$ 是入边标记为 ppfx 的 T 中节点集合。
- node(sfx) $= \{c_{31}, c_{32}, \cdots, c_{3m3}\}$ 是入边标记为 sfx 的 T 中节点集合。

则函数 Out-Mem-Comp 的时间复杂性为

$$\sum\limits_{c \in \text{node(pfx)}} \text{cost}_{\text{pfx}}(\text{root}, c) + \sum\limits_{c \in \text{node(ppfx)}} \text{cost}_{\text{ppfx}}(\text{root}, c) + \sum\limits_{c \in \text{node(sfx)}} \text{cost}_{\text{sfx}}(\text{root}, c)$$

证明：从本节前面的分析可知这 3 种算法的时间复杂性。

(1) 算法 Prefix(c', c) 的时间复杂性 $\text{cost}_{\text{pfx}}(c', c)$ 如下：

- 当 $c' = R$ 时，$\text{cost}_{\text{pfx}}(c', c) = O(N \log\log H)$。
- 当 $c' \neq R$ 时，$\text{cost}_{\text{pfx}}(c', c) = O(|c'|)$。

(2) 算法 PPfix(c', c) 的时间复杂性 $\text{cost}_{\text{ppfx}}(c', c)$ 如下：

- 当 $c' = R$ 时，$\text{cost}_{\text{ppfx}}(c', c) = O((|c'|^2 + N|)\log\log H + N\log|c'|)$。
- 当 $c' \neq R$ 时，$\text{cost}_{\text{ppfx}}(c', c) = O(|c'|\log|c'|)$。

(3) 算法 Sufix(c', c) 的时间复杂性 $\text{cost}_{\text{sfx}}(c', c)$ 如下：

- 当 $c' = R$ 时，$\text{cost}_{\text{sfx}}(c', c) = O((|c'| + |c(F)|)\log\log|\text{Hd}| + |c(F)|\log|c'|)$。
- 当 $c' \neq R$ 时，$\text{cost}_{\text{sfx}}(c', c) = O(|c'|\log|c'|)$。

从函数 Out-Mem-Comp 可知，算法 Prefix(root, c) 被执行了 m_1 次，算法 PPfix(root, c) 被执行了 m_2 次，算法 Sufix(root, c) 被执行了 m_3 次。于是，函数 Out-Mem-Comp 的时间复杂性为

$$\sum\limits_{c \in \text{node(pfx)}} \text{cost}_{\text{pfx}}(\text{root}, c) + \sum\limits_{c \in \text{node(ppfx)}} \text{cost}_{\text{ppfx}}(\text{root}, c) + \sum\limits_{c \in \text{node(sfx)}} \text{cost}_{\text{sfx}}(\text{root}, c)$$

证毕。

3）算法 Alg-Cube 的时间复杂性

根据定理 5.5.4 和定理 5.5.5，可以得到算法 Alg-Cube 的时间复杂性。

定理 5.5.6 给定 $R(D_1, D_2, \cdots, D_k; M)$ 的压缩结果 $(c(F), \text{Hd})$、R 的维属性次序 ord $=$

$D_1 \ll D_2 \ll \cdots \ll D_k$、Cube($R$, Agg) 的执行计划 Plan $=(\Gamma, \Gamma_1 \bigcup \Gamma_2, \mathcal{R})$，则算法 Alg-Cube 的时间复杂性为 $\sum\limits_{T \in \Gamma_1} \text{Time}(\text{In-Mem-Comp}(T)) + \sum\limits_{T \in \Gamma_2} \text{Time}(\text{Out-Mem-Comp}(T))$，其中，$\text{Time}(\text{In-Mem-Comp}(T))$ 是 In-Mem-Comp(T) 需要的时间，$\text{Time}(\text{Out-Mem-Comp}(T))$ 是 Out-Mem-Comp(T) 需要的时间。

证明：从算法 Alg-Cube 以及定理 5.5.4 和定理 5.5.5 可知，算法 Alg-Cube 的时间复杂性为 $\sum\limits_{T \in \Gamma_1} \text{Time}(\text{In-Mem-Comp}(T)) + \sum\limits_{T \in \Gamma_2} \text{Time}(\text{Out-Mem-Comp}(T))$。证毕。

5.6　压缩图上的可达性判定算法

目前大图数据在各种应用领域中普遍存在。例如，在社交网络、Web 图和推荐网络中，大图数据越来越普遍，Facebook 公司目前已经具有超过 8 亿个用户和 1040 亿个链接。直接在规模如此大的图数据上进行任何问题求解都是非常困难的。压缩计算方法是提高大图数据计算效率的一种有效途径。本节介绍如何应用压缩计算方法求解大图数据上的可达性判定问题。

5.6.1　问题定义

首先介绍几个有关的基本概念。

定义 5.6.1　无向图定义为 $G=(V,E)$，其中，V 是节点集合，$E \subseteq V \times V$ 是边集合，$(u,v) \in E$ 表示 G 的一条边。

定义 5.6.2　有向图定义为 $G=(V,E)$，其中，V 是节点集合，$E \subseteq V \times V$ 是边集合，$(u,v) \in E$ 表示从节点 u 到节点 v 的有向边。

在有向图中 $(u,v) \neq (v,u)$，而在无向图中 $(u,v)=(v,u)$。

定义 5.6.3　具有节点标记的有向图定义为 $G=(V,E,L)$，其中，V 是节点集合，$E \subseteq V \times V$ 是边集合，$(u,v) \in E$ 表示从节点 u 到节点 v 的有向边，映射 $L: V \rightarrow \Sigma$ 为每个节点 $v \in V$ 确定一个标记 $L(v) \in \Sigma$，Σ 是标记集合。

可以类似地定义具有节点标记的无向图。在实际问题中，节点标记可以是关键字、社会角色、评分等。

本节给出的算法适用于上面定义的不同类型的图。以下仅考虑具有节点标记的有向图。本节的算法也适用于有标记或无标记的无向图和无标记的有向图。在下面的讨论中，除非特殊说明，图均指有节点标记的有向图。

定义 5.6.4　设 $G=(V,E,L)$ 是一个图。G 中从节点 v_0 到节点 v_n 的路径 ρ 是 V 中的节点序列 $\rho=(v_0,v_1,\cdots,v_n)$，满足对于每个 $1 \leqslant i \leqslant n$，$(v_{i-1},v_i) \in E$。路径 ρ 的长度为 n，即 ρ 中的边数，记为 $\text{len}(\rho)$。如果 $\text{len}(\rho) \geqslant 1$，则称路径 ρ 为非空路径。

定义 5.6.5　设 $G=(V,E,L)$ 是一个图。对于 V 中任意两个节点 u 和 v，如果 G 中存在从节点 u 到节点 v 的路径 $\rho=(u=v_0,v_1,\cdots,v_n=v)$，则称节点 u 可达 v。节点 u 到 v 的距离是从 u 到 v 的最短路径的长度。

现在，可以给出可达性判定问题的定义了。

定义 5.6.6 可达性判定问题定义如下：

输入：图 $G=(V,E,L)$，$u \in V$，$v \in V$。

输出：如果从 u 可达 v，则输出 True；否则输出 False。

5.6.2 图压缩方法

本节讨论有效支持可达性判定问题求解的图压缩方法。这种压缩方法称为保持可达性信息的压缩方法，可以支持一类与可达性相关的问题的求解。

定义 5.6.7 设 $G=(V,E,L)$ 是一个图。图 G 上的可达性关系 $\mathrm{Re} \subseteq V \times V$ 定义如下：$(u,v) \in \mathrm{Re}$ 当且仅当下面 3 个条件成立：

(1) u 和 v 相互可达。

(2) $\forall x \in V$，x 可达 u iff x 可达 v。

(3) $\forall x \in V$，u 可达 x iff v 可达 x。

引理 5.6.1 令 Re 是图 $G=(V,E,L)$ 上的可达性关系，则 $(u,v) \in \mathrm{Re}$ 当且仅当 u 和 v 具有相同前辈节点集与相同后代节点集并且 u 和 v 相互可达。

证明：设 $(u,v) \in \mathrm{Re}$，x 是 V 中的任意节点。一方面，如果 x 是 u 的前辈，则 x 可达 u。由定义 5.6.7 的条件(2)，x 可达 v，即 x 也是 v 的前辈；类似地可以证明，如果 x 是 v 的前辈，则 x 也是 u 的前辈。于是，u 和 v 具有相同的前辈。另一方面，如果 x 是 u 的后代，则 u 可达 x。由定义 5.6.7 的条件(3)，v 可达 x，即 x 也是 v 的后代；类似地可以证明，如果 x 是 v 的后代，则 x 也是 u 的后代。于是，u 和 v 具有相同的后代。根据定义 5.6.7 的条件(1)，u 和 v 相互可达。总之，u 和 v 具有相同前辈节点集与相同后代节点集并且 u 和 v 相互可达。

设 u 和 v 具有相同的前辈和后代并且相互可达。u 和 v 显然满足定义 5.6.7 的条件(1)。$\forall x \in V$，如果 x 可达 u，则由于 u 可达 v，x 也可达 v；类似地可以证明，如果 x 可达 v，x 也可达 u。于是，u 和 v 满足定义 5.6.7 的条件(2)。$\forall x \in V$，如果 u 可达 x，则由于 v 和 u 具有共同后代，v 可达 x；类似地可以证明，如果 v 可达 x，u 也可达 x。于是，u 和 v 满足定义 5.6.7 的条件(3)。由于 u 和 v 满足定义 5.6.7 的 3 个条件，$(u,v) \in \mathrm{Re}$。证毕。

引理 5.6.2 令 Re 是图 $G=(V,E,L)$ 上的可达性关系，则 Re 是等价关系，即满足自反性、对称性和传递性。

证明：

(1) 自反性。由于 u 与 u 自身具有相同前辈节点集与相同后代节点集并且相互可达，从引理 5.6.1 可知，$(u,u) \in \mathrm{Re}$。从而，Re 满足自反性。

(2) 对称性。如果 $(u,v) \in \mathrm{Re}$，则 u 与 v 具有相同前辈节点集与相同后代节点并且相互可达，从而 v 与 u 具有相同前辈节点集与相同后代节点集并且相互可达，$(v,u) \in \mathrm{Re}$。从而，Re 满足对称性。

(3) 传递性。设 $(u,v) \in \mathrm{Re}$，$(v,w) \in \mathrm{Re}$。从 $(u,v) \in \mathrm{Re}$ 可知，u 与 v 具有相同前辈节点集与相同后代节点集并且相互可达；从 $(v,w) \in \mathrm{Re}$ 可知，v 与 w 具有相同前辈节点集与相同后代节点集并且相互可达。于是，u 与 w 具有相同前辈节点集与相同后代节点集并且相互可达，从而 $(u,w) \in \mathrm{Re}$。于是，Re 满足传递性。证毕。

设 Re 是图 $G=(V,E,L)$ 上的可达性关系。由于 Re 是等价关系，Re 可以把 V 划分为等

价类集族 $\mathrm{Partition}(V) = \{V_1, V_2, \cdots, V_k\}$，满足：如果 $i \neq j$ 则 V_i 和 V_j 互不相交，而且 $V = \bigcup\limits_{i=1}^{k} V_i$。对于 $v \in V$，用 $\mathrm{Re}(v)$ 表示包含 v 的等价类。

给定图 $G = (V, E, L)$ 和 G 上的可达性关系 Re，可以使用 Re 把图 G 压缩为 $G_c = (V_c, E_c, L_c)$，其中，

$$V_c = \{\mathrm{Re}(v) \mid v \in V\},$$

$$E_c = \{(\mathrm{Re}(u), \mathrm{Re}(v)) \mid \exists u' \in \mathrm{Re}(u), \exists v' \in \mathrm{Re}(v), (u', v') \in E)\}$$

$\forall w \in V_c, L_c(w) = \Sigma$ 中的固定标记 σ。在 5.6.4 节将证明：在 G 中 u 可达 v 当且仅当在 G_c 中 $\mathrm{Re}(u)$ 可达 $\mathrm{Re}(v)$。因此，G_c 称为 G 的保持可达性信息的压缩图。

直观地，$\forall v \in V$，都有 $\mathrm{Re}(v) \in V_c$ 与之对应；$\forall (v, u) \in E$，都有 $(\mathrm{Re}(u), \mathrm{Re}(v)) \in E_c$ 与之对应。

显然，因为 $|V_c| \leqslant |V|$ 且 $|E_c| \leqslant |E|$，所以 $|G_c| \leqslant |G|$。压缩比 $|G| / |G_c|$ 依赖于 $|\mathrm{Partition}(V)|$，$|\mathrm{Partition}(V)|$ 越小，压缩比 $|G| / |G_c|$ 就越大。本书作者通过大量实验表明，$|G_c|$ 平均仅为 $|G|$ 的 5%[9]。

现在讨论图的保持可达性信息的压缩算法，简记作 Re-Compress。算法 Re-Compress 的详细描述见 Algorithm 5.6.1。

Algorithm 5.6.1：Re-Compress
输入：图 $G = (V, E, L)$。
输出：G 的保持可达性信息的压缩图 $G_c = (V_c, E_c, L_c)$。
1. $V_c := \varnothing$；$E_c := \varnothing$；
/* 第一阶段：计算 G 的关系 Re 和 $\mathrm{Partition}$ */
2. **For** $\forall v \in V$ **Do**
3.   向前使用宽度优先搜索计算 v 的后代节点集合 $D(v)$；
4.   向后使用宽度优先搜索计算 v 的前辈节点集合 $P(v)$；
5. **While** $V \neq \varnothing$ **Do**
6.   任取 $u \in V$；
7. $V := V - \{u\}$；
8.   **For** $\forall v \in V$ **Do**
9.   **If** $(D(u) = D(v)) \wedge (P(u) = P(v)) \wedge (u$ 和 v 相互可达$)$
10.   **Then** $\mathrm{Re}(u) := \mathrm{Re}(u) \bigcup \{v\}$, $V := V - \{v\}$；
11. $\mathrm{Partition} := \mathrm{Partition} \bigcup \{\mathrm{Re}(u)\}$；
/* 第二阶段：构造 $G_c = (V_c, E_c, L_c)$ */
12. **For** $\forall S \in \mathrm{Partition}$ **Do**
13. $V_c := V_c \bigcup \{v_S\}$; $L_c(v_S) := \sigma$;   /* σ 是一个固定标记 */
14. **For** $\forall v_S, v_{S'} \in V_c$ **Do**
15.   **If** $(\exists u \in S) \wedge (\exists v \in S')$ 满足 $(u, v) \in E$ 且当前 v_S 不可达 $v_{S'}$
16.   **Then** $E_c := E_c \bigcup \{(v_S, v_{S'})\}$；
17. 返回 $G_c = (V_c, E_c, L_c)$.

给定图 $G = (V, E, L)$，算法 Re-Compress 分为两个阶段计算 G 的保持可达性信息的压缩图 $G_c = (V_c, E_c, L_c)$。

第一阶段，计算 G 的可达性关系 Re 和由 Re 导出的 V 的分类。$\forall u \in V$，首先通过向前和向后宽度优先搜索，计算 u 的前辈节点集与后代节点集；然后，把具有相同前辈节点集与

相同后代节点集的节点归并为一类,例如把所有与 u 具有相同前辈节点集与相同后代节点集的节点加入 Re(u);最后把所有的类加入 Partition。

第二阶段,构造 $G_c = (V_c, E_c, L_c)$。首先,$\forall S \in$ Partition,算法建立一个节点 v_S,并为其分配一个标记 σ,加入 V_c;然后,构造 E_c:如果 $\exists (u, v) \in E, u \in S \in$ Partition 和 $v \in S' \in$ Partition,而且在当前的 G_c 中与 S 对应的 v_S 不可达与 S' 对应的 $v_{S'}$,则将 $(v_S, v_{S'})$ 放入 E_c 中。

下面的定理 5.6.1 给出了算法 Re-Compress 的时间复杂性。

定理 5.6.1 算法 Re-Compress 的时间复杂性为 $O(|V|^3 + |V|^2|E|)$。

证明:首先分析算法第一阶段需要的时间。算法的第 1 步需要 $O(1)$ 时间。第 2~4 步的循环至多需要 $O(|V||E|)$ 时间。

第 5~11 步的循环建立 Partition。第 6、7 步需要 $O(1)$ 时间。在建立 Partition 的第 i 个等价类 $C_i =$ Re(u) 时,第 9 步判定 $(D(u) = D(v)) \wedge (P(u) = P(v))$ 需要 $O(|V|)$ 时间,判定 u 和 v 相互可达需要 $O(|E|)$ 时间,第 10 步需要 $O(1)$ 时间。于是第 8~10 步的循环需要 $O(|V|^2 + |V||E|)$ 时间。由于 Partition 只需要存储类的名字,第 11 步需要 $O(1)$ 时间。于是,第 5~11 步的循环需要 $O(|\text{Partition}|(|V|^2 + |V||E|))$ 时间。由于 $|\text{Partition}| \leqslant |V|$,第 5~11 步的循环需要 $O(|V|^3 + |V|^2|E|)$ 时间。于是,第一阶段需要 $O(|V||E| + |V|^3 + |V|^2|E|) = O(|V|^3 + |V|^2|E|)$ 时间。

然后分析算法第二阶段需要的时间。第 12、13 步的循环需要的时间为 $O(|\text{Partition}|)$。由于 $|\text{Partition}| \leqslant |V|$,第 12、13 步的循环需要 $O(|V|)$ 时间。由于第 14~16 步的循环执行 $|V_c|^2$ 次,第 15 步需要 $O(|S| + |S'| + |E| + |E_c|) = O(|V| + |E| + |E_c|)$ 时间,第 16 步需要 $O(|1|)$ 时间,第 14~16 步的循环需要 $O(|V_c|^2(|V| + |E| + |E_c|))$ 时间。于是,第二阶段需要 $O(|V| + |V_c|^2(|V| + |E| + |E_c|)) = O(|V_c|^2(|V| + |E| + |E_c|))$ 时间。

总之,算法 Re-Compress 的时间复杂性为 $O(|V|^3 + |V|^2|E| + |V_c|^2(|V| + |E| + |E_c|))$。由于 $|V_c| \leqslant |V|$ 且 $|E_c| \leqslant |E|$,算法 Re-Compress 的时间复杂性为

$$O(|V|^3 + |V|^2|E| + |V|^2(|V| + |E| + |E|)) = O(|V|^3 + |V|^2|E|)$$

证毕。

算法 Re-Compress 可以被进一步优化。给定图 G,可以首先把 G 中的强联通分量收缩为一个节点,得到图 G_{scc}。然后,使用算法 Re-Compress 压缩 G_{scc}。这样,可以得到一个比 $|G|$ 更小的压缩图,并且不丢失可达性信息。算法 Re-Compress 是预处理过程,其复杂性不影响可达性查询的复杂性。

5.6.3 算法设计

在下面的讨论中,使用 $Q(u, v)$ 表示查询"u 可达 v 吗?"。现在设计求解可达性判定问题的算法 Reachability-Test。首先为 V 建立一个指向 Partition $= \{\text{Re}(v) | v \in V\}$ 的索引表 I_{Re}。$\forall (v, p) \in I_{\text{Re}}, v \in V, p$ 是指向 Re(v) 的指针。I_{Re} 按照节点名字 v 排序。给定图 $G = (V, E, L)$、G 的保持可达性信息压缩图 $G_c = (V_c, E_c, L_c)$、$u \in V$ 和 $v \in V$,算法 Reachability-Test 分两步处理查询 $Q(u, v)$。首先,算法把 $Q(u, v)$ 转换为 G_c 上的查询 $Q(\text{Re}(u), \text{Re}(v))$。然后,算法在图 G_c 上处理查询 $Q(\text{Re}(u), \text{Re}(v))$:如果 Re($u$) 可达 Re($v$),则回答 True;否则回答 False。算法的详细描述见 Algorithm 5.6.2。

Algorithm 5.6.2：Reachability-Test
输入：图 $G=(V,E,L)$ 的压缩图 $G_c=(V_c,E_c,L_c)$，索引 I_{Re}；
　　　V 由关系 Re 划分的结果 Partition$=\{Re(v)\mid v\in V\}$；
　　　$u\in V,v\in V$。
输出：如果 u 可达 v，则返回 True；否则返回 False。
1. 使用索引 I_{Re} 在 Partition 中查找 $Re(u)$ 和 $Re(v)$；
2. **If** $Re(u)=Re(v)$ /＊ 若 u 和 v 在 I_{Re} 中的指针相同则 $Re(u)=Re(v)$ ＊/
3. **Then** 返回 True，停止；
4. **Else If** G_c 中存在 $Re(u)$ 到 $Re(v)$) 的路径
5. **Then** 返回 True；
6. **Else** 返回 False.

5.6.4 算法分析

下面的定理 5.6.2 证明了算法 Reachability-Test 的正确性。

定理 5.6.2 给定图 $G=(V,E,L)$，G 的保持可达信息的压缩图 $G_c=(V_c,E_c,L_c)$，u，$v\in V$，V 由可达性关系 Re 划分的结果 Partition$=\{Re(v)\mid v\in V\}$，则 u 可达 v 当且仅当在 G_c 中 $Re(u)$ 可达 $Re(v)$。

证明：设在 G 中 u 可达 v，其连接路径为 $(u,v_1,v_2,\cdots,v_k,v)$，下面证明 $Re(u)$ 可达 $Re(v)$。如果 $Re(u)=Re(v)$，显然 $Re(u)$ 可达 $Re(v)$。如果 $Re(u)\neq Re(v)$，由 E_c 的定义可知，$(Re(u),Re(v_1),Re(v_2),\cdots,Re(v_k),Re(v))$ 是连接 $Re(u)$ 和 $Re(v)$ 的路径，即 $Re(u)$ 可达 $Re(v)$。请注意，由于 $(Re(u),Re(v_1),Re(v_2),\cdots,Re(v_k),Re(v))$ 中某些等价类可能相等，所以 $(Re(u),Re(v_1),Re(v_2),\cdots,Re(v_k),Re(v))$ 中可能包含可删除的环。如果是这样，可以删除这样的环，得到一条从 $Re(u)$ 到 $Re(v)$ 的无环路径。

设在 G_c 中 $Re(u)$ 可达 $Re(v)$，下面证明 u 可达 v。如果 $Re(u)=Re(v)$，则 $(u,v)\in Re(u)=Re(v)$。根据定义 5.6.7 的条件(1)，u 可达 v。如果 $Re(u)\neq Re(v)$，则 $Re(u)$ 和 $Re(v)$ 之间必存在连接路径，设其为 $(Re(u=v_0),Re(v_1),Re(v_2),\cdots,Re(v_k),Re(v=v_{k+1}))$。下面证明在 G 中 u 可达 v。显然，对于 $0\leqslant i\leqslant k$，$(Re(v_i),Re(v_{i+1}))\in E_c$。从 E_c 的定义可知，由于 $(Re(v_i),Re(v_{i+1}))\in E_c$，必存在 $x\in Re(v_i)$ 和 $y\in Re(v_{i+1})$，使得 $(x,y)\in E$。注意到 $\forall v\in V$，v 既是 v 的前辈也是 v 的后代，$Re(v_i)$ 中存在 G 的连接 v_i 到 x 的路径，$Re(v_{i+1})$ 中存在 G 的连接 y 到 v_{i+1} 的路径。于是，$(Re(v_i),Re(v_{i+1}))\in E_c$ 蕴含着 G 中存在一条由 v_i 到 v_{i+1} 的路径 p_i。对于 $0\leqslant i\leqslant k$，连接所有路径 p_i，就得到 G 中一条连接 u 到 v 的路径，即在 G 中 u 可达 v。证毕。

下面的定理 5.6.3 给出了算法 Reachability-Test 的时间复杂性。

定理 5.6.3 设 $G_c=(V_c,E_c,L_c)$ 是图 $G=(V,E,L)$ 的保持可达信息的压缩图，$u\in V$，$v\in V$。如果算法 Reachability-Test 第 4 步需要 $T(|V_c|,|E_c|)$ 时间，则算法 Reachability-Test 可以在 $O(\log|V|+T(|V_c|,|E_c|))$ 时间内计算 $Q(x,y)$。

证明：利用有序索引 I_{Re}，算法的第 1 步需要 $O(\log|V|)$ 时间，第 2 步需要 $O(\log|V|)$ 时间。算法第 4 步需要 $T(|V_c|,|E_c|)$ 时间。算法的第 3、5、6 步需要 $O(1)$ 时间。总之，算法需要 $O(\log|V|+T(|V_c|,|E_c|))$ 时间。证毕。

如果使用元素为 0 或 1 的邻接矩阵 M 表示图 G_c，并以预处理方式计算出 M 的传递闭包 M^∞，则算法 Reachability-Test 的第 4 步仅需 $T(|V_c|,|E_c|)=O(1)$ 时间。从而，可以

断定算法 Reachability-Test 是一个亚线性时间算法。于是,下面的推论 5.6.1 成立。

推论 5.6.1 设 $G_c=(V_c,E_c,L_c)$ 是图 $G=(V,E,L)$ 的保持可达信息的压缩图,$u\in V$,$v\in V$。如果使用元素为 0 或 1 的邻接矩阵 M 表示图 G_c,并以预处理方式计算出 M 的传递闭包 M^∞,则算法 Reachability-Test 可以在 $O(\log|V|)$ 时间内计算出 $Q(x,y)$。

如果使用元素为 0 或 1 的邻接矩阵 M 表示图 G_c,以预处理方式计算出 M 的传递闭包 M^∞,不用排序方法而代之以 Hash 方法组织索引 I_{Re},并且搜索 Hash 表的平均时间为 $O(1)$,则算法 Reachability-Test 的第 1、2 步平均需要 $O(1)$ 时间,第 4 步仅需要 $T(|V_c|,|E_c|)=O(1)$ 时间。从而,可以推导出算法 Reachability-Test 的平均时间复杂性为 $O(1)$。于是,有下面的推论 5.6.2。

推论 5.6.2 设 $G_c=(V_c,E_c,L_c)$ 是图 $G=(V,E,L)$ 的保持可达信息的压缩图,$u\in V$,$v\in V$。如果使用 Hash 方法存储索引 I_{Re},并且使用元素为 0 或 1 的邻接矩阵 M 表示图 G_c,并以预处理方式计算出 M 的传递闭包 M^∞,则算法 Reachability-Test 的平均时间复杂性为 $O(1)$。

5.7 压缩图上的图模式匹配算法

图模式匹配是图上的重要操作,应用范围很广。本节介绍如何应用压缩计算方法设计与分析有向无环图上的图模式匹配算法。本节介绍的压缩方法和图模式匹配算法很容易扩展到一般图。

5.7.1 问题定义

5.6.1 节已经介绍了具有节点标记的有向图的基本概念。现在定义与图模式匹配问题相关的概念。在下面的讨论中,使用 $\mathrm{len}(\rho)$ 表示图中路径 ρ 的长度。

定义 5.7.1 图模式定义为 $Q_p=(V_p,E_p,f_V,f_E)$,其中,(V_p,E_p) 是一个有向无环图,f_V 是定义在节点集合 V_p 上的节点标记映射:$V_p\to\Gamma$,Γ 是节点标记集合,f_E 是定义在 E_p 上的映射:$E_p\to\mathbf{N}\cup\{*\}$,$\mathbf{N}$ 是自然数集合。$\forall u\in V_p$,$f_V(u)$ 称为节点 u 的标记。$\forall(u,v)\in E_p$,$f_E(u,v)$ 称为边 (u,v) 的界限。

定义 5.7.2 设 $G=(V,E,L)$ 是一个具有节点标记的有向无环图,$Q_p=(V_p,E_p,f_V,f_E)$ 是一个图模式。如果存在一个满足下列条件的二元关系 $S\subseteq V_p\times V$,则称图 G 匹配图模式 Q_p,S 称为 Q_p 在 G 中的一个匹配:

(1) $\forall u\in V_p$,$\exists v\in V$,使得 $(u,v)\in S$。

(2) 如果 $(u,v)\in S$,则 $f_V(u)=L(v)$。

(3) 如果 $(u,v)\in S$,则 $\forall(u,u')\in E_p$,G 中存在从 v 到 v' 的非空路径 ρ,满足

- $(u',v')\in S$。
- 如果 $f_E(u,u')=*$,则 $\mathrm{len}(\rho)$ 无限制;否则 $\mathrm{len}(\rho)\leqslant f_E(u,u')$。

设 S 是图模式 $Q_p=(V_p,E_p,f_V,f_E)$ 在 $G=(V,E,L)$ 中的匹配。直观地,$(u,v)\in S$ 是指:$f_V(u)=L(v)$,同时 Q_p 的每条边 (u,u') 被映射到 G 的一个路径 $\rho=(v,\cdots,v')$,使得 $(u',v')\in S$,而且,若 $f_E(u,u')=k$ 则 ρ 的长度 $\mathrm{len}(\rho)\leqslant k$,若 $f_E(u,u')=*$ 则 $\mathrm{len}(\rho)$ 无限制。

例 5.7.1 图 5.7.1 中的 $G=(V,E,L)$ 是一个具有多个零售商的推荐网络的一部分。V

中的节点分别表示顾客(C)、书籍零售商(BSA)、音乐零售商(MSA)、服务商(FA)。服务商帮助顾客寻找书籍零售商和音乐零售商。为了发现潜在的购买者,书籍拥有者可能发布一个图模式,如图 5.7.1 中的 Q_p 所示,试图发现一组书籍零售商$\{BSA_i\}$,每个 BSA_i 都可达一组顾客$\{C_j\}$和一组服务商$\{FA_k\}$,每个顾客都对这组服务商$\{FA_k\}$感兴趣,而且每个顾客都可以由书籍零售商在 2 跳内到达。

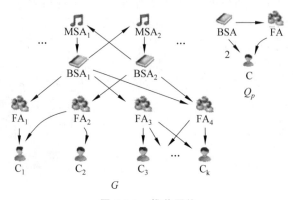

图 5.7.1　推荐网络

定义 5.7.3　设 $G=(V,E,L)$ 是一个有向无环图,$Q_p=(V_p,E_p,f_V,f_E)$ 是一个图模式。如果 Q_p 在 G 中的匹配 S 满足:对于 Q_p 在 G 中的任意匹配 S' 都有 $S'\subseteq S$,则称 S 是 Q_p 在 G 中的最大匹配,记作 $Q_p(G)$。

在文献[5]中已经证明,Q_p 在 G 中的最大匹配 $Q_p(G)$ 是唯一的。现在,可以给出匹配问题的定义了。

定义 5.7.4　图模式匹配问题定义如下:

输入:有向无环图 $G=(V,E,L)$,图模式 $Q_p=(V_p,E_p,f_V,f_E)$。

输出:Q_p 在 G 中的最大匹配 $Q_p(G)$。

下面是图模式匹配问题的一个特殊形式:

输入:有向无环图 $G=(V,E,L)$,图模式 $Q_p=(V_p,E_p,f_V,f_E)$。

输出:如果 G 匹配 Q_p,则返回 True;否则返回 False。

下面先介绍一种支持求解图模式匹配问题的图压缩方法,然后讨论在压缩图上直接求解图模式匹配问题的算法的设计与分析。

5.7.2　图压缩方法

本节介绍一种保持模式匹配信息的图压缩方法。这种压缩方法可以有效地支持直接在压缩图上求解图模式匹配问题。这种压缩方法基于一种称为互模拟的关系,其定义如下。

定义 5.7.5　给定有向无环图 $G=(V,E,L)$,G 上的互模拟关系是一个如下定义的二元关系 $Bs\subseteq V\times V$:对于 V 中任意 u 和 v,如果下列条件成立,则$(u,v)\in Bs$。

(1) $L(u)=L(v)$。

(2) $(u,u')\in E \Rightarrow \exists v'[(v,v')\in E \ \wedge \ (u',v')\in Bs]$。

(3) $(v,v')\in E \Rightarrow \exists u'[(u,u')\in E \ \wedge \ (u',v')\in Bs]$。

定义 5.7.5 的直观意义是:$(u,v)\in Bs$ 当且仅当 $L(u)=L(v)$,而且对于 u 的每个子节

点 u' 都存在 v 的一个子节点 v' 使得 $(u',v')\in Bs$，同时对于 v 的每个子节点 v' 都存在 u 的一个子节点 u' 使得 $(u',v')\in Bs$。在以下讨论中，如果 $(u,v)\in Bs$，称 u 与 v 互相似。

从定义 5.7.5 可知，如果 $L(u)=L(v)$ 且 u 和 v 都无子节点，则 $(u,v)\in Bs$。

定义 5.7.6　给定有向无环图 $G=(V,E,L)$，如果 G 上的任何一个互模拟关系 Bs 都是 Rb 的子集合，G 上的一个互模拟关系称为最大互模拟关系（记作 Rb）。

引理 5.7.1　对于任何有向无环图 $G=(V,E,L)$，G 上的最大互模拟关系 Rb 是等价关系，即满足自反性、对称性和传递性。

证明：

（1）自反性。$\forall u\in V$，证明 $(u,u)\in Rb$。

由于 $L(u)=L(u)$，(u,u) 满足定义 5.7.5 的（1）。

设 $(u,v)\in E$ 且 v 的出度为 0。由于 $L(v)=L(v)$ 且 v 无子节点，定义 5.7.5 的（1）、（2）和（3）为真，从而 $(v,v)\in Rb$。于是，$(u,v)\in E \Rightarrow \exists v'=v[(u,v)\in E \wedge (v,v)\in Rb]$ 为真，即对于 (u,u) 来说定义 5.7.5 的（2）和（3）为真，进而 $(u,u)\in Rb$。

设 $(u,v)\in E$ 且 v 的出度大于 0。由于 G 是有向无环图，可以设 $(v,v_1,v_2,\cdots,v_k)$ 是起点为 v 的任意路径，其中 v_k 的出度为 0。由于 v_k 无子节点且 $L(v_k)=L(v_k)$，(v_k,v_k) 满足定义 5.7.5 的（1）、（2）和（3），从而 $(v_k,v_k)\in Rb$。类似于上面的证明，对于 $1\leqslant i\leqslant k$，$(v_i,v_i)\in Rb$ 并且 $(v,v)\in Rb$。于是，$(u,v)\in E \Rightarrow \exists v'=v[(u,v)\in E \wedge (v,v)\in Bs]$ 为真，即 (u,u) 满足定义 5.7.5 的（2）和（3），进而 $(u,u)\in Bs$。

总之，Rb 满足自反性。

（2）对称性。若 $(u,v)\in Rb$，则定义 5.7.5 的（1）、（2）和（3）为真，从而下面两式为真：
$$(u,u')\in E \Rightarrow \exists v'[(v,v')\in E \wedge (u',v')\in Rb]$$
$$(v,v')\in E \Rightarrow \exists u'[(u,u')\in E \wedge (u',v')\in Rb]$$

显然，下面两式为真：
$$(v,v')\in E \Rightarrow \exists u'[(u,u')\in E \wedge (u',v')\in Rb]$$
$$(u,u')\in E \Rightarrow \exists v'[(v,v')\in E \wedge (u',v')\in Rb]$$

从而，(v,u) 满足定义 5.7.5 的（1）、（2）和（3），即 $(v,u)\in Rb$。Rb 满足对称性。

（3）传递性。设 $(u,v)\in Rb$ 且 $(v,t)\in Rb$，证明 $(u,t)\in Rb$。

显然，$L(u)=L(v)=L(t)$。于是，(u,t) 满足定义 5.7.5 的（1）。

如果 u 的出度为 0，则 v 和 t 出度为 0，否则与 $(u,v)\in Rb$ 和 $(v,t)\in Rb$ 矛盾。由于 u 和 t 均无子节点且 $L(u)=L(t)$，(u,t) 满足定义 5.7.5 的（1）、（2）和（3），从而 $(u,t)\in Rb$。

如果 u 的出度为不为 0，则 v 和 t 的出度也不为 0，否则与 $(u,v)\in Rb$ 和 $(v,t)\in Rb$ 矛盾。由于 G 是有向无环图以及 $(u,v)\in Rb$ 和 $(v,t)\in Rb$，用反证法可以证明：对于任意起点为 u、长度为 k 的路径 $p_u=(u,u_1,u_2,\cdots,u_k)$，必存在起点为 v、长度为 k 的路径 $p_v=(v,v_1,v_2,\cdots,v_k)$，也必存在起点为 t、长度为 k 的路径 $p_t=(t,t_1,t_2,\cdots,t_k)$，满足：

（1）对于 $1\leqslant i\leqslant k$，$L(u_i)=L(v_i)=L(t_i)$。

（2）u_k、v_k 和 t_k 出度为 0，从而 $(u_k,t_k)\in Rb$，

（3）对于 $1\leqslant i\leqslant k-1$，$(u_i,t_i)\in Rb$。

由于 $(u_1,t_1)\in Rb$，(u,t) 满足

$$(u,u'=u_1)\in E\Rightarrow\exists t'=t_1[(t,t')\in E\wedge(u',t')\in\mathrm{Rb}]$$
$$(t,t'=t_1)\in E\Rightarrow\exists u'=u_1[(u,u')\in E\wedge(u',t')\in\mathrm{Rb}]$$

从 p_u 的任意性可知，(u,t) 满足定义 5.7.5 的 (1)、(2) 和 (3)。从而，$(u,t)\in\mathrm{Rb}$。

总之，Rb 满足传递性。

综上所述，Rb 是等价关系。证毕。

设 Rb 是无环图 $G=(V,E,L)$ 上的最大互模拟关系。由于 Rb 是等价关系，Rb 可以把 V 划分为等价类集族 $\mathrm{Partition}(V)=\{V_1,V_2,\cdots,V_k\}$，满足：如果 $i\neq j$ 则 V_i 和 V_j 互不相交，而且 $V=\bigcup_{i=1}^{k}V_i$。对于 $v\in V$，用 $\mathrm{Rb}(v)$ 表示包含 v 的等价类。对于 $\mathrm{Rb}(v)$ 中的任意节点 u 和 v，$L(u)=L(v)$。可以把 $L(v)$ 作为 $\mathrm{Rb}(v)$ 的标记。

给定图 $G=(V,E,L)$ 和 G 上的最大互模拟关系 Rb，可以使用 Rb 把图 G 压缩为 $G_r=(V_r,E_r,L_r)$，其中，

$$V_r=\{\mathrm{Rb}(v)\mid v\in V\}$$
$$E_r=\{(\mathrm{Rb}(u),\mathrm{Rb}(v))\mid\exists u'\in\mathrm{Rb}(u),\exists v'\in\mathrm{Rb}(v),(u',v')\in E\}$$
$$\forall\mathrm{Rb}(v)\in V_r,L_r(\mathrm{Rb}(v))=L(v)。$$

直观地，$\forall v\in V$，存在一个节点 $\mathrm{Rb}(v)\in V_r$。$\forall(u,v)\in E$，存在一个 $(\mathrm{Rb}(u),\mathrm{Rb}(v))\in E_r,L_r(\mathrm{Rb}(v))=L(v)$。

例 5.7.2 回顾图 5.7.1 中的图 G。FA_3 和 FA_4 是互相似的。由于 FA_2 的子节点 C_2 与 FA_3 的任何子节点都不是互相似的，所以 FA_2 和 FA_3 不是互相似的。图 5.7.2 给出了图 5.7.1 中图 G 的压缩图 G_r。

接下来讨论图的保持模式匹配信息的压缩算法，简记作 Compress-pm。给定图 $G=(V,E,L)$，算法 Compress-pm 分两个阶段建立 G 的保持模式匹配信息的压缩图 $G_r=(V_r,E_r,L_r)$。

第一阶段，计算 G 的最大互模拟关系 Rb 和由 Rb 导出的 V 的分类。首先，根据定义 5.7.5 的 (2)，把 V 划分为 $\mathrm{Partition}=\{S_1,S_2,\cdots,S_k\}$，其中每个 S_i 仅包含具有相同标记的节点。然后，根据定义 5.7.5 的 (2) 和 (3)，算法循环地改善 $\mathrm{Partition}$：$\forall S_i\in\mathrm{Partition}$，如果 S_i 不满足定义 5.7.5 的 (2) 和 (3)，则划分 S_i，直至 $\mathrm{Partition}$ 中的所有集合均满足定义 5.7.5 的 (2) 和 (3)。

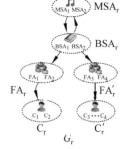

图 5.7.2 图 5.7.1 中图 G 的压缩图 G_r

第二阶段，构造 $G_r=(V_r,E_r,L_r)$。首先，$\forall S\in\mathrm{Partition}$，建立一个节点 v_S，令 $L_r(v_S)=L(v)$，并将 v_S 加入 V_r，其中 $v\in S$；然后，构造 E_r 如下：如果 $\exists(u,v)\in E,u\in S\in\mathrm{Partition}$ 和 $v\in S'\in\mathrm{Partition}$，则 $(v_S,v_{S'})\in E_r$。

算法 Compress-pm 的详细描述见 Algorithm 5.7.1。

下面详细设计算法 Compress-pm 第 4 步调用的函数 $\mathrm{Partition}(S)$ 的实现算法。

定义 5.7.7 给定有向无环图 $G=(V,E,L)$。$\forall v\in V$，节点 v 的等级 rank 递归地定义如下：

$$\begin{cases}\mathrm{rank}(v)=0, & n\text{ 的出度为 }0\\\mathrm{rank}(v)=1+\max\{\mathrm{rank}(w)\mid(v,w)\in E\}, & \text{否则}\end{cases}$$

Algorithm 5.7.1：Compress-pm

输入：图 $G = (V, E, L)$。

输出：压缩图 $G_r = (V_r, E_r, L_r)$，G 的互模拟关系 Rb 对 V 的分类 ClassSet。

/＊ 第一阶段：计算 G 的互模拟关系 Rb 对 V 的分类 ＊/

1.　Par := $\{S \mid S$ 是 V 中具有相同标记的节点的集合$\}$；ClassSet := Par；

2.　**For**　$\forall S \in$ Par　**Do**

3.　　　Class(S) := Partition(S)；　/＊ 划分 S 为等价类 $\{S_1, S_2, \cdots, S_m\}$，算法见下面 ＊/

4.　　　ClassSet := ClassSet $-\{S\} \cup$ Class(S)；

/＊ 第二阶段：构造 $G_r = (V_r, E_r, L_r)$ ＊/

5.　**For**　$\forall C \in$ ClassSet　**Do**

6.　　　$V_r := V_r \cup \{v_C\}$；$L_r(v_C) := L(v)$；/＊ v_C 是 G_r 中表示等价类 C 的图节点，$v \in C$ ＊/

7.　**For**　$\forall v_C, v_{C'} \in V_r$　**Do**

8.　　　**If**　$\exists (u, v) \in E$ 满足 $(u \in C) \wedge (v \in C')$

9.　　　**Then**　$E_r := E_r \cup \{(v_C, v_{C'})\}$；

10.　返回 $G_r = (V_r, E_r, L_r)$ 和 ClassSet 的存储地址.

命题 5.7.1　给定有向无环图 G 的节点 u 和 v，如果 $(u, v) \in$ Rb，则 rank$(u) =$ rank(v)。

证明：设 $(u, v) \in$ Rb 且 rank$(u) \neq$ rank(v)。不失一般性，令 rank$(u) <$ rank(v)。于是，存在 v 的一个子节点 v'，使得 G 中存在一条由 v' 开始到一个出度为 0 的节点 v_0 的路径 $p_{v'}$，$p_{v'}$ 的长度大于任意一条由 u 的子节点 u' 开始的路径的长度。

如果 $(u', v') \in$ Rb，必存在一个由 u' 开始的路径 $p_{u'}$ 使得 $p_{v'}$ 中的每个节点都与 $p_{u'}$ 中的一个且仅一个节点互相似，从而 $p_{u'}$ 的长度必须等于 $p_{v'}$ 的长度，与"$p_{v'}$ 的长度大于任意一条由 u 的子节点 u' 开始的路径的长度"矛盾。于是，对于 u 的任意子节点 u'，$(u', v') \notin$ Rb，与 $(u, v) \in$ Rb 矛盾。证毕。

根据命题 5.7.1，函数 Partition(S) 的实现算法如 Algorithm 5.7.2 所示。

下面分析算法 Compress-pm 的时间复杂性。

引理 5.7.2　令 $G(V, E, L)$ 的最长路径长度为 l，所有节点出度的最大值为 d，则函数 Test$(u, v, G(V, E, L))$ 的时间复杂性为 $O(2^l d^{2l})$。

证明：根据 rank 的定义，若 rank$(u) =$ rank$(v) = k$，则 $\forall (u, u') \in E$ 和 $\forall (v, v') \in E$，rank$(u') =$ rank$(v') = k-1$。令 $T(k)$ 是 Test$(u, v, G(V, E, L))$ 函数的执行时间。下面建立 $T(k)$ 的递归方程。函数的第 1、2 步需要常数 c_1 时间。第 3～7 步的循环至多执行 d 次，因此第 4 步至多需要 d 次递归调用函数 Test(u', v', G)。第 5～7 步的循环至多执行 d 次，从而第 6 步至多需要 d 次递归调用函数 Test(u', v', G)。于是第 3～6 步的循环至多需要 $d^2 T(k-1)$ 时间，其中 $T(k-1)$ 是 Test(u', v', G) 需要的时间。第 7 步需要常数 c_2 时间。函数 Test(u, v, G) 需要的时间为 $T(k) \leqslant c_1 + c_2 + 2d^2 T(k-1)$。用数学归纳法可以证明 $T(k) \leqslant T(0)(2d^2)^k + ((2d^2)^k - 1)(c_1 + c_2)/(2d^2 - 1)$。于是，$T(k) = O(2^k d^{2k})$。由于 l 是 G 的最长路径的长度，$k \leqslant l$。于是，函数 Test$(u, v, G(V, E, L))$ 的时间复杂性为 $O(2^l d^{2l})$。证毕。

引理 5.7.3　令 $G(V, E, L)$ 的最长路径长度为 l，所有节点出度的最大值为 d，函数 Partition(S) 的时间复杂性为 $O(|V|^4 + |V|^3 2^l d^{2l})$。

证明：函数 Partition(S) 的第 1～3 步可以从 G 的出度为 0 的所有节点开始，对 G 进行逆向深度优先搜索，在 $O(|V| + |E|)$ 时间内完成所有节点的 rank 和 ρ 的计算。

Algorithm 5.7.2：Partition(S)
输入：$G=(V,E,L)$，G 中所有具有相同标记的节点集合 S。
输出：S 的等价类集族 Class(S)。
1. **For** $\forall v \in S$ **Do**
2.   计算 rank(v)；
3. $\rho := \max\{\rho, \text{rank}(v)\}$； / * ρ 的初始值为 0 * /
4. **For** $\forall v \in S$ **Do**
5.   **If** rank(v)$=i$ **Then** $B_i := B_i \bigcup \{v\}$；/ * 若 rank(u)$\neq$rank(v)，则 $(u,v) \notin$ Rb * /
6. Class(S) $:= \varnothing$； Class(B_i) $:= \varnothing$；
7. **For** $0 \leqslant i \leqslant \rho$ **Do**
8.   **For** $(u,v) \in B_i \times B_i$ **Do**
9.   **If** Test(u,v,G)$=$false；/ * 如果 Test(u,v,G)$=$true 则 $(u,v) \in$ Rb * /
10.   **Then** Class(B_i) $:= \{\text{Rb}(u), \text{Rb}(v)\}$；
11.   **Else If** Rb(u)$\notin$Class(B_i)$\wedge$Rb(v)$\notin$Class(B_i)
12.   **Then** Rb(u) $:=$ Rb(u)$\bigcup\{u,v\}$；Class(B_i) $:=$ Class(B_i)$\bigcup\{\text{Rb}(u)\}$；
13.   **If** Rb(u)$\in$Class(B_i)$\wedge$Rb(v)$\notin$Class(B_i) **Then** Rb(u) $:=$ Rb(u)$\bigcup\{u,v\}$；
14.   **If** Rb(v)$\in$Class(B_i)$\wedge$Rb(u)$\notin$Class(B_i) **Then** Rb(v) $:=$ Rb(v)$\bigcup\{u,v\}$；
15.   **If** Rb(v)$\in$Class(B_i)$\wedge$Rb(u)$\in$Class(B_i)
16.   **Then** Rb(u) $:=$ Rb(u)$\bigcup$Rb(v)，Class(B_i) $:=$ Class(B_i)$-\{\text{Rb}(v)\}$；
17.   Class(S) $:=$ Class(S)$\bigcup$Class(B_i)；
18. 返回 Class(S)．
Test(u, v, $G(V, E, L)$)
输入：u, v, $G(V,E,L)$。
输出：如果 $(u,v) \in$ Rb 返回 true，否则返回 false。
1. **If** rank(u)$=$rank(v)$=0$ **Then** 返回 true，停止；
2. **If** (rank(u)$=0 \wedge$ rank(v)$\neq 0$)$\vee$(rank(u)$\neq 0 \wedge$ rank(v)$=0$) **Then** 返回 false，停止；
3. **For** $\forall (u,u') \in E$ **Do**
4.   **If** $\exists v'[(v,v') \in E \wedge \text{Test}(u',v',G(V,E,L))]=$false **Then** goto 8；
5.   **Else For** $\forall (v,v') \in E$ **Do**
6.   **If** $\exists u'[(u,u') \in E \wedge \text{Test}(u',v',G(V,E,L))]=$true
7.   **Then** 返回 true，停止；
8. 返回 false．

第 4、5 步的循环至多需要 $|V|$ 时间。第 6 步需要 $O(1)$ 时间。

根据引理 5.7.2，第 9 步需要的时间为 $O(2^l d^{2l})$。第 10~16 步至多需要 $O(|V|)$ 时间。第 9~16 步至多被执行 $|B_i|^2 \leqslant |V|^2$ 次。于是，第 8~16 步的循环需要 $O(|V|^2(|V|+2^l d^{2l}))$ 时间。由于第 7~17 步的循环需执行 ρ 次，第 8~16 步的循环总共需要 $O(\rho|V|^2(|V|+2^l d^{2l}))$ 时间。

由于 Class(S) 中的节点数等于 $|S|$，第 17 步至多需要 $O(|S|)$ 时间。第 18 步需要 $O(1)$ 时间。

综上所述，Partition(S) 的时间复杂性为 $O(|V|+|E|+|V|+\rho|V|^2(|V|+2^l d^{2l})+|S|)$。由于 $|S| \leqslant |V|$ 和 $|E| \leqslant |V|^2$，$O(|V|+|E|+|V|+\rho|V|^2(|V|+2^l d^{2l})+|S|)=O(\rho(|V|^3+|V|^2 2^l d^{2l}))$。又因为 $\rho \leqslant |V|$，Partition(S) 的时间复杂性为 $O(|V|^4+|V|^3 2^l d^{2l})$。证毕。

定理 5.7.1 如果输入图 $G(V,E,L)$ 的最长路径长度为 l，所有节点出度的最大值为 d，则算法 Compress-pm 的时间复杂性为 $O(2^l d^{2l}|V|^4+|V|^5+|E||V|^3)$。

证明：先分析算法第一阶段需要的时间。第 1 步需要 $O(|V|)$ 时间。根据引理 5.7.3，算法第 2～4 步的循环需要 $O(|\mathrm{Par}|(|V|^4+|V|^3 2^l d^{2l})+|\mathrm{ClassSet}|)$ 时间，于是，算法第一阶段需要的时间为 $O(|\mathrm{Par}|(|V|^4+|V|^3 2^l d^{2l})+|\mathrm{ClassSet}|)$。由于 $|\mathrm{Par}|\leqslant|V|$ 以及 $|\mathrm{ClassSet}|\leqslant|V|$，算法第一阶段需要的时间至多为 $O(|V|(|V|^4+|V|^3 2^l d^{2l})+|V|)=O(2^l d^{2l}|V|^4+|V|^5)$。

然后分析算法第二阶段需要的时间。第 5、6 步的循环需要 $O(|V_r|)$ 时间。第 7～9 步的循环需要执行 $|V_r|^2\leqslant|V|^2$ 次。第 8 步至多需要 $O(|E|(|C|+|C'|)=O(|E||V|)$ 时间。第 9 步需要 $O(1)$ 时间。于是，第 7～9 步的循环至多需要 $O(|E||V|^3)$ 时间。由于第 10 步需要 $O(1)$ 时间，所以第二阶段需要的时间为 $O(|E||V|^3)$。

总之，算法 Compress-pm 的时间复杂性为 $O(2^l d^{2l}|V|^4+|V|^5+|E||V|^3)$。证毕。

算法 Compress-pm 可以被进一步优化。算法 Compress-pm 是一个预处理过程，其复杂性不影响压缩图上任何操作的时间复杂性。

5.7.3 算法设计

在下面的讨论中，使用 $Q_p(G)$ 表示查询图 G 中关于图模式 Q_p 的最大匹配。本节设计求解图模式匹配问题的算法 Graph-pattern-matching，其详细描述见 Algorithm 5.7.3。

Algorithm 5.7.3：Graph-pattern-matching
输入：图 $G=(V,E,L)$ 保持互模拟信息的压缩图 $G_r=(V_r,E_r,L_r)$；
　　　图模式 $Q_p=(V_p,E_p,f_V,f_E)$；
　　　互模拟关系 Rb 划分 V 的结果 Partition$=\{\mathrm{Rb}(v)\mid v\in V\}$。
输出：$Q_p(G)$。
1. 在 G_r 上执行任何一个现有的图模式匹配算法，计算 $Q_p(G_r)$；
2. **For** $\forall(v_p,\mathrm{Rb}(v))\in Q_p(G_r)$ **Do**
3. 　　**For** $\forall v'\in\mathrm{Rb}(v)$ **Do**
4. 　　　　$Q_p(G):=Q_p(G)\bigcup\{(v_p,v')\}$.

给定图 $G=(V,E,L)$、G 的保持可达性信息压缩图 $G_r=(V_r,E_r,L_r)$ 和 $Q_p=(V_p,E_p,f_V,f_E)$，算法 Graph-pattern-matching 分两个阶段求解图模式匹配问题。

第一阶段，算法调用任意一个现有模式匹配算法在压缩图 G_r 上计算 $Q_p(G_r)$。

第二阶段，算法从 $Q_p(G_r)$ 计算出最后结果 $Q_p(G)$：$\forall(v_p,\mathrm{Rb}(v))\in Q_p(G_r)$ 和 $\forall v'\in\mathrm{Rb}(v)$，将 (v_p,v') 加入 $Q_p(G)$。下面将证明 $(v_p,\mathrm{Rb}(v))\in Q_p(G_r)$ 当且仅当 $\forall v'\in\mathrm{Rb}(v),(v_p,v')\in Q_p(G)$。

5.7.4 算法分析

下面的定理 5.7.2 证明了算法 Graph-pattern-matching 的正确性。

定理 5.7.2 给定图 $G=(V,E,L)$，G 保持互模拟信息的压缩图 $G_r=(V_r,E_r,L_r)$，图模式 $Q_p=(V_p,E_p,f_V,f_E)$，则 $(v_p,\mathrm{Rb}(v))\in Q_p(G_r)$ 当且仅当 $\forall w\in\mathrm{Rb}(v),(v_p,w)\in Q_p(G)$。

证明：设 $(v_p,\mathrm{Rb}(v))\in Q_p(G_r)$。下面证明：$\forall w\in\mathrm{Rb}(v),(v_p,w)\in Q_p(G)$。

(1) 证明 $f_V(v_p)=L(w)$。由于 $w\in\mathrm{Rb}(v),L(w)=L(v)=L_r(\mathrm{Rb}(v))$。因为 $(v_p,\mathrm{Rb}(v))\in Q_p(G_r)$，所以 $f_V(v_p)=L_r(\mathrm{Rb}(v))$，进而 $f_V(v_p)=L(w)$。

（2）证明对于 $\forall (v_p,v'_p)\in E_p$，$G$ 中存在长度受限于 $f_E(v_p,v'_p)$ 的路径 $\rho=(w,\cdots,w')$，使得 $(v'_p,w')\in Q_p(G)$。由于 $(v_p,\mathrm{Rb}(v))\in Q_p(G_r)$，$\forall (v_p,v'_p)\in E_p$，$\exists \mathrm{Rb}(v')\in V_r$ 和 G_r 中从 $\mathrm{Rb}(v)$ 到 $\mathrm{Rb}(v')$ 的长度受限于 $f_E(v_p,v'_p)$ 的路径 $\rho'=(\mathrm{Rb}(v),\mathrm{Rb}(v_1),\cdots,\mathrm{Rb}(v'))$，使得 $(v'_p,\mathrm{Rb}(v'))\in Q_p(G_r)$。根据 Rb 的定义，对于 $w\in \mathrm{Rb}(v)$，必存在一个节点 $w'\in \mathrm{Rb}(v')$ 和 G 中一条从 w 到 w' 的路径 $\rho=(w\in \mathrm{Rb}(v),w_1\in \mathrm{Rb}(v_1),\cdots,w'\in \mathrm{Rb}(v'))$，$\rho$ 与 ρ' 的长度相等，必满足 $f_E(v_p,v'_p)$ 的限制。根据 Rb 的定义，使用反证法可以证明：由于 $(v'_p,\mathrm{Rb}(v'))\in Q_p(G_r)$，必有 $(v'_p,w')\in Q_p(G)$。

设 $\forall w\in \mathrm{Rb}(v)$，$(v_p,w)\in Q_p(G)$。下面证明 $(v_p,\mathrm{Rb}(v))\in Q_p(G_r)$。

（1）证明 $f_V(v_p)=L_r(\mathrm{Rb}(v))$。由于 $(v_p,w)\in Q_p(G)$ 和 $w\in \mathrm{Rb}(v)$，$f_V(v_p)=L(w)=L_r(\mathrm{Rb}(v))$。

（2）证明 $\forall (v_p,v'_p)\in E_p$，$G_r$ 中存在长度受限于 $f_E(v_p,v'_p)$ 的路径 $\rho=(\mathrm{Rb}(v),\mathrm{Rb}(v_1),\mathrm{Rb}(v_2),\cdots,\mathrm{Rb}(v'))$，使得 $(v'_p,\mathrm{Rb}(v'))\in Q_p(G)$。由于 $(v_p,w)\in Q_p(G)$，所以 $\forall (v_p,v'_p)\in E_p$，$G$ 中存在从 w 到 w' 的长度受限于 $f_E(v_p,v'_p)$ 的路径 $\rho'=(\mathrm{Rb}(v),\mathrm{Rb}(v_1),\mathrm{Rb}(v_2),\cdots,\mathrm{Rb}(v'))$，其中 $w\in \mathrm{Rb}(v),w_1\in \mathrm{Rb}(v_1),w_2\in \mathrm{Rb}(v_2),\cdots,w'\in \mathrm{Rb}(v')$。根据 Rb 的定义，使用反证法可以证明：由于 $(v'_p,w')\in Q_p(G)$，必有 $(v'_p,\mathrm{Rb}(v'))\in Q_p(G_r)$。

综上所述，定理 5.7.2 得证。证毕。

下面的定理 5.7.3 给出了算法 Graph-pattern-matching 的时间复杂性。

定理 5.7.3 设 $G_r=(V_r,E_r,L_r)$ 是图 $G=(V,E,L)$ 的保持互模拟信息的压缩图，$Q_p=(V_p,E_p,f_V,f_E)$ 是图模式，V 由 Rb 划分的结果 Partition$=\{\mathrm{Rb}(v) \mid v\in V\}$。如果算法 Graph-pattern-matching 第 1 步需要 $T(|V_r|,|E_r|)$ 时间，则其时间复杂性为

$$O(m|V_p||V_r|+T(|V_r|,|E_r|))$$

其中 $m=\max\{|\mathrm{Rb}(u)| \mid u\in V\}$。

证明：根据假设，算法第 1 步需要 $T(|V_r|,|E_r|)$ 时间。第 2～4 步需要的时间为

$$O\left(\sum_{(v_p,\mathrm{Rb}(v))\in Q_p(G_r)}|\mathrm{Rb}(v)|\right)$$

由于 $|Q_p(G_r)|\leqslant |V_p||V_r|$ 以及 $|\mathrm{Rb}(v)|\leqslant m$，$\sum_{(v_p,\mathrm{Rb}(v))\in Q_p(G_r)}|\mathrm{Rb}(v)|=m|V_p||V_r|$。总之，算法 Graph-pattern-matching 的时间复杂性为 $O(m|V_p||V_r|+T(|V_r|,|E_r|))$。证毕。

推论 5.7.1 如果 $T(|V_r|,|E_r|)=o(|V|,|E|)$，$m|V_p||V_r|=o(|V|)$，则算法 Graph-pattern-matching 的时间复杂性是亚线性时间 $o(|V|,|E|)$。

证明：推论条件成立时，$m|V_p||V_r|+T(|V_r|,|E_r|)\leqslant o(|V|)+o(|V|,|E|)=o(|V|,|E|)$。由定理 5.7.2，算法 Graph-pattern-matching 的时间复杂性为 $o(|V|,|E|)$。证毕。

5.8 本章参考文献

5.8.1 本章参考文献注释

本章的 5.2 节介绍了支持压缩计算的数据压缩方法。5.2.1 节的数据编码方法来源于本

书作者发表的论文[6]。5.2.2 节介绍的 Header 压缩方法来源于文献[7]。5.2.3 节介绍的多维数据压缩方法来源于本书作者发表的论文[1,3]。5.2.4 节介绍的哈夫曼编码方法来源于文献[8]的 16.3 节。本书作者发表的论文[2]给出了一种具有快速映射时间的数据压缩方法。本书作者发表的论文[5,9]给出了两种支持压缩计算的图数据压缩方法。

　　本章的 5.3 节以多维数据转置问题为例，讨论了多维大数据的压缩计算方法。该节的内容来源于本书作者发表的论文[3]。

　　本章的 5.4 节和 5.5 节分别以数据仓库的聚集计算问题和 Cube 计算问题为例，介绍了在大规模数据仓库上的压缩计算方法。5.4 节的内容来源于本书作者发表的论文[10]。5.5 节的内容来源于本书作者发表的论文[4]。

　　本章的 5.6 节以图上的可达性问题为例，讨论了在大图数据的压缩计算的原理与方法。该节的内容来源于本书作者发表的论文[9]。

　　本章的 5.6 节以图模式匹配问题为例，进一步介绍了大图数据的压缩计算的原理和方法。该节的内容来源于本书作者发表的论文[5]。

5.8.2　本章参考文献列表

[1] Li J Z，Wong H K T，Retem D. Batched Interplate Searching on Databases[C]. Proceedings of 3rd International Conference on Data Engineering(ICDE)，1987.

[2] Li J Z，Rotem D，Wong H K T. A New Compression Method with Fast Searching on Databases[C]. Proceedings of 19th International Conference on Very Large Databases (VLDB)，1987.

[3] Wong H H T，Li J Z. Transposition Algorithms on Very Large Compressed Databases [C]. Proceedings of 12th International Conference on Very Large Databases(VLDB)，1986.

[4] Wu W L，Gao H，Li J Z. New Algorithm for Computing Cube on Very Large Compressed Data Sets [J]. IEEE Transactions on Knowledge and Data Engineering，2006，18：1667-1680.

[5] Fan W F，Li J Z，Ma S，et al. Graph Pattern Matching：from Intractable to Polynomial Time[J]. PVLDB，2010，3(1)：264-275.

[6] Wong H K T，Li J Z，Olken F，et al. Bit Transposition for Very Large Scientific and Statistical Databases[J]. Algorithmica，1986(1)：289-309.

[7] Eggers S，Shoshani A. Effcient Access of Compressed Data[C]. Proceedings of 6th International Conference on Very Large Databases(VLDB)，1980.

[8] Cormen T H，Leiserson C E，Rivest R L，et al. Introduction to Algorithms[M]. 3rd Ed. MIT Press，2009.

[9] Fan W F，Li J Z，Wang X，et al. Query Preserving Graph Compression[C]. SIGMOD，2012.

[10] Li J Z，Srivastava J. Efficient Aggregation Algorithms for Compressed Data Warehouses[J]. IEEE Transactions on Knowledge and Data Engineering，2002，14(3)：515-529.

大数据的增量式计算方法

本章介绍大数据计算问题的增量式计算方法。增量式计算方法分为两类。第一类称为精确增量式计算方法,用于动态数据上的问题解的维护:当输入数据集合动态变化时,根据数据的改变有效地计算解的改变并维护解的正确性。第二类称为近似增量式计算方法,用于完成近似计算:实现大数据计算的化整为零,逐步求精地完成问题的近似求解。使用增量式计算方法设计的算法称为增量式算法。本章的 6.1 节介绍增量式计算方法的基本思想,6.2 节至 6.7 节以不同的大数据计算问题为例,介绍增量式算法的设计与分析方法。

6.1 增量式计算方法概述

在很多实际应用中,数据集合不仅规模大,同时也频繁变化,如插入或删除 个数据集合。设 P 是计算问题,D 是实际应用中的初始数据集合,ΔD 是对 D 的更新。按照习惯的方法,当 D 发生变化时,将以 $D \oplus \Delta D$ 为输入,重新计算 $P(D \oplus \Delta D)$,其中 $D \oplus \Delta D$ 表示对 D 执行更新 ΔD 以后的结果。这样的计算方法称为批处理计算方法,相应的算法称为批处理算法。批处理算法的时间复杂性是 $|D \oplus \Delta D|$ 的函数,效率不高。

针对批处理计算方法效率低的问题,人们提出了面向动态变化的大数据的精确增量式计算方法。下面讨论精确增量式计算方法的思想和原理。

假设问题 P 的输入是动态变化的大数据集合 D,P 的输出是 $P(D)$。对 D 进行的更新 ΔD 是指如下 3 种更新操作之一:

(1)向 D 中插入一组数据。

(2)从 D 中删除一组数据。

(3)修改 D 中的一组数据。

ΔD 称为 D 的变化或增量。由于修改操作可以通过插入操作和删除操作实现,通常仅考虑插入操作和删除操作引起的 D 的变化。

精确增量式计算方法与批处理计算方法不同。它初始地计算 $P(D)$。当 D 发生改变 ΔD 时，它以 ΔD 和 $P(D)$ 为输入，首先计算 $P(\Delta D)$，然后使用 $P(D)$ 和 $P(\Delta D)$ 计算 $P(D+\Delta D)=F(P(D)，P(\Delta D))$，其中 F 是一个函数。增量式计算方法避免了在 $D+\Delta D$ 上重新计算 $P(D+\Delta D)$，从而最小化重复计算，降低计算的时间复杂性。精确增量式计算方法求解的问题称为精确增量式计算问题，记作 Accure-Incre$(P，P(D)，\Delta D)$。在定义问题 Accure-Incre$(P，P(D)，\Delta D)$ 之前，需要定义问题的可加性概念。

定义 6.1.1 设 P 是以集合 D 为输入、以 $P(D)$ 为输出的问题。如果对于 D 的任意增量 ΔD，存在一个可计算函数 F，使得 $P(D\oplus\Delta D)=F(P(D)，P(\Delta D))$，则称 P 满足可加性。

下面给出精确增量式计算问题 Accure-Incre$(P，P(D)，\Delta D)$ 的形式化定义：

输入：满足可加性的问题 P，P 在 D 上的解 $P(D)$，D 的增量 ΔD。

输出：计算 $P(\Delta D)$ 和 $P(D\oplus\Delta D)=F(P(D)，P(\Delta D))$，其中，$D\oplus\Delta D$ 表示对 D 执行更新 ΔD 以后的结果，F 是可计算函数。

精确增量式计算问题 Accure-Incre$(P，P(D)，\Delta D)$ 也称为 P 的解的维护问题。求解问题 Accure-Incre$(P，P(D)，\Delta D)$ 的精确增量式算法的基本思想如下：

(1) 初始地计算 $P(D)$。

(2) 当 D 发生更新 ΔD 时，首先计算 $P(\Delta D)$，然后使用 $P(D)$、$P(\Delta D)$ 和可计算函数 F 计算 $P(D\oplus\Delta D)=F(P(D)，P(\Delta D))$。

如果把精确增量式算法的时间复杂性仅定义为输入数据集合大小的函数，则精确增量式算法的性能不能被准确地描述。通常，把精确增量式算法的时间复杂性定义为 $|P(D)|$、$|\Delta D|$ 和 $|P(\Delta D)|$ 的函数。对于任意 P、$P(D)$ 和 ΔD，求解问题 Accure-Incre$(P，P(D)，\Delta D)$ 的精确增量式算法可以分为两类。

定义 6.1.2 如果求解问题 Accure-Incre$(P，P(D)，\Delta D)$ 的精确增量式算法 Alg 的时间复杂性仅是 $|P(D)|+|\Delta D|+|P(\Delta D)|$ 的多项式函数，则称该算法是有界的，否则称其是非有界的。

由于 $|P(D)|+|\Delta D|+|P(\Delta D)|$ 一般都远小于 $D\oplus\Delta D$，所以有界精确增量式算法的效率远高于批处理算法。类似地，问题 Accure-Incre$(P，P(D)，\Delta D)$ 也可以分为如下两类。

定义 6.1.3 如果一个精确增量式计算问题 Accure-Incre$(P，P(D)，\Delta D)$ 存在有界精确增量式算法，则称该问题是有界的，否则称其是非有界的。

定义 6.1.4 如果求解问题 Accure-Incre$(P，P(D)，\Delta D)$ 的精确增量式算法 Alg 的时间复杂性是 $O(|P(D)|+|\Delta D|+|P(\Delta D)|)$，则称该算法是最优的。

在增量式计算过程中，为了最小化不必要的重复计算，通常需要一些辅助信息。为此，给出半有界精确增量式算法和半有界精确增量式计算问题的定义。

定义 6.1.5 如果使用辅助信息，求解问题 Accure-Incre$(P，P(D)，\Delta D)$ 的精确增量式算法 Alg 的时间复杂性仅是 $|P(D)|+|\Delta D|+|P(\Delta D)|$ 的多项式函数，则称 Alg 是半有界精确增量式算法。

定义 6.1.6 如果存在求解一个问题 Accure-Incre$(P，P(D)，\Delta D)$ 的半有界精确增量

式算法,则称该问题是半有界的。

给定问题 P、P 的输入数据集合 D 的增量 ΔD 以及 P 在 D 上的解 $P(D)$,精确增量式计算方法需要解决如下两个关键问题:

(1) 如何判定问题 Accure-Incre(P,$P(D)$,ΔD) 是否有界或半有界。

(2) 当问题 Accure-Incre(P,$P(D)$,ΔD) 有界或半有界时,如何设计求解该问题的高效有界或半有界精确增量式算法。

2. 近似增量式计算方法

下面介绍近似增量式计算方法。在很多实际应用中,用户并不需要问题 P 的精确解,只需要 P 的近似解。但是,不同用户可能需要不同精度的解,甚至有些用户预先并不知道其需要的解的精度,需要在交互式求解过程中得到满意的解。近似增量式计算方法可以有效地完成这类计算任务。

首先给出近似增量式计算问题 Appr-Incre(P,D,μ) 的形式化定义:

输入:问题 P,P 的输入数据集合 D,误差上界 μ。

输出:$P(D)$ 的近似解 Appr(P),使得 $|P(D) - \text{Appr}(P)| < \mu$。

给定问题 P、输入数据集合 D 和误差上界 μ,令 Appr-Solution(初始为空)存储已经计算出的 P 的近似解及其误差。增量式近似计算方法的计算过程如下:

1.   **If**   Appr-Solution 中存在解 S 且 S 的误差 $\varepsilon < \mu$

2.   **Then** 返回 Appr-$P = (S, \varepsilon)$,停止;

3.   **Else**   选择 $\Delta D_1 \subseteq D$,计算 $P(\Delta D_1)$,估计 $P(\Delta D_1)$ 的误差 ε;

4.   按 ε 递增顺序将 $(P(\Delta D_1), \varepsilon)$ 插入 Appr-Solution;

5. $i := 2$;

6.   **If** $\varepsilon \geqslant \mu$

7.   **Then**   选择 $\Delta D_i \subseteq D - \bigcup\limits_{j=1}^{i-1} \Delta D_j$;计算 $P(\Delta D_i)$;

8.   使用 $P(\Delta D_i)$ 和 $P\left(\bigcup\limits_{j=1}^{i-1} \Delta D_j\right)$ 计算 $P\left(\left(\bigcup\limits_{j=1}^{i-1} \Delta D_j\right) + \Delta D_i\right)$;

9.   估计 $P\left(\left(\bigcup\limits_{j=1}^{i-1} \Delta D_j\right) + \Delta D_i\right)$ 的误差 ε;

10.   按 ε 递增顺序将 $\left(P\left(\left(\bigcup\limits_{j=1}^{i-1} \Delta D_j\right) + \Delta D_i\right), \varepsilon\right)$ 插入 Appr-Solution;

11. $i := i+1$, **Goto** 6;

12.   **Else** 返回 App(P) $= P\left(\left(\bigcup\limits_{j=1}^{i-1} \Delta D_j\right) + \Delta D_i\right)$,停止.

对于问题 P、输入数据集合 D 和误差上界 μ,求解问题 Appr-Incre(P,D,μ) 的近似增量式算法也分为两类。

定义 6.1.7   如果对于任意整数 $i > 0$,求解问题 Appr-Incre(P,D,μ) 的近似增量式算法 Alg 计算 $P\left(\left(\bigcup\limits_{j=1}^{i-1} \Delta D_j\right) + \Delta D_i\right)$ 的时间复杂性仅是 $\left|P\left(\bigcup\limits_{j=0}^{i-1} \Delta D_j\right)\right| + |\Delta D_i| + |P(\Delta D_i)|$ 的多项式函数,则称该算法是有界的,否则称其是非有界的。

类似地,问题 Appr-Incre(P,D,μ)也可以分为两类。

定义 6.1.8 如果存在求解问题 Appr-Incre(P,D,μ)的近似有界增量式算法 Alg,则称该问题是有界的,否则称其是非有界的。

与精确增量式计算问题类似,也可以定义近似增量式算法和问题的半有界性。

定义 6.1.9 如果使用辅助信息,对于任意整数 $i>0$,求解问题 Appr-Incre(P,D,μ)的近似增量式算法 Alg 计算 $P\left(\left(\bigcup\limits_{j=1}^{i-1}\Delta D_j\right)+\Delta D_i\right)$ 的时间复杂性仅是 $\left|P\left(\bigcup\limits_{j=0}^{i-1}\Delta D_j\right)\right|+\left|P(\Delta D_i)\right|+|\Delta D_i|$ 的 多项式函数,则称该算法是半有界的。

定义 6.1.10 如果存在求解问题 Appr-Incre(P,D,μ)的半有界近似增量式算法 Alg,则称该问题是半有界的。

近似增量式计算方法需要解决如下 4 个关键问题:

(1)如何判定问题 Appr-Incre(P,D,μ)是否有界或半有界。

(2)在逐步求精的计算过程中,如何选择 ΔD_i。

(3)当 Appr-Incre(P,D,μ)问题有界或半有界时,如何设计求解该问题的有界或半有界近似增量式算法。

(4)如何估计 $P\left(\left(\bigcup\limits_{j=1}^{i-1}\Delta D_j\right)+\Delta D_i\right)$ 的误差ε。

本章集中讨论求解精确增量式计算问题的增量式算法的设计与分析,不考虑近似增量式计算问题。在接下来的各节中,将以具体问题为例,介绍求解精确增量式计算问题的方法和原理。以下,在不引起混淆的情况下,称精确增量式计算方法或精确增量式算法为增量式计算方法或增量式算法。

6.2 增量式图模拟匹配算法

给定模式图 P 和数据图 G,图模拟匹配是在 G 中找到与 P 匹配的最大子图。图模拟匹配已经被广泛应用于多个领域,如计算机视觉、知识发现、生物学、化学、信息学、动态网络流量、情报分析、社交网络分析等。在这些应用中,数据图更新频繁,动态性极强。本节针对动态大数据图介绍增量式图模拟匹配算法的设计与分析。

6.2.1 问题定义

本节首先介绍与图模拟匹配相关的基本概念,然后定义批量图模拟匹配问题,最后定义增量式图模拟匹配问题。

1. 数据图和模式图

定义 6.2.1 数据图是一个具有节点标记的有向图 $G=(V,E,f)$,其中,V 是节点集合,$E\subseteq V\times V$ 是边集,$f:V\rightarrow R$ 是节点标记函数,R 是具有 k 个属性$\{A_1,A_2,\cdots,A_k\}$ 的 k 元关系数据集合。$\forall v\in V$ 和 $1\leqslant i\leqslant k$,如果 $f(v)=(a_1,a_2,\cdots,a_k)\in R$,则称节点 v 的第 i 个标记为 $v.A_i=a_i$。

数据图 $G=(V,E,f)$ 的节点 v 的标记 $f(v)$ 是描述 v 的一组信息,如标签、关键字、博客、评论、评分等。接下来将经常使用如下有关数据图 G 的术语。

（1）G 的一条路径 ρ 是 V 中的节点序列 $\langle v_0, v_1, \cdots, v_l \rangle$，其中，对于 $1 \leqslant i \leqslant l$，$(v_{i-1}, v_i) \in E$。路径 ρ 的长度定义为 ρ 中的边数，记作 $\mathrm{len}(\rho)$。如果 $\rho = \langle v_0, v_1, \cdots, v_l \rangle$，则 $\mathrm{len}(\rho) = l$。如果 $\mathrm{len}(\rho) \geqslant 1$，则称 ρ 非空。

（2）G 中任意两个节点 v 和 v' 的距离定义为从 v 到 v' 的最短路径的长度，记作 $\mathrm{dis}(v, v')$。

（3）如果 $(v_1, v_2) \in E$，则称 v_1 是 v_2 的父节点或 v_2 是 v_1 的子节点；如果 G 中存在从 v_1 到 v_2 的路径，则称 v_1 是 v_2 的前辈节点或 v_2 是 v_1 的后代节点。

定义 6.2.2 有界模式图是节点和边均加权的有向图 $P = (V_p, E_p, f_V, f_E)$。其中，V_p 和 E_p 分别是节点集合和边集合；f_V 是 V_p 上定义的函数，$\forall v \in V_p$，$f_V(v)$ 是多个形如 $A \, \mathbb{C} \, c$ 的原子公式的合取，A 是属性名，c 是常量，$\mathbb{C} \in \{=, \neq, <, \leqslant, >, \geqslant\}$；$f_E$ 是 E_p 上的函数，$\forall (u, v) \in E_p$，$f_E(u, v)$ 是正整数或者符号 $*$。

直观地，有界模式图 P 中的谓词 $f_V(u)$ 表示数据图 G 中的节点标记需要满足的搜索条件。如果数据图 G 的节点 u 的标记 $f(u)$ 使得 $f_V(v)$ 为真，则记作 $u \sim v$。P 中 $f_E(u, v)$ 表示 P 的边 (u, v) 映射到数据图 G 的路径的约束。以后会看到，若 $f_E(u, v) = k$，则 P 中的边 (u, v) 只能被映射到 G 中长度不超过 k 的路径；若 $f_E(u, v) = *$，则边 (u, v) 可以被映射到 G 中任意长度的路径。

定义 6.2.3 设 $P = (V_p, E_p, f_V, f_E)$ 是一个有界模式图。如果 P 满足如下条件，则 P 被定义为常规模式图：

（1）$\forall u \in V_p$，$f_V(u)$ 仅由形如 $A = c$ 的命题组成，其中 A 是属性名，c 是常量。

（2）$\forall (u, v) \in E_p$，$f_E(u, v) = 1$。

显然，常规模式图是有界模式图的特例。由于在常规模式图中，$\forall (u, v) \in E_p$，$f_E(v, u) = 1$，模式可以简写为 $P = (V_p, E_p, f_V)$。

例 6.2.1 图 6.2.1 所示的社交网络 G 是一个数据图。G 的每个节点有两个属性，即 name 和 job。节点 (Ann, "CTO") 表示一个 name 为 Ann 且 job 为 CTO 的人。图 6.2.1 中的 P_1 是一个有界模式图。P_1 的每条边都标记一个界限或 $*$，规定了 P_1 的每条边对应的 G 中路径长度的上界。图 6.2.1 中的 P_2 是一个常规模式图，每条边的标记 1 被忽略了。注意，节点 Tom 和 Don 以及边 e_1、e_2、e_3、e_4 和 e_5 初始时不存在，是以后添加的。

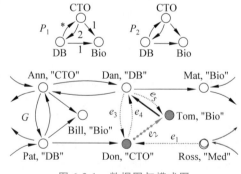

图 6.2.1　数据图与模式图

2. 图模拟匹配

图模拟匹配问题可以分为两种，即基于常规模式图的图模拟匹配和基于有界模式图的图模拟匹配,简称为常规图模拟匹配和有界图模拟匹配。下面定义这两种图模拟匹配。

定义 6.2.4 设 $G=(V,E,f)$ 是一个数据图,$P=(V_p,E_p,f_v)$ 是一个常规模式图。如果存在一个满足下列条件的二元关系 $S\subseteq V_p\times V$,则称 G 常规图模拟匹配 P:

(1) $\forall u\in V_p,\exists v\in V$,使得 $(u,v)\in S$。

(2) 如果 $(u,v)\in S$,则 $f(v)$ 满足 $f_V(u)$,其中 $f_V(u)$ 仅由形如 $A=c$ 的命题构成,A 是属性名,c 是常量。

(3) 如果 $(u,v)\in S$,则 $\forall (u,u')\in P,\exists (v,v')\in E$ 使得 $(u',v')\in S$。

称定义 6.2.4 中的关系 S 为数据图 G 对常规模式图 P 的常规图模拟匹配。如果 $(u,v)\in S$,称 v 是 u 的匹配或 v 匹配 u。空集合是 G 对 P 的常规图模拟匹配。用 $P\in_{sim}G$ 表示 G 中存在对 P 的非空常规图模拟匹配。用 $P\notin_{sim}G$ 表示 G 中不存在对 P 的非空常规图模拟匹配。

定义 6.2.5 设 $G=(V,E,f)$ 是一个数据图,$P=(V_p,E_p,f_v,f_E)$ 是一个有界模式图。如果存在一个满足下列条件的二元关系 $S\subseteq V_p\times V$,则称 G 有界图模拟匹配 P:

(1) $\forall u\in V_p,\exists v\in V$,使得 $(u,v)\in S$。

(2) 如果 $(u,v)\in S$,则 $v\sim u$,即 $f(v)$ 满足 $f_V(u)$ 表示的搜索条件。

(3) 如果 $(u,v)\in S$,则 $\forall (u,u')\in E_p,G$ 中存在非空路径 $\rho=(v,\cdots,v')$,满足 $(u',v')\in S$,而且,如果 $f_E(u',u)=k\geq 1$,则 $1\leq len(\rho)\leq k$,如果 $f_E(u',u)=*$,则 $len(\rho)\geq 1$ 且无上限。

称定义 6.2.5 中的关系 S 为数据图 G 对有界模式图 P 的有界图模拟匹配。如果 $(u,v)\in S$,称 v 是 u 的匹配或 v 匹配 u。空集合是 G 对 P 的一个有界图模拟匹配。用 $P\in_{bsim}G$ 表示 G 中存在对于 P 的非空有界图模拟匹配。用 $P\notin_{bsim}G$ 表示 G 中不存在对 P 的非空有界图模拟匹配。

从定义 6.2.5 可以看到,P 中节点 u 的子节点 u' 通过 S 映射到 G 中节点 v 的后代 v'。请注意,从 v 到 v' 存在长度不大于 k 的路径当且仅当从 v 到 v' 的最短路径长度不超过 k,即从 v 到 v' 的距离不大于 k。

从定义 6.2.4 和定义 6.2.5 也可以看到,匹配 S 是关系而不是函数。因此,对于 P 中的每个节点 u,G 中可能存在多个节点 v,使得 $(u,v)\in S$,即 P 中每个节点可以映射到 G 的非空节点子集。与常规图模拟匹配不同,有界图模拟匹配支持以下几点:①图模拟关系 S,而不是双射函数;②节点标记的搜索条件 $f_V(u)$;③P 的边被映射到 G 的有界路径,而不仅被映射到 G 的边。

从定义 6.2.5 还可以看到,常规图模拟匹配是有界图模拟匹配的特例,即,$\forall (u,u')\in E_p,f_E(u,u')=1$,而且 $\forall u\in V_p,f_V(u)$ 仅由形如 $A=c$ 的命题构成,A 是属性名,c 是常数。

定义 6.2.6 设 G 是数据图,P 是有界模式图或常规模式图,S 是 G 对 P 的有界图模拟匹配或常规图模拟匹配。若 G 对于 P 的任一图模拟匹配 S' 均满足 $S'\subseteq S$,则称 S 是 G 对 P 的最大有界图模拟匹配或最大常规图模拟匹配,分别记作 $M_{bsim}(P,G)$ 或 $M_{sim}(P,G)$。

命题 6.2.1 对于任何数据图 G 和有界模式图 P,G 中存在唯一一个对于 P 的最大有界图模拟匹配 $M_{bsim}(P,G)$。

证明:由于空集合是 G 对于 P 的有界图模拟匹配,所以 G 中必存在对于 P 的有界图模

拟匹配 S。先证明最大有界图模拟匹配的存在性。如果 $P \notin _{\mathrm{bsim}} G$，$S = \varnothing$ 是 G 对 P 的最大匹配。如果 $P \in _{\mathrm{bsim}} G$，则对于任意匹配 S_1 和 S_2，$S_3 = S_1 \bigcup S_2$ 也是 G 对 P 的匹配。这是因为：$\forall (u, v) \in S_3, (u, v) \in S_1$ 或 $(u, v) \in S_2$，所以 v 和 u 满足有界图模拟匹配的条件。于是，最大匹配 $M_{\mathrm{bsim}}(P, G)$ 存在，且 $M_{\mathrm{bsim}}(P, G)$ 是 G 对 P 的所有匹配的并集。

接下来证明最大有界图模拟匹配的唯一性。如果 $P \notin _{\mathrm{bsim}} G$，则空集 S 是唯一的最大匹配。如果 $P \in _{\mathrm{bsim}} G$，则最大匹配 $M_{\mathrm{bsim}}(P, G)$ 是 G 对于 P 的所有有界图模拟匹配的并集。由于这个并集是唯一的，所以 $M_{\mathrm{bsim}}(P, G)$ 是唯一的。证毕。

显然，$|M_{\mathrm{bsim}}(P, G)| \leqslant |V| \times |V_{\mathrm{p}}|$，其中，$V$ 是 G 的节点集，V_{p} 是 P 的节点集。

由于常规图模拟匹配是有界图模拟匹配的特例，所以有如下推论。

推论 6.2.1 对于任何数据图 G 和常规模式图 P，G 中存在对于 P 的最大常规图模拟匹配 $M_{\mathrm{sim}}(P, G)$，而且 $M_{\mathrm{sim}}(P, G)$ 是唯一的。

例 6.2.2 图 6.2.2 描述了两种图模拟匹配的区别。从图 6.2.2 可以观察到如下事实：

（1）$P_3 \in _{\mathrm{sim}} G_2$ 且 $P_3 \in _{\mathrm{sim}} G_3$。但是，由于 G_4 的节点 A 与 C 不邻接，不满足 P_3 的要求，所以 $P_3 \notin _{\mathrm{sim}} G_4$，即 $M_{\mathrm{sim}}(P_3, G_4)$ 是空集合。

（2）图 6.2.2 中所有数据图都有界图模拟匹配模式图 P_4。有界图模拟匹配允许边到路径的映射，从而扩展了常规图模拟匹配的边到边映射。例如，G_4 的两个 C 节点都是 P_4 的 C 节点的有效匹配。

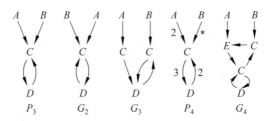

图 6.2.2 数据图和模式图示例

3. 图模拟匹配问题的定义

首先定义两种图模拟匹配问题。

定义 6.2.7 常规图模拟匹配问题定义如下：

输入：数据图 $G = (V, E, f)$，常规模式图 $P = (V_{\mathrm{p}}, E_{\mathrm{p}}, f_V)$。

输出：G 对 P 的最大匹配 $M_{\mathrm{sim}}(G, P)$。

定义 6.2.8 有界图模拟匹配问题定义如下：

输入：数据图 $G = (V, E, f)$，有界模式图 $P = (V_{\mathrm{p}}, E_{\mathrm{p}}, f_V, f_E)$。

输出：G 对 P 的最大匹配 $M_{\mathrm{bsim}}(G, P)$。

现在定义两种增量式图模拟匹配问题。

定义 6.2.9 增量式常规图模拟匹配问题定义如下：

输入：数据图 $G = (V, E, f)$，常规模式图 $P = (V_{\mathrm{p}}, E_{\mathrm{p}}, f_V)$，$M_{\mathrm{sim}}(P, G)$，$G$ 的增量 ΔG。

输出：$M_{\mathrm{sim}}(G, P)$ 的增量 ΔM，使得 $M_{\mathrm{sim}}(P, G \oplus \Delta G) = F(M_{\mathrm{sim}}(P, G), \Delta M)$。其中，$G \oplus \Delta G$ 是对 G 执行更新 ΔG 后的结果，F 是可计算函数。

定义 6.2.10 增量式有界模拟匹配问题定义如下：

输入：数据图 $G=(V,E,f)$，有界模式图 $P=(V_p,E_p,f_V,f_E)$，$M_{bsim}(P,G)$，G 的增量 ΔG。

输出：$M_{bsim}(G,P)$ 的增量 ΔM，使得 $M_{bsim}(P,G\oplus\Delta G)=F(M_{bsim}(P,G),\Delta M)$，其中，$G\oplus\Delta G$ 是对 G 执行更新 ΔG 后的结果，F 是可计算函数。

4. 匹配结果图

设 $G=(V,E,f)$ 是数据图，P 是图模式。从常规图模拟匹配结果 $M_{sim}(G,P)$，可以构造 $G_{sim}=(V_{sim},E_{sim})$，其中，

$$V_{sim}=\{v\in V\mid \exists u\in V_p[(u,v)\in M_{sim}(G,P)]\}$$
$$E_{sim}=\{(v_1,v_2)\in E\mid \exists(u_1,u_2)\in E_p[(u_1,v_1)\in M_{sim}(G,P)\wedge(u_2,v_2)\in M_{sim}(G,P)]\}$$

从有界模拟匹配结果 $M_{bsim}(G,P)$，可以构造图 $G_{bsim}=(V_{bsim},E_{bsim})$，其中，

$$V_{bsim}=\{v\in V\mid \exists u\in V_p[(u,v)\in M_{bsim}(G,P)]\}$$
$$E_{bsim}=\{(v_1,v_2)\mid \exists(u_1,u_2)\in E_p[(u_1,v_1)\in M_{bsim}(G,P)\wedge(u_2,v_2)\in M_{bsim}(G,P)\wedge\text{Prop}]\}$$

其中，$\text{Prop}=(G$ 中包含的 v_1 到 v_2 的路径 ρ，满足：若 $f_E(u_1,u_2)=k$，则 $0<\text{len}(\rho)\leqslant k$，否则 $\text{len}(\rho)>0)$。

称 G_{sim} 为常规图模拟匹配问题的结果图，称 G_{bsim} 为有界图模拟匹配问题的结果图。

令 match 表示 sim 或 bsim，G_{match} 表示 $M_{match}(P,G)$ 的结果图，G'_{match} 表示 $M_{match}(P,G\oplus\Delta G)$ 的结果图。G_{match} 和 G'_{match} 不共享的节点和边形成的图即 G_{match} 的增量 ΔG_{match}。ΔG_{match} 是 $M_{match}(P,G)$ 的增量 ΔM 的图表示。从 ΔG_{match}，可以确定 ΔM。

例 6.2.3 来看图 6.2.1 中的有界模式图 P_1 和原始数据图 G（节点 Tom 和 Don 以及边 e_1、e_2、e_3、e_4 和 e_5 初始不存在）。可以计算出 $M_{bsim}(P_1,G)=\{(\text{CTO},\text{Ann}),(\text{DB},\text{Pat}),(\text{DB},\text{Dan}),(\text{Bio},\text{Bill}),(\text{Bio},\text{Mat})\}$。$M_{bsim}(P_1,G)$ 对应的结果图如图 6.2.3 所示。

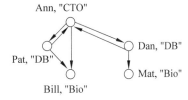

图 6.2.3 结果图

可以使用 $M_{sim}(P,G)$ 的结果图重新定义增量式图模拟匹配问题。

增量式常规图模拟匹配问题定义如下：

输入：常规模式图 $P=(V_p,E_p,f_V)$，G 的增量 ΔG，$M_{sim}(P,G)$ 的结果图 G_{sim}。

输出：$M_{sim}(P,G\oplus\Delta G)$ 结果图 G'_{sim}，其中 $G\oplus\Delta G$ 是对 G 执行更新 ΔG 后的结果。

增量式有界图模拟匹配问题定义如下：

输入：有界模式图 $P=(V_p,E_p,f_V,f_E)$，G 的增量 ΔG，$M_{bsim}(P,G)$ 的结果图 G_{bsim}。

输出：$M_{bsim}(P,G\oplus\Delta G)$ 结果图 G'_{bsim}，其中，$G\oplus\Delta G$ 是对 G 执行更新 ΔG 后的结果。

本节设计与分析求解上述两个使用 $M_{sim}(P,G)$ 的结果图重新定义的增量式图模拟匹配问题的算法。

下面定义增量式图模拟匹配问题的有界性与半有界性。

定义 6.2.11 一个增量式图模拟匹配算法 Alg 是有界的当且仅当 Alg 的时间复杂性仅是 $|P|+|\Delta G|+|G_{match}|+|\Delta G_{match}|$ 的多项式函数，否则 Alg 是非有界的，其中，$|G_{match}|=$

$|V_{\text{match}}|+|E_{\text{match}}|$，$|P|=|V_{\text{p}}|+|E_{\text{p}}|$，match 表示 sim 或 bsim。

定义 6.2.12 一个增量式图模拟匹配算法是优化的当且仅当它的时间复杂性是 $O(|P|+|\Delta G|+|G_{\text{match}}|+|\Delta G_{\text{match}}|)$，其中 match 表示 sim 或 bsim。

定义 6.2.13 一个增量式图模拟匹配问题是有界的当且仅当存在一个求解该问题的有界增量式算法，否则是非有界的。

在非有界的增量图模拟匹配问题中，有很多问题可以通过提供辅助信息使其时间复杂性成为 $|P|+|\Delta G|+|G_{\text{match}}|+|\Delta G_{\text{match}}|$ 的多项式函数。称这样的增量图模拟匹配问题是半有界的。

在接下来的 6.2.3 节和 6.2.4 节，设计与分析求解增量式图模拟匹配问题的算法。作为求解增量式图模拟匹配问题的预处理，首先在 6.2.2 节研究图模拟匹配问题的批量求解算法的设计与分析。

6.2.2 图模拟匹配问题的批量求解算法

由于常规图模拟匹配问题是有界图模拟匹配问题的特例，仅需设计和分析求解有界图模拟匹配问题的批量算法，简记作 Match。

给定数据图 $G=(V,E,f)$ 和有界模式图 $P=(V_{\text{p}},E_{\text{p}},f_V,f_E)$，算法 Match 返回 G 对于 P 的最大匹配关系 $M_{\text{bsim}}(P,G)$。当输入的模式图为常规模式图时，算法 Match 返回 G 对于 P 的最大匹配关系 $M_{\text{sim}}(P,G)$。于是，算法 Match 既可以求解有界图模拟匹配问题，也可以求解常规图模拟匹配问题。下面分别介绍算法 Match 的设计与分析。

1. 算法 Match 的设计

算法 Match 使用 u 和 u' 类符号表示模式 P 中的节点，使用 v 和 v' 类符号表示数据图 G 中的节点。此外，算法 Match 还使用如下的矩阵和集合：

（1）记录 G 中所有节点对之间距离的矩阵 $\boldsymbol{D}$。

（2）$\forall u \in P$，G 中匹配 u 的候选节点集

$$\text{mat}(u)=\{v \mid v \in V, f(v) \text{ 满足 } f_V(u), \text{ 若 out-degree}(u)\neq 0 \text{ 则 out-degree}(v)\neq 0\}$$

其中 out-degree(x) 表示节点 x 的出度。

（3）$\forall u \in P$，G 中不匹配 u 的任一父节点的节点集

$$\text{premv}(u)=\{v \mid v \in V, v \text{ 不匹配 } u \text{ 的任一父节点}\}$$

（4）$\forall v \in V$ 和 $\forall (u',u) \in E_{\text{p}}$，

$$\text{anc}(f_E(u',u),f_V(u'),v)=\{v' \mid v' \in V, \text{len}(v',\cdots,v)$$
$$\leqslant f_E(u',u), f(v') \text{ 满足 } f_V(u'), f(v) \text{ 满足 } f_V(u)\}$$

其中 v' 是 G 中基于 v 可能匹配 u' 的节点。

（5）$\forall v' \in V$ 和 $\forall (u',u) \in E_{\text{p}}$，

$$\text{desc}(f_E(u',u),f_V(u),v')=\{v \mid v \in V, \text{len}(v',\cdots,v)$$
$$\leqslant f_E(u',u), f(v) \text{ 满足 } f_V(u), f(v') \text{ 满足 } f_V(u')\}$$

其中 v 是 G 中基于 v' 可能匹配 u 的节点。

算法 Match 的基本思想是：首先为模式 P 中的每个节点 u 创建一组可能与之匹配的数据图 G 的节点；然后，迭代地删除违反 P 中规定的连通性和距离约束的节点，直到计算出最

大匹配 $M_{\mathrm{bsim}}(P,G)$。算法 Match 的详细描述见 Algorithm 6.2.1。

Algorithm 6.2.1：Match(P,G)

输入：有界模式图 $P=(V_{\mathrm{p}},E_{\mathrm{p}},f_V,f_E)$，数据图 $G=(V,E,f)$。

输出：如果 $P\models_{\mathrm{bsim}}G$，返回最大匹配 $M_{\mathrm{bsim}}(P,G)$；否则返回 $\varnothing$。

1.　　$S:=\varnothing$；计算 G 的距离矩阵 $\boldsymbol{D}$；

2.　**For** $\forall(u',u)\in E_{\mathrm{p}}$ 和 $\forall v\in V$ **Do**

3.　　　**If** $f(v)$ 满足 $f_V(u)$ **Then** 计算 $\mathrm{anc}(f_E(u',u),f_V(u'),v)$；　/＊匹配 u' 的候选节点集＊/

4.　　　**If** $f(v)$ 满足 $f_V(u')$ **Then** 计算 $\mathrm{desc}(f_E(u',u),f_V(u),v)$；/＊匹配 u 的候选节点集＊/

5.　**For** 　　$\forall u\in V_{\mathrm{p}}$ **Do**

6.　　　$\mathrm{mat}(u):=\{v\mid v\in V,\ f(v)\ \text{满足}\ f_V(u),\ \text{out-degree}(v)\neq0\ if\ \text{out-degree}(u)\neq0\}$；

7.　　　$\mathrm{premv}(u):=\{v'\in V\mid\text{out-degree}(v')\neq0,\nexists(u',u)\in E_{\mathrm{p}}[\exists v\in\mathrm{mat}(u)\wedge\mathrm{len}(v',v)\leqslant f_E(u',u)\wedge$
$(f(v')\sim f_V(u'))]\}$

8.　**While** 　$(\exists u\in V_{\mathrm{p}})\wedge(\mathrm{premv}(u)\neq\varnothing)$ **Do**

9.　　　**For** 　$\forall(u',u)\in E_{\mathrm{p}}$ 和 $\forall v_1\in\mathrm{premv}(u)$ **Do**　/＊ $\mathrm{premv}(u)$ 是不匹配 u' 的节点集＊/

10.　　　　　**If** 　$v_1\in\mathrm{mat}(u')$

11.　　　　**Then** 　$\mathrm{mat}(u'):=\mathrm{mat}(u')-\{v_1\}$；

12.　　　　　　　**If** $\mathrm{mat}(u')=\varnothing$ **Then** 返回 $\varnothing$，停止；　/＊ G 中无节点匹配 u' ＊/

13.　　　　　　　**For** 　$\forall(u'',u')\in E_{\mathrm{p}}$ **Do**

14.　　　　　　　　　**For** 　$\forall v_1'\in\mathrm{anc}(f_E(u'',u'),f_V(u''),v_1)-\mathrm{premv}(u')$ **Do**
　　　　　　　　　　　/＊ $\mathrm{anc}(f_E(u'',u'),f_V(u''),v_1)$ 是基于 v_1 可能匹配 u'' 的节点集 ＊/

15.　　　　　　　　　　**If** 　$\mathrm{desc}(f_E(u'',u'),f_V(u'),v_1')\bigcap\mathrm{mat}(u')=\varnothing$
　　　　　　　　　　　/＊ $\mathrm{desc}(f_E(u'',u'),f_V(u''),v_1')$ 是基于 v_1' 可能匹配 u' 的节点集 ＊/

16.　　　　　　　　　　　**Then** $\mathrm{premv}(u'):=\mathrm{premv}(u')\bigcup\{v_1'\}$；

17.　　　$\mathrm{premv}(u):=\varnothing$；

18.　**For** 　$\forall u\in V_{\mathrm{p}}$ 和 $\forall v\in\mathrm{mat}(u)$ **Do** 　$S:=S\bigcup\{(u,v)\}$；

19.　返回 $M_{\mathrm{bsim}}(P,G)=S$，停止.

算法 Match 的计算过程如下：

（1）计算 G 的距离矩阵 $\boldsymbol{D}$，详见算法的第 1 步。

（2）通过检查 P 的谓词 f_V 和距离约束 f_E，计算 $\mathrm{anc}(\cdot)$ 和 $\mathrm{desc}(\cdot)$，详见算法的第 2～4 步。

（3）$\forall u\in V_{\mathrm{p}}$，基于 P 和 $\boldsymbol{D}$，初始化 $\mathrm{mat}(u)$ 和 $\mathrm{premv}(u)$，详见算法的第 5～7 步。在初始化过程中，$\forall v\in V$，除了验证是否 $f(v)$ 满足 $f_V(u)$，还要检查 u 和 v 的出度。如果 v 的出度为 0，而 u 的出度不为 0，则由于 v 没有子节点匹配 u 的子节点，v 不匹配 u。

（4）$\forall u\in V_{\mathrm{p}}$，迭代地优化 $\mathrm{mat}(u)$，直至 $\mathrm{premv}(u)$ 均为空，详见算法的第 8～17 步。$\forall(u',u)\in E_{\mathrm{p}}$，算法的第 9～16 步的循环地从 $\mathrm{mat}(u')$ 中删除 G 中与 u' 不匹配的每个节点 $v_1\in\mathrm{premv}(u)$，并且 $\forall(u'',u')\in E_{\mathrm{p}}$，使用节点 v_1 识别不匹配 u' 的任何父节点 u'' 的节点 v_1'，将其添加到 $\mathrm{premv}(u')$ 中。

（5）经过上述 4 步处理，$\forall u\in V_{\mathrm{p}}$，$\mathrm{mat}(u)$ 中剩余的节点就是所有与 u 匹配的节点。最后，算法的第 18、19 步计算返回最大匹配 $M_{\mathrm{bsim}}(P,G)$。

例 6.2.4　以图 6.2.4 的数据图 G 和有界模式图 P 为例，说明算法 Match 的工作过程。图 6.2.4 中的 P 是一个有界模式图，其中每个节点表示一个学者，并用谓词指定其学术领域：CS(计算机科学)、Bio(生物学)、Med(医学)或 Soc(社会学)。假设 G 的节点 DB 和 AI 具有属性 dept＝CS，Gen(遗传学)和 Eco(生态学)具有属性 dept＝Bio。G 对于 P 的匹配的直观意义是：在 G 中，CS 学者与 Bio 学者（2 跳内）有联系，CS 学者与 Soc 学者（3 跳内）和 Med 学者（任意跳内）具有联系，而且相应的 Med 学者与 CS 学者（任意跳内）有联系，Bio 学者与 Soc 学者（2 跳内）和 Med 学者（3 跳内）有联系。

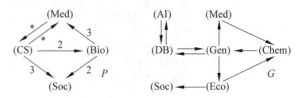

图 6.2.4　有界模拟匹配示例

对于 P 中的每个节点，算法 Match 首先计算 mat(•)和 premv(•)。然后，算法使用 premv(•)从 mat(•)中删除那些不匹配的节点。例如，虽然 AI 是 CS 的候选匹配项，但 AI 不能在 3 跳内到达 Soc，所以 AI∈premv(Soc)，于是，AI 从 mat(•)中被删除。当 P 中的所有节点的 premv(•)均为空时，算法终止并返回最大匹配 $M_{bsim}(P,G)$＝{(CS, DB),(Bio, Gen),(Bio, Eco),(Med, Med),(Soc, Soc)}。

2. 算法 Match 的分析

首先分析算法 Match 的正确性。

引理 6.2.1　设 $mat_i(u')$ 和 $premv_i(u)$ 表示在算法 Match 的第 i 次 While 循环（第 8～17 步）中计算的 mat(u')和 premv(u)。$\forall (u',u)\in E_p$，G 的节点 v' 不匹配 u' 当且仅当下列条件之一成立：

(1) $v'\notin mat_0(u')$。

(2) $v'\in premv_i(u)\bigcap mat_i(u')$。

证明：首先证明若(1)和(2)之一成立，则 G 的节点 v' 不匹配 u'。

如果 $v'\notin mat_0(u')$，则由算法第 6 步计算可知，$f(v')$ 不满足 $f_V(u')$ 或者 v' 和 u' 的出度一个为 0 而另一个非 0。于是，v' 不是 u' 的匹配。

如果 $v'\in premv_i(u)\bigcap mat_i(u')$，对 While 循环的次数 i 应用数学归纳法证明 v' 不匹配 u'。

当 $i＝0$ 时，即当 $v'\in premv_0(u)\bigcap mat_0(u')$ 时，v' 是在算法的第 7 步被添加到 $premv_0(u)$ 中的。因此，v' 必满足以下条件：

$$\{v'\in V\,|\,\text{out-degree}(v')\neq 0,\nexists(u',u)\in E_p[\exists v\in mat(u)\wedge len(v',v)$$
$$\leqslant f_E(u',u)\wedge(f(v')\sim f_V(u'))]\}$$

于是，v' 不匹配 u'。

假设 $i\leqslant k$ 时命题成立，即当 $v'\in premv_i(u)\bigcap mat_i(u')$ 时，v' 不匹配 u'。下面证明：当 $i＝k+1$ 时，即当 $v'\in premv_{k+1}(u)\bigcap mat_{k+1}(u')$ 时，v' 不匹配 u'。由于 $v'\in premv_{k+1}(u)\bigcap mat_{k+1}(u')$，则 $v'\in premv_i(u)\bigcap mat_i(u')(i\leqslant k)$，或 v' 是在算法的 While 循环的第 $k+1$ 次循环中由第 16 步添加到 $premv_{k+1}(u)$ 中的且 $v'\in mat_{k+1}(u')$。

如果 $v'\in premv_i(u)\bigcap mat_i(u')$ 且 $i\leqslant k$，则由归纳假设，v' 不是 u' 的匹配。

设 v' 是在算法的第 $k+1$ 次 While 循环中由第 16 步添加到 premv(u)中的 v'_1，即在第 9～16 步的循环考察 $(u,u_1)\in E_p$ 和 $v_1\in premv(u_1)$ 时，v'_1 被加入 premv(u)中。此时第

$10\sim16$ 步执行的操作如下：

10. **If** $v_1\in\mathrm{mat}(u)$ **Then**

11. $\mathrm{mat}(u):=\mathrm{mat}(u)-\{v_1\}$；

12.   **If** $\mathrm{mat}(u)=\varnothing$ **Then** 返回 $\varnothing$，停止；

13.   **For** $\forall u'$满足$(u',u)\in E_p$ **Do**

14.   **For** $\forall v_1'\in\mathrm{anc}(f_E(u',u),f_V(u'),v_1)-\mathrm{premv}(u)$ **Do**

15.   **If** $(\mathrm{desc}(f_E(u',u),f_V(u),v_1')\bigcap\mathrm{mat}(u)=\varnothing)$

16.   **Then** $\mathrm{premv}(u):=\mathrm{premv}(u)\bigcup\{v_1'\}$；

从第 14 步可知，$v'=v_1'$ 可能通过 v_1 匹配 u'。从第 15 步可知，所有可能通过 $v'=v_1'$ 匹配 u 的 G 中节点都不在 $\mathrm{mat}(u)$ 中，即都不与 u 匹配。于是，根据定义 6.2.5，$v'=v_1'$ 不匹配 u'。

接下来证明：如果 G 的节点 v' 不匹配 P 中节点 u'，则 $v'\notin\mathrm{mat}_0(u')$ 或 $v'\in\mathrm{premv}_i(u)\bigcap\mathrm{mat}_i(u')$。如果 v' 不匹配 u'，则必有下列 3 个条件之一成立：

(1) $f(v')$ 不满足 $f_V(u')$。

(2) $f(v')$ 满足 $f_V(u')$，并且 $\exists u[(u',u)\in E_p\wedge(\nexists v\in V[\mathrm{len}(v',v)\leqslant f_E(u',u))\wedge(f(v)$ 满足 $f_V(u))]]$。

(3) $f(v')$ 满足 $f_V(u')$，并且 $\exists u[(u',u)\in E_p\wedge($所有满足 $(\mathrm{len}(v',v)\leqslant f_E(u',u))\wedge(f(v)$ 满足 $f_V(u))$ 的节点 v 都不匹配 $u)]$。

如果(1)成立，则从算法第 6 步可知，v' 未被添加到 $\mathrm{mat}_0(u')$ 中，即 $v'\notin\mathrm{mat}_0(u')$。

如果(2)成立，则由于 $f(v')$ 满足 $f_V(u')$，算法第 6 步将 v' 添加到 $\mathrm{mat}_0(u')$ 中；由第 7 步可知，v' 也被添加到 $\mathrm{premv}_0(u)$ 中。于是，$v'\in\mathrm{premv}_0(u)\bigcap\mathrm{mat}_0(u')$。

如果(3)成立，则必存在 u' 的一个后代节点 u 和 v' 的一个后代节点 v，使得 v_0 与 u_0 不匹配，进而导致 v' 直接或间接地不匹配 u'。于是，必存在 u' 的后代节点序列 $(u_0,u_1,\cdots,u_k)$ 和 v' 的后代节点序列 $(v_0,v_1,\cdots,v_k)$，其中，u_{i+1} 是 u_i 的父节点，$f(v_i)$ 满足 $f_V(u_i)$，$u_k=u'$，$u_{k-1}=u$，$v_k=v'$，$v_{k-1}=v$ 并且 v_i 不匹配 u_i，进而 v_{i+1} 不匹配 u_{i+1}。对 i 使用数学归纳法证明 $v_i\in\mathrm{premv}_i(u_{i-1})\bigcap\mathrm{mat}_i(u_i)$。

当 $i=1$ 时，$(u_0,v_0)=(u,v)$ 和 $(u_1,v_1)=(u',v')$。由于 v_0 不匹配 u_0，必存在 u_0 的子节点 u_s，使得 $v_0\in\mathrm{premv}(u_s)$。由于 v_0 不匹配 u_0，即 $\exists u[(u',u)\in E_p\wedge(\nexists v\in V[\mathrm{len}(v_1,v)\leqslant f_E(u',u))\wedge(f(v)$ 满足 $f_V(u))]]$ 为真，所以 v_1 在第 1 次 While 循环中被加入 $\mathrm{premv}(u_0)$。因为 $f(v_1)$ 满足 $f_V(u_1)$ 且 out-degree(u_1) 和 out-degree(v_1) 均不为 0，所以 $v_1\in\mathrm{mat}_1(u_1)$。于是，$v_1\in\mathrm{premv}_1(u_0)\bigcap\mathrm{mat}_1(u_1)$。

设 $i\leqslant n$ 时 $v_i\in\mathrm{premv}_i(u_{i-1})\bigcap\mathrm{mat}_i(u_i)$。于是，在第 n 次 While 循环结束时，必有 $v_n\in\mathrm{premv}_n(u_{n-1})\bigcap\mathrm{mat}_n(u_n)$。由于 v_n 不匹配 u_n，所以 v_{n+1} 不匹配 u_{n+1}。容易证明 v_{n+1} 在第 $n+1$ 次 While 循环中被加入 $\mathrm{premv}_{n+1}(u_n)$。由于 $f(v_{n+1})$ 满足 $f_V(u_{n+1})$，$v_{n+1}\in\mathrm{mat}_{n+1}(u_{n+1})$。因此，在第 $n+1$ 次 While 循环结束时，$v_{n+1}\in\mathrm{premv}_{n+1}(u_n)\bigcap\mathrm{mat}_{n+1}(u_{n+1})$。

至此证明了：如果 $f(v')$ 满足 $f_V(u')$ 且所有满足 $[(\mathrm{len}(v',v)\leqslant f_E(u',u))\wedge(f(v)$ 满足 $f_V(u))]$ 的节点 v 都不匹配 u，则对于 $1\leqslant i\leqslant k$，$v_i\in\mathrm{premv}_i(u_{i-1})\bigcap\mathrm{mat}_i(u_i)$。于是，当 $i=k$ 时，有 $v_k\in\mathrm{premv}_k(u_{k-1})\bigcap\mathrm{mat}_i(u_k)$。由于 $u_k=u'$，$u_{k-1}=u$，$v_k=v'$，有 $v'\in\mathrm{premv}_k(u)\bigcap$

$\text{mat}_k(u')$。证毕。

定理 6.2.1 算法 Match 返回 G 对于 P 的最大匹配。

证明：设 S 是 G 中 P 的最大匹配。设 S_r 是算法 Match 返回的匹配。需要证明 $S_r = S$。

首先证 $S \subseteq S_r$。如果 S 为空，则 $S \subseteq S_r$。如果 S 不为空，令 $(u', v') \in S$。假设 $(u', v') \notin S_r$。由于 $(u', v') \in S$，从算法的第 6 步可知，$v' \in \text{mat}(u')$。因为算法结束时 $(u', v') \notin S_r$，必存在 i，第 i 次 While 循环的第 11 步将 v' 从 $\text{mat}(u')$ 中删除。因此，在第 i 次 While 循环中，$\exists (u', u) \in E_p$，使得 $v' \in \text{premv}_i(u) \bigcap \text{mat}_i(u')$。从引理 6.2.1 可知，$v'$ 不匹配 u'，与 $(u', v') \in S$ 矛盾。因此，$(u', v') \in S_r$，即 $S \subseteq S_r$。

然后证 $S_r \subseteq S$。如果 S_r 为空，$S_r \subseteq S$。如果 S_r 不为空，令 $(u', v') \in S_r$。假设 $(u', v') \notin S$。则 u' 不匹配 v'。由引理 6.2.1，$v' \notin \text{mat}_0(u')$ 或者 $v' \in \text{premv}_i(u) \bigcap \text{mat}_i(u')$。如果 $v' \notin \text{mat}_0(u')$，则对于任意 i，$v' \notin \text{mat}_i(u')$。从算法第 18 步可知 $(u', v') \notin S_r$，与 $(u', v') \in S_r$ 矛盾。如果 $v' \in \text{premv}_i(u) \bigcap \text{mat}_i(u')$，则算法第 11 步将 v' 从 $\text{mat}_i(u')$ 中删除。从算法的第 18 步可知 $(u', v') \notin S_r$，与 $(u', v') \in S_r$ 矛盾。于是，$(u', v') \in S$，即 $S_r \subseteq S$。

接下来证明算法 Match 一定停止。首先，对于 P 中每个节点 u'，$\text{mat}(u')$ 在算法 Match 中单调减少：在 $\text{mat}(u')$ 初始化之后，算法 Match 只会从 $\text{mat}(u')$ 中删除节点，而不会加入节点，其次如果 P 中存在 (u', u) 使得 $\text{premv}(u) \bigcap \text{mat}(u')$ 非空，算法 Match 会缩小 $\text{mat}(u')$，如算法第 9~11 步所示。如果 $\text{mat}(u')$ 减少为空，则算法 Match 返回 $\varnothing$ 并停止，详见算法第 12 步；否则 $\text{mat}(u')$ 不能进一步缩小，算法的第 17 步将把 $\text{premv}(u)$ 设置为 $\varnothing$。如果算法不在第 12 步终止，则算法的第 17 步将把所有 $\text{premv}(u)$ 设置为 $\varnothing$。从而，While 循环终止，算法的第 18 步计算出最大匹配 S，第 19 步返回结果，停止运行。于是，算法 Match 终止。

综上，算法 Match 能够正确地计算出 G 对 P 的最大匹配。证毕。

下面的定理 6.2.2 给出了算法 Match 的时间复杂性。

定理 6.2.2 设 $P = (V_p, E_p, f_v, f_E)$ 是有界模式图，$G = (V, E, f)$ 是数据图，节点标记的属性个数小于 $|V|$。算法 Match 计算 G 计算 P 的最大匹配 $M_{\text{bsim}}(P, G)$ 的时间复杂性为 $O(|V||E| + |V_p|^3|V|^2)$。

证明：算法 Match 可以分为 3 个阶段，分别是预处理（第 1~7 步）、计算匹配（第 8~17 步）和计算最大匹配（第 18、19 步）。

首先进行预处理阶段的时间复杂性分析。第 1 步应用宽度优先搜索策略计算距离矩阵 $\boldsymbol{X}$，需要 $O(|V|(|V| + |E|))$ 时间。第 2~4 步初始化 $\text{anc}(\cdot)$ 和 $\text{desc}(\cdot)$，需要 $O(|E_p||V|^2)$ 时间。第 5 步至第 7 步初始化 $\text{mat}(\cdot)$ 和 $\text{premv}(\cdot)$，分别需要 $O(|V_p||V|^2)$ 与 $O(|V_p||E_p||V|^2)$ 时间。注意，当 P 和 G 中的属性以相同顺序排序时，可以在属性个数（不超过 $|V|$）的线性时间内检查 G 中任意节点 v 的 $f(v)$ 是否满足 P 中任意节点 u 上的谓词 $f_V(u)$。总之，预处理阶段的时间复杂性为

$$O(|V|(|V| + |E|) + |E_p||V|^2 + |V_p||V|^2 + |V_p||E_p||V|^2)$$
$$= O(|V||E| + |V_p||E_p||V|^2)$$

其次进行计算匹配阶段的时间复杂性分析。首先构造矩阵 $\boldsymbol{X}'$：$\forall (u', u) \in E_p$ 和 $v' \in \text{mat}(u')$，计算 $\text{desc}(f_E(u', u), f_V(u), v') \bigcap \text{mat}(u)$，并存入 $\boldsymbol{X}'$。矩阵 $\boldsymbol{X}'$ 可以在 $O(|E_p|$

$|V|^2$)时间内计算。第 11 步更新 mat(u')时,可以增量式地维护 $\boldsymbol{X}'$。使用 $\boldsymbol{X}'$,可以在常数时间内进行第 15 步的测试。显然,第 8～17 步的 While 循环的次数至多为 $O(|V_p|)=O(|V_p|)$。下面基于 $\boldsymbol{X}'$ 的使用,分析第 9～17 步在每次 While 循环中的时间复杂性。

(1) 给定 $u\in V_p$ 和 $v_1\in \text{premv}(u)$,第 10 步需要 $O(|\text{mat}(u')|)=O(|V|)$ 时间。第 11、12 步在每次循环中需要 $O(1)$ 时间。于是,第 10～12 步需要 $O(|V|)$ 时间。

(2) 因为第 15 步使用 $\boldsymbol{X}'$ 进行检测需要常数时间,第 13～16 步的 For 循环需要 $O(\text{In-degree}(u')|V|)$ 时间。由于入度 In-degree(u')$\leqslant|V_p|$,第 13～16 步的 For 循环至多需要 $O(|V_p||V|)$ 时间。

(3) 第 9～16 步的循环需要执行 $O(|V_p||\text{premv}(u)|)=O(|V_p||V|)$ 次。根据(1)和(2),第 9～16 步的循环需要 $O(|V_p||V|(|V|+|V_p||V|))=O(|V_p|^2|V|^2)$。

(4) 第 17 步需要常数时间。

由于第 8～17 步的 While 循环的次数至多为 $O(|V_p|)$,根据(3),第 8～17 步的 While 循环(即计算匹配阶段)需要的时间为

$$O(|V_p||V_p|^2|V|^2)=O(|V_p|^3|V|^2)$$

最后进行计算最大匹配阶段的时间复杂性分析。从算法的第 18 步和第 19 步可以看出,计算最大匹配需要 $O(|V_p||V|)$ 时间。

总之,算法 Match 的时间复杂性是

$$O(|V||E|+|V_p||E_p||V|^2+|V_p|^3|V|^2+|V_p||V|)$$
$$=O(|V||E|+|V_p||E_p||V|^2+|V_p|^3|V|^2)$$
$$=O(|V||E|+|V_p|^3|V|^2+|V_p|^3|V|^2)$$
$$=O(|V||E|+|V_p|^3|V|^2)$$

证毕。

6.2.3 增量式常规图模拟匹配算法

本节设计与分析求解增量式常规图模拟匹配问题的算法。在本节的讨论中,设问题的输入是常规模式图 $P=(V_p,E_p,f_V)$、$M_{\text{sim}}(P,G)$ 的结果图 G_{sim} 以及 G 的变化 ΔG,问题的输出是 $M_{\text{sim}}(P,G\oplus\Delta G)$ 的结果图 G'_{sim},其中,$G\oplus\Delta G$ 表示 G 经 ΔG 更新后的结果。下面,首先设计与分析 $|\Delta G|=1$ 时的增量式常规图模拟匹配算法,最后设计与分析 $|\Delta G|>1$ 时的增量式常规图模拟匹配算法。

1. $|\Delta G|=1$ 时的增量式常规图模拟匹配算法

当 $|\Delta G|=1$ 时,ΔG 表示插入或删除一条边。在文献[1]中,已经证明了常规图模拟匹配问题是非有界的。当 $|\Delta G|=1$ 时,可以设计一个求解增量式常规图模拟匹配问题的半有界求解算法。

首先回顾一下 6.2.1 节的有关内容。设 $G=(V,E,f)$,$P=(V_p,E_p,f_V)$,$M_{\text{sim}}(P,G)$ 的结果图是 G_{sim},$M_{\text{sim}}(P,G\oplus\Delta G)$ 的结果图是 G'_{sim}。G_{sim} 和 G'_{sim} 不共享的节点和边形成的图即 G_{sim} 的增量 ΔG_{sim}。ΔG_{sim} 确定了 $M_{\text{sim}}(P,G)$ 的增量 ΔM。为了计算 ΔM,算法需要如下辅助信息:

(1) $\forall u\in V_p$,u 的匹配节点集合 $\text{match}(u)=\{v\mid v\in V,v\text{ 匹配 }u\}$。使用哈希技术存

储 match(u)，并假设在 match(u)中查找一个元素需要 $O(1)$ 时间。

（2）$\forall u \in V_p$，u 的候选匹配节点集合 candt(u)＝$\{v \mid v \in V, f(v)$ 满足 $f_V(u)\}$，v 是 u 的候选匹配是指 $f(v)$ 满足 $f_V(u)$ 但 v 还不一定是 u 的匹配。使用哈希技术存储 candt(u)，并假设在 candt(u)中查找一个元素需要 $O(1)$ 时间。

（3）集合 match(u)中节点之间的连接关系和集合 candt(u)中节点之间的连接关系。这两类信息可以作为 match(u)和 candt(u)的附属信息。

（4）$\forall v \in V$，v 的子节点集合 sons(v)＝$\{v_s \mid v_s \in V, v_s$ 是 v 的子节点$\}$，v 的父节点集合 parents(v)＝$\{v_p \mid v_p \in V, v_p$ 是 v 的父节点$\}$。使用哈希技术存储这两个集合，并假设在这两个集合中查找一个元素需要 $O(1)$ 时间。

（5）$\forall u \in V_p$，u 的子节点集合 son(u)＝$\{u_s \mid u \in V_p, u_s$ 是 u 的子节点$\}$，u 的父节点集合 parent(u)＝$\{u_p \mid u_p \in V, u_p$ 是 u 的父节点$\}$。使用哈希技术存储这两个集合，并假设在这两个集合中查找一个元素需要 $O(1)$ 时间。

此外，算法还需要追踪 G 中 3 种不同类型的边，简称为 cc、cs 和 ss 边，如表 6.2.1 所示。下面将看到，在这 3 种边中，只有那些可能改变匹配结果的边需要被处理。

表 6.2.1　ΔG 中 3 种不同类型的边

cc 边	$(v',v) \in \Delta G$ 满足：$\exists (u',u) \in E_p[v' \in \text{candt}(u') \wedge v \in \text{candt}(u)]$
cs 边	$(v',v) \in \Delta G$ 满足：$\exists (u',u) \in E_p[v' \in \text{candt}(u') \wedge v \in \text{match}(u)]$
ss 边	$(v',v) \in \Delta G$ 满足：$\exists (u',u) \in E_p[v' \in \text{match}(u') \wedge v \in \text{match}(u)]$

下面分别针对 ΔG 为单边删除和单边插入两种情况，设计与分析常规图模拟匹配算法。

1）针对单边删除的算法

ΔG 为单边删除是指从数据图 G 中删除一条边。单边删除只会减少匹配，即导致从结果图 G_{sim} 中删除节点和边。下面的命题 6.2.2 说明只有删除 G 中的 ss 边时才可能引起结果图 G_{sim} 的变化。

命题 6.2.2　给定数据图 $G＝(V,E,f)$ 和常规模式图 $P＝(V_p,E_p,f_V)$，只有删除 G 中的 ss 边，才可能改变 $M_{\text{sim}}(P,G)$ 的结果图 G_{sim}。

证明：设 $M_{\text{sim}}(P,G)$ 的结果图为 G_{sim}。当删除 G 中边 $e＝(v',v)$ 后，会产生以下几种情况：

（1）v' 和 v 都不是任一节点 $u' \in V_p$ 的匹配。因为 v' 不是 u' 的匹配，则 $f(v')$ 不满足 $f_V(u')$ 或者存在 u' 的子节点 u 使得 v' 的所有子节点都不与 u 匹配。删除 e 以后，v' 不匹配节点 u'。同理，删除 e 以后，v 不匹配节点 u'。于是，删除 e 不改变 G_{sim}。

（2）$v' \in \text{match}(u')$ 且节点 v 不匹配任何 $u \in V_p$。由于 v' 匹配 u'，对于 u' 的任意子节点 u，存在一个 v' 的子节点 $v_s \neq v$，$v_s \in \text{match}(u)$。于是，删除 e 不改变 G_{sim}。

（3）$v \in \text{match}(u)$ 且 v' 不匹配任何 $u' \in V_p$。由于常规图模拟只考虑 v 的子节点，删除 e 不改变 G_{sim}。

（4）e 是关于边 $(u',u) \in E_p$ 的 ss 边。删除 e 后，v' 可能不再匹配 u'。这是因为：如果 v 是 v' 唯一匹配 u 的子节点，则 e 删除后 v' 不再匹配 u'，应从 G_{sim} 中删除 v' 及其关联的边。如果 v' 还有另一个子节点匹配 u，则 e 删除后 v' 仍然匹配 u'。

综上所述,只有删除 ss 边才可能缩小 G_{sim}。证毕。

请注意,当 v' 不再是一个匹配时,那些出现在 G_{sim} 中并且是 v' 的祖先的匹配也可能不再是匹配。于是,对于单边删除,必须传播 G_{sim} 的更新。在本节的后面,将详细讨论这个问题。

例 6.2.5 考虑图 6.2.5 中的常规模式图 P'_3 和数据图 G_3。$M_{sim}(P'_3, G_3) = \{(CTO, Ann), (DB, Pat), (DB, Dan), (Bio, Bill), (Bio, Mat)\}$。$M_{sim}(P'_3, G_3)$ 的结果图是图 6.2.6 的 G_{r5}。设从 G_3 删除边 $e_6 = ((Pat, "DB"), (Bill, "Bio"))$。$e_6$ 是关于 P'_3 的模式边 (DB, Bio) 的 ss 边,并且在 G_{r5} 中。删除 e_6 以后,节点 $(Pat, "DB")$ 不再是模式节点 DB 的匹配,因为不存在边 (Pat, v),v 是 G_3 中与模式节点 Bio 匹配的节点。

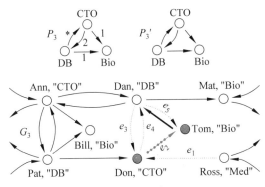

图 6.2.5 模式图 P_3、P'_3 和数据图 G_3

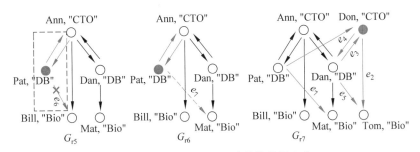

图 6.2.6 数据图更新导致的结果图变化

下面设计与分析针对单边删除的增量式常规图模拟匹配算法,记作 IncSimMatch$^-$。在以下的讨论中,$G = (V, E, f)$ 是数据图,$P = (V_p, E_p, f_V)$ 是常规模式图,$M_{sim}(P, G)$ 是 G 对 P 的最大匹配,$G_{sim} = (V_{sim}, E_{sim})$ 是 $M_{sim}(P, G)$ 的结果图,ΔG 是从 G 删除一条边,ΔM 是 $M_{sim}(P, G)$ 的增量,$G'_{sim} = (V'_{sim}, E'_{sim})$ 是 $M_{sim}(P, G \oplus \Delta G)$ 的结果图,G_{sim} 的增量 ΔG_{sim} 是 G_{sim} 和 G'_{sim} 不共享的节点和边形成的图。先设计算法 IncSimMatch$^-$,然后分析它的正确性和复杂性。

算法 IncSimMatch$^-$ 的详细描述见 Algorithm 6.2.2。

直观地,算法 IncSimMatch$^-$ 标识由 ss 边删除引起的受影响区域。算法通过找到并删除 G_{sim} 中由于更新而不再与 P 中节点匹配的节点,并进行更新的传播。

算法 Inc-Sim-Match$^-$ 首先判断删除的边 $e_d = (v'_d, v_d)$ 是否 ss 边。如果 e_d 不是 ss 边,输出没有任何改变的结果图 $G'_{sim} = G_{sim}$,如算法的第 1 步所示。如果 e_d 是 ss 边,算法传递地在 G_{sim} 中找出所有由于删除 e_d 而不再是 P 的匹配节点的节点,直至受影响的节点和边被识别出来,并同时对 G_{sim} 做相应的更新,详见算法的第 2~13 步。

Algorithm 6.2.2. IncSimMatch⁻

输入：P，$G_{sim} = (E_{sim}, V_{sim})$，match($\cdot$)，candt($\cdot$)，$\Delta G = \{$删除边 $e_d = (v'_d, v_d)\}$。

输出：$M_{sim}(P, G \oplus \Delta G)$ 对应的结果图 G'_{sim}。

1.　　**If**　$e_d \notin E_{sim}$　**Then**　返回 $G'_{sim} = G_{sim}$ 的存储地址，停止；　/* $e_d \in E_{sim} \Leftrightarrow e_d$ 是 ss 边 */

2.　　栈 eset := $\varnothing$；　eset.push(e_d)；

3.　　**While**　eset $\neq \varnothing$　**Do**

4.　　　　　All-not-Match := true；　e := eset.pop()；　/* $e = (v', v)$ */

5.　　　　　**For**　$e = (v', v)$ 匹配的每条边 $e_p = (u', u) \in E_p$　**Do**

6.　　　　　　　　**If**　$V_{sim} - \{v\}$ 不包含 $v_s \in$ sons(v') $\cap$ match(u)；　/* 检测 v' 是否不再匹配 u' */

7.　　　　　　　　**Then**　match(u') := match(u') $- \{v'\}$；　/* v' 不再匹配 u' */

8.　　　　　　　　　　　**If**　match(u') $= \varnothing$　**Then**　返回 $\varnothing$，停止；

9.　　　　　　　　**Else**　All-not-Match := false；　/* v' 仍然匹配 u' */

10.　　　　　**If**　All-not-Match $=$ true

11.　　　　　**Then For**　$\forall e'' = (v'', v') \in E_{sim}$ 和 $\forall e' = (v', v'') \in E_{sim}$　**Do**

12.　　　　　　　　　$E_{sim} := E_{sim} - \{e'', e'\}$；eset.push($e''$)；　/* e' 的删除不再影响 G_{sim} */

13.　　　　　　　$V_{sim} := V_{sim} - \{v'\}$；

14.　返回 $G'_{sim} = G_{sim}$ 的存储地址．

具体地，算法 Inc-Sim-Match⁻ 使用栈结构 eset（算法的第 2 步）存储将被处理的边。对于每条 ss 边 $e = (v', v)$ 对应的可能匹配的模式边 $e_p = (u', u) \in E_p$，算法的第 6 步检查 v' 是否仍有子节点与 u 匹配，即是否 v' 仍然匹配 u'。如果不匹配，则第 7 步将 v' 从 match(u') 中删除。如果 match(u') 成为空集，则从 G 删除边 e_d 后 G 中无节点与 u' 匹配，即 G 不再匹配 P，于是算法返回 $G'_{sim} = \varnothing$，如算法第 8 步所示。如果 v' 不再与任何 P 中模式节点匹配，则将 v' 和所有连接到 v' 的边从 G_{sim} 中删除，详见算法的第 10~13 步。为了进一步处理，算法的第 12 步将删除的边 (v'', v') 加入 eset 栈。上述处理过程（即算法第 3~13 步）反复执行，直到所有受影响的节点和边都被处理完毕。

例 6.2.6　考虑例 6.2.5 中的 P'_3 的和 G_{r5}。G_{r5} 中边 $e_6 = ($Pat，Bill$)$ 被删除后，算法 IncSimMatch⁻ 发现 Pat 不存在子节点可以匹配 Bio。Pat 不再是 Bio 的匹配。然后，算法检查边（Ann，Pat），发现它是（CTO，DB）的 ss 边。由于 Ann 的子节点 Dan 和 Bill 分别与 DB 和 Bio 匹配，因此算法删除 Pat 及其相关边，更新 G_{r5}，如图 6.2.6 所示。

根据命题 6.2.2，算法 IncSimMatch⁻ 正确地更新了结果图 G_{sim}。这是因为它仅从 G_{sim} 中删除了不再与 P 的任何节点匹配的 G 的节点及其相邻的边，并且当所有无效匹配都被删除后终止。

下面的定理给出了 IncSimMatch⁻ 的时间复杂性，并证明了增量式常规图模拟匹配问题是半有界的。

定理 6.2.3　设 ΔG 是单边删除，$P = (V_p, E_p, f_V)$ 是常规模式图，$G_{sim} = (V_{sim}, E_{sim})$ 是 $M_{sim}(P, G)$ 的结果图。算法 IncSimMatch⁻ 的时间复杂性为 $O(|E_{sim}|(|E_p||V_{sim}| + |E_{sim}|))$。

证明：使用邻接矩阵存储 G_{sim}，算法 IncSimMatch⁻ 的第 1 步需要 $O(1)$ 时间。第 2 步需要 $O(1)$ 时间。

第 3~13 步的 While 循环至多执行 $|E_{sim}|$ 次。

第 4 步需要 $O(1)$ 时间。

第 5~9 步的 For 循环至多执行 $|E_p|$ 次。使用哈希技术，第 6 步每次执行需要 $O(|V_{sim}|)$

时间。第 7～9 步每次执行需要 $O(1)$ 时间。于是,第 5～9 步的 For 循环需要 $O(|E_p||V_{sim}|)$ 时间。

第 10 步需要 $O(1)$ 时间。

第 11、12 步的 For 循环至多需要 $O(|E_{sim}|)$ 时间。

第 13 步每次执行需要 $O(1)$ 时间。

于是,第 3～13 步 While 循环需要 $O(|E_{sim}|(|E_p||V_{sim}|+|E_{sim}|))$ 时间。

第 14 步需要 $O(1)$ 时间。

总之,算法 IncSimMatch¯ 的时间复杂性为 $O(|E_{sim}|(|E_p||V_{sim}|+|E_{sim}|))$。证毕。

从定理 6.2.3 可以得到如下推论。

推论 6.2.2 针对单边删除的常规图模拟匹配问题是半有界的。

2) 针对单边插入的算法

ΔG 为单边插入是指向数据图 G 插入一条新的边。单边插入只可能导致 $M_{sim}(P,G)$ 及其结果图 G_{sim} 的节点和边的增加,而不会导致 $M_{sim}(P,G)$ 和 G_{sim} 的节点和边的减少。下面的命题说明只有向 G 中插入 cc 边或者 cs 边,才可能改变 $M_{sim}(P,G)$ 和 G_{sim}。

命题 6.2.3 设 $G=(V,E,f)$ 是数据图模式,$P=(V_p,E_p,f_V)$ 是常规模式图,$M_{sim}(P,G)$ 是 G 对 P 的最大匹配,并且 G_{sim} 是 $M_{sim}(P,G)$ 的结果图。如下结论成立:

(1) 若 P 是有向无环图,则只有向 G 插入 cs 边才可能扩大 $M_{sim}(P,G)$ 和 G_{sim}。

(2) 若 P 是一般常规模式,则只有向 G 插入 cs 或 cc 边才可能扩大 $M_{sim}(P,G)$ 和 G_{sim}。

(3) 如果只向 G 插入一条 cc 边,则只可能扩大 P 中某个强连通分量中的模式节点的匹配。

证明:这里只给出证明的思路,详细证明留作练习。

(1) 通过对被插入边的不同类型进行分析,并对有向无环图模式 P 的拓扑顺序使用数学归纳法,很容易证明命题 6.2.3 中的(1)。

(2) 仅需证明 3 点。第一,向 G 插入一条 ss 边,不会引起 $M_{sim}(P,G)$ 和 G_{sim} 的变化。第二,如果边 (v',v) 满足 v' 是 P 的匹配节点而 v 不是 P 的匹配节点,则插入 (v',v) 不会改变 $M_{sim}(P,G)$ 和 G_{sim},这是因为 v' 已是匹配节点,并且 v 是否为匹配节点仅取决于其子节点是否为匹配节点,而插入 (v',v) 对于 v 的子节点是否为匹配节点没有影响。第三,插入 cs 和 cc 边 (v',v) 可能会导致 $M_{sim}(P,G)$ 和 G_{sim} 的扩大。例如,插入 cs 边 (v',v) 以后,由于 v' 的子节点 v 成为某个模式节点 u' 的子节点 u 的匹配节点,所以 v' 成为模式节点 u' 的匹配。

(3) 假设插入 cc 边 (v',v) 后,v' 和 v 分别匹配 u' 和 u。假设模式边 (u',u) 不在 P 的任何强连通分量中。由结论(1),单独插入 cc 边 (v',v) 不能使得 v 是 u 的匹配,进而 v' 也不是 u' 的匹配,矛盾。因此,模式边 (u',u) 必须在 P 的一个强连通分量中。证毕。

下面依据命题 6.2.3,分别在模式图 P 为有向无环图和一般有向图这两种情况下设计与分析针对单边插入更新的增量式常规模拟匹配算法,分别记作 IncSimMatch$_{DAG}^+$ 和 IncSimMatch$^+$。

先设计算法 IncSimMatch$_{DAG}^+$。实际上,将在后面设计的算法 IncSimMatch$^+$ 包括了算法 IncSimMatch$_{DAG}^+$ 的功能。算法 IncSimMatch$_{DAG}^+$ 的详细描述见 Algorithm 6.2.3。

Algorithm 6.2.3：IncSimMatch$_{DAG}^+$

输入：P，G_{sim}，match$(\cdot)$，candt$(\cdot)$，ΔG 为插入边 $e_d=(v_d',v_d)$。

输出：$M_{sim}(P,G\oplus\Delta G)$ 对应的结果图 G_{sim}'。

1. **If** $\nexists(u',u)\in E_p(v_d'\in candt(u')\wedge v_d\in match(u))$ /* 检测 e_d 是否 cs 边 */
2.   **Then** 返回 $G_{sim}'=G_{sim}$ 的存储地址，停止； /* e_d 不是 cs 边 */
3. 栈 eset $:=\varnothing$；eset.push(e_d)；/* e_d 是 cs 边 */
4. **While** eset$\neq\varnothing$ **Do**
5. $e:=$ eset.pop()；/* $e=(v',v)$ */
6.   **For** $\forall(u',u)\in E_p$ **Do**
7.   **If** $v'\in candt(u')\wedge v\in match(u)$
8.   **Then** $S:=\varnothing$，$SN:=0$；
9.   **For** $\forall u_s\in sons(u')$ **Do** /* 检测 v' 是否匹配 u' */
10.   **If** $\exists v_s\in sons(v')\bigcap match(u_s)$；
11.   **Then** $S:=S\bigcup\{(u_s,v_s)\}$， $SN:=SN+1$；
12.   **If** $SN=|sons(u')|$ /* 若 $SN=|sons(u')|$ 则 v' 匹配 u' */
13.   **Then** match$(u'):=$ match$(u')\bigcup\{v'\}$；
14. $V_{sim}:=V_{sim}\bigcup\{v'\}$；
15. $E_{sim}:=E_{sim}\bigcup\{e\}\bigcup\{(v',v_s)\mid(u_s,v_s)\in S\}$；
16.   **For** $\forall v''\in parents(v')$ **Do**
17.   eset.push(v'',v')；
18. 返回 $G_{sim}'=G_{sim}$ 的存储地址。

算法 IncSimMatch$_{DAG}^+$ 的目的是识别由于边 (v',v) 的插入而导致的新匹配，并传播新匹配，直到找到所有的新匹配。其工作过程如下：

（1）如果 (v',v) 不是 cs 边，不增加任何新匹配，算法结束。

（2）当 cs 边 (v',v) 被插入时，对于 $v'\in candt(u')$，算法检查是否 u' 的每个子节点都有一个 v' 的子节点与之匹配。如果是这样，则 v' 成为 u' 的匹配。这可能导致 v' 的父节点中出现更多的新匹配。算法按照反向深度优先策略继续寻找新匹配，直到 G_{sim} 不再被修改。

命题 6.2.3 保证了算法 IncSimMatch$_{DAG}^+$ 的正确性。下面的定理 6.2.4 给出了算法 IncSimMatch$_{DAG}^+$ 的时间复杂性。

定理 6.2.4 设 G 是数据图，G 的节点最大入度为 d_{in}，P 的节点的最大出度为 d_{out}，ΔG 是单边插入，$P=(V_p,E_p,f_v)$ 是常规模式图，$G_{sim}=(V_{sim},E_{sim})$ 是 $M_{sim}(P,G)$ 的结果图。算法 IncSimMatch$_{DAG}^+$ 的时间复杂性为 $O(|E_p|^2(d_{out}+d_{in}))$。

证明：使用哈希技术，算法 IncSimMatch$_{DAG}^+$ 的第 1 步需要 $O(|E_p|)$ 时间。第 2、3 步需要 $O(1)$ 时间。

第 4-17 步的 While 循环至多执行 $|E_p|$ 次。在每次循环中，第 5 步需要 $O(1)$ 时间；第 6~17 步的 For 循环至多执行 $|E_p|$ 次，其中第 7、8 步需要 $O(1)$ 时间，第 9~11 步的循环需要 $O(|sons(u')|)$ 时间，第 12~17 步需要 $O(|sons(u')|+|parents(v')|)$ 时间，从而第 6~17 步的 For 循环需要 $O(|E_p|(|sons(u')|+|parents(v')|))=O(|E_p|(d_{out}+d_{in}))$。于是，第 4~17 步的 While 循环需要的总时间为 $O(|E_p|^2(d_{out}+d_{in}))$。

总之，算法 IncSimMatch$_{DAG}^+$ 的时间复杂性为 $O(|E_p|^2(d_{out}+d_{in}))$。证毕。

下面根据命题 6.2.3 设计与分析算法 IncSimMatch$^+$。在以下的讨论中，设 $G=(V,E,f)$ 是数据图，$P=(V_p,E_p,f_V)$ 是一般的常规模式图，$M_{sim}(P,G)$ 是 G 对 P 的最大匹配，$G_{sim}=$

(V_{sim}, E_{sim}) 是 $M_{sim}(P, G)$ 的结果图，ΔG 是向 G 插入的一条边，ΔM 是 $M_{sim}(P, G)$ 的增量。先设计算法 IncSimMatch$^+$，然后分析它的正确性和复杂性。

算法的详细描述见 Algorithm 6.2.4。

Algorithm 6.2.4. IncSimMatch$^+$

输入：P，G_{sim}，match($\cdot$)，candt($\cdot$)，ΔG 为插入的边 $e = (v'_e, v_e)$。

输出：$M_{sim}(P, G \oplus \Delta G)$ 对应的结果图 G'_{sim}。

1. $\text{AFF}_{cs} := \{(v', v) \mid \exists (u', u) \in E_p, v' \in \text{candt}(u'), v \in \text{match}(u)\}$；/* (v', v) 是 cs 边 */
2. $\text{AFF}_{cc} := \{(v', v) \mid \exists (u', u) \in E_p, v' \in \text{candt}(u'), v \in \text{candt}(u)\}$；/* (v', v) 是 cc 边 */
3. propCS(AFF_{cs}, AFF_{cc}, P, G_{sim})；
4. propCC(AFF_{cs}, AFF_{cc}, P, G_{sim})；
5. propCS(AFF_{cs}, AFF_{cc}, P, G_{sim})；
6. 返回 $G'_{sim} = G_{sim}$。

根据命题 6.2.3，当边 e 插入 G 时，算法 IncSimMatch$^+$ 首先识别 G 中所有可能产生新匹配的 cs 边和 cc 边的集合 AFF_{cs} 和 AFF_{cc}，然后执行以下操作：

（1）算法的第 3 步调用子程序 propCS，识别所有由于 cs 边的插入而增加的新匹配节点并将其插入 G_{sim}。注意，这一步生成的新匹配节点减少了 AFF_{cc} 中的 cc 边的数量。

（2）算法的第 4 步调用子程序 propCC，识别那些仅由与 P 的每个强连通分量中的每条边对应的 cc 边添加的新匹配节点并将其插入 G_{sim}，并更新 AFF_{cs} 和 AFF_{cc}。

（3）由于在步骤（2）中可能产生新的 cs 边，算法的第 5 步再次调用子程序 propCS，找到由这些新 cs 边产生的新匹配节点。

经过上述 3 个操作以后，不可能有新的匹配节点生成，算法的第 6 步返回更新后的结果图 G'_{sim}。

下面介绍算法 IncSimMatch$^+$ 调用的两个过程 propCC 和 propCS。

根据命题 6.2.3，propCC 只需在 P 的每个强连通分量中检测插入的 cc 边而产生的新匹配，并更新 G_{sim}、AFF_{cs} 和 AFF_{cc}。propCC 的工作过程如下：

第一步，构造 P 的强连通分量集合 $\{scc_i\}$。

第二步，如下完成 P 中每个强连通分量 scc_i 的处理：

（1）构造与 scc_i 中的边对应的 cc 边集合 $\text{AFF}_{cc}^{(i)}$。

（2）对于每个非空的 $\text{AFF}_{cc}^{(i)}$，寻找与 scc_i 中的模式节点匹配的新匹配节点。如果找到新匹配节点，则将新匹配节点及其邻接边插入 G_{sim}，并更新 AFF_{cs} 和 AFF_{cc}。

过程 propCC 的详细设计和分析作为练习留给读者。

过程 propCS 首先计算由 AFF_{cs} 添加的新匹配节点，然后递归地检查新匹配节点的父节点是否成为新匹配节点，将新增的匹配节点及其邻接边加入 G_{sim}，并修改 AFF_{cs} 和 AFF_{cc}。过程 propCS 类似于算法 IncSimMatch$_{DAG}^+$，其详细设计与分析也作为练习留给读者。

定理 6.2.5 设过程 propCC 和过程 propCS 需要的时间分别为 T_1 和 T_2，并且对于 $u \in E_p$，candt(u) 和 match(u) 的平均大小分别为 n_{can} 和 n_{mat}。则算法 IncSimMatch$^+$ 的平均时间复杂性为 $O(|E_p| n_{can}(n_{mat} + n_{can}) + T_1 + T_2)$。

证明：$\forall (u', u) \in E_p$，算法的第 1 步需要 $O(|\text{candt}(u')||\text{match}(u)|)$ 时间，第 2 步需要 $O(|\text{candt}(u')||\text{candt}(u)|)$ 时间。从而第 1、2 步需要的时间为

$$O\Big(\sum_{(u',u)\in E_p}(|\operatorname{candt}(u')|(|\operatorname{match}(u)|+|\operatorname{candt}(u)|))\Big)=O(|E_p|n_{can}(n_{mat}+n_{can}))$$

第 3～5 步需要 $O(T_1+T_2)$ 时间。第 6 步需要 $O(1)$ 时间。

于是,算法 IncSimMatch$^+$ 的时间复杂性为 $O(|E_p|n_{can}(n_{mat}+n_{can})+T_1+T_2)$。证毕。

从定理 6.2.5 可以得到如下推论。

推论 6.2.3 如果 $n_{can}(n_{mat}+n_{can})+T_1+T_2$ 是 $|V_{sim}|+|E_{sim}|$ 的多项式,则针对单边插入的增量式常规图模拟匹配问题是平均半有界的。

2. 批量更新的增量式常规图模拟匹配算法

批量更新是指 ΔG 为多条边的插入或删除。下面讨论针对批量更新和常规模式图的增量式常规图模拟匹配算法 IncSimMatch。算法 IncSimMatch 的主要思想包括如下两点:

(1) 尽可能地避免冗余更新。

(2) 逐一处理 ΔG 中的每一个更新。

算法 IncSimMatch 使用与前面相同的辅助结构。算法 IncSimMatch 由如下 3 步构成:

(1) 调用过程 minDelta 缩减 ΔG。

(2) 对于每个删除边进行更新,循环地识别和删除无效匹配,修改 G_{sim}。

(3) 对于每个插入边进行更新,循环地识别和增加新产生的匹配,修改 G_{sim}。

算法 IncSimMatch 的详细描述见 Algorithm 6.2.5。

Algorithm 6.2.5：IncSimMatch

输入：$P=(V_p,E_p,f_V)$, G_{sim}, match($\cdot$), candt($\cdot$), ΔG, G_1 和 P 上的拓扑秩 $r(\cdot)$。
输出：$M_{sim}(P,G\oplus\Delta G)$ 对应的结果图 G'_{sim}。
1. minDelta(ΔG, P, match($\cdot$), candt($\cdot$), $r(\cdot)$);
2. **For** $\forall$ 删除边 $e\in\Delta G$ **Do**
3. $G_{sim}:=$ IncSimMatch$^-$(P,G_{sim}, match($\cdot$), candt($\cdot$), $\Delta G=\{$删除 $e\}$);
4. **For** $\forall$ 插入边 $e\in\Delta G$ **Do**
5. $G_{sim}:=$ IncSimMatch$^+$(P,G_{sim}, match($\cdot$), candt($\cdot$), $\Delta G=\{$插入 $e\}$);
6. 返回 $G'_{sim}=G_{sim}$。

算法 IncSimMatch 的第 1 步调用过程 minDelta,缩减 ΔG。过程 minDelta 分 3 步完成 ΔG 的缩减:

(1) 使用 match($\cdot$)和 candt($\cdot$),取消 ΔG 中所有不会对 G_{sim} 产生影响的更新边 e。

(2) 发现彼此抵消对 G_{sim} 影响的冗余更新,并将其从 ΔG 中取消。为了提高效率,minDelta 采用基于拓扑秩的策略来取消 ΔG 中的冗余更新。本书将在后面讨论基于拓扑秩取消 ΔG 中的冗余更新的方法。

(3) 组合在同一个数据上的多个更新,使得它们在 minDelta 和 IncSimMatch 中仅被处理一次。

令 $G_1=(V_1,E_1)$ 是由匹配节点、候选匹配节点和它们之间的边导出的图。G_1 的强连通分量图 $G_{SCC}=(V_{SCC},E_{SCC})$ 是通过将 G_1 的每个强连通分量收缩为一个节点得到的图。$\forall v\in G_1$,设 v 包含在 G_{SCC} 的强连通分量节点 $[v]$ 中,v 的秩 $r(v)$ 定义如下:

① 如果 $[v]$ 仅包含一个节点并且是 G_{SCC} 的出度为 0 的节点,则 $r(v)=0$。

② 如果 $[v]$ 可达到至少包含两个节点的强连通分量 $[u]$,则 $r(v)=\infty$。

③ 如果 $[v]$ 不满足①和②的条件,$r(v)=\max\{1+r(v')\mid([v],[v'])\in E_{SCC}\}$。

对于 ΔG 中的边更新 $e=(v,v')$,定义 $r(e)=r(v)$。

同样,用 P 的强连通分量图 $P_{SCC}=(V_{PSCC},E_{PSCC})$ 定义 P 上的拓扑秩。

以下,设 G_1 的节点和 P 的节点的拓扑秩作为预处理结果,已经事先计算完毕。下面的引理 6.2.2 建立了拓扑秩和模拟关系的联系。

引理 6.2.2 对于任意模式 P 和图 G,如果 $(u,v)\in M_{sim}(P,G)$,则 $r(u)\leqslant r(v)$。

证明:使用反证法证明这个引理。假设存在 $(u,v)\in M_{sim}(P,G)$,$r(u)>r(v)$。考虑以下 3 种情况:

情况 1:$r(u)=1$ 且 $r(v)=0$。此时,$r(u)=\max\{1+r(u')\mid([u],[u'])\in P_{SCC}\}$,而且 $[v]$ 仅包含一个节点 v 并且 $[v]$ 是 G_{SCC} 的出度为 0 的节点。于是,u 至少有一个子节点 u',而 v 无子节点。从而,$(u,v)\notin M_{sim}(P,G)$,与 $(u,v)\in M_{sim}(P,G)$ 矛盾。

情况 2:$r(u)=k>r(v)=k-i$,k 和 i 是正整数,$1<i<k$。使用数学归纳法,可验证 P 中存在 u 的后代 u' 满足 $r(u')=i$,G_1 中存在 v 的后代 v' 满足 $r(v')=0$,且 $(u',v')\in M_{sim}(P,G)$,这导致了情况 1 中出现的矛盾。

情况 3:$r(u)=\infty$ 且 $r(v)$ 是一个整数。此时,u 一定可以连接到 P 的至少有一个环的非平凡强连通分量,而 $[v]$ 不能连接到 G_1 的任一包含两个节点以上的强连通分量,即 v 不可能连接到 G_1 的至少有一个环的非平凡强连通分量。容易验证,此时 $(u,v)\notin M_{sim}(P,G)$,与 $(u,v)\in M_{sim}(P,G)$ 矛盾。证毕。

基于引理 6.2.2,minDelta 使用拓扑秩取消 ΔG 中的冗余更新的步骤如下:

(1) 计算 G_1 中每条边 $e=(v,v')\in\Delta G$ 的拓扑秩,并基于拓扑秩对 ΔG 排序。

(2) 将 ΔG 中的更新分组,使得具有相同源节点 v 的更新被划分到同一集合中。$\forall e=(v,v')\in\Delta G$,执行如下操作:

① 如果 e 是插入边且不存在秩小于或等于 e 的模式边 e_p,即 $r(e_p)>r(e)$,则从 ΔG 中取消 e。

② 如果 e 是插入边,而且对于每条使得 v 匹配 u 的模式边 $(u,u')\in P$,不存在连接 v 和 match(u') 中节点的边,则从 ΔG 中取消 e。

③ 如果 e 是删除边且不存在秩小于或等于 e 的模式边 e_p,即 $r(e_p)>r(e)$,则从 ΔG 中取消 e。

④ 如果 e 是删除边,而且 G 中存在边 (v,v_1),使得对于任一满足 v 匹配 u 的模式边 (u,u'),如果 v' 匹配 u',存在 $v_1\neq v'$ 匹配 u',且 v_1 不在 ΔG 中,则从 ΔG 中取消 e。

(3) 返回缩减的 ΔG。

函数 minDelta 的详细描述见 Function 6.2.1。

接下来分析算法 IncSimMatch 的正确性和复杂性。

验证算法 IncSimMatch 的正确性,只需注意以下两点:

(1) 过程 minDelta 仅删除那些对匹配没有影响的更新。

(2) 算法 IncSimMatch 使用算法 IncSimMatch$^-$ 和算法 IncSimMatch$^+$ 处理更新。

算法 IncSimMatch$^-$ 和算法 IncSimMatch$^+$ 的正确性以及(1)足以证明算法 IncSimMatch 的正确性。

Function 6.2.1：minDelta

输入：P, match($\cdot$), candt($\cdot$), ΔG, $r(\cdot)$。

输出：缩小的 ΔG。

1. **For** ΔG 中每条插入边 e **Do**
2.   **IF** $\nexists e_p \in E_p$ 使得 e 是关于 e_p 的 cs 边或 cc 边
3.   **Then** $\Delta G := \Delta G - \{e\}$;
4. **For** ΔG 中每条删除边 e **Do**
5.   **IF** $\nexists e_p \in E_p$ 使得 e 对于 e_p 是 ss 边
6.   **Then** $\Delta G := \Delta G - \{e\}$;
7. 基于拓扑秩大小对 ΔG 排序;
8. 将 ΔG 分组：具有相同源节点 v 的更新为一组;
9. **For** $\forall e = (v, v') \in \Delta G$ **Do**
10.   **If** (e 是插入边)$\land$($\forall e_p \in E_p[r(e_p) > r(e)]$)
11.   **Then** $\Delta G := \Delta G - \{e$ 的插入$\}$;
12.   **If** (e 是插入边)$\land$($\forall (u, u') \in E_p[(v \in \text{match}(u) \land (v_1 \in \text{sons}(v)) \to (v_1 \notin \text{match}(u'))]$)
13.   **Then** $\Delta G := \Delta G - \{e$ 的插入$\}$;
14.   **If** (e 是删除边)$\land$($\forall e_p \in E_p[r(e_p) > r(e)]$)
15.   **Then** $\Delta G := \Delta G - \{e$ 的更新$\}$;
16.   **If** (e 是删除边)$\land$($\forall (u, u') \in E_p[\exists v_1 \in \text{sons}(v)[(v_1 \neq v') \land (v \in \text{match}(u)) \land$ $(v' \in \text{match}(u')) \to (v_1 \in \text{match}(u')) \land (\Delta G$ 中无 $v_1))]]$)
17. **Then** $\Delta G := \Delta G - \{e$ 的删除$\}$;
18. 返回缩减的 ΔG 的存储地址.

下面分别用 $T(\text{IncSimMatch}^-)$ 和 $T(\text{IncSimMatch}^+)$ 表示算法 IncSimMatch$^-$ 和算法 IncSimMatch$^+$ 的时间复杂性，详见定理 6.2.3 和定理 6.2.5。下面的定理 6.2.6 给出了算法 IncSimMatch 的时间复杂性。

定理 6.2.6 令 d 是数据图 G 的节点最大出度，则算法 IncSimMatch 的平均时间复杂性为 $O(d|E_p||\Delta G|^2 + T(\text{IncSimMatch}^-) + T(\text{IncSimMatch}^+))$。

证明：首先分析过程 minDelta 的时间复杂性。过程 minDelta 的第 $1 \sim 6$ 步需要 $O(|\Delta G||E_p|)$ 时间。第 7 步需要 $O(|\Delta G| \log |\Delta G|)$ 时间。第 8 步需要 $O(|\Delta G|)$ 时间。第 $9 \sim 17$ 步的 For 循环需要执行 $|\Delta G|$ 次。在每次循环中，第 10、11 步需要 $O(|E_p|)$ 时间，第 12、13 步需要 $O(|E_p|)$ 时间，第 14、15 步需要 $O(|E_p|)$ 时间，第 16、17 步需要 $O(|E_p||\Delta G| |\text{sons}(v)|) = O(|E_p||\Delta G|d)$ 时间。于是，第 $9 \sim 17$ 步的 For 循环需要 $O(d|E_p||\Delta G|^2)$ 时间。从而，过程 minDelta 需要 $O(d|E_p||\Delta G|^2)$ 时间。

从过程 minDelta、算法 IncSimMatch$^-$ 和算法 IncSimMatch$^+$ 三者的时间复杂性可知，算法 IncSimMatch 的平均时间复杂性为

$$O(d|E_p||\Delta G|^2 + T(\text{IncSimMatch}^-) + T(\text{IncSimMatch}^+))$$

证毕。

6.2.4 增量式有界图模拟匹配算法

在下面的讨论中，设问题的输入是数据图 $G = (V, E, f)$、有界模式图 $P = (V_p, E_p, f_V, f_E)$、$M_{\text{bsim}}(P, G)$ 以及 G 的更新 ΔG，问题的输出是 $M_{\text{bsim}}(P, G)$ 的增量 ΔM，满足 $M_{\text{bsim}}(P, G \oplus \Delta G) = F(M_{\text{bsim}}(P, G), \Delta M)$，其中 $G \oplus \Delta G$ 表示 G 经过 ΔG 更新后的结果，F 是可计算

函数。

1. 地标向量和距离向量

除了前面讨论的 match(·)和 candt(·)之外,有界图模拟匹配算法还需要有关 P 中模式节点的匹配节点和候选匹配节点的距离信息,以处理模式边上的长度约束。这里使用地标向量和距离向量存储这些信息。

地标向量是数据图中满足如下条件的节点序列 $\text{lm} = \langle v_1, v_2, \cdots, v_k \rangle$:对于 G 中的每对节点 v'' 和 v',lm 中存在从 v'' 到 v' 的最短路径上的一个节点,即 lm "覆盖"了 G 中所有节点对的最短路径。

对于 G 中的每个节点 v,根据地标向量 $\text{lm} = \langle v_1, v_2, \cdots, v_k \rangle$,为 v 设置两个大小为 k 的距离向量:

$$\text{dist}_f(v) = \langle \text{dist}(v, v_1), \text{dist}(v, v_2), \cdots, \text{dist}(v, v_k) \rangle$$

$$\text{dist}_t(v) = \langle \text{dist}(v_1, v), \text{dist}(v_2, v), \cdots, \text{dist}(v_k, v) \rangle$$

其中,对于 $1 \leqslant i \leqslant k$,$v_i$ 是 lm 的第 i 个分量,$\text{dist}(x, y)$ 是节点 x 到节点 y 的距离。

文献[2]证明了:G 中任意一对节点 v'' 和 v' 之间的距离为

$$\text{dist}(v'', v') = \min\{\text{dist}_f(v'')[i] + \text{dist}_t(v')[i] \mid 1 \leqslant i \leqslant |\text{lm}|\}$$

其中,$|\text{lm}|$ 是地标向量的长度,$\text{dist}_f(v'')[i]$ 和 $\text{dist}_t(v')[i]$ 分别是 v'' 的距离向量 $\text{dist}_f(v'')$ 的第 i 个分量和 v' 的距离向量 $\text{dist}_t(v')$ 的第 i 个分量。$\text{dist}(v'', v')$ 可以通过查询地标向量和距离向量来计算,最多需要 $|\text{lm}|$ 次操作。$|\text{lm}|$ 通常较小,甚至可以视为常数。把 $\text{dist}(v'', v')$ 的计算简称为距离查询,记作 $\text{dist}(v'', v', \text{lm})$。

接下来看地标向量的选择。数据图 G 有多个地标向量。实际上,G 的任何节点覆盖 V_c 都可以视为 G 的地标向量。确实,由于 V_c 是 G 的节点覆盖,所以 G 中的任何边 $e = (v_1, v_2)$ 都至少有一个端节点在 V_c 中。于是,对于任意两个节点 v' 和 v 以及从 v' 到 v 的任何最短路径 ρ,ρ 中每条边上必有一个节点 $v'' \in V_c$。在这里,使用启发式算法计算最小顶点覆盖,并将其作为地标向量。人们希望构造更高质量的地标向量 lm,使其具有少量节点,而且这些节点在更新 G 时不会经常更改。这样的地标向量能够更有效地实现增量式有界图模拟匹配算法。

2. 算法的设计与分析

现在设计与分析求解增量式有界图模拟匹配问题的算法。该算法除了使用 match(·)和 candt(·)等信息之外,还需要使用地标向量和距离向量。

增量式有界图模拟匹配问题需要的 match(·)和 candt(·)等信息需要使用地标向量和距离向量计算。需要区别 3 种节点对。这 3 种节点对类似于常规图模拟匹配算法中使用的 3 种边,见表 6.2.2。

表 6.2.2 3 种节点对

节 点 对	说 明
cc 边节点对 (v', v)	$\exists (u'u) \in E_p$ 使得 (v', v) 满足:$v' \in \text{candt}(u')$,$v \in \text{candt}(u)$
cs 边节点 (v', v)	$\exists (u'u) \in E_p$ 使得 (v', v) 满足:$v' \in \text{candt}(u')$,$v \in \text{match}(u)$
ss 边节点 (v', v)	$\exists (u'u) \in E_p$ 使得 (v', v) 满足: (1) $v' \in \text{match}(u')$,$v \in \text{match}(u)$。 (2) 如果 $f_E(u', u) = k$ 则 $\text{dist}(v', v) \leqslant k$;否则 $\text{dist}(v', v) > 0$

命题 6.2.4 给定一个有界模式图 P、数据图 G 和 $M_{bsim}(P,G)$ 的结果图 G_{bsim}，下列命题成立：

（1）$P \in_{bsim} G$ 当且仅当将 P 视为常规模式图时 $P \in_{sim} G_{bsim}$。

（2）$M_{bsim}(P,G)$ 只能通过插入 cs 边节点对和 cc 边节点对（更新后的距离满足相应模式边上的距离约束）才可能扩大，也只能通过删除 ss 边节点对（更新后的距离满足相应模式边上的距离约束）才可能缩小。

证明：

（1）设 $P \in_{bsim} G$。那么，对于任意 $(u,v) \in M_{bsim}(P,G)$ 和 P 的节点 u 之任意子节点 u'，G 中都存在一个节点 v'，使得 G 中存在一个从 v 到 v' 的路径，其长度满足模式边 (u,u') 上的距离约束。显然，对于所有这样的 v 和 v'，(v,v') 是 G_{bsim} 的一条边。因此，$M_{bsim}(P,G)$ 是将 P 视为常规模式图时 G_{bsim} 中 P 的匹配，即 $P \in_{sim} G_{bsim}$。反之，如果将 P 视为常规模式图时 $P \in_{sim} G_{bsim}$，则可以类似地验证 $P \in_{bsim} G_{bsim}$。

（2）第二个结论的证明思路与命题 6.2.2 和命题 6.2.3 的证明思路相同，不再重复。证毕。

使用命题 6.2.4，可以将数据图中的有界图模拟简化为结果图 G_{bsim} 中的常规图模拟，从而得到一个求解增量式有界图模拟匹配问题的两步策略：

（1）通过辅助信息识别所有更新的 cc 边节点对、cs 边节点对和 ss 边节点对。

（2）将 G 的 cc 边节点对和 cs 边节点对的插入视为 G_{bsim} 的 cc 边和 cs 边插入，并将 G 的 ss 边节点对的删除视为 G_{bsim} 的 ss 边删除，从而计算 ΔM。

下面分别针对 ΔG 为单边插入、单边删除、批量更新 3 种情况，设计与分析增量式有界图模拟匹配算法。

1）针对单边插入的增量式有界图模拟匹配算法

当 ΔG 表示仅向 G 插入一条边时，称 ΔG 为单边插入。Algorithm 6.2.6 给出了针对单边插入的增量式有界图模拟匹配算法，记作 IncBsimMatch$^+$。

Algorithm 6.2.6：IncBsimMatch$^+$
输入：$P = (V_p, E_p, f_V, f_E)$，lm，G_{bsim}，$\Delta G = \{$ 插入边 $e \}$。
输出：更新的 G_{bsim}。
1. 调用 IncLmDv 更新地标向量和距离向量；
2. 更新 match($\cdot$)和 candt($\cdot$)；
3. **For** $\forall e_p \in E_p$ **Do**
4.   识别所有 cc 边节点对和 cs 边节点对；
5. 递推地识别所有对 G_{bsim} 增加 cs 边后的新匹配；
6. 递推地识别所有对 G_{bsim} 增加 cc 边后的新匹配；
7. 更新 G_{bsim}；
8. 返回 G_{bsim} 的存储地址.

直观地，算法 IncBsimMatch$^+$ 以 P 为常规模式图，以 G_{bsim} 为数据图，以 ΔG 为单边更新，进行增量式常规图模拟匹配。由于边的插入可能改变距离信息，所以算法的第 1 步首先调用过程 IncLmDv 更新地标向量和距离向量。第 2 步更新 match($\cdot$)和 candt($\cdot$)。第 3、4 步的 For 循环识别所有 *cc* 边节点对和 *cs* 边节点对，以检查 G_{bsim} 中的常规图模拟。根据命

题 6.2.4，这些节点对是对结果图 G_{bsim} 的边插入。算法的第 5～7 步通过这些对 G_{bsim} 的插入发现新的匹配节点，方法与 IncSimMatch$^+$ 算法类似。算法 IncBsimMatch$^+$ 的详细设计与分析作为练习留给读者完成。

过程 IncLmDv 的细节将在后面讨论。

2）针对单边删除的增量式有界图模拟匹配算法

单边删除是指 ΔG 仅包含删除一条边的更新。现在讨论针对单边删除的增量式有界图模拟匹配算法，记作 IncBsimMatch$^-$。类似于单边插入的情况，当删除边 (v', v) 时，算法 IncBsimMatch$^-$ 分两步完成增量式有界图模拟匹配。

第一步，调用过程 IncLmDv 更新地标向量、距离向量、match($\cdot$) 和 candt($\cdot$)。

第二步，使用地标向量和距离向量收集 ss 边节点对，并将这些节点对作为从结果图 G_{bsim} 中删除的边；然后，与算法 IncSimMatch$^-$ 类似，从 G_{bsim} 中删除无效的匹配节点，完成对匹配结果的更改。

算法 IncBsimMatch$^-$ 的详细设计与分析也作为练习留给读者完成。

3）针对批量更新的增量式有界图模拟匹配算法

如果 ΔG 包括多个单边删除和多个单边插入，则称 ΔG 为批量更新。针对批量更新的增量式有界图模拟匹配算法记作 IncBsimMatch。算法 IncBsimMatch 由如下两个阶段构成：

第一阶段，调用过程 IncLmDv 修改地标向量、距离向量、match($\cdot$) 和 candt($\cdot$)，并确定满足下列条件的所有节点对 (v_1, v_2)：

（1）dist(v_1, v_2) 被改变。

（2）v_1 和 v_2 与 ΔG 包含的每条删除和插入边的端节点的距离在 k_m 跳以内，k_m 是 P 中相关模式边上的距离界限。

第二阶段，首先，从第一阶段确定的节点对中选择更新后的距离满足命题 6.2.4 条件的所有 ss 边节点对、cs 边节点对和 cc 边节点对；然后，与 IncSimMatch 算法相同，删除 ΔG 中的冗余更新；最后，与算法 IncSimMatch 相同，把 P 视为常规模式图，增量地计算 P 在 G_{bsim} 中的常规图模拟匹配。

命题 6.2.4 确保了算法 IncBsimMatch 的正确性。

算法 IncBsimMatch 的详细设计与分析也作为练习留给读者完成。

3. 地标向量和距离向量的增量式维护

如前所述，根据算法 IncBsimMatch 的需要，当数据图 G 被更新时，需要增量式地维护地标向量和距离向量，以追踪数据图 G 的节点间距离的改变。下面讨论增量式地维护地标向量和距离向量的技术和算法。

1）地标向量维护

地标向量维护问题 IncLM 定义如下：

输入：数据图 G，地标向量 lm，批量更新 ΔG。

输出：$G \oplus \Delta G$ 的地标向量 lm$'$。

令 $|\Delta \text{lm}|$ 是原始 lm 和更新后的 lm 之间差的大小，有如下命题。

命题 6.2.5　IncLM 问题对于批量更新是有界的，而且 IncLM 问题的时间复杂性不大

于 $O(|\Delta G|+|\Delta \text{lm}|)$。

证明：通过给出求解 IncLM 问题的有界算法来证明 IncLM 问题有界。

设 ΔG 是插入单边 (v',v) 的更新。求解 IncLM 问题的算法 IncLM^+ 工作如下：检查 v' 或 v 是否已经在地标向量 lm 中。如果它们都不在 lm 中，把 v' 或 v 插入 lm；否则 lm 保持不变。鉴于如下原因，IncLM^+ 正确地维护了 lm：

（1）只有边插入会导致新节点添加到 lm。

（2）增加 v' 或 v 到 lm 后，lm 覆盖了所有距离发生改变的节点对。

（3）因为 lm 是地标向量，所以对于 G 中任意节点 v，$\text{lm} \bigcup \{v\}$ 也是地标向量。

可以使用哈希等技术，使得 IncLM^+ 的时间复杂性为 $O(1)$。

设 ΔG 是删除 (v',v) 的更新。有如下结论：因为 lm 是 G 的地标向量，所以 lm 也是 $G-\{(v',v)\}$ 的地标向量。于是，求解 IncLM 问题的算法 IncLM^- 不需要改变 lm，即 IncLM^- 需要 $O(1)$ 时间。

设 ΔG 是批量更新。求解 IncLM 问题的算法 IncLM 可以如下实现：对于 ΔG 中的每个边插入更新调用一次 IncLM^+，对于 ΔG 中的每个边删除更新调用一次 IncLM^-。显然，算法 IncLM 的时间复杂性为 $O(|\Delta G|+|\Delta \text{lm}|)$。

总之，IncLM 问题是有界的，且时间复杂性不大于 $O(|\Delta G|+|\Delta \text{lm}|)$。证毕。

2）同时维护地标向量和距离向量

在命题 6.2.5 的证明中给出了维护地标向量的算法。现在设计同时维护地标向量和距离向量的算法。两个向量同时维护问题 IncLmDv 定义如下：

输入：模式图 P，数据图 G，地标向量 lm，距离向量，批量更新 ΔG。

输出：更新的地标向量 lm 和更新的距离向量。

下面讨论求解 IncLmDv 问题的技术。IncLmDv 的目标是同时维护地标向量和距离向量，以确保增量式有界图模拟匹配算法 IncBsimMatch 的正确性。它需要更改那些影响匹配的地标和距离，而地标向量和距离向量的优化可以离线处理。

下面针对单边删除、单边插入和批量更新，讨论增量式地同时维护地标向量和距离向量的算法，分别称为 DelLmDv、InsLmDv 和 BatLmDv。根据前面的定义，在下面的算法设计中将使用如下计算距离的操作：

$$\text{dist}(v'',\ v',\ \text{lm})=\text{dist}(v'',\ v')=\min\{\text{dist}_\text{f}(v'')[i]+\text{dist}_\text{t}(v')[i]\ |\ 1 \leqslant i \leqslant |\text{lm}|\}$$

其中 lm 是任意地标向量。

首先设计单边删除算法。算法 DelLmDv 的详细描述见 Algorithm 6.2.7。

令 $e=(v',v)$ 是删除的边，算法 DelLmDv 如下工作：

第 1 步初始化两个如下定义的集合 affUP 和 affDW：

$$\text{affUP}=\{w\ |\ \text{从} w \text{到} v \text{的距离发生了变化}\}$$

$$\text{affDW}=\{w\ |\ \text{从} v' \text{到} w \text{的距离发生了变化}\}$$

计算模式图 P 中边上约束的最大值 k_m，将向量 lm' 初始化为 lm，用 v' 初始化堆栈 vset。

第 2 步确定是否将 v' 添加到 lm'。如果删除 (v',v) 以后 v' 再没有子节点，则将 v' 添加到 lm'，以确保地标向量的最短路径覆盖性。

Algorithm 6.2.7：DelLmDv

输入：$P=(V_p,E_p,f_V,f_E)$，$\Delta G=\{$删除边 $e=(v',v)\}$，lm。
输出：更新的地标向量 lm′和更新的距离向量。

1. affUP $:=\varnothing$；affDW $:=\varnothing$；$k_m:=\max\{f_E(e_p)\mid\forall e_p\in E_p\}$；栈 vset $:=\{v'\}$；lm′ $:=$ lm；
2. **If** v' 在 G 中无子节点 **Then** lm′ $:=$ lm′$\bigcup\{v'\}$；
3. **While** vset$\neq\varnothing$ **Do**
4.   flag $:=$ false；
5. $u:=$ vset.pop()；affUP $:=$ affUP$\bigcup\{u\}$；
6.   **For** u 的每个满足 dist$(u',v,$lm$)=1+$dist$(u,v,$lm$)$的父节点 u' **Do**
7.   **For** u' 的每个满足 dist$(u',v,$lm$)=1+$dist$(u'',v,$lm$)$的子节点 u'' **Do**
8.   **If** $u''\notin$ affUP **Then** flag $:=$ true； break；
9.   **If** (flag$=$false)$\wedge(u'$ 在 v' 的 k_m 跳之内) **Then** vset.push(u')；
10. 类似地计算 affDW；
11. **For** $\forall v_{AFF}\in$ affUP **Do**
12.   **For** $\forall v_{lm}\in$ lm′ **Do** $v_{AFF}.$dist$_f[v_{lm}]:=$ dist$(v_{AFF},v_{lm},$lm′$)$；
13. 对于 $\forall v_{AFF}\in$ affDW 和 $\forall v_{lm}\in$ lm′，类似地更新 $v_{AFF}.$dist$_t[v_{lm}]$；
14. 返回 lm′和距离向量的地址.

第 3～9 步计算 affUP。具体地，第 4 步首先将一个布尔量 flag 初始化为 false；第 5 步将 vset 栈顶的节点 u 添加到 affUP 中；第 6～9 步通过检查距离向量确定 u 的满足如下条件的每个父节点 u'：u' 到 v 的原始距离可能受到 e 删除的改变。即，判定 u' 是否具有满足下列条件的子节点 u''：①不在集合 affUP 中，②dist$(u',v,$lm$)=1+$dist$(u'',v,$lm$)$。如果有这样的 u''，则 u' 到 v 的原始距离没有改变；否则 u' 到 v 的原始距离可能改变，将 u' 加入 vset 栈顶。这个过程反复进行直至 vset 为空。请注意，DelLmDv 只检查那些距离可能更改且在已删除边 k_m 跳内的节点。

第 10 步类似地计算 affDW。

第 11～13 步使用 affUP 和 affDW 更新距离向量。对于每个受影响的节点 $v_{AFF}\in$ affUP 和每个 $v_{lm}\in$ lm′，使用新的地标向量和 affUP 更新 v_{AFF} 的距离向量 dist$_f$，并类似地使用地标向量和 affDW 更新 affDW 中的每个节点的距离向量 dist$_t$。

第 14 步返回更新后的地标向量 lm′和距离向量。

算法 DelLmDv 的正确性可以从以下两点证明：

（1）第 3～10 步的循环正确地找到了受影响的节点集 affUP 和 affDW。

（2）计算出 affUP 和 affDW 之后，第 11～13 步循环更新受影响节点的距离向量，修改这些节点到新地标的距离以及新地标到这些节点的距离。

定理 6.2.7 设数据图 G 中路径的最大长度为 L，每个节点的平均出度和平均入度分别为 d_{out} 和 d_{in}，而且模式图 P 中的边约束最大值为 k_m。算法 DelLmDv 的平均时间复杂性为 $O(|E_p|+|$lm$|+Ld_{in}d_{out}k_m+L|$lm′$|^2)$。

证明：算法第 1 步需要 $O(|E_p|+|$lm$|)$时间。第 2 步需要 $O(1)$时间。第 3～9 步的 While 循环至多需要执行 L 次。在每次循环执行中，第 4、5 步需要 $O(1)$时间，第 6～9 步的 For 循环平均需要 $O(d_{in}d_{out}k_m)$时间。从而，第 3～9 步的 While 循环平均需要 $O(Ld_{in}d_{out}k_m))$时间。类似地，第 10 步需要 $O(Ld_{in}d_{out}k_m))$时间。第 11、12 步需要 $O(|$affUP$||$lm′$|^2)=O(L|$lm′$|^2)$时间。第 13 步需要 $O(|$affDW$||$lm′$|^2)=O(L|$lm′$|^2)$时间。第 14 步需要 $O(1)$时

间。于是，算法 DelLmDv 的平均时间复杂性为

$$O(|E_p|+|\text{lm}|+Ld_{\text{in}}d_{\text{out}}k_m+L|\text{lm}'|^2)$$

证毕。

然后设计单边插入算法。针对单边插入的地标向量和距离向量更新算法 InsLmDv 与算法 DelLmDv 类似。令 $e=(v',v)$ 是插入的边。InsLmDv 首先发现满足以下条件的每个节点 v_1：①dist(v_1,v) 被改变；②v_1 在 v 的 k_m 跳内，k_m 是 P 的所有边上的距离界限的最大值。接下来，InsLmDv 更新地标向量以及这些节点的距离向量，并传播这些改变。InsLmDv 类似地处理 v'。算法 InsLmDv 的详细设计与分析作为练习留给读者。

最后设计批量更新算法。令 ΔG 是包含多边删除和插入的批量更新。针对 ΔG 的地标向量和距离向量批量更新算法 BatLmDv 可以通过调用 DelLmDv 和 InsLmDv 实现：对于 ΔG 中的每个删除边更新，调用一次 DelLmDv；对于 ΔG 中的每个插入边更新，调用一次 InsLmDv。

BatLmDv 的正确性源于 DelLmDv 和 InsLmDv 的正确性。从 DelLmDv 和 InsLmDv 的时间复杂性，立即可得到如下定理。

定理 6.2.8 设算法 DelLmDv 和 InsLmDv 的时间复杂性分别表示为 $T(\text{DelLmAv})$ 和 $T(\text{InsLmDv})$，则算法 BatLmDv 的时间复杂性为

$$O(|\Delta G|(T(\text{DelLmAv})+T(\text{InsLmDv})))$$

从定理 6.2.8 和定理 6.2.7，可以得到如下推论。

推论 6.2.4 如果算法 DelLmDv 和 InsLmDv 的时间复杂性相同，则算法 BatLmDv 的平均时间复杂性为 $O(|\Delta G|(|E_p|+|\text{lm}|+Ld_{\text{in}}d_{\text{out}}k_m+L|\text{lm}'|^2))$。

推论 6.2.5 如果 $Ld_{\text{in}}d_{\text{out}}k_m+|\text{lm}|+L|\text{lm}'|^2$ 均不大于 $|E_p|$，则算法 BatLmDv 的平均时间复杂性为 $O(|\Delta G||E_p|)$。

6.3 增量式数据不一致性检测算法

在 3.4.2 节，已经论证了数据质量问题是大数据时代的一个重要问题，讨论了数据不一致性评估问题，并设计与分析了求解数据不一致性评估问题的近似算法。本节研究另一个数据质量问题，即频繁变化的动态数据的不一致性检测问题，并设计与分析求解该问题的增量式算法。由于规模巨大，大数据经常以水平划分或垂直划分的方式存储在分布式计算系统中，如计算机机群系统或 Cluster 计算系统。当数据分布式地存储在分布式计算系统中时，检测数据中的错误就成为比较困难的问题。本节集中讨论在分布式系统中求解动态数据不一致性检测问题的增量式算法的设计与分析。以下简称分布式系统中的增量式算法为分布式增量算法。

6.3.1 问题定义

1. 预备知识

为了定义分布式数据不一致性检测问题，首先需要介绍几个相关概念。

1）关系数据集合

对于 $1\leqslant i\leqslant m$，m 是一个正整数，令 A_i 是一个值域为 dom(A_i) 的变量或属性，用

$R(A_1, A_2, \cdots, A_m)$ 表示一个关系数据模式,A_i 称为 R 的第 i 个属性。$R(A_1, A_2, \cdots, A_m)$ 的实例 D 称为一个关系数据集合,定义如下:

$$D \subseteq \mathrm{dom}(A_1) \times \mathrm{dom}(A_2) \times \cdots \times \mathrm{dom}(A_m)$$

即 $D = \{ r \mid r = (r_1, r_2, \cdots, r_m), r_i \in \mathrm{dom}(A_i), 1 \leqslant i \leqslant m \}$,$r = (r_1, r_2, \cdots, r_m)$ 称为 D 的一个元组。在不引起混淆的情况下,使用 R 表示 $R(A_1, A_2, \cdots, A_m)$。对于 $r \in D$ 和 $X \subseteq \{A_1, A_2, \cdots, A_m\}$,用 $r[X]$ 表示 r 在属性集合 X 上的值。R 有一组特殊属性 key $\subseteq \{A_1, A_2, \cdots, A_m\}$ 称为 R 的键,是 R 的任意实例 D 的元组的唯一标识,即对于 D 中的任意两个不同元组 t_1 和 t_2,$t_1[\mathrm{key}] \neq t_2[\mathrm{key}]$。

2) 条件函数依赖

给定一个关系数据模式 $R(A_1, A_2, \cdots, A_m)$,R 的数据一致性约束一般用一组规则表示。本节采用条件函数依赖(简记为 CFD)集合表示数据一致性约束。本节 CFD 的定义与 3.4.2 节略有差异。CFD 的语法定义为

$$(X \rightarrow Y, t_p)$$

其中 $X \rightarrow Y$ 是函数依赖,t_p 是 X 和 Y 的约束元组。

例如,设 $R(\mathrm{CC}, \mathrm{AC}, \mathrm{phn}, \mathrm{Street}, \mathrm{city}, \mathrm{zip})$ 是一个关系模式。定义在 R 上的两条 CFD 规则如下:

γ_1:$([\mathrm{CC}, \mathrm{AC}, \mathrm{phn}] \rightarrow [\mathrm{Street}, \mathrm{city}, \mathrm{zip}], t_p = (86, 010, \text{-}, \text{-}, 北京, \text{-}))$

γ_2:$([\mathrm{CC}, \mathrm{AC}, \mathrm{phn}] \rightarrow [\mathrm{Street}, \mathrm{city}, \mathrm{zip}], t_p = (86, 451, \text{-}, \text{-}, 哈尔滨, \text{-}))$

它们规定了 $\{\mathrm{CC}, \mathrm{AC}, \mathrm{phn}\}$ 函数地确定 $\{\mathrm{Street}, \mathrm{city}, \mathrm{zip}\}$,并且

- 如果 CC$=86$ 且 AC$=010$,则必有 city$=$北京。
- 如果 CC$=86$ 且 AC$=451$,则必有 city$=$哈尔滨。

规则中的"-"表示任意值,即无约束。

为了形式化地定义 CFD 的语义,定义一个常值上的操作符 $\equiv$。例如,$v_1 \equiv v_2$ 当且仅当 $v_1 = v_2$ 或者 v_1 和 v_2 之一为"-"。这个操作可以扩展到元组,例如:

$$(86, 451, \text{-}, \text{-}, 哈尔滨, 150001) \equiv (86, 451, \text{-}, \text{-}, 哈尔滨, \text{-})$$

$$(86, 451, \text{-}, \text{-}, 哈尔滨, 150001) \not\equiv (86, 010, \text{-}, \text{-}, 哈尔滨, \text{-})$$

关系实例 D 满足条件函数依赖 $\gamma = (X \rightarrow Y, t_p)$(记作 $D \vdash \gamma$)当且仅当:$\forall t, t' \in D$,如果 $t[X] = t'[X] \equiv t_p[X]$ 则 $t[Y] = t'[Y] \equiv t_p[Y]$。如果关系实例 D 满足 CFD 集合 Σ 中的所有规则,则称 D 满足 Σ,记作 $D \vdash \Sigma$。

任意一组 CFD 规则 $\{(X \rightarrow Y, t_{pi}) \mid 1 \leqslant i \leqslant m\}$ 可转换为等价的 $(X \rightarrow Y, T_p)$,其中 $T_p = \{t_{pi} \mid 1 \leqslant i \leqslant m\}$。本节将使用形如 $(X \rightarrow Y, T_p)$ 的规则。

设 B 是单个属性。如果 $t_p(B)$ 是常值,则 $(X \rightarrow B, t_p)$ 被称为常值 CFD;如果 $t_p(B)$ 为 "-",则称 $(X \rightarrow B, t_p)$ 为可变 CFD。实际上,根据函数依赖的性质,任何一个 CFD 规则 $(X \rightarrow Y, t_p)$ 都可以转换为一组等价规则 $\{(X \rightarrow B_i, t_p) \mid B_i$ 是 Y 中的属性$\}$。以后,可以假设 CFD 规则具有 $(X \rightarrow B, t_p)$ 形式。

3) 数据划分

给定一个关系模式 R 的一个实例 D,D 的数据划分是将 D 划分为多个子集合,目的是在分布式计算系统的各个计算节点上分布式地存储这些子集合。目前主要的数据划分方法

有两种,即垂直划分和水平划分。

D 的垂直划分是将 D 分割为 $\{D_1, D_2, \cdots, D_k\}$,使其满足

$$D_i = \pi_{X_i}(D), D = \underset{1 \leqslant i \leqslant k}{\bowtie} D_i$$

其中,π_{X_i} 是关系代数中的投影操作,$\bowtie$ 是关系代数中的连接操作,X_i 是 R 的属性子集合,包括 R 的键属性,每个 D_i 称为一个垂直片段,D_i 的模式(记作 R_i)具有属性集合 X_i,$\bigcup\limits_{1 \leqslant i \leqslant k} X_i = R$,$D$ 可以由这 k 个片段在键属性上的连接来重建。

D 的水平划分是将 D 分割为 $\{D_1, D_2, \cdots, D_k\}$,使其满足

$$D_i = \sigma_{F_i}(D), D = \bigcup_{1 \leqslant i \leqslant k} D_i, \text{当 } i \neq j \text{ 时 } D_i \cap D_j = \varnothing$$

其中,F_i 是称为划分条件的谓词,σ_{F_i} 是关系代数中的选择操作,每个 D_i 称为一个水平片段,每个 D_i 的模式都是 R,D 可以由这 k 个片段的并来重建。

4) 数据不一致性检测

设 $\gamma = (X \to Y, t_p)$ 是一条 CFD 规则,D 是关系模式 R 的一个实例。使用 $V(\gamma, D)$ 表示 D 中违反规则 γ 或与 γ 不一致的所有元组的集合,称为 D 的 γ-不一致子集。D 的 γ-不一致子集形式化地定义为

$$V(\gamma, D) = \{t \mid t \in D, \ \exists t' \in D, \ t[X] = t'[X] \asymp t_p[X],$$
$$t[Y] \neq t'[Y] \text{ 或 } t[Y] = t'[Y] \not\asymp t_p[Y]\}$$

对于 CFD 集合 Σ,定义 $V(\Sigma, D) = \bigcup\limits_{\gamma \in \Sigma} V(\gamma, D)$。$V(\Sigma, D)$ 称为 D 的 Σ-不一致子集。给定关系实例 D 和 CFD 集合 Σ,数据不一致性检测的目的是在 D 中发现 D 的 Σ-不一致子集 $V(\Sigma, D)$。

5) 分布式数据不一致性检测

设关系实例 D 已经被垂直或水平地分割为 k 个片段 $\{D_1, D_2, \cdots, D_k\}$。不失一般性,假设对于 $1 \leqslant i \leqslant k$,$D_i$ 存储在计算节点 P_i 上,并且如果 $i \neq j$,则 $P_i \neq P_j$。在这种分布式情况下,计算 $V(\Sigma, D)$ 变得更加困难,需要在分布式计算系统的计算节点之间传输大量数据,而数据传输又是分布式计算系统的瓶颈。因此,这里面临的问题是在计算 $V(\Sigma, D)$ 的过程中如何最小化数据的传输量,从而降低通信代价和网络流量。

为了描述通信代价,定义

$$M(i, j) = \{t \mid t \text{ 是从计算节点 } P_i \text{ 发送到计算节点 } P_j \text{ 的元组}\}$$
$$M = \bigcup_{1 \leqslant i, j \leqslant k \wedge i \neq j} M(i, j)$$

对于 $1 \leqslant j \leqslant k$ 和垂直数据划分,定义 $D_j(M) = D_j \underset{1 \leqslant i \leqslant k \wedge i \neq j}{\bowtie} M(i, j)$,即 $D_j(M)$ 是 D_j 与从所有非计算节点 P_j 传输到 P_j 的全部元组的连接。

对于 $1 \leqslant j \leqslant k$ 和水平数据划分,定义 $D_j(M) = D_j \bigcup\limits_{1 \leqslant i \leqslant k \wedge i \neq j} M(i, j)$,即 $D_j(M)$ 是 D_j 与从所有非计算节点 P_j 传输到 P_j 的全部元组的并。

如果 $V(\gamma, D) = \bigcup\limits_{1 \leqslant i \leqslant k} V(\gamma, D_i(M))$,则称条件函数依赖 γ 是在传输 M 后可局部验证的。作为一种特殊情况,如果 $V(\gamma, D) = \bigcup\limits_{1 \leqslant i \leqslant k} V(\gamma, D_i)$,则称条件函数依赖 γ 是可局部验证的,即无须数据传输即可计算 $V(\gamma, D)$。

2. 问题定义

现在定义数据不一致性检测问题、增量式数据不一致性检测问题和分布式计算系统中的增量式数据不一致性检测问题(简称分布增量式数据不一致性检测问题)。

先讨论数据更新的概念。对关系实例 D 的更新包括元组的插入和元组的删除,修改被视为先删除后插入。使用 ΔD 表示对 D 的批量更新。ΔD 是元组插入和元组删除的集合。用 $\Delta D^+ \subseteq \Delta D$ 表示 ΔD 中所有插入元组的集合,用 $\Delta D^- \subseteq \Delta D$ 表示 ΔD 中所有删除元组的集合。用 $D \oplus \Delta D$ 表示对 D 进行 ΔD 更新后的结果。

如果 D 被垂直划分为 $\{D_1, D_2, \cdots, D_k\}$,则 $\Delta D_i = \pi_{X_i}(\Delta D)$ 表示 ΔD 中那些对 D_i 的更新。如果 D 被水平划分为 $\{D_1, D_2, \cdots, D_k\}$,则 $\Delta D_i = \sigma_{F_i}(\Delta D)$ 表示 ΔD 中那些对 D_i 的更新。类似地,可以定义 ΔD_i^+ 和 ΔD_i^-。

现在定义数据不一致性检测问题、增量式数据不一致性检测问题和分布增量式数据不一致性检测问题。

数据不一致性检测问题定义如下:

输入:$D, \Delta D$,CFD 集合 Σ。

输出:$V(\Sigma, D \oplus \Delta D)$。

数据不一致性检测问题也称为批量数据不一致性检测问题,其求解算法称为批量数据不一致性检测算法。

增量式数据不一致性检测问题定义如下:

输入:$D, \Delta D$,CFD 集合 Σ,$V(\Sigma, D)$。

输出:ΔV,满足 $V(\Sigma, D \oplus \Delta D) = V(\Sigma, D) \oplus \Delta V$。

求解增量式数据不一致性检测问题的算法称为增量式数据不一致性检测算法。在实际应用中,当 ΔD 很小时,ΔV 也很小。于是,增量式地计算 ΔV 的效率要远高于批量地在 $D \oplus \Delta D$ 上重新计算 $V(\Sigma, D \oplus \Delta D)$。增量式计算的特点是在计算 $V(\Sigma, D \oplus \Delta D)$ 的过程中充分利用 $V(\Sigma, D)$,避免冗余计算。

用 ΔV^+ 表示 $V(\Sigma, D \oplus \Delta D) - V(\Sigma, D)$,即增加的数据不一致性。用 ΔV^- 表示 $V(\Sigma, D) - V(\Sigma, D \oplus \Delta D)$,即减少的数据不一致性。于是,$\Delta V = (\Delta V^+, \Delta V^-)$。注意,$\Delta D^+$ 仅产生 ΔV^+,ΔD^- 仅产生 ΔV^-。

设 D 被划分为 $\{D_1, D_2, \cdots, D_k\}$ 并分布式存储到 k 个计算节点上。如果 $\Delta V = \bigcup_{1 \leqslant i \leqslant k} \Delta V_i(M)$,则称 ΔV 是在传输 $D \oplus \Delta D$ 中的元组集合 M 后可局部计算的,其中 $\Delta V_i(M)$ 表示位于计算节点 P_i 上的 $V(\Sigma, (D_i \cup M) \oplus \Delta D_i)$ 与 $V(\Sigma, D_i)$ 的差。

分布增量式数据不一致性检测问题是:给定 Σ、ΔD、$V(\Sigma, D)$ 和分布式存储的 D,分布式地计算 ΔV,使得 $V(\Sigma, D \oplus \Delta D) = V(\Sigma, \Delta D) \oplus \Delta V$。分布增量式数据不一致性检测问题的严格定义如下:

输入:分布式存储的 $D, \Sigma, \Delta D, V(\Sigma, D)$。

输出:ΔV,满足 $V(\Sigma, D \oplus \Delta D) = V(\Sigma, \Delta D) \cup \Delta V$。

如果 D 是垂直划分的,则该问题被称为 V-IncDetect 问题;如果 D 是水平划分的,则问题被称为 H-IncDetect 问题。

实际上,尽管 D 经常更新,但 CFD 的集合 Σ 通常是预定义的,很少更改。因此,在以后的讨论中,假设 CFD 的集合 Σ 是固定的。

6.3.2 基于数据垂直划分的检测算法

设关系实例 D 被垂直划分为 $\langle D_1,D_2,\cdots,D_k\rangle$,$D_i=\pi_{X_i}(D)$,并且对于 $1\leqslant i\leqslant k$,D_i 存储在计算节点 P_i 上。下面设计一个求解 V-IncDetect 问题的通信代价和计算代价均为 $O(|\Delta D|+|\Delta V|)$ 的分布增量式算法。

1. 避免传输 D 中数据的技术

先讨论如何在求解 V-IncDetect 问题的过程中确保通信代价为 $O(|\Delta D|+|\Delta V|)$。确保通信代价为 $O(|\Delta D|+|\Delta V|)$ 的基本思想是避免传输 D 中数据。为此,首先需要确定在求解 V-IncDetect 问题时,何时不需要传输 D 中数据。其次,在不可避免地需要 D 中数据的情况下,可以通过建立索引结构来避免传输 D 中数据。

1) 何时不需要传输 D 中数据

当验证元组 t 的删除或插入是否导致 CFD 规则 $\gamma=(X\rightarrow B,t_p)$ 被违背时,在如下两种情况下不需要传输 D 中数据:

(1) 如果 γ 为常值 CFD,则仅考察元组 t 就可以计算出 ΔV,无须查询 D 中的其他元组,从而无须传输 D 的元组。

(2) 如果 γ 不是常值 CFD,$X\cup\{B\}\subseteq X_i$,而且 $D_i=\pi_{X_i}(D)$,则可在 D_i 所在的计算节点 S_i 上对 γ 进行局部检测,无须传输 D 的数据。

2) 避免传输 D 中数据的索引结构

以下,设 CFD 规则 $\gamma=(X\rightarrow B,t_p)$ 不是常值 CFD,即 $t_p[B]$ 为"-"。不难看出,如果元组 t 违背 γ,则必存在元组 t',使得 $t[X]=t'[X]\asymp t_p[X]$,但是 $t[Y]\neq t'[Y]$ 或 $t[Y]=t'[Y]\neq t_p[Y]$。为了精确描述这一事实,在关系实例 D 上定义一个与属性集合 Y 相关的等价关系:元组 t 和 t' 是关于 Y 等价的当且仅当 $t[Y]=t'[Y]$。用 $[t]_Y$ 表示 t 的等价类,即 $[t]_Y=\{t'\mid t'\in D,t[Y]=t'[Y]\}$。为每个等价类 $[t]_Y$ 分配唯一标识符(简记作 eqid)$\mathrm{id}[t]_Y$。此外,还需要定义一个函数 eq:

$$\mathrm{eq}(\mathrm{id}[t]_{Y_1},\ \mathrm{id}[t]_{Y_2},\cdots,\mathrm{id}[t]_{Y_m})=\mathrm{id}[t]_Y$$

其中 $Y=\bigcup_{1\leqslant i\leqslant m}Y_i$。以后会看到,将用发送 $\mathrm{id}[t]_{Y_i}$ 取代发送 $[t]_{Y_i}$ 中的数据,以避免发送 D 中数据。下面基于等价类 $[t]_Y$ 构造两种索引结构。

第一种是 HEV-索引。对于每个可变 CFD 规则 $\gamma=(X\rightarrow B,t_p)$,每个计算节点 P_i 都维护一组基于哈希技术的等价类与值的索引集合,记作 HEV_i^γ。HEV_i^γ 包含两类 HEV-索引,即基本 HEV-索引和非基本 HEV-索引。非基本 HEV-索引是一个键-值对,满足:给定元组 t 和 $(\mathrm{id}[t]_{Y_1},\mathrm{id}[t]_{Y_2},\cdots,\mathrm{id}[t]_{Y_l})$ 作为键,返回值 $\mathrm{id}[t]_Y$,其中 $Y=\bigcup_{1\leqslant i\leqslant l}Y_i$,$Y\subseteq X$。基本 HEV-索引是特殊的 HEV-索引:单个属性值 $t[A]$ 是索引的键,$\mathrm{id}[t]_A$ 是索引的值。以后,在不引起混淆的情况下,用 HEV_i 表示 HEV_i^γ。

直观地,这些 HEV_i 可以帮助我们识别 $\mathrm{id}[t]_X$ 和 $\mathrm{id}[t]_B$。所有因 t 而违背 CFD 规则 $\gamma=(X\rightarrow B,t_p)$ 的元组都在 $[t]_X$ 中,并且 $[t]_X$ 中任一违背 CFD 的元组 t' 都满足 $t'[X]\asymp t_p[X]$ 而且 $t'[B]\neq t[B]$ 或 $t'[B]=t[B]\neq t_p[B]$。

给定 $\gamma=(X \to B, t_{\mathrm{p}})$，$\gamma$ 的 HEV-索引如下建立：分别为属性 X 和 B 构建 HEV-索引，记作 HEV_X 和 HEV_B。具体地说，首先，将 X 的 m 个属性排序为 $\langle A_1, A_2, \cdots, A_m \rangle$。然后，对于每个 $1 \leqslant i \leqslant m$，为 X 的每个属性子集 $\{A_j \mid 1 \leqslant j \leqslant i\}$ 建立一个 HEV-索引。最后，为 B 构建基本 HEV-索引。后面将看到，为了识别 $\mathrm{id}[t]_X$，将按照 $\{A_1\}, \{A_1, A_2\}, \cdots, \{A_1, A_2, \cdots, A_m\}$ 的顺序逐个使用这些 HEV_X-索引。

第二个是 IDX-索引。设 $\gamma=(X \to B, t_{\mathrm{p}})$ 是一个可变 CFD 规则。可以把因 t 而违背 γ 的所有元组划分为多个组，$\forall t' \in [t]_X$，$[t']_{X \cup \{B\}}$ 包含一组因 t 而违背 γ 的元组。使用基于哈希技术的 IDX-索引来索引这些元组。IDX-索引仅存储 $\mathrm{id}[t]_X$ 所在的计算节点上。给定一个元组 t，IDX-索引返回 $\mathrm{set}(t[X]) = \{\mathrm{id}[t']_{X \cup \{B\}}\}$，其中 $t[X] = t'[X]$，而且每个 eqid 又可识别 $[t']_{X \cup \{B\}}$ 中所有元组键-值对的集合。直观地，对于每个 $[t]_X$，IDX-索引存储 B 属性的不同值及其关联的元组的键-值对，即索引模式为 $(\mathrm{id}[t]_B, \langle$元组 $id\rangle)$。

例 6.3.1 图 6.3.1 给出了一个雇员关系模式 EMP(id, name, sex, grade, street, city, zip, CC, AC, phn, salary, hd) 的一个实例 D_0。设 $\gamma=(\{\mathrm{CC}, \mathrm{zip}\} \to \{\mathrm{street}\}, (44, -, -))$。图 6.3.2 是关于图 6.3.1 的 D_0 和 γ 的 HEV-索引和 IDX-索引。HEV_2 和 HEV_3 是计算节点 S_2 和 S_3 上的索引，IDX-索引存储在计算节点 S_2 上。为了计算 $\mathrm{id}[t_5]_{\langle \mathrm{CC, zip} \rangle}$，由于在 S_3 计算节点 $t_5[\mathrm{CC}]=44$，首先从 HEV_3 的基本哈希表中找到 $\mathrm{id}[t_5]_{\langle \mathrm{CC}\rangle}=1$。然后，将 $\mathrm{id}[t_5]_{\langle \mathrm{CC}\rangle}$ 发送到 S_2，使用计算节点 S_2 上的基本哈希表，从 $t_5[\mathrm{zip}]=$ "EH4 8LE" 获得 $\mathrm{id}[t_5]_{\langle \mathrm{zip}\rangle}=1$。把 $\mathrm{id}[t_5]_{\langle \mathrm{CC}\rangle}=1$ 和 $\mathrm{id}[t_5]_{\langle \mathrm{zip}\rangle}=1$ 组合在一起作为 HEV_2 的输入，可以得到 $\mathrm{id}[t_5]_{\langle \mathrm{CC, zip} \rangle}=\mathrm{eq}(1,1)=1$。此外，如图 6.3.1 所示，$\mathrm{id}[t_5]_{\langle \mathrm{CC, zip}\rangle}$ 链接到 IDX 中的两项：1 表示 Mayfield，其等价类为 $\{t_1, t_3, t_4, t_6\}$；3 表示 Crichton，其等价类为 $\{t_5\}$。可以看到，在检测过程中，按照先 $\{\mathrm{CC}\}$ 后 $\{\mathrm{CC}, \mathrm{zip}\}$ 的顺序使用这些 HEV-索引。

		计算节点1上的片段		计算节点2上的片段				计算节点3上的片段			
id	name	sex	grade	street	city	zip	CC	AC	phn	salary	hd
t_1: 1	Mike	M	A	Mayfield	NYC	EH4 8LE	44	131	8693784	65k	01/10/2005
t_2: 2	Sam	M	A	Preston	EDI	EH2 4HF	44	131	8765432	65k	01/05/2009
t_3: 3	Molina	F	B	Mayfield	EDI	EH4 8LE	44	131	3456789	80k	01/03/2010
t_4: 4	Philip	M	B	Mayfield	EDI	EH4 8LE	44	131	2909209	85k	01/05/2010
t_5: 5	Adam	M	C	Crichton	EDI	EH4 8LE	44	131	7478626	120k	01/05/1995
t_6: 6	George	M	C	Mayfield	EDI	EH4 8LE	44	131	9595858	120k	01/07/1993

图 6.3.1　一个雇员关系实例 D_0

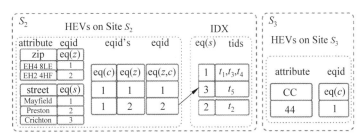

图 6.3.2　关于 D_0 和 γ 的 HEV-索引和 IDX-索引

2. 算法设计

现在，利用 HEV-索引和 IDX-索引，设计一种求解 V-IncDetect 问题的分布增量式算法。

为了简化讨论,首先考虑单个 CFD 规则和单个元组更新,然后将算法扩展到多个 CFD 规则和批量元组更新。

1) 针对单个 CFD 规则和单个元组更新的算法

给定一个 CFD 规则 γ、一个垂直划分的关系实例 D、D 中违背 γ 的元组集合 $V(\gamma, D)$ 以及向 D 插入或从 D 删除的元组 t,算法的目的是计算插入或删除 t 引起的 $V(\gamma, D)$ 的改变 ΔV^+ 或 ΔV^-。

算法 IncVIns 是针对单个 CFD 规则和单个元组插入的求解 ΔV^+ 的算法,其详细描述见 Algorithm 6.3.1。

Algorithm 6.3.1: IncVIns

输入:$\Delta D = \{$插入 $t\}$,垂直划分的 D,可变 CFD 规则 $\gamma = (X \rightarrow B, t_p)$,$V(\gamma, D)$。

输出:ΔV^+。

1. 使用 HEV-索引和 IDX-索引获得集合 $\text{set}(t[X])$;
2. **If** $|\text{set}(t[X])| > 1$ **Then** $\Delta V^+ := \{t\}$;
3. **Else If** $|\text{set}(t[X])| = 1$ /* 即 $\text{set}(t[X]) = \{\text{id}[t']_{X \cup \{B\}}\}$ */
4.   **Then If** (t, t') 违背 γ **Then** $\Delta V^+ := \{t\} \cup [t']_{X \cup \{B\}}$;
5.   **Else** $\Delta V^+ := \varnothing$;
6.   **Else** $\Delta V^+ := \varnothing$;
7. IDX-索引中增加与 t 相关的索引项;修改 HEV-索引;
8. 返回 ΔV^+.

算法 IncVIns 首先在第 1 步利用 HEV-索引和 IDX-索引计算 $\text{set}(t[X])$。这需要传输最多 $|X|$ 个 eqid,包括 $t[B]$ 的 eqid。如果 $|\text{set}(t[X])| > 1$,则所有使 (t', t) 违背 γ 的元组 t' 都已被找到,从而 t 是新增的违背 γ 的元组,于是第 2 步将 t 加入 ΔV^+。当 $|\text{set}(t[X])| = 1$,即 $\text{set}(t[X]) = \{\text{id}[t']_{X \cup \{B\}}\}$ 时,存在两种情况:①(t, t') 违背 γ,从而 t 和 $[t']_{X \cup \{B\}}$ 中的所有元组都是新增的违背 γ 的元组,于是第 4 步把 t 和 $[t']_{X \cup \{B\}}$ 中的所有元组都加入 ΔV^+;②(t, t') 不违背 γ,从而对于所有的 $t'' \in [t']_{X \cup \{B\}}$,$t''[X \cup \{B\}] = t'[X \cup \{B\}] = t[X \cup \{B\}]$,没有新增的违背 γ 的元组,于是第 5 步将 ΔV^+ 置为空。如果 $|\text{set}(t[X])| = 0$,没有元组在属性 X 集合上与 t 相同,也就没有新增的违背 γ 的元组,于是第 6 步将 ΔV^+ 置为空。第 8 步返回 ΔV^+。

IncVIns 的第 7 步维护 IDX-索引和 HEV-索引。如果存在 $[t]_{X \cup \{B\}}$,则将元组 t 插入集合 $[t]_{X \cup \{B\}}$ 中;否则建立集合 $[t]_{X \cup \{B\}} = \{t\}$,并将 $\text{id}[t]_{X \cup \{B\}}$ 插入 $\text{set}(t[X])$。无论哪种情况,IDX-索引的维护需要 $O(1)$ 时间。HEV-索引与 $\text{id}[t]_X$ 一起更新。如果 $\text{id}[t]_X$ 不存在,则会建立一个新的 $[t]_X$,并将 $\text{id}[t]_X$ 添加到相应的 HEV-索引中,需要 $O(1)$ 时间。

Algorithm 6.3.2 给出了针对单个 CFD 规则和单个元组删除的算法,记作 IncVDel。

算法 IncVDel 的第 1 步使用 HEV-索引和 IDX-索引,获得 $\text{set}(t[X])$ 和 $[t]_{X \cup \{B\}}$。

算法 IncVDel 的第 2 步判定是否 $|[t]_{X \cup \{B\}}| > 1$。如果 $|[t]_{X \cup \{B\}}| > 1$,则必存在两种情况:①$|\text{set}(t[X])| > 1$,即 $\text{set}(t[X]) = \{\text{id}[t]_{X \cup \{B\}}, \text{id}[t']_{X \cup \{B\}}, \cdots\}$,此时 t 是违背 γ 的元组,并且删除 t 以后因 t 而违背 γ 的元组仍然违背 γ,从而 t 是被删除的唯一违背 γ 的元组,于是第 3 步将 t 放入 ΔV^-;②$|\text{set}(t[X])| = 1$,即 $\text{set}(t[X]) = \{[t]_{X \cup \{B\}}\}$,删除 t 以后无元组因 t 而违背 γ,删除 t 并未减少违背 γ 的元组,于是第 4 步置 ΔV^- 为空。

Algorithm 6.3.2：IncVDel

输入：$\Delta D = \{$删除 $t\}$，垂直划分的 D，可变 CFD 规则 $\gamma = (X \rightarrow B, t_{\mathrm{p}})$，$V(\gamma, D)$。

输出：ΔV^-。

1.　使用 HEV-索引和 IDX-索引获得集合 $\mathrm{set}(t[X])$ 与 $[t]_{X \cup \{B\}}$；

2.　**If** $|[t]_{X \cup \{B\}}| > 1$

3.　**Then If** $|\mathrm{set}(t[X])| > 1$ **Then** $\Delta V^- := \{t\}$；

4.　　　**Else** $\Delta V^- := \varnothing$；

5.　**Else** ／＊ $|[t]_{X \cup \{B\}}| = 1$ ＊／

6.　　　**If** $|\mathrm{set}(t[X])| > 2$ **Then** $\Delta V^- := \{t\}$；

7.　　　**Else If** $|\mathrm{set}(t[X])| = 2$ **Then** $\Delta V^- := \{t\}$；／＊ $\mathrm{set}(t[X]) = \{\mathrm{id}[t]_{X \cup \{B\}}, \mathrm{id}[t]_{X \cup \{B\}}\}$ ＊／

8.　　　　　**Else** $\Delta V^- := \varnothing$；

9.　从 IDX-索引中删除 t；修改 HEV-索引；

10.　返回 ΔV^-．

如果 $|[t]_{X \cup \{B\}}| > 1$ 不成立(算法的第 5 步)，则必有 $|[t]_{X \cup \{B\}}| = 1$，即 $[t]_{X \cup \{B\}} = \{t\}$，需删除 $\mathrm{set}(t[X])$ 中的 $\mathrm{id}[t]_{X \cup \{B\}}$。考虑 3 种情况：① $|\mathrm{set}(t[X])| > 2$，此时 $\mathrm{set}(t[X]) = \{\mathrm{id}[t]_{X \cup \{B\}}, \mathrm{id}[t_1]_{X \cup \{B\}}, \mathrm{id}[t_2]_{X \cup \{B\}}, \cdots\}$，$t$ 删除以后因 t 而违背 γ 的元组仍然违背 γ，从而 t 是被删除的唯一违背 γ 的元组，第 6 步将 t 放入 ΔV^-；② $|\mathrm{set}(t[X])| = 2$，即 $\mathrm{set}(t[X]) = \{\mathrm{id}[t]_{X \cup \{B\}}, \mathrm{id}[t']_{X \cup \{B\}}\}$，此时所有因 t 而违背 γ 的元组在 t 被删除后不再违背 γ，于是第 7 步将 $\{t\} \cup [t']_{X \cup \{B\}}$ 放入 ΔV^-；③ $|\mathrm{set}(t[X])| = 1$(算法的第 8 步)，即 $\mathrm{set}(t[X]) = \{\mathrm{id}[t]_{X \cup \{B\}}\}$，$t$ 不违背 γ，于是第 8 步置 ΔV^- 为空。

第 9 步的 HEV-索引和 IDX-索引的维护与算法 InVIns 插入元组的情况类似。最后，第 10 步返回 ΔV^-。

2）针对多个 CFD 规则和多个元组更新的算法

现在设计针对多个 CFD 规则和批量更新的算法，记作 IncVdetect。给定 CFD 规则集合 Σ、一个垂直划分的关系实例 D、D 中违背 Σ 的元组集合 $V(\Sigma, D)$ 以及对 D 的更新操作集合 ΔD，IncVdetect 计算经过 ΔD 更新后引起的 $V(\Sigma, D)$ 的改变 ΔV。

算法 IncVdetect 的详细描述见 Algorithm 6.3.3。

算法 IncVdetect 的第 1 步删除 ΔD 中相同元组的更新，并在第 2 步初始化 ΔV^+ 和 ΔV^-。然后，第 3～16 步对于 $\forall \gamma = (X \rightarrow B, t_{\mathrm{p}}) \in \Sigma$，分如下 3 种情况并行地计算 ΔV^+ 和 ΔV^-。

情况 1：γ 是常值 CFD 规则(第 4～10 行)。第 5 步首先在每个计算节点 P_i 上并行地计算可能与模式元组 t_{p} 相匹配的元组集合 T_i，T_i 中的元组按其键递增排序。然后，第 6 步将这些 T_i 及其元组在 B 属性的值传输到指定的计算节点 P。第 7 步在线性时间内排序与合并所有 T_i，并保存在 T 中。T 中的每个元组都在属性集合 X 上与模式元组 t_{p} 匹配。第 8、9 步检查 T 中每个元组的 B 属性值及其是否属于 ΔD^- 或 ΔD^+，以确定它们是否是被删除的违背 γ 的元组(第 9 步)或新产生的违背 γ 的元组(第 10 步)，并计算部分 ΔV^- 或 ΔV^+。

情况 2：γ 是可局部检测的可变 CFD 规则(第 11～13 步)。第 12 步使用 HEV-索引和 IDX-索引以及与算法 IncVDel 和 IncVIns 相同的方法计算 ΔV_i^- 或 ΔV_i^+，第 13 步计算部分 ΔV^- 或 ΔV^+。

Algorithm 6.3.3: IncVdetect

输入：ΔD，垂直划分的 D, D_i 的关系模式 X_i，CFD 集合 Σ，$V(\Sigma, D)$。

输出：ΔV。

1. 删除 ΔD 中相同元组的先插入后删除更新或先删除后插入更新；
2. $\Delta V^- := \varnothing$；$\Delta V^+ := \varnothing$；
3. **For** $\forall \gamma \in \Sigma$ **Do**
4.   **If** $\gamma = (X \to B, t_p)$ 是常值 CFD   /* γ 可在 P_i 局部检测 */
5.   **Then For** $1 \leqslant i \leqslant k$ **Do** P_i 计算 $T_i := \{t \mid t \in \Delta D, t[X_i \cap X] \equiv t_p[X_i \cap X]\}$；
6.   传输所有 T_i 及其所有元组在 B 属性上的值到预定计算节点 P；
7. P 按照元组的键合并所有 T_i 的结果并存储到 T；
8.   **For** $\forall t \in T$ **Do**
9.   **If** $t[B] \neq t_p[B] \wedge t \in \Delta D^-$ **Then** $\Delta V^- := \Delta V^- \cup \{t\}$；
10.   **Else If** $t[B] \neq t_p[B] \wedge t \in \Delta D^+$ **Then** $\Delta V^+ := \Delta V^+ \cup \{t\}$；
11.   **Else If** $(X \cup \{B\} \subseteq X_i)$ /* γ 可在 P_i 局部检测 */
12.   **Then** 计算节点 P_i 类似于 IncVDel 和 IncVIns 计算 ΔV_i^+ 和 ΔV_i^-；
13. $\Delta V^+ := \Delta V^+ \cup \Delta V_i^+$；$\Delta V^- := \Delta V^- \cup \Delta V_i^-$；
14.   **Else For** ΔD 每个对 t 的更新 **Do**
15.   计算 ΔV_t^+ 和 ΔV_t^-； /* 使用 IncVDel 和 IncVIns 的方法 */
16. $\Delta V^+ := \Delta V^+ \cup \Delta V_t^+$；$\Delta V^- := \Delta V^- \cup \Delta V_t^-$；
17. 返回 $\Delta V := (\Delta V^+, \Delta V^-)$。

情况 3：γ 是不可局部检测的可变 CFD 规则（第 14～16 步）。第 15 步使用与算法 IncVDel 和 IncVIns 相同的方法计算 ΔV_t^- 或 ΔV_t^+。第 16 步计算部分 ΔV^- 或 ΔV^+。

上述处理循环进行，直至 Σ 中所有 CFD 规则都被检测完毕。最后，第 17 步返回 $\Delta V = (\Delta V^-, \Delta V^+)$。

根据上面的说明，算法 IncVdetect 的正确性不证自明。下面的定理 6.3.1 给出了算法 IncVdetect 的通信复杂性和时间复杂性。下面仅给出定理 6.3.1 的证明概要。证明细节很简单，作为练习留给读者。

定理 6.3.1 算法 IncVdetect 的通信复杂性为 $O(|\Delta D|)$，时间复杂性为 $O(|\Delta D| + |\Delta V|)$。

证明：先分析算法 IncVdetect 的通信复杂性。$\forall t \in \Delta D$ 和 $\forall \gamma = (X \to B, t_p) \in \Sigma$，仅发送了 $|X|$ 个 eqid。由于 CFD 规则集合 Σ 和片段集合是固定的，因此，IncVdetect 的通信复杂性为 $O(|\Delta D|)$。再分析算法 IncVdetect 的时间复杂性。由于搜索和维护基于哈希技术的 HEV-索引和 IDX-索引需要 $O(1)$ 时间，所以算法 IncVdetect 的时间复杂性为 $O(|\Delta D| + |\Delta V|)$。证毕。

从定理 6.3.1 可以得到如下推论。

推论 6.3.1 针对 V-IncDetect 问题是半有界的，而且算法 IncVdetect 在使用索引的情况下是优化的。

6.3.3 基于数据水平划分的检测算法

本节讨论求解 H-IncDetect 问题的算法，即针对数据水平划分的分布增量式数据不一致性检测算法。类似求解 V-IncDetect 问题的算法的设计思路，首先确定何时可以避免数据传送。然后,设计求解 H-IncDetect 问题的优化算法。以下,假设输入关系实例 D 被水平划分为 n 个子集合 $\{D_1, D_2, \cdots, D_n\}$,并且对于 $1 \leqslant i \leqslant n$,$D_i$ 存储在计算节点 P_i 上。

1. 何时不需要传输 D 中数据

对于 D 的水平划分 $\{D_1, D_2, \cdots, D_n\}$,可以局部验证的 CFD 规则是具有如下特点的 CFD 规则。

(1) 常值 CFD 规则。常值 CFD 规则被单个元组违背,不会引起全局违背。于是,在验证常值 CFD 规则时不需要数据传送。

(2) 可变 CFD 规则。请注意,水平片段 D_i 定义为 $\sigma_{F_i}(D)$。使用 X_{F_i} 表示 F_i 中的所有属性。为了验证可变 CFD 规则 $\gamma = (X \rightarrow B, t_p)$,当下列条件成立时,不需要将数据传送到 P_i 或从 P_i 传送数据到其他计算节点:

① $X_{F_i} \subseteq X$。事实上,对于任何元组 $t \in D_i$ 和 $t' \notin D_i$,由于 $t[X_{F_i}] \neq t'[X_{F_i}]$,所以 $t[X] \neq t'[X]$,从而 (t, t') 都不会违背 γ。

② $F_i \wedge F_\gamma$ 为假,其中,F_γ 是由 t_p 确定的形如 $A = a$ 的原子式合取,其中 $A \in X$ 而且 a 是常值。在这种条件下,D_i 中的任何元组都不可能与 $t_p[X]$ 匹配。

2. 算法设计与分析

现在,针对数据的水平划分,设计求解 H-IncDetect 问题的算法。首先考虑单个 CFD 规则和单个元组更新,然后将算法扩展到多个 CFD 规则和批量元组更新。这里仍然需要 HEV-索引和 IDX-索引。

1) 针对单个 CFD 规则和单个元组更新的算法

给定 CFD 规则 γ、水平划分的关系实例 D、D 中违背 γ 的元组集合 $V(\gamma, D)$ 以及向 D 插入或从 D 删除的元组 t,算法的目的是计算插入或删除 t 引起的 $V(\gamma, D)$ 的改变 ΔV^+ 或 ΔV^-。

先讨论针对单个 CFD 规则和单个元组插入的算法(简记作 IncHIns)的基本思想。对于给定的 $\gamma = (X \rightarrow B, t_p)$、$D$、$V(\gamma, D)$、$D_i$、$V_i$、插入的元组 t,其中 V_i 是计算节点 P_i 上违背 γ 的元组集合。设元组 t 被插入 D_i。算法 IncHIns 如下计算插入 t 引起的 $V(\gamma, D)$ 的改变 ΔV^+。

(1) 计算节点 P_i 完成如下计算:

P_i 读取 $\mathrm{set}(t[X])$ 和 $[t]_{X \cup \{B\}}$,并分两种情况计算 ΔV_i^+。

情况 1:$\forall t'' \in V_i$ 使得 $t \notin [t'']_{X \cup \{B\}}$。此时,如下计算 ΔV_i^+:

① $[t]_{X \cup \{B\}} \neq \varnothing$。此时,如果 $|\mathrm{set}(t[X])| > 1$,则 $\mathrm{set}(t[X]) = \{[t]_{X \cup \{B\}}, [t']_{X \cup \{B\}}, \cdots\}$。于是,$t'$ 和 t 违背 γ,令 $\Delta V_i^+ = \{t\}$;否则 $|\mathrm{set}(t[X])| = \{\mathrm{id}[t]_{X \cup \{B\}}\}$,$t$ 和 $[t]_{X \cup \{B\}}$ 中的元组都不违背 γ,令 $\Delta V_i^+ = \varnothing$。

② $[t]_{X \cup \{B\}} = \varnothing$。在这种情况下,需要将 t 发送到其他计算节点,以检查 t 是否全局违背 γ,即检查是否存在 $t' \in D - D_i$,使得 (t, t') 违背 γ。如果存在这样的 t',则令 $\Delta V_i^+ = \{t\}$;否则令 $\Delta V_i^+ = \varnothing$。

情况 2:$\exists t'' \in V_i$ 使得 $t \in [t'']_{X \cup \{B\}}$。此时,$\exists t' \in D_i$,使得 (t, t') 违背 γ。对于使得 (t, t') 违背 γ 的每个 $t' \in D_i$,如下计算 ΔV_i^+:

① $[t]_{X \cup \{B\}} \neq \varnothing$。在这种情况下,因为任何使得 (t, t') 违背 γ 的元组 t' 都是已知的违背

γ 的元组，即 $t' \in V(\gamma, D)$，所以 $\Delta V_i^+ = \{t\}$。

② $[t]_{X \cup \{B\}} = \varnothing$。在这种情况下，已知存在元组 $t' \in D_i$，使得 (t, t') 违背 γ。若 $t' \in V_i$，则令 $\Delta V_i^+ = \{t\}$；否则因为 $[t']_{X \cup \{B\}}$ 中的每个元组都与 t 违背 γ，令 $\Delta V_i^+ = \{t\} \cup [t']_{X \cup \{B\}}$。

处理完上述情况 1 和情况 2 以后，维护局部索引，返回 ΔV_i^-。

（2）其他计算节点 $P_j(j \neq i)$ 并行地完成如下计算：收到来自 P_i 的 t 时，并行检查 t 是否局部违背 γ，并发送回答信息。

（3）返回全局变化 $\Delta V^+ = \bigcup\limits_{1 \leqslant i \leqslant n} \Delta V_i^+$。

接下来讨论针对单个 CFD 规则和单个元组删除的算法（简记作 IncHDel）的基本思想。对于给定的 $\gamma = (X \to B, t_p)$、D、$V(\gamma, D)$、D_i 中局部违背 γ 的元组集合 V_i、删除的元组 t。设 t 是从 D_i 删除的。算法如下计算删除 t 引起的 $V(\gamma, D)$ 的改变 ΔV^-。

（1）计算节点 P_i 完成如下计算：

首先读取 $\text{set}(t[X])$ 和 $[t]_{X \cup \{B\}}$。

如果 $t \notin V(\gamma, D)$，即 t 不违背 γ，则因为删除 t 不会减少违背 γ 的元组，令 $\Delta V_i^- = \varnothing$。

如果 $t \in V(\gamma, D)$，即 t 违背 γ，则需要考虑如下两种情况。

情况 1：如果在删除 t 之后，$|[t]_{X \cup \{B\}}| > 0$，即在 $X \cup \{B\}$ 上与 t 一致的那些元组依然留存，则除 t 以外的所有违背 γ 的元组都将继续违背 γ，$\Delta V_i^- = \{t\}$。

情况 2：如果在删除 t 之后，$[t]_{X \cup \{B\}} = \varnothing$，即在 $X \cup \{B\}$ 上与 t 一致的那些元组不再存留。在这种情况下，将从相关索引中删除 $\text{id}[t]_{X \cup \{B\}}$。为了计算 ΔV_i^-，需要考虑如下 3 种情况：

① $|\text{set}(t[X])| > 2$。此时，$\text{set}(t[X]) = \{\text{id}[t]_{X \cup \{B\}}, \text{id}[t_1]_{X \cup \{B\}}, \text{id}[t_2]_{X \cup \{B\}}, \cdots\}$，即 t 删除后，因 t 而违背 γ 的元组仍然违背 γ，从而 $\Delta V_i^- = \{t\}$。

② $\text{set}(t[X]) = \{\text{id}[t]_{X \cup \{B\}}, \text{id}[t']_{X \cup \{B\}}\}$。此时，将 t' 广播到其他计算节点，检测是否存在因 t' 违背 γ 的元组的计算节点，接收并记录具有违背 γ 的元组的计算节点。如果没有计算节点具有因 t' 违背 γ 的元组，则 $\Delta V_i^- = \{t\} \cup [t']_{X \cup \{B\}}$；否则 $\Delta V_i^- = \{t\}$。

③ $\text{set}(t[X]) = \{\text{id}[t]_{X \cup \{B\}}\}$。此时，$\Delta V_i^- = \{t\}$，并将 t 广播到以前有因 t 违背 γ 的元组的其他计算节点。

处理完上述两种情况以后，维护局部索引，返回 ΔV_i^-。

（2）计算节点 $P_j(j \neq i)$ 完成如下计算：

当第一次接收到来自 P_i 的元组 t' 时，每个计算节点 $P_j(j \neq i)$ 并行地检查 P_j 上是否具有因 t' 违背 γ 的元组，并向 P_i 发送回答信息。当第二次接收到来自 P_i 的元组 t 时，将 D_j 中原本违背 γ 而由于 t 的删除不再违背 γ 的元组加入 ΔV_j^-，并向 P_i 发送回答信息。

（3）返回全局变化 $\Delta V^- = \bigcup\limits_{1 \leqslant i \leqslant n} \Delta V_i^-$。

2）针对多个 CFD 规则和批量更新的算法

接下来讨论针对多个 CFD 规则和批量更新的分布增量式数据不一致性检测算法（简记作 IncHdetect）。Algorithm 6.3.4 给出了 IncHdetect 的详细描述。

Algorithm 6.3.4：IncHdetect

输入：水平划分为 n 个片段的 D，CFD 集合 Σ，$V(\Sigma, D)$，D_i 中局部违背 γ 的元组集合 $V_i (1 \leqslant i \leqslant n)$，

    $\Delta D = \{\Delta D_i \mid \Delta D_i \subseteq \Delta D, \Delta D_i$ 在计算节点 P_i 上$\}$。

输出：ΔV。

1.   删除 ΔD 中相互抵消的冗余更新；
2. $\Delta V^- := \varnothing$； $\Delta V^+ := \varnothing$；
3.   **For** $\forall \gamma = (X \to B, t_p) \in \Sigma$ **Do**
4.   **If** γ 是常值 CFD 规则 /* γ 可在 P_i 局部检测 */
5.   **Then**   **For** $1 \leqslant i \leqslant n$ 和 $\forall t \in \Delta D_i$ 且 t 违背 γ **Do**
6.   **If** $t \in \Delta D_i^-$ **Then** $\Delta V^- := \Delta V^- \bigcup \{t\}$；
7.   **Else** $\Delta V^+ := \Delta V^+ \bigcup \{t\}$；
8.   **Else**   **If** $(X_{F_i} \subseteq X) \vee (F_i \wedge F_\gamma)$ /* γ 可在 P_i 局部检测 */
9.   **Then** P_i 使用索引计算 ΔV_i^- 和 ΔV_i^+；
10. $\Delta V^- := \Delta V^- \bigcup \Delta V_i^-$； $\Delta V^+ := \Delta V^+ \bigcup \Delta V_i^+$；
11.   **Else**   /* γ 是不可局部检测的可变 CFD 规则 */
12.   对于 $1 \leqslant i \leqslant n$ P_i 并行地计算 ΔV_i^- 和 ΔV_i^+；
13. $\Delta V^- := \Delta V^- \bigcup \Delta V_i^-$； $\Delta V^+ := \Delta V^+ \bigcup \Delta V_i^+$；
14. 返回 $\Delta V := (\Delta V^-, \Delta V^+)$。

给定批量更新 ΔD、水平划分为 $(D_1, D_2, \cdots, D_n)$ 的关系实例 D、CFD 规则集合 Σ 以及 $V(\Sigma, D)$，算法 IncHdetect 如下计算 $V(\Sigma, D)$ 的变化 ΔV。

首先，算法的第 1、2 步删除相互抵消的本地更新，并初始化 ΔV^- 和 ΔV^+。

然后，$\forall \gamma \in \Sigma$，算法的第 3～13 步分如下 3 种情况并行计算部分 ΔV^- 和 ΔV^+。

(1) γ 是常值 CFD 规则(第 4～7 步)。在这种情况下，算法的第 6 步使得每个计算节点将删除更新去除的违背 γ 的元组加入 ΔV^-，第 7 步将由插入更新增加的违背 γ 的元组加入 ΔV^+。

(2) γ 是可局部检测的可变 CFD 规则(第 8～10 步)。在这种情况下，算法使用 HEV-索引和 IDX-索引，在常数时间内计算 ΔV_i^- 和 ΔV_i^+ 以及部分 ΔV^- 和 ΔV^+。

(3) γ 是一般可变 CFD 规则(第 11～13 步)。在这种情况下，各计算节点调用算法 IncHIns 和 IncHdel，并行地计算 ΔV_i^- 和 ΔV_i^+ 以及部分 ΔV^- 和 ΔV^+。

最后，算法的第 14 步返回 $\Delta V = (\Delta V^-, \Delta V^+)$。

根据算法的说明，算法 IncHdetect 显然是正确的。下面的定理 6.3.2 给出了算法 IncHdetect 的通信复杂性和时间复杂性。下面仅给出了定理 6.3.2 的证明概要。证明细节很简单，作为练习留给读者。

定理 6.3.2   算法 IncHdetect 的通信复杂性为 $O(|\Delta D|)$，时间复杂性为 $O(|\Delta D| + |\Delta V|)$。

证明：先分析算法 IncHdetect 的通信复杂性。ΔD 中的每个元组最多发送到其他计算节点一次，因此最多传输 $O(n|\Delta D|)$ 的数据。为了获取 $[t]_{X \cup (B)}$ 和 $\mathrm{set}(t[X])$，需要至多发送 $|X|$ 个 eqid。由于 CFD 规则集合 Σ 和片段集合是固定的，n 和 $|X|$ 可以视为常数。于是 IncHdetect 的通信复杂性为 $O(n|\Delta D| + |X|) = O(|\Delta D|)$。再分析算法 IncHdetect 的时间复杂性。由于搜索和维护基于哈希技术的 HEV-索引和 IDX-索引需要 $O(1)$ 时间而且 Σ 是固定的，算法 IncHdetect 的时间复杂性为 $O(|\Sigma||\Delta D| + |\Delta V|) = O(|\Delta D| + |\Delta V|)$。

证毕。

从定理 6.3.2 可以得到如下推论。

推论 6.3.2　基于水平划分的 H-IncDetect 问题是半有界的而且算法 IncHdetect 在使用索引的情况下是优化的。

6.4　增量式数据流查询处理算法

数据流是按照时间递增顺序排列的无穷序列。很多实际应用领域都与数据流密切相关,例如传感器网络中的监测数据流、网络监测系统中的网络状态数据流、道路交通监测系统中的车辆状态数据流、电信部门的通话记录数据流、股票交易所的股票价格数据流。与传统的数据库不同,数据流中的数据是无限的,无法全部保存下来,并且数据流的查询、分析和挖掘经常具有很强的实时性。数据流的无限性使得数据流处理算法均为基于数据流一遍扫描的算法。由于计算机系统的存储空间有限,特别是内存空间极其受限,所以空间复杂性特别是内存空间复杂性是数据流处理算法设计最重要的优化目标。当然,时间复杂性也是数据流处理算法设计重要的优化目标。由于数据流的应用领域与日俱增,数据流处理算法的设计与分析一直是热点研究领域。增量式计算方法是数据流处理算法设计中常用的方法。本节将介绍增量式数据流查询处理算法的设计与分析。

6.4.1　问题定义

数据流的查询类型主要是连续查询。当连续查询注册到系统后,随着新数据的到来而不断返回查询结果。除非用户发出指令撤销该查询,否则连续查询将不断地执行。基于滑动窗口的连续查询是数据流上常用的一类连续查询,它使用滑动窗口,返回已经到来的数据中满足查询要求的数据集合。滑动窗口是指在数据流上设定的一个区间,该区间只包括数据流中最近的数据。随着新数据的到来,窗口向前移动,用新数据替换旧数据。滑动窗口可以分为顺序滑动窗口和时间滑动窗口两类。顺序滑动窗口内保存最近到来的 k 个元组,窗口大小固定。时间滑动窗口存储的是最近 T 时间内到达的元组,窗口大小可变。下面是两个基于时间滑动窗口的连续连接聚集查询实例。

例 6.4.1　在互联网性能监测应用中,主干网中流动的 IP 数据包构成了数据流 A,与主干网相连的一个分支网中的 IP 数据包构成数据流 B。如果网络管理人员需要监测在过去 60min 内主干网上的 IP 数据包中有多少来自该分支网,则需要使用如下查询:

```
SELECT COUNT(*)
    FROM A[60min], B[60min]
WHERE A.src=B.src AND A.dest=B.dest
```

其中,$A[60\text{min}]$ 和 $B[60\text{min}]$ 分别为数据流 A 和 B 时间长度为 60min 的时间滑动窗口,$A.src$ 和 $B.src$ 分别是 A 和 B 的来源,$A.dest$ 和 $B.dest$ 分别是 A 和 B 的目的地。

例 6.4.2　在一座智能大厦中,监测温度的传感器产生数据流 A,监测烟雾浓度的传感器产生数据流 B。A 数据流的每个数据具有属性 location、time 和 temperature。B 数据流的每个数据具有属性 location、time 和 density。数据流 A 和 B 不断地向监控中心发送监测数据。如果在过去的 10min 内，某个房间的温度达到了 50℃ 以上，并且烟雾浓度大于 0.6 的情况连续出现 5 次，则需要启动自动灭火装置。管理人员可以使用下面的查询语句找到这样的房间：

```
SELECT location, COUNT(*)
FROM A[10 min], B[10 min]
WHERE A.location=B.location AND A.temperature≥50 AND B.density>0.6
GROUP BY location
HAVING COUNT(*)>5
```

下面以连接聚集查询为例，讨论基于滑动窗口的增量式数据流查询处理算法的设计与分析。在下面的讨论中，仅使用时间滑动窗口。

定义 6.4.1 数据流是一个按照时间递增顺序排列的无穷时间序列 $S=\{(s_1,t_1),(s_2,t_2),\cdots,(s_i,t_i),\cdots\}$，其中，$s_i=(v_1,v_2,\cdots,v_n)$ 是一个具有 n 个属性的元组，s_i 的第 j 个属性值为 v_j，t_i 是 s_i 出现的时刻。

定义 6.4.2 设 S 是一个数据流，T 是时间长度，$t>T$ 是一个表示当前时刻的变量，t 和 T 的时间单位相同。定义

$$\text{SW}_S[t-T:t]=\{(s_k,t_k)\mid(s_k,t_k)\in S,t-T\leqslant t_k\leqslant t\}$$

是数据流 S 的一个时间长度为 T 的滑动窗口。

定义 6.4.3 设 SW_S 是数据流 S 的时间间隔为 T 的滑动窗口。SW_S 在固定时刻 t_k 的滑动窗口快照定义为 $\text{SW}_S[t_k]=\text{SW}_S[t_k-T:t_k]$。

定义 6.4.4 设 $\text{SW}_A[t_k]$ 和 $\text{SW}_B[t_k]$ 是数据流 A 和 B 的时间窗口快照，连接属性为 J，聚集操作 $\text{Agg}\in\{\text{Count},\text{Sum},\text{Avg},\text{Max},\text{Min}\}$，则 $\text{SW}_A[t_k]$ 和 $\text{SW}_B[t_k]$ 的连接聚集查询定义为

```
SELECT Agg(A₁,A₂,⋯,Aₖ)
FROM SW_A[t_k],SW_B[t_k]
WHERE A.J=B.J
```

其中，$\text{Agg}(A_1,A_2,\cdots,A_k)$ 是聚集属性集合为 $\{A_1,A_2,\cdots,A_k\}$ 的聚集操作，即对于连接结果中与属性集合 $\{A_1,A_2,\cdots,A_k\}$ 具有相同值的元组执行操作 Agg。以下，滑动窗口连接聚集查询简记作 J-A 查询。

定义 6.4.5 连接聚集查询问题定义如下：

输入：聚集操作 $\text{Agg}\in\{\text{Count},\text{Sum},\text{Avg},\text{Max},\text{Min}\}$；

　　　数据流 A 和 B 的滑动窗口快照 $\text{SW}_A[t_i]$ 和 $\text{SW}_B[t_i]$；

　　　窗口时间长度 T；

　　　$\text{SW}_A[t_i]$ 和 $\text{SW}_B[t_i]$ 的 J-A 查询结果 AggValue_i；

　　　流数据 A 和 B 的新增数据集合 ΔA 和 ΔB；

　　　$\Delta A\cup\Delta B$ 中元组的最大时间点 t_{i+1}。

输出：$\text{SW}_A[t_{i+1}]$ 和 $\text{SW}_B[t_{i+1}]$ 的 J-A 查询结果 AggValue_{i+1}。

6.4.2 节设计与分析求解 $\text{Agg}\in\{\text{Count},\text{Sum},\text{Avg}\}$ 的 J-A 查询问题的增量式算法，简称 Inc-3-Agg 类算法。6.4.3 节设计与分析求解 $\text{Agg}\in\{\text{Count},\text{Sum},\text{Avg},\text{Max},\text{Min}\}$ 的

J-A 查询问题的增量式算法,简称 Inc-5-Agg 类算法。

在下面的算法设计与分析过程中,仅考虑问题的输入为 $|\Delta A|=1$ 且 $|\Delta B|=0$ 的情况。这些算法略做修改即可用于 $|\Delta B|=1$ 且 $|\Delta A|=0$ 以及 $|\Delta B|\geqslant 1$ 且 $|\Delta A|\geqslant 0$ 和 $|\Delta A|\geqslant 1$ 且 $|\Delta B|\geqslant 0$ 的情况。在下面的讨论中,假设数据流 A 和 B 的滑动窗口的时间长度均为 T,并且使用 $\bowtie$ 表示连接操作。

6.4.2　Inc-3-Agg 类算法

Inc-3-Agg 类算法包括求解聚集操作为 Count、Sum 和 Avg 的 J-A 查询问题的 3 种增量式算法,分别记作 Inc-3-Count、Inc-3-Sum 和 Inc-3-Avg。本节介绍算法 Inc-3-Count 和算法 Inc-3-Sum 的设计与分析方法。算法 Inc-3-Avg 只需调用算法 Inc-3-Count 和算法 Inc-3-Sum 即可实现。

算法 Inc-3-Count 的数学基础是下面的定理 6.4.1。

定理 6.4.1　设 A、B、C 和 D 是 4 个关系数据库实例,其中 A 和 B 的关系模式相同,C 和 D 的关系模式相同,则下面的等式成立:

$$| B\bowtie D |=| A\bowtie C |+|(B-A)\bowtie D |+|(D-C)\bowtie B |-|(B-A)\bowtie(D-C)|$$
$$-|(A-B)\bowtie(C\cap D)|-|(A\cap B)\bowtie(C-D)|-|(A-B)\bowtie(C-D)|$$

证明:

$$| B\bowtie D |=|(A\cap B)\bowtie D |+|(B-A)\bowtie D |$$
$$=|(A\cap B)\bowtie(C\cap D\cup(D-C))|+|(B-A)\bowtie D |$$
$$=|(A\cap B)\bowtie(C\cap D)|+|(A\cap B)\bowtie(D-C)|+|(B-A)\bowtie D |$$
$$=|(A\cap B)\bowtie C |-|(A\cap B)\bowtie(C-D)|+|(A\cap B)\bowtie(D-C)|$$
$$+|(B-A)\bowtie D |$$
$$=| A\bowtie C |-|(A-B)\bowtie C |-|(A\cap B)\bowtie(C-D)|+|(A\cap B)\bowtie(D-C)|$$
$$+|(B-A)\bowtie D |$$
$$=| A\bowtie C |-[|(A-B)\bowtie C |-|(A-B)\bowtie(C-D)|+|(A-B)\bowtie(C-D)|]$$
$$-|(A\cap B)\bowtie(C\quad D)|||(A\cap B)\bowtie(D-C)|+|(B-A)\bowtie D |$$
$$=| A\bowtie C |-|(A-B)\bowtie(C\cap D)|-|(A-B)\bowtie(C-D)|$$
$$-|(A\cap B)\bowtie(C-D)|+|(A\cap B)\bowtie(D-C)|+|(B-A)\bowtie D |$$
$$=| A\bowtie C |-|(A-B)\bowtie(C\cap D)|-|(A-B)\bowtie(C-D)|$$
$$-|(A\cap B)\bowtie(C-D)|+| B\bowtie(D-C)|$$
$$-|(B-A)\bowtie(D-C)|+|(B-A)\bowtie D |$$
$$=| A\bowtie C |+|(B-A)\bowtie D |+|(D-C)\bowtie B |-|(B-A)\bowtie(D-C)|$$
$$-|(A-B)\bowtie(C\cap D)|-|(A\cap B)\bowtie(C-D)|-|(A-B)\bowtie(C-D)|$$

证毕。

算法 Inc-3-Count 的详细描述见 Algorithm 6.4.1,其中滑动窗口 SW_A 和 SW_B 按照连接属性值排序存储。

根据定理 6.4.1,下面的定理 6.4.2 证明了算法 *Inc-3-Count* 的正确性。

Algorithm 6.4.1：Inc-3-Count

输入：聚集操作 Agg＝Count；

数据流 A 和 B 按连接属性值排序的滑动窗口 SW_A 和 SW_B；

滑动窗口时间长度＝T；

CountValue＝$|\mathrm{SW}_A[t_i]\bowtie \mathrm{SW}_B[t_i]|$；

流数据 A 新增数据 $\Delta A=\{(a_j,t_j)\}$，$t_j>t_i$。

输出：CountValue＝$|\mathrm{SW}_A[t_j]\bowtie \mathrm{SW}_B[t_j]|$。

1. ΔA 插入 SW_A；
2. 将 $\mathrm{SW}_A[t_i]-\mathrm{SW}_A[t_j]$ 按连接属性值有序地存入 Set_A；
3. 将 $\mathrm{SW}_B[t_i]-\mathrm{SW}_B[t_j]$ 按连接属性值有序地存入 Set_B；
4. $\mathrm{val}_1 := \mathrm{Count}(\{(a_j,t_j)\}\bowtie \mathrm{SW}_B[t_j])$；   /＊ $\mathrm{Count}(X)=$集合 X 的元素数 $|X|$ ＊/
5. $\mathrm{val}_2 := \mathrm{Count}(\mathrm{Set}_A \bowtie \mathrm{SW}_B[t_j])$；
6. $\mathrm{val}_3 := \mathrm{Count}(\mathrm{Set}_B \bowtie(\mathrm{SW}_A[t_j]-\{(a_j,t_j)\}))$；
7. $\mathrm{val}_4 := \mathrm{Count}(\mathrm{Set}_A \bowtie \mathrm{Set}_B)$；
8. CountValue $:=$ CountValue$+\mathrm{val}_1-\mathrm{val}_2-\mathrm{val}_3-\mathrm{val}_4$；
9. 返回 CountValue.

定理 6.4.2 算法 Inc-3-Count 是正确的，即返回 CountValue＝$|\mathrm{SW}_A[t_j]\bowtie \mathrm{SW}_B[t_j]|$。

证明：令 $A=\mathrm{SW}_A[t_i]$，$B=\mathrm{SW}_A[t_j]$，$C=\mathrm{SW}_B[t_i]$，$D=\mathrm{SW}_B[t_j]$，由定理 6.4.1 可知，

$$|\mathrm{SW}_A[t_j]\bowtie \mathrm{SW}_B[t_j]|=|\mathrm{SW}_A[t_i]\bowtie \mathrm{SW}_B[t_i]|+|(\mathrm{SW}_A[t_j]-\mathrm{SW}_A[t_i])\bowtie \mathrm{SW}_B[t_j]|$$
$$+|(\mathrm{SW}_B[t_j]-\mathrm{SW}_B[t_i])\bowtie \mathrm{SW}_A[t_j]|$$
$$-|(\mathrm{SW}_A[t_j]-\mathrm{SW}_A[t_i])\bowtie(\mathrm{SW}_B[t_j]-\mathrm{SW}_B[t_i])|$$
$$-|(\mathrm{SW}_A[t_i]-\mathrm{SW}_A[t_j])\bowtie(\mathrm{SW}_B[t_i]\cap \mathrm{SW}_B[t_j])|$$
$$-|(\mathrm{SW}_B[t_i]-\mathrm{SW}_B[t_j])\bowtie(\mathrm{SW}_A[t_i]\cap \mathrm{SW}_A[t_j])|$$
$$-|(\mathrm{SW}_A[t_i]-\mathrm{SW}_A[t_j])\bowtie(\mathrm{SW}_B[t_i]-\mathrm{SW}_B[t_j])|$$

显然，$\mathrm{SW}_A[t_j]-\mathrm{SW}_A[t_i]=\{(a_j,t_j)\}$。因为数据流 B 没有新到来的元组，所以

$$\mathrm{SW}_B[t_j]\subseteq \mathrm{SW}_B[t_i]$$

从而 $\mathrm{SW}_B[t_j]-\mathrm{SW}_B[t_i]=\varnothing$。从算法的第 2、3 步可知，

$$\mathrm{SW}_A[t_i]-\mathrm{SW}_A[t_j]=\mathrm{Set}_A$$
$$\mathrm{SW}_B[t_i]-\mathrm{SW}_B[t_j]=\mathrm{Set}_B$$
$$\mathrm{SW}_A[t_i]\cap \mathrm{SW}_A[t_j]=\mathrm{SW}_A[t_j]-\{(a_j,t_j)\},$$
$$\mathrm{SW}_B[t_i]\cap \mathrm{SW}_B[t_j]=\mathrm{SW}_B[t_j]$$

将这些公式代入前面的公式 $|\mathrm{SW}_A[t_j]\bowtie \mathrm{SW}_B[t_j]|$，可以得到

$$|\mathrm{SW}_A[t_j]\bowtie \mathrm{SW}_B[t_j]|=|\mathrm{SW}_A[t_i]\bowtie \mathrm{SW}_B[t_i]|+|\{(a_j,t_j)\}\bowtie \mathrm{SW}_B[t_j]|$$
$$-|\mathrm{Set}_A \bowtie \mathrm{SW}_B[t_j]|-|\mathrm{Set}_B \bowtie(\mathrm{SW}_A[t_j]-\{(a_j,t_j)\})|$$
$$-|\mathrm{Set}_A \bowtie \mathrm{Set}_B|$$

于是，算法第 4～8 步正确计算出了 CountValue＝$|\mathrm{SW}_A[t_j]\bowtie \mathrm{SW}_B[t_j]|$。证毕。

下面的定理 6.4.3 给出了算法 Inc-3-Count 的时间复杂性。

定理 6.4.3 算法 Inc-3-Count 的时间复杂性为 $O(|\mathrm{SW}_B[t_i]|+|\mathrm{SW}_A[t_i]|)$。

证明：算法第 1 步需要 $O(|\mathrm{SW}_A|)$ 时间。由于 $|\mathrm{SW}_A|\leqslant|\mathrm{SW}_A[t_i]|+1$，第 1 步至多需要 $O(|\mathrm{SW}_A[t_i]|)$ 时间。

由于 $|\mathrm{SW}_A[t_j]|\leqslant|\mathrm{SW}_A[t_i]|+1$，第 2 步需要 $|\mathrm{SW}_A[t_i]|+|\mathrm{SW}_A[t_j]|=O(|\mathrm{SW}_A[t_i]|)$

时间。

同理，第 3 步需要 $O(|\mathrm{SW}_B[t_i]|)$ 时间。

第 4 步需要 $O(|\mathrm{SW}_B[t_j]|)$ 时间。

第 5 步使用在连接属性上有序的关系的合并连接方法，需要的时间为
$$O(|\mathrm{Set}_A| + |\mathrm{SW}_B[t_j]|) = O(|\mathrm{SW}_A[t_i]| + |\mathrm{SW}_B[t_j]|)$$

第 6 步使用合并连接方法，需要的时间为
$$O(|\mathrm{Set}_B| + |\mathrm{SW}_A[t_j]|) = O(|\mathrm{SW}_B[t_i]| + |\mathrm{SW}_A[t_j]|)$$

第 7 步使用合并连接方法，需要的时间为
$$O(|\mathrm{Set}_A| + |\mathrm{Set}_B|) = O(|\mathrm{SW}_A[t_i]| + |\mathrm{SW}_B[t_i]|)$$

第 8、9 步需要 $O(1)$ 时间。

于是，算法 Inc-3-Count 的时间复杂性为
$$\begin{aligned}
&O(|\mathrm{SW}_B[t_i]| + |\mathrm{SW}_A[t_i]| + |\mathrm{SW}_B[t_i]| + |\mathrm{SW}_B[t_j]| + |\mathrm{SW}_A[t_i]| + \\
&\quad |\mathrm{SW}_B[t_j]| + |\mathrm{SW}_B[t_i]| + |\mathrm{SW}_A[t_j]| + |\mathrm{SW}_A[t_i]| + |\mathrm{SW}_B[t_i]|) \\
=&O(|\mathrm{SW}_B[t_i]| + |\mathrm{SW}_A[t_i]| + |\mathrm{SW}_B[t_j]| + |\mathrm{SW}_A[t_j]|) \\
=&O(|\mathrm{SW}_B[t_i]| + |\mathrm{SW}_A[t_i]|)
\end{aligned}$$

证毕。

算法 Inc-3-Sum 的设计与分析方法与算法 Inc-3-Count 类似，只需证明下面的定理 6.4.4。

定理 6.4.4 设 A、B、C 和 D 是 4 个关系数据库实例，其中 A 和 B 的关系模式相同，C 和 D 的关系模式相同。令 s 是求和属性，$\mathrm{Sum}_s(R) = \sum_{r \in R} r.s$，则下面的等式成立：
$$\begin{aligned}
\mathrm{Sum}_s(B \bowtie D) =\ &\mathrm{Sum}_s(A \bowtie C) + \mathrm{Sum}_s((B-A) \bowtie D) + \mathrm{Sum}_s((D-C) \bowtie B) \\
&- \mathrm{Sum}_s((B-A) \bowtie (D-C)) - \mathrm{Sum}_s((A-B) \bowtie (C \cap D)) \\
&- \mathrm{Sum}_s((C-D) \bowtie (A \cap B)) - \mathrm{Sum}_s((A-B) \bowtie (C-D))
\end{aligned}$$

定理 6.4.4 的证明类似于定理 6.4.1，留给读者作为练习。

算法 Inc-3-Sum 的设计和分析与算法 Inc-3-Count 基本相同，留给读者作为练习。算法 Inc-3-Sum 的时间复杂性与算法 Inc-3-Count 相同。

算法 Inc-3-Avg 只需首先调用算法 Inc-3-Sum 和算法 Inc-3-Count，计算出 Sum 值和 Count 值，最后计算 Sum/Count。显然，算法 Inc-3-Avg 的时间复杂性是算法 Inc-3-Count 的两倍。

6.4.3 Inc-5-Agg 类算法

Inc-5-Agg 类算法包括针对聚集操作分别为 Count、Sum、Avg、Max 和 Min 的 J-A 问题的 5 种增量式求解算法。这些算法分别命名为 Inc-5-Count、Inc-5-Sum、Inc-5-Avg、Inc-5-Max 和 Inc-5-Min。下面，首先以算法 Inc-5-Count 为例，说明如何设计与分析处理 Count、Sum 和 Avg 聚集操作的算法；然后以算法 Inc-5-Max 为例，说明如何设计与分析处理 Max 和 Min 聚集操作的算法。

1. 算法 Inc-5-Count、Inc-5-Sum 和 Inc-5-Avg

为了设计算法 Inc-5-Count，为滑动窗口 SW_A 和 SW_B 中的每个元组增加一个属性 CV。设 SW_A 和 SW_B 中的连接属性为 J，A 和 B 中任意元组 x 的属性值 $x.\mathrm{time}$ 是元组 x 进入滑

动窗口的时刻。$\forall t \in SW_A$ 和 $\forall t' \in SW_B$,定义

$$t.CV = | \{ s \mid s \in SW_B, s.time > t.time, s.J = t.J \} |$$

$$t'.CV = | \{ s' \mid s' \in SW_A, s'.time \geq t'.time, s'.J = t'.J \} |$$

请注意,$t.CV$ 的值不是 SW_B 中所有与 t 可连接的元组的个数,而是 SW_B 中所有在 t 之后到来的与 t 可连接的元组的个数。$t'.CV$ 值是 SW_A 中所有在 t' 之后或与 t' 同时到来的与 t' 可连接的元组的个数。下面的定理 6.4.5 说明,利用 CV 属性值计算 Count 值时只需要执行一次连接操作。

定理 6.4.5 设 SW_A 和 SW_B 是数据流 A 和 B 的时间长度为 T 的滑动窗口,J 是 A 和 B 的连接属性。下面两个结论成立:

(1) 如果在时刻 t_k,滑动窗口 SW_B 删除了过时元组 w,则 $\forall t \in SW_A[t_k]$,w 的删除不改变 $t.CV$ 的值。

(2) 如果在时刻 t_k,滑动窗口 SW_A 删除了过时元组 w',则 $\forall t' \in SW_B[t_k]$,w' 的删除不改变 $t'.CV$ 的值。

证明: 先证明结论(1)。假设在 t_k 时刻,滑动窗口 SW_B 中元组 w 的删除修改了 $SW_A[t_k]$ 中元组 t 的 CV 的值,即 $w \in \{ s \mid s \in SW_B, s.time > t.time, s.J = t.J \}$,从而有 $w.J = t.J$ 且 $w.time > t.time$。由于元组 w 被删除,说明 w 是过时元组,即 $t_k - w.time > T$。由于 $w.time > t.time$,$t_k - t.time > t_k - w.time > T$。于是,$t \notin SW_A[t_k]$,与 $t \in SW_A[t_k]$ 矛盾。因此,w 的删除不会改变 $t.CV$ 的值。

结论(2)同理可证。证毕。

定理 6.4.5 说明,当滑动窗口更新时,不需要执行过期元组与滑动窗口的连接来修改 CV 属性的值。

定理 6.4.6 令 SW_A 和 SW_B 是数据流 A 和 B 的时间长度为 T 的滑动窗口,J 是 A 和 B 的连接属性,则有 $| SW_A \bowtie SW_B | = \sum\limits_{t \in SW_A \cup SW_B} t.CV$。

证明: $\forall r \in SW_A \bowtie SW_B$,令 r 是 $t \in SW_A$ 和 $s \in SW_B$ 的连接结果。当产生 r 时,由 CV 的定义可知,若 $t.time > s.time$,则 $s.CV = s.CV + 1$;否则 $t.CV = t.CV + 1$,即,$\forall r \in SW_A \bowtie SW_B$,$r$ 为 $\sum\limits_{t \in SW_A \cup SW_B} t.CV$ 贡献 1。于是,$| SW_A \bowtie SW_B | = \sum\limits_{t \in SW_A \cup SW_B} t.CV$。证毕。

应用定理 6.4.5 和定理 6.4.6 设计算法 Inc-5-Count,详见 Algorithm 6.4.2,其中滑动窗口 SW_A 和 SW_B 使用哈希方法存储。

定理 6.4.5 和定理 6.4.6 保证了算法 Inc-5-Count 的正确性。下面的定理 6.4.7 给出了算法 Inc-5-Count 的时间复杂性。

定理 6.4.7 算法 Inc-5-Count 的时间复杂性为 $O(|SW_A[T_i]| + |SW_B[T_i]|)$。

证明: 算法 Inc-5-Count 的第 1 步需要 $O(1)$ 时间。第 2 步至多需要 $O(|SW_A[t_i]|)$ 时间。第 3 步需要 $O(|SW_A[t_i]| + |SW_B[t_i]|)$ 时间。第 4 步需要 $O(1)$ 时间。第 5、6 步至多需要 $O(|SW_B[t_i]|)$ 时间。第 7、8 步至多需要 $O(|SW_A[t_i]|)$ 时间。第 9、10 步至多需要 $O(|SW_B[t_i]|)$ 时间。第 11 步需要 $O(1)$ 时间。总之,算法 Inc-5-Count 的时间复杂性为 $O(|SW_A[t_i]| + |SW_B[t_i]|)$。证毕。

Algorithm 6.4.2：Inc-5-Count

输入：聚集操作 Agg＝Count；
连接属性 J；数据流 A 和 B 的滑动窗口 SW_A 和 SW_B；
窗口时间长度 T；CountValue＝$|SW_A[t_i]\bowtie SW_B[t_i]|$；
新增流数据 $\Delta A=\{(t,t_j)\}$。
输出：CountValue＝$|SW_A[t_j]\bowtie SW_B[t_j]|$。

1. $t.CV:=0$；CountValue $:=0$；
2. t 插入 SW_A；
3. 以 t_j 为标准删除 SW_A 和 SW_B 中的过期元组；
4. 找到 SW_B 中与 t 对应的哈希桶 B；
5. **For** $\forall s\in B$ **Do**
6. **If** $s.J=t.J$ **Then** $s.CV:=s.CV+1$；
7. **For** $\forall t'\in SW_A$ **Do**
8. CountValue $:=$ CountValue$+t'.CV$；
9. **For** $\forall t''\in SW_B$ **Do**
10. CountValue $:=$ CountValue$+t''.CV$；
11. 返回 CountValue.

算法 Inc-5-Sum 的设计与分析类似于算法 Inc-5-Count，只需为滑动窗口中每个元组增加一个类似于 CV 的描述值属性 SV，并建立类似于定理 6.4.5 和定理 6.4.6 的定理。算法 Inc-5-Sum 的时间复杂性与算法 Inc-5-Count 相同。读者可以自行设计与分析算法 Inc-5-Sum。

算法 Inc-5-Avg 可以通过调用算法 Inc-5-Sum 和算法 Inc-5-Count 来实现。算法 Inc-5-Avg 的时间复杂性是算法 Inc-5-Count 的两倍。

2. 算法 Inc-5-Max 和 Inc-5-Min

现在以算法 Inc-5-Max 为例，说明如何设计与分析算法 Inc-5-Max 和算法 Inc-5-Min。

算法 Inc-5-Max 的思想与算法 Inc-5-Count 类似。需要为滑动窗口 SW_A 和 SW_B 中的每个元组增添一个属性 MaxV。设 SW_A 和 SW_B 的连接属性为 J，聚集属性为数据流 B 的属性 c，c 的值域为 $[0,U]$。$\forall t\in SW_A$，定义

$$t.MaxV=\max\{s.c \mid s\in SW_B, s.time>t.time, s.J=t.J\}$$

$\forall s\in SW_B$，如下定义 $s.MaxV$：

如果 $\exists t\in SW_A$ 使得 $t.time\geqslant s.time$ 且 $s.J=t.J$，则 $s.MaxV=s.c$

否则，$s.MaxV=0$

定理 6.4.8 设 SW_A 和 SW_B 是数据流 A 和 B 的时间长度为 T 的滑动窗口，J 是 A 和 B 的连接属性。下面两个结论成立：

(1) 如果在时刻 t_k，滑动窗口 SW_B 删除了元组 w，则 $\forall t\in SW_A[t_k]$，w 的删除不改变 $t.MaxV$ 的值。

(2) 如果在时刻 t_k，滑动窗口 SW_A 删除了元组 w'，则 $\forall s\in SW_B[t_k]$，w' 的删除不改变 $s.MaxV$ 的值。

证明：先证明结论(1)。假设在 t_k 时刻，滑动窗口 SW_B 中的元组 w 的删除使得 $SW_A[t_k]$ 中的元组 t 的 $t.MaxV$ 发生了改变，即 $w.c\in\{s.c \mid s\in SW_B, s.time>t.time, s.J=t.J\}$。于是，$w.J=t.J$ 且 $w.time>t.time$。由于元组 w 被删除，说明 w 是过时元组，即 $t_k-w.time>T$。由

于 $w.\text{time} > t.\text{time}, t_k - t.\text{time} > t_k - w.\text{time} > T$。于是,$t \notin \text{SW}_A[t_k]$,与 $t \in \text{SW}_A[t_k]$ 矛盾。因此,w 的删除不会改变 $t.\text{MaxV}$ 的值。

再证明结论(2)。如果 $s.\text{MaxV}$ 的原始值为 0,则不存在 $t \in \text{SW}_A$ 使得 $t.\text{time} \geqslant s.\text{time}$ 且 $s.J = t.J$。于是,在 t_k 时刻滑动窗口 SW_A 中的元组 w 删除后,仍然不存在 $t \in \text{SW}_A$ 使得 $t.\text{time} \geqslant s.\text{time}$ 且 $s.J = t.J$。从而,$s.\text{MaxV}$ 不变,仍然为 0。

如果 $s.\text{MaxV}$ 的原始值为 $s.c$,则 $\exists t \in \text{SW}_A$ 使得 $t.\text{time} \geqslant s.\text{time}$ 且 $s.J = t.J$。如果从 SW_A 中删除元组 w 后,仍然 $\exists t' \in \text{SW}_A$ 使得 $t'.\text{time} \geqslant s.\text{time}$ 且 $s.J = t'.J$,则 $s.\text{MaxV}$ 的值不变,仍为 $s.c$。如果从 SW_A 中删除元组 w 后,不存在 $t \in \text{SW}_A$ 使得 $t.\text{time} \geqslant s.\text{time}$ 且 $s.J = t.J$,则 w 是 SW_A 中满足 $w.\text{time} \geqslant s.\text{time}$ 且 $s.J = w.J$ 的唯一元组。由于元组 w 被删除,说明 w 是过时元组,即 $t_k - w.\text{time} > T$。由于 $w.\text{time} \geqslant s.\text{time}, t_k - s.\text{time} \geqslant t_k - w.\text{time} > T$。于是,$s \notin \text{SW}_B[t_k]$,与 $s \in \text{SW}_B[t_k]$ 矛盾。于是,仍然 $\exists t' \in \text{SW}_A$ 使得 $t'.\text{time} \geqslant s.\text{time}$ 且 $s.J = t'.J$,从而 $s.\text{MaxV}$ 的值仍为 $s.c$。证毕。

定理 6.4.9 令 SW_A 和 SW_B 是数据流 A 和 B 的时间长度为 T 的滑动窗口,J 是 A 和 B 的连接属性,SW_B 的属性 c 是聚集属性,则有

$$\max\{t.c \mid t \in \text{SW}_A \bowtie \text{SW}_B\} = \max\{t.\text{MaxV} \mid t \in \text{SW}_A \cup \text{SW}_B\}$$

证明: 首先证明 $\max\{t.c \mid t \in \text{SW}_A \bowtie \text{SW}_B\} \leqslant \max\{t.\text{MaxV} \mid t \in \text{SW}_A \cup \text{SW}_B\}$。

设 $r_{\max}.c = \max\{r.c \mid r \in \text{SW}_A \bowtie \text{SW}_B\}$。由于 $r_{\max}.c \in \{r.c \mid r \in \text{SW}_A \bowtie \text{SW}_B\}, r_{\max} \in \text{SW}_A \bowtie \text{SW}_B$。令 $r_{\max}$ 是 $t_{\max} \in \text{SW}_A$ 和 $s_{\max} \in \text{SW}_B$ 的连接结果,则 $t_{\max}.J = s_{\max}.J$ 且

$$r_{\max}.c = s_{\max}.c = \max\{s.c \mid t \in \text{SW}_A, s \in \text{SW}_B, t.J = s.J\}$$

如果 $s_{\max}.\text{time} > t_{\max}.\text{time}$,则

$$r_{\max}.c = \max\{s.c \mid s \in \text{SW}_B, s.\text{time} > t_{\max}.\text{time}, s.J = t_{\max}.J\} = t_{\max}.\text{MaxV}$$

如果 $t_{\max}.\text{time} \geqslant s_{\max}.\text{time}$,则从 MaxV 的定义可知,$s_{\max}.\text{MaxV} = s_{\max}.c$。从而,$r_{\max}.c = s_{\max}.\text{MaxV}$。

由于 $t_{\max} \in \text{SW}_A$ 和 $s_{\max} \in \text{SW}_B$ 并且 $r_{\max}.c = t_{\max}.\text{MaxV}$ 或 $r_{\max}.c = s_{\max}.\text{MaxV}$,所以 $r_{\max}.c \leqslant \max\{t.\text{MaxV} \mid t \in \text{SW}_A \cup \text{SW}_B\}$,即

$$\max\{t.c \mid t \in \text{SW}_A \bowtie \text{SW}_B\} \leqslant \max\{t.\text{MaxV} \mid t \in \text{SW}_A \cup \text{SW}_B\}$$

现在来证明 $\max\{t.c \mid t \in \text{SW}_A \bowtie \text{SW}_B\} \geqslant \max\{t.\text{MaxV} \mid t \in \text{SW}_A \cup \text{SW}_B\}$。

设 $r_{\max}.c = \max\{t.\text{MaxV} \mid t \in \text{SW}_A \cup \text{SW}_B\}$。必存在一个 $t_{\max} \in \text{SW}_A$ 或 $s_{\max} \in \text{SW}_B$,使得 $r_{\max}.c = t_{\max}.\text{MaxV}$ 或 $r_{\max}.c = s_{\max}.\text{MaxV}$.

如果 $r_{\max}.c = t_{\max}.\text{MaxV}$,则从 MaxV 的定义可知,

$$r_{\max}.c = t_{\max}.\text{MaxV} = s_{\max}.c = \max\{s.c \mid s \in \text{SW}_B, s.\text{time} > t_{\max}.\text{time}, s.J = t_{\max}.J\}$$

由于 $s_{\max}.J = t_{\max}.J$,$r_{\max}$ 是 $t_{\max}$ 与 $s_{\max}$ 的连接结果,即 $r_{\max} \in \text{SW}_A \bowtie \text{SW}_B$。

如果 $r_{\max}.c = s_{\max}.\text{MaxV} = s_{\max}.c$,则从 MaxV 的定义可知,$\exists t \in \text{SW}_A$ 使得 $t.\text{time} > s_{\max}.\text{time}$ 且 $s_{\max}.J = t.J$。由于 $s_{\max}.J = t.J$,$r_{\max}$ 是 t 与 $s_{\max}$ 的连接结果,$r_{\max} \in \text{SW}_A \bowtie \text{SW}_B$。

由于 $r_{\max} \in \text{SW}_A \bowtie \text{SW}_B$,$r_{\max}.c \leqslant \max\{t.c \mid t \in \text{SW}_A \bowtie \text{SW}_B\}$,即

$$\max\{t.c \mid t \in \text{SW}_A \bowtie \text{SW}_B\} \geqslant \max\{t.\text{MaxV} \mid t \in \text{SW}_A \cup \text{SW}_B\}$$

综上所证,$\max\{t.c \mid t \in \text{SW}_A \bowtie \text{SW}_B\} = \max\{t.\text{MaxV} \mid t \in \text{SW}_A \cup \text{SW}_B\}$。证毕。

根据定理 6.4.8 和定理 6.4.9,有算法 Inc-5-Max,详见 Algorithm 6.4.3。

Algorithm 6.4.3：Inc-5-Max

输入：聚集操作 Max；

连接属性 J；

聚集属性是 B 的属性 c；

数据流 A 和 B 的滑动窗口 SW_A 和 SW_B；

窗口时间长度 T；

$MaxValue = \max(SW_A[t_i] \bowtie SW_B[t_i])$；

新增流数据 $\Delta A = (t, t_j)$。

输出：$MaxValue = \max(SW_A[t_j] \bowtie SW_B[t_j])$。

1. $t.MaxV := 0$; $MaxValue := 0$;
2. 删除滑动窗口 SW_A 和 SW_B 中的过期元组;
3. 将 t 插入 SW_A;
4. 找到 SW_B 中与 t 对应的哈希桶 B;
5. **For** $\forall s \in B$ **Do**
6.   **If** $s.J = t.J$ **Then** $s.MaxV := s.c$;
7. **For** $\forall t \in SW_A$ **Do**
8. $MaxValue := \max(MaxValue, t.MaxV)$;
9. **For** $\forall s \in SW_B$ **Do**
10. $MaxValue := \max(MaxValue, s.MaxV)$;
11. 返回 $MaxValue$.

从算法 Inc-5-Max 的定义可以看出，它与算法 Inc-5-Count 的执行过程相似，只是对 MaxV 属性值的更新方法不同。于是，可以通过同时维护每个元组的 CV 和 MaxV 属性值处理包含 Count 和 Max 的 J-A 查询。

由于算法 Inc-5-Max 的时间复杂性与算法 Inc-5-Count 相同，有如下的定理。

定理 6.4.10 算法 Inc-5-Max 的时间复杂性为 $O(|SW_A[T_i]| + |SW_B[T_i]|)$。

针对 Min 聚集操作。只要为每个元组增加一个类似于 MaxV 的与 Min 相关的属性 MinV，就可以设计出类似于算法 Inc-5-Max 的处理聚集操作为 Min 的 J-A 查询的算法 Inc-5-Min。

实际上，只需对算法 Inc-5-Max 略加修改，即可处理任何包含 Count、Sum、Avg、Max、Min 聚集操作的 J-A 查询，而且其时间复杂性与算法 Inc-5-Max 相同，即 $O(|SW_A[t_i]| + |SW_B[t_i]|)$。

本节讨论的算法都可以被扩展为处理复杂的滑动窗口 J-A 查询，例如含分组操作 group by 的滑动窗口 J-A 查询和多滑动窗口 J-A 查询。

显然，本节讨论的所有算法的空间复杂性均为 $O(s_A + s_B)$，其中，s_A 是滑动窗口 A 的大小，s_B 是滑动窗口 B 的大小。

6.5 增量式数据流近似频繁项挖掘算法

数据流频繁项是指在数据流中出现频率超出指定阈值的数据项。查找数据流频繁项在网络故障监测、数据流分析以及数据流挖掘等多个领域有着广泛应用。在网络故障监测的应用中，需要对流过的 IP 数据包进行监视。如果某一类 IP 数据包大量出现，则可能意味着网络出现了异常。例如，当网络中目的地址相同的 IP 数据包大量出现时，则可能发生了拒绝服务攻击。在数据流上挖掘关联规则时,首先需要计算数据流上的频繁项集。本节介绍挖掘数据流近似频繁项的增量式算法。

6.5.1　问题定义

挖掘数据流的频繁项是一个具有挑战性的问题。由于数据流是无限的,算法只能扫描数据一遍。通过一遍扫描数据流计算精确的频繁项,至少需要 O(M)的存储空间,M 是数据流中出现的所有不同值的集合,可能是无穷的。于是,准确挖掘数据流中的频繁项通常是不可能的。因此,人们主要关注挖掘数据流中近似频繁项的算法。挖掘数据流近似频繁项算法的特点是一遍扫描数据流,只使用很少的存储空间,挖掘结果虽然是真实结果的近似,但算法可以保证近似结果与真实结果之间的误差不超过用户指定的范围。下面给出挖掘数据流中近似频繁项的有关概念。

设 $s\in(0,1]$ 是用户指定的支持度,$\varepsilon\in[0,1]$ 是误差度,N 是当前数据流已经到来的数据项个数,其中 ε 远小于 s。设在任意时刻用户都可以发出频繁项查询。于是,需要的是连续近似频繁项挖掘算法。

如果一个近似频繁项挖掘算法满足以下条件,则称该算法的输出结果满足 ε-近似要求。

(1) 所有真实频率超过 sN 的数据项均被输出。

(2) 所有真实频率低于 $(s-\varepsilon)N$ 的数据项均不输出。

(3) 算法估计的频率与真实频率的误差低于 εN。

如果算法以概率 1 保证结果满足 ε-近似要求,则称该算法为确定的 ε-近似算法。如果算法以概率 δ 保证查询结果满足 ε-近似要求,则称该算法为 (ε,δ)-随机近似算法,其中 $\delta\in[0,1]$。在评价 ε-近似算法的优劣时,通常使用两个度量,即算法的空间复杂性和数据流中每个数据项的平均处理时间。具有最小空间需求且处理速度最快的 ε-近似算法是人们追求的目标。

下面给出数据流近似频繁项挖掘问题的定义。

定义 6.5.1　数据流近似频繁项挖掘问题定义如下:

输入:数据流 S 已到达的数据项个数 N,支持度 $s\in(0,1]$,误差度 $\varepsilon\in[0,1]$。

输出:频繁项集合 F-items。对于 S 任意到来的数据 α,有

- 如果 α 的频率 $>sN$,则 $\alpha\in$ F-items。
- 如果 α 的频率 $<(s-\varepsilon)N$,则 $\alpha\notin$ F-items。
- $|F(\alpha)-F^*(\alpha)|\leqslant\varepsilon N$,$F(\alpha)$ 和 $F^*(\alpha)$ 分别是 α 的频率的估计值和精确值。

6.5.2 节介绍算法的设计,6.5.3 节分析算法的正确性和误差,6.5.4 节分析算法的空间复杂性和时间复杂性。

6.5.2　算法设计

本节设计一个求解数据流近似频繁项挖掘问题的 ε-近似算法,记作 ε-F-Items-Mining。算法 ε-F-Items-Mining 需要用户预先指定误差度 ε,而支持度 s 可以在用户发出频繁项查询时给出。s 可以是 $(\varepsilon,1]$ 区间内的任意数值。算法固定保存数据流的 $1/\varepsilon$ 个样本,并随着数据的不断到来,以一定原则增量式地维护样本集合。当用户查询频繁项时,算法 ε-F-Items-

Mining 利用样本集合给出近似频繁项。

算法 ε-F-Items-Mining 使用 D 保存数据流 S 的大小为 $1/\varepsilon$ 的样本集合。D 中每个样本是一个四元组 $\langle e, f_e, N_e, d_e \rangle$，其中，$e$ 是数据流中的一个数据项，$f_e + d_e$ 表示当前 e 的估计频率，N_e 为这个四元组加入样本集合 D 时数据流已经到来的数据项个数。令 N 表示数据流当前已经到来的数据项个数。

算法 ε-F-Items-Mining 由增量式算法 Inc-Count 和算法 F-Query 组成。当新数据项到来时，算法 Inc-Count 维护样本集合 D。当用户发出频繁项查询时，F-Query 算法负责产生并输出近似频繁项。

算法 Inc-Count 的详细描述如 Algorithm 6.5.1 所示。算法 Inc-Count 的工作过程如下。初始时，样本集合 D 为空。当数据流的一个数据项 e 到来时，如果 e 已经在 D 中，则将 e 对应的计数器 f_e 加 1，否则执行以下过程：

（1）若 $|D| < 1/\varepsilon$，则在 D 中加入一个新的元组 $\langle e, 1, N_e, 0 \rangle$，否则执行以下过程。

（2）循环地将样本集合 D 中每个元组的 f 计数器减 1 并且将每个元组的 d 计数器加 1，直至 D 中存在 f 计数器为 0 的元组。

（3）删除 D 中所有 f 计数器为 0 的元组。

（4）将新的元组 $\langle e, 1, N_e, 0 \rangle$ 加入 D 中。

Algorithm 6.5.1：Inc-Count
输入：样本集合 D，新到来的元组 e，当前数据流已到来的元组个数 N，$\varepsilon \in [0, 1]$。
输出：更新的样本集合 D。
1. $N_e := N + 1$; Tst0 := false; /* Tst0 := false 表示 D 中无 $f_{e'} = 0$ 的四元组 */
2. **If** $e \in D$
3. **Then** e 对应的计数器 $f_e := f_e + 1$;
4. **Else** **If** $|D| < 1/\varepsilon$
5.   **Then** $D := D \cup \{\langle e, 1, N_e, 0 \rangle\}$;
6.   **Else** **While** Tst0 := false **Do**
7.   **For** $\forall \langle e', f_{e'}, N_{e'}, d_{e'} \rangle \in D$ **Do**
8.   **If** $f_{e'} = 0$ **Then** Tst0 := true; goto 6;
9.   **Else** $f_{e'} := f_{e'} - 1$; $d_{e'} := d_{e'} + 1$;
10.   **If** $f_{e'} = 0$ **Then** Tst0 := true; goto 6;
11.   删除 D 中所有 $f_{e'} = 0$ 的元组 $\langle e', f_{e'}, N_{e'}, d_{e'} \rangle$;
12.   返回 $D := D \cup \{\langle e, 1, N_e, 0 \rangle\}$。

在算法 Inc-Count 的基础上，可以很容易地设计出算法 F-Query，详见 Algorithm 6.5.2。在任意时刻，当用户查询支持度超过 s 的频繁项时，算法输出样本集合 D 中所有满足 $f_e + d_e > (s - \varepsilon)N$ 的元组，其中 $f_e + d_e$ 是 e 的出现频率。

Algorithm 6.5.2：F-Query
输入：样本集合 D，支持度 $s \in (\varepsilon, 1)$。
输出：频繁项集合 F-items。
1. F-items := $\varnothing$;
2. **For** $\forall \langle e, f_e, N_e, d_e \rangle \in D$ **Do**
3.   **If** $f_e + d_e > (s - \varepsilon)N$
4.   **Then** F-items := F-items $\cup \{\langle e, f_e, N_e, d_e \rangle\}$;
5. 返回 F-items。

6.5.3　算法的正确性与误差分析

对于数据流中的数据项 e，令 $\mathcal{F}_e$ 是当前 e 在数据流中的真实频率，$S[i,j]$ 是数据流 S 中第 i 个与第 j 个数据项之间的所有数据项组成的数据集，令 $\mathcal{F}_{e\in S[i,j]}$ 表示数据项 e 出现在 $S[i,j]$ 中时的真实频率。下面证明算法 F-Query 的输出结果满足 ε-近似的要求。

引理 6.5.1　在当前时刻，数据流 S 中没有出现在集合 D 中的数据项 e 的真实频率 $\mathcal{F}_e\leqslant\varepsilon N$。

证明：$\forall e\in S-D$，要么 e 没有出现过，要么 e 出现过 $\mathcal{F}_e$ 次并且在算法 Inc-Count 的第 9 步被删除了。如果 e 没有出现过，其频率 $\mathcal{F}_e=0<\varepsilon N$；如果 e 出现过 $\mathcal{F}_e$ 次并且在算法 Inc-Count 的第 9 步被删除了，则算法 Inc-Count 对其计数器 f_e 执行了 $\mathcal{F}_e$ 次减 1 操作。同时，算法 Inc-Count 对 D 中其他 $(1/\varepsilon)-1$ 个数据项的 f_e 计数器也执行了 $\mathcal{F}_e$ 次减 1 操作。于是，算法 Inc-Count 至少执行了 $\mathcal{F}_e\times(1/\varepsilon)$ 次减 1 操作。由 $\mathcal{F}_e\times(1/\varepsilon)\leqslant N$ 可知 $\mathcal{F}_e\leqslant\varepsilon N$。证毕。

引理 6.5.2　$\forall\langle e,f_e,N_e,d_e\rangle\in D$，$f_e+d_e$ 的值为数据项 e 出现在 $S[N_e,N]$ 中的真实频率，即 $f_e+d_e=\mathcal{F}_{e\in S[N_e,N]}$。

证明：由算法 Inc-Count 可知，在 $\langle e,f_e,N_e,d_e\rangle$ 加入 D 之前已经有 N_e-1 个四元组加入 D 中。对于数据项 e 在 $S[N_e,N]$ 中的每次出现，算法 Inc-Count 都将 e 的计数器 f_e 加 1。在此期间，算法 Inc-Count 对 e 的计数器 f_e 执行减 1 操作的次数是 e 的 d_e 值。于是，$f_e+d_e=\mathcal{F}_{e\in S[N_e,N]}$。证毕。

引理 6.5.3　$\forall\langle e,f_e,N_e,d_e\rangle\in D$，$f_e+d_e\leqslant\mathcal{F}_e$。

证明：e 在当前已出现的 N_e 个数据项中的真实频率等于 e 在 $S[1,N_e-1]$ 中出现的真实频率加上 e 在 $S[N_e,N]$ 中出现的真实频率，即 $\mathcal{F}_e=\mathcal{F}_{e\in S[1,N_e-1]}+\mathcal{F}_{e\in S[N_e,N]}$。从引理 6.5.2 和 $\mathcal{F}_{e\in S[1,N_e-1]}\geqslant 0$ 可知，$f_e+d_e\leqslant\mathcal{F}_e$。证毕。

引理 6.5.4　$\forall\langle e,f_e,N_e,d_e\rangle\in D$，$f_e+d_e\geqslant\mathcal{F}_e-\varepsilon N$，其中 N 为当前数据流已经到达的数据个数。

证明：$\forall\langle e,f_e,N_e,d_e\rangle\in D$，$N_e$ 是该四元组加入 D 时数据流已经到来的数据项个数。如引理 6.5.3 的证明所示，$\mathcal{F}_e=\mathcal{F}_{e\in S[1,N_e-1]}+\mathcal{F}_{e\in S[N_e,N]}$。由引理 6.5.2 可知，$f_e+d_e=\mathcal{F}_{e\in S[N_e,N]}$。由于 D 前 N_e-1 个元组中不包含 e，$N_e\leqslant N$。由引理 6.5.1 可知，$\mathcal{F}_{e\in S[1,N_e-1]}\leqslant\varepsilon N_e$。于是，$\mathcal{F}_e=\mathcal{F}_{e\in S[1,N_e-1]}+\mathcal{F}_{e\in S[N_e,N]}\leqslant f_e+d_e+\varepsilon N_e$。由于 $N_e\leqslant N$，$\mathcal{F}_e\leqslant f_e+d_e+\varepsilon N$，即 $f_e+d_e\geqslant\mathcal{F}_e-\varepsilon N$。证毕。

定理 6.5.1　算法 F-Query 的输出结果满足 ε-近似的要求。

证明：分别证明算法 F-Query 输出结果满足 ε-近似的 3 个要求。

(1) 从引理 6.5.1 可知，所有 $\mathcal{F}_e>\varepsilon N$ 的数据项 e 均在 D 中。由于 $s\in(\varepsilon,1)$，所以 $sN>\varepsilon N$。于是，$\forall\mathcal{F}_e>sN$ 的数据项 e，$\mathcal{F}_e-\varepsilon N>(s-\varepsilon)N$。由引理 6.5.4，$f_e+d_e\geqslant\mathcal{F}_e-\varepsilon N$，进而 $f_e+d_e>(s-\varepsilon)N$。由于 F-Query 算法输出了所有 $f_e+d_e>(s-\varepsilon)N$ 的数据项 e，所以真实频率 $\mathcal{F}_e>sN$ 的数据项 e 均被输出。

(2) 设 e 是 D 中真实频率 $\mathcal{F}_e<(s-\varepsilon)N$ 的数据项。由引理 6.5.3 可知，$f_e+d_e\leqslant\mathcal{F}_e$，进而 $f_e+d_e<(s-\varepsilon)N$。从算法 F-Query 的第 3 步和第 4 步可知，e 没有被输出。

(3) 由引理 6.5.3 和引理 6.5.4 可知，对于算法 F-Query 输出的每个数据项 e，$\mathcal{F}_e-\varepsilon N\leqslant f_e+d_e\leqslant\mathcal{F}_e$，其中 f_e+d_e 是算法估计的频率值。于是，$-\varepsilon N<f_e+d_e-\mathcal{F}_e\leqslant 0\leqslant\varepsilon N$，即

$|f_e+d_e-\mathcal{F}_e|\leqslant\varepsilon N$。

综上所述，算法 F-Query 的输出结果满足 ε-近似的要求。证毕。

下面的定理 6.5.2 给出了算法的误差上界。

定理 6.5.2 给定支持度 s，在算法 F-Query 的输出结果中，算法给出的每个数据项 e 的估计频率与其真实频率的误差小于 εN。

证明：从算法 F-Query 可知，对于它输出的每个数据项 e，均有 $f_e+d_e>(s-\varepsilon)N$。由于 f_e+d_e 是 e 在 $S[N_e,N]$ 中的频率，所以 $N-N_e\geqslant f_e+d_e$，进而 $N-N_e>(s-\varepsilon)N$，即 $N_e<(1-s+\varepsilon)N$。在引理 6.5.4 的证明中，已经证明 $\mathcal{F}_e-(f_e+d_e)\leqslant\varepsilon N_e$。于是，

$$\mathcal{F}_e-(f_e+d_e)\leqslant\varepsilon(1-s+\varepsilon)N$$

由于 $s>\varepsilon$，$\varepsilon(1-s+\varepsilon)N<\varepsilon N$。又由引理 6.5.3，$0\leqslant\mathcal{F}_e-(f_e+d_e)\leqslant\varepsilon N$。证毕。

6.5.4 算法的复杂性分析

现在分析算法的空间和时间复杂性。

定理 6.5.3 算法 Inc-Count 的空间复杂性为 $O(\varepsilon^{-1})$，时间复杂性为 $O(f_{min}\varepsilon^{-1})$，其中，$f_{min}=\min\{f_{e'}\mid\langle e',f_{e'},N_{e'},d_{e'}\rangle\in D\}$。

证明：由于算法 Inc-Count 仅使用了元组个数为 $1/\varepsilon$ 的集合 D，所以其空间复杂性为 $O(\varepsilon^{-1})$。下面分析算法 Inc-Count 的时间复杂性。算法的第 1~3 步至多需要 $O(|D|)=O(\varepsilon^{-1})$ 时间。第 4、5 步需要 $O(1)$ 时间。第 6~10 步的 While 循环需要执行 $f_{min}=\min\{f_{e'}\mid\langle e',f_{e'},N_{e'},d_{e'}\rangle\in D\}$ 次，而且每次循环需要 $O(|D|)=O(\varepsilon^{-1})$ 时间。于是 While 循环需要 $O(f_{min}\varepsilon^{-1})=O(f_{min}\varepsilon^{-1})$ 时间。第 11 步需要 $O(\varepsilon^{-1})$ 时间。第 12 步需要 $O(1)$ 时间。总之，算法 Inc-Count 的时间复杂性为 $O(f_{min}\varepsilon^{-1})$。证毕。

定理 6.5.4 算法 F-Query 的空间复杂性为 $O(\varepsilon^{-1})$，时间复杂性为 $O(\varepsilon^{-1})$。

证明：由于算法 F-Query 仅使用了元组个数为 $1/\varepsilon$ 的集合 D，所以其空间复杂性为 $O(\varepsilon^{-1})$。下面分析算法 F-Query 的时间复杂性。算法的第 1 步需要 $O(1)$ 时间。第 2~5 步需要 $O(|D|)=O(\varepsilon^{-1})$ 时间。总之，算法 F-Query 的时间复杂性为 $O(\varepsilon^{-1})$。证毕。

6.6 增量式物化数据库视图维护算法

一个数据库一般都要支持很多应用程序和用户。不同的应用程序和不同的用户对同一个数据库可能有不同的重构。称对同一个数据库的每一种重构为这个数据库的一个视图。视图是多个数据库的子集按照某种方式构成的物理存在的或虚拟的数据库。数据库系统提供了定义、维护和查询视图的机制，使得多个用户可以为他们的应用定义、维护和使用自己的视图。虚拟的数据库视图被称为虚拟视图。物理存在的数据库视图被称为物化视图。由于物化视图是物理存在的数据库，这类视图上的查询可以被有效地处理。于是，物化视图成为常用的视图。当一个物化视图被更新时，这个视图所依赖的关系实例也必须被更新，以保持一致性。因此，物化视图的更新成为数据库系统中的重要操作。本节介绍物化视图更新问题及其增量式求解算法。

6.6.1 问题定义

先讨论与视图相关的基本概念。给定一组关系实例 $\langle R_1,R_2,\cdots,R_m\rangle$，一个视图 V 可以

视为 $\{R_1,R_2,\cdots,R_m\}$ 上的关系代数查询 $Q(R_1,R_2,\cdots,R_m)$。物化视图则是物理地存储在数据库系统中的 $V=Q(R_1,R_2,\cdots,R_m)$。称 $\{R_1,R_2,\cdots,R_m\}$ 是视图 V 的源关系实例。显然，一个物化视图也是一个关系实例。本节仅考虑物化视图的更新问题。以下简称物化视图为视图。

数据库系统不仅提供视图查询机制，也允许用户对视图进行更新。视图的更新包括元组的插入和元组的删除，修改被视为先删除后插入。使用 ΔV 表示对 V 的批量更新。ΔV 是元组插入和元组删除的集合。用 ΔV^+ 表示 ΔV 中所有元组插入更新，用 ΔV^- 表示 ΔV 中所有元组删除更新，用 $V\oplus\Delta V$ 表示对视图 V 进行 ΔV 更新后的结果，其中 $\oplus$ 是集合的并或差操作。

视图 V 的更新既包括更新 V，也包括更新 V 的源关系实例，以保持数据库的一致性。于是，产生了增量式视图更新问题，其定义如下（称为 View-Update 问题）：

输入：$\{R_1,R_2,\cdots,R_m\}$，$V=Q(R_1,R_2,\cdots,R_m)$，ΔV。

输出：$\{\Delta R_1,\Delta R_2,\cdots,\Delta R_m\}$，使得 $V\oplus\Delta V=Q(R_1\oplus\Delta R_1,R_2\oplus\Delta R_2,\cdots,R_m\oplus\Delta R_m)$，其中 $\oplus$ 是集合的并或差。

如果 View-Update 问题是可计算的，则只要首先计算出解 $\{\Delta R_1,\Delta R_2,\cdots,\Delta R_m\}$，然后完成 $V\oplus\Delta V,R_1\oplus\Delta R_1,R_2\oplus\Delta R_2,\cdots,R_m\oplus\Delta R_m$ 的计算，就完成了对视图 V 及其源关系实例的更新。

但是，View-Update 问题并非对所有的 ΔV 都是可计算的。下面看一个例子。给定关系实例 $R_1=\{a,b\}$ 和 $R_2=\{c,d\}$，定义视图 $V=R_1\times R_2=\{(a,c),(a,d),(b,c),(b,d)\}$。若 $\Delta V=\{$删除$(a,c)\}$，则不存在 ΔR_1 和 ΔR_2 满足 $V\oplus\Delta V=Q(R_1\oplus\Delta R_1,R_2\oplus\Delta R_2)$。

于是，在实际应用中，视图更新问题定义为如下的增量式优化问题（称为 Op-View-Update 问题）：

输入：$\{R_1,R_2,\cdots,R_m\}$，$V=Q(R_1,R_2,\cdots,R_m)$，ΔV。

输出：$\{\Delta R_1,\Delta R_2,\cdots,\Delta R_m\}$，使得 $|[(V\oplus\Delta V)-Q(R_1\oplus\Delta R_1,R_2\oplus\Delta R_2,\cdots,R_m\oplus\Delta R_m)]\cup[Q(R_1\oplus\Delta R_1,R_2\oplus\Delta R_2,\cdots,R_m\oplus\Delta R_m)-(V\oplus\Delta V)]|$ 最小化。

如果计算出了 Op-View-Update 问题的解 $\{\Delta R_1,\Delta R_2,\cdots,\Delta R_m\}$，则只要完成 $V\oplus\Delta V,R_1\oplus\Delta R_1,R_2\oplus\Delta R_2,\cdots,R_m\oplus\Delta R_m$ 的计算，就完成了对视图 V 及其源关系实例的近似更新。这个更新结果可以确保 $(V\oplus\Delta V)$ 与 $Q(R_1\oplus\Delta R_1,R_2\oplus\Delta R_2,\cdots,R_m\oplus\Delta R_m)$ 的差别最小。

本节旨在设计与分析求解 Op-View-Update 问题的增量式算法。在实际应用中，当 ΔV 很小时，各 ΔR_i 也很小。于是，求解 Op-View-Update 问题的增量式算法的效率远高于重新计算 $Q(R_1\oplus\Delta R_1,\cdots,R_m\oplus\Delta R_m)$。增量式计算的特点是在计算 $\{\Delta R_1,\Delta R_2,\cdots,\Delta R_m\}$ 的过程中充分利用 V 与 ΔV，避免冗余计算。

6.6.2 问题的固有时间复杂性

在讨论 Op-View-Update 问题的固有时间复杂性之前，先来介绍几个基本概念。

（1）SPJ 查询。一个仅包含选择操作 σ_c（c 是选择条件）、投影操作 π_y（y 是投影属性集合)和连接操作$\bowtie$的关系代数查询简称为 SPJ 查询。SPJ 查询具有如下标准形式：$SPJ(R_1, R_2, \cdots, R_m) = \pi_y(\sigma_c(R_1 \bowtie R_2 \bowtie \cdots \bowtie R_m))$，其中，$c = c_1 \wedge c_2 \wedge \cdots \wedge c_k$，$c_i$ 是形如 $R_j.A \copyright$ const 或 $R_j.A \copyright R_l.B$ 的原子命题，$\copyright \in \{=, \neq, >, <, \geqslant, \leqslant\}$，$1 \leqslant j, l \leqslant m$，$y$ 是所有 R_i 的属性的集合的子集，const 是常数，$R.X$ 表示关系 R 的元组在属性 X 上的值。

（2）自连接。关系实例 R 的自连接是 R 与 R 的连接，即 $R \bowtie R$。

（3）投影支配关系。给定一个无自连接的 SPJ 查询 $Q = \pi_Y(\sigma_c(R_1 \bowtie R_2 \bowtie \cdots \bowtie R_m))$，对于 Q 中每个 R_i，$\mathrm{Attr}(R_i) \bigcap Y$ 称为 Q 中 R_i 的投影属性集合，其中 $\mathrm{Attr}(R_i)$ 是关系 R_i 的属性集合。如果查询 Q 中存在一个关系 R_i 使得 $Y \subseteq \mathrm{Attr}(R_i)$，则称查询 Q 是 R_i 投影支配的，R_i 称为 Q 的投影支配关系。

下面基于上述概念分析 Op-View-Update 问题的计算复杂性。为此，定义 Op-View-Update 问题的判定版本 k-Op-View-Update 问题如下：

输入：$\{R_1, R_2, \cdots, R_m\}$，$V = Q(R_1, R_2, \cdots, R_m)$，$\Delta V$，$k \geqslant 0$。

输出：如果存在 $\{\Delta R_1, \Delta R_2, \cdots, \Delta R_m\}$，使得 $|[(V \oplus \Delta V) - Q(R_1 \oplus \Delta R_1, R_2 \oplus \Delta R_2, \cdots, R_m \oplus \Delta R_m)] \bigcup [Q(R_1 \oplus \Delta R_1, R_2 \oplus \Delta R_2, \cdots, R_m \oplus \Delta R_m) - (V \oplus \Delta V)]| \leqslant k$，则输出 yes；否则输出 no。

显然，如果 k-Op-View-Update 问题是 NP-难的，则 Op-View-Update 问题也是 NP-难的。

为了证明 k-Op-View-Update 问题是 NP-难的，将把 Monotone-3-SAT 问题归约为 k-Op-View-Update 问题。Monotone-3-SAT 问题定义如下：

输入：(X, C)，其中，

- $X = \{x_1, x_2, \cdots, x_p\}$ 是 p 个变量的集合。
- $C = c_1 \wedge c_2 \wedge \cdots \wedge c_q$ 是 q 个子句的合取公式。
- c_i 是形如 $x_{i1} \vee x_{i2} \vee x_{i3}$ 或 $(\neg x_{i1}) \vee (\neg x_{i2}) \vee (\neg x_{i3})$ 的析取式，$x_{i1}, x_{i2}, x_{i3} \in X$。

输出：如果 C 是可满足的，输出 yes；否则输出 no。

给定 (X, C)，对 X 的赋值是一个映射 $\tau: X \rightarrow \{T, F\}$。给定一个变量赋值 τ，将 C 中各变量 x_i 替换 $\tau(x_i)$ 后得到的公式记作 $\tau(C)$。如果存在以一种赋值 τ 使得 $\tau(C)$ 为 T，则 C 是可满足的。Monotone-3-SAT 问题是 NP-完全的，详细证明见文献[3]。

下面分析 k-Op-View-Update 问题的计算复杂性。

定理 6.6.1 给定 $\{R_1, R_2, \cdots, R_m\}$、$V = Q(R_1, R_2, \cdots, R_m)$ 和 ΔV，当 $\Delta V = \Delta V^-$ 时（即 ΔV 仅包含元组删除），如果 Q 是 SPJ 查询，k-Op-View-Update 问题是 NP-难的。

证明：通过构造一个从 Monotone-3-SAT 问题的输入实例集合到 k-Op-View-Update 问题的输入实例集合的多项式时间归约来完成定理证明。给定 Monotone-3-SAT 问题的一个输入实例 (X, C)，构造 k-Op-View-Update 问题的一个实例 $I = (\{R_1, R_2, \cdots, R_m\}$，$V = Q(R_1, R_2, \cdots, R_m)$，$\Delta V$，$k)$ 的归约过程如下：

1. 构造两个二元关系实例 R_1 和 R_2，其中，关系 R_1 包含两个属性 A 和 B，关系 R_2 包含两个属性 B 和 C。初始时，$R_1 := \varnothing$，$R_2 := \varnothing$。对 X 中每个变量 x_i，向 R_1 插入元组 (T, x_i)，向 R_2 插入元组 (x_i, F)。对于 C 中各子句 c_i，如果 $c_i = x_{i1} \vee x_{i2} \vee x_{i3}$，则向 R_2 插入 3 个元组 (x_{i1}, i)、(x_{i2}, i) 和 (x_{i3}, i)；如果 $c_i = (\neg x_{i1}) \vee (\neg x_{i2}) \vee$

$(\neg x_{i3})$，则向 R_1 插入 3 个元组 (i,x_{i1})、(i,x_{i2}) 和 (i,x_{i3})。

2. 构造查询为 $Q(\{R_1,R_2\})=\pi_{\langle A,C\rangle}(\sigma_{R1.B=R2.B}(R_1\bowtie R_2))$。

3. 计算 $Q(\{R_1,R_2\})$ 得到视图 $V=Q(\{R_1,R_2\})$。

4. 构造 $\Delta V=\{$删除元组$(T,F)\}$。

5. 令 $k=0$。

显然，归约的第 1 步需要 $O(p+q)$ 时间，第 2 步需要 $O(1)$ 时间，第 3 步至多需要 $O((p+q)^2)$ 时间，第 4、5 步需要 $O(1)$ 时间。于是归约可在 $O((p+q)^2)$ 时间内完成。

下面证明 C 是可满足的当且仅当存在 $\{\Delta R_1,\Delta R_2\}$ 使得

$$|[(V\oplus\Delta V)-Q(R_1\oplus\Delta R_1,R_2\oplus\Delta R_2)]\bigcup[Q(R_1\oplus\Delta R_1,R_2\oplus\Delta R_2)-(V\oplus\Delta V)]|\leqslant k=0$$

由于 ΔV 仅包含元组的删除，所以 $\oplus$ 为集合差。从而，只需证明 C 是可满足的当且仅当存在 $\{\Delta R_1,\Delta R_2\}$ 使得

$$|[(V-\Delta V)-Q(\{R_1-\Delta R_1,R_2-\Delta R_2\})]\bigcup[Q(\{R_1-\Delta R_1,R_2-\Delta R_2\})-(V-\Delta V)]|=0$$

(1) 充分性。如果 Monotone-3-SAT 问题的输入实例 (X,C) 是可满足的，即存在一个 X 的赋值 $\tau:X\rightarrow\{T,F\}$ 使得 $\tau(C)=T$。注意，由于 τ 是一个映射，因此 $\tau(x_i)=T$ 或 $\tau(x_i)=F$，并且 $\tau(x_i)=T$ 和 $\tau(x_i)=F$ 不能均为真。根据 τ，构造 $\Delta R_1=\{(T,x_i)\mid\tau(x_i)=F\}$ 和 $\Delta R_2=\{(x_i,F)\mid\tau(x_i)=T\}$。证明 ΔR_1 和 ΔR_2 是 k-Op-View-Update 问题实例 I 的解，即 $Q(\{R_1-\Delta R_1,R_2-\Delta R_2\})=V-\Delta V$。

先证 $Q(\{R_1-\Delta R_1,R_2-\Delta R_2\})\subseteq V-\Delta V$。只需证明 $Q(\{R_1-\Delta R_1,R_2-\Delta R_2\})\subseteq V$ 并且 $Q(\{R_1-\Delta R_1,R_2-\Delta R_2\})\bigcap\Delta V=\varnothing$。首先，由于 $R_1-\Delta R_1\subseteq R_1$，$R_2-\Delta R_2\subseteq R_2$，并且 SPJ 查询 Q 是单调的，即如果 $R'\subseteq R_1$，$R''\subseteq R_2$ 则 $Q(R',R'')\subseteq Q(R_1,R_2)$，所以 $Q(\{R_1-\Delta R_1,R_2-\Delta R_2\})\subseteq Q(\{R_1,R_2\})=V$。其次，假设 $Q(\{R_1-\Delta R_1,R_2-\Delta R_2\})\bigcap\Delta V\neq\varnothing$。由于 $\Delta V=\{(T,F)\}$，必有 $(T,F)\in Q(\{R_1-\Delta R_1,R_2-\Delta R_2\})$。于是，必存在 $1\leqslant i\leqslant p$，使得 $(T,x_i)\in R_1-\Delta R_1$ 且 $(x_i,F)\in R_2-\Delta R_2$，即 $(T,x_i)\notin\Delta R_1$ 且 $(x_i,F)\notin\Delta R_2$。根据 ΔR_1 和 ΔR_2 的构造可知，$\Delta R_1=\{(T,x_i)\mid\tau(x_i)=F\}$ 且 $\Delta R_2=\{(x_i,F)\mid\tau(x_i)=T\}$。由于 $(T,x_i)\notin\Delta R_1$，因此 $\tau(x_i)\neq F$。又因为 $\tau(x_i)=T$ 或 $\tau(x_i)=F$ 必成立，因此，$\tau(x_i)=T$。由于 $(x_i,F)\notin\Delta R_2$，因此 $\tau(x_i)\neq T$。又因为 $\tau(x_i)=T$ 或 $\tau(x_i)=F$ 必成立，因此，$\tau(x_i)=F$。从而，$\tau(x_i)=T$ 和 $\tau(x_i)=F$ 均为真，矛盾。因此，$Q(\{R_1-\Delta R_1,R_2-\Delta R_2\})\bigcap\Delta V=\varnothing$。于是，$Q(\{R_1-\Delta R_1,R_2-\Delta R_2\})\subseteq V-\Delta V$。

再证 $V-\Delta V\subseteq Q(\{R_1-\Delta R_1,R_2-\Delta R_2\})$。令

$$U=\{c_i\mid 1\leqslant i\leqslant q\ \text{且}\ c_i=x_{i1}\vee x_{i2}\vee x_{i3}\}$$

$$W=\{c_i\mid 1\leqslant i\leqslant q\ \text{且}\ c_i=(\neg x_{i1})\vee(\neg x_{i2})\vee(\neg x_{i3})\}$$

对任意子句 c_i，令 $X(c_i)$ 表示子句 c_i 中变量的集合。于是，根据归约构造定义可知

$$V=Q(\{R_1,R_2\})=\pi_{\langle A,C\rangle}(\sigma_{R_1.B=R_2.B}(R_1\bowtie R_2))$$

$$=\{(T,F)\}\bigcup\{(T,i)\mid c_i\in U\}\bigcup\{(i,F)\mid c_i\in W\}$$

$$\bigcup\{(i,j)\mid c_i\in W,c_j\in U,X(c_i)\bigcap X(c_j)\neq\varnothing\}$$

又由于 $\Delta V=\{(T,F)\}$，有

$$V-\Delta V=Q(\{R_1,R_2\})-\Delta V$$

$$=\{(T,i)\mid c_i\in U\}\bigcup\{(i,F)\mid c_i\in W\}$$

$$\bigcup \{(i,j) \mid c_i \in W, c_j \in U, X(c_i) \bigcap X(c_j) \neq \varnothing\}$$

于是,要证明 $V-\Delta V \subseteq Q(\{R_1-\Delta R_1, R_2-\Delta R_2\})$,只需证明

$$\{(T,i) \mid c_i \in U\} \subseteq Q(\{R_1-\Delta R_1, R_2-\Delta R_2\})$$

$$\{(i,F) \mid c_i \in W\} \subseteq Q(\{R_1-\Delta R_1, R_2-\Delta R_2\})$$

$$\{(i,j) \mid c_i \in W, c_j \in U, X(c_i) \bigcap X(c_j) \neq \varnothing\} \subseteq Q(\{R_1-\Delta R_1, R_2-\Delta R_2\})$$

首先,对任意 $(T,i) \in \{(T,i) \mid c_i \in U\}$,由于 τ 是 C 的可满足赋值,因此 c_i 中存在变量 x_j 满足 $\tau(x_j)=T$。由于 $\Delta R_1=\{(T,x) \mid \tau(x)=F\}$ 且 $\Delta R_2=\{(x,F) \mid \tau(x)=T\}$,因此 $(T,x_j) \notin \Delta R_1$ 且 $(x_j,i) \notin \Delta R_2$,即 $(T,x_j) \in R_1-\Delta R_1$ 且 $(x_j,i) \in R_2-\Delta R_2$。因此,

$$(T,i) \in Q(\{R_1-\Delta R_1, R_2-\Delta R_2\})$$

即 $\{(T,i) \mid c_i \in U\} \subseteq Q(\{R_1-\Delta R_1, R_2-\Delta R_2\})$。

其次,对任意 $(i,F) \in \{(i,F) \mid c_i \in W\}$,由于 τ 是 C 的可满足赋值,因此 c_i 中存在变量 x_j 满足 $\tau(x_j)=F$。由于 $\Delta R_1=\{(T,x) \mid \tau(x)=F\}$ 而且 $\Delta R_2=\{(x,F) \mid \tau(x)=T\}$,因此 $(i,x_j) \notin \Delta R_1$ 且 $(x_j,F) \notin \Delta R_2$,即 $(i,x_j) \in R_1-\Delta R_1$ 且 $(x_j,F) \in R_2-\Delta R_2$,进而

$$(i,F) \in Q(\{R_1-\Delta R_1, R_2-\Delta R_2\})$$

即 $\{(i,F) \mid c_i \in W\} \subseteq Q(\{R_1-\Delta R_1, R_2-\Delta R_2\})$。

最后,$\forall (i,j) \in \{(i,j) \mid c_i \in W, c_j \in U, X(c_i) \bigcap X(c_j) \neq \varnothing\} \subseteq Q(\{R_1-\Delta R_1, R_2-\Delta R_2\})$,由于 $\Delta R_1=\{(T,x_j) \mid \tau(x_j)=F\}$ 且 $\Delta R_2=\{(x_j,F) \mid \tau(x_j)=T\}$,所以 $\forall x_j$,都有 $(i,x_j) \notin \Delta R_1$ 且 $(x_j,j) \notin \Delta R_2$,即 $(i,x_j) \in R_1-\Delta R_1$ 且 $(x_j,j) \in R_2-\Delta R_2$,进而

$$(i,j) \in Q(\{R_1-\Delta R_1, R_2-\Delta R_2\})$$

即 $\{(i,j) \mid X(c_i) \bigcap X(c_j) \neq \varnothing\} \subseteq Q(\{R_1-\Delta R_1, R_2-\Delta R_2\})$。

于是,$V-\Delta V \subseteq Q(\{R_1-\Delta R_1, R_2-\Delta R_2\})$ 得证。

综上所述,$Q(\{R_1-\Delta R_1, R_2-\Delta R_2\}) \subseteq V-\Delta V$ 且 $V-\Delta V \subseteq Q(\{R_1-\Delta R_1, R_2-\Delta R_2\})$,即 $V-\Delta V = Q(\{R_1-\Delta R_1, R_2-\Delta R_2\})$,从而有

$$\left| [(V-\Delta V)-Q(\{R_1-\Delta R_1, R_2-\Delta R_2\})] \bigcup [(V-\Delta V)-Q(\{R_1-\Delta R_1, R_2-\Delta R_2\})] \right| = 0$$

(2) 必要性。假设 ΔR_1 和 ΔR_2 是 k-Op-View-Update 问题实例 I 的解,可以构造 Monotone-3-SAT 问题的输入实例 (X,C) 的一个映射 $\tau:X \to \{T,F\}$ 如下,对任意 $1 \leqslant i \leqslant p$,如果 $(x_i,F) \in \Delta R_2$,则 $\tau(x_i):=T$,如果 $(T,x_i) \in \Delta R_1$,则 $\tau(x_i):=F$。要证明 τ 是实例 (X,C) 的解,即 τ 是一个变量赋值且 $\tau(C)=T$。

先证 τ 是一个变量赋值。由于 ΔR_1 和 ΔR_2 是 k-Op-View-Update 问题实例 I 的解,必有 $\left| [(V-\Delta V)-Q(\{R_1-\Delta R_1, R_2-\Delta R_2\})] \bigcup [(V-\Delta V)-Q(\{R_1-\Delta R_1, R_2-\Delta R_2\})] \right| = 0$,即 $(V-\Delta V)=Q(\{R_1-\Delta R_1, R_2-\Delta R_2\})$。因此,$Q(\{R_1-\Delta R_1, R_2-\Delta R_2\}) \bigcup \Delta V = \varnothing$。由于 $(T,F) \in \Delta V$,所以 $(T,F) \notin Q(\{R_1-\Delta R_1, R_2-\Delta R_2\})$,进而 $\forall x_i$,$(T,x_i) \notin \Delta R_1$ 和 $(x_i,F) \notin \Delta R_2$ 不能均为真。于是,根据 τ 的构造过程可知 $\tau(x_i)=T$ 或 $\tau(x_i)=F$ 为真,但 $\tau(x_i)=T$ 和 $\tau(x_i)=F$ 不能同时为真。因此,τ 是一个变量赋值。

再证 $\tau(C)$ 的值为 T。只需证明对任意 $1 \leqslant i \leqslant q$,$\tau(c_i)=T$。根据归约构造定义可知

$$Q(\{R_1-\Delta R_1, R_2-\Delta R_2\})$$
$$=V-\Delta V$$
$$=\{(T,i) \mid c_i \in U\} \bigcup \{(i,F) \mid c_i \in W\} \bigcup \{(i,j) \mid c_i$$

$$\in W, c_j \in U, X(c_i) \bigcap X(c_j) \neq \varnothing\}$$

对任意 $1 \leqslant i \leqslant q$，如果 $c_i = x_{i1} \lor x_{i2} \lor x_{i3}$，即 $c_i \in U$，则 $(T, i) \in Q(\{R_1 - \Delta R_1, R_2 - \Delta R_2\})$。于是，至少 $\exists j \in \{i_1, i_2, i_3\}$，满足 $(T, x_j) \notin \Delta R_1$ 且 $(x_j, i) \notin \Delta R_2$。由 $\Delta R_1 = \{(T, x_i) \mid \tau(x_i) = F\}$ 可知 $\tau(x_j) = T$，即 $\tau(c_i) = T$。

同理，如果 $c_i = (\neg x_{i1}) \lor (\neg x_{i2}) \lor (\neg x_{i3})$，则 $(i, F) \in Q(\{R_1 - \Delta R_1, R_2 - \Delta R_2\})$。于是，至少存在一个 $j \in \{i_1, i_2, i_3\}$ 满足 $(i, x_j) \notin \Delta R_1$ 且 $(x_j, F) \notin \Delta R_2$。由于 $\Delta R_2 = \{(x_i, F) \mid \tau(x_i) = T\}$，所以 $\tau(x_j) = F$，进而 $\tau(c_i) = T$。

综上，τ 是 C 的一个可满足赋值，因此，C 是可满足的。证毕。

从定理 6.6.1 可以直接得到如下推论。

推论 6.6.1 无任何限制的 k-Op-View-Update 问题是 NP-难的。

下面的定理 6.6.2 和定理 6.6.3 说明，即使对构建视图 V 的查询 Q 加以限制，k-Op-View-Update 问题仍然是 NP-难的。在此省略这两个定理的证明。感兴趣的读者可以参阅本书作者的合作论文[4]。

定理 6.6.2 给定 $\{R_1, R_2, \cdots, R_m\}$、$V = Q(R_1, R_2, \cdots, R_m)$ 和 ΔV，当 ΔV 仅包含元组的删除时，即使 Q 是无自连接的 SPJ 查询，k-Op-View-Update 问题仍然是 NP-难的。

定理 6.6.3 给定 $\{R_1, R_2, \cdots, R_m\}$、$V = Q(R_1, R_2, \cdots, R_m)$ 和 ΔV，当 ΔV 仅包含元组的删除时，即使 Q 是非投影支配且无自连接的 SPJ 查询，k-Op-View-Update 问题仍然是 NP-难的。

下面的定理 6.6.4 说明，当 ΔV 仅包含元组的插入时，k-Op-View-Update 问题也是 NP-难的，详细证明见本书作者的论文[4,5]。

定理 6.6.4 给定 $\{R_1, R_2, \cdots, R_m\}$、$V = Q(R_1, R_2, \cdots, R_m)$ 和 ΔV，当 ΔV 仅包含元组插入时，即使 Q 中无选择和投影操作，k-Op-View-Update 问题也是 NP-难的。

推论 6.6.2 给定 $\{R_1, R_2, \cdots, R_m\}$、$V = Q(R_1, R_2, \cdots, R_m)$ 和 ΔV，如果 P$\neq$NP，当 Q 是非投影支配的无自连接的 SPJ 查询时，Op-View-Update 问题既不是有界的，也不是半有界的。

综上所述，当输入的更新包含元组插入时，或者定义视图的查询是一般的 SPJ 查询时，Op-View-Update 问题没有高效增量式算法。因此，下面只考虑输入视图更新中只包含元组删除的情况，同时限定视图是由投影支配的无自连接的 SPJ 查询（简记作 pd-sjf-SPJ）定义的。在下面的讨论中，令 ΔV^- 表示仅包含元组删除的视图更新。

下面给出 Op-View-Update 问题在上述限制条件下的定义（称为 Constr-Op-View-Update 问题）：

输入：$\{R_1, R_2, \cdots, R_m\}$，$V = Q(R_1, R_2, \cdots, R_m)$，$\Delta V^-$，$Q$ 是 pd-sjf-SPJ 查询。

输出：$\{\Delta R_1, \Delta R_2, \cdots, \Delta R_m\}$，满足

- $Q(R_1 \bigoplus \Delta R_1, R_2 \bigoplus \Delta R_2, \cdots, R_m \bigoplus \Delta R_m) \bigcap \Delta V^- = \varnothing$。
- 最小化下式：
$$|[(V \bigoplus \Delta V^-) - Q(R_1 \bigoplus \Delta R_1, R_2 \bigoplus \Delta R_2, \cdots, R_m \bigoplus \Delta R_m)] \bigcup$$
$$[Q(R_1 \bigoplus \Delta R_1, R_2 \bigoplus \Delta R_2, \cdots, R_m \bigoplus \Delta R_m) - (V \bigoplus \Delta V^-)]|$$

6.6.3 节介绍求解 Constr-Op-View-Update 问题的算法的设计，6.6.4 节分析算法的正确

性和时间复杂性。

6.6.3 算法设计

本节针对投影支配的无自连接的 SPJ 查询(pd-sjf-SPJ)定义的视图,设计求解 Constr-Op-View-Update 问题的增量式算法,简记作 Inc-pd-sjf-SPJ。

算法 Inc-pd-sjf-SPJ 需要一个预处理过程 PreProcess。先讨论预处理过程 PreProcess 的设计。给定输入 $\{R_1, R_2, \cdots, R_m\}$、$V = Q(R_1, R_2, \cdots, R_m)$ 和 ΔV^-,其中 $Q(R_1, R_2, \cdots, R_m) = \pi_Y(\sigma_c(R_1 \bowtie R_2 \bowtie \cdots \bowtie R_m))$ 是 pd-sjf-SPJ 视图,即存在 R_i 使得 $Y \subseteq \text{Attr}(R_i)$ 并且 V 中无自连接,则预处理过程 PreProcess 工作如下:

(1) 找到 Q 的支配关系 R_i。

(2) 以 Y 为索引属性,如下为关系 R_i 建立索引结构:首先对于 Y 的每个可能值 y,建立一个线性表 $\text{LT}_y = \{t \mid \forall t \in R_i, t[Y] = y\}$;然后建立索引 $\text{Index} = \{(y, p) \mid p$ 指向是 LT_y 的指针$\}$,并按照 y 值递增的顺序对 Index 排序。

Algorithm 6.6.1 给出了过程 PreProcess 的详细描述。

Algorithm 6.6.1:PreProcess

输入:$\{R_1, R_2, \cdots, R_m\}$,$V = Q(R_1, R_2, \cdots, R_m)$,$\Delta V^-$,$Q$ 是 pd-sjf-SPJ 查询。

输出:支配关系 R_i,$\{\text{LT}_y \mid \exists t \in R_i, y = t[Y]\}$ 和索引 Index。

1. **For** $1 \leqslant i \leqslant m$ **Do**
2.   **If** $Y \subseteq \text{Attr}(R_i)$ **Then** break;
3. **For** $\forall t \in R_i$ **Do**
4. t 加入线性表 $\text{LT}_{t[Y]}$;
5. Index $:= \{(y, p) \mid p$ 是指向线性表 LT_y 的指针$\}$;
6. 按照 y 值递增的顺序对 Index 排序.

Algorithm 6.6.2 给出了算法 Inc-pd-sjf-SPJ 的详细描述。

Algorithm 6.6.2:Inc-pd-sjf-SPJ

输入:$\{R_1, R_2, \cdots, R_m\}$,$V = Q(R_1, R_2, \cdots, R_m)$,$Q$ 是 pd-sjf-SPJ 查询,ΔV^-,Q 的支配关系 R_i,$\{\text{LT}_y \mid \exists t \in R_i, y = t[Y]\}$,Index。

输出:$\{\Delta R_1, \Delta R_2, \cdots, \Delta R_m\}$,满足
- $Q(R_1 \oplus \Delta R_1, R_2 \oplus \Delta R_2, \cdots, R_m \oplus \Delta R_m) \cap \Delta V^- = \varnothing$。
- 最小化下式:

$|[(V \oplus \Delta V^-) - Q(R_1 \oplus \Delta R_1, R_2 \oplus \Delta R_2, \cdots, R_m \oplus \Delta R_m)] \cup$
$[(V \oplus \Delta V^-) - Q(R_1 \oplus \Delta R_1, R_2 \oplus \Delta R_2, \cdots, R_m \oplus \Delta R_m)]|$

1. **For** $1 \leqslant j \leqslant m$ **Do** $\Delta R_j := \varnothing$;
2. **For** $\forall t \in \Delta V^-$ **Do**
3.   使用索引 Index,查找 $\text{LT}_{t[Y]}$ 的存储地址 $\text{Add}(\text{LT}_{t[Y]})$;
4. $\Delta R_i := \Delta R_i \cup \{p(\text{LT}_{t[Y]})\}$;
5. 输出 $\{\Delta R_1, \Delta R_2, \cdots, \Delta R_m\}$.

给定 $\{R_1, R_2, \cdots, R_m\}$、由 pd-sjf-SPJ 查询 $Q(R_1, R_2, \cdots, R_m)$ 定义的视图 V、Q 的投影支配关系 R_i 和 ΔV^-、预处理过程 PreProcess 建立的索引结构 $\{\text{LT}_y \mid \exists t \in R_i, y = t[Y]\}$ 和 Index,算法 Inc-pd-sjf-SPJ 如下完成 Constr-Op-View-Update 问题的求解:

（1）对于所有 $j \neq i$，令 $\Delta R_j = \varnothing$。

（2）使用索引 Index，计算 $\Delta R_i = \{p \mid$ 对 $\forall t \in \Delta V^-$，p 是指向 $\mathrm{LT}_{t[Y]}$ 的指针$\}$。

请注意，由于通过每个指向 $\mathrm{LT}_{t[Y]}$ 的指针 $p(\mathrm{LT}_{t[Y]})$ 可以得到 $\mathrm{LT}_{t[Y]}$，算法输出的 $\Delta R_i = \{p \mid$ 对 $\forall t \in \Delta V^-$，p 是指向 $\mathrm{LT}_{t[Y]}$ 的指针$\}$ 与 $\Delta R_i = \bigcup\limits_{t \in \Delta V^-} \mathrm{LT}_{t[Y]}$ 是等价的。在下面的讨论中，默认 $\Delta R_i = \bigcup\limits_{t \in \Delta V^-} \mathrm{LT}_{t[Y]}$。

6.6.4 算法分析

首先分析算法 Inc-pd-sjf-SPJ 的正确性，然后分析算法 Inc-pd-sjf-SPJ 的时间复杂性。

下面的定理 6.6.5 证明了算法 Inc-pd-sjf-SPJ 的正确性。

定理 6.6.5 给定输入 $\{R_1, R_2, \cdots, R_m\}$、$V = Q(R_1, R_2, \cdots, R_m)$、查询 Q 的支配关系 R_i 和 ΔV^-，其中 V 是 pd-sjf-SPJ 查询，则算法 Inc-pd-sjf-SPJ 产生 Const-Op-View-Update 问题的正确解。

证明：设 $\Delta_{\mathrm{alg}} = \{\varnothing, \cdots, \Delta R_i^*, \cdots, \varnothing\}$ 是算法 Inc-pd-sjf-SPJ 的输出，其中 $\Delta R_i^* = \{\mathrm{LT}_{t[Y]} \mid \forall t \in \Delta V^-\}$，$R_i$ 是支配关系。要证明如下两点。

① Δ_{alg} 满足 $Q(R_1 \oplus \varnothing, \cdots, R_i \oplus \Delta R_i^*, \cdots, R_m \oplus \varnothing) \cap \Delta V^- = \varnothing$。

② 不存在 $\Delta = \{\Delta R_1, \cdots, \Delta R_i, \cdots, \Delta R_m\} \neq \Delta_{\mathrm{alg}}$ 满足

$$Q(R_1 \oplus \Delta R_1, \cdots, R_i \oplus \Delta R_i, \cdots, R_m \oplus \Delta R_m) \cap \Delta V^- = \varnothing$$

且

$$| [(V \oplus \Delta V^-) - Q(R_1 \oplus \Delta R_1, \cdots, R_i \oplus \Delta R_i, \cdots, R_m \oplus \Delta R_m)] \cup$$
$$[Q(R_1 \oplus \Delta R_1, \cdots, R_i \oplus \Delta R_i, \cdots, R_m \oplus \Delta R_m) - (V \oplus \Delta V^-)] |$$
$$< | [(V \oplus \Delta V^-) - Q(R_1 \oplus \varnothing, \cdots, R_i \oplus \Delta R_i^*, \cdots, R_m \oplus \varnothing)] \cup$$
$$[Q(R_1 \oplus \varnothing, \cdots, R_i \oplus \Delta R_i^*, \cdots, R_m \oplus \varnothing) - (V \oplus \Delta V^-)] |$$

由于 ΔV^- 仅包含元组的删除，且查询 Q 是单调的，因此，可使用集合减法替换 $\oplus$。

给定任意两个关系集合 $H = \{H_1, H_2, \cdots, H_m\}$ 和 $I = \{I_1, I_2, \cdots, I_m\}$，如果对于每个 $1 \leqslant j \leqslant m$，$H_j \subseteq I_j$ 或 $H_j \subset I_j$，则称 $H \preccurlyeq I$ 或 $H \prec I$。关系集合 $\{H_1 - I_1, H_2 - I_2, \cdots, H_m - I_m\}$ 简记作 $H \ominus I$。给定任意一个关系集合 $H = \{H_1, H_2, \cdots, H_m\}$，用 $Q(H)$ 表示 $Q(H_1, H_2, \cdots, H_m)$。

在下面的证明中，令 $D = \{R_1, \cdots, R_i, \cdots, R_m\}$，$\Delta = \{\Delta R_1, \cdots, \Delta R_i, \cdots, \Delta R_m\}$，$D_{\mathrm{alg}} = \{R_1, \cdots, R_i - \Delta R_i^*, \cdots, R_m\}$，$D_{\Delta} = \{R_1 - \Delta R_1, \cdots, R_i - \Delta R_i, \cdots, R_m - \Delta R_m\}$。显然，$D_{\mathrm{alg}} \preccurlyeq D$，$D_{\Delta} \preccurlyeq D$，$D_{\mathrm{alg}} = D \ominus \Delta_{\mathrm{alg}}$，$D_{\Delta} = D \ominus \Delta$。

首先证明①，即 $Q(D_{\mathrm{alg}}) \cap \Delta V^- = \varnothing$。只需证明：如果 $t \in \Delta V^-$，则 $t \notin Q(D_{\mathrm{alg}})$。

如果 $t \notin V$，则显然 $t \notin Q(D_{\mathrm{alg}}) \subseteq V$，即 $Q(D_{\mathrm{alg}}) \cap \Delta V^- = \varnothing$。

如果 $t \in V$，则由于 Q 中无自连接，必 $\exists q \geqslant 1$ 和元组集合 $\{s_{ij} \in R_j \mid 1 \leqslant i \leqslant q, 1 \leqslant j \leqslant m\}$，使得

$$(\{s_{11}\} \subseteq R_1, \cdots, \{s_{1i}\} \subseteq R_i, \cdots, \{s_{1m}\} \subseteq R_m) \preccurlyeq D, Q(\{s_{11}\}, \cdots, \{s_{1i}\}, \cdots, \{s_{1m}\}) = t$$
$$\cdots$$
$$(\{s_{q1}\} \subseteq R_1, \cdots, \{s_{qi}\} \subseteq R_i, \cdots, \{s_{qm}\} \subseteq R_m) \preccurlyeq D, Q(\{s_{q1}\}, \cdots, \{s_{qi}\}, \cdots, \{s_{qm}\}) = t$$

而且 $\forall s \in R_i - \{s_{1i}, \cdots, s_{qi}\}, Q(\{s_1\}, \cdots, \{s\}, \cdots, \{s_m\}) \neq t$，其中 s_j 是 R_j 中的任意元组。显然，有 $s_{1i}[Y] = \cdots = s_{qi}[Y] = t[Y]$。根据算法中 Δ_{alg} 的构造过程和 $t \in \Delta V^-$ 可知，

$$\{s_{1i}\} \bigcup \cdots \bigcup \{s_{qi}\} \subseteq \mathrm{LT}_{t[Y]} = \{s \mid s[Y] = t[Y]\} \in \Delta R_i^* = \{\mathrm{LT}_{t[Y]} \mid t \in \Delta V^-\}$$

由于 $D_{\mathrm{alg}} = \{R_1, \cdots, R_i - \Delta R_i^*, \cdots, R_m\}$，所以 $\forall s \in R_i - \Delta R_i^*, s \in R_i - \{s_{1i}, \cdots, s_{qi}\}$。于是，$Q(\{s_1\}, \cdots, \{s\}, \cdots, \{s_m\}) \neq t$，其中 s_j 是 R_j 中的任意元组。从而

$$t \notin Q(D_{\mathrm{alg}})，\text{即 } Q(D_{\mathrm{alg}}) \bigcap \Delta V^- = \varnothing$$

然后证明②。上面已经证明 $Q(D_{\mathrm{alg}}) \bigcap \Delta V^- = \varnothing$，即

$$Q(R_1 - \varnothing, \cdots, R_i - \Delta R_i^*, \cdots, R_m - \varnothing) \bigcap \Delta V^- = \varnothing$$

由于 $Q(R_1 - \varnothing, \cdots, R_i - \Delta R_i^*, \cdots, R_m - \varnothing) \subseteq V$，有

$$Q(R_1 - \varnothing, \cdots, R_i - \Delta R_i^*, \cdots, R_m - \varnothing) \subseteq V - \Delta V^-$$

进而 $Q(R_1 - \varnothing, \cdots, R_i - \Delta R_i^*, \cdots, R_m - \varnothing) - (V - \Delta V^-) = \varnothing$。

同理，如果 $Q(R_1 - \Delta R_1, \cdots, R_i - \Delta R_i, \cdots, R_m - \Delta R_m) \bigcap \Delta V^- = \varnothing$，则

$$Q(R_1 - \Delta R_1, \cdots, R_i - \Delta R_i, \cdots, R_m - \Delta R_m) - (V - \Delta V^-) = \varnothing$$

于是，只需证明：不存在 $\Delta = \{\Delta R_1, \cdots, \Delta R_i, \cdots, \Delta R_m\} \neq \Delta_{\mathrm{alg}}$，使得 $Q(D_\Delta) \bigcap \Delta V^- = \varnothing$ 且 $|(V - \Delta V^-) - Q(D_\Delta)| < |(V - \Delta V^-) - Q(D_{\mathrm{alg}})|$。

对于任意 $\Delta = \{\Delta R_1, \cdots, \Delta R_i, \cdots, \Delta R_m\} \neq \Delta_{\mathrm{alg}}$，如果 $Q(D_\Delta) \bigcap \Delta V^- = \varnothing$ 不成立，则 $Q(D_\Delta) \bigcap \Delta V^- = \varnothing$ 且 $|(V - \Delta V^-) - Q(D_\Delta)| < |(V - \Delta V^-) - Q(D_{\mathrm{alg}})|$ 不成立，即 Δ 不满足②。

如果 $\Delta = \{\Delta R_1, \cdots, \Delta R_i, \cdots, \Delta R_m\} \neq \Delta_{\mathrm{alg}}$ 满足 $Q(D_\Delta) \bigcap \Delta V^- = \varnothing$，只需证明 $|(V - \Delta V^-) - Q(D_\Delta)| < |(V - \Delta V^-) - Q(D_{\mathrm{alg}})|$ 不成立，即只需证明

$$|(V - \Delta V^-) - Q(D_\Delta)| \geqslant |(V - \Delta V^-) - Q(D_{\mathrm{alg}})|$$

成立。为此，只需证明 $Q(D_\Delta) \subseteq Q(D_{\mathrm{alg}})$。

如果 $\Delta V^- = \varnothing$，则根据算法 Inc-pd-sjf-SPJ 可知，$\Delta R_i^* = \varnothing$。于是，$D_\Delta \leqslant D_{\mathrm{alg}}$。由于 SPJ 查询 Q 是单调的，因此 $Q(D_\Delta) \subseteq Q(D_{\mathrm{alg}})$。

如果 $\Delta V^- \neq \varnothing$，需要考虑两种情况。

情况 1：$D_\Delta \leqslant D_{\mathrm{alg}}$ 成立。此时，由于 Q 是单调的，所以 $Q(D_\Delta) \subseteq Q(D_{\mathrm{alg}})$。

情况 2：$D_\Delta \leqslant D_{\mathrm{alg}}$ 不成立。

先证明 $Q(D_\Delta) = Q(D_\Delta \ominus \Delta_{\mathrm{alg}})$。因为 $D_\Delta \ominus \Delta_{\mathrm{alg}} \leqslant D_\Delta$，并且 SPJ 查询 Q 是单调的，从而 $Q(D_\Delta \ominus \Delta_{\mathrm{alg}}) \subseteq Q(D_\Delta)$。

下面证明 $Q(D_\Delta) \subseteq Q(D_\Delta \ominus \Delta_{\mathrm{alg}})$。如果 $Q(D_\Delta)$ 为空，则 $Q(D_\Delta) \subseteq Q(D_\Delta \ominus \Delta_{\mathrm{alg}})$。设 $Q(D_\Delta)$ 非空。因为 $Q(D_\Delta) \bigcap \Delta V^- = \varnothing$，$\forall w \in Q(D_\Delta), w \notin \Delta V^-$。$\forall w \in Q(D_\Delta)$，由于 Q 中无自连接，则 $\exists q \geqslant 1$，使得

$$(\{s_{11}\} \subseteq R_1 - \Delta R_1, \cdots, \{s_{1i}\} \subseteq R_i - \Delta R_i, \cdots, \{s_{1m}\} \subseteq R_m - \Delta R_m) \leqslant D_\Delta \text{ 且}$$
$$Q(\{s_{11}\}, \cdots, \{s_{1i}\}, \cdots, \{s_{1m}\}) = w$$

$$\cdots$$

$$(\{s_{q1}\} \subseteq R_1 - \Delta R_1, \cdots, \{s_{qi}\} \subseteq R_i - \Delta R_i, \cdots, \{s_{qm}\} \subseteq R_m - \Delta R_m) \leqslant D_\Delta \text{ 且}$$
$$Q(\{s_{q1}\}, \cdots, \{s_{qi}\}, \cdots, \{s_{qm}\}) = w$$

而且 $\forall s \in R_i - \{s_{1i}, \cdots, s_{qi}\}, Q(\{s_1\}, \cdots, \{s\}, \cdots, \{s_m\}) \neq w$，其中 s_j 是 R_j 中的任意元组。

由于 R_i 是支配关系,$Y\subseteq R_i$,进而 $w=w[Y]=s_{1i}[Y]=\cdots=s_{qi}[Y]$。从 $\Delta R_i^*=\bigcup\limits_{t\in\Delta V^-}\mathrm{LT}_{t[Y]}$ 的构造过程可知,如果对于所有 $1\leqslant j\leqslant q$,$s_{ji}\in\Delta R_i^*$,则必有 $w\in\Delta V^-$,与 $w\notin\Delta V^-$ 矛盾。于是,必存在一个 j($1\leqslant j\leqslant q$),使得 $s_{ji}\notin\Delta R_i^*$。于是,$s_{ji}\in D_\Delta\ominus\Delta_{\mathrm{alg}}$,即元组 $s_{j1},\cdots,s_{ji},\cdots,$ s_{jm} 仍然存在于 $D_\Delta\ominus\Delta_{\mathrm{alg}}$ 中。由于 $Q(\{s_{j1}\},\cdots,\{s_{ji}\},\cdots,\{s_{jm}\})=w$,所以 $w\in Q(D_\Delta\ominus\Delta_{\mathrm{alg}})$。于是,$\forall w\in Q(D_\Delta)$,$w\in Q(D_\Delta\ominus\Delta_{\mathrm{alg}})$,即 $Q(D_\Delta)\subseteq Q(D_\Delta\ominus\Delta_{\mathrm{alg}})$。

总之,$Q(D_\Delta)=Q(D_\Delta\ominus\Delta_{\mathrm{alg}})$。

接下来证明 $Q(D_\Delta)\subseteq Q(D_{\mathrm{alg}})$。由于 $Q(D_\Delta)=Q(D_\Delta\ominus\Delta_{\mathrm{alg}})$ 且 $D_{\mathrm{alg}}=D\ominus\Delta_{\mathrm{alg}}$,因此只需证明 $Q(D_\Delta\ominus\Delta_{\mathrm{alg}})\subseteq Q(D\ominus\Delta_{\mathrm{alg}})$。由于 $D_\Delta\preccurlyeq D$,所以 $D_\Delta\ominus\Delta_{\mathrm{alg}}\subseteq D\ominus\Delta_{\mathrm{alg}}$。又由于 Q 单调,从而 $Q(D_\Delta\ominus\Delta_{\mathrm{alg}})\subseteq Q(D\ominus\Delta_{\mathrm{alg}})$。于是,$Q(D_\Delta)\subseteq Q(D_{\mathrm{alg}})$。

综上所述,由于 $Q(D_\Delta)\subseteq Q(D_{\mathrm{alg}})$,$|(V-\Delta V^-)-Q(D_\Delta)|<|(V-\Delta V^-)-Q(D_{\mathrm{alg}})|$ 不成立。

至此证明了①和②。因此,算法 Inc-pd-sjf-SPJ 的输出是 Constr-Op-View-Update 问题的正确解。证毕。

下面分析算法的时间复杂性。

定理 6.6.6 给定输入 $\{R_1,R_2,\cdots,R_m\}$、$V=Q(R_1,R_2,\cdots,R_m)$ 和 ΔV^-,其中 V 是 pd-sjf-SPJ 查询,如果 Q 的投影支配关系具有 n 个元组,则预处理过程 PreProcess 的时间复杂性为 $O(n\log n+m)$。

证明:预处理过程 PreProcess 的第 1、2 步需要 $O(k_1+k_2+\cdots+k_m)$ 时间,k_i 是第 i 个关系的属性个数。因为 k_i 可以视为常数,所以第 1、2 步需要 $O(m)$ 时间。使用有序表存储所有 LT 表的地址,第 3、4 步需要 $O(n)$ 时间。由于 $|\{\mathrm{LT}_{t[Y]}\}|\leqslant n$,所以 $|\mathrm{Index}|\leqslant n$。因此,第 5 步需要 $O(n)$ 时间,第 6 步需要 $O(n\log n)$ 时间。于是预处理过程 PreProcess 的时间复杂性为 $O(n\log n+m)$。证毕。

如果将 m 视为常数,则预处理过程 PreProcess 的时间复杂性为 $O(n\log n)$。

定理 6.6.7 给定输入 $\{R_1,R_2,\cdots,R_m\}$、$V=Q(R_1,R_2,\cdots,R_m)$ 和 ΔV^-,其中 V 是 pd-sjf-SPJ 查询,则算法 Inc-pd-sjf-SPJ 的时间复杂性为 $O(m+|\Delta V^-|\log n)$。

证明:算法 Inc-pd-sjf-SPJ 的第 1 步需要 $O(m)$ 时间。第 2~4 步的循环需要执行 $|\Delta V^-|$ 次。由于 Index 是有序表,$|\mathrm{Index}|\leqslant n$,所以在每次循环中,第 3 步需要 $O(\log n)$ 时间,第 4 步需要 $O(1)$ 时间。因此,第 2~4 步的循环需要 $(|\Delta V^-|\log n)$ 时间。于是,算法 Inc-pd-sjf-SPJ 的时间复杂性为 $O(m+|\Delta V^-|\log n)$。证毕。

如果将 m 视为常数,则算法 Inc-pd-sjf-SPJ 的时间复杂性为 $O(|\Delta V^-|\log n)$。

从定理 6.6.7 可以得到如下推论。

推论 6.6.3 Constr-Op-View-Update 问题是半有界的。

6.7 本章参考文献

6.7.1 本章参考文献注释

本章 6.2 节以图模拟匹配问题为例,讨论大图数据的增量式计算的原理和方法。作为预备知识,6.2.2 节介绍了图模拟匹配问题的批量求解算法,并分析了算法的正确性和时间复杂性的细致理论分析,其基本思想来源于文献[1]。6.2.3 节和 6.2.4 节分别设计了增量式常规图模拟匹配算法和增量式有界图模拟匹配算法,并对这两个算法的正确性和时间复杂性进行了理论分析。

6.3 节以增量式数据不一致性检测问题为例,讨论了关系型大数据的分布式增量计算的原理和方法。6.3.2 节设计与分析了基于数据垂直划分的检测算法,6.3.3 节设计与分析了基于数据水平划分的检测算法。这两个算法的基本思想均来于文献[6]。

6.4 节以数据流查询处理问题为例,讨论数据流查询处理的增量式计算的原理和方法。6.4.2 节设计与分析了 Inc-3-Agg 类算法,6.4.3 节设计与分析了 Inc-5-Agg 类算法。这两类算法的基本思想均来源于文献[7]。

6.5 节以数据流近似频繁项挖掘问题为例,讨论数据流挖掘的增量式计算的原理和方法,设计了数据流近似频繁项挖掘算法,并对算法的正确性、误差和时间复杂性进行了理论分析。本节的内容来源于文献[8]。

6.6 节以物化数据库视图维护问题为例,进一步讨论了关系型数据的增量式计算的原理和方法。6.6.2 节从理论上分析了物化数据库视图维护问题的固有复杂性。6.6.3 节设计了增量式物化数据库视图维护算法。6.6.4 节对算法的正确性和时间复杂性进行了严格的理论分析。本节的基本思想内容来源于文献[9]。

6.7.2　本章参考文献列表

[1]　Fan W F, Li J Z. Incremental Graph Pattern Matching [C]. Proceedings of ACM SIGMOD International Conference on Management of Data,2011.

[2]　Otamias P, Onchi M B, Astillo F C, et al. Fast Shortest Path Distance Estimation in Large Networks [C]. Proceedings of the ACM International Conference on Information and Knowledge Management (CIKM),2009.

[3]　Schaefer T J. The complexity of Satisfiability Problems [C]. Tenth Annual ACM Symposium on Theory of Computing,1978.

[4]　Miao D J, Cai Z P, Liu X M, et al. Functional Dependency Restricted Insertion Propagation[J]. Theoretical Computer Science,2019,81(9):1-8.

[5]　Miao D J, Cai Z P, Li J Z. Bounded View Propagation for Conjunctive Queries[J]. IEEE Transactions on Knowledge and Data Engineering,2018,30(1):115-127.

[6]　Fan W F, Li J Z, Tang N, et al. Incremental Detection of Inconsistencies in Distributed Data[J]. IEEE Trasactions on Knowledge and Data Engineering,2014,26(6):1367-1383.

[7]　王伟平,李建中,张冬冬,等. 基于滑动窗口的数据流连续 J-A 查询的处理方法[J].软件学报,2006,17(4):740-749.

[8]　王伟平,李建中,张冬冬,等. 一种有效的挖掘数据流近似频繁项算法[J].软件学报,2007,18(4):884-892.

[9]　Miao D J, Cai Z P, Li J Z. On the Complexity of Bounded View Propagation for Conjunctive Queries [J]. IEEE Transactions on Knowledge and Data Engineering,2018,30(1):115-127.

第 7 章　大数据的分布式并行计算方法

目前,计算机机群计算系统或云计算系统已经成为大数据计算的主要计算工具。计算机机群计算系统或云计算系统是典型的分布式并行计算系统。本章以分布式并行计算系统为计算平台,介绍大数据的分布式并行计算方法。7.1 节介绍并行计算的基本概念,7.2 节介绍大数据的分布式存储方法,7.3 节至 7.7 节以不同的大数据计算问题为例,介绍大数据分布式并行算法的设计与分析方法。

7.1　并行计算的基本概念

由于大数据的分布式并行算法建立在并行计算系统之上,因此首先介绍并行计算系统结构和并行算法的基本概念。7.1.1 节介绍并行计算机的系统结构。7.1.2 节介绍并行算法的基本概念,并对算法的复杂性进行分析。

7.1.1　并行计算系统结构

并行计算系统结构可以分为 4 类,即单指令流单数据流系统(SISD)、多指令流单数据流系统(MISD)、单指令流多数据流系统(SIMD)和多指令流多数据流系统(MIMD)。

1. SISD 计算系统

SISD 计算系统由一个处理器、一个控制器和一个存储器系统组成。存储器系统由多个存储部件组成。具有流水线并行性的向量计算机属于 SISD 计算系统。当然,所有单处理器计算系统作为并行计算系统的特例也属于 SISD 计算系统。图 7.1.1 给出了 SISD 计算系统的结构。

SISD 计算系统的处理器仅接收和处理单个指令流,而且这个指令流仅在一个数据流上执行。在 SISD 计算系统的每步计算中,控制器向处理器发出一条指令,处理器在一个来自存储器的数据上执行这条指令。SISD 计算系统只有共享存储器一种类型。处理器对多个

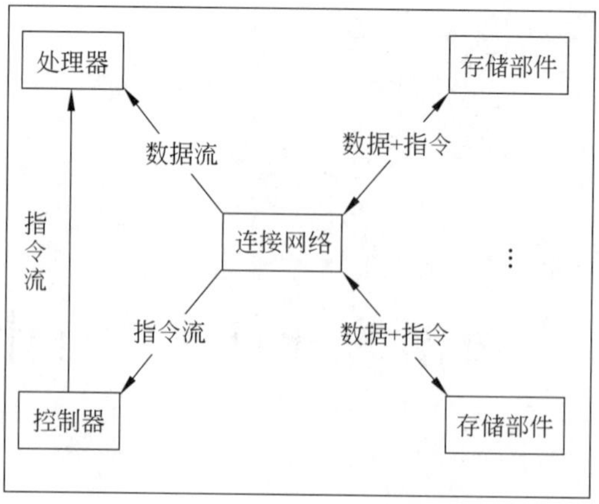

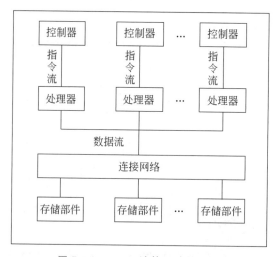

图 7.1.1 SISD 计算系统的结构

存储部件的存取由连接网络实现。

传统的冯·诺依曼计算系统和向量计算机系统都是典型的 SISD 计算系统。

2. MISD 计算系统

MISD 计算系统的结构如图 7.1.2 所示。MISD 计算系统有多个处理器，每个处理器都有自己的控制器。所有处理器共享由多个存储部件组成的存储器。

图 7.1.2 MISD 计算系统的结构

连接网络实现多个处理器对多个存储部件的存取。系统中每个处理器执行一个独立的指令流。多个处理器同时在一个数据流上工作。在 MISD 计算系统的计算过程中，每个处理器都在同一个来自存储部件的数据流上执行自己的指令流。MISD 计算系统的并行性体现在多个处理器并行地在相同的数据上完成不同的任务。MISD 计算机系统只有共享存储器一种类型。

下面看一个 MISD 计算机系统的应用实例。给定一个大小为 n 的组数 Z。要判别 Z 中的 n 个数是否素数。为了完成这个任务，需判别 Z 中每个数 $Z[i]$ 是否仅能被 1 和 $Z[i]$ 本身整除。为了容易说明，假设每个 $Z[i]$ 有 P 个可能因子，记作 $f_{i1}, f_{i2}, \cdots, f_{ip}$。下面是用具

有 P 个处理器的 MISD 计算系统判别 Z 中的 n 个数是否素数的并行算法：

> **For** $i=1$ **To** n **Do**
> 从存储器读 $Z[i]$，送到所有 P 个处理器；
> **For** $j=1$ **To** P **Do**（并行地）
>   从存储器读 f_{ij}，送处理器 j；
> **For** $j=1$ **To** P **Do**（并行地）
>   处理器 j 判别 f_{ij} 是否可整除 $Z[i]$；
> **If** P 个处理器都回答"不能整除"
> **Then** $Z[i]$ 是素数；
> **Else** $Z[i]$ 是合数.

从上述算法可以看到，使用 MISD 计算系统，P 个处理器一次并行判别就可知 Z 中的一个数是否素数。如果使用单处理器计算机，P 次判别才能给出回答。如果 $Z[i]$ 的可能因子多于 P 个，读者可以自行修改上述算法，完成判别。

3. SIMD 计算系统

SIMD 计算系统是一类非常重要的并行计算系统。SIMD 计算系统分为两类：一类是共享存储器的 SIMD 计算系统，称为紧耦合 SIMD 计算系统；另一类是具有分布式存储器的 SIMD 计算系统，称为松耦合 SIMD 计算机系统。第一个 SIMD 计算机系统是 Illiac Ⅵ 计算机。最大的 SIMD 计算机系统是 CM2 计算机系统，它包括 65 536 个处理器。CM5 计算机也具有 SIMD 的特点。

图 7.1.3 给出了松耦合 SIMD 计算系统的结构。松耦合 SIMD 计算机系统包括一个控制器和多个处理单元(简称 PE)。每个处理单元有自己的存储器。所有处理单元由一个连接网络连接在一起。控制器向多个处理单元广播指令。系统中只有一个指令流。所有处于活动状态的处理单元同时执行由控制器广播的相同指令。系统中有多个数据流，每个处理单元在各自存储器的数据流上执行控制器广播的指令。连接网络用来实现处理单元间的通信。连接网络把每个处理单元连接到所有或部分其他 PE。一个数据传送指令可以使每个处于活动状态的处理单元向所有与它连接的处理单元发送一个数据。在不直接连接的两个处理单元之间传送数据需通过中间处理单元间接进行。例如，假设 PE_0 仅连接到 PE_1，PE_1 仅连接到 PE_2。要从 PE_0 传送数据 D 到 PE_2，PE_0 首先将 D 传送到 PE_1，然后再由 PE_1 传送到 PE_2。

图 7.1.4 给出了紧耦合 SIMD 计算系统的结构。紧耦合 SIMD 计算系统的多个处理器共享一个全局存储器。全局存储器由多个存储器模块组成。控制器仍然负责向多个处理器广播指令。所有处于活动状态的处理器在来自存储器的不同数据上同时执行由控制器广播的相同指令。紧耦合 SIMD 计算机系统的连接网络把每个处理器连接到所有或部分存储器模块，它也把每个存储模块连接到所有或部分处理器。一个数据传送指令可以使每个处理器把数据传送到它连接的一个或多个存储器模块，也可以把每个存储器模块中的数据传送到它连接的一个或多个处理器。处理器之间的数据通信可以通过共享存储器实现。如果两个处理器 P_1 和 P_2 都与存储器模块 M_{12} 连接，P_1 和 P_2 之间的数据通信可以通过 M_{12} 实现。如果 P_1 和 P_2 之间无直接相连的共享存储器模块，但 P_1 和 P_3 直接与存储器模块 M_{13} 相连，P_3 和 P_2 直接与存储器模块 M_{32} 相连，若 P_1 要把数据 D 传送到 P_2，P_1 需先把 D 写入 M_{13}，

然后 P_3 把 M_{13} 中的 D 写入 M_{32}，P_2 可以从 M_{32} 中读取 P_1 送来的数据 D。

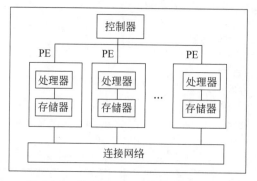

图 7.1.3　松耦合 SIMD 计算系统的结构

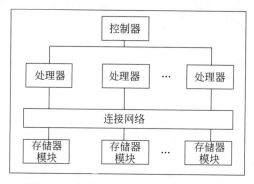

图 7.1.4　紧耦合 SIMD 计算系统的结构

下面看一个 SIMD 计算系统应用的例子。设 X、Y 和 Z 是 3 个向量，求向量 X 与 Y 的和，并将结果存入 Z。完成这个任务的单处理器计算机程序可以写为

```
For  i=0  To  n-1  Do
    Z(i) := X(i)+Y(i)
```

这个程序在单处理器计算机上需要执行 n 步。设 X、Y 和 Z 存储在具有 n 个处理单元的 SIMD 计算机中，如图 7.1.5 所示。要完成上述任务，SIMD 计算系统只需执行一条指令：$Z := X+Y$。

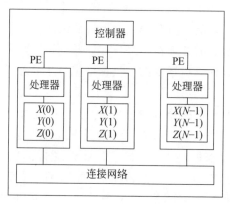

图 7.1.5　向量 X、Y、Z 在 SIMD 计算机系统的存储

4. MIMD 计算系统

MIMD 计算系统由多个处理器、多个控制器、多个存储器模块和连接网络组成。每个处理器执行自己的程序,从而 MIMD 计算系统有多个指令流。每个处理器在它自己的数据流上执行自己的指令流,从而 MIMD 计算系统有多个数据流。连接网络用来实现处理器之间或处理器与存储器模块之间的数据通信。nCUBE、IPSC/2、Wavetracer、CM5 等计算机系统都是典型的 MIMD 计算系统。

在 SIMD 计算系统中,处理器同步地使用连接网络。而在 MIMD 计算系统中,各处理器异步地独立使用连接网络。

MIMD 计算系统分为紧耦合和松耦合两类。图 7.1.6 给出了紧耦合 MIMD 计算系统的结构。在紧耦合 MIMD 计算系统中,所有处理器共享多个存储器模块。连接网络实现处理器与存储器模块之间以及处理器与处理器之间的通信。

图 7.1.7 给出了松耦合 MIMD 计算系统的结构。这类计算系统由多个处理单元和一个连接网络构成。每个处理单元由控制器、处理器和独立的存储器组成。连接网络实现处理单元之间的通信。

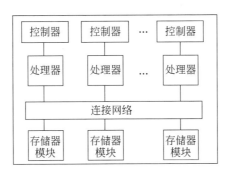

图 7.1.6 紧耦合 MIMD 计算系统的结构

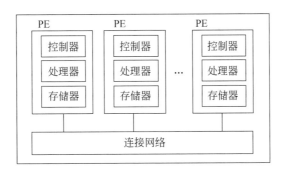

图 7.1.7 松耦合 MIMD 计算系统的结构

MIMD 计算系统与 SIMD 计算系统的主要区别在于前者的处理器异步独立运行,后者的处理器同步运行。MIMD 计算系统具有很大的灵活性,程序设计比较困难,要求比较复杂的同步机制。很多应用都要求使用 MIMD 计算系统。

5. 计算机机群并行计算系统

由高速通信网连接的无任何共享硬件资源的多计算机系统称为计算机机群并行计算系

统,简称 Cluster 系统。从硬件结构来看,云计算系统也是 Cluster 系统。Cluster 系统是一种典型的松耦合 MIMD 计算系统。Cluster 系统中的每个计算机称为一个计算节点。计算节点可以是高档微机、工作站、小型机、大型机或巨型机。Cluster 系统对于大数据计算来说具有如下优点:

(1) 易于实现。Cluster 系统只要求把现成的计算机用高速通信网连接起来,容易实现。

(2) 可扩展性强。Cluster 系统的处理能力容易扩展。例如,只要在网络上增加一台新的计算机,就可以提高系统的处理能力,而对系统中的其他部件只有很小的影响,甚至没有影响。

(3) 灵活性高。用户可以根据需要把各种不同体系结构的计算机连接在一起,有机地形成一个用户需要的异构 Cluster 系统。

(4) 复用性强。通过网络,所有计算节点的软硬件资源都可以得到重复使用。由于Cluster 系统的计算节点是通用计算机,因此设计并行程序时可以充分利用这些计算机的成熟代码,从而降低软件开发费用。

(5) 高度 I/O 并行性。由于 Cluster 系统的各节点计算机都有自己的 I/O 设备,如磁盘等,可以使用数据分布等技术充分发挥系统的 I/O 并行性。这种结构特别适合大数据计算。

(6) 性价比高。Cluster 系统的性价比高。例如,美国 Oak Ridge 国家实验室的一组实用并行程序测试表明,基于网络的 11 台 IBM RS/6000 工作站组成的并行系统的浮点运算速度可以达到 0.7GFLOPS。这个运算速度已经接近某些巨型计算机系统,但是价格却远远低于巨型计算机系统。

Cluster 系统是目前大数据计算的常用工具。本章将以 Cluster 系统为工具,讨论分布式并行大数据计算方法。

7.1.2　并行算法及其复杂性分析

并行算法是为并行计算系统设计的算法。并行算法一般指可在 SIMD 计算系统或MIMD 计算系统上执行的算法。可在 SIMD 计算系统上执行的算法称为同步并行算法,可在 MIMD 计算系统上执行的算法称为异步并行算法,可在松散耦合 MIMD 计算系统或Cluster 系统上执行的算法称为分布式并行算法。下面讨论并行算法的复杂性分析方法。

并行算法的复杂性分析与顺序算法的复杂性分析有很大差别,需要考虑的因素很多。并行算法的复杂性度量包括并行执行时间、工作量、加速比、效率、伸缩性等。在并行算法的设计与分析中,必须全面考虑这些复杂性度量。

在分析算法的复杂性时,经常要考虑平均复杂性和最坏复杂性。设 $S_1, S_2, \cdots, S_k$ 是算法 Alg 的所有大小为 n 的输入,P_i 是 S_i 的出现的概率,$\text{Comp}(S_i)$ 是算法 Alg 在输入 S_i 上的复杂性,Comp 可以是工作量、执行时间等复杂性度量。Alg 在大小为 n 的输入上的平均复杂性定义为

$$\text{AvgComp}(n) = \sum_{1 \leqslant i \leqslant k} P_i \times \text{Comp}(S_i)$$

显然,分析算法的平均复杂性时,需要了解输入的分布情况,比较困难。最坏复杂性要比平均复杂性容易分析。最坏复杂性定义为

$$\text{WstComp}(n) = \max\{\text{Comp}(S_i) \mid 1 \leqslant i \leqslant k\}$$

下面给出并行算法各种复杂性度量的定义。

1. 并行执行时间

一个分布式并行算法的并行执行时间是指它在并行计算机上求解一个输入大小为 n 的问题所需要的时间,记作 RT(n)。设 Alg 是一个并行算法,P 是计算节点个数,t_s 是执行 Alg 时第一个被启动的计算节点开始运行的时间,t_f 是最后一个停止运行的计算节点的停止时间。算法 Alg 的并行执行时间是 n 和 P 的函数:

$$RT(n, P) = t_f - t_s$$

人们通常使用算法执行的基本操作数近似地表示 RT(n, P)。对于不同的计算模型,基本操作的定义也不相同。但是,无论对哪种计算模型来说,基本操作都仅需要常数执行时间。由于并行算法的执行时间 RT(n, P)包括计算时间、I/O 时间、通信时间 3 部分,估计一个并行算法的执行时间 RT(n, P)时,首先要计算这个算法需要执行的基本计算操作、基本 I/O 操作和基本通信操作的数量,然后根据这 3 类操作是否并行运行,估计这 3 类操作需要的时间,最后使用加法或 max 求出 RT(n, P)的估计式。

2. 工作量

一个并行算法的工作量定义为该算法执行时使用的处理器数量和并行执行时间的乘积。用 Cost(n, P)表示并行算法求解一个输入大小为 n 的问题时的工作量,其定义为

$$Cost(n, P) = P \times RT(n, P)$$

其中 P 是计算节点数量。Cost(n, P)是求解输入大小为 n 的问题时所有处理器执行时间总和的近似值。一个 MIMD 计算系统求解一个问题的实际工作量可能会小于 Cost(n, P),这是因为 Cost(n, P)是在假定每个处理器的运行时间均为 RT(n, P)的条件下定义的。

3. 加速比

设 Alg 是求解问题 Prob 的最快顺序算法,PAlg 是求解问题 Prob 的并行算法,Alg 的运行时间是 $RT_{Alg}(n)$,PAlg 的运行时间是 $RT_{PAlg}(n, P)$。并行算法 PAlg 的加速比定义为

$$S(n, P) = RT_{Alg}(n) / RT_{PAlg}(n, P)$$

很多问题的最快顺序算法可能尚未确定。在这种情况下,一般都是使用当前最快的顺序算法的执行时间计算并行算法的加速比。显然,$S(n, P)$ 越大,并行算法越好。$S(n, P)$ 的理想值是 P,但实际上是很难达到的。这是因为并行算法运行时需要很多额外开额,如通信同步等。事实上,由于任一并行算法均可在一台顺序计算机上模拟,所以 $RT_{Alg}(n) \leqslant P \times RT_{PAlg}(n, P)$,即 $S(n, P) \leqslant P$。

4. 效率

一个具有高加速比的并行算法对处理器的利用率可能很低。$S(n, P)$ 不能全面反映并行算法的性能。为此,需要另一个并行算法的复杂性度量,即效率。并行算法的效率定义为

$$E(n, P) = S(n, P) / P$$

$E(n, P)$ 是度量并行算法计算节点利用率的度量。由 $S(n, P) \leqslant P$ 可知,$E(n, P) \leqslant 1$。

5. 伸缩性

首先给出问题大小的定义。一个问题的大小是求解这个问题的最快顺序算法的执行时间,记作 $W(n)$。请注意,问题大小不是问题输入的大小。但是,问题大小是问题输入大小(即算法的输入大小)的函数。从并行算法的效率 $E(n, P)$ 的定义可知,当一个算法求解具

有固定输入大小 n_0 的问题时，$E(n_0, P)$ 随着计算节点数 P 的增加而减少。对于一大类并行算法，下面的性质成立：给定计算节点数 P_0，并行算法的效率 $E(n, P_0)$ 随着问题输入大小的增加而单调递增，称这样的算法为可伸缩算法。当计算节点数目增加时，可以通过增加问题输入的大小使可伸缩算法的效率保持在一个理想的状态。对于不同的并行算法，为保持可伸缩算法的效率不变，问题的输入大小随处理器数目增长的速度是不同的。这个增长速度是处理器数目的函数，称为并行算法的等有效性函数，记作 $\mathrm{IsoE}(P)$。如果 $\mathrm{IsoE}(P)$ 是指数函数，则相应的并行算法具有低伸缩性；如果 $\mathrm{IsoE}(P)$ 是线性函数，则相应的并行算法具有高伸缩性。显然，等有效性函数是并行算法性能的一个重要度量。

7.2 大数据的分布式存储方法

本节和以下各节的内容以 Cluster 系统或松耦合 MIMD 计算系统为基础。如果涉及其他并行计算结构，将会给出说明。在以后的讨论中，如果不加以特殊说明，计算节点一词均指 Cluster 系统或松耦合 MIMD 计算系统中具有独立处理器、存储器和磁盘系统的计算机或处理单元。

大数据的分布式存储方法是指如何在多计算节点之间分布式地存储大数据。很多研究表明，大数据的分布式存储方法对大数据计算的性能具有重要影响。如果数据分布不合理，在大数据计算过程中，系统的并行性不能得到充分的发挥，浪费系统资源，增加计算时间。

大数据分布式存储的目的是把数据合理地分布到多个计算节点上，使得在大数据计算过程中系统的并行性能够得到充分的发挥。大数据分布式存储方法是大数据算法设计的一个重要方面。在介绍大数据分布式存储方法之前，需要给出多维数据集合的定义。

定义 7.2.1 对于 $1 \leqslant i \leqslant k$，设 Δ_i 是任意有序集合。如果 $D \subseteq \Delta_1 \times \Delta_2 \times \cdots \times \Delta_k$，则称 D 是一个 k 维数据集合，Δ_i 称为 D 的第 i 维的定义域，$\Delta_1 \times \Delta_2 \times \cdots \times \Delta_k$ 称为一个 k 维空间。

对于 $1 \leqslant i \leqslant k$，可以为 k 维数据集合 D 的每一维设置一个名字，例如 A_i，并称其为 D 的属性，或严格地称其为 D 的第 i 个属性。

7.2.1 节介绍大数据的一维分布式存储方法，7.2.2 节～7.2.4 节介绍一些重要的大数据的多维分布式存储方法和一些传统存储结构的分布式存储方法。

7.2.1 一维分布式存储方法

一维数据分布式存储方法是最简单的数据分布方法，其特点是：通过划分 d 维数据集合 D 的一个属性的域值来划分整个数据集合，得到一组子集合；然后在多个计算节点之间分布这些子集合。目前常用的一维数据分布式存储方法主要包括 Round-Robin、Hash、Range-Partition、Hybrid-Range-Partition 等。在下面的讨论中，假定 P 是计算节点个数，编号为从 0 到 $P-1$。

1. Round-Robin 方法

设 D 是一个 k 维数据集合，d_i 是 D 的第 i 个元组，P 是计算节点个数。Round-Robin 分布式存储方法把 d_i 存储到第 $(i \bmod P)$ 个计算节点，如图 7.2.1 所示。如果 D 上的操作需要存取 D 的大量元组，则 Round-Robin 方法是一种理想的方法。但是，Round-Robin 方法不能有效地支持仅需要 D 的少数元组的操作。这样的操作仅存取很少的元组,而 Round-Robin 方法却要求所有的计算节点都启动工作,很多计算节点上并没有操作需要的数据,降低了系统性能。

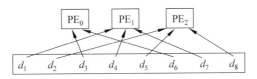

图 7.2.1　Round-Robin 方法示例

2. Hash 方法

Hash 方法首先需要指定 k 维数据集合 D 的一个维属性为划分属性,设为属性 A。然后,定义一个以属性 A 的值域 V 为定义域的 Hash 函数 $H: V \rightarrow \{0, 1, \cdots, P-1\}$,其中 P 是计算节点个数。对于 D 的任意元组 d,Hash 分布方法把元组 d 存储到第 $H(d.A)$ 个计算节点上,其中 $d.A$ 表示 d 在属性 A 上的值。Hash 方法如图 7.2.2 所示,其中,$H(d_1.A)=0$,$H(d_2.A)=1$,$H(d_3.A)=1$,$H(d_4.A)=1$,$H(d_5.A)=2$,$H(d_6.A)=2$,$H(d_7.A)=3$,$H(d_8.A)=3$。

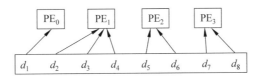

图 7.2.2　Hash 方法示例

Hash 方法既能有效地支持大数据量的操作,也能有效地支持在划分属性上具有低选择性谓词的数据操作。使用 Hash 方法,当执行在划分属性上具有低选择性谓词的数据操作时,数据存取将被限定在一个或少数几个计算节点上,避免了在不必要的多个计算节点上处理数据操作的额外开销。Hash 方法不能保证数据均匀地分布在多个计算节点上。数据的聚集存储是很多应用需要的。然而,Hash 方法的目的是使数据随机地分布在各计算节点上,与聚集存储恰恰相反。下面介绍的 Range 方法可以很好地解决这个问题。

3. Range 方法

Range 方法也首先需要指定 k 维数据集合 D 的一个维属性为划分属性,如属性 A。然后,它将 A 的值域划分为 P 个区间 $I_0=[x_0,x_1],[x_1,x_2],\cdots,I_{P-1}=[x_{P-1},x_P]$。最后,把 D 划分为 P 个子集合 $S_0,S_1,\cdots,S_{P-1}$,其中,$S_i=\{d \mid d \in D, d.A \in I_i\}$,$S_i$ 存储到第 i 个计算节点上。图 7.2.3 给出了 Range 方法的示例。

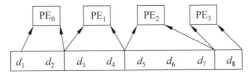

图 7.2.3　Range 方法的示例

Range 方法不仅可以有效地支持要求大数据量存取的查询和在分布属性上具有低选择

性谓词的数据操作,而且可以支持数据的聚集存储。Range 方法可能引起两个问题。一个问题是数据在计算节点之间分布不均匀。在最坏情况下,数据集合中的所有数据可能都分布在同一个计算节点上。另一个问题是工作负载的不均匀。在最坏情况下,一个大数据量计算的执行可能集中在一个计算节点上。

4. 改进的 Range 方法

改进的 Range 方法简称 HR 方法。HR 方法根据数据集合上各类计算的系统资源需求量确定数据的分布策略。系统资源包括 CPU 时间、I/O 时间和通信时间。对于需要大量系统资源的计算来说,数据集合划分越细,分布的计算节点数越多,参与计算的计算节点的数量就越多,计算的响应时间就越短。但是,对于消耗较少系统资源的计算来说,参与计算的计算节点的数量过多则会降低计算的效率。这是因为多个计算节点的调度和通信同步等额外开销可能会大于并行处理带来的时间节省量。显然,数据分布策略的选择对于计算的整体性能具有重要影响。Round-Robin 方法、Hash 方法和 Range 方法没有考虑这些影响。HR 方法试图在考虑这些影响的条件下给出优化的数据分布存储策略。

设 A 是多维数据集合 D 的划分属性。类似于 Range 方法,HR 方法首先把 A 的值域划分为 m 个区间 $I_1, I_2, \cdots, I_m$,然后把 D 划分为 m 个如下的子集合:

$$R_1 = \{d \in D \mid d.A \in I_1\}$$
$$R_2 = \{d \in D \mid d.A \in I_2\}$$
$$\vdots$$
$$R_m = \{d \in D \mid d.A \in I_k\}$$

最后,把这 m 个子集合分布到 m 个计算节点上。

HR 方法与 Range 方法的不同在于子集合个数 m 或每个子集合的元组数 FC 的确定策略的不同。HR 方法试图选择一个合理的 FC 值,优化参与处理 D 上各类计算的计算节点的个数,使系统既有较低的平均计算时间,又具有较高的平均吞吐量。HR 方法希望保证需要大量系统资源的计算由大量计算节点并行执行,需要少量系统资源的计算由少数计算节点执行。变量 FC 依赖于系统的处理能力和计算需要的系统资源量。

HR 方法在分布式存储数据集合 D 时,综合考虑了 D 上的所有查询的资源需求情况。为此,需要定义 D 上所有计算的平均资源需求量的概念。设 $T_1, T_2, \cdots, T_n$ 是 D 上的 n 个计算任务,CPU_i 是 T_i 需要的 CPU 处理时间,$DISK_i$ 是 T_i 需要的磁盘处理时间,NET_i 是 T_i 需要的通信时间,$Data_i$ 是 T_i 存取和处理的 D 的数据量,PT_i 是 T_i 发生的概率。

定义 7.2.2 k 维数据集合 D 上的所有计算任务 $T_1, T_2, \cdots, T_n$ 需要的平均 CPU 处理时间、平均磁盘处理时间、平均通信时间、平均存取和处理的 D 的数据量分别定义为

$$CPU_{avg} = \sum_{1 \leqslant i \leqslant n} CPU_i \times PT_i$$

$$DISK_{avg} = \sum_{1 \leqslant i \leqslant n} DISK_i \times PT_i$$

$$NET_{avg} = \sum_{1 \leqslant i \leqslant n} NET_i \times PT_i$$

$$Data_{avg} = \sum_{1 \leqslant i \leqslant n} Data_i \times PT_i$$

显然,CPU_{avg}、$DISK_{avg}$、NET_{avg} 和 $Data_{avg}$ 对应一个平均计算任务 T_{avg}。从工作负载的角

度看,T_{avg} 代表了 D 上所有 n 个计算任务的平均计算任务,简称 D 上的平均计算任务。

给定数据集合 D 和 D 上的所有计算任务,HR 方法由以下两步组成:

(1) 根据 T_{avg} 的资源需求量,确定每个子集合的元组数 FC。

(2) 把 D 划分为 $|D|/\text{FC}$ 个子集合,并在计算节点之间分布这些子集合。

先讨论如何确定 FC。平均计算任务 T_{avg} 的系统资源需求量依赖于系统处理能力。设 CPU、磁盘和通信不能并行工作。T_{avg} 在单个计算节点环境下的运行时间是 $\text{CPU}_{avg} + \text{DISK}_{avg} + \text{NET}_{avg}$。当增加用于 T_{avg} 的计算节点数量时,T_{avg} 的响应时间将减少。但是,增加一个计算节点必然增加系统的额外开销。系统的额外开销主要是由多个计算节点的调度和通信同步引起的。额外开销是计算节点数的函数。以下,假定额外开销是计算节点数的线性函数。GEMMA 系统就是如此。设增加一个计算节点所增加的额外开销是 oc。使用 M 个计算节点处理 T_{avg} 的执行时间可以定义为

$$\text{RT}(M) = ((\text{CPU}_{avg} + \text{DISK}_{avg} + \text{NET}_{avg})/M) + M \times \text{oc}$$

HR 方法的第一个目标就是确定 M,使 D 在 M 个计算节点之间分布,最小化响应时间 $\text{RT}(M)$。

定理 7.2.1 使得 T_{avg} 的响应时间 $\text{RT}(M)$ 最小的 M 值为

$$((\text{CPU}_{avg} + \text{DISK}_{avg} + \text{NET}_{avg})/oc)^{1/2}$$

证明:令 $d\,\text{RT}(M)/dM = 0$,即可解出 $M = ((\text{CPU}_{avg} + \text{DISK}_{avg} + \text{NET}_{avg})/\text{oc})^{1/2}$。

证毕。

定理 7.2.1 表明,如果使用 $M = ((\text{CPU}_{avg} + \text{DISK}_{avg} + \text{NET}_{avg})/\text{oc})^{1/2}$ 个计算节点执行 T_{avg},T_{avg} 的响应时间 $\text{RT}(M)$ 最小。由于 T_{avg} 存取 D 的 Data_{avg} 个元组,为了提高 I/O 并行性,D 的每个子集合应该具有 $\text{FC} = \text{Data}_{avg}/M$ 个元组,即 D 应该划分为 $|D|/\text{FC}$ 个子集合。

接下来讨论 D 的子集合的划分。首先需要把 D 划分为 $|D|/FC$ 个子集合,使得每个子集合满足两个条件:①具有 FC 个元组;②所有元组在划分属性上的值均属于同一个划分区间。为此,先按照 D 的划分属性的值对 D 排序,然后将 D 划分为满足上述两个条件的 $|D|/FC$ 个子集合。

完成 D 的划分以后,HR 方法按照与 Round-Robin 方法相同的方式,把 D 的 $|D|/FC$ 个子集合分布到多个计算节点上,保证 M 个相邻子集合分布在不同的计算节点上。如果系统具有 $P > M$ 个计算节点,子集合与计算节点的对应关系存储在一个称为数据分布表的一维数组中。

5. 总结

上面介绍了几种典型的一维分布式存储方法。这些方法具有一个共同的问题:不能够有效地支持在非划分属性上具有选择谓词的计算。为了解决这个问题,一些多维分布式存储方法被提出。7.2.2 节将介绍几种多维分布式存储方法的例子。更多的多维分布式存储方法见文献[1]。

7.2.2 多维分布式存储方法

不失一般性,本节讨论的任一数据集合 D 都是定义在 k 维空间 $S = [0, 1)^k$ 上的 k 维数据集合,即 $D \subseteq S$。

1. 数据集合在多个计算节点间的分布

给定一个数据集合 D，CMD 超级网络方法分两步，将 D 分布到 P 个计算节点：第一步使用多维划分方法将 D 划分为一组子集合 $\{D_1,D_2,\cdots,D_m\}$；第二步使用坐标和求模方法把 $\{D_1,D_2,\cdots,D_m\}$ 分布到 P 个计算节点上。

先介绍 CMD 方法的第一步。为了划分 D，首先把空间 S 划分为多个 k 维超方体。把空间 S 各维的定义域 $[0,1)$ 划分为长度为 $1/(\alpha P)$ 的 αP 个区间：

$$[0,1/(\alpha P)),[1/(\alpha P),2/(\alpha P)),\cdots,[(\alpha P-1)/(\alpha P),1)$$

其中，α 是任意正整数。每一维的 αP 个区间从 0 到 $\alpha P-1$ 编号，称为区间坐标。

显然，第 i 维的第 j 个区间是 $I_{ij}=[j/\alpha P,(j+1)/\alpha P)$。区间 I_{ij} 的坐标定义为 j。以后，用 $[l_{ij},h_{ij}]$ 表示区间 I_{ij}。于是，空间 S 被划分为 $(\alpha P)^k$ 个 k 维超方体，每个超方体 $S(j_1,j_2,\cdots,j_k)=\underset{1\leqslant i\leqslant k}{\times}[l_{iji},h_{iji}]$，其中，$0\leqslant j_i\leqslant \alpha P-1,1\leqslant i\leqslant k$。超方体 $S(j_1,j_2,\cdots,j_k)$ 的坐标定义为 $(j_1,j_2,\cdots,j_k)$。以下，在不引起混淆的情况下，用坐标 $(j_1,j_2,\cdots,j_k)$ 表示超方体 $S(j_1,j_2,\cdots,j_k)$。

图 7.2.4 给出了空间 $S=[0,1)^2$ 的分布实例，其中，$P=4,\alpha=2$，即每维划分为 $\alpha P=8$ 个区间，每个区间长度为 0.125。以下，S 的 k 维超方体简称为 S 的超方体。

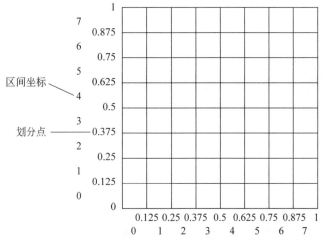

图 7.2.4　$S=[0,1)^2$ 的分布实例

下面讨论 S 的超方体在 P 个计算节点之间分布的方法。首先定义一个坐标和求模函数（简称为 CMD 函数）如下：

$$\mathrm{CMD}(X_1,X_2,\cdots,X_k)=(X_1+X_2+\cdots+X_k)\ \mathrm{mod}\ P$$

区间坐标为 $(X_1,X_2,\cdots,X_k)$ 的 S 的超方体被分配到第 $\mathrm{CMD}(X_1,X_2,\cdots,X_k)$ 个计算节点上。请注意，P 个计算节点从 0 到 $P-1$ 编号。图 7.2.5 给出了 $S=[0,1)^2$ 的超方体在 4 个计算节点之间分布的实例。图 7.2.5 中每个方框内的数字表示对应超方体被分配到的计算节点。例如，超方体 (6,6) 被分配到计算节点 0 上。

在上述讨论中，仅给出了 k 维空间 S 的划分和分布方法。现在，用 S 的划分实现 k 维数据集合 $D\subseteq S$ 的划分。设 S 已被划分为如下超方体集合：

$$\{(x_1,x_2,\cdots,x_k)\ |\ 对于 1\leqslant i\leqslant k,0\leqslant x_i\leqslant \alpha P-1\}$$

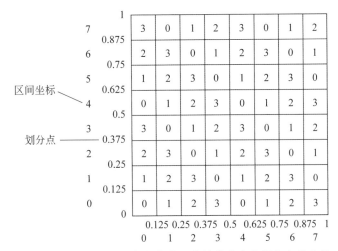

图 7.2.5 $S = [0,1)^2$ 的超方体在 4 个计算节点之间分布的实例

则 $D \subseteq S$ 被划分如下一组子集合：

$\{D(x_1, x_2, \cdots, x_k) | 对于 1 \leqslant i \leqslant k, 0 \leqslant x_i \leqslant \alpha P-1, D(x_1, x_2, \cdots, x_k) = D \cap S(x_1, x_2, \cdots, x_k)\}$
其中，$D(x_1, x_2, \cdots, x_k)$ 称为 D 的一个划分子集。$D(x_1, x_2, \cdots, x_k)$ 被存储在 $S(x_1, x_2, \cdots, x_k)$ 分配的计算节点上。以后，在不引起混淆的情况下，使用坐标 $(x_1, x_2, \cdots, x_k)$ 表示 D 的划分子集 $D(x_1, x_2, \cdots, x_k)$。

下面讨论 CMD 方法的平衡性。

定义 7.2.3 设 $(x_1, x_2, \cdots, x_k)$ 和 $(y_1, y_2, \cdots, y_k)$ 是 D 的任意两个划分子集，如果存在一个 $1 \leqslant i \leqslant k$ 满足：$y_i = x_i + 1$，而且当 $j \neq i$ 时 $y_j = x_j$，则称 $(x_1, x_2, \cdots, x_k)$ 和 $(y_1, y_2, \cdots, y_k)$ 是 D 在第 i 维上相邻的划分子集，简称为相邻划分子集。

例如，超方体 $(0,1,2,4)$ 和 $(0,2,2,4)$ 是在第 2 维上的相邻划分子集。

定义 7.2.4 设 D 是一个 k 维数据集合 D。如果 CMD 方法在每个计算节点上都存储相同数量的 D 的划分子集，而且任何相邻划分子集都存储在不同的计算节点上，则称 CMD 方法对 D 是平衡的。

引理 7.2.1 如果使用 CMD 方法在 P 个计算节点之间分布 D 的划分子集，则 D 的任意两个相邻的划分子集都在不同的计算节点上。

证明：令 $D_1 = (x_1, \cdots, x_i, \cdots, x_k)$ 和 $D_2 = (x_1, \cdots, x_i+1, \cdots, x_k)$ 是 D 的两个相邻划分子集。由于 $CMD(x_1 + \cdots + (x_i+1) \cdots + x_k) = CMD(x_1 + \cdots + x_i + \cdots + x_k) + 1 \neq CMD(x_1 + \cdots + x_i + \cdots + x_k)$，$D_1$ 和 D_2 在不同的计算节点上。证毕。

k 维数据集合 D 在第 i 维上从区间坐标 j 开始到 $j+m-1$ 结束的 m 个相邻划分子集表示为

$$D(i, j, m, (x_1, \cdots, x_{i-1}, x_{i+1}, \cdots, x_k)) = \{D_j, D_{j+1}, \cdots, D_{j+m-1}\}$$

其中，$D_{j+l} = (x_1, \cdots, x_{i-1}, j+l, x_{i+1}, \cdots, x_k)$，$0 \leqslant l \leqslant m-1$，$1 \leqslant i \leqslant k$，$0 \leqslant j \leqslant \alpha P-1$，$0 \leqslant j+m-1 \leqslant \alpha P-1$。

引理 7.2.2 设 $A = D(i, j, L \times P, (x_1, \cdots, x_{i-1}, x_{i+1}, \cdots, x_k))$，其中是 L 是正整数。使用 CMD 方法在 P 个计算节点之间分布 A 中的划分子集，每个计算节点上有且仅有 L 个

A 中的划分子集。

证明：由于 $A = \bigcup\limits_{0 \leqslant t \leqslant L-1} D(i, j+tP, P, (x_1, \cdots, x_{i-1}, x_{i+1}, \cdots, x_k))$，只需证明，对于 $0 \leqslant t \leqslant L-1$，每个计算节点仅被分配 $B = D(i, j+tP, P, (x_1, \cdots, x_{i-1}, x_{i+1}, \cdots, x_k))$ 中的一个划分子集。显然，$B = \{D(x_1, \cdots, x_{i-1}, j+tP+l, x_{i+1}, \cdots, x_k) \mid 0 \leqslant l \leqslant P-1\}$。令

$$x = x_1 + \cdots + x_{i-1} + x_{i+1} + \cdots + x_k$$

则对于 $0 \leqslant l \leqslant P-1, D(x_1, \cdots, x_{i-1}, j+tP+l, x_{i+1}, \cdots, x_k)$ 被分配到计算节点 $(x+j+tP+l) \bmod P$。由于 $(x+j+tP) \bmod P, (x+j+tP+1) \bmod P, \cdots, (x+j+tP+P-1) \bmod P$ 是 $0, 1, \cdots, P-1$ 的一个排列，所以每个计算节点上有且仅有 B 中的一个超方体。证毕。

定理 7.2.2 CMD 方法是平衡的。

证明：令 C_i 是 D 的第 i 维区间坐标的集合，$C = C_2 \times C_3 \times \cdots \times C_k$，则

$$D = \bigcup_{(x_2, x_3, \cdots, x_k) \in C} D(1, 0, \alpha P, (x_2, x_3, \cdots, x_k))$$

由引理 7.2.2，每个计算节点被分配且仅被分配 $D(1, 0, \alpha P, (x_2, \cdots, x_k))$ 中的 α 个 D 中的划分子集。于是，每个计算节点上都被分配了相同数量的 D 的划分子集。又由引理 7.2.1，CMD 方法是平衡的。证毕。

如果数据集合 D 的所有划分子集的大小都相同，则 CMD 方法为每个计算节点都分配相同数量的数据。如果 k 维数据集合 D 均匀地分布在 k 维空间 S 上，则 CMD 方法对 D 是优化的。如果 D 非均匀地分布在 k 维空间 S 上，可以根据 D 的分布扩展 CMD 的划分方法，使得 D 的所有划分子集的大小都相同。以下，仅考虑均匀分布在 k 维空间上的 k 维数据集合。

下面分析 CMD 方法的性能。给定一个数据集合 D 和 D 上的计算任务 T，如果一个分布式数据存储方法能够确保 T 在所有计算节点上访问相同数量的 D 的数据，即 T 在所有计算节点上访问相同数量的 D 的划分子集，则称该分布式数据存储方法对 T 是数据存取优化的。

定理 7.2.3 CMD 方法对于所有关系代数操作都是数据存取优化的。

证明：由于所有关系代数操作都需要存取整个输入数据集合，而且 CMD 方法是平衡的，所以 CMD 方法对于所有关系代数操作都是数据存取优化的。

区域查询是大数据分析的重要预处理操作。下面分析 CMD 方法对于区域查询的数据存取优化性。

定义 7.2.5 给定 k 维数据集合 D, D 上的 k 维区域查询表示为

$$Q = ([L_1, U_1], [L_2, U_2], \cdots, [L_k, U_k])$$

其查询结果定义为集合

$$QA = \{d = (v_1, v_2, \cdots, v_k) \mid d \in D, \text{ 而且对于 } 1 \leqslant i \leqslant k, L_i \leqslant v_i \leqslant U_i\}$$

定义 7.2.6 设 D 是 k 维数据集合，$Q = ([L_1, U_1], [L_2, U_2], \cdots, [L_k, U_k])$ 是 D 上的 k 维区域查询。对于 $1 \leqslant i \leqslant k, Q$ 在第 i 维上的长度定义为与 $[L_i, U_i]$ 相交的 CMD 划分区间的数量。

定理 7.2.4 设 $\psi = \{Q \mid (Q \text{ 是 } k \text{ 维区域查询}) \wedge (\exists i (Q \text{ 在第 } i \text{ 维上的长度是 } mP,$

m 是正整数)}。CMD 方法对于 ϕ 中所有查询都是数据存取优化的。

证明：令 $Q=([L_1,U_1],[L_2,U_2],\cdots,[L_k,U_k])\in\phi$，而且 $[L_i,U_i]$ 与区间 I_{il}，$I_{il+1},I_{il+2},\cdots,I_{il+mP-1}$ 相交，对 $t\neq i$，$[L_t,U_t]$ 与区间 $I_{tjt},I_{tjt+1},\cdots,I_{tjt+h_t}$ 相交，$0\leqslant j_t+h_t\leqslant\alpha P-1$。令 $H_t=\{0,1,\cdots,h_t\}$，$H=\underset{t\neq i}{\times}H_t$。$Q$ 需要存取的 k 维超方体是

$$\bigcup_{r\in H}\left(\bigcup_{0\leqslant v\leqslant mP-1}\left(\underset{1\leqslant t\leqslant i-1}{\times}I_{tjt+rt}\right)\times I_{il+v}\times\left(\underset{i+1\leqslant t\leqslant k}{\times}I_{tjt+rt}\right)\right)$$

$\forall r\in H$，$\bigcup\limits_{0\leqslant v\leqslant mP-1}\left(\underset{1\leqslant t\leqslant i-1}{\times}I_{tjt+rt}\right)\times I_{il+v}\times\left(\underset{i+1\leqslant t\leqslant k}{\times}I_{tjt+rt}\right))$ 是第 i 维上的 mP 个相邻超方体，即 $D(i,l,mP,(j_1+r_1,\cdots,j_{i-1}+r_{i-1},j_{i+1}+r_{i+1},\cdots,j_k+r_k))$。由引理 7.2.2 可知，每个计算节点上有且仅有 m 个 $D(i,l,mP,(j_1+r_1,\cdots,j_{i-1}+r_{i-1},j_{i+1}+r_{i+1},\cdots,j_k+r_k))$ 中的超方体。于是，每个计算节点有且仅有 $\bigcup\limits_{r\in H}\left(\bigcup\limits_{0\leqslant v\leqslant mP-1}\left(\underset{1\leqslant t\leqslant i-1}{\times}I_{tjt+rt}\right)\times I_{il+v}\times\left(\underset{i+1\leqslant t\leqslant k}{\times}I_{tjt+rt}\right)\right)$ 中的 $m\mid H\mid$ 个超方体。从而，CMD 方法对 ϕ 中的任意查询 Q 都是数据存取优化的。证毕。

本书作者的论文[1]和专著[2]证明了很多有关 CMD 方法性能的其他结论。例如，当区域查询 Q 不满足定理 7.2.4 的条件时，在很多情况下，CMD 方法对 Q 仍然是数据存取优化的。又如，对于任意需要读取 N 个超方体的区域查询 Q，CMD 方法使得每个处理节点至多读取 $\lceil N/P\rceil+(P-1)^{k-1}-1$ 个超方体。限于篇幅，这里不再论述这些结果，感兴趣的读者可以阅读这些论文和专著。

2. 单计算节点上的数据组织

在下面的讨论中，用 D_i 表示 D 在第 i 个计算节点上的子集合，用 S_i 表示 S 在第 i 个计算节点上的子空间。由于 D_i 仍然是多维数据集合，可以使用任何一种多维文件结构在各个单计算节点上组织各 D_i，如 Grid 文件、多维 B-树等。

值得注意的是，D_i 在 $[0,1)^k$ 上分布不均匀。图 7.2.6 使用图 7.2.5 的例子给出了 D_0 在 $[0,1)^2$ 上的分布情况。图 7.2.6 中的 d_i 是 D_0 中的超方体。为了使用多维文件结构在单个处理节点上有效地存储 D_i，可能需要对 D_i 进行变换，使之在 $[0,1)^k$ 上的分布相对均匀。

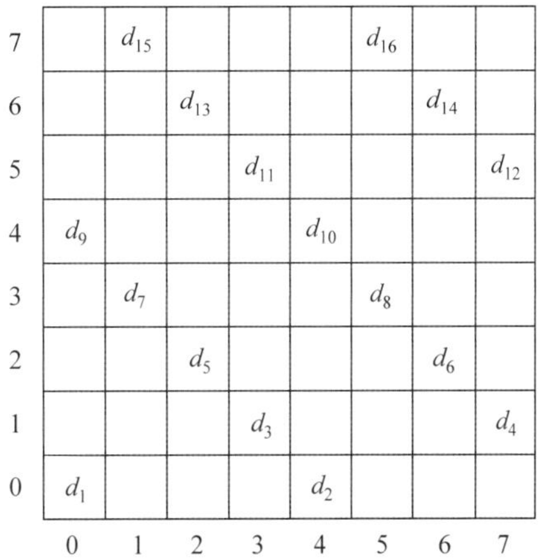

例如，可以定义一个坐标变换函数，把 D_i 变换为 k 维长方体 $[0,1)^{k-1}\times[0,1/P)$ 的子集合。$\forall(x_1,x_2,\cdots,x_k)\in D$，由于 x_k 属于 S 的第 k 维上的某个区间，必存在 k、m 和实数 r，使得 $x_k=(lP+m)/(\alpha P)+r$，其中，$0\leqslant l\leqslant\alpha-1$，$0\leqslant m\leqslant P-1$，$0\leqslant r<1/(\alpha P)$。坐标变换函数 CTF 定义为 $CTF(x_1,x_2,\cdots,x_k)=(x_1,x_2,\cdots,x_{k-1},(l/(\alpha P))+r)$

图 7.2.7 给出了 CTF 函数把 $D_0\subseteq[0,1)^2$ 变换到子空间 $[0,1)\times[0,1/4)$ 的子集合的实例，其中，$P=4$，$\alpha=2$。

图 7.2.6　D_0 在 $[0,1)^2$ 上的分布情况

设 $CTF(D_i)$ 是 D_i 在 CTF 下的像。可以证明坐标变换函数 CTF 满足如下 3 个条件（详细证明留给读者作为练习）：

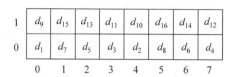

图 7.2.7 CTF 函数将 D_0 变换到 $[0, 1] \times [0, 1/4]$ 的子集

（1）对于 $0 \leqslant i \leqslant P-1$，$\mathrm{CTF}(D_i) \subseteq [0, 1)^{k-1} \times [0, 1/P)$。

（2）CTF 是一个从 D_i 到 $\mathrm{CTF}(D_i)$ 的一一映上函数。

（3）如果 $R \subseteq S_i$，则 $\mathrm{CTF}(R) \subseteq \mathrm{CTF}(S_i) = [0, 1)^{k-1} \times [0, 1/P)$。

根据上述 3 个条件，可以很容易地使用 Grid 文件将 D_i 存储到 $\mathrm{CTF}(D_i)$。Grid 文件结构的详细描述见 7.2.3 节。对于 $r = (x_1, x_2, \cdots, x_k) \in D_i$，用 $\mathrm{CTF}(r)$ 确定 r 在 $\mathrm{CTF}(S_i) = [0, 1)^{k-1} \times [0, 1/P)$ 中的位置，用 Grid 文件把 r 存储到 $\mathrm{CTF}(D_i)$ 的 Grid 文件结构中。值得注意的是，这里只用 $\mathrm{CTF}(D_i)$ 和 $\mathrm{CTF}(S_i)$ 构造 D_i 的 Grid 文件结构，物理存储的仍然是 D_i 的原始数据。这样可以避免计算 CTF 的逆映像。

3. 数据更新操作

设 $D \subseteq S = [0, 1]^k$ 是使用 CMD 方法分布到 P 个计算节点的 k 维数据集合。D 上的更新操作包括插入元组、删除元组和修改元组。如果使用变换函数 CTF 和 Grid 文件结构在单个计算节点上存储 D_i，设 $r = (x_1, x_2, \cdots, x_k) \in D$，$r$ 的更新操作算法如下：

1. 确定 r 所在的超方体的坐标 $(X_1, X_2, \cdots, X_k)$，$X_i = \lfloor x_i/\alpha P \rfloor$。

2. 确定 r 所在的计算节点编号，$n = \mathrm{CMD}(X_1, X_2, \cdots, X_k)$。

3. 第 n 个计算节点计算 $(y_1, y_2, \cdots, y_k) = \mathrm{CTF}(x_1, x_2, \cdots, x_k)$。

4. 使用 $(y_1, y_2, \cdots, y_k)$ 在 $\mathrm{CTF}(S_i)$ 上执行 Grid 文件的相应算法确定 r 在 $\mathrm{CTF}(D_i)$ 中的位置，完成 r 的插入、删除或修改操作。

7.2.3 分布式 Grid 文件

从本节开始，讨论传统磁盘存储结构的分布式并行化问题。本节讨论如何分布式地存储传统的 Grid 文件，实现 Grid 文件的并行化。7.2.4 节讨论如何分布式地存储传统的 B-树索引结构，实现 B-树索引结构的分布式并行化的问题。

Grid 文件是一种效率很高的多维存储结构。Grid 文件把一个 k 维数据集合中的每个元组表示为 k 维空间上的一个点。Grid 文件的关键问题是怎样在磁盘存储器上存储 k 维空间中的点。为了解决这个问题，k 维空间被划分为一组 k 维长方体，称为 Grid 块。每个 Grid 块对应一个物理磁盘块，具有一个 k 维坐标 $(c_1, c_2, \cdots, c_k)$。k 维空间的划分通过把每一维的定义域划分为多个区间来实现。k 维空间的划分由 k 个向量表示，第 i 个向量表示 k 维空间第 i 维的定义域的划分情况。

图 7.2.8 给出了 2 维 Grid 文件的实例，划分向量分别为 $\boldsymbol{V}_1 = (x_0, x_1, x_2, x_3)$，$\boldsymbol{V}_2 = (y_0, y_1, y_2)$，$x_i$ 和 y_j 是划分点，X_i 和 Y_j 是 Grid 块坐标。

下面讨论 Grid 文件结构的分布式存储方法。在下面的讨论中，称分布式存储的 Grid 文件为分布式并行 Grid 文件，并设分布式计算系统具有 P 个计算节点。给定一个 k 维数据空间 S 和一个 k 维数据集合 $D \subseteq S$，为了构造 D 的分布式并行 Grid 文件，需要完成如下 3

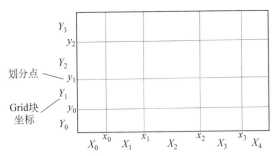

图 7.2.8　2 维 Grid 文件的实例

项任务：

（1）对 D 进行 Grid 划分，将 D 划分为一组子集合 $\{D_1,D_2,\cdots,D_P\}$，并完成 $\{D_1,D_2,\cdots,D_P\}$ 在 P 个计算节点之间的分布式存储，建立 D 的分布式并行 Grid 文件。

（2）对于 $1\leqslant i\leqslant P$，使用传统 Grid 文件在第 i 个计算节点组织 D 的子集合 D_i，完成 D 的分布式存储。

（3）将 D 的数据加载到 D 的分布式并行 Grid 文件中。

下面，首先分别介绍完成以上 3 项任务的基本思想，然后给出 D 的分布式并行 Grid 文件的构造算法。

1. 基本思想

给定一个 k 维空间 S 和 k 维数据集合 $D\subseteq S$，D 的分布式并行 Grid 文件结构定义为 $\langle G,(\boldsymbol{V}_1,\boldsymbol{V}_2,\cdots,\boldsymbol{V}_k),\ A,\ GG\rangle$，其中，$\boldsymbol{V}_i$ 是 S 的第 i 维划分向量，$G=\{D_1,D_2,\cdots,D_\lambda\}$ 是由 $(\boldsymbol{V}_1,\boldsymbol{V}_2,\cdots,\boldsymbol{V}_k)$ 确定的 D 的划分，A 是 k 维数组，$A[X_1,\ X_2,\cdots,X_k]$ 是划分后的坐标为 $(X_1,\ X_2,\cdots,X_k)$ 的 S 的逻辑 Grid 块 S_i 或相应的 $D_i\subseteq S_i$ 被分配到的计算节点号，$GG=\{DG_1,\ DG_2,\cdots,DG_\lambda\}$，$DG_i$ 是 D_i 在单个计算节点上的物理 Grid 文件。D 的分布式并行 Grid 文件经过如下 4 步完成。逻辑 Grid 块及其坐标、物理 Grid 文件等概念将在下面陆续定义。

第一步，D 的逻辑 Grid 划分。$D\subseteq S$ 的逻辑划分通过对 S 的逻辑 Grid 划分实现。S 的逻辑 Grid 划分就是为 S 每维建立一个划分向量，即 $\{\boldsymbol{V}_i=(p_1,p_2,\cdots,p_{n_i-1})\mid 1\leqslant i\leqslant k\}$，其中，$\min<p_1<p_2<\cdots<p_{n_i-1}<\max$，$\max$ 和 $\min$ 分别是 S 的第 i 维定义域的最大值和最小值。以下，令 $p_0=\min$，$p_{n_i}=\max$。对于 $1\leqslant j\leqslant n_i$，第 i 维的第 j 区间 $I_{ij}=[p_{j-1},p_j)$ 的编号为 j。不同于 CMD 方法，Grid 划分的每个维上的划分点可以不同，每个划分向量的大小也可以不同。称 S 划分后得到的多维长方体为逻辑 Grid 块。每个逻辑 Grid 块具有一个 k 维坐标。如果逻辑 Grid 块 $S_i=\underset{1\leqslant i\leqslant k}{\times}I_{iX_i}$，则 S_i 的坐标为 $(X_1,\ X_2,\cdots,X_k)$。逻辑 Grid 块的容量可以大于物理磁盘块的容量。逻辑 Grid 块的容量可以使用 7.2.1 节 HR 数据分布方法使用的算法确定。给定逻辑 Grid 块容量 C，Grid 划分的目标是使 D 中的数据尽量均匀地分布在各个逻辑 Grid 块之间。S 的划分结果是 k 个划分向量 $(\boldsymbol{V}_1,\boldsymbol{V}_2,\cdots,\boldsymbol{V}_k)$、由 $(\boldsymbol{V}_1,\boldsymbol{V}_2,\cdots,\boldsymbol{V}_k)$ 确定的空间 S 的划分 $\{S_i\mid S_i$ 是 k 维长方体，$1\leqslant i\leqslant\lambda$，$S=\underset{1\leqslant i\leqslant\lambda}{\bigcup}S_i\}$ 以及由 S 的划分确定的 D 的划分 $G=\{D_i\mid D_i=D\bigcap S_i\}$。以下也称 G 中各 D_i 为 D 的逻辑 Grid 块。Grid 划分的实

例见图 7.2.8。

第二步，D 的逻辑分布。D 的逻辑分布实现 D 的子集合 $\{D_i \mid D_i = D \cap S_i\}$ 在 P 个计算节点之间的分布。类似于 CMD 方法，令函数

$$\text{CMD}(X_1, X_2, \cdots, X_k) = (X_1 + X_2 + \cdots + X_k) \bmod P$$

如果 D 的子集合 $D_i = D \cap S_i$ 且 S_i 的坐标为 $(X_1, X_2, \cdots, X_k)$，则 D_i 被分配到计算节点 $\text{CMD}(X_1, X_2, \cdots, X_k)$。注意，$P$ 个计算节点被编号为 $0, 1, \cdots, P-1$。完成 D 的逻辑分布以后，可以得到 k 维映射数组 A，$A[X_1, X_2, \cdots, X_k] = \text{CMD}(X_1, X_2, \cdots, X_k)$。至此，得到了 D 的分布式并行 Grid 文件结构 $\langle G, (\boldsymbol{V}_1, \boldsymbol{V}_2 \cdots, \boldsymbol{V}_k), A \rangle$。

第三步，建立 D_i 的物理 Grid 文件。给定 $\langle G, (\boldsymbol{V}_1, \boldsymbol{V}_2, \cdots, \boldsymbol{V}_k), A \rangle$，对于 $0 \leqslant i \leqslant P-1$，这一步在每个计算节点 i 上建立 D 的子集合 D_i 的 Grid 文件，简称物理 Grid 文件。以下分别使用 D_i 和 S_i 表示 D 和 S 在第 i 个计算节点上的子集合和子空间。一般来说，任何磁盘存储结构都可以用来在单计算节点 i 上存储 D_i，使用传统 Grid 文件结构存储 D_i。与 CMD 方法类似，D_i 和 S_i 在 S 中的分布不均匀（如图 7.2.6 所示），难以直接使用 Grid 文件组织。为了解决这个问题，定义一个类似于 CMD 方法的变换函数，把 S_i 变换为 k 维长方体，同时也把 D_i 变换为在 S_i 上相对均匀分布的数据集合。对于 $1 \leqslant i \leqslant k$，设 S 的第 i 维的值域已被分为 n_i 个区间。选择 D_j 满足 $n_j = \max\limits_{1 \leqslant i \leqslant k}\{n_i\}$。对于 D_j 的划分向量 $\boldsymbol{V}_j = (p_{j1}, p_{j2}, \cdots, p_{jn_j-1})$，令 $p_{j0} = \min$，$p_{jn_j} = \max$，$\max$ 和 $\min$ 分别是 D 的第 j 维定义域的最大值和最小值，$\Delta_{jl} = p_{jl} - p_{jl-1}$，$\Delta_j = \max\limits_{1 \leqslant l \leqslant n_j}\{\Delta_{jl}\}$。对于任意 $(x_1, \cdots, x_j, \cdots, x_k) \in S_i$，由于 $x_j \in [p_{jm}, p_{jm+1})$ $(0 \leqslant m \leqslant n_j - 1)$，必存在整数 $c > 0$ 和 $0 \leqslant \alpha < \Delta_{jm+1}$，使得 $x_j = \alpha + \sum\limits_{1 \leqslant t \leqslant c} \Delta_{jt}$。$c$ 可以分解为 $c = aP + b$，其中，$a \geqslant 0, 0 \leqslant b < P$。使用 α 和 a，变换函数 CTF 定义为

$$\text{CTF}(x_1, \cdots, x_{j-1}, x_j, x_{j+1}, \cdots, x_k) = (x_1, \cdots, x_{j-1}, \alpha + a\Delta_j, x_{j+1}, \cdots, x_k)$$

使用这个 CTF 函数可以把图 7.2.6 中的例子变换为图 7.2.7 所示的结果。令 CTF(X) 是 X 在 CTF 下的像。类似于 CMD 方法中的变换函数，容易证明：CTF 是一个一一映上的函数，CTF(S_i) 是 k 维长方体，并且 S_i 中的 Grid 块与 CTF(S_i) 中 Grid 块是一一对应的。基于 CTF 函数，可以使用传统 Grid 文件在单个计算节点上组织 CTF(S_i) 中的 CTF(D_i)。对于 $1 \leqslant i \leqslant \lambda$，在构造 CTF($D_i$) 的单计算节点 Grid 文件 GD_i 时，需要对 D_i 进行多维划分。称这种划分为物理 Grid 划分，物理 Grid 划分得到的 Grid 块为物理 Grid 块。称 CTF(D_i) 的 Grid 文件 GD_i 为物理 Grid 文件。请注意，在物理 Grid 划分中，只用 CTF(D_i) 和 CTF(S_i) 构造 D_i 的物理 Grid 文件结构，物理存储的仍然是 D_i 的原始数据。这样可以避免计算 CTF 的逆映像。至此，就完成了 D 的分布式并行 Grid 文件结构 $\langle G, (\boldsymbol{V}_1, \boldsymbol{V}_2, \cdots, \boldsymbol{V}_k), A, GG \rangle$ 的建立。

第四步，加载 D 的数据到 D 的分布式并行 Grid 文件。给定 D 的分布式并行 Grid 文件结构 $\langle G, (\boldsymbol{V}_1, \boldsymbol{V}_2, \cdots, \boldsymbol{V}_k), A, GG \rangle$，只需要将 G 中 D 的每个子集合 D_i 按照映射数组 A 加载到 GG 中的第 i 个计算节点的物理 Grid 文件 GD_i 中。

2. 分布式并行 Grid 文件构造与加载算法

接下来设计构造 k 维数据集合 D 的分布式并行 Grid 文件的算法，完成分布式并行 Grid 文件结构的建立和数据的加载。下面介绍 3 种分布式并行 Grid 文件构造算法。

1）动态规划算法

为了使数据在多个计算节点间分布均匀，确保在大数据计算中充分发挥多个计算节点的并行性、减少 I/O 时间，从上述第二步可知，使用 CMD 函数在多个计算节点之间分配 S 的所有 k 维长方体和 D 的划分 $\{D_1, D_2, \cdots, D_\lambda\}$。定理 7.2.2 表明，$\{D_1, D_2, \cdots, D_\lambda\}$ 被均匀地分布在 P 个计算节点。于是，分布式并行 Grid 文件的构造和数据加载算法必须最小化物理 Grid 块的数据溢出和逻辑 Grid 块的数据偏斜。物理 Grid 块的数据溢出定义为 $\sum_{1 \leqslant i \leqslant N} \max\{0, c_i - c\}/N$，其中 N 是 D 的物理 Grid 块数，c_i 是 D 的第 i 个物理 Grid 块的大小，c 是磁盘块的大小。逻辑 Grid 块的数据分布偏差定义为 $\sum_{1 \leqslant i \leqslant L} |C_i - C|/L$，其中，$L$ 是 D 的逻辑 Grid 块数，C_i 是 D 的第 i 个逻辑 Grid 块的大小，C 是 D 的逻辑划分中给定的逻辑 Grid 块的大小。

构造并行 Grid 文件结构和数据加载的动态规划算法的目标是：在最小化物理 Grid 块的溢出和逻辑 Grid 块的数据偏斜的条件下，为给定的多维数据集合构造分布式并行 Grid 文件结构并加载数据。在讨论这个动态规划算法之前，需要研究 Grid 分布的动态规划模型。

首先研究多维 Grid 划分的一般动态规划模型。

为了容易理解，设 D 是 2 维数据集合，D 的所有属性的值域都具有 n 个值。在这种假设下构造的模型很容易推广到一般情况。在下面的讨论中，统称逻辑 Grid 块和物理 Grid 块为 Grid 块，统称物理 Grid 块的数据溢出和逻辑 Grid 块的数据偏斜为数据分布误差。

对于 $i=1$ 和 2，设 $V_i = \langle v_{i1}, v_{i2}, \cdots, v_{in} \rangle$ 是 D 的第 i 维对应的属性 A_i 的值域中 n 个值的排序结果。对于任意一对值 v_{1i} 和 v_{2j}，D 中可能有多个元组在属性 A_1 和 A_2 上的值是 v_{1i} 和 v_{2j}。令 F 是一个 $n \times n$ 矩阵，称为频率矩阵，其元素 $F[i, j] = |\{r \mid r \in D, r.A_1 = v_{1i}, r.A_2 = v_{2j}\}|$，其中，$|X|$ 表示集合 X 中的元素数，$r.A$ 表示元组 r 在属性 A 上的值。

把 D 划分为 β 个 Grid 块的多维 Grid 划分方法是：首先把 F 划分为 β 块，使得对应的 D 具有最小的数据分布误差；然后把 F 各维的划分点作为 D 的相应维的划分点，从而得到 D 的最优划分。需要指出的是，在划分 F 的时候，对应的 D 的划分的数据分布误差可以由 F 计算出来。这种方法避免了 D 的存取操作，并且与 D 的大小无关，提高了划分算法的效率。

如果 $n_1 \times n_2 = \beta$，而且 n_1 和 n_2 是整数，$n_1 \leqslant n, n_2 \leqslant n$，则称 n_1 和 n_2 是 β 的有效因子。为了把 F 划分为 β 块，在 F 的行之间放置 n_1-1 条水平划分线，在列之间放置 n_2-1 条垂直划分线。于是，F 的行和列分别被划分为 n_1 和 n_2 个片段，从而 F 被划分为 β 块。

令 $F_{(r,s)}$ 是 F 的 $n \times (s-r+1)$ 子矩阵，$F_{(r,s)} = \{F[i, j] \mid 1 \leqslant i \leqslant n \text{ 且 } r \leqslant j \leqslant s\}$。设 π 是一个把 F 行划分为 n_1 个片段的固定水平划分方法，$OS_\pi(r, s)$ 表示当 π 中的水平线把 $F_{(r,s)}$ 划分为 n_1 个片段时对应的 D 的数据分布误差。

设 π 是一个把 $F_{(1,s)}$ 的行划分为 n_1 个片段的水平划分方法。下面考虑在 π 之下求解把子矩阵 $F_{(1,s)}$ 划分为 $n_1 \times m$ 块的优化垂直划分方法的问题。这种优化垂直划分方法是在 π 的基础上，在 $F_{(1,s)}$ 中增加 $m-1$ 条垂直划分线，把 $F_{(1,s)}$ 分为 $n_1 \times m$ 块，并使得 D 的相应划分的数据分布误差最小。令 $TOS_\pi(s, m)$ 是在 π 的基础上，在 $F_{(1,s)}$ 中增加 $m-1$ 条垂直划分线，把 $F_{(1,s)}$ 分为 $n_1 \times m$ 块的优化垂直划分方法所引起的 D 的相应划分的数据分布误差。

基于优化原理,可以构造如下的递归方程:

$$\text{TOS}_\pi(s,m) = \min_{m-1 \leqslant l \leqslant s-1} \{\text{TOS}_\pi(s, m-1) + \text{OS}_\pi(l+1, s)\}, 1 < m \leqslant s$$

$$\text{TOS}_\pi(s, 1) = \text{OS}_\pi(1, s), s \geqslant 1$$

第一个递归方程中的第一项是在 π 之下把 $F_{(1,s)}$ 划分为 $n_1 \times (m-1)$ 块,而且最后一条垂直划分线放在第 l 列之后的优化垂直划分方法引起的 D 的相应划分的数据分布误差;第二项是与 π 在 $F_{(l+1,s)}$ 上的划分对应的 D 的相应划分的数据分布误差。设 π 是一个把 $F = F_{(1,n)}$ 的行划分为 n_1 个片段的水平划分方法。这个递归方程说明,在 $F = F_{(1,n)}$ 的水平划分 π 之下将 F 划分为 $n_1 \times n_2$ 块的优化垂直分布方法可以由递归方程 $\text{TOS}_\pi(n, n_2)$ 求出。

下面讨论逻辑 Grid 划分的动态规划模型。

在逻辑划分阶段,S 被划分为 $h \times v$ 个逻辑 Grid 块,即 D 被划分为 $h \times v$ 个子集合。h 和 v 依赖于数据操作的性质。根据 CMD 方法的性质,h 与 v 至少有一个应该为计算节点个数 P 的倍数。逻辑 Grid 块的容量为 $C = |D|/(h \times v)$。用逻辑 Grid 划分的数据分布偏差 LSKEW 和在给定水平划分 π 下优化垂直划分方法的数据分布误差 LTSKEW 代替前面的递归方程中的 OS 和 TOS,得到逻辑 Grid 划分的动态规划模型如下:

$$\text{LTSKEW}_\pi(s,m) = \min_{m-1 \leqslant l \leqslant s-1} \{\text{LTSKEW}_\pi(s, m-1) + \text{LSKEW}_\pi(l+1, j)\}, 1 < m \leqslant s$$

$$\text{LTSKEW}_\pi(s, 1) = LSKEW_\pi(1, s), \quad s \geqslant 1$$

$$\text{LSKEW}_\pi(l, s) = \sum_{1 \leqslant z \leqslant h} |C_z - C|/h$$

其中,$C_1 = \sum_{l \leqslant j \leqslant s} \sum_{1 \leqslant i \leqslant p_1} F[i, j]$,$C_h = \sum_{l \leqslant j \leqslant s} \sum_{p_{h-1}+1 \leqslant i \leqslant n} F[i, j]$,并且对于 $2 \leqslant z \leqslant h-1$,

$$C_z = \sum_{l \leqslant j \leqslant s} \sum_{p_{z-1}+1 \leqslant i \leqslant p_z} F[i, j]$$

其中,$p_1, p_2, \cdots, p_{h-1}$ 是 π 中 $h-1$ 条水平划分线的分点。设 π 是将 F 的行划分为 h 个片段的水平划分方法。在 π 之下将 F 划分为 $h \times v$ 块的优化垂直划分方法可以由 $\text{LTSKEW}_\pi(n, v)$ 求出。

最后研究物理 Grid 划分的动态规划模型。

设 D_i 是 D 在第 i 个计算节点上的子集合,F_i 是 D_i 的频率矩阵。对于 $1 \leqslant i \leqslant P$,第 i 个计算节点求解 F_i 的优化划分,得到 D_i 的优化物理 Grid 块集合,使 D_i 的物理 Grid 块数据溢出最小化。设 π 是 F_i 的水平划分方法,用物理 Grid 划分的数据溢出测度 OVERF 和 TOVERF 代替前面的递归方程中的 OS 和 TOS,得到物理 Grid 划分的动态规划模型如下:

$$\text{TOVERF}_{i\pi}(s,m) = \min_{m-1 \leqslant l \leqslant s-1} \{\text{TOVERF}_{i\pi}(s, m-1) + \text{OVERF}_{i\pi}(l+1, s)\}, 1 < m \leqslant s$$

$$\text{TOVERF}_{i\pi}(s, 1) = \text{OVERF}_{i\pi}(1, s), s \geqslant 1$$

$$\text{OVERF}_{i\pi}(l, s) = \sum_{1 \leqslant z \leqslant n} \max(0, (C_z - c)/\mu_i)$$

其中,$C_1 = \sum_{l \leqslant y \leqslant s} \sum_{1 \leqslant x \leqslant p_1} F_i[x, y]$,$C_{n_1} = \sum_{l \leqslant y \leqslant s} \sum_{p_{n_1-1}+1 \leqslant x \leqslant n} F_i[x, y]$,并且对于 $2 \leqslant z \leqslant n_1 - 1$,

$$C_z = \sum_{l \leqslant y \leqslant s} \sum_{p_{z-1}+1 \leqslant x \leqslant p_z} F_i[x, y]$$,$p_1, p_2, \cdots, p_{n_1-1}$ 是 π 中 n_1-1 条水平划分线的分点,c 是磁盘块的大小,μ_i 是 D_i 的物理 Grid 块数($|D_i|/c$)。对于 $|F_i|$ 的任一对有效因子 x 和 y,在把 F_i 的行划分为 x 个片段的水平划分 π 之下的优化垂直划分方法可以由方程 $\text{TOVERF}_{i\pi}(n, y)$ 求出。

现在给出构造 D 分布式并行 Grid 文件和数据加载的动态规划算法,简称 DP 算法。DP 算法分为 3 个阶段。

第一阶段是逻辑 Grid 划分阶段。这个阶段需要输入参数 h 和 v。DP 算法通过对给定 k 维数据集合 D 的频率矩阵 F 的划分把 D 划分为 $h \times v$ 个逻辑 Grid 块。DP 算法首先对于每个可能将 F 的行划分为 h 个片段的水平划分方法,使用逻辑 Grid 划分的动态规划模型求解出把 F 划分为 $h \times v$ 个块的优化划分方法,并从这些方法中选出最优方法 π_o。然后,按照 π_o 把 D 划分为 $h \times v$ 个逻辑 Grid 块,并使用函数 CMD 在 P 个计算节点间分布这些 Grid 块。

第二阶段是物理 Grid 划分阶段。设 D_i 是分配到第 i 个计算节点的 D 的子集合。这个阶段要求输入参数 e_1 和 e_2。令 $\mu_i = (|D_i| / c)$,其中 c 是磁盘块大小。进行物理 Grid 划分时,DP 算法将逐一考察满足 $0 \leqslant x \times y - \mu_i \leqslant e_1$ 和 $|x - y| \leqslant e_2$ 的整数 x 和 y,使用物理 Grid 划分的动态规划模型,确定把 F_i 划分为 $x \times y$ 个物理 Grid 块的优化方法,然后从这些方法中选出最优方法 π_o。最后,按照 π_o 建立 D_i 的物理 Grid 文件结构 GF_i。

第三阶段把 D 的数据加载到上面构造的分布式并行 Grid 文件结构中。

DP 算法是一个并行算法。在逻辑 Grid 划分阶段,F 的所有可能的水平划分方法被划分为 P 个相等的子集,每个计算节点处理一个子集,并行地完成逻辑 Grid 划分。在物理 Grid 划分阶段,第 i 个计算节点实施 F_i 的物理 Grid 划分和 D_i 的物理 Grid 文件结构的建立,P 个计算节点并行地完成 D 的物理 Grid 划分。在数据加载阶段,第 i 个计算节点加载 D_i。在 DP 算法中,假设 D 初始存放在计算节点 0 上,并指定计算节点 0 为 Coordinator。Algorithm 7.2.1 给出了 DP 算法的详细描述。

Algorithm 7.2.1：DP

输入：d 维数据集合 D,计算节点数 P,划分参数 h 和 v,磁盘块大小 c,有效因子约束条件 $e_1 \geqslant 0$ 和 $e_2 \geqslant 0$。

输出：D 的分布式并行 Grid 文件。

1.   Coordinator 执行下面的第 2、3 步

2. $C := |D| / (h \times v)$；扫描 D,建立频率矩阵 F；广播 F 到其他 $P-1$ 个计算节点；

3.   把 F 的 C_n^h 种水平划分方法分为 P 个相等的子集,第 i 个子集 S_i 送计算节点 i；

4.   **For** $1 \leqslant i \leqslant P$ **Do**(并行地)

5.   计算节点 i 执行下面的第 6～11 步

6. $LTSKEW_i := +\infty$； $\Pi_i := \varnothing$；

7.   **For** S_i 中每个 F 的 h 水平划分 π **Do**

8.   使用动态规划方法求解 $LTSKEW_{i\pi}(n, v)$
                    $\Pi_P := F$ 关于 π 和 v 的优化划分方法；
                    $LTSKEW_{i\pi} := \Pi_P$ 中优化解的数据偏斜度；

9.   **If** $LTSKEW_{i\pi} < LTSKEW_i$

10.   **Then** $LTSKEW_i := LTSKEW_{i\pi}$； $\Pi_i := \Pi_P$；

11.   发送 $LTSKEW_i$ 和 Π_i 到 Coordinator；

12. Coordinator 选择 Π_k 使得 $LTSKEW_k = \min\limits_{i \leqslant 1 \leqslant P} \{LTSKEW_i\}$；

13. Coordinator 根据 Π_k 建立逻辑 Grid 结构,写入磁盘；

14. Coordinator 扫描 D,根据 CMD 函数向各计算节点发送 D 的数据；

15. **For** $0 \leqslant i \leqslant P-1$ **Do**(并行地)

16.   计算节点 i 执行下面的第 17～26 步

17.   使用 CTF 函数变换由 Coordinator 发来的数据,写入 D_i,并建立 F_i；

18. $\mu_i := (|D_i| / c)$； $XY_i := \{(x, y) \,|\, 0 \leqslant x \times y - \mu_i \leqslant e_1, \, |x - y| \leqslant e_2, \, x$ 和 y 是整数$\}$；

19.	OVERF$_i$:= $+\infty$；$\varPi_i$:= $\varnothing$；
20.	**For** $\forall(x,y)\in XY_i$ **Do**
21.	**For** F_i 的每个 x 水平划分 π **Do**
22.	求解 TOVERF$_{i\pi}(n,y)$
	$\varPi_P$:= F_i 关于 π 和 y 的优化划分解；
	OVERF$_{i\pi}(x,y)$:= $\varPi_P$ 中优化解的数据溢出度；
23.	**If** OVERF$_{i\pi}(x,y)<$OVERF$_i$
24.	**Then** OVERF$_i$:= OVERF$_{i\pi}(x,y)$；$\varPi_i$:= $\varPi_P$；
25.	根据 $\varPi_i$ 中的解为 D_i 建立物理 Grid 文件结构 GF$_i$，写入磁盘；
26.	把 D_i 加载到 GF$_i$.

2）部分动态规划算法

部分动态规划算法是一个随机化的动态规划算法，简称为 RDP 算法。RDP 算法采用随机方法构造逻辑 Grid 文件结构，采用动态规划方法构造物理 Grid 文件结构。对于具有较大值域属性的文件，RDP 算法的时间复杂性远小于 DP 算法。虽然 RDP 算法不能保证给出最优解，但能够以很高的概率给出优化或近似优化解。Algorithm 7.2.2 给出了 RDP 算法的详细描述。

Algorithm 7.2.2：RDP

输入：d 维数据集合 D，计算节点数 P，划分参数 h 和 v，磁盘块大小 c，有效因子约束条件参数 $e_1\geqslant0$ 和 $e_2\geqslant0$，样本大小 SN。

输出：D 的分布式并行 Grid 文件。

1.	Coordinator 执行下面的第 2～12 步
2.	n := $\max\{h,v,\text{SN}\}$；
3.	$S[1:n]$:= 从 D 中随机抽取 n 个数据；
4.	按照第一维的值排序 $S[1:n]$；
5.	**For** $i=1$ **To** $h-1$ **Do**
6.	$V_1[i]$:= $S[\lceil(i\times n)/h\rceil]$；
7.	V_1 存入磁盘；
8.	按照第二维的值排序 $S[1:n]$；
9.	**For** $i=1$ **To** $v-1$ **Do**
10.	$V_2[i]$:= $S[\lceil(i\times n)/v\rceil]$；
11.	V_2 存入磁盘；
12.	扫描 D，根据 CMD 函数向各计算节点发送 D 的数据；
13.	**For** $i=0$ **To** $P-1$ **Do**(并行地)
14.	计算节点 i 执行下面的第 15～26 步
15.	使用 CTF 函数变换由 Coordinator 发来的数据，加载到 D_i，并建立 F_i；
16.	μ_i := $\lvert D_i\rvert/c$；XY_i := $\{(x,y)\mid 0\leqslant x\times y-\mu_i\leqslant e_1,\lvert x-y\rvert\leqslant e_2,x$ 和 y 是整数$\}$；
17.	OVERF$_i$:= $+\infty$；$\varPi_i$:= $\varnothing$；
18.	**For** $\forall(x,y)\in XY_i$ **Do**
19.	**For** F_i 的每个 x 水平划分 π **Do**
20.	求解 TOVERF$_{i\pi}(n,y)$
21.	$\varPi_P$:= F_i 关于 π 和 y 的优化划分；
22.	OVERF$_{i\pi}(x,y)$:= $\varPi_P$ 中优化解的数据溢出度；
23.	**If** OVERF$_{i\pi}(x,y)<$OVERF$_i$
24.	**Then** OVERF$_i$:= OVERF$_{i\pi}(x,y)$；$\varPi_i$:= $\varPi_P$；
25.	根据 $\varPi_i$ 中的解为 D_i 建立物理 Grid 文件结构 GF$_i$，写入磁盘；
26.	把 D_i 加载到 GF$_i$.

给定 k 维数据集合 D，RDP 算法分 3 步完成 D 的划分与分布。

第一步，RDP 算法随机地从 D 中抽取样本集合 S。然后，使用排序的方法划分 S 的各维值域。最后，使用 S 的各维值域的划分点作为 D 的各维值域的划分点，实现 D 的划分，建立逻辑 Grid 文件结构，并使用 CMD 函数完成 D 在多个计算节点间的分布。设 D_i 是 D 在计算节点 i 上的子集合。

第二步，对于每个 $1 \leqslant i \leqslant P$，RDP 算法使用计算节点 i，根据 D_i 中数据值的分布情况，使用 DP 算法提供的构造物理 Grid 结构的递归方程，并行地求解由 D_i 建立物理 Grid 文件的最优方案，建立 D_i 的物理 Grid 文件结构。最后，RDP 算法完成数据的加载。

类似于 RD 算法，可以构造另一部分动态规划算法。这个算法使用动态规划方法构造逻辑 Grid 结构，使用随机方法构造物理 Grid 结构。读者可以自行设计这个算法。

3）随机算法

随机算法在逻辑 Grid 文件结构和物理 Grid 文件结构的构造过程中完全使用随机方法。以下简称随机算法为 RR 算法。RR 算法不能保证给出优化解，但能够以较高的概率给出近似优化解。对于具有大值域属性的数据集合，RR 算法的复杂性和响应时间小于 DP 和 RDP 算法。

Algorithm 7.2.3 给出了 RR 算法的详细描述。

Algorithm 7.2.3：RR

输入：d 维文件 D，计算节点数 P，划分参数 h 和 v，磁盘块大小 c，有效因子约束条件参数 $e_1 \geqslant 0$ 和 $e_2 \geqslant 0$，逻辑划分样本大小 SN_1，物理划分样本大小 SN_2。

输出：D 的分布式并行 Grid 文件。

1.   Coordinator 执行下面的第 2～8 步
2. $n := \max\{h, v, \mathrm{SN}_1\}$；
3. $S[1:n] :=$ 从 D 中随机选择大小为 n 的样本；
4.   按照第一维的值排序 $S[1:n]$；
5.   **For** $i=1$ **To** $h-1$ **Do** $V_1[i] := S[\lceil (i \times n)/h \rceil]$；$V_1$ 存入磁盘；
6.   按照第二维的值排序 $S[1:n]$；
7.   **For** $i=1$ **To** $v-1$ **Do** $V_2[i] := S[\lceil (i \times n)/v \rceil]$；$V_2$ 存入磁盘；
8.   扫描 D，根据 CMD 函数向各计算节点发送 D 的数据；
9.   **For** $i=0$ **To** $P-1$ **Do**(并行地)
10.   计算节点 i 执行下面的第 11～26 步
11.   使用 CTF 函数变换 Coordinator 发来的数据，加载到 D_i，并建立 F_i；
12. $\mu_i := |D_i|/c$；$XY_i := \{(x,y) | 0 \leqslant x \times y - \mu_i \leqslant e_1, |x-y| \leqslant e_2, x$ 和 y 是整数$\}$；
13. $m := \max\{z | z=x$ 或 $y, (x,y) \in XY_i\}$；
14. $n := \max\{m, \mathrm{SN}_2\}$；从 D_i 中随机抽取 n 个样本存入 $S_i[1:n]$；
15. $\mathrm{SX}_i[1:n] := \{x | (x,y) \in S_i\}$；$\mathrm{SY}_i[1:n] := \{y | (x,y) \in S_i\}$；
16.   排序 SX_i 和 SY_i；
17. $\mathrm{OPOVERF}_i := +\infty$；$\Pi_i := \varnothing$；
18.   **For** $\forall (x,y) \in XY_i$ **Do**
19.   **For** $i=1$ **To** $x-1$ **Do** $V_1[i] := \mathrm{SX}_i[\lceil (i \times n)/x \rceil]$；
20.   **For** $i=1$ **To** $y-1$ **Do** $V_2[i] := \mathrm{SY}_i[\lceil (i \times n)/y \rceil]$；
21. $\Pi_P := (V_1, V_2)$；
22. $\mathrm{OVERF}_i(x,y) := \Pi_P$ 中的解对应的总数据溢出量；
23.   **If** $\mathrm{OVERF}_i(x,y) < \mathrm{OPOVERF}_i$
24.   **Then** $\mathrm{OPOVERF}_i := \mathrm{OVERF}_i(x,y)$；$\Pi_i := \Pi_P$；
25.   使用 Π_i 中的解为 D_i 建立物理 Grid 文件结构 GF_i，写入磁盘；
26.   把 D_i 加载到 GF_i。

给定 k 维数据集合 D, RR 分 3 步完成 D 的划分与分布。

第一步, RR 算法随机地从 D 中抽取样本集合 S。然后, 使用排序的方法划分 S 的各维值域, 使用 S 的划分方案建立 D 的逻辑 Grid 文件, 实现 D 的逻辑划分, 并使用 CMD 函数完成 D 在多个计算节点间的分布。设 D_i 是 D 在计算节点 i 上的子集。

第二步, 对于 $0 \leqslant i \leqslant P-1$, RR 算法使用计算节点 i, 随机地从 D_i 中抽取样本集合 S_i, 并使用排序的方法划分 S_i 的各维值域, 使用 S_i 的划分方案建立 D_i 的物理 Grid 文件结构。

第三步, 完成数据加载。

7.2.4　分布式并行 B 树

B 树是一种非常重要的磁盘索引结构。B 树的分布式并行化对于大数据并行计算具有重要意义。本节介绍如何在分布式计算系统中通过分布式地存储 B 树建立分布式并行 B 树(以下简称并行 B 树)。本节将讨论 3 种并行 B 树, 即大节点并行 B 树、基于元组分布的并行 B 树以及基于树节点分布的并行 B 树。下面分别介绍这些并行 B 树。在下面的讨论中, 设分布式计算系统的 P 个计算节点编号为 $0, 1, \cdots, P-1$。

1. 大节点并行 B 树

在通常 B 树中, 一个树节点只占用一个物理磁盘块。大节点并行 B 树则不同, 它的每个节点可以占用多个物理磁盘块, 故称为大节点并行 B 树。大节点并行 B 树的基本思想是把每个大节点划分为 P 个子集合, 并分布到 P 个不同的计算节点。大节点并行 B 树的内节点与普通 B 树的内节点类似, 可以视为一个由二元组构成的向量 $\langle (\phi, p_0), (k_1, p_1), \cdots, (k_m, p_m) \rangle$, 其中, k_i 是索引键值, p_i 是指向子节点的指针, ϕ 是一个特殊记号。指针 p_i 与普通 B 树的指针不同, p_i 是一个 P 元组 $(a_{i1}, a_{i2}, \cdots, a_{iP})$, a_{ij} 表示 p_i 所指向的 B 树子节点在第 j 个计算节点上的子集合的存储地址。大节点并行 B 树的叶节点与普通 B 树的叶节点类似, 存储数据元组。大节点并行 B 树的每个节点都被划分为 P 个子集合, 每个子集合被分配到 P 个不同的计算节点之一。

普通 B 树中每个节点的索引键值集合需要排序。大节点并行 B 树中每个节点的索引键值集合不需要排序。大节点并行 B 树节点中索引键值的无序性增加了确定子节点需要的计算时间。但是, 这种无序性允许把一个新记录存入一个节点的任何一个子集合, 避免了子集合的溢出, 减少了计算节点间数据的传输量。下面定义数据记录存储位置的计算规则。设

$$cn = \langle (\phi, p_0), (k_1, p_1), \cdots, (k_m, p_m) \rangle$$

是当前的索引节点。给定一个键值为 key 的元组 r, r 所在的子树的根节点(即 cn 的一个子节点)的指针 p 按如下规则计算:

If　$\exists k_i [(k_i, p_i) \in cn - \{(\phi, p_0)\}] \wedge [key - k_i = \min_{1 \leqslant j \leqslant m} \{key - k_j \mid key - k_j \geqslant 0\}]$

Then　$p = p_i$

Else　$p = p_0$

图 7.2.9 给出了一个大节点并行 B 树的例子。在这个例子中, 每个树节点被划分为两个子集合, 分布到计算节点 PN_1 和 PN_2。当查找一个键值时, 例如 56, 首先对于根节点中的每个索引键值 k_i 计算 $56 - k_i$, 得到 $\{-16, 37, -31, 24\}$, 其中最小非负值为 $24 = 56 - 32$。于是 $k_i = 32$ 对应的指针 p_i 确定了 56 所在的子节点为

$$\alpha = \langle (32, -), (56, -), (41, -), (63, -) \rangle$$

其中,"-"表示无指针,即 α 是叶节点。由于 α 是叶节点且 56 在计算节点 PN_1 上,可以在 PN_1 上找到键值为 56 的元组。

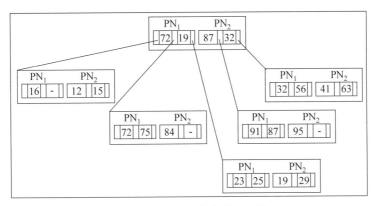

图 7.2.9　一个大节点并行 B 树

下面介绍大节点并行 B 树上的 3 个基本数据更新操作的实现算法。

(1) 查找。查找操作的功能是通过对大节点并行 B 树的搜索从数据集合中发现具有给定索引键值的记录。设每个大节点并行 B 树节点都分布在 P 个计算节点上。在下面的算法中,指定一个计算节点为 Coodinator,并用 S_{pi} 表示由指针 p 指向的树节点在第 i 个计算节点上的子集合。查找算法 Lookup 的详细描述见 Algorithm 7.2.4。请注意,Lookup 算法中的第 1、2 步并行执行。

(2) 插入。设 t 是索引键值为 key 的元组。向大节点并行 B 树插入元组 t 时,首先使用 Lookup 算法确定 t 所属的叶节点 ln。如果节点 ln 中具有足够的存储空间,则将 t 插入节点 ln 的任意空闲位置;如果节点 ln 已满,需要把 ln 中记录按照索引键排序,然后把 ln 分为两个节点,并把记录 t 插入其中之一。叶节点的分裂可能递归地引起前辈节点的一系列分裂。大节点并行 B 树节点分裂的递归过程与普通 B 树的节点分裂过程相同。插入算法的详细描述留给读者作为练习。

(3) 删除。从大节点并行 B 树上进行元组删除时,需要处理下溢问题,即当某个节点中的记录数少于预定值时需要进行节点合并。大节点并行 B 树节点下溢的处理过程与 B 树的节点下溢处理过程相同。在进行记录删除处理时,由删除产生的空位可以很容易被其他记录填充。这是因为大节点并行 B 树节点中的记录是无序的。显然,在记录删除处理方面,大节点并行 B 树优于普通 B 树。删除算法的详细描述也留给读者作为练习。

2. 基于元组分布的并行 B 树

基于元组分布的并行 B 树简记作 TDB 树(B-tree with Tuple Distribution)。设 D 是一个 k 维数据集合,P 是计算节点数。D 上的一个 TDB 树是 P 个普通 B 树的集合:

$$\{\text{B-tree}_0, \text{B-tree}_1, \cdots, \text{B-tree}_{P-1}\}$$

其中,B-tree$_i$ 是存储在第 i 个计算节点的磁盘上的 B 树。D 的元组被分布在这 P 个 B 树上。可以使用很多种方法实现 D 的元组在 P 个 B 树之间的分布。一旦一个元组被分配到一个 B 树,它将被插入这个 B 树,并一直存在于该 B 树中,直至被删除。使用不同的元组分布方法可以得到不同的 TDB 树。下面介绍 3 种不同类型的 TDB 树。

Algorithm7.2.4：Lookup

输入：大节点并行 B 树 T，要查找的元组的索引键值 key。

输出：索引键值为 key 的元组 t 或"没查到"。

1.　　Coordinator 执行如下操作
2.　　　　$p := T$ 的根节点指针；
3.　　　　广播(key，p)到 P 个计算节点；
4.　　　　接收 P 个计算节点的回答信息；
5.　　　　**If** （所有计算节点返回"-"）/* key 小于 p 指向的节点中的所有索引键 */
6.　　　　**Then** $p := (\phi, p_0)$，goto 1.2；
7.　　　　**If** （有一个计算节点返回信息"(k_i, p_i)"）
8.　　　　**Then** $p := (k_i, p_i)$；goto 1.2； /* $\text{key} - k_i = \min_{1 \leqslant j \leqslant m} \{\text{key} - k_j \mid \text{key} - k_j \geqslant 0\}$ */
9.　　　　**If** （有一个计算节点返回"键值为 key 的元组 t"）
10.　　　　**Then** 输出元组 t，广播"终止"，停止；
11.　　　　**If** （所有计算节点返回"没查到"）
12.　　　　**Else** 输出"没查到"，广播"终止"，停止；
13.　**For** $i = 0$ **To** $P - 1$ **Do** （并行地）
14.　　　第 i 个计算节点执行下列操作
15.　　　接收 Coordinator 信息；
16.　　　**If** （收到"终止"信息）**Then** 停止；
17.　　　**If**（p 指向叶节点） /* 收到"(key，p)"信息 */
18.　　　**Then** 查找索引键值为 key 的记录；
19.　　　　　**If** （查到索引键值为 key 的元组 t）
20.　　　　　**Then** 发送 t 到 Coordinator；
21.　　　　　**Else** 发送"没查到"到 Coordinator；
22.　　　**Else** **If** （$\exists (k_i, p_i)$ 满足(key$- k_i = \min_{1 \leqslant j \leqslant h} \{\text{key} - k_j \mid \text{key} - k_j \geqslant 0\}$)）
23.　　　　　**Then** 发送 (k_i, p_i) 到 Coordinator；
24.　　　　　**Else** 发送"-"到 Coordinator.

1）基于索引属性值域划分的 TDB 树

基于索引属性值域划分的 TDB 树首先把用来建立 TDB 树的索引属性的值域划分为 P 个不相交区间 $I_0, I_1, \cdots, I_{P-1}$，如果元组 t 的索引键值 key$\in I_j$，t 插入 B-tree$_j$。设 T 是基于索引属性值域划分的 TDB 树，key 是一个索引键值，在 T 上查找、增加、修改或删除索引键值为 key 的元组的算法如下：

1. 查找 j 使得 key$\in I_j$；

2. 计算节点 j 在 T 的 B-tree$_j$ 上，用通常 B 树算法查找、增加、修改或删除索引键值为 key 的记录。

显然，这种 TDB 树上的单个数据操作只需要由一个计算节点完成。范围较大的区域查询则需要由多个计算节点并行完成。这种 TDB 树的这两个特点使得它既具有快速响应时间，也具有较高的资源利用率。这种 TDB 树具有如下的缺点：它不能保证数据均匀地分布在所有计算节点上，可能产生工作负载的不平衡，降低系统效率和查询处理的速度。

2）基于 Hash 方法的 TDB 树

基于 Hash 方法的 TDB 树使用 Hash 方法把数据集合中的元组分布到各计算节点上。设 T 是数据集合 D 的基于 Hash 方法的 TDB 树，h 是定义在 D 的索引属性上的 Hash 函数，h 的值域是$\{0, 1, \cdots, P-1\}$，其中 P 是计算节点数。D 的索引键值为 key 的元组被插入计算节点 h(key)上的 B-tree$_{h(key)}$。在 T 上查找、增加、修改或删除一个索引键值为 key 的元组的一般算法如下：

1. $i := h(key)$；

2. 计算节点 i 使用通常 B 树算法在 B-tree$_i$ 上查找、增加、修改或删除索引键值为 key 的元组。

基于 Hash 方法的 TDB 树存在数据分布不均匀和工作负载偏斜问题。

3）基于 Round-Robin 方法的 TDB 树

基于 Round-Robin 方法的 TDB 树按照前面介绍过的 Round-Robin 方法在多个计算节点之间分配数据集合 D 的元组，不考虑索引键值。设 T 是 d 维数据集合 D 的基于 Round-Robin 方法的 TDB 树。D 的第 i 个数据记录插入到第 $(i \bmod P)$ 个计算节点的 B-tree$_{(i \bmod P)}$ 上，其中 P 是计算节点数。基于 Round-Robin 方法的 TDB 树的查找、增加、修改和删除算法如下：

For $i = 0$ **To** $P - 1$ **Do** （并行地）

    第 i 个计算节点使用通常 B 树算法在 B-tree$_i$ 上执行查找、修改、增加或删除操作

不难看出，基于 Round-Robin 方法的 TDB 树上的所有操作都需要由所有 P 个计算节点处理。这是因为在执行操作之前不知道操作记录在哪个（或哪些）计算节点上。对于要求较少元组的数据操作来说，这种 TDB 树的性能较低。

3. 基于树节点分布的并行 B 树

基于树节点分布的并行 B 树简记作 NDB 树（B-tree with node declustering）。NDB 树由一个普通的 B 树构成，树的节点分布到多个计算节点上。这样，通常 B 树节点的索引项需要加以扩充，增加指向子节点所在的计算节点的指针。由于计算节点指针占用的存储空间很少，索引项的扩充对树节点的扇出数影响不大。NDB 树不能改善单个数据操作的性能。但是，NDB 树可以提高在索引属性上具有查询条件的区域查询操作的处理速度。设 Q 是数据集合上的一个区域查询，其结果为 $\{t \mid t \in D, t$ 的索引键值 key$\in [a, b]\}$。完成 Q 的传统方法是：首先在 B 树上确定索引键为 a 和 b 的数据所在的树的叶节点 n_a 和 n_b，然后按照 n_a 与 n_b 之间的所有叶节点的指针，逐一读取每个数据块，找到 Q 要求的全部数据。这种算法显然不适用于 NDB 树。可以设计一个两阶段算法，并行地完成 Q 的处理。第一阶段使用 a 和 b 并行地确定 Q 需要读取的数据块的指针集合。第二阶段按照第一阶段确定的指针集合并行地读取数据块，完成 Q 的处理。下面介绍 3 种 NDB 树的节点的分布方法。

1）随机分布方法

设 f 是一个随机数生成函数。NDB 树节点的随机分布方法由两步组成。第一步，当一个新的树节点 node 产生时，调用 f，生成一个随机数 r。第二步，把 node 分配到计算节点 $(r \bmod P)$ 上，其中 P 是计算节点数。类似地，也可以使用定义在索引属性值域上的 Hash 函数实现 NDB 树节点的随机分布。

2）均衡分布方法

均衡分布方法的目的是保证在没有删除操作的情况下，每个计算节点上的树节点个数相同，即每个计算节点都具有 M/P 个树节点，其中 M 是树节点总数，P 是计算节点数。可以使用两种方法达到这个目的。第一种方法是把第 i 个新产生的树节点分配到计算节点

（$i \bmod P$）。第二种方法需要保存每个计算节点上已有的树节点个数。当一个新的树节点产生时，这个树节点被分配到具有最少树节点的计算节点。均衡分布方法的缺点是：在处理数据操作时无法预知各树节点所在的计算节点，使得在处理任何数据操作时，所有计算节点都必须启动运行。这种方法不能有效地支持要求存取少量数据的计算。

3）负载平衡的分布方法

上述两种方法都不能保证负载平衡，即一个数据操作需要存取的树节点不能均匀地分布在所有计算节点上。在最坏情况下，一个数据操作需要存取的树节点都集中在一个计算节点上。下面介绍一种能够保证负载平衡的树节点分布方法，简记作 DLB（Declustering with Load Balancing）方法。设 NDB 树任一级上的所有树节点都按照节点中的索引键值从小到大排序。DLB 方法的基本思想是：当一个序号为 m 的新树节点 node 产生时，调用一个计算节点分配算法，把 node 分配到一个满足下列条件的计算节点 PN，PN 中不包含与 node 邻近的树节点，即不包含序号属于 $[m-(\lceil P/2 \rceil-1), m+(\lceil P/2 \rceil-1)]$ 的树节点。在介绍计算节点分配算法之前，先定义如下几个函数：

- Leftnode(x)：返回树节点 x 的左邻接树节点的地址。
- Rightnode(x)：返回树节点 x 的右邻接树节点的地址。
- PN(x)：返回地址为 x 的树节点所在的计算节点号。
- Load(j)：返回计算节点 j 包含的树节点数。

通过为每个 NDB 树节点增加两个指向左邻接节点和右邻接节点的指针，可以很容易地实现 Leftnode 和 Rightnode 过程。设 P 是计算节点数，node 是新产生的树节点，C_{set} 是可用来存储 node 的计算节点集合，计算节点分配算法 FindPN(node) 为 node 分配一个计算节点，其详细描述如下：

1. $C_{set} := \{0, 1, \cdots, P-1\}$；left := node；right := node；
2. **For** $i=1$ **To** $\lceil P/2-1 \rceil$ **Do**
   right := Rightnode(right)；
   left := Leftnode(left)；
   $C_{set} := C_{set} - \{PN(left), PN(right)\}$；
3. node 分配到计算节点 $p = \min\{i \mid \text{Load}(i) = \min\limits_{j \in C_{set}}\{\text{Load}(j)\}\}$.

算法 FindPN 的关键部分是第 2 步。第 2 步从 C_{set} 中删除了所有包含与 node 邻近的树节点的计算节点。第二步结束时，C_{set} 包含了可存储 node 的计算节点集合。在第 3 步，node 被分配到 C_{set} 中存储了最少树节点的计算节点。如果 C_{set} 中包含多个存储了最少树节点的计算节点，则 node 被分配到具有最小编号的存储了最少树节点的计算节点。

图 7.2.10 给出了一个使用 DLB 方法在 3 个计算节点之间分布的 NDB 树的实例。假设图 7.2.10 中的 NDB 树的内节点和叶节点都只能最多存储 3 个索引项或数据项。每个节点左上角的数字表示该节点所在的计算节点号，这个信息在指向该节点的指针中。

现在，看一下如何向图 7.2.10 所示的 NDB 树中插入一个索引键值为 28 的记录。这个记录的插入将引起树节点 D 的分裂。记录（26，28）仍保留在节点 D 中，而记录（30，31）被存入新树节点 J 中。然后，修改树指针并调用 FindPN 算法为 J 分配计算节点。FindPN 算法第 1 步执行后，$C_{set}=\{1,2,3\}$，left$=J$，right$=J$。第 2 步结束后，left$=D$，right$=E$，

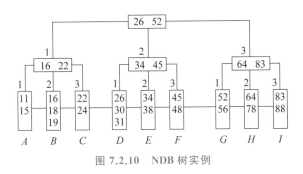

图 7.2.10　NDB 树实例

$C_{\text{set}}=\{3\}$。算法的第 3 步把 J 分配到计算节点 3。图 7.2.11 给出了结果 NDB 树。

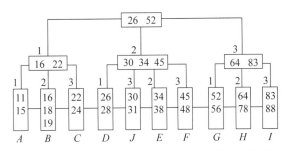

图 7.2.11　向 NDB 树插入键值为 28 的记录的结果

定理 7.2.5.　如果使用 FindPN 算法在 P 个计算节点之间分布 NDB 树 T 的节点而且无删除操作,则 T 的每一级上任意 $\lceil P/2 \rceil$ 个邻接节点都存储在不同的计算节点上。

证明:当 T 的任意一级都包含至多 P 个节点时,算法 FindPN 将为每个节点分配不同的计算节点,定理 7.2.5 正确。以下设 T 的每一级都包含多于 P 个节点。只需考虑新产生节点的分配。算法 FindPN 的第 2 步和第 3 步保证新产生的节点被分配到满足下列条件的计算节点:不包含新节点左侧的 $(\lceil P/2 \rceil -1)$ 个邻接节点,也不包含右侧 $(\lceil P/2 \rceil -1)$ 个邻接节点。于是,T 的每一级上任意 $\lceil P/2 \rceil$ 个邻接节点都在不同的计算节点上。证毕。

从定理 7.2.5 可以得到如下推论。

推论 7.2.1　设 Q 是 NDB 树 T 上需要存取 M 个邻接叶节点的查询。如果忽略 M 个邻接叶节点的首尾节点的确定时间,则 Q 的执行时间不大于 $M/\lceil P/2 \rceil$。

在上面的讨论中一直没有考虑删除操作。下面讨论如何处理删除操作,使定理 7.2.5 始终成立。删除操作可能引起两个节点合并为一个节点。这样,删除操作执行后,定理 7.2.5 可能不再成立。为了保证定理 7.2.5 仍然成立,靠近被删除节点的某些节点就不得不被移到其他计算节点。考虑图 7.2.12 中节点 $x_{P/2}$ 与节点 $x_{P/2-1}$ 合并的情况。$x_{P/2}$ 与 y_1 合并的情况可以类似地处理。设 x_i 和 y_i 分别表示 $x_{P/2}$ 的左邻节点和右邻节点$(1 \leqslant i \leqslant P/2-1)$。

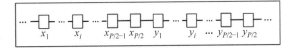

图 7.2.12　节点 $x_{P/2}$ 与节点 $x_{P/2-1}$ 合并

当 $x_{P/2}$ 与 $x_{P/2-1}$ 合并后,图 7.2.12 中各节点的邻接关系如图 7.2.13 所示。

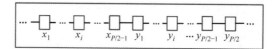

图 7.2.13　节点合并后各节点的邻接关系

　　显然,对于 $1 \leqslant i \leqslant P/2-1$,定理 7.2.5 在 $x_{P/2}$ 与 $x_{P/2-1}$ 合并后仍然成立当且仅当 x_i 与 y_i 在不同的计算节点上。如果 x_i 与 y_i 在同一个计算节点上,可以使用 FindPN 算法把 y_i 移到另一个计算节点上。总之,为了保证定理 7.2.5 成立,每当树节点合并时,需调用如下算法:

For $i=1$ **To** $\lceil P/2-1 \rceil$ **Do**
　　If （x_i 与 y_i 在同一个计算节点上）
Then 使用 FindPN 算法把 y_i 分配到另一个计算节点.

7.3　分布式并行排序算法

　　从本节开始,讨论大数据的分布式算法。排序算法是非常重要的算法,被大量大数据计算问题求解算法所使用。所以,首先讨论分布式并行排序算法。分布式并行排序算法按照输入和输出数据集合在多个计算节点之间的分布方法可以分为 4 类。第一类是单输入单输出排序算法,第二类是多输入单输出排序算法,第三类是单输入多输出排序算法,第四类是多输入多输出排序算法。

　　单输入单输出排序算法的输入数据集合初始地存储在单个计算节点上,输出的有序文件也存储到单个计算节点上。

　　多输入单输出排序算法的输入数据集合初始地分布在多个计算节点上,输出的有序数据集合存储到单个计算节点上。

　　单输入多输出排序算法的输入数据集合初始地存储在单个计算节点上,输出的有序文件被划分为多个大小近似相等的有序片段,每个片段存储到一个计算节点上,不同片段存储到不同的计算节点上。

　　多输入多输出排序算法的输入数据集合初始地分布在多个计算节点上,输出的有序数据集合被划分为多个大小相等的有序片段,每个片段存储到一个计算节点上,不同片段存储到不同的计算节点上。

　　分布式并行排序算法按其实现的特点可以分为 3 类。第一类是基于合并操作的分布式并行排序算法,第二类是基于比较-交换操作的分布式并行排序算法,第三类是基于数据划分的分布式并行排序算法。本节将分别介绍这 3 类算法。

　　在分布式计算系统中,数据集合一般都预先分布在多个计算节点上。所以,本节仅讨论多输入多输出和多输入单输出排序算法。以下假设:

　　(1) N 是被排序数据集合的物理磁盘块数,简称块数。

　　(2) 仅考虑外排序算法。

　　(3) 由于被排序数据集合的每块数据的排序是在内存缓冲区中进行的,需要 $O(1)$ 时间,对于外排序来说,可以忽略不计。于是,假定被排序数据集合每块内的数据已经有序。

　　(4) 每个计算节点具有 3 个可以容纳一个磁盘块数据的内存缓冲区,其中 2 个作为输入缓冲区,1 个作为输出缓冲区。

（5）多维数据集合 D 是按照一个或多个指定维或属性（简称排序属性）的值排序的。为了叙述简单，不失一般性，假定每个数据集合都仅有一个属性，而且这个属性就是排序属性。

现在，给出排序问题的形式化定义。

定义 7.3.1　排序问题定义如下：

输入：存储在 P 个计算节点上的数据集合 S。

输出：存储在一个计算节点或多个计算节点上的 SortedS$=\langle x_1, x_2, \cdots, x_n \rangle$，满足

- $x_i \in$ SortedS 当且仅当 $x_i \in S$。
- $\forall 1 \leqslant i, j \leqslant n$，如果 $i \leqslant j$，则 $x_i \leqslant x_j$；或者 $\forall 1 \leqslant i, j \leqslant n$，如果 $i \leqslant j$，则 $x_i \geqslant x_j$。

在本节的后续讨论中，假设排序问题的输入数据集合 S 包含 N 个数据块，每个数据块对应一个磁盘块，包含 t 个元组或 B 字节。进而，S 的大小 $|S|$ 可以表示为 N 个数据块、$n = tN$ 个元组或 BN 字节。此外，称一个数据集合的有序子集合为该集合的有序段。当计算节点合并一个数据集合的两个有序子集合为一个有序子集合时，称这个计算节点合并两个有序段为一个有序段。

7.3.1　基于合并操作的分布式并行排序算法

本节介绍基于合并操作的分布式并行排序算法。假设 P 个计算节点在逻辑上构成了一个树。每个计算节点存储输入数据集合 S 的一个子集合，其大小为 N/P 块。树的叶节点首先将其 N/P 块数据排序，形成 S 的 P 个有序段。然后，每个叶节点传送有序段到其父节点，父节点合并这些有序段，产生更长的有序段。这个合并过程反复进行，直至根节点最终产生 S 的有序集合 SortedS。下面介绍一个重要的基于合并操作的分布式并行排序算法，简称为并行分布式二元合并排序算法。

1. 算法设计

并行分布式二元合并排序算法是一种多输入单输出排序算法，简称 DPBMS（Distributed-Parallel Binary Merge Sorting）算法。输入数据集合均匀地分布在 P 个计算节点上，每个计算节点具有 N/P 块数据。Algorithm 7.3.1 给出了 DPBMS 算法的详细描述。指定一个计算节点为 Coordinator。

Algorithm 7.3.1：DPBMS

输入：均匀分布在 P 个计算节点上的数据集合 S，$|S|$ 包含 N 个数据块、$n = tN$ 个元组或 BN 字节，B 是磁盘块大小。

输出：存储在一个计算节点上的 S 的排序结果 SortedS。

/ * 第一阶段：* /

1. **For** $i = 1$ **To** P **Do** （并行地）
2. 　　**For** $j = 0$ **To** $\lceil \log(N/P) \rceil - 2$ **Do** / * S_i 存储在计算节点 i 上 * /
3. 　　　　计算节点 i 合并 S_i 中每个长为 2^j 块的有序段对为长为 2^{j+1} 块的有序段；

/ * 第二阶段 * /

4. 把 P 个计算节点构造为一个具有 P 个叶节点的反向二叉树；
5. 按照流水线方式并行执行第 6、7 步
6. 　　**For** 每个叶节点 P_{leaf} **Do** （并行地）

　　　　P_{leaf} 合并它的两个有序段，按流水线方式向父节点传输产生的结果；

7. 　　**For** 每个非叶节点 P_{nl} **Do** （并行地）

　　　　P_{nl} 以流水线方式从两个子节点接收两个有序段的数据 α 和 β；

　　　　将 α 和 β 合并为一个有序段；

　　　　按流水线方式向父节点传输产生的结果. / * 根节点产生排序结果 * /

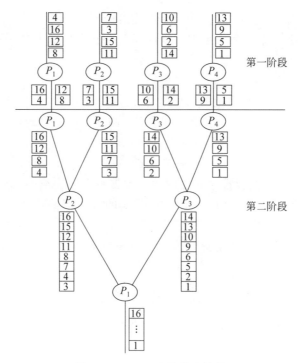

图 7.3.1　DPBMS 的排序过程

算法 DPBMS 分两个阶段完成输入集合 S 的排序。

第一阶段,各计算节点首先并行地将本地的 N/P 个长为一个磁盘块的有序段合并成两个长为 $N/(2P)$ 块的有序段,P 个计算节点共有 $2P$ 个有序段。

第二阶段,Coordinator 首先把多个计算节点安排为一个逻辑二叉树,然后并行地把 $2P$ 个有序段合并为最后的有序序列,如图 7.3.1 所示。第二阶段实现了两种并行执行方式,即树的同一级计算节点操作独立并行执行,不同级的计算节点操作按照流水线方式并行执行。

2. 算法分析

如果 $P \geqslant N/2$,算法仅需要 $N/2$ 个计算节点工作,每个计算节点存储 2 块输入数据。第一阶段的执行时间为 $O(1)$。第二阶段的第 4 步需要 $O(N/2)$ 时间。由于第二阶段采用了流水线并行技术,根节点等待开始工作的时间加上根节点的工作时间即为第二阶段的执行时间。当各叶节点(称为第 0 级节点)并行地把两个长为 1 块的有序段合并为一个长为 2 块的有序段并传输给其父节点时,叶节点的父节点(称为第 1 级节点)开始工作。当第 1 级各节点把第 0 级子节点传送来的两个长为 1 块的有序段合并为一个长为 2 块的有序段并传输给其父节点时,第 2 级节点开始工作。一般地,当第 i 级节点把第 $i-1$ 级子节点传送来的两个长为 1 块的有序段合并为一个长为 2 块的有序段并传输给其父节点时,第 $i+1$ 级节点开始工作。由于根节点是第 $\lceil \log N/2 \rceil$ 级节点,所以根节点需要等待的时间是前 $\lceil \log N/2 \rceil - 1$ 级节点产生和传输第 1 个结果的时间 $O(\lceil \log N/2 \rceil) = O(\log n)$。根节点产生 SortedS 需要 $O(n)$ 计算时间和 $O(n)$ 传输时间。于是,第二阶段需要 $O(\log n + n)$ 时间。由于第一阶段的并行执行时间为 $O(1)$,所以算法 DPBMS 的并行执行时间为 $O(\log n + n)$。

下面分析当 $P < N/2$ 时算法 DPBMS 的并行执行时间。在算法的第一阶段,每个计算

节点循环执行第 3 步的次数是 $\lceil \log N/P \rceil - 1$。在第 j 次循环中,每个计算节点把两个长为 2^j 块的有序段合并为一个长为 2^{j+1} 块的有序段。于是,每个计算节点在 $O\left(\sum\limits_{0 \leqslant j \leqslant \log N/P - 1} 2^j\right) = O(N/P)$ 时间内产生 2 个长为 $N/(2P)$ 块的有序段。从而,第一阶段的并行执行时间为 $O(N/P) = O(n/P)$。第二阶段的第 4 步需要 $O(P)$ 时间。由于第二阶段采用了流水线并行技术,根节点等待开始工作的时间加上根节点的工作时间即为第二阶段的执行时间。与上面的分析类似,当第 0 级各节点并行地产生第 1 个排序结果并传输到第 1 级节点后,第 1 级节点可以开始工作。当第 1 级各节点并行地产生第 1 个排序结果并传输到第 2 级节点后,第 2 级节点就可以开始工作了。一般地,当第 i 级节点并行地产生第 1 个排序结果并传输到第 $i+1$ 级节点后,第 $i+1$ 级节点就可以开始工作了。由于根节点是第 $\lceil \log P \rceil$ 级节点,所以根节点需要等待的时间是前 $\lceil \log P \rceil - 1$ 级节点均产生第 1 个排序结果并传输到其子节点的时间的和,即 $O(\log P)$。根节点产生 SortedS 需要 $O(n)$ 计算时间和 $O(n)$ 传输时间。第二阶段需要 $O(P + \log P + n)$ 时间。由于第一阶段的并行执行时间为 $O(n/P)$,所以算法 DPBMS 的并行执行时间为 $O(P + \log P + n + n/P) = O(P + \log P + n)$。

上述分析已经证明了下面的定理 7.3.1。

定理 7.3.1 算法 DPBMS 的并行执行时间 $\mathrm{RT}(n, P) = O(P + \log P + n)$。

从定理 7.3.1 可以得到如下推论。

推论 7.3.1 算法 DPBMS 的工作量 $\mathrm{Cost}(n, P) = O(P(\log P + n + P))$。

证明:根据并行算法的工作量的定义 $\mathrm{Cost}(n, P) = P \times \mathrm{RT}(n, P)$,很容易证明算法 DPBMS 的工作量 $\mathrm{Cost}(n, P) = O(P(\log P + n + P))$。证毕。

推论 7.3.2 算法 DPBMS 的加速比 $S(n, P) = \Omega(n \log n/(\lceil \log P \rceil + n + P))$。如果 $n \geqslant P + \lceil \log P \rceil$,则算法 DPBMS 的加速比 $S(n, P) = \Omega(\log n)$。

证明:根据并行算法加速比的定义 $S(n, P) = T(\mathrm{Alg})/\mathrm{RT}(n, P)$,其中 $T(\mathrm{Alg})$ 和 $\mathrm{RT}(n, P)$ 分别是求解同一问题的最快顺序算法和并行算法的执行时间,算法 DPBMS 的加速比为 $S(n, P) = \Omega(n \log n/(\log P + n + P))$。

如果 $n \geqslant P + \log P$,则由于 $n \log n/(\log P + n + P) = \log n/(1 + (P + \log P)/n) \geqslant \log n/2$,$S(n, P) = \Omega(\log n)$。证毕。

推论 7.3.3 算法 DPBMS 的效率 $E(n, P) = \Omega(n \log n/(P(\log P + n + P)))$。若 $n \geqslant P + \log P$,则算法 DPBMS 的效率 $E(n, P) = \Omega((\log n)/P)$。

证明:根据并行算法效率 $E(n, P) = S(n, P)/P$ 的定义,可以计算出算法 DPBMS 的效率 $E(n, P) = \Omega(n \log n/(P(\log P + n + P)))$。若 $n \geqslant P + \log P$,则 $S(n, P) = \Omega(\log n)$,进而 $E(n, P) = \Omega((\log n)/P)$。

从上面 3 个推论的证明可以看出,只要分析出一个并行算法的并行执行时间,这个算法的工作量、加速比和效率是很容易推导出来的。

7.3.2 基于比较-交换的分布式并行排序算法

基于比较-交换的分布式并行排序算法是由并行排序网络演变而来。这类排序算法的基本思想是反复使用比较-交换操作实现分布式并行排序。下面介绍一个有代表性的基于比较-交换的分布式并行排序算法。

1. 算法设计

基于比较-交换的分布式并行排序算法是多输入多输出算法,简记作 CEDPS (Comparing and Exchanging based Distributed-Parallel Sorting)。算法 CEDPS 使用 P 个计算节点执行多次比较-交换操作,完成数据集合的排序,结果分布在 P 个计算节点上。

算法 CEDPS 的基本操作称为块比较操作,简记作 Block-CP。在算法 CEDPS 中,每个计算节点可以视为一个执行 Block-CP 操作的比较器。Block-CP 操作的输入是两个数据块,每块是输入集合的一个有序段。Block-CP 操作的输出是两个等长的有序段。一个是低值段 L,另一个是高值段 H。L 中的每个数据都小于 H 中的所有数据。图 7.3.2 给出了 Block-CP 操作执行过程示例。

图 7.3.2　Block-CP 操作执行过程示例

在算法 CEDPS 的执行过程中,每个计算节点反复执行 Block-CP 操作,而且每次将其两个输出有序段之一与其他计算节点进行交换。称这样的操作为一个比较-交换操作。首先设计算法 CEDPS 调用的原子块双调排序算法,简记作 ABBS(Atomic Block Bitonic Sorting)。算法 ABBS 使用两个计算节点。每个计算节点的输入都是两个有序段,图 7.3.3 给出了算法 ABBS 执行过程示例。Algorithm 7.3.2 给出了算法 ABBS 的详细描述。

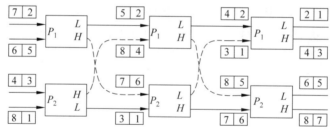

图 7.3.3　算法 ABBS 的执行过程示例

Algorithm 7.3.2：ABBS

输入:计算节点 P_i 和 P_j,P_i 的两个有序段 D_{i1} 和 D_{i2},P_j 的两个有序段 D_{j1} 和 D_{j2},$i<j$。

输出:存储在 P_i 和 P_j 上的排序结果,P_i 上的数据小于 P_j 上的数据。

1. P_i 和 P_j 并行地执行一次 Block-CP 操作;
2. P_i 将其高值段传给 P_j,P_j 将其高值段传给 P_i;
3. P_i 和 P_j 并行地再执行一次 Block-CP 操作;
4. P_i 将高值段传给 P_j,P_j 将低值段传给 P_i;
5. P_i 和 P_j 并行地再执行一次 Block-CP 操作;
6. P_i 和 P_j 并行地输出各自的有序段,完成对整个输入的全排序.

算法 CEDPS 把计算节点两两组合,反复调用算法 ABBS,完成输入文件的排序。为了叙述简单,在算法 CEDPS 的讨论中,假设计算节点个数 P 是偶数,$N/P=2^k$,N 是输入数据集合的磁盘块数。可以很容易地把这个算法推广到一般情况。算法 CEDPS 的详细描述如 Algorithm 7.3.3 所示。

Algorithm 7.3.3：CEDPS

输入：分布在 P 个计算节点上数据集合 D，D 包含 N 个数据块（每块是一个有序段）、$n=tN$ 个元组或
　　　BN 字节，B 是每个磁盘块的字节数，每个计算节点存储 $2^k=N/P$ 个数据块。

输出：数据集合 D 的排序结果，分布在多个计算节点上。

/＊第一阶段：各计算节点把其 N/P 个有序段合并成两个长为 $N/(2P)$ 的有序段　＊/

1.　　$m:=N/P$；
2.　**For** $i=1$ **To** P **Do** （并行地）
3.　　　**While** $m>2$ **Do**
4.　　　　**For** $j=1$ **To** m **Step** 2 **Do**
5.　　　　　计算节点 i 把其第 j 和 $j+1$ 个有序段合并成一个有序段；
6.　　　　$m:=m/2$；

/＊第二阶段：排序　＊/

7.　**For** $k=1$ **To** $P/2+1$ **Do**
8.　　　**For** $i=1$ **To** P **Step** 2 **Do** （并行地）
9.　　　调用 $\text{ABBS}(P_i,P_{i+1})$；
10.　　**For** $i=2$ **To** $P-1$ **Step** 2 **Do** （并行地）
11.　　　调用 $\text{ABBS}(P_i,P_{i+1})$。

2. 算法分析

首先分析算法 ABBS 的并行执行时间。算法 ABBS 执行时，每个计算节点的输入是两个长为 $N/(2P)$ 块的有序段。在算法 ABBS 的第 1 步，每个计算节点执行需要 tN/P 次比较，t 是每块中的元组数，从而第 1 步需要 $O(N/P+tN/P)$ 时间，其中 $O(N/P)$ 是两个 $N/(2P)$ 块数据的磁盘读和写时间。算法 ABBS 的第 2 步需要交换两个 $N/(2P)$ 块的有序段，需要的通信时间为 $O(N/P)$。类似地，算法 ABBS 的第 3 步需要 $O(N/P+tN/P)$ 时间，第 4 步需要 $O(N/P)$ 通信时间，第 5 步需要 $O(N/P+tN/P)$ 时间。算法 ABBS 的第 6 步需要 $O(N/P)$ 时间。于是，算法 ABBS 的并行执行时间为 $O(N/P+tN/P)$。由于 t 是常数，算法 ABBS 的并行执行时间为 $O(N/P)$。

然后分析算法 CEDPS 的时间复杂性。在算法 CEDPS 的第一阶段，每个计算节点循环地执行 $\log N/P$ 次合并。每次合并需要 $O(N/P)$ 的合并时间。于是，第一阶段的并行执行时间为 $O((N/P)\log N/P)$。在算法 CEDPS 的第二阶段，需要执行第 8～11 步的 While 循环 $P/2+1$ 次，每次循环两次并行地调用算法 ABBS。所以，第二阶段的并行执行时间是 $O(N)$。总之，算法 CEDPS 的并行执行时间为 $O((N/P)\log N/P+N)$。由于输入数据集合具有 n 个元组且 $n=tN$，t 是每块包含的元组数且 t 是常数，有如下的定理。

定理 7.3.2　算法 CEDPS 的并行执行时间为 $\text{RT}(n,P)=O((n/P)\log n/P+n)$。

根据定理 7.3.2，可以很容易推导出如下推论。

推论 7.3.4　算法 CEDPS 的工作量 $\text{Cost}(n,P)=O(n\log n/P+Pn))$。

推论 7.3.5　如果 $P\geqslant2$，则算法 CEDPS 的加速比 $S(n,P)=\Omega(P\log n/\log n/P)$。

推论 7.3.6　算法 CEDPS 的效率 $E(n,P)=\Omega(\log n/\log n/P)$。

从推论 7.3.5 可知，当 n 充分大时，算法 CEDPS 的加速比接近 P。

7.3.3　基于数据划分的分布式并行排序算法

基于数据划分的分布式并行排序算法分为两个阶段。在第一阶段，把输入数据集合 D

划分为 P 个子集合,每个子集合传输到唯一一个计算节点。在第二阶段,各个计算节点并行地将分配给它的子集合排序,完成 D 的排序。本节介绍一个使用随机数据划分方法的分布式并行排序算法。

1. 算法设计

并行随机排序算法是一种多输入多输出算法,简称为算法 PRS(Parallel Random Sorting)。输入数据集合 D 初始地分布在 P 个计算节点上,每个计算节点拥有 N/P 块数据。PRS 算法分为两个阶段。在第一阶段,使用随机抽样方法确定 D 的划分向量$\langle x_1, x_2, \cdots, x_{P-1} \rangle$。划分向量把 D 划分为 P 个大小近似相等的子集合:

$$D_1 = \{ x \mid x \in D, x < x_1 \},$$
$$D_i = \{ x \mid x \in D, x_{i-1} \leqslant x < x_i \}, 2 \leqslant i \leqslant P-1$$
$$D_P = \{ x \mid x \in D, x \geqslant x_{P-1} \}$$

并把 D_i 传输到计算节点 i。在第二阶段,各计算节点并行地排序各自的子集合。Algorithm 7.3.4 给出了算法 PRS 的详细描述。

Algorithm 7.3.4:PRS

输入:分布于 P 个计算节点上的数据集合 D,$D_i \subseteq D$ 是计算节点 P_i 上的子集合。

输出:分布在 P 个计算节点上的 D 的排序结果,P_i 存储有序集合 $SD_i \subseteq D$,并且如果 $i < j$,则 SD_i 的数据均小于 SD_j 的数据。

1.　**For** $i=1$ **To** P **Do** (并行地)
2.　　计算节点 P_i 从 D_i 抽取大小为 x 的随机样本 S_i;
3.　　排序 S_i;
4.　　计算节点 P_i 发送样本 S_i 到计算节点 P_1;
5.　计算节点 P_1 把其他计算节点送来的样本合并为一个有序样本 S;
6.　计算节点 P_1 把 S 划分为 P 个等长子序列,得到划分 D 的向量 $\mathbf{V} := \langle x_1, x_2, \cdots, x_{P-1} \rangle$;
7.　计算节点 P_1 把 $\mathbf{V}$ 广播到其他计算节点;
8.　**For** $i=1$ **To** P **Do** (并行地)
9.　　计算节点 P_i 读 D 的子集合 D_i,按 $\mathbf{V}$ 划分 D_i 为 P 子集合并送相应计算节点;
10.　　接收其他计算节点送来的 D 的子集合,合并为集合 SD_i;
11.　　排序 SD_i.

---

2. 算法分析与样本大小选择

划分向量的优劣关系到各计算节点的工作负载是否平衡,直接影响算法 PRS 的性能。影响划分向量质量的关键是样本的大小。下面首先分析算法 PRS 的时间复杂性,然后基于算法 PRS 的时间复杂性讨论如何优化地确定算法 PRS 第 2 步的随机样本大小。

定义 7.3.2　设 N_i 是数据集合 D 在计算节点 P_i 上的子集 D_i 的块数,$N_{\max} = \max\{N_i\}$。D 在 P 个计算节点之间分布的数据偏斜度定义为 $s = N_{\max}/(N/P)$。

令 t 是每个数据块中的元组数,根据定义 7.3.2,任何一个计算节点可能拥有的 D 的最大元组数为 $tN_{\max} = stN/P$。令 x 是一个正数,如果确定样本大小为 xP,则由概率论的知识可得:任意一个计算节点含有多于 stN/P 个 D 的元组的概率为 $q = Pe^{-\left(1-\frac{1}{s}\right)^2 sx/2}$。从此式可以解得

$$x = 2\ln(P/q)/((1-1/s)^2 s)$$

于是,确保 D 的 $n = tN$ 个元组在 P 个计算节点之间分布的偏斜度不超过 s 的概率为 $1-q$,

需要抽取大小为 xP 的样本。显然,s 越小,各计算节点的工作负载越均衡,算法性能越高。但是,s 越小,样本集合就越大,算法 PRS 的时间复杂性也就越高。

为了确定 s 的优化值,首先在下面的假设下研究 PRS 算法的时间复杂性:

(1) 同一个计算节点的 I/O 操作、CPU 操作和通信操作不能重叠执行。

(2) 网络传输无竞争。

(3) 不同计算节点的计算任务(包括 I/O、CPU 和通信操作)独立地并行执行。

(4) 算法第 6 步的划分向量 V 把各计算节点上的 D_i 均匀地划分为 P 个子集合。

在算法 PRS 的第 2～4 步,所有计算节点从 D 中抽取大小为 xP 的样本,其中每个计算节点抽取大小为 x 的子样本。第 2 步的并行执行时间为 $O(x)$。第 3 步排序局部样本需要 $O(x \log x)$ 的执行时间。第 4 步需要通信时间 $O(x)$。于是,第 1～4 步的并行执行时间为 $T_{1-4} = O(x + x \log x) = O(x \log x)$。

算法 PRS 的第 5 步,计算节点 1 把 xP 个样本数据合并为一个有序样本并写入磁盘,至多需要 $O(xP + xP/B) = O(xP)$ 时间。算法 PRS 的第 6 步的执行时间为 $O(xP)$。第 7 步的通信时间为 $O(P)$。于是,第 5～7 步的并行执行时间为 $T_{5-7} = O(xP + P) = O(xP)$。

下面分析 PRS 算法的第 8～11 步的并行执行时间。

在第 9 步,每个计算节点读 D 的子集合 D_i。由于 D_i 的数据块数至多为 sN/P,读 D_i 的时间为 $O(sN/P) = O(sn/P)$。对于每个元组,每个计算节点对划分向量进行二分查找,确定该元组应属于哪个计算节点,把它复制到相应缓冲区,传送到目的计算节点,总共需要 $O((tsN/P)\log P + sBN/P) = O((sn/P)\log P + sn/P)$ 时间,其中 B 是每个数据块的字节数。根据前面的假设(4),第 9 步需要 $O((P-1)sBN/P^2) = O(sn/P)$ 的数据传输时间。以下,设 t 和 B 是常数。第 9 步的执行时间至多为

$$T_9 = O(sn/P + (sn/P)\log P + sn/P + sn/P) = O(sn/P + (sn/P)\log P) = O((sn/P)\log P)$$

根据前面的假设(4),各计算节点接收其他 $P-1$ 个计算节点传来的 $(P-1)sN/P^2$ 块数据,并与本地的相应 sN/P^2 块数据合并。第 10 步的并行执行时间为

$$T_{10} = O((P-1)sN/P^2 + sN/P^2) = O(sN/P) = O(sn/P)$$

由于 $|SD_i| = O(sN/P) = O(sn/P)$,第 11 步将大小为 $O(sn/P)$ 个元组的数据集合 SD_i 排序。设每个计算节点有 M 个元组的存储器用来排序。先执行 $O(sn/(PM))$ 次排序,每次将 SD_i 的 M 块数据排序,把 SD_i 转换为一个长为 M 的 $O(sn/(PM))$ 个有序段。这个过程的执行时间为 $O((sn/(PM))M \log M + 2sN/P) = O(sn/P)$,其中常数 $M \log M$ 是 M 个元组的排序时间,$2sN/P$ 是磁盘读写时间。然后,合并 $O(sn/(PM))$ 个有序段为一个有序段,完成 SD_i 的排序。把 M 个元组的存储器划分为 3 个缓冲区,其中两个作为输入缓冲区,一个作为输出缓冲区。SD_i 的排序需要执行的合并次数为 $O(\log sn/(PM))$。每次合并至多需要读和写 $2O(sN/P) = O(sN/P)$ 块数据。总的磁盘读写时间为 $O((sN/P) \log sn/(PM))$。每次合并需要的 CPU 时间至多为 $O(sn/P)$。总的 CPU 时间至多为 $O((sn/P) \log sn/(PM))$。于是,第 11 步的执行时间为

$$T_{11} = O(sn/P + (sN/P)\log sn/(PM) + (sn/P)\log sn/(PM))$$
$$= O(sn/P + (sn/P)\log sn/P + (sn/P)\log sn/P)$$
$$= O((sn/P)\log sn/P)$$

总之,第 8~11 步的并行执行时间为

$$T_{8\text{-}11} = T_9 + T_{10} + T_{11}$$
$$= O((sn/P)\log P + sn/P + (sn/P)\log sn/P)$$
$$= O((sn/P)\log P + (sn/P)\log sn/P)$$

最后,得到算法 PRS 的并行执行时间为 $T_{PRS} = T_{1-4} + T_{5-7} + T_{8-11}$,即

$$T_{PRS} = O(x \log x + xP + (sn/P)\log P + (sn/P)\log sn/P)$$

于是,得到如下定理 7.3.3。

定理 7.3.3 算法 PRS 的并行执行时间为

$$T_{PRS} = O(x \log x + xP + (sn/P)\log P + (sn/P)\log sn/P)$$

其中 $x = 2\ln(P/q)/((1-1/s)^2 s)$。

当输入数据集合为大数据时,通常有 $sn/P > P$。此时,算法 PRS 的时间复杂性为

$$T_{PRS} = O(x \log x + xP + (sn/P)\log sn/P)$$

把 $x = 2\ln(P/q)/((1-1/s)^2 s)$ 代入 T_{PRS},可以得到一个关于 s 的函数 $F(s)$。s 的优化值就是使 $F(s)$ 最小的 s。$\mathrm{d}F(s)/\mathrm{d}s = 0$ 的正数解 s_0 就是 s 的优化值。把 s_0 代入 $x = 2\ln(P/q)/((1-1/s)^2 s)$,就得到了优化的样本大小 x。

从定理 7.3.3,很容易推导出算法 PRS 的工作量、加速比和效率,留给读者作为练习。

7.4 集合操作的分布式并行算法

集合操作包括并、交和差。集合操作的并行算法既可以使用并行排序算法实现,也可以不使用并行排序算法实现。以下设 R 和 S 是具有相同属性的 k 维数据集合,$|S| < |R|$,并且已经分布到多个计算节点上。计算节点 i 存储 R 和 S 的子集合 R_i 和 S_i。

7.4.1 集合并的分布式并行算法

本节分别介绍使用分布式并行排序算法的分布式并行集合并算法和不使用分布式并行排序算法的分布式并行集合并算法。以下简称"分布式并行"为"并行"。

1. 使用并行排序算法的并行集合并算法

下面给出一个使用并行排序算法计算集合并的多输入单输出并行算法 SortUnion。读者可以设计一个类似的多输入多输出并行算法。指定一个计算节点为 Coordinator。Algorithm 7.4.1 给出了算法 SortUnion 的详细描述。

Algorithm 7.4.1: SortUnion
输入:分布在 P 个计算节点上的数据集合 R 和 S,$R_i \subseteq R$ 和 $S_i \subseteq S$ 存储在计算节点 i 上。
输出:存储在 Coordinator 上的 $R \cup S$。
1. 调用二元合并算法将 R 排序,结果 SR 存储到 Coordinator;
2. 调用二元合并算法将 S 排序,结果 SS 存储到 Coordinator;
3. Coordinator 对 SR 和 SS 执行合并操作,消除 SR 与 SS 中重复的元组,得到 $R \cup S$.

从算法 SortUnion 容易看出,算法的并行执行时间是 $O(T_{sortR} + T_{sortS} + |R| + |S|)$,其中 T_{sortR} 和 T_{sortS} 分别是用二元合并算法将 R 和 S 排序的并行执行时间,其余各项是第 3 步

的执行时间。从算法 SortUnion 的并行执行时间，不难推导出算法 SortUnion 的其他并行计算复杂性度量：

(1) 工作量 $\text{Cost} = O(P(T_{\text{sortR}} + T_{\text{sortS}} + |R| + |S|))$。

(2) 加速比 $S = \Omega((|R|\log|R| + |S|\log|S| + |R| + |S|)/(T_{\text{sortR}} + T_{\text{sortS}} + |R| + |S|))$。

(3) 效率 $E = \Omega(((|R|\log|R| + |S|\log|S| + |R| + |S|)/(T_{\text{sortR}} + T_{\text{sortS}} + |R| + |S|))P$。

2. 不使用并行排序算法的分布式并行集合并算法

给定数据集合 R 和 S，R 和 S 的并计算分两步完成：第一步消除重复元组；第二步合并 R 与 S。下面介绍一种多输入多输出的并行算法，简称 NsortUnion。读者可以设计一个类似的多输入单输出并行并算法。Algorithm 7.4.2 给出了算法 NsortUnion 的详细描述。

Algorithm 7.4.2：NsortUnion

输入：分布在 P 个计算节点上的数据集 R 和 S，$R_i \subseteq R$ 和 $S_i \subseteq S$ 存储在计算节点 i 上。
输出：分布在 P 个计算节点上的 $R \cup S$。
1. **For** $i = 1$ **To** P **Do** （并行地）
2. 　　计算节点 i 将 S_i 和 R_i 排序，并广播有序的 S_i；　/* 所有 S_i 和 R_i 都被排序 */
3. 　　　**For** $j = 1$ **To** P **Do** （并行地）
4. 　　　　计算节点 j 接收其他节点的 S_i，消除 R_j 和每个 S_i 及 S_j 的重复元组；
5. **For** $i = 1$ **To** P **Do** （并行地）
6. 　　计算节点 i 计算 R_i 和 S_i 的并．　/* R_i 和 S 已经不相交 */

以下，$N = |R|$ 表示 R 的数据块数，N_i 表示 R 存储在计算节点 i 上的子集合 R_i 的数据块数，$M = |S|$ 表示 S 的数据块数，M_i 表示 S 存储在计算节点 i 上的子集合 S_i 的数据块数，t 表示每个数据块的元组数，$N_{\max} = \max\{N_i\}$，$M_{\max} = \max\{M_i\}$，$s_1 = N_{\max}/(N/P)$ 是 R 在 P 个计算节点之间分布的数据分布偏斜度，$s_2 = M_{\max}/(M/P)$ 是 S 在 P 个计算节点之间分布的数据分布偏斜度。

接下来分析算法 NsortUnion 的并行执行时间。

算法第 2 步需要 $O((s_1|R|/P)\log s_1|R|/P + s_1|R|/P + (s_2|S|/P)\log s_2|S|/P + s_2|S|/P)$ 时间。在第 4 步，对每个其他计算节点发送来的 S_i 以及 S_j，执行一个合并操作来消除 R_j 与 S_i 以及 S_j 的重复元组，需要 $O(P(s_1|R|/P + s_2|S|/P)) = O(s_1|R| + s_2|S|)$ 时间。于是，算法的第 1~4 步的并行执行时间为

$$O((s_1 |R| /P)\log s_1 |R| /P + s_1 |R| /P + (s_2 |S| /P)\log s_2 |S| /P$$
$$+ s_2 |S| /P + (s_1 |R| + s_2 |S|))$$
$$= O((s_1 |R| /P)\log s_1 |R| /P + (s_2 |S| /P)\log s_2 |S| /P$$
$$+ (s_1 |R| + s_2 |S|))$$

算法的第 5、6 步的并行执行时间为 $O(s_1|R|/P + s_2|S|/P)$。

总之，算法 NsortUnion 的并行执行时间为

$$O((s_1|R|/P)\log s_1|R|/P + (s_2|S|/P)\log s_2|S|/P + s_1|R| + s_2|S|)$$

从算法 NsortUnion 的并行执行时间，很容易推导出算法 NsortUnion 的工作量、加速比、效率和等效性函数，留作练习。

7.4.2　集合交的分布式并行算法

本节分别介绍使用分布式并行排序算法的分布式并行集合交算法和不使用分布式并行

排序算法的分布式并行集合交算法。

1. 使用并行排序算法的并行集合交算法

下面给出一个使用并行排序算法计算集合交的多输入单输出并行算法,简记作 SortIntersect。读者可以设计一个类似的多输入多输出算法。

Algorithm 7.4.3 给出了算法 SortIntersect 的详细描述。

Algorithm 7.4.3:SortIntersect

输入:分布在 P 个计算节点上的数据集合 R 和 S,$R_i \subseteq R$ 和 $S_i \subseteq S$ 存储在计算节点 i 上。

输出:存储在 Coordinator 上的 $R \cap S$。

1. 调用二元合并算法将 R 排序,结果关系 SR 存储到 Coordinator;
2. 调用二元合并算法将 S 排序,结果关系 SS 存储到 Coordinator;
3. Coordinator 对 SR 和 SS 执行合并操作,去掉 SR 与 SS 中不同的元组,得到 $R \cap S$.

算法 SortIntersect 的第 1 步需要 $O(\log P + |R| + P)$ 时间。第 2 步需要 $O(\log P + |S| + P)$ 时间。第 3 步需要 $O(|R| + |S|)$ 时间。于是,算法 SortIntersect 的并行执行时间为

$$O(\log P + |R| + P + \log P + |S| + P + |R| + |S|)$$
$$= O(|R| + |S| + \log P + P)$$
$$= O(|R| + |S| + P)$$

从算法 SortIntersect 的并行执行时间,可以推导出算法 SortIntersect 的工作量、加速比和效率:

(1) 工作量 $\text{Cost} = O(P(|R| + |S| + P))$。

(2) 加速比 $S = \Omega((|R| + |S| + |R|\log|R| + |S|\log|S|)/(|R| + |S| + P))$。

(3) 效率 $E = \Omega((|R| + |S| + |R|\log|R| + |S|\log|S|)/(|R| + |S| + P)P)$。

2. 不使用并行排序算法的分布式并行集合交算法

接下来讨论一种不使用并行排序算法的计算集合交的多输入多输出并行算法,简称为 NsortIntersect。读者可以设计一个类似的多输入单输出算法。Algorithm 7.4.4 给出了算法 NsortIntersect 的详细描述。

Algorithm 7.4.4:NsortIntersect

输入:分布在 P 个计算节点上的集合 R 和 S,$R_i \subseteq R$ 和 $S_i \subseteq S$ 存储在计算节点 i 上。

输出:分布在 P 个计算节点上的 $R \cap S$。

1. **For** $i = 1$ **To** P **Do** (并行地)
2.   计算节点 i 将 R_i 和 S_i 排序,并广播有序的 S_i;
3.   **For** $j = 1$ **To** P **Do** (并行地)
4.   计算节点 j 接收与合并其他节点的 S_i 以及 S_j,得到有序的 S;
5.   扫描 R_j 和 S 一遍,计算 $R_j \cap S$.

算法 NsortIntersect 的并行执行时间以及其他并行计算复杂性度量的分析与算法 NsortUnion 类似,留作练习。

7.4.3 集合差的分布式并行算法

本节分别介绍使用分布式并行排序算法的分布式并行集合差算法和不使用分布式并行

排序算法的分布式并行集合差算法。

1. 使用并行排序算法的分布式并行集合差算法

下面给出一个使用并行排序算法计算集合差的多输入单输出并行算法，简称为算法 SortDifference。读者可以设计一个类似的多输入多输出算法。Algorithm 7.4.5 给出了算法 SortDifference 的详细描述。

Algorithm 7.4.5：SortDifference

输入：分布在 P 个计算节点上的集合 R 和 S，$R_i \subseteq R$ 和 $S_i \subseteq S$ 存储在计算节点 i 上。

输出：存储在 Coordinator 上的 $R - S$。

1. 调用二元合并算法将 R 排序，结果 SR 存储到 Coordinator；
2. 调用二元合并算法将 S 排序，结果 SS 存储到 Coordinator；
3. Coordinator 对 SR 和 SS 执行合并操作，从 SR 中去掉 SS 的元组，得到 $R - S$.

算法 SortDifference 的并行执行时间和其他并行计算复杂性度量的分析类似于算法 SortUnion 的分析，留作练习。

2. 不使用并行排序算法的并行集合差算法

接下来介绍一种不使用并行排序算法计算集合差的多输入多输出并行算法，简称为算法 NsortDifference。读者可以设计一个类似的多输入单输出算法。Algorithm 7.4.6 给出了算法 NsortDifference 详细描述。

Algorithm 7.4.6：NsortDifference

输入：分布在 P 个计算节点上的集合 R 和 S，$R_i \subseteq R$ 和 $S_i \subseteq S$ 存储在计算节点 i 上。

输出：分布在 P 个计算节点上的 $R\text{-}S$。

1. **For** $i = 1$ **To** P **Do** （并行地）
2.   计算节点 i 将 R_i 和 S_i 排序并向其他计算节点广播 S_i；
3.   **For** $j = 1$ **To** P **Do** （并行地）
4.   计算节点 j 接收与合并其他节点的 S_i 以及 S_j，得到有序的 S；
5.   扫描 R_j 和 S 一遍，计算 $R_j - S$.

算法 NsortDifference 的并行执行时间以及其他并行复杂性度量的分析与算法 NsortUnion 类似，留作练习。

7.5 关系代数操作的分布式并行算法

本节讨论几个主要关系代数操作（选择、投影、连接）的简单分布式并行算法。由于连接操作是非常重要和耗时的关系代数操作，7.6 节和 7.7 节将介绍一些更高效的分布式并行连接算法。

7.5.1 选择操作的分布式并行算法

选择操作是数据管理和处理的最基本操作，具有广泛的应用。选择操作的一般形式为 $\text{Select}(R, \varphi)$，其中 R 是关系数据集合，φ 是选择条件。φ 是形如 $A\theta c$ 的简单命题的逻辑公式，其中，A 是属性名，c 是常量，$\theta \in \{<, >, =, \neq, \leqslant, \geqslant\}$。选择操作的功能是从关系 R 中选择出满足条件 φ 的所有元组。实现选择操作的分布式并行算法与关系在多计算节点之间的分布方法密切相关。由于分布式并行选择算法比较简单,本节仅以 3 种常用的一维数据分布方法为例,介绍 3 个分布式并行选择操作算法。读者可以试着给出基于其他数据分布方法的并行选择算法。

在以下的讨论中,设分布式并行计算机系统具有 P 个计算节点,其中一个计算节点称为 Coordinator,负责协调多个计算节点的并行执行。

1. 基于 Round-Robin 数据分布方法的分布式并行选择算法

基于 Round-Robin 数据分布方法的分布式并行选择算法比较简单。把这个算法简记作 RR-Select。给定关系集合 R 和选择条件 φ,算法 RR-Select 如下完成选择操作的计算:

(1) 使用 Coordinator 将选择条件 φ 向各计算节点广播。

(2) 各计算节点接收到选择条件 φ 以后,扫描关系 R,将满足条件 φ 的元组传输到 Coordinator。

Algorithm 7.5.1 给出了算法 RR-Select 的详细描述。

Algorithm 7.5.1:RR-Select

输入:使用 Round-Robin 方法在 P 个计算节点上存储的关系 R,存储在计算节点 i 上的 $R_i \subseteq R$,选择条件 φ。

输出:存储在 Coordinator 上的 Result$= \{t \mid t \in R, \varphi(t)$ 为真$\}$。

1. Coordinator 向所有计算节点广播关系名 R 和选择条件 φ;
2. **For** $i=1$ **To** P **Do** (并行地)
3.   计算节点 P_i 搜索 R_i,把 Result$_i = \{t \mid t \in R_i, \varphi(t)$ 为真$\}$ 送往 Coordinator;
4. Coordinator 构建 Result$=$ Result$_1 \bigcup$ Result$_2 \bigcup \cdots \bigcup$ Result$_P$。

下面分析算法 RR-Select 的并行执行时间。算法的第 1 步需要 $O(cP)$ 时间,其中 c 是 R 的名字的字节数和 φ 的字节数之和。由于 Round-Robin 数据分布方法把 R 均匀地分布到 P 个计算节点上,所以算法的第 2、3 步需要的并行执行和通信时间为 $O(|R|/P)$,算法第 4 步的计算时间为 $O(|\text{Result}|)$。总之,算法 RR-Select 的并行执行时间为 $O(cP+|R|/P+|\text{Result}|)$。一般情况下 cP 和 $|\text{Result}|$ 小于 $|R|/P$。在这种情况下,算法 RR-Select 的并行执行时间为 $O(|R|/P)$。

算法 RR-Select 的其他并行复杂性度量如下:

(1) 工作量 Cost$(n, P) = O(cP^2 + |R| + P|\text{Result}|)$。

(2) 加速比 $S(n, P) = \Omega((|R| + |\text{Result}|)/(cP + |R|/P + |\text{Result}|))$。

(3) 效率 $E(n, P) = \Omega((|R| + |\text{Result}|)/(cP^2 + |R| + |\text{Result}|P))$。

当 c 和 $|\text{Result}|$ 都小于 $|R|/P$ 时,算法 RR-Select 的这几个并行复杂性度量如下:

(1) 工作量 Cost$(n, P) = O(|R|)$。

(2) 加速比为 $S(n, P) = \Omega((|R| + |\text{Result}|)/(|R|/P))$。

(3) 效率 $E(n, P) = \Omega(1)$。

这些复杂性度量表明算法 RR-Select 是一个非常有效的算法。

2. 基于 Range 数据分布方法的分布式并行选择算法

如果一个选择操作的选择条件 φ 中包含简单命题 $A\theta c$ 使得每个满足条件 φ 的元组必须满足 $A\theta c$,则称 $A\theta c$ 是 φ 的必要命题。基于 Range 数据分布方法的分布式并行选择算法根

据选择条件 φ 中是否具有包含关系 R 的划分属性的必要命题，使用不同的方法完成关系 R 上的选择操作。基于 Range 方法的分布式并行选择算法简记作 R-Select。

Algorithm 7.5.2 给出了算法 R-Select 的详细描述。

Algorithm 7.5.2：R-Select

输入：使用 Range 数据分布方法分布在 P 个计算节点的关系 R，R 在 P 个计算节点之间分布的数据偏斜度 s，选择条件 φ。

输出：存储在 Coordinator 上的 Result＝$\{t \mid t \in R, \varphi(t)$ 为真$\}$。

1. **If** φ 中具有包含 R 的划分属性的必要命题$\{A\theta c\}$
2. **Then** Coordinator 确定可能存储满足$\{A\theta c\}$的元组的计算节点集合 PS；
3. **Else** PS 为所有 P 个计算节点的集合；
4. Coordinator 向 PS 中所有计算节点广播关系名 R 和选择条件 φ；
5. **For** $\forall P_i \in$ PS **Do** （并行地）
6. 计算节点 P_i 搜索 R_i，把满足条件 φ 的元组集合 Result_i 送 Coordinator；
7. Coordinator 构建 Result＝$\text{Result}_1 \bigcup \text{Result}_2 \bigcup \cdots \bigcup \text{Result}_P$。

下面分析算法 R-Select 的并行执行时间。算法的第 1 步需要 $O(c)$ 时间，其中 c 是 φ 的字节数。算法的第 2、3 步需要 $O(m)$ 时间，m 是 Range 划分的区间数。算法的第 4 步需要 $O(|\text{PS}|(c+c'))$ 时间，其中 c' 是关系名 R 的字符数。令 Range 数据分布方法的数据偏斜度为 s，则所有计算节点上的 R 的子集合不大于 $O(s|R|/P)$，所以算法的第 5、6 步需要的并行执行和通信时间为 $O(s|R|/P)$，算法第 7 步的计算时间 $O(|\text{Result}|)$ 时间。总之，算法 R-Select 的并行执行时间为

$$O(|\text{PS}|(c+c')+m+s|R|/P+|\text{Result}|)$$
$$=O(P(c+c')+m+s|R|/P+|\text{Result}|)$$

一般情况下，$(c+c')P$、m 和 $|\text{Result}|$ 都小于 $s|R|/P$。在这种情况下，算法 R-Select 的并行执行时间为 $O(s|R|/P)$。

算法 R-Select 的其他并行计算复杂性度量如下：

(1) 工作量 $\text{Cost}(n, P)=O(P^2(c+c')+Pm+s|R|+P|\text{Result}|)$。

(2) 加速比 $S(n, P)=\Omega((|R|+|\text{Result}|)/(P(c+c')+m+s|R|/P+|\text{Result}|))$。

(3) 效率 $E(n, P)=\Omega((|R|+|\text{Result}|)/(P^2(c+c')+Pm+s|R|+P|\text{Result}|))$。

当 $(c+c')P$、m 和 $|\text{Result}|$ 都小于 $s|R|/P$ 时，算法 R-Select 的这几个并行计算复杂性度量如下：

(1) 工作量 $\text{Cost}(n, P)=O(s|R|)$。

(2) 加速比 $S(n, P)=\Omega(P/s)$。

(3) 效率 $E(n, P)=\Omega(1/s)$。

这些复杂性度量表明算法 R-Select 是一个有效的算法。

算法 R-Select 只启动可能存储满足条件 φ 的元组的计算节点运行。虽然当数据均匀分布在 P 个计算节点上时，算法 R-Select 和 RR-Select 的并行执行时间相同，但算法 R-Select 的效率高于算法 RR-Select。当数据分布不平衡时，算法 R-Select 的并行执行时间可能会高于算法 RR-Select。

3. 基于 Hash 数据分布方法的分布式并行选择算法

把基于 Hash 数据分布方法的分布式并行选择算法简记作 Hash-Select。只有在查询条

件 φ 中包含必要命题 $A\theta c$（其中 A 是 R 的划分属性）时，才能发挥 Hash 数据分布方法的优越性。Algorithm 7.5.3 给出了算法 Hash-Select 的详细描述。

Algorithm 7.5.3：Hash-Select

输入：使用 Hash 数据分布方法分布在 P 个计算节点上的关系 R，选择条件 φ，Hash 函数 h。

输出：存储在 Coordinator 上的 Result＝$\{t \mid t\in R,\varphi(t)$ 为真$\}$。

1. **If** φ 包含与 R 的划分属性 A 相关的必要命题 $\{A\theta c\}$；
2. **Then** PS :＝$\{P_i \mid$ 计算节点 $i=h(c)\}$；
3. **Else** PS 为所有 P 个计算节点的集合；
4. Coordinator 向 PS 中的所有计算节点广播关系名 R 和选择条件 φ；
5. **For** $\forall P_i\in$ PS **Do** （并行地）
6.   计算节点 P_i 搜索 R_i，把满足条件 φ 的元组集合 Result$_i$ 送 Coordinator；
7. Coordinator 构建 Result＝Result$_1\bigcup$Result$_2\bigcup\cdots\bigcup$Result$_P$。

算法 Hash-Select 的执行时间和其他并行计算复杂性度量的分析与前面两个算法相似，留作练习。当 φ 中具有包含 R 的划分属性 A 的必要命题 $A\theta c$ 时，仅使用一个计算节点，算法 Hash-Select 的效率高于前面两个算法。

7.5.2 投影操作的分布式并行算法

不失一般性，将投影操作表示为 Proj$(R，\text{Aset})$，其中，R 是一个关系数据集合，Aset 是 R 的属性的子集合 $\{A_1,A_2,\cdots,A_k\}$。Proj$(R，\text{Aset})$ 的结果定义为 $R(\text{Aset})=\{t[\text{Aset}] \mid \forall t\in R\}$，其中，$t[\text{Aset}]=(t.A_1,t.A_2,\cdots,t.A_k)$，$t.A_i$ 表示元组 t 在属性 A_i 上的值。

投影操作分两步完成：第一步，去掉每个元组的非投影属性值，得到中间结果集合 Proj；第二步，去掉 Proj 中的重复元组，得到最后的结果。第一步比较简单，第二步实现起来较为复杂。在单计算节点环境下不存在线性时间的投影算法。单计算节点环境下的投影算法一般都使用排序算法消除重复元组，其执行时间与使用的排序算法的执行时间同阶。在分布式计算系统环境下，可以使用或不使用并行排序算法消除重复元组。下面分别介绍这两类分布式并行投影算法。

1. 使用并行排序算法的分布式并行投影算法

7.3 节介绍的各种并行排序算法都可以用来实现重复元组的消除。下面介绍一个使用并行排序算法消除重复元组的多输入单输出并行投影算法，简记作 Sort-Project。读者可以设计一个类似的多输入多输出并行投影算法。需要指定一个计算节点为 Coordinator。Algorithm 7.5.4 给出了算法 Sort-Project 的详细定义。

Algorithm 7.5.4：Sort-Project

输入：分布在 P 个计算节点上的关系 R，存储在计算节点 i 上的 $R_i\subseteq R$，数据偏斜度 s，投影属性集合 Aset。

输出：存储在 Coordinator 上的 $R(\text{Aset})$。

1. Coordinator 向所有计算节点广播关系名 R 和投影属性集合 Aset；
2. **For** $i=1$ To P **Do** （并行地）
3.   计算节点 i 读 R_i，构造 Proj$_i=\{t[\text{Aset}] \mid \forall t\in R_i\}$；
4. 调用并行多输入单输出排序算法将 $PR=\bigcup\limits_{1\leqslant i\leqslant P}$ Proj$_i$ 排序，存入 Coordinator；
5. Coordinator 扫描有序关系 PR，消除重复元组，得到 $R(\text{Aset})$。

算法 Sort-Project 的第 1 步需要的通信时间为 $O(P(c+|\text{Aset}|))$，c 是关系名 R 的字节数。第 2、3 步需要 $O(s|R|/P)$ 的并行计算时间，其中 s 是数据偏斜度。第 4 步需要 T_{sort} 时间，T_{sort} 依赖于调用的分布式并行排序算法。第 5 步需要 $O(|R|)$ 时间。于是，算法 Sort-Project 的并行执行时间为 $O(c+|\text{Aset}|+s|R|/P+|R|+T_{\text{sort}})$。通常 $c+|\text{Aset}|$ 很小，可忽略不计，因此算法 Sort-Project 的并行执行时间为 $O(s|R|/P+|R|+T_{\text{sort}})$。由于 s 的最大值为 P，所以算法 Sort-Project 的并行执行时间为 $O(|R|+T_{\text{sort}})$。若调用排序算法 DPBMS，则算法 Sort-Project 的并行执行时间为 $O(|R|+\lceil\log P\rceil+|R|+P)=O(\log P+|R|+P)$。

令 $n=|R|$。从算法 Sort-Project 的并行执行时间 $O(n+T_{\text{sort}})$ 可以得到算法 Sort-Project 的其他并行计算复杂性度量：

(1) 工作量 $\text{Cost}(n,P)=O(P(n+T_{\text{sort}}))$。

(2) 加速比 $S(n,P)=O((n+n\log n)/(n+T_{\text{sort}}))$。

(3) 效率 $E(n,P)=O((n+n\log n)/((n+T_{\text{sort}})P))$。

2. 不使用并行排序算法的分布式并行投影算法

不使用并行排序算法消除重复元组的并行投影算法简称为 Nsort-Project 算法。算法 Nsort-Project 的第 1 步去掉每个元组的非投影属性值。算法 Nsort-Project 的第 2 步不同于 Sort-Project 算法，不使用并行排序算法消除重复元组。算法 Nsort-Project 是一个多输入多输出算法。读者可以设计一个类似的多输入单输出的并行投影算法。Algorithm 7.5.5 给出了算法 Nsort-Project 的详细描述。

Algorithm 7.5.5：Nsort-Project

输入：分布在 P 个计算节点上的关系 R，存储在计算节点 i 上的 $R_i\subseteq R$，数据偏斜度 s，投影属性集合 Aset。

输出：存储在 P 个计算节点上的 $R(\text{Aset})=\{s\mid \exists t\in R, \forall A\in\text{Aset}, s[A]=t[A]\}$。

1. Coordinator 向所有计算节点广播关系名 R 和属性集合 Aset；
2. **For** $i=1$ **To** P **Do** （并行地）
3.   计算节点 i 读 R_i，构造 $\text{PR}_i=\{t[\text{Aset}]\mid \forall t\in R_i\}$；
4.   使用排序合并方法消除 PR_i 中的重复元组；
5. **For** $i=P$ **To** 2 **Step** -1 **Do**
6.   计算节点 i 向计算节点 $P_{i-1},P_{i-2},\cdots,P_1$ 广播 PR_i；
7.   **For** $j=1$ **To** $i-1$ **Do** （并行地）
8.   计算节点 j 接收计算节点 i 发来的 PR_i 的元组；
9.   比较 PR_i 和 PR_j，从 PR_j 中删除与 PR_i 重复的元组.

首先，分析算法 Nsort-Project 的正确性。算法第 5、6 步的广播过程如下：

- $i=P$ 时，计算节点 P_P 向 $\{P_{P-1},P_{P-2},\cdots,P_1\}$ 中的计算节点发送 PR_P。
- $i=P-1$ 时，计算节点 P_{P-1} 向 $\{P_{P-2},P_{P-3},\cdots,P_1\}$ 中的计算节点发送 PR_{P-1}。
- ……
- $i=2$ 时，计算节点 P_2 向计算节点 P_1 发送 PR_2。

显然，对于 $i<j$，计算节点 i 不向计算节点 j 发送信息。这样，算法既减少了通信操作数，也有利于多个计算节点的并行通信。

算法的第 5～9 步如下消除了每个计算节点 j 上的 PR_j 与其他计算节点上的 PR_i 中的

重复元组：

- $i=P$ 时，计算节点 $P_1,P_2,\cdots,P_{P-1}$ 从 $\mathrm{PR}_1,\mathrm{PR}_2,\cdots,\mathrm{PR}_{P-1}$ 中消除与 PR_P 重复的元组。
- $i=P-1$ 时，计算节点 $P_1,P_2,\cdots,P_{P-2}$ 从 $\mathrm{PR}_1,\mathrm{PR}_2,\cdots、\mathrm{PR}_{P-2}$ 中消除与 PR_{P-1} 重复的元组。

……

- $i=3$ 时，计算节点 P_1、P_2 从 PR_1、PR_2 中消除与 PR_3 重复的元组。
- $i=2$ 时，计算节点 P_1 从 PR_1 中消除与 PR_2 重复的元组。

显然，

- PR_1 中消除了与 $\mathrm{PR}_2,\mathrm{PR}_3,\cdots,\mathrm{PR}_P$ 重复的元组。
- PR_2 中消除了与 $\mathrm{PR}_3,\mathrm{PR}_4,\cdots,\mathrm{PR}_P$ 重复的元组。

……

- PR_{P-1} 中消除了与 PR_P 重复的元组。

于是，算法执行完第 5～9 步以后，所有计算节点上的投影集合中都没有重复元组，而且 $\mathrm{PR}_1,\mathrm{PR}_2,\cdots,\mathrm{PR}_P$ 的并集是存储在 P 个计算节点上的投影结果 $R(\mathrm{Aset})$，即算法 Nsort-Project 是正确的。

现在分析算法 Nsort-Project 的并行执行时间复杂性。算法第 1 步的执行时间为 $T_1=O(P(c+|\mathrm{Aset}|))$，其中 c 表示名字 R 的字节数。

算法第 3 步需要 $O(s|R|/P)$ 的 I/O 时间和计算时间，s 是数据分布偏斜度。第 4 步需要的时间为 $O((s|R|/P)\log s|R|/P+s|R|/P)=O((s|R|/P)\log s|R|/P)$。于是第 2～4 步需要的并行执行时间为 $T_{2\text{-}4}=O((s|R|/P)\log s|R|/P+s|R|/P)=O((s|R|/P)\log s|R|/P)$。

第 5～9 步需要执行 $P-1$ 次。在第 i 次执行中，第 6 步需要 $O((i-1)s|R|/P)$ 时间，第 8、9 步需要 $O(s|R|/P)$ 时间。因此，第 5～9 步的并行执行时间为

$$T_{5\text{-}9}=O\Big(\sum_{2\leqslant i\leqslant P}(i-1)s\ |\ R\ |\ /P\Big)=O\Big(\sum_{2\leqslant i\leqslant P}is\ |\ R\ |\ /P\Big)=O(sP\ |\ R\ |)$$

总之，算法 Nsort-Project 的并行执行时间为 $T_1+T_{2-4}+T_{5-9}$，即

$$O(P(c+|\mathrm{Aset}|))+(s|R|/P)\log s|R|/P+sP|R|)$$

一般情况下，$P(c+|\mathrm{Aset}|)\leqslant(s|R|/P)\log s|R|/P$ 且 $(1/P)\log s|R|/P\geqslant1$。在这种情况下，令 $n=|R|$，算法 Nsort-Project 的并行执行时间为 $O((sn/P)\log sn/P+snP)$，其他并行计算复杂性度量为：

（1）工作量 $\mathrm{Cost}(n,P)=O(sn\log sn/P+snP^2)$。

（2）加速比 $S(n,P)=\Omega((n+n\log n)/((sn/P)\log sn/P+snP)=\Omega(\log n)/((s/P)\log sn/P+sP)$。

（3）效率 $E(n,P)=\Omega(\log n)/(s\log sn/P+sP^2)$。

如果令第 6 步和第 8 步按照流水线方式并行执行，则算法的效率会得到提高。

7.5.3 连接操作的分布式并行算法

连接操作表示为 $\mathrm{Join}(R,S,A,B)$，其中，A 是 R 的属性，B 是 S 的属性，A 和 B 具有

相同值域并称为连接属性。令 Att(X)表示关系 X 的属性集合,则 Join(R,S,A,B)的结果是属性集合为 Att(R)$\bigcup$Att(S)$-\{B\}$ 的关系:

$$\{t[\text{Att}(R) \bigcup \text{Att}(S) - \{B\}] \mid \exists r \in R, \exists s \in S, r[A] = s[B]$$
$$t[\text{Att}(R)] = r[\text{Att}(R)], t[\text{Att}(S) - \{B\}] = s[\text{Att}(S) - \{B\}]\}$$

以下简单地使用 Join(R,S,A,B)表示操作 Join(R,S,A,B)的计算结果。

连接是最常用的关系代数操作。在关系代数操作算法的研究中,人们一直十分注重连接算法的研究,提出了一系列有效算法。在并行关系代数操作算法的研究中,人们仍然主要关注并行连接算法的设计与分析。目前已经出现的并行连接算法可以分为 4 类:并行嵌套循环连接算法、并行排序合并连接算法、并行 Hash 连接算法以及基于特定存储结构的并行连接算法。前 3 类并行连接算法不考虑被连接关系的物理存储方法;第四类并行连接算法充分利用了被连接关系的物理存储方法的特点,具有较低的时间复杂性。本节介绍前 3 类基本分布式并行连接算法。7.6 节和 7.7 节将介绍两个充分利用了被连接关系的分布式存储方法特点的并行连接算法。

在下面的讨论中,设 $|X|$ 是关系 X 中的元组数,R 和 S 是关系数据集合且 $|S| \leqslant |R|$,P 是处理节点个数,R_i 和 S_i 分别是 R 和 S 存储在计算节点 i 上的子集合,$R_{\max} = \max\{|R_i|\}$,$S_{\max} = \max\{|S_i|\}$,$s_{hR} = R_{\max}/(|R|/P)$ 和 $s_{hS} = S_{\max}/(|S|/P)$ 分别是使用 Hash 函数划分关系数据集合 R 和 S 时这两个集合的数据分布偏斜度。当不涉及数据分布存储方法时,使用 s_X 表示关系 X 的数据分布偏斜度。

1. 分布式并行嵌套循环连接算法

由于嵌套循环连接算法的时间复杂性不低于计算两个关系的笛卡儿乘积,在顺序计算机环境中一直被认为是效率较低的连接算法。然而,这种算法很容易被并行化,而且可以通过附加的计算减少多个计算节点间的通信开销。将分布式并行嵌套循环连接算法简记为 PNLJ(Parallel Nest Loop Join)。设输入关系为 R 和 S,$|S| \leqslant |R|$,并且 $R_i \subseteq R$ 和 $S_i \subseteq S$ 存储在计算节点 i 上。算法 PNLJ 分为如下两个阶段完成 R 和 S 的连接。

第一阶段,每个计算节点 i 以并行流水线方式把各自存储的 S_i 数据传输给其他 $P-1$ 个计算节点,同时以并行流水线方式接收其他 $P-1$ 个计算节点发送来的 S 子集,与各自的 S_i 合并形成 S,并存储到每个计算节点 i。

第二阶段,每个计算节点 i 并行地完成各自的 R_i 于 S 的连接,形成 R 和 S 连接结果的子集合,存储到计算节点 i 上。在这一阶段,每个计算节点具有 m 块可用内存,其中,$m-2$ 块内存作为 S 的读取缓冲区 S-Buffer,一块内存作为 R_i 的读取缓冲区 R_i-Buffer,一块内存作为连接结果的输出缓冲区 J_i-Buffer。

Algorithm 7.5.6 给出了算法 PNLJ 的详细描述。

接下来分析算法 $PNLJ$ 的并行执行时间。

在第 2 步,每个计算节点以流水线式广播 S 的数据,需要的数据传输时间为 $O(s_s|S|/P)$,数据的读写时间为 $O(s_s|S|/P)$。在第 3 步,每个计算节点以流水线方式接收其他计算节点发来的 S 的数据,需要的数据接收时间为 $O((P-1)s_s|S|/P)$,磁盘存储时间为 $O((P-1)s_s|S|/P)$。于是,第 2、3 步需要 $O((P-1)s_s|S|/P)$ 时间。

Algorithm 7.5.6：PNLJ

输入：分布在 P 个计算节点上的关系 R 和 $S(|S| \leqslant |R|)$，存储在计算节点 i 上的 $R_i \subseteq R$ 和 $S_i \subseteq S$，初始数据偏斜度 s_R 和 s_S，连接属性 A 和 B。

输出：存储在 P 个计算节点上的 $\text{Join}(R, S, A, B)$。

1.   **For** $i=1$ **To** P **Do** （并行执行，以下用 P_i 表示计算节点 i）
2. P_i 以流水线方式向其他 $P-1$ 个计算节点广播 S_i；
3. P_i 以流水线方式接收其他 $P-1$ 个计算节点发来的 S 的数据并与 S_i 合并为 S；
4.   **For** $i=1$ **To** P **Do** （各 P_i 并行地进行局部连接计算）
5.   **For** $j=1$ **To** $\lceil |S| \rceil / (B(m\text{-}2))$ **Do**
6.   读 S 的 $m-2$ 块未读过的数据到内存缓冲区 S-Buffer，**Do**
7.   **For** $k=1$ **To** $|R_i|$ **Do**
8.   读 R_i 的第 k 块数据块到内存缓冲区 R_i-Buffer   **Do**
9.   **For** $\forall s \in S$-Buffer 和 $\forall r \in R_i$-Buffer   **Do**
10.   **If** $s[B]=r[A]$
11.   **Then**   连接 s 和 r，结果经 J_i-Buffer 写入计算节点 i 的磁盘.

在第 4～11 步，每个计算节点需要读 S 的全部数据一遍，读 R_i 的数据 $|S|/(B(m-2))$ 遍，写局部连接结果一遍。从而，第 4～11 步的磁盘读写时间为 $O(|S|+|R_i||S|/(B(m-2))+|J_i|)$，其中 J_i 是局部连接结果。由于 B 和 m 是常数且 $|J_i| \leqslant |R_i||S|$，第 4～11 步的磁盘读写时间为 $O(|S|+s_r|S||R|/P)$。显然，第 4～11 步的计算时间为 $O(s_r|S||R|/P)$。于是，第 4-11 步需要 $O(|S|+s_r|S||R|/P)$ 时间。

总之，算法 PNLJ 的并行执行时间为

$$O((P-1)s_s|S|/P+|S|+s_r|S||R|/P)=O(|S|(Ps_s+s_r|R|)/P)$$

使用算法 PNLJ 的并行执行时间，可以很容易地推导出算法 PNLJ 的工作量、加速比、效率等其他计算复杂性度量，留作练习。

2. 分布式并行排序合并连接算法

分布式并行排序合并连接算法的最大优点是产生一个有序的结果集合。如果被连接关系已经按照连接属性排序，可以省略算法的排序阶段，只执行合并操作就可以产生连接结果。这时，分布式并行排序合并连接算法的效率相当高。分布式并行排序合并连接算法由两个阶段组成，即排序阶段和连接阶段。在排序阶段，它按照连接属性的值将每个连接关系排序；在连接阶段，使用合并算法完成两个排序关系的连接。分布式并行排序合并连接算法简记作 PSMJ。Algorithm 7.5.7 给出了算法 PSMJ 的详细描述。在算法 PSMJ 中，指定一个计算节点为 Coordinator。

接下来分析算法 PSMJ 的并行执行时间。第 1～4 步需要的并行执行时间为 $O(m+m\log m)=O(m\log m)$。第 6～8 步需要的并行执行时间为 $O(mP+P)=O(mP)$。第 10、11 步需要的并行执行时间为 $O(s_R|R|/P+s_s|S|/P)$，第 12 步需要的并行执行时间为 $O(s_R'|R|/P+s_s'|S|/P)$，其中，s_R' 是 $\{SR_i\}$ 中最大的集合与 $|R|/P$ 的比值，s_s' 是 $\{SS_i\}$ 中最大的集合与 $|R|/P$ 的比值。于是，第 9～12 步的并行执行时间为 $O(s_R|R|/P+s_s|S|/P+s_R'|R|/P+s_s'|S|/P)$。第 13、14 步需要的并行执行时间为 $O(s_R'|R|/P+s_s'|S|/P)$，于是，算法 PSMJ 的并行执行时间为

$$O(m\log m+mP+s_R|R|/P+s_s|S|/P+s_R'|R|/P+s_s'|S|/P)$$
$$=O(m\log m+mP+\max\{s_R, s_R'\}|R|/P+\max\{s_S, s_S'\}|S|/P)$$

Algorithm 7.5.7：PSMJ

输入：分布在 P 个计算节点上的关系 R 和 S，存储在计算节点 i 上的 $R_i \subseteq R$ 和 $S_i \subseteq S$，R 和 S 的初始数据偏斜度 s_R 和 s_S，连接属性 A 和 B。

输出：存储在 P 个计算节点上的 $\text{Join}(R, S, A, B)$.

1. **For** $i=1$ **To** P **Do** （并行地）
2.   计算节点 P_i 从 R_i 抽取大小为 m 的样本 Sample_i；
3.   将 Sample_i 排序；
4.   计算节点 P_i 发送样本 Sample_i 到 Coordinator；
6.   Coordinator 把其他计算节点送来的样本合并为有序样本 Sample；
7.   Coordinator 把 Sample 划分为 P 个相等的子序列，划分点向量 $\text{PV}=\langle x_1, x_2, \cdots, x_{P-1} \rangle$；
8.   Coordinator 把 PV 广播给其他计算节点；
9. **For** $i=1$ **To** P **Do** （并行地）
10.   计算节点 i 读 R_i 和 S_i 并按 PV 划分 R_i 和 S_i 为
$$SR_{i1} = \{x \mid x \in R_i, x < x_1\}$$
$$SR_{ij} = \{x \mid x \in R_i, x_{j-1} \leqslant x < x_j, 2 \leqslant j \leqslant P-1\}$$
$$SR_{iP} = \{x \mid x \in R_i, x_{P-1} \leqslant x\}$$
$$SS_{i1} = \{x \mid x \in S_i, x < x_1\}$$
$$SS_{ij} = \{x \mid x \in S_i, x_{j-1} \leqslant x < x_j, 2 \leqslant j \leqslant P-1\}$$
$$SS_{iP} = \{x \mid x \in S_i, x_{P-1} \leqslant x\}$$
11.   对于 $1 \leqslant j \leqslant P$，把 (SR_{ij}, SS_{ij}) 送计算节点 j；/* (SR_{ii}, SS_{ii}) 已在计算节点 i 上 */
12.   接收其他计算节点送来的 $\{(SR_{kj}, SS_{kj})\}$，与 (SR_{ii}, SS_{ii}) 合并成 SR_i 和 SS_i；
13. **For** $i=1$ **To** P **Do** （并行地）
14.   计算节点 i 排序连接 SR_i 和 SS_i.

当 R 和 S 充分大时，$m \log m + Pm$ 远小于 $\max\{s_R, s_R'\}|R|/P + \max\{s_S, s_S'\}|S|/P$。在这种情况下，算法 PSMJ 的并行执行时间为 $O(\max\{s_R, s_R'\}|R|/P + \max\{s_S, s_S'\}|S|/P)$。当 R 和 S 始终均匀分布在 P 个计算节点上，即 $s_R = s_R' = 1$ 时，算法 PSMJ 的并行执行时间为 $O(|R|/P + |S|/P)$。此时，算法 PSMJ 的其他并行计算复杂性度量如下：

(1) 工作量 $\text{Cost} = O(|R| + |S|)$。

(2) 加速比 $S = \Omega(P)$，这是因为最快顺序连接算法的时间不小于 $|R| + |S|$。

(3) 效率 $E = \Omega(1)$。

3. 分布式并行 Hash 连接算法

Hash 连接算法很容易并行化。若 Hash 函数能把连接关系划分为大小基本相同的子集合，则并行 Hash 连接算法具有线性时间复杂性。Hash 连接算法是一类十分引人注目的连接算法。目前已经提出了很多并行 Hash 连接算法，这里介绍一种适用于 Cluster 计算系统的分布式并行 Hash 连接算法，简记作 Hash-Join。

算法 Hash-Join 分为两个阶段完成两个关系的连接。

第一阶段是数据划分阶段。这一阶段使用 Hash 函数把输入关系 R 和 S 按照连接属性值划分为 P 个可独立连接的子集合对，将每个子集合对送到唯一一个计算节点上。

第二阶段是连接阶段。在这一阶段，每个计算节点执行分配给它的可独立连接的子集合对的连接操作，P 个计算节点并行地完成 R 和 S 的连接。Algorithm 7.5.8 给出了算法 Hash-Join 的详细描述。

Algorithm 7.5.8：Hash-Join

输入：分布在 P 个计算节点上的关系 R 和 S，存储在计算节点 i 上的 $R_i \subseteq R$ 和 $S_i \subseteq S$，每个计算节点可
　　　用内存块数 $m+2$，每个内存块大小 B，连接属性 A 和 B，Hash 函数 h_1 和 h_2。
输出：存储在 P 个计算节点上的 Join(R, S, A, B)。
1. **For** $i=1$ **To** P **Do** （并行地）
2. 　　计算节点 i 使用 Hash 函数 h_1 把 S_i 和 R_i 划分为 P 个子集合；
3. 　　Hash 值为 j 的 S_i 和 R_i 的元组送计算节点 j；
4. 　　接收其他计算节点发送来的 Hash 值为 i 的 R 和 S 的元组
5. **For** $i=1$ **To** P **Do** （并行地） /* 计算节点 i 上 R 和 S 的子集为 HR_i 和 HS_i */
6. 　　计算节点 i 使用 Hash 函数 h_2 把 HR_i 和 HS_i 划分为 $k=|HR_i|/(mB)$ 个子集
　　　　　　对于 $1 \leqslant j \leqslant k$，$R$ 的 Hash 值为 j 的元组存入子 HR_{ij}；
　　　　　　对于 $1 \leqslant j \leqslant k$，$S$ 的 Hash 值为 j 的元组存入子 HS_{ij}；
7. 　　**For** $j=1$ **To** k **Do**
8. 　　　　读入 HR_{ij}；　/* $|HR_{ij}|=m$ */
9. 　　　　用 HS_{ij} 的元组匹配 HR_{ij} 的元组，完成 HR_{ij} 和 HS_{ij} 的连接. /* 使用两块内存 */

算法中的 k 应该充分大，降低 Hash 表超出 P 个计算节点的可用存储空间总量的概率。

下面分析算法 Hash-Join 的并行执行时间。为了叙述简单，假设 R 和 S 初始时均匀地分布在 P 个计算节点上，并且 h_1 把 R 和 S 均匀地分布到 P 个计算节点上。因为第 2、3 步需要 $O(|R|/P+|S|/P)$ 时间，第 4 步需要 $O((P-1)(|R|+|S|)/P^2)=O(|R|/P+|S|/P)$ 时间，所以第 1～4 步的并行执行时间为

$$T_{1-4}=O(|R|/P+|S|/P+|R|/P+|S|/P)=O(|R|/P+|S|/P)$$

第 5～9 步是各个计算节点并行地连接 HR_i 和 HS_i 的过程。设为了叙述简单，假设 h_2 把 HR_i 和 HS_i 均匀地划分为 k 个子集合。第 6 步的执行时间为 $O(|R|/P+|S|/P)$。在第 7～9 步的循环中，第 8 步总共读入 HR_i 一遍，需要 $O(|R|/P)$ 时间。对于 HR_i 的每个子集 HR_{ij}，第 9 步需读入 HS_i 的子集 HS_{ij} 一遍，需要 $O(|HS_{ij}|)=O(|HS_i|/k)=O(|HS_i|/(|HR_i|/m))$ 时间。由于第 9 步需要循环 $k=|HR_i|/m$ 次，它需要的总时间为 $O(|HS_i|)=O(|S|/P)$。此外，第 9 步需要写出 HR_i 和 HS_i 的连接结果，需要 $O(|HR_i||HS_i|)=O(|R||S|/P^2)$ 时间。于是，第 7～9 步需要 $O(|R|/P+|S|/P+|R||S|/P^2)$ 时间。所以，第 5～9 步需要的时间为

$$T_{5-11}=O(|R|/P+|S|/P+|R||S|/P^2)$$

总之，算法 Hash-Join 的并行执行时间为 $O(|R|/P+|S|/P+|R||S|/P^2)$。下面是算法 Hash-Join 的其他并行计算复杂性度量：

（1）工作量 Cost$=O(|R|+|S|+|R||S|/P)$。

（2）加速比 $S=\Omega(P^2/(P+(|R||S|)/(|R|+|S|)))$，这是因为最快顺序连接算法的时间不少于 $|R|+|S|$。

（3）效率 $E=\Omega(P/(P+(|R||S|)/(|R|+|S|)))$。

算法 Hash-Join 存在如下两个问题：

（1）数据分布奇异。算法 Hash-Join 在第 1～4 步使用 Hash 函数将关系 R 和 S 的元组分配到各个计算节点。当连接属性值分布不均匀时，各个计算节点上的子集合的大小可能相差很大，使各个计算节点上的工作负载不均衡，算法的并行执行时间会明显增加。这种现象

称为数据分布奇异。

（2）内存溢出。在算法 Hash-Join 的第 5～9 步，每个计算节点 i 使用 Hash 函数并行地完成 R 和 S 的子集 HR_i 和 HS_i 的连接。我们希望 HR_i 划分以后每个子集合的大小等于 mB，这样才能充分发挥 Hash 连接算法的优越性。但是，如果数据在连接属性上分布不均匀，HR_i 的子集合的大小可能超出可用内存大小。这种现象称为内存溢出。内存溢出发生时，需要进一步把子集合划分成更小的子集合。子集合的再划分要求额外的 I/O 操作，降低了算法的效率。

数据分布奇异和内存溢出统称为数据偏斜。为了解决数据偏斜问题，人们已经提出一些抗数据偏斜的分布式并行连接算法。限于篇幅，这里就不介绍这些抗数据偏斜的分布式并行连接算法了，感兴趣的读者可以阅读参考文献[3-17]。

7.6　基于 CMD 的连接操作的分布式并行连接算法

7.5 节讨论的并行连接算法都没有考虑输入数据集合的分布式存储方法。如果在设计连接算法时充分利用数据集合的分布式存储方法的特点，就能够设计出更高效的算法。本节和 7.7 节分别以 CMD 数据分布式存储方法和分布式并行 B 树为例，讨论如何利用数据集合的分布式存储方法的特点设计高效的分布式并行连接算法。

数据集合的 CMD 分布式存储方法已经在 7.2 详细讨论过，本节介绍基于 CMD 方法的分布式并行连接算法，称这类算法为 CMD-Join 算法，称使用 CMD 方法进行分布式存储的关系为 CMD 关系。

7.6.1　基本概念

在 7.2 节已经看到，一个 CMD 关系是一个多维超方体的集合，每个关系属性对应一维或一个坐标轴。以下，称连接属性对应的维或坐标轴为连接维或连接轴。

定义 7.6.1　设 $R \subseteq D_1 \times D_2 \times \cdots \times D_d$ 是一个 d 维 CMD 关系，A 是 R 的连接属性或连接轴，被划分为 k 个区间。对于 $0 \leqslant i \leqslant k$，$R$ 沿连接轴的第 i 个连接区域定义为数据集合 $(D_1 \times \cdots \times D_{i-1} \times I_i \times D_{i+1} \times \cdots \times D_d) \bigcap R$，记作 $JR(R，A，i)$，其中 I_i 是 R 的连接轴的第 i 个区间。

以下，分别用 $L(R，A，i)$ 和 $U(R，A，i)$ 表示 $JR(R，A，i)$ 的 A 属性值的下界和上界。图 7.6.1 以关系 $R(A，B)$ 为例说明了这些概念，其中属性 A 是连接属性。

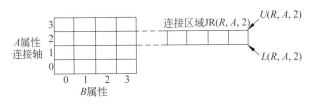

图 7.6.1　关系 $R(A，B)$ 和它的一个连接区域

定义 7.6.2　设 R 和 S 是连接操作的输入关系，A 是 R 的连接属性，B 是 S 的连接属性，R 和 S 都是 CMD 关系。如果下面的条件成立，

$$(L(R,A,i)\leqslant L(S,B,j)\leqslant U(R,A,i))\vee(L(S,B,j)\leqslant L(R,A,i)\leqslant U(S,B,j))$$

则称 $\mathrm{JR}(R,A,i)$ 和 $\mathrm{JR}(S,B,j)$ 连接相关;否则称 $\mathrm{JR}(R,A,i)$ 和 $\mathrm{JR}(S,B,j)$ 连接无关。

图 7.6.2 给出了连接相关和连接无关的示例。例如,R 的连接区域 $\mathrm{JR}(R,A,2)$ 与 S 的连接区域 $\mathrm{JR}(S,B,2)$ 和 $\mathrm{JR}(S,B,3)$ 连接相关,S 的连接区域 $\mathrm{JR}(S,B,3)$ 与 R 的连接区域 $\mathrm{JR}(R,A,3)$ 和 $\mathrm{JR}(R,A,2)$ 连接相关,S 的连接区域 $\mathrm{JR}(S,B,4)$ 与 R 的连接区域 $\mathrm{JR}(R,A,2)$ 连接无关。

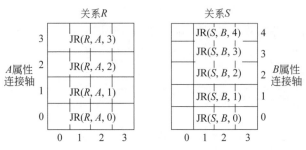

图 7.6.2　连接相关和连接无关的示例

引理 7.6.1　设 R 和 S 是连接操作的输入关系,A 和 B 分别是 R 和 S 的连接属性,R 和 S 都是 CMD 关系。$\mathrm{JR}(R,A,i)$ 和 $\mathrm{JR}(S,B,j)$ 分别是 R 和 S 的连接区域。如果 $\mathrm{JR}(R,A,i)$ 和 $\mathrm{JR}(S,B,j)$ 连接无关,则 $\mathrm{JR}(R,A,i)\times\mathrm{JR}(S,B,j)$ 中的任意元组都不包括在 R 和 S 的连接结果中。

证明：如果 $\mathrm{JR}(R,A,i)$ 和 $\mathrm{JR}(S,B,j)$ 连接无关,则连接条件

$(L(R,A,i)\leqslant L(S,B,j)\leqslant U(R,A,i))\vee(L(S,B,j)\leqslant L(R,A,i)\leqslant U(S,B,j))$

为假,即 $L(R,A,i)\leqslant L(S,B,j)\leqslant U(R,A,i)$ 和 $L(S,B,j)\leqslant L(R,A,i)\leqslant U(S,B,j)$ 均为假,即

$$L(S,B,j)>U(R,A,i)\text{ 或 }L(S,B,j)<L(R,A,i)$$

同时

$$L(R,A,i)>U(S,B,j)\text{ 或 }L(R,A,i)<L(S,B,j)$$

如果 $L(S,B,j)>U(R,A,i)$,则 $\forall t\in\mathrm{JR}(R,A,i)\times\mathrm{JR}(S,B,j)$,

$$L(R,A,i)\leqslant t[A]\leqslant U(R,A,i)<L(S,B,j)$$
$$L(S,B,j)\leqslant t[B]\leqslant U(S,B,j)$$

从而 $t[A]\neq t[B]$,即 t 不属于 R 和 S 的连接结果。

如果 $L(S,B,j)<L(R,A,i)$,则同时必有 $U(S,B,j)<L(R,A,i)$。于是,$\forall t\in\mathrm{JR}(R,A,i)\times\mathrm{JR}(S,B,j)$,必有

$$L(R,A,i)\leqslant t[A]\leqslant U(R,A,i)$$
$$L(S,B,j)\leqslant t[B]\leqslant U(S,B,j)<L(R,A,i)$$

从而 $t[A]\neq t[B]$,即 t 不属于 R 和 S 的连接结果。证毕。

引理 7.6.1 说明,计算 R 和 S 的连接时,只需计算 R 和 S 的每对连接相关区域的连接,不必考虑连接无关区域。所有连接相关区域的连接结果的并集即 R 和 S 的连接结果。任意一个 CMD 关系 R 的连接区域 $\mathrm{JR}(R,A,i)$、$L(R,A,i)$ 和 $U(R,A,i)$ 均可由 R 的划

分向量计算出来。所以,两个 CMD 关系的连接区域的相关性可以由它们的划分向量确定。

CMD-Join 算法分为两个阶段:第一阶段确定两个连接关系的连接相关区域集合;第二阶段计算连接相关区域的连接。

在 CMD-Join 算法的第一阶段,每个关系的连接无关区域将被剔除。图 7.6.3 给出了确定连接相关区域集合的示例。图 7.6.3 中每个关系由斜线标记的区域都与另一个关系的所有连接区域无关,不需要进行连接处理;图 7.6.3 中每个关系的其他连接区域都与另一个关系的某些连接区域连接相关,这些区域需要进行连接处理。CMD-Join 算法只需考虑相关区域。

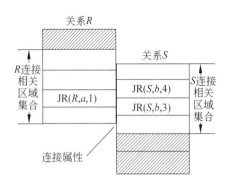

图 7.6.3 连接相关区域集合的示例

CMD-Join 算法的第二阶段计算相关连接区域的连接。在连接计算过程中,一个关系的连接区域仅需要和另一个关系的连接相关区域进行连接,不需要与其他连接区域进行连接。例如,在图 7.6.3 中,关系 R 的连接区域 JR(R, a, 1) 只需要与关系 S 的区域 JR(S, b, 3) 和 JR(S, b, 4) 进行连接。对于两个连接关系的每对连接相关区域,可以采用 Hash、Sort-Merge 或 Nested-Loop 方法计算连接相关区域的连接。于是,有 3 个 CMD-Join 算法。

这 3 个算法不同于其他分布式并行连接算法,不需要对整个连接关系进行划分,节省了大量的 I/O 和通信时间。

7.6.2 算法 CMD-Join-Hash

算法 CMD-Join-Hash 分为两个阶段:第一阶段确定两个连接关系的连接相关区域集合;第二阶段采用 Hash 方法计算相关区域的连接。

Algorithm 7.6.1 给出了算法 CMD-Join-Hash 的详细描述。

下面分析算法 CMD-Join-Hash 的并行执行时间。设 CMD 关系 R 和 S 的划分向量存储在主存储器中,R 和 S 的任意一对连接相关区域都可以存储在主存储器中,并且算法的 Hash 函数能够把 R 和 S 的每个连接区域均匀地分布到 P 个计算节点上。在下面的讨论中,t 表示每个磁盘块存储的元组数,b 表示每个元组的字节数,$|X|$ 表示关系 X 的元组数,$|R|=n$,$|S|=m$,$n_R P$ 是 R 的连接属性 A 的划分区间数,$n_S P$ 是 S 的连接属性 B 的划分区间数。这些假设也用于 7.6.3 节和 7.6.4 节。

算法 CMD-Join-Hash 的第 1 步的并行执行时间为 $O(n_R P + n_S P)$,第 2 步的执行时间是常数,于是,第 1、2 步的并行执行时间为 $T_{1-2} = O(n_R P + n_S P)$。

> **Algorithm 7.6.1：CMD-Join-Hash**
>
> 输入：均匀分布在 P 个计算节点上的 CMD 关系 R，连接属性为 A；
>   均匀分布在 P 个计算节点上的 CMD 关系 S，连接属性为 B。
> 输出：分布在 P 个计算节点上的 R 与 S 的连接结果。
> 1.   使用 R 和 S 的划分向量确定 R 和 S 的连接相关区域
> $\mathrm{JR}(R, A, x), \mathrm{JR}(R, A, x+1), \cdots, \mathrm{JR}(R, A, y)$
> $\mathrm{JR}(S, B, z), \mathrm{JR}(S, B, z+1), \cdots, \mathrm{JR}(S, B, w)$
> 2. $j := z$；
> 3.   **For** $i = x$ **To** y **Do** （P 个计算节点并行地）
> 4.   读 $\mathrm{JR}(R, A, i)$；
> 5.   用 Hash 函数 h 将 $\mathrm{JR}(R, A, i)$ 分布到 P 个计算节点上；
> 6.   每个计算节点建立接收的 $\mathrm{JR}(R, A, i)$ 的子集合的 Hash 表；
> 7.   **While** $(j \leqslant w) \wedge (\mathrm{JR}(S, B, j)$ 与 $\mathrm{JR}(R, A, i)$ 连接相关$)$ **Do**
> 8.   **If** 首次访问 $\mathrm{JR}(S, B, j)$ /* 可能多个 $\mathrm{JR}(R, A, i)$ 与 $\mathrm{JR}(S, B, j)$ 相关 */
> 9.   **Then** 读 $\mathrm{JR}(S, B, j)$，使用 Hash 函数 h 将其分布到 P 个计算节点上；
> 10.   每个计算节点用 $\mathrm{JR}(S, B, j)$ 子集搜索匹配 $\mathrm{JR}(R, A, i)$ 子集的 Hash 表，完成 $\mathrm{JR}(S, B, j)$ 子集与 $\mathrm{JR}(R, A, i)$ 子集的 Hash 连接；
> 11. $j := j+1$；
> 12.   **If** $U(R, A, i) < U(S, B, j-1)$
> 13.   **Then** $j := j-1$.   /* $\mathrm{JR}(S, B, j-1)$ 与 $\mathrm{JR}(R, A, i+1)$ 连接相关，需连接两者 */

根据 CMD 方法的特点，$\mathrm{JR}(R, A, i)$ 均匀地分布在 P 个计算节点上，而且每个计算节点上具有 $n/(n_R P^2)$ 个 $\mathrm{JR}(R, A, i)$ 的元组。算法第 4 步的执行时间是 $O(n/(n_R P^2))$，第 5 步的执行时间是 $O(n/(n_R P^2))$，第 6 步的执行时间是 $O(n/(n_R P^2))$，因此第 4～6 步总的执行时间为 $T_{4\text{-}6} = O(n/(n_R P^2))$。

第 8、9 步的执行时间是 $O(m/(n_S P^2))$。第 10 步的执行时间是 $O(m/n_S P^2))$。第 11 步的执行时间是常数。第 7 至第 11 步循环的执行次数等于与 $\mathrm{JR}(R, A, i)$ 连接相关的 S 的连接区域个数，至多为 $n_s P$。第 7～11 步的并行执行时间为

$$T_{7\text{-}11} = O(n_s P(m/(n_S P^2) + m/(n_S P^2))) = O(m/P)$$

第 12、13 步的执行时间为常数。第 3～13 步循环的执行次数至多为 $n_R P$。于是，第 3～13 步的执行时间为 $T_{3\text{-}13} = O(n_R P(n/(n_R P^2) + m/P))$。

总之，算法 CMD-Join-Hash 的并行执行时间为 $\mathrm{RT} = O(T_{1\text{-}2} + T_{3\text{-}13})$，即

$$\mathrm{RT} = O(n_S P + n_R P + n_R P(n/(n_R P^2) + m/P)) = O(n_S P + n_R P + n/P + m/p)$$

如果 $n_S = n_R$，$n \geqslant m$，则 $\mathrm{RT} = O(n_R P + n/P + n_R n) = O(n_R P + n/p)$。

使用 RT，很容易推导出算法 CMD-Join-Hash 的其他并行计算复杂性度量：

（1）工作量 $\mathrm{Cost} = O(n_R P^2 + n)$。

（2）加速比 $S = \Omega((n+m)/(n_R P + n/p))$，这是因为最快顺序算法的时间不少于 $n+m$。

（3）效率 $E = \Omega((n+m)/(n_R P + n/p)P)$。

7.6.3　算法 CMD-Join-SortMerge

算法 CMD-Join-SortMerge 分为两个阶段：第一阶段确定两个连接关系的连接相关区域集合；第二阶段采用排序合并方法完成相关区域的连接。

Algorithm 7.6.2 给出了算法 CMD-Join-SortMerge 的详细描述。

Algorithm 7.6.2：CMD-Join-SortMerge

输入：均匀分布在 P 个计算节点上的 CMD 关系 R,连接属性为 A;
　　　均匀分布在 P 个计算节点上的 CMD 关系 S,连接属性为 B。
输出：分布在 P 个计算节点上的 R 与 S 的连接结果。
1. 使用 R 和 S 的划分向量确定 R 和 S 的连接相关区域
$$\text{JR}(R,A,x),\text{JR}(R,A,x+1),\cdots,\text{JR}(R,A,y)$$
$$\text{JR}(S,B,z),\text{JR}(S,B,z+1),\cdots,\text{JR}(S,B,w)$$
2. $j := z$;
3. **For** $i = x$ **To** y **Do**（并行地）
4. 　　读 $\text{JR}(R,A,i)$;
5. 　　使用 Hash 函数 H 将 $\text{JR}(R,A,i)$分布到 P 个计算节点上;
6. 　　每个计算节点对接收的 $\text{JR}(R,A,i)$子集合进行排序;
7. 　　**While** $(j \leqslant w) \wedge (\text{JR}(S,B,j)\text{JR}(R,A,i)$连接相关) **Do**（并行地）
8. 　　　　**If** 首次访问 $\text{JR}(S,B,j)$
9. 　　　　**Then** 读 $\text{JR}(S,B,j)$,并使用 Hash 函数 H 将其分布到 P 个计算节点上;
10. 　　　　每个计算节点对 $\text{JR}(S,B,j)$子集合进行排序;
11. 　　　　每个计算节点进行 $\text{JR}(R,A,i)$子集合与 $\text{JR}(S,B,j)$子集的合并连接;
12. 　　　　$j := j+1$;
13. 　　**If** $U(R,A,i) < U(S,B,j-1)$
14. 　　**Then** $j := j-1$。

下面分析算法 CMD-Join-SortMerge 的并行执行时间。类似于算法 CMD-Join-Hash,算法 CMD-Join-SortMerge 第 1、2 步需要的时间为

$$T_{1\text{-}2} = O(n_R P + n_S P)$$

算法 CMD-Join-SortMerge 的第 4、5 步需要 $O(n/(n_R P^2))$时间,第 6 步的执行时间为 $O((n/(n_R P^2))\log n/(n_R P^2))$,于是,第 4-6 步的执行时间为

$$T_{4\text{-}6} = O(n/(n_R P^2) + (n/(n_R P^2))\log n/(n_R P^2)) = O((n/(n_R P^2))\log n/(n_R P^2))$$

第 8、9 步的执行时间为 $O(m/(n_S P^2))$。第 10、11 步的执行时间分别为 $O((m/(n_S P^2))\log m/(n_s P^2))$ 和 $O(n/(n_R P^2) + m/(n_S P^2))$。第 7~12 步循环的执行次数等于与 $\text{JR}(R,A,i)$连接的 S 的相关连接区域数,至多为 $n_S P$。第 7~12 步的并行执行时间为

$$T_{7\text{-}12} = O(n_S P(m/(n_S P^2) + (m/(n_S P^2))\log m/(n_s P^2) + n/(n_R P^2) + m/(n_S P^2)))$$
$$= O(n_S P((m/(n_S P^2))\log m/(n_s P^2) + n/(n_R P^2)))$$
$$= O((m/P)\log m/(n_s P^2) + n_s n/(n_R P))$$

第 13、14 步的执行时间为常数。第 3~14 步循环的执行次数至多为 $n_R P$。于是,第 3~14 步循环需要的时间为 $T_{3\text{-}14} = n_R P(T_{4\text{-}6} + T_{7\text{-}12})$。

于是,算法 CMD-Join-SortMerge 的并行执行时间为 $\text{RT}(n,P) = O(T_{1\text{-}2} + T_{3\text{-}14})$,即

$$\text{RT} = O((n_R P + n_S P) + n_R P[(n/(n_R P^2))\log n/(n_R P^2) + (m/P)\log m/(n_s P^2)$$
$$+ n_s n/(n_R P)])$$
$$= O(n_R P + n_S P + (n/P)\log n/(n_R P^2) + n_R m \log m/(n_s P^2) + n_s n)$$

如果 $n_S = n_R$, $n \geqslant m$,那么

$$\text{RT} = O(n_R P + n_S P + (n/P)\log n/(n_R P^2) + n_R m \log m/(n_s P^2) + n_s n)$$

$$=O(n_R P + (n/P)\log n/(n_R P^2) + n_R n \log n/(n_R P^2) + n_r n)$$
$$=O(n_R P + n_R n \log n/(n_r P^2) + n_r n)$$
$$=O(n_R P + n_R n \log n/(n_r P^2))$$
$$=O(n_R P + n_R n \log n)$$

使用 RT,可以很容易地推导出算法 CMD-Join-SortMerge 的其他并行计算复杂性度量:

(1) 工作量 Cost$=O(n_R P^2 + n_R n P \log n)$。

(2) 加速比 $S=\Omega((n+m)/(n_R P + n_R n \log n))$,这是因为最快顺序算法的时间不少于 $n+m$。

(3) 效率 $E=\Omega((n+m)/(n_R P + n_R n \log n)P)$。

7.6.4 算法 CMD-Join-NestedLoop

算法 CMD-Join-NestedLoop 分为两个阶段:第一阶段确定两个连接关系的连接相关区域集合;第二阶段采用嵌套循环方法完成相关区域的连接。

Algorithm 7.6.3 给出了算法 CMD-Join-NestedLoop 的详细描述。

Algorithm 7.6.3:CMD-Join-NestedLoop

输入:均匀分布在 P 个计算节点上的 CMD 关系 R,连接属性为 A;
　　　均匀分布在 P 个计算节点上的 CMD 关系 S,连接属性为 B。
输出:分布在 P 个计算节点上的 R 与 S 的连接结果。

1.　使用 R 和 S 的划分向量确定 R 和 S 的连接相关区域
　　　　　　　　$\mathrm{JR}(R,A,x),\mathrm{JR}(R,A,x+1),\cdots,\mathrm{JR}(R,A,y)$
　　　　　　　　$\mathrm{JR}(S,B,z),\mathrm{JR}(S,B,z+1),\cdots,\mathrm{JR}(S,B,w)$
2.　$j:=z$;
3.　**For** $i=x$ **To** y **Do** (并行地)
4.　　　读 $\mathrm{JR}(R,A,i)$;
5.　　　使用 Hash 函数 H 将 $\mathrm{JR}(R,A,i)$分布到 P 个计算节点上;
6.　　　**While** $(j \leqslant w) \wedge (\mathrm{JR}(S,B,j)$ 与 $\mathrm{JR}(R,A,i)$连接相关$)$ **Do** (并行地)
7.　　　　　**If** 首次访问 $\mathrm{JR}(S,B,j)$
8.　　　　　**Then** 读 $\mathrm{JR}(S,B,j)$,并使用 Hash 函数 H 将其分布到 P 个计算节点上;
9.　　　　　各计算节点用嵌套循环方法连接 $\mathrm{JR}(R,A,i)$子集与 $\mathrm{JR}(S,B,j)$子集;
10.　　　　$j:=j+1$;
11.　　　**If** $U(R,A,i)<U(S,B,j-1)$
12.　　　**Then** $j:=j-1$。

下面分析算法 CMD-Join-NestedLoop 的并行执行时间。类似于算法 CMD-Join-SortMerge 的分析,算法 CMD-Join-NestedLoop 的第 1、2 步的执行时间为 $T_{1\text{-}2}=O(n_R P + n_S P)$。

第 4、5 步的执行时间为 $T_{4\text{-}5}=O(n/(n_R P^2))$。

第 7、8 步的执行时间为 $T_{7\text{-}8}=O(m/(n_S P^2))$。第 9 步的执行时间为 $T_9=O((n/(n_R P^2))(m/(n_S P^2)))$。第 6~10 步循环的执行次数等于与 $\mathrm{JR}(R,A,i)$连接相关的 S 的连接区域数,至多为 $n_S P$。于是,第 6~10 步的并行执行时间为

$$T_{6\text{-}10} = O(n_s P[m/(n_S P^2) + (n/(n_R P^2))(m/(n_S P^2))]) = O(m/P + (n/(n_R P))(m/P^2))$$

第 11、12 步的执行时间为常数。第 3~12 步循环的执行次数至多为 $n_R P$。于是,第 3~12 步循环的执行时间为 $T_{3\text{-}12}=n_R P(T_{4\text{-}5}+T_{6\text{-}10})$。

总之，算法 CMD-Join-NestedLoop 的并行执行时间为 $RT = T_{1-2} + T_{3-12}$，即

$$RT = O(n_R P + n_S P + n_R P(T_{4-5} + T_{6-10}))$$
$$= O(n_R P + n_S P + n_R P((n/(n_R P^2) + m/P + (n/(n_R P))(m/P^2))))$$
$$= O(n_R P + n_S P + n_R P(m/P + (n/(n_R P))(m/P^2)))$$
$$= O(n_R P + n_S P + n_R m + nm/P^2)$$

如果 $n_S = n_R$，$n \geqslant m$，$P < n$，则

$$RT = O(n_R P + n_R n + n^2/P^2) = O(n_R n + n^2/P^2)$$

使用 RT 可推导出算法 CMD-Join-NestedLoop 的其他并行计算复杂性度量：

(1) 工作量 $Cost = O(n_R n P + n^2/P)$。

(2) 加速比 $S = \Omega((n+m)/(n_R n + n^2/P^2)) = \Omega(1/(n_R + n/P^2))$，这是因为最快顺序算法的时间不少于 $n + m$。

(3) 效率 $E = \Omega(1/(n_R P + n/P))$。

7.7 基于并行 B 树的连接操作的分布式并行算法

7.2.4 节已经介绍了多种分布式并行 B 树。本节以基于记录分布的并行 B 树（即 RDB 树）为例，说明如何以分布式并行 B 树为基础设计并行连接算法。

7.7.1 预备知识

首先简单回顾 RDB 树。给定具有 P 个计算节点的分布式计算系统、一个 k 维数据集合 D 和 D 的索引属性 A，D 的 RDB 树的构造由如下两步完成：

(1) 在 P 个计算节点之间分布 D 的元组，$D_i \subseteq D$ 是存储在计算节点 i 上的子集合。

(2) 对于 $1 \leqslant i \leqslant P$，计算节点 i 以 A 为索引属性，为 D_i 建立 B 树，简记作 BT_i。

于是，RDB 树 $= \{BT_i \mid 1 \leqslant i \leqslant P, BT_i$ 是计算节点 i 上的 D_i 的 B 树$\}$。

为了提高分布式并行连接算法的效率，需要对 RDB 树略加改造。对于 $1 \leqslant i \leqslant P$，把 RDB 树在计算节点 i 上的 B 树 BT_i 进行如下修改：

(1) 用指针把 BT_i 叶节点链接在一起。

(2) 在 BT_i 的根节点增加两个域：一个称为最大索引域，另一个称为最小索引域。最小索引域存储 BT_i 索引属性的最小值和该值对应的关系元组所在的叶节点的指针。最大索引域存储 BT_i 索引属性的最大值和该值对应的关系元组所在的叶节点的指针。

基于并行 B 树的分布式并行连接算法简称为并行 B 树连接算法。由于 Round-Robin 数据分布方法不能有效地支持连接操作，本节只讨论基于 Range 和 Hash 数据分布方法的并行 B 树连接算法。对每一种数据分布方法，本节都给出两种适用于如下情况的并行 B 树连接算法：

(1) 输入关系 R 和 S 的 B 树索引属性都是连接属性。

(2) 仅输入关系 R 和 S 的 B 树索引属性之一是连接属性。

以下，设 R 和 S 是连接关系，R 的元组数大于 S 的元组数，P 为计算节点个数。

7.7.2 基于 Range 分布方法的并行 B 树连接算法

设关系 R 的索引属性值域被划分为 P 个区间 $I_1, I_2, \cdots, I_P$，各个区间的端点为 $a_0, a_1,$

$\cdots,a_P$。于是，对于 $1 \leqslant k \leqslant P-1$，区间 $I_k=[a_{k-1},a_k)$，$I_P=[a_{P-1},a_P]$。关系 S 的索引属性值域被划分为 P 个区间 $J_1,J_2,\cdots,J_P$，各区间的端点为 $b_0,b_1,\cdots,b_P$。于是，对于 $1 \leqslant k \leqslant P-1$，区间 $J_k=[b_{k-1},b_k)$，$J_P=[b_{P-1},b_P]$。

以下，在不引起混淆的情况下，也使用区间 $[x_{k-1},x_k)$ 或 $[x_{k-1},x_k]$ 表示关系 X 的子集合 $\{t \mid t \in X, t[A] \in [x_{k-1},x_k)\}$ 或 $\{t \mid t \in X, t[A] \in [x_{k-1},x_k]\}$，简称其为关系 X 的区间，其中，A 是 X 的索引属性，$t[A]$ 是元组 t 在属性 A 上的值。关系 R 可以表示为区间 $[a_0,a_P]$，关系 S 可以表示为区间 $[b_0,b_P]$。R 和 S 的每个区间都存储在唯一的计算节点上。下面分别针对 R 与 S 的索引属性均为连接属性以及 R 与 S 的索引属性之一为连接属性两种情况，讨论基于 Range 数据分布方法的并行 B 树连接算法。

1. R 与 S 的 B 树索引属性均为连接属性

这种情况下的算法简称为 PBT-JOIN-R1。Algorithm 7.7.1 给出了算法 PBT-JOIN-R1 的详细描述。

算法 PBT-JOIN-R1 分 3 个阶段：第一阶段是边界处理阶段；第二阶段是区间调整阶段；第三阶段是连接阶段。需要指定一个计算节点为 Coordinator。

第一阶段的第一步使用 Coordinator 确定连接关系 R 和 S 的连接区间。R 和 S 的连接区间定义为 $[J_b,J_e]=[a_0,a_P] \bigcap [b_0,b_P]$。不难看出，$J_b=\max\{a_0,b_0\}$，$J_e=\min\{a_P,b_P\}$。图 7.7.1 给出了关系 R 和 S 的连接区间 $[J_b,J_e]$，其中，$J_b=b_0$，$J_e=a_6$。图 7.7.1 中每个区间的元组所在的计算节点是该区间标记的计算节点 P_i。

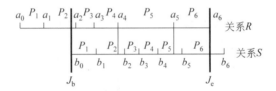

图 7.7.1　关系 R 和 S 的连接区间 $[J_b,J_e]$ 示例

定义 7.7.1　在关系 R 和 S 的连接区间 $[J_b,J_e]$ 内，如果关系 R 的区间 $[a_{i-1},a_i]$ 在计算节点 k 上，则将关系 S 位于区间 $[a_{i-1},a_i]$ 且不在计算节点 k 上的元组集合称为 S 关于 R 的区间 $[a_{i-1},a_i]$ 的错位集合。

S 关于 R 的区间 $[a_{i-1},a_i]$ 的错位集合必须传送到 $[a_{i-1},a_i]$ 所在的计算节点上。由于 S 是小关系，即 S 中的元组少于 R 中的元组，传送 S 的错位集合可减少通信开销。

第一阶段的第二步确定 S 的所有错位集合及其传送策略。令四元组 $([c,d],i,sn,flag)$ 表示把 S 的错位集合 $[c,d]$、序号 sn 和 flag 传送到计算节点 i 上，flag 表示 S 的错位集合 $[c,d]$ 传送到计算节点 i 后计算节点 i 是否即可开始连接计算。这一步产生的错位集合传输策略为集合 $\{([c,d],i,sn,flag)\}$。

在第二阶段，首先，Coordinator 传送集合 $\{([c,d],i,sn,flag)\}$ 到各计算节点。例如，在图 7.7.1 中，S 关于 R 的区间 $[a_4,a_5]$ 的错位集合为 $[a_4,b_2]$、$[b_2,b_3]$ 和 $[b_3,b_4]$。需要把计算节点 P_2、P_3、P_4 上的这些错位集合向计算节点 P_5 传送。为此，Coordinator 需要把信息 $([a_4,b_2],5,1,0)$、$([b_2,b_3],5,2,0)$、$([b_3,b_4],5,3,0)$、$([b_4,a_5],5,4,1)$ 发往计算节点 P_2、P_3、P_4、P_5，令这些计算节点向计算节点 P_5 传送相应的错位集合。请注意，

$([b_4, a_5], 5, 4, 1)$ 已在 P_5 上,实际并不传送。然后,各计算节点接收 Coordinator 发来的 $\{([c, d], i, \mathrm{sn}, \mathrm{flag})\}$,向计算节点 i 传送 S 的错位集合及其 sn 和 flag。传送时按连接属性值从小到大的顺序传送各元组。

Algorithm 7.7.1：PBT-JOIN-R1

输入：分布在 P 个计算节点上的连接关系 R 和 S；

$\quad\quad R$ 的连接属性 A 的值域划分点 $a_0, a_1, \cdots, a_P$（R 区间 $I_i = [a_{i-1}, a_i)$ 存储在 P_i 上）；

$\quad\quad S$ 的连接属性 B 的值域划分点 $b_0, b_1, \cdots, b_P$（S 区间 $J_j = [b_{j-1}, b_j)$ 存储在 P_j 上）。

输出：分布在 P 个计算节点上的 R 与 S 的连接结果。

/* 第一阶段：Coordinator 确定 R 和 S 的连接区间以及 S 的错位集合的传送策略 */

1.　$J_b := \max\{a_0, b_0\}$；　$J_e := \min\{a_P, b_P\}$；　/* 确定 R 和 S 的连接区间 $[J_b, J_e]$ */

　　/* $\exists x, z, m, n$ 使得 $J_b \in [a_x, a_{x+1}) \cap [b_z, b_{z+1}), J_e \in [a_{x+m-1}, a_{x+m}] \cap [b_{z+n-1}, b_{z+n}]$ */

2.　**For** $i=1$ **To** $m-1$ **Do**

3.　　　$A_i := a_{x+i}$；　　　　　　　/* A_i 是 $[J_b, J_e]$ 内 R 的第 i 区间的右端点 */

4.　**For** $i=1$ **To** $n-1$ **Do**

5.　　　$B_i := b_{z+i}$；　　　　　　　/* B_i 是 $[J_b, J_e]$ 内 S 的第 i 区间的右端点 */

6.　$A_0 := B_0 := J_b$；　$A_m := B_n := J_e$；　/* 连接区间为 $[A_{i-1}, A_i]$ $(1 \leqslant i \leqslant m)$ 和 $[B_{i-1}, B_i]$ $(1 \leqslant i \leqslant n)$ */

7.　$B := J_b$；　$k := 1$；　$\mathrm{sn} := 1$；

8.　**For** $i=1$ **To** m **Do**　/* 确定 S 的错位集合及其传送策略 */

9.　　　**For** $j=k$ **To** n **Do**

10.　　　　**If** $B_j \geqslant A_i$

11.　　　　**Then** 传送 $([B, A_i], x+i, \mathrm{sn}, 1)$ 到 P_{z+j}；

　　　　　　　　　　　　　/* R 和 S 的连接区间 $[B, A_i]$ 在 P_{x+i} 和 P_{z+j} 上 */

12.　　　　　　$B := A_i$；　$\mathrm{sn} := \mathrm{sn}+1$；　$k := j$；　BREAK；　/* 跳出 k 循环 */

13.　　　　**If** $(B_j < A_i) \wedge (B_j \neq B)$

14.　　　　**Then** 传送 $([B, B_j], x+i, \mathrm{sn}, 0)$ 到 P_{z+j}；

　　　　　　　　　　　　　/* R 和 S 的连接区间 $[B, A_i]$ 在 P_{x+i} 和 P_{z+j} 上 */

15.　　　　　　$\mathrm{sn} := \mathrm{sn}+1$；　$B := B_j$；

/* 第二阶段：传送 S 的错位集合 */

16.　$\mathrm{sn} := 1$；

17.　**For** $i=1$ **To** P **Do** （并行地）

18.　　　**For** P_i 收到的每个 $([a, b], j, \mathrm{sn}, \mathrm{flag})$ **Do**

19.　　　**If** $i \neq j$　　/* 如果 $i=j$，$[a, b]$ 不是 S 的真错位区间，不需传送 */

20.　　　**Then** 在 $B_i(S)$ 上查找包含 a 和 b 的叶节点的磁盘块号 m_1 和 m_2；

21.　　　　　**For** $k=m_1$ **To** m_2 **Do**

22.　　　　　　读 S 的第 k 块，传送到 P_j；

23.　　　**If** $\mathrm{flag}=1$ **Then** 向计算节点 j 发出启动连接的命令；

/* 第三阶段：各计算节点并行地执行连接操作 */

24.　**For** $i=1$ **To** P **Do** （并行地）

25.　　　P_i 接收 S 的错位集合，按 sn 的顺序存储到 S' 中；　/* S' 是有序集合 */

26.　　　P_i 接到启动连接命令，执行下面的 27～33 步

27.　　　　　从 $B_i(R)$ 树的根节点找到 R 的最大索引值 $R_{\max}$ 和最小索引值 $R_{\min}$；

28.　　　　　从 $B_i(S)$ 树的根节点找到 S 的最大索引值 $S_{\max}$ 和最小索引值 $S_{\min}$；

29.　　　　　$RJ_b := \max\{J_b, R_{\max}\}$；　$RJ_e := \min\{J_e, R_{\min}\}$；

30.　　　　　$SJ_b := \max\{J_b, S_{\max}\}$；　$SJ_e := \min\{J_e, S_{\min}\}$；

31.　　　　　在 $B_i(R)$ 树上查找包含 RJ_b 和 RJ_e 的叶节点的磁盘块号 m_1 和 m_2；

32.　　　　　在 $B_i(S)$ 树上查找包含 SJ_b 和 SJ_e 的叶节点的磁盘块号 n_1 和 n_2；

33.　　　　　合并连接 R 在 m_1 与 m_2 之间的有序块和 S 在 n_1 与 n_2 之间的有序块 $\cup$ S' 中的有序块.

在第三阶段,各计算节点并行地执行连接操作。由于各计算节点上的 B 树的所有叶节点都由一个指针横向链接,而且如果叶节点 L_1 在叶节点 L_2 的左边,则 L_1 的元组在索引属性上的值都小于 L_2 的元组的对应值。叶节点中的元组也是有序的。其他计算节点传送来的数据也按从小到大的顺序传送,所以第三阶段的连接是两个有序元组集合的合并。

在算法 PBT-JOIN-R1 中,如果某个计算节点接收到四元组($[c, d]$, i, sn, flag),则该计算节点将把本地 S 的错位集合 $[c, d]$ 的元组按从小到大的顺序向计算节点 i 传送,同时也把 sn 和 flag 传送给计算节点 i。关系 R 在 P_i 上的 B 树记为 $B_i(R)$,关系 S 在 P_i 上的 B 树记为 $B_i(S)$。

下面分析算法 PBT-JOIN-R1 的并行执行时间。设 R 和 S 分别被划分为 P 个区间,关系 R 和 S 的划分点存储在主存储器中。N 和 M 分别为 R 和 S 的元组数。

下面分析算法 PBT-JOIN-R1 第一阶段的并行执行时间。

第 1 步需要 $O(1)$ 时间。

第 2～7 步需要 $O(n+m)$ 时间,其中 n 和 m 分别是 R 和 S 的连接区间包含的 R 和 S 的区间个数。由于 $n \leqslant P$ 且 $m \leqslant P$,第 2～7 步的执行时间为 $O(P)$。

第 8～15 步需要的 CPU 时间为 $O(n+m)=O(P)$,通信时间为 $O(l)$,其中 l 是 S 的错位集合的个数。由于 $l=O(P)$,第 7～15 步的执行时间为 $O(P)$。

于是,第一阶段的并行执行时间为 $T_1=O(P)$。

再来分析算法 PBT-JOIN-R1 第二阶段的并行执行时间。每个计算节点的执行时间与 S 的错位集合的大小密切相关。设关系 S 有 l 个错位集合 $S_1, S_2, \cdots, S_l$。令 $\alpha = \sum\limits_{1 \leqslant i \leqslant l} |S_i|$。设各 S_i 均匀地分布在 P 个计算节点上。于是,在第二阶段每个计算节点至多需要从磁盘读取 α/P 个 S 的元组,至多需要传送 α/P 个 S 的元组,并需要 $O(l)$ 计算时间。第 20 步至多被执行 l 次,需要 $O(l \log |S|/P)$ 的执行时间。考虑到 $l=O(P)$,第二阶段的并行执行时间为 $T_2=O(\alpha/P + P \log |S|/P)$。

最后,分析算法 PBT-JOIN-R1 第三阶段的并行执行时间。第 25 步的执行时间至多为 $O(\alpha/P)$。第 26～30 步需要 $O(1)$ 时间。第 31 步需要 $O(\log |R|/P)$ 时间。第 32 步需要 $O(\log |S|/P)$ 时间。第 33 步的执行时间为 $O(|R|/P + |S|/P + \alpha/P)$。于是,第三阶段的并行执行时间为 $T_3=O(\log |S|/P + \log |R|/P + |R|/P + |S|/P + \alpha/P)$。

综合上述分析,算法 PBT-JOIN-R1 的并行执行时间为 $T_1+T_2+T_3$,即

$$RT = O(P + \alpha/P + P \log |S|/P + \log |S|/P + \log |R|/P + |R|/P + |S|/P + \alpha/P)$$
$$= O(\alpha/P + P \log |S|/P + \log |R|/P + |R|/P + |S|/P)$$

由于 $|R| \geqslant |S| > \alpha$,$RT = O(|R|/P + P \log |R|/P + |R|/P) = O(|R|/P + P \log |R|/P)$。

使用 RT 可以很容易地推导出算法 PBT-JOIN-R1 的其他并行计算复杂性度量:

(1) 工作量 $Cost = O(|R| + P^2 \log |R|/P)$。

(2) 加速比 $S = \Omega(|R| + |S|)/(|R|/P + P \log |R|/P)$,这是因为最快顺序算法的时间不少于 $|R| + |S|$。

(3) 效率 $E = \Omega(|R| + |S|)/(|R| + P^2 \log |R|/P)$。

2. R 与 S 的 B 树索引属性之一为连接属性

设 R 的 B 树索引属性是连接属性，S 的 B 树索引属性不是连接属性。在这种情况下，算法分为两个阶段。

算法的第一阶段称为数据重分布阶段，按照关系 R 在各计算节点之间的分布情况重新在各计算节点之间的分配关系 S。为了减少通信开销，每个计算节点 i 向其他计算节点广播该节点上的 $B_i(R)$ 树的最大和最小索引值 $\max_i$ 和 $\min_i$，各计算节点把关系 S 的连接属性值属于 $[\max_i, \min_i]$ 区间的元组传输到计算节点上 i。

算法的第二阶段是并行连接阶段。这一阶段可以选择两种策略。

第一种策略是：计算节点 i 首先接收或读一块 S 的元组到内存，设该块元组的最大和最小连接属性值分别为 $\max$ 和 $\min$；然后，计算节点 i 把这块元组按照连接属性值的大小排序；最后，计算节点 i 在 $B_i(R)$ 树上进行区域查询，查找连接属性值属于 $[\max, \min]$ 区间的元组，把找到的元组与内存中的 S 的元组进行合并连接。

第二种策略是：首先把关系 S 外排序，然后与关系 R 进行合并连接。

下面给出采用第一种策略的算法，简记作 PBT-JOIN-R2。采用第二种策略的算法比较简单，从略。Algorithm 7.7.2 给出了算法 PBT-JOIN-R2 的详细描述。

Algorithm 7.7.2：PBT-JOIN-R2

输入：分布在 P 个计算节点上的连接关系 R 和 S；

　　　R 的连接属性 A 的值域划分点 $a_0, a_1, \cdots, a_P$（R 区间 $I_i = [a_{i-1}, a_i)$ 存储在 P_i 上）；

　　　S 的连接属性 B 的值域划分点 $b_0, b_1, \cdots, b_P$（S 区间 $J_j = [b_{j-1}, b_j)$ 存储在 P_j 上）。

输出：分布在 P 个计算节点上的 R 与 S 的连接结果。

/ * 第一阶段：数据重分布 * /

1.　**For** $i = 1$ **To** P **Do** （并行地）

2.　　　计算节点 i 广播 $B_i(R)$ 根节点中的最大索引值 $\max_i$ 和最小索引值 $\min_i$；

3.　**For** $i = 1$ **To** P **Do** （并行地）

4.　　　**For** $j = 1$ **To** P **Do**

5.　　　　　在 $B_i(S)$ 树上查找 $\min_j$ 和 $\max_j$ 所在的叶节点号 m_1 和 m_2；

6.　　　　　读取 $B_i(S)$ 树上 m_1 和 m_2 之间的所有叶节点中的元组并发送到计算节点 j；

/ * 第二阶段：并行连接 * /

7.　**For** $i = 1$ **To** P **Do** （并行地）

8.　　　计算节点 i 读节点 i 上的一块 S 的元组，存入内存数组 B；

9.　　　在内存中按连接属性将 B 排序；

10.　　　$\max := B$ 中最大的连接属性值；　$\min := B$ 中最小的连接属性值；

11.　　　在 $B_i(R)$ 树上查找包含连接属性值 $\min$ 的叶节点 L；

12.　　　读 $B_i(R)$ 树从叶节点 L 开始到包含连接属性值 $\max$ 的元组的叶节点为止的每个叶节点，与内存中的 S 的元组进行合并连接；

13.　　　**If** 计算节点 i 处理完所有其上的 S 的元组

14.　　　**Then** 算法结束；

15.　　　**Else** **goto** 8.

下面分析算法 PBT-JOIN-R2 的并行执行时间。设 R 和 S 初始时均匀分布在 P 个计算节点上，并且在 S 的数据重分布以后依然均匀分布在 P 个计算节点上。

首先，分析算法 PBT-JOIN-R2 第一阶段的并行执行时间。

在第 1、2 步，每个计算节点需要 $O(1)$ 时间。

第 5 步需要 $O(\log |S|/P)$ 时间,第 6 步需要读和传送 S 的元组数为 $O(|S|/P)$。于是,第 3～6 步的执行时间为 $O(P \log |S|/P+|S|/P)$。

从而,第一阶段的并行执行时间为 $O(P \log |S|/P+|S|/P)$。

然后,分析算法 PBT-JOIN-R2 第二阶段的并行执行时间。

第 8、9 步需要 $O(|B|+|B|\log|B|)$ 时间。由于 $|B|$ 是常数,所以第 8、9 步需要 $O(1)$ 时间。

第 10 步的执行时间为 $O(1)$。

第 11 步需要 $O(\log |R|/P)$ 时间。

第 12 步至多需要读 R 的 $O(|R|/P)$ 个元组,并需要 $O(|R|/P+B)$ 次合并计算,总计需要 $O(|R|/P+|R|/P+B)=O(|R|/P)$ 时间。

第 13～15 步需要 $O(1)$ 时间。

总之,第 8～15 步需要 $O(\log |R|/P+|R|/P)$ 时间。第 8～15 步至多被执行 $O(|S|/P)$ 次。

于是,第二阶段的并行执行时间为 $O((|S|/P)(\log |R|/P+|R|/P))$。

综上所述,算法 PBT-JOIN-R2 的并行执行时间为

$$RT =O(P \log |S|/P+|S|/P+(|S|/P)(\log |R|/P+|R|/P))$$
$$=O(P \log |S|/P+(|S|/P)(|R|/P))$$

如果 $|R|>|S|$ 且 $|R|/P>P$,则 $RT=O(P \log |R|/P+(|R|/P)^2)=O((|R|/P)^2)$。

使用 RT 可推导出算法 PBT-JOIN-R2 的其他并行计算复杂性度量:

(1) 工作量 $Cost=O(|R|^2/P)$。

(2) 加速比 $S=\Omega(|R|+|S|)/(|R|/P)^2=\Omega(P^2/|R|)$,这是因为最快顺序算法的时间不少于 $|R|+|S|$。

(3) 效率 $E=\Omega(P/|R|)$。

7.7.3 基于 Hash 分布方法的并行 B 树连接算法

本节介绍基于 Hash 数据分布式存储方法的分布式并行 B 树连接算法。下面分别针对 R 与 S 的索引属性均为连接属性以及 R 与 S 的索引属性之一为连接属性两种情况,讨论基于 Hash 数据分布方法的并行 B 树连接算法的设计与分析。

1. R 与 S 的索引属性均为连接属性

如果分布式存储关系 R 和 S 使用 Hash 函数相同,则仅需所有计算节点并行地各对本地的 R 和 S 的 B 树从左到右读其叶节点,同时进行连接。这种情况比较简单,从略。下面在 R 和 S 使用不同 Hash 函数分布式存储各自数据的情况下,讨论 R 和 S 的并行连接算法。这个算法简称为算法 PBT-JOIN-H1。设关系 R 与关系 S 的 Hash 函数不相同并且 $|R|\geqslant|S|$。算法 PBT-JOIN-H1 分为两个阶段。

第一阶段进行 S 的数据重分布,R 保持不动。在这一阶段,各计算节点用 R 的 Hash 函数把本地的 S 的元组重新分布到各计算节点上,方法是从树的最左叶节点开始,顺序向右读完所有的叶节点,这样可以保证 Hash 计算的结果是部分有序的。

第二阶段为数据合并与连接阶段。各计算节点把接收到的其他计算节点的 S 的元组合并为一个有序序列,同时进行合并连接。

Algorithm 7.7.3 给出了算法 PBT-JOIN-H1 的详细描述，其中 P_i 表示计算节点 i。

Algorithm 7.7.3：PBT-JOIN-H1

输入：分布在 P 个计算节点上的连接关系 R 和 S，R 的数据分布 Hash 函数 H_R，S 的数据分布 Hash 函数 H_S。

输出：分布在 P 个计算节点上的 R 与 S 的连接结果。

/ * 第一阶段：S 的数据重分布 * /

1. **For** $i=1$ **To** P **Do** （并行地）
2. P_i 顺序读 $B_i(S)$ 树的叶节点中的每个元组 t 并传送到计算节点 $H_R(t)$；
3. P_i 在硬盘上开辟 $P-1$ 个区域 $\text{DISKP}_i[1:P-1]$；
4.   **For** $1 \leqslant j \leqslant P-1$ **Do**
5. P_i 接收 P_j 传送来元组，存储到 $\text{DISKP}_i[j]$；

/ * 第二阶段：数据合并与合并连接 * /

6. **For** $i=1$ **To** P **Do** （并行地）
7.   对所有的 $1 \leqslant j \leqslant P-1$，$P_i$ 合并 $\text{DISKP}_i[j]$ 及本地 S 的元组为有序集 DISKP_i；
8. DISKP_i 与 $B_i(R)$ 树的叶节点进行合并连接.

下面分析算法 PBT-JOIN-H1 的并行执行时间。设 R 和 S 均匀地分布在 P 个计算节点上，Hash 函数 H_R 把 S 均匀地分布到 P 个计算节点上。

在算法 PBT-JOIN-H1 的第一阶段，第 2 步需要读写 S 的 $|S|/P$ 个元组，还需要传送 $(P-1)|S|/P^2$ 个 S 的元组，第 3 步需要的磁盘空间申请时间为 $O(P)$，第 4、5 步需要向磁盘写最多 $(P-1)|S|/P^2$ 个 S 的元组。于是，第一阶段的并行执行时间为

$$O(|S|/P+(P-1)|S|/P^2+P)=O(|S|/P+P)$$

在算法 PBT-JOIN-H1 的第二阶段，第 7 步需要 $O((\log P)|S|/P)$ 时间，第 8 步需要 $O(|S|/P+|R|/P)$ 时间。于是，第二阶段的执行时间为 $O((\log P)|S|/P+|S|/P+|R|/P)$。

综上所述，算法 PBT-JOIN-H1 的时间复杂性为

$$\text{RT}=O((\log P)|S|/P+|S|/P+|R|/P+|S|/P+P)=O((\log P)|S|/P+|R|/P+P)$$

如果 $|R|>|S|$，$\text{RT}=O((\log P)|R|/P+P)$。

使用 RT 可以很容易地计算出算法 PBT-JOIN-H1 的其他并行计算复杂性度量：

（1）工作量 $\text{Cost}=O((\log P)|R|+P^2)$。

（2）加速比 $S=\Omega(|R|+|S|)/((\log P)|R|/P+P)$，这是因为最快顺序算法的时间不少于 $|R|+|S|$。

（3）效率 $E=\Omega(|R|+|S|)/((\log P)|R|+P^2)$。

2. R 与 S 的索引属性之一为连接属性

设关系 R 的索引属性是连接属性，关系 S 的索引属性不是连接属性。在这种情况下，可以使用 PBT-JOIN-H1 算法实现 R 和 S 的连接。下面给出一个不同的算法 PBT-JOIN-H2，这个算法也可以实现 R 与 S 的索引属性之一为连接属性时 R 与 S 的连接。算法 PBT-JOIN-H2 分两个阶段。

第一阶段在 P 个计算节点之间分布 S 的元组。此时，R 保持不动，各计算节点将本地 S 的元组用 R 的 Hash 函数重新分布到各计算节点上。

第二阶段为合并连接阶段。这个阶段可以选择两种策略。第一种策略是计算节点 i 每接收或读一块 S 的元组到内存，就将这块元组排序。假设这块元组的最大和最小连接属性值分别为 max 和 min。在 $B_i(R)$ 树上进行区域查询，查找 max 和 min 之间的元组，把找到的 R 的元组与内存中的 S 的元组进行合并连接。第二种策略是把关系 S 按连接属性值进

行外排序,然后与关系 R 进行合并连接。下面给出采用第一种策略的算法。采用第二种策略的算法较简单,从略。

Algorithm 7.7.4 给出了算法 PBT-JOIN-H2 的详细描述,其中 P_i 表示计算节点 i。

Algorithm 7.7.4:PBT-JOIN-H2

输入:分布在 P 个计算节点上的连接关系 R 和 S。
输出:分布在 P 个计算节点上的 R 与 S 的连接结果。
/ * 第一阶段:S 数据的再分布 * /
1. **For** $i=1$ **To** P **Do** (并行地)
2. P_i 顺序读 $B_i(S)$ 树的叶节点到 B,$\forall t \in S$,把 t 传送到计算节点 $H_R(t)$;
/ * 第二阶段:合并连接 * /
3. **For** $i=1$ **To** P **Do** (并行地)
4. P_i 接收或读 S 的一块元组到 B,在内存中按连接属性将 B 排序;
5   max := B 中最大的连接属性值;min := B 中最小的连接属性值;
6.   在 $B_i(R)$ 树中查找连接属性值属于[min, max]区间的所有元组块,块地址存入 Bset;
7.   **For** $\forall$ add$\in$ Bset **Do**
8.   读 $B_i(R)$ 树的第 add 块元组,与内存中的 S 的元组进行合并连接;
9.   **If** P_i 处理完所有 P_i 上连接属性的 $H_R(t)=i$ 的 S 元组 t
10.   **Then** 算法结束;
11.   **Else** **goto** 5.

算法 PBT-JOIN-H2 的执行时间的分析类似于前面几个算法,留作练习。

7.8 本章参考文献

7.8.1 本章参考文献注释

7.1 节介绍的并行计算系统结构、并行算法及其复杂性分析的基本思想主要来自文献[18,19]。文献[18]把并行计算系统分类为 SISD、MISD、SIMD 和 MIMD 4 类。在这些并行计算系统的基础上,7.1 节还补充介绍了目前普遍用于大数据计算的计算机机群或云并行计算系统。文献[19]详细讨论了并行算法的基本概念以及并行算法复杂性分析的各种度量,包括并行执行时间、工作量、加速比、效率和伸缩性。

7.2 节讨论了一维分布式存储方法、多维分布式存储方法、分布式并行 Grid 文件、分布式并行 B 树等大数据分布式并行存储方法和存储结构,其基本思想主要来源于本书作者的文献[1,2,20]。本书作者的专著[1]系统地介绍了 Round-Robin、Hash、Range、Hybrid-Range 等一维数据分布方法。这些方法是最简单的一维数据分布方法,已经被 Bubba、Gamma 等系统采用。此外,有兴趣的读者还可以阅读文献[21,22]。文献[21]对一维数据分布方法进行了深入的对比分析。文献[22]对 Range 数据分布方法进行了改进,提出了 Hybrid-Range 数据分布方法。本书作者的论文[2]提出了 CMD 多维数据分布式并行存储方法。本书作者的论文[23]对 CMD 方法加以改进,提出了动态 CMD 数据划分方法。此外,文献[24]扩展了 Hybrid-Range 数据划分方法,提出了 MAGIC 多维数据分布方法和 BERD 多维数据划分方法。本书作者的论文[20]提出了 Grid 文件的并行化方法。本书作者的专著[3]系统地介绍分布式并行 B 树。有兴趣的读者还可以阅读文献[25-27]。文献[25]讨论了 3 种多磁盘 B 树方法。文献[26]提出了大节点并行 B 树。本书作者的论文[27]

改进了多磁盘B树,提出了并行B⁺树,并设计了基于并行B⁺树的关系连接操作算法。除了本书介绍的分布式并行数据存储方法以外,文献[28-39]提出了很多其他数据分布方法,文献[40-48]提出了一些多磁盘数据分布方法。这些方法经过修改可以用于并行大数据计算。

7.3节介绍的并行排序算法的基本思想来自本书作者的专著[1]。目前人们已经提出大量并行排序算法,有兴趣的读者还可以阅读文献[49-64]。文献[49,50]对主要的并行外排序算法进行了分类综述。文献[51-54]提出了基于合并操作的并行外排序算法。文献[55]研究了基于比较交换操作的并行外排序算法。文献[56-61]提出了基于数据划分的并行外排序算法。文献[62,63]提出了使用随机抽样方法划分被排序数据的思想。文献[64]提出了降低通信开销的并行外排序算法。

7.4节和7.5节讨论的并行集合操作算法和并行关系代数操作算法的基本思想来自本书作者的专著[3]。有兴趣的读者还可以阅读文献[65-68],这些文献提出了实现关系代数和集合代数操作的多种并行算法。由于连接操作是最耗时而且最常用的数据库操作,有关并行数据库操作算法的研究主要集中在并行连接算法方面。文献[69,70]是最早提出并行连接算法的文献。文献[71]综述了并行连接算法的主要研究成果。文献[72,73]给出了两个典型并行循环嵌套连接算法。文献[74-77]从不同角度研究了基于排序合并的并行连接算法。并行Hash连接算法是最引人注目的并行连接算法。文献[78-87]提出了一系列并行Hash连接算法。

7.6节介绍了基于CMD分布式并行存储方法的并行连接算法,其基本思想来源于本书作者的论文[88,89]。文献[88]提出了以CMD方法为基础的3种并行连接算法。文献[89]提出了适应于共享存储器并行计算机系统的基于CMD方法的并行连接算法。

7.7节介绍的基于并行B树的并行连接算法的基本思想来自本书作者的论文[27]。文献[27]提出了3种基于并行B树的并行连接算法。

多数并行连接算法的研究都假定连接关系在连接属性上均匀分布。这种均匀性假定是不实际的。很多研究已经表明,实际数据库中数据的分布常常出现偏斜[3-5]。文献[6]讨论了数据偏斜对并行连接算法的影响的分类和模型。文献[7]讨论了数据偏斜对并行连接算法伸缩性的影响。文献[8-17]提出了一系列克服数据偏斜影响的并行Hash连接算法。感兴趣的读者可以阅读这些文献。

7.8.2 本章参考文献列表

[1] 李建中,孙文隽. 并行关系数据库管理系统引论[M]. 北京:科学出版社,1998.

[2] Li J Z, Srivastava J, Rotem D. CMD: A Multi-Dimensional Declustering Method for Parallel Database Systems[C]. Proceedings of International Conference on Very Large Data Bases (VLDB), 1992.

[3] Lakshmi M S, Yu P S. Effectiveness of Parallel Joins[J]. IEEE Transactions on Knowledge and Data Engineering, 1990, 2(4): 410-424.

[4] Wolf J L, Dias D M, Yu P S. An Effective Algorithm for Parallizing Sort Merge Joins in the Presence of Data Skew[C]. Proceedings of the 2nd International Symp. on Databases in Parallel and Distributed Systems, 1990.

[5] Lynch C A. Selectivity Estimation and Query Optimization in Large Databases with Highly Skewed Distributions of Column Values[C]. Proceedings of International Conference on Very Large Data

Bases，1988.

[6] Walton C B, Dale, A G, Jenevein R M. A Taxonomy and Performance Model of Data Skew Effects in Parallel Joins[C]. Proceedings of International Conference on Very Large Data Bases，1991.

[7] Walton C B, Dale A G. Data Skew and Scalability of Parallel Joins, Proc. 3rd IEEE Symp. Parallel and Distributed Processing[J]. Los Alamitos：IEEE CS Press，1991.

[8] Wolf J, Dias D M, Yu P S. An Effective Algorithm for Parallelizing Hash Joins in the Presence of Data Skew[C]. Proceedings of Internatinal Conference on Data Engineering，1991.

[9] Kitsuregawa M,Nakayama M, Takagi M. The Effect of Bucket Size Tuning in the Dynamic Hybrid GRACE Hash Join Method［C］. Proceedings of International Conference on Very Large Data Bases，1989.

[10] Kitsuregawa M, Ogawa Y. Bucket Spreading Parallel Hash：A New, Robust, Parallel Hash Join Method for Data Skew in the Super Database Computer(SDC)［C］. Proceedings of International Conference on Very Large Data Bases，1990.

[11] Hua K A, Lee C. Handling Data Skew in Multiprocessor Database Computer Systems Using Partition Tuning[C]. Proceedings of International Conference on Very Large Data Bases，1991.

[12] Omiecinski E. Performance Analysis of a Load Balancing Hash-Join Algorithm for a Shared Memory Multiprocessor[C]. Proceedings of International Conference on Very Large Data Bases，1991.

[13] Shatdal A, Naughton J F. Using Shared Virtual Memory for Parallel Join Processing[C]. Proceedings of ACM SIGMOD International Conference on Management of Data，1993.

[14] Lu H, Tan K-L. Dynamic and Load-balanced Task-Oriented Database Query Processing in Parallel Systems［C］. Proceedings of the Third Internatinal Conference on Extending Data Base Technology，1992.

[15] Soloviev V. A Truncating Hash Algorithm for Processing Band-Join Queries［C］. Proceedings of IEEE International Conference on Data Engineering，1993.

[16] DeWitt D, Naughton J,Schneider D. An Evaluation of Non-Equijoin Algorithm[C]. Proceedings of International Conference on Very Large Data Bases，1991.

[17] Buhr P A, Goel A K, Nishimura N, et al. Parallel Pointer-Based Join Algorithms in Memory Mapped Environments[C]. Proceedings of IEEE International Conference on Data Engineering，1996.

[18] Flynn M J. Some Computer Orgnization and Their Effectiveness［J］. IEEE Trasactions on Computers，1972,21(9)：948-960.

[19] Grama A, Gupta A, Karypis G, et al. Introduction to Parallel Computing[M]. 2nd Ed. Addison-Wesley，2003.

[20] Li J Z, Rotem D, Srivastava J. Algorithms for Loading Parallel Grid files[C]. Proceedings of ACM SIGMOD International Conference on Management of Data (SIGMOD)，1993.

[21] Ghandeharizadeh S, Dewitt D J. Performance Analysis of Alternative Declustering Strategies［C］. Proceedings of the 6th International Conference on Data Engineering (ICDE)，1990.

[22] Ghandeharizadeh S, Dewitt D J. Hybrid-Range Partitioning Strategy：A New Declustering Strategy for Multiprocessor Database Machines[C]. Proceedings of International Conference on Very Large Data Bases (VLDB)，1990.

[23] 李建中. 一种并行数据库的动态多维数据分布方法[J]. 软件学报，1999(9)：909-916.

[24] Ghandeharizadeh S, DeWitt D. A Performance Analysis of Alternative Multi-Attribute Declustering Strategies［C］. Proceedings of ACM SIGMOD International Conference on Management of

Data，1992.

[25] Seeger B，Larson P A. Multi-Disk B-tree[C]. Proceedings of ACM SIGMOD International Conference on Management of Data，1991.

[26] Pramanik S，Kim M H. Parallel Processing of Large Node B-trees[J]. IEEE Transactions on Computers，1990，39(11)：1208-1212.

[27] 孙文隽，李建中，常红. 基于并行 B＋树的并行 Join 算法的设计、分析与实现[J]. 计算机学报，1998，21(1)：10-17.

[28] HSIAO H，DeWitt D J. Chained Declustering：A New Availability Strategy for Multiprocessor Database Machines[C]. Proceedings of IEEE International Conference on Data Engineering，1990.

[29] Kouramajian V，Elmasri R，Chaudhry A. Declustering Techniques for Parallelizing Temporal Access Structures[C]. Proceedings of IEEE Internatinal Conference on Data Engineering，1994.

[30] Ghandeharizadeh S，Wilhite D，Lin K，et al. Object Placement in Parallel Object-Oriented Database Systems[C]. Proceedings of IEEE Internatinal Conference on Data Engineering，1994.

[31] Ghandeharizadeh S，Ramos L，Asad Z，et al. Qureshi，Object Placement in Parallel Hypermedia Systems[C]. Proceedings of International Conference on Very Large Data Bases，1991.

[32] Litwin W，Neimat M A，Schneider D. LH＊-Linear Hashing for Distributed Files[C]. Proceedings of ACM SIGMOD International Conference on Management of Data，1993.

[33] Fang M F，Lee R C T，Chang C C. The Idea of Declustering and its Applications[C]. Proceedings of International Conference on Very Large Data Bases，1986.

[34] Chamberlin D D，Schmuck F B. Dynamic Data Distribution(D3) in a Shared-Nothing Multiprocessor Data Store[C]. Proceedings of International Conference on Very Large Data Bases，1992.

[35] Matsliach G，Shmueli O. An Efficient Method for Distributing Search Structures [C]. 1st International Conference on Parallel and Distributed Information Systems (PDIS)，1991.

[36] Faloutsos C，Bhagwat P. Declustering Using Fractals [C]. Proceedings of Intl Symposium on Databases in Parallel and Distributed Systems，1993.

[37] Himmatsingka B，Srivastava J. Performance Evaluation of Grid Based Multi-Attribute Record Declustering Methods[C]. Proceedings of IEEE Internatinal Conference on Data Engineering，1994.

[38] Kamel I，Faloutsos C. Parallel R-Trees[C]. Proceedings of ACM SIGMOD International Conference on Management of Data，1992.

[39] Kouramajian V，Elmasri R，Chaudhry A. Declustering Techniques for Parallelizing Temporal Access Structures[C]. Proceedings of IEEE International Conference on Data Engineering. IEEE，1994.

[40] Zhou Y，Shekhar S，Coyle M. Disk Allocation Methods for Parallelizing Grid Files[C]. Proceedings of IEEE Internatinal Conference on Data Engineering，1994.

[41] Chang C C，Chen C Y. Performance of Two-disk Partition Data Allocations[J]. BIT，1987，27(3)：306-314.

[42] Du H C. Disk Allocation Methods For Binary Cartesian Product Files[J]. BIT，1986，26(2)：138-147.

[43] Du H C，Sobolewski J S. Disk Allocation for Cartesian Product Files on Multiple Disk Systems[J]. ACM Transactions on Database Systems，1982，7(1)：82-101.

[44] Weikum G，Scheuemann P，Zabback P. Dynamic File Allocation in Disk Arrays[C]. Proceedings of ACM SIGMOD International Conference on Management of Data，1991.

[45] FaloutsosC，Metaxas D. Disk Allocation Methods Using Error Correcting Codes [J]. IEEE

Transactions on Computers, 1991, 40(8): 907-914.

[46] Kim M H, Pramanik S. Optimal File Distribution for Partial Match Queries[C]. Proceedings of ACM SIGMOD International Conference on Management of Data, 1988.

[47] Rotem D, Schloss G A, Segev A. Data Allocation for Multidisk Databases[J]. IEEE Transactions on Knowledge and Data Engineering, 2002, 5(5): 882-887.

[48] Zhou Y, Shekhar S, Coyle M, Disk Allocation Methods for Parallelizing Grid Files[C]. Proceedings of IEEE Internatinal Conference on Data Engineering, 1994.

[49] Bitton D. A Taxonomy of Parallel Sorting[J]. ACM Computing Surveys, 1984, 16(3): 287-318.

[50] Lakshmivarahan S, Dhall S K, Miller L L. Parallel Sorting algorithms[J]. Advances in Computers, 1984(23): 295-354.

[51] Bitton D. Parallel Algorithms for the Execution of Relational Database Operations[J]. ACM Trans. Database Systems, 1983, 8(3): 324-353.

[52] Beck M, Bitton D, Wilkinson W K. Sorting Large Files on Backend Multiprocessor[J]. IEEE Transactions on Computers, 1988, 37(7): 769-778.

[53] Salzberg B. Fastsort: A Distributed Single-Input Single-Output External Sort[C]. Proceedings of ACM SIGMOD International Conference on Management of Data, 1990.

[54] Valduriez P, Gardarin G. Join and Semijoin Algorithms for a Multiprocessor Database Machine[J]. ACM Transactions on Database Systems, 1982, 9(1): 133-161.

[55] Menon J. A Study of Sort Algorithms for Multiprocessor Database Machines[C]. Proceedings of International Conference on Very Large Data Bases, 1986.

[56] Yamane Y, Take R. Parallel Partition Sort for Database Machines[M]//Database Machines and Knowledge Base Machines. Norwell: Kluwer Acadmic Publishers, 1988.

[57] Iyer B R, Ricard G R, Varman P J. Percentile Finding Algorithn for Multiple Sorted Runs[C]. Proceedings of International Conference on Very Large Data Bases, 1989.

[58] Quinn M J. Parallel Sorting Algorithms for Tightly Coupled Multiprocessors[J]. Parallel Computing, 1988, 6(3): 349-357.

[59] DeWitt D J, Naughton J F, Schneider D A. Parallel Sorting on a Shared-Nothing Architecture using Probabilistic Splitting[C]. Proceedings of The First International Conference on Parallel and Distributed Information Systems, 1991.

[60] Graefe G. Parallel External Sorting in Volcano, Tech. Report CU-CS-459-90[R]. Univ. of Colorado, Boulder, Co., 1990.

[61] Huang J S, Chow Y C. Parallel Sorting and Data Partitioning by Sampling[C]. Proceedings of Seventh International Conference on Computer Software and Applications, 1983.

[62] Dobosiewicz W. Sorting by Distributive Partitioning[J]. Information Processing Letters, 1978, 7(1): 1-6.

[63] Janus P J, Lamagna E A. An Adaptive Method for Unknown Distributions in Distributive Partitioned Sorting[J]. IEEE Transactions on Computers, 1985, C-34(4): 367-372.

[64] Lorie R A, Young H C. A Low Communication Sort Algorithm for a Parallel Database Machine[C]. Proceedings of International Conference on Very Large Data Bases, 1989.

[65] Iyer B R, Dias D M. System Issues in Parallel Sorting for Database Systems[C]. Proceedings of IEEE Internationl Conference on Data Engineering, 1990.

[66] Bratsbergsengen K. Hashing Methods and Relational Algebra Operations [C]. Proceedings of

International Conferenceon on Very Large Data Bases，1984.

[67] Bratbergsengen K，Kitsuregawa M，Tanaka H. Algebra Operations on a Parallel Computer：Performance Evaluation[M]//Database Machines and Knowledge Base Machines. Kluwer Academic Publishers，1987.

[68] Baru C，Frisder O. Implementing Relational Database Operations in a Cube-Connected Multicomputer [C]. Proceedings of IEEE International Conference on Data Engineering Conference，1987.

[69] Bitton D. Parallel Algorithms for the Execution of Relational Database Operations[J]. ACM Trans. Database Systems，1983，8(3)：324-353.

[70] Valduriez P，Gardarin G. Join and Semijoin Algorithms for a Multiprocessor Database Machine[J]. ACM Transactions on Database Systems，1982，9(1)：133-161.

[71] 李建中. 并行数据操作算法和查询优化技术[J]. 软件学报，1994，5(10)：13.

[72] Dewitt D，Naughton J，Burger J. Nested Loops Revisited[C]. Proceedings of Second Conference on Parallel and Distributed Information Systems，1993.

[73] Boral H. Join on a Cube：Analysis，Simulation and Implementation[M]//Database Machines and Knowledge Base Machines. Boston：Kluwer，1988.

[74] Richardson J P，Lu H，Mikkilineni K. Design and Evaluation of Parallel Pipelined Join Algorithms [C]. Proceedings of ACM SIGMOD International Conference on Management of Data，1987.

[75] Schneider D A，DeWitt D J. A Performance Evaluation of Four Parallel Join Algorithms in a Shared-Nothing Multiprocessor Environment[C]. Proceedings of ACM SIGMOD International Conference on Management of Data，1989.

[76] Qadah G Z，Irani K B. The Join Algorithms on a Shared-Memory Multiprocessor Database Machine [J]. IEEE Transactions on Software Engineering，1988.

[77] Choi H K，Kim M. Hybrid Join：An Improved Sort-Based Join Algorithm [J]. Information Processing Letters，1989，32(2)：51-56.

[78] DeWitt D J，Gerber R. Multiprocessor Hash-Based Join algorithms[C]. Proceedings of International Conference on Very Large Data Bases，1985.

[79] Omiecinski E，Lin E. The Adaptive-Hash Join Algorithm for a Hypercube Multicomputer[J]. IEEE Transactions on Parallel and Distributed Systems，1992，3(3)：334-349.

[80] Omiecinski E，Lin E. Hash-Based and Index-Based Join Algorithms for Cube and Ring Connected Multicomputers[J]. IEEE Transactions on Knowledge and Data Engineering，2002，3(3)：387-389.

[81] Lu H，Tan K L，Shan M C. Hash-Based Join Algorithms for Multiprocessor Computers with Shared Memory[C]. Proceedings of International Conference on Very Large Data Bases，1990.

[82] Qadah G，Irani K. The Join Algorithms on a Shared-Memory Multiprocessor Database Machine[J]. IEEE Transactions on Software Engineering，1988，14(11)：1668-1683.

[83] Kitsuregawa M，Tsudaka S I，Nakano M. Parallel Grace Hash Join on Shared-Everything Multiprocessor：Implementation and Performance Evaluation on Symmetry S81[C]. Proceedings of IEEE International Conference on Data Engineering，1992.

[84] Zeller H，Gray J. An Adaptive Hash Join Algorithms for Multi-User Environment[C]. Proceedings of International Conference on Very Large Data Bases，1990.

[85] Murphy M，Rotem D. Effective Resource Utilization for Multiprocessor Join Execution [C]. Proceedings of International Conference on Very Large Data Bases，1989.

[86] Omiecinski E，Shonkwiler R. Parallel Join Processing using Nonclustered Indexes for a Shared

Memory Multiprocessor[C]. 2nd IEEE Symposium on Parallel and Distributed Processing，1990.

［87］ Wolf J. Comparative Performance of Parallel join Algorithms［C］. Proceedings of the First International Conference on Parallel and Distributed Information Systems，1991.

［88］ 李建中,都薇. 并行数据库上的并行 CMD-Join 算法[J]. 软件学报,1998,9(4)：256-262.

［89］ Nicum T M，Srivastava J，Li J Z. A Parallel Join Algorithm for Shared-Memory Multicomputer[C]. Proccedings of International Young Computer Scientist Conference，1993.

图 书 资 源 支 持

感谢您一直以来对清华版图书的支持和爱护。为了配合本书的使用,本书提供配套的资源,有需求的读者请扫描下方的"书圈"微信公众号二维码,在图书专区下载,也可以拨打电话或发送电子邮件咨询。

如果您在使用本书的过程中遇到了什么问题,或者有相关图书出版计划,也请您发邮件告诉我们,以便我们更好地为您服务。

我们的联系方式:

地　　址：北京市海淀区双清路学研大厦 A 座 714

邮　　编：100084

电　　话：010-83470236　010-83470237

客服邮箱：2301891038@qq.com

QQ：2301891038（请写明您的单位和姓名）

资源下载：关注公众号"书圈"下载配套资源。

资源下载、样书申请

书 圈

获取最新书目

观看课程直播